Unternehmensplanung mit SAP® Analytics Cloud

SAP PRESS ist eine gemeinschaftliche Initiative von SAP SE und der Rheinwerk Verlag GmbH. Unser Ziel ist es, Ihnen als Anwendern qualifiziertes SAP-Wissen zur Verfügung zu stellen. SAP PRESS vereint das Know-how der SAP und die verlegerische Kompetenz von Rheinwerk. Die Bücher bieten Ihnen Expertenwissen zu technischen wie auch zu betriebswirtschaftlichen SAP-Themen.

Damit Sie nach weiteren Titeln Ihres Interessengebiets nicht lange suchen müssen, haben wir eine kleine Auswahl zusammengestellt.

Abassin Sidiq
SAP Analytics Cloud. Das Praxishandbuch
472 Seiten, 2., aktualisierte und erweiterte Auflage 2020, gebunden
ISBN 978-3-8362-7715-0
www.sap-press.de/5135

Denis Reis
Unternehmensplanung mit SAP BPC
533 Seiten, 2018, gebunden
ISBN 978-3-8362-6480-8
www.sap-press.de/4704

Denis Reis
SAP Analysis for Microsoft Office. Das Praxishandbuch
2020, 643 Seiten, gebunden
ISBN 978-3-8362-7032-8
www.sap-press.de/4900

Janet Salmon, Thomas Kunze, Daniela Reinelt, Petra Kuhn, Florian Roll
SAP S/4HANA Finance. Funktionen, Neuerungen, Migration
560 Seiten, 3., aktualisierte und erweiterte Auflage 2021, gebunden
ISBN 978-3-8362-8034-1
www.sap-press.de/5242

Holger Handel

Unternehmensplanung mit SAP® Analytics Cloud

Rheinwerk
Publishing

Liebe Leserin, lieber Leser,

erinnern Sie sich noch an den Fluxkompensator aus dem Film »Zurück in die Zukunft«? Dieses wundersame Stück Technik ist das Herz der Zeitmaschine, der das Reisen in die Zukunft erst ermöglicht. Wie den Fluxkompensator möchte ich mir das Werkzeug SAP Analytics Cloud vorstellen. Vielleicht wird es Sie nicht durch die Zeit transportieren, aber es ermöglicht Ihnen profunde Einblicke in die Zukunft Ihres Unternehmens.

SAP Analytics Cloud ist die strategische Plattform von SAP, die Ihnen neben Business Intelligence und Predictive Analytics auch mächtige Funktionen für die Unternehmensplanung bereitstellt.

Unser Autor Dr. Holger Handel kennt alle Funktionen der Lösung wie seine Westentasche. Sie lernen die Story als zentrales Element ebenso kennen wie die Berechtigungsverwaltung und den Planungs-Content. Auch Predictive Planning und Collaboration werden für Sie bald keine Fremdwörter mehr sein!

Wir freuen uns stets über Lob, aber auch über kritische Anmerkungen, die uns helfen, unsere Bücher zu verbessern. Scheuen Sie sich nicht, sich bei mir zu melden. Ihr Feedback ist jederzeit willkommen.

Ihre Eva Tripp
Lektorat SAP PRESS

eva.tripp@rheinwerk-verlag.de
www.rheinwerk-verlag.de
Rheinwerk Verlag · Rheinwerkallee 4 · 53227 Bonn

Auf einen Blick

Wir hoffen, dass Sie Freude an diesem Buch haben und sich Ihre Erwartungen erfüllen. Ihre Anregungen und Kommentare sind uns jederzeit willkommen. Bitte bewerten Sie doch das Buch auf unserer Website unter **www.rheinwerk-verlag.de/feedback**.

An diesem Buch haben viele mitgewirkt, insbesondere:

Lektorat Eva Tripp
Korrektorat Monika Klarl, Köln
Herstellung Denis Schaal
Typografie und Layout Vera Brauner
Einbandgestaltung Julia Schuster
Coverbild iStock: 609799244 ©DNY59
Satz Typographie & Computer, Krefeld
Druck Beltz Grafische Betriebe, Bad Langensalza

Dieses Buch wurde gesetzt aus der TheAntiquaB (9,35/13,7 pt) in FrameMaker. Gedruckt wurde es auf chlorfrei gebleichtem Offsetpapier (90 g/m²). Hergestellt in Deutschland.

Bibliografische Information der Deutschen Nationalbibliothek:
Die Deutsche Nationalbibliothek verzeichnet diese Publikation in der Deutschen Nationalbibliografie; detaillierte bibliografische Daten sind im Internet über *http://dnb.dnb.de* abrufbar.

ISBN 978-3-8362-7944-4

1. Auflage 2021
© Rheinwerk Verlag, Bonn 2021

Informationen zu unserem Verlag und Kontaktmöglichkeiten finden Sie auf unserer Verlagswebsite **www.rheinwerk-verlag.de**. Dort können Sie sich auch umfassend über unser aktuelles Programm informieren und unsere Bücher und E-Books bestellen.

Inhalt

5   Predictive Planning

6   Steuerung von Planungsprozessen

7   Kundenindividuelle Planungsanwendungen

8   Vordefinierter Planungs-Content

Anhang

Einleitung

Die Unternehmensplanung ist in letzter Zeit aufgrund der unübersichtlichen und stark volatilen wirtschaftlichen Situation in der Welt bei vielen Unternehmen stark in den Fokus gerückt. Die Planung verknüpft die strategischen Ziele eines Unternehmens, die durch die externen und internen Rahmenbedingungen beeinflusst werden, mit einer konkreten Umsetzung. Dabei bildet die Planung die strategischen Vorgaben in Form finanzieller und nicht finanzieller Kennzahlen ab. Auf diese Weise wird es möglich, die unternehmerischen Ziele quantitativ darzustellen.

Aus diesen Vorgaben lassen sich die erforderlichen Ressourcen und Maßnahmen ableiten, die zur Erreichung der unternehmerischen Ziele benötigt werden. Im Verlauf der konkreten Umsetzung kann die Zielerreichung des ursprünglichen Plans anhand der definierten Kennzahlen überprüft und bei Bedarf angepasst werden.

Planungsprozesse berühren den gesamten Wertschöpfungsprozess eines Unternehmens und die daran beteiligten Unternehmensbereiche. Die Umsetzung eines Planungsprozesses und die damit eng verbundenen Prozesse der Budgetierung und des Forecasts stellen, neben der intellektuellen Herausforderung, ein geeignetes Planungsmodell zu entwerfen, hohe Anforderungen an die organisatorische Umsetzung und die datentechnische Versorgung mit den relevanten Informationen. Die Durchführung integrierter Planungsprozesse in großen Organisationen ist heutzutage ohne den Einsatz spezialisierter Softwareprodukte kaum vorstellbar.

Mit SAP Analytics Cloud hat SAP eine Vielzahl unterschiedlichster Tools im Analytics-Umfeld zu einer mächtigen Plattform konsolidiert. Neben Business Intelligence und Predictive Analytics ist die Planung eine zentrale Säule dieser für SAP strategischen Plattform.

Planung mit
SAP Analytics Cloud

Planung ist mehr als nur das manuelle Erfassen von Werten in einer Planungsmaske. Aus einer übergeordneten Perspektive betrachtet, besteht die Aufgabe vielmehr darin, aus einer strategischen Vorgabe alle relevanten Parameter abzuleiten, die es erlauben, die einzelnen Bereiche eines Unternehmens effektiv zu steuern. Es gilt also, klare Zielvorgaben zu kommunizieren, aus denen konkrete Handlungsanweisungen abgeleitet werden können, um sie zu erreichen. Um diese etwas abstrakte Definition etwas handfester zu veranschaulichen, finden Sie im Folgenden ein Beispiel.

[zB]

Umsatzplanung eines Unternehmens

Die zentrale Vorgabe der Unternehmensleitung gibt ein bestimmtes Umsatzwachstum über die nächsten drei Jahre vor. Die Aufgabe der Planung besteht nun darin, aus dieser Zielvorgabe weitere betriebswirtschaftliche Kenngrößen abzuleiten, die den verschiedenen Unternehmenseinheiten die für ihren Bereich relevanten Kennzahlen zur Verfügung stellen und somit bereichsspezifische Zielvorgaben ermöglichen. Aus den Umsatzzielen kann die Absatzplanung ableiten, welche Mengen der jeweiligen Produkte in den einzelnen Vertriebsorganisationen abgesetzt werden müssen.

Aus diesen Absatzmengen kann eine Produktionsplanung wiederum abschätzen, wie viele Halb- und Fertigfabrikate hergestellt werden müssen. Außerdem kann der Einkauf ermitteln, welche Mengen an Rohmaterialien zu beschaffen sind. Dieses Szenario ließe sich nun beliebig weiterspinnen, auf weitere Unternehmensbereiche ausweiten und um weitere Planungsprozesse wie Personal- und Investitionsplanung ergänzen.

Aus diesem einfachen Beispiel wird aber bereits deutlich, dass ein integrierter Planungsansatz in der Regel nicht lediglich durch das Bereitstellen von Planungsmasken, über die die relevanten Kennzahlen abgefragt werden, umgesetzt werden kann. Vielmehr besteht zwischen den verschiedenen Kennzahlen ein unter Umständen komplexes Geflecht aus Abhängigkeiten und Beziehungen. Um diesem Umstand gerecht zu werden, ist es erforderlich, dass die Beziehungen zwischen den verschiedenen Planungsgrößen im Planungswerkzeug abgebildet werden können. Dies geschieht zum einen durch den Entwurf eines geeigneten Datenmodells und zum anderen über die Definition mathematischer Berechnungsvorschriften, die es ermöglichen, den Wert einer Planungsgröße aus anderen Kenngrößen zu ermitteln. Man kann sich leicht vorstellen, dass hier auch externe Faktoren einfließen können, wie z. B. Annahmen zur gesamtwirtschaftlichen Entwicklung einer Branche oder eines Landes, aber auch Annahmen zur Preisniveau- und Wechselkursentwicklung.

Die gewünschte Detailtiefe des Datenmodells und auch die konkreten Berechnungsvorschriften, die bei der Umsetzung eines solchen integrierten Planungsansatzes erforderlich sind, sollten dabei nicht von einem Planungswerkzeug vorgegeben werden. Es muss dem einzelnen Unternehmen vorbehalten bleiben, wie ein solcher Ansatz konkret umgesetzt werden soll. Dazu gehört auch die Entscheidung, welche Kenngrößen im Planungswerkzeug abgebildet werden und welche Beziehungen und Berechnungsvorschriften zwischen diesen Kenngrößen bestehen sollen.

Es ist unter Umständen sogar Kernbestandteil des Wettbewerbsvorteils eines Unternehmens, wie effektiv strategische Vorgaben umgesetzt werden können und wie gut das Unternehmen verschiedene Szenarien antizipieren und sich auf diese einstellen kann. Ein flexibles Planungswerkzeug, das diesem Umstand Rechnung trägt, kann dabei ein entscheidender Erfolgsfaktor sein.

Neben der reinen technischen Umsetzung eines Planungsprozesses in Form von Datenmodellen und Berechnungsvorschriften besteht eine weitere Herausforderung in der organisatorischen Umsetzung der Planungsprozesse und der damit verbundenen Orchestrierung verschiedener Teilnehmer.

Dieses Buch gibt Ihnen eine detaillierte Einführung in die Planungsfunktionalität von SAP Analytics Cloud.

Aufbau des Buches

SAP Analytics Cloud stellt Ihnen als integrierte Plattform für Analyse und Planung alle benötigten Mittel zur Verfügung. Dieses Buch zeigt Ihnen, wie Sie die eingangs genannten Herausforderungen mithilfe von SAP Analytics Cloud meistern können. Das Buch ist wie folgt aufgebaut:

In dem einführenden **Kapitel 1**, »Planung mit SAP Analytics Cloud«, erhalten Sie einen Überblick über die verschiedenen Funktionen von SAP Analytics Cloud. Die einzelnen Bestandteile, Business Intelligence, Planung und Predictive Analytics werden kurz vorgestellt. Des Weiteren wird SAP Analytics Cloud von anderen Planungslösungen von SAP, wie SAP Business Planning and Consolidation, abgegrenzt. Abschließend wird ein Beispiel für einen Planungsprozess vorgestellt, das im weiteren Verlauf des Buches benutzt wird, um die einzelnen Funktionen des Produkts im Kontext eines realistischen betriebswirtschaftlichen Anwendungsfalles darzustellen.

Planung mit SAP Analytics Cloud – Überblick

Kapitel 2, »Datenmodellierung«, widmet sich ganz dem Thema, wie Sie in SAP Analytics Cloud Datenmodelle erstellen und diese mit Daten aus externen Systemen versorgen. Die Grundlage einer erfolgreichen Umsetzung eines Planungsprozesses ist im Wesentlichen der Entwurf eines geeigneten Datenmodells, mit dem sich die Anforderungen des Fachbereiches umsetzen lassen. Dieses Kapitel stellt die wesentlichen Konzepte und Funktionen zum Entwurf eines Datenmodells in SAP Analytics Cloud vor. Nach der Lektüre dieses Kapitels verfügen Sie über ein solides Verständnis der wesentlichen Konzepte der Hauptbestandteile eines Datenmodells: Kennzahlen, Dimensionen, Attribute und Hierarchien. Darüber hinaus wird gezeigt,

Datenmodellierung

wie Datenmodelle mit Stamm- und Bewegungsdaten versorgt werden und wie sich SAP Analytics Cloud in eine IT-Systemlandschaft einfügt.

Planungsinteg-ration in die Story Das grundlegende Artefakt neben dem eigentlichen Datenmodell ist die Story in SAP Analytics Cloud, über die Sie Benutzeroberflächen für Planungsanwendungen erstellen. In **Kapitel 3**, »Planungsintegration in die Story«, wird daher der Fokus auf die Story im Kontext von Planungsanwendungen gelegt. Die Story bildet die Grundlage für Reporte und Dashboards im Analytics-Umfeld, ist aber auch gleichzeitig die Hauptumgebung, um Dateneingaben vorzunehmen oder komplexe Berechnungen anzustoßen. In diesem Kapitel wird dargestellt, welche grundlegenden Planungsfunktionen über die Story zur Verfügung gestellt werden und wie Sie mithilfe der Story Eingabemasken für die Planung erstellen können.

Fortgeschrittene Planungsfunktionen **Kapitel 4**, »Fortgeschrittene Planungsfunktionen«, behandelt Methoden zur Umsetzung anwendungsspezifischer Logik und Operationen in SAP Analytics Cloud. Neben den Standard-Planungsfunktionen, die SAP Analytics Cloud über die Story zur Verfügung stellt, besteht jede komplexere Planungsanwendung aus anwendungsspezifischen Berechnungen und Datenverarbeitungsoperationen. Das Kapitel beschreibt die zur Verfügung stehenden Konzepte im Detail und grenzt diese voneinander ab, sodass Sie am Ende des Kapitels wissen, wie man einen gegebenen Anwendungsfall mit den zur Verfügung stehenden Möglichkeiten in SAP Analytics Cloud umsetzen kann.

Predictive Planning **Kapitel 5**, »Predictive Planning«, widmet sich dem aktuellen Thema der Verwendung von Predictive Analytics in Planungsprozessen. Technologische Fortschritte im Bereich des maschinellen Lernens erlauben heute gerade im Bereich der betriebswirtschaftlichen Planung einen hohen Automatisierungsgrad. Predictive Analytics ist eine der zentralen Säulen des Produkts SAP Analytics Cloud. Dieses Kapitel stellt die zur Verfügung stehenden Methoden vor und nimmt insbesondere Bezug darauf, wie Sie die dargestellten Verfahren im Planungsumfeld gewinnbringend einsetzen können.

Steuerung von Planungsprozessen Ein wichtiger Aspekt bei der Umsetzung von Planungsprozessen besteht in der Orchestrierung der teilnehmenden Personen und Organisationen. **Kapitel 6**, »Steuerung von Planungsprozessen«, widmet sich daher ganz diesem Thema. Die Unternehmensplanung ist typischerweise ein betriebswirtschaftlicher Prozess, zu dem viele Mitarbeiter eines Unternehmens beitragen. Daher ist es wichtig, den Prozess zu strukturieren und Verantwortlichkeiten zu definieren und Aufgaben zu delegieren sowie auch deren Fortschritt zu beobachten. Mit der Kalenderkomponente stellt SAP Analytics Cloud Ihnen die Umgebung zur Verfügung, mit der Sie den Fortschritt des Planungsprozesses zentral zu steuern können.

In **Kapitel 7**, »Kundenindividuelle Planungsanwendungen«, werden die Möglichkeiten vorgestellt, wie Sie Anforderungen in Bezug auf kundenindividuelle Benutzeroberflächen umsetzen können, die über die Standardmöglichkeiten der Story hinausgehen. Mithilfe der Story lassen sich in SAP Analytics Cloud sehr einfach und schnell standardisierte Planungsanwendungen erstellen. In vielen Fällen haben Mitglieder unterschiedlicher Fachbereiche jedoch sehr spezielle Anforderungen hinsichtlich der Benutzerführung und -navigation. In solchen Fällen können Sie mittels der Komponente Analytics Designer individuelle Planungsmasken aufbauen. Das Kapitel erläutert die grundlegenden Funktionen des Analytics Designer speziell im Hinblick auf Planungsanwendungen.

Kundenindividuelle Planungsanwendungen

Kapitel 8, »Vordefinierter Planungs-Content«, stellt das Business-Content-Netzwerk von SAP Analytics Cloud vor. Um die Implementierungsaufwände und die Einführungszeiten von SAP Analytics Cloud zu reduzieren, bietet SAP vordefinierten Planungs-Content aus. Diesen Planungs-Content können Sie vor allem im Zusammenspiel mit SAP S/4HANA im Finanzumfeld gewinnbringend einsetzen. Der Planungs-Content umfasst zentrale Prozesse, wie Kostenstellenplanung, Umsatzplanung, Produktkostenplanung, Planung der Gewinn- und Verlustrechnung sowie Bilanz.

Vordefinierter Planungs-Content

Danksagung

Ein Fachbuch zu einem komplexen Thema wie der Unternehmensplanung mit SAP Analytics Cloud ist ein aufwendiges Unterfangen, das viel Zeit und Mühe abverlangt. Ohne die Unterstützung aus meinem Umfeld wäre dieses Buch nicht möglich gewesen. Ein großes Dankeschön geht besonders an meine Familie: meine Frau Angela und meine Kinder Annika und Julian.

Ein weiteres Dankeschön richtet sich an das Entwicklungsteam von SAP Analytics Cloud und insbesondere an die Kolleginnen und Kollegen aus dem Produktmanagement für den unermüdlichen Einsatz, eine moderne cloudbasierte Planungslösung von Grund auf zu entwickeln und weiter voranzubringen.

Zuletzt gilt mein Dank dem Lektorats-Team des Rheinwerk Verlags und hier insbesondere Frau Eva Tripp, die mich bei der Erstellung des Buches immer geduldig und freundlich unterstützt hat.

Dr. Holger Handel

Kapitel 1
Planung mit SAP Analytics Cloud

SAP Analytics Cloud ist eine vollumfängliche Analytics-Plattform in der Cloud, die Funktionen für Business Intelligence, Planung und Predictive Analytics zur Verfügung stellt.

SAP Analytics Cloud konsolidiert unterschiedliche Analytics-Werkzeuge in einer zentralen Plattform. Technologisch setzt SAP Analytics Cloud auf der SAP Cloud Platform auf und wurde damit von Beginn an als reine Software-as-a-Service-(SaaS-)Lösung konzipiert. SAP folgt mit SAP Analytics Cloud der Strategie einer Transformation zum Cloud-Anbieter für Unternehmenssoftware. Sie können mit SAP Analytics Cloud nun auch die Vorteile einer cloudbasierten Lösung für Analyse und Planung nutzen.

Dieses Kapitel vermittelt die Grundlagen der Planung mit SAP Analytics Cloud, die in den folgenden Kapiteln weiter vertieft werden. Abschnitt 1.1, »SAP Analytics Cloud im Überblick«, gibt einen kurzen Überblick über den Funktionsumfang von SAP Analytics Cloud mit Fokus auf die Planung. Abschnitt 1.2, »Integrierte Unternehmensplanung«, gibt einen kurzen Abriss zur Unternehmensplanung aus der betriebswirtschaftlichen Perspektive. Sie erfahren in einem kurzen Überblick, wie Sie SAP Analytics Cloud gewinnbringend in der Unternehmensplanung einsetzen können.

In die Planungsprozesse fließen sehr viele unterschiedliche Informationen aus den einzelnen Unternehmensabteilungen ein. Umgekehrt müssen die Ergebnisse der Planung anderen Unternehmensprozessen zur Verfügung gestellt werden. Die Integration der Planungssoftware SAP Analytics Cloud in die existierende Systemlandschaft spielt somit eine entscheidende Rolle, wie Sie in Abschnitt 1.3, »Weitere Produkte im Umfeld der Planung«, erfahren. In Abschnitt 1.4, »Beispiel: Umsatzplanung«, finden Sie ein erstes Beispiel für einen Planungsprozess, und es wird das zugrunde liegende Datenmodell vorgestellt. Dieses Beispiel wird auch im weiteren Verlauf des Buches genutzt.

1.1   SAP Analytics Cloud im Überblick

Business Intelligence, Planung und Predictive Analytics

SAP Analytics Cloud vereinigt drei Funktionsbereiche, die früher durch unterschiedliche SAP-Produkte abgedeckt worden sind: *Business Intelligence*, d. h. die Analyse und Visualisierung großer Datenmengen, *Unternehmensplanung* sowie *Predictive Analytics*, worin komplexe mathematische Verfahren aus der statistischen Datenanalyse bzw. des maschinellen Lernens zum Einsatz kommen. Abbildung 1.1 stellt die zentralen Komponenten von SAP Analytics Cloud im Überblick dar.

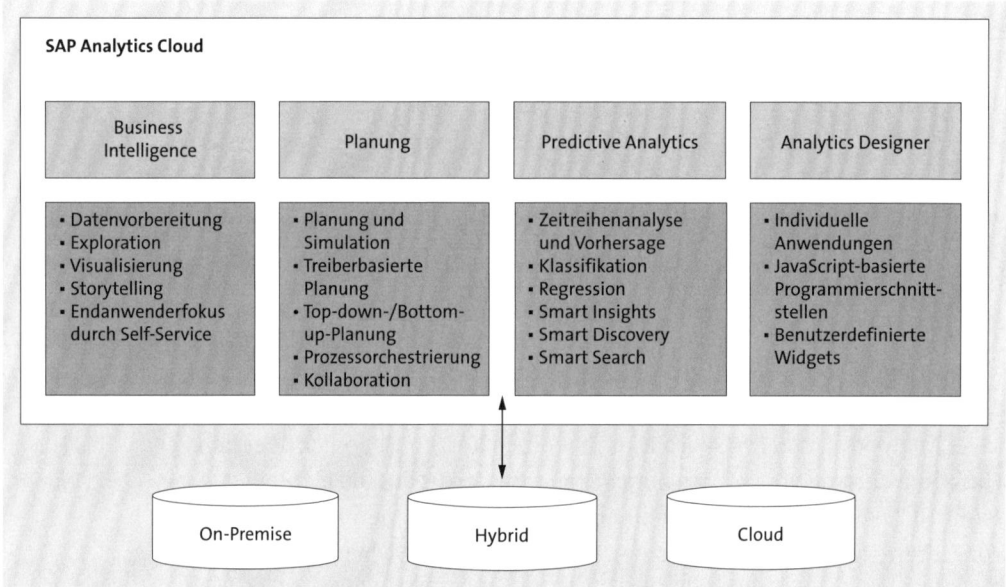

Abbildung 1.1 Bestandteile von SAP Analytics Cloud

Neben den drei genannten Hauptbestandteilen enthält die Darstellung noch die Komponente *Analytics Designer*, mit der Sie individuelle Webanwendungen erstellen können, die die Standardkomponenten und -funktionen von SAP Analytics Cloud um eigene Funktionen und Benutzerinteraktionen sowie UI-Elemente erweitern.

Insbesondere im Bereich der *Unternehmensplanung* ist diese Kombination verschiedener Funktionen besonders gewinnbringend. Planungsprozesse haben die zukünftige Entwicklung des Unternehmens bzw. seiner Teilbereiche zum Gegenstand. Die Vorhersage bestimmter Parameter wie Absatzmengen, Preis- und Gehaltsentwicklungen sind beim Erstellen eines Plans wichtige Eingangsgrößen bzw. Einflussfaktoren.

Die Vorhersage quantitativer Größen wie Preise und Mengen ist ein klassischer Anwendungsbereich statistischer Vorhersagemethoden aus dem Bereich Predictive Analytics. Neben der Einschätzung zukünftiger Entwicklungen sind aber natürlich auch Daten aus der Vergangenheit eine wichtige Größe, die bei der Planerstellung eine Rolle spielen. So sind im Rahmen der Personalplanung der aktuelle Personalbestand und die Aufteilung in verschiedene Jobfamilien und Gehaltsstufen wesentliche Informationen, auf die im Planungsprozess sofort zugegriffen werden kann, anstatt umständlich aus anderen Analyse- und Berichtsprogrammen ermittelt werden zu müssen.

Analyse- und Berichtsfunktionen kommen auch zum Einsatz, wenn im Nachgang der Planung die verabschiedeten Pläne mit den angefallenen Istwerten verglichen und Abweichungen im Rahmen einer Abweichungsanalyse im Detail analysiert werden sollen. Mit SAP Analytics Cloud können sowohl die Umsetzung der Planungsprozesse als auch der Analyse innerhalb derselben Softwareumgebung erfolgen.

[«]

SAP Analytics Cloud als Software as a Service

SAP Analytics Cloud wird als reine Cloud-Lösung angeboten. Dies bedeutet, dass Sie keine eigenen Softwarekomponenten wie Datenbank- und Anwendungsserver installieren und betreiben müssen. SAP übernimmt als Anbieter von SAP Analytics Cloud die Bereitstellung und den Betrieb der Lösung inklusive regelmäßiger Aktualisierungen der Software.

Beim Einsatz einer cloudbasierten Softwarelösung stellt sich natürlich die Frage, wie SAP Analytics Cloud auf die Daten zugreift, die in anderen Systemen erzeugt und vorgehalten werden. Es lassen sich drei verschiedene Szenarien des Datenzugriffs mit SAP Analytics Cloud unterscheiden:

Zugriff auf Datenquellen

- **On-Premise**
  Die zu verarbeitenden Daten befinden sich in einem On-Premise-System. Über spezielle Konnektoren können Sie die Daten in SAP Analytics Cloud laden, um sie zu analysieren.

- **Cloud**
  Die Daten entstehen in einem anderen Cloud-System. Es stehen ebenfalls dedizierte Konnektoren zur Verfügung, um die Daten in SAP Analytics Cloud zu laden und zu analysieren.

- **Hybrid**
  Bei diesem speziellen Szenario verbleiben die Daten zur Analyse im Quellsystem. Die Verarbeitung der Daten wird von SAP Analytics Cloud an das Quellsystem delegiert und von diesem ausgeführt. Die Ergebnisse dieser Verarbeitung werden von SAP Analytics Cloud dargestellt. Es werden keine Daten vom Quellsystem in SAP Analytics Cloud geladen.

Bei dem Hybrid-Zugriff werden im Gegensatz zu den On-Premise-/Cloud-Szenarien keine Daten vom Quellsystem in die Cloud repliziert (siehe Abbildung 1.2).

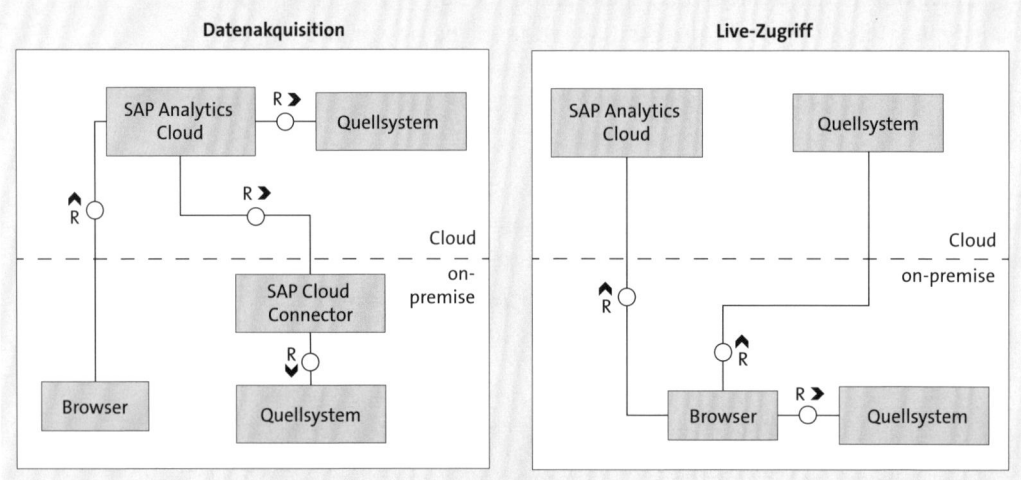

Abbildung 1.2 Unterschied zwischen Datenakquisition und Live-Zugriff

Datenakquisition   Bei der *Datenakquisition* werden die Daten aus dem Quellsystem in den SAP-Analytics-Cloud-Server geladen und dort gespeichert. Handelt es sich bei dem Quellsystem um ein On-Premise-System – d. h. ein System, das sich hinter der Firewall in einem lokalen Netzwerk befindet – muss über eine zusätzliche Softwarekomponente, den sogenannten *SAP Cloud Connector*, eine Verbindung zwischen dem SAP-Analytics-Cloud-Server und dem Quellsystem hergestellt werden, um die Daten aus dem Quellsystem zu laden.

Live-Verbindung   Im Gegensatz dazu erfolgt im Falle einer *Live-Verbindung* kein Zugriff des SAP-Analytics-Cloud-Servers auf das Quellsystem. Vielmehr schickt die Client-Komponente von SAP Analytics Cloud, die in einem Webbrowser ausgeführt wird, eine Anfrage direkt an das Quellsystem. Daraufhin verarbeitet das Quellsystem diese Anfrage und sendet das Ergebnis wieder direkt an die Browseranwendung zurück. Diese stellt die Ergebnisdaten grafisch dar. Bei der Live-Verbindung werden lediglich Metainformationen im Server von SAP Analytics Cloud gespeichert. Diese Informationen beschreiben z. B., wie die Daten dargestellt werden sollen. Beim Live-Zugriff muss sichergestellt werden, dass die Browseranwendung Zugriff auf das Quellsystem hat. Dies kann dadurch erreicht werden, dass sich die Anwendenden in demselben Netzwerk befinden wie das Quellsystem.

Für Anwendungsfälle aus dem Bereich der Planung, wie Sie hier in diesem Buch im Fokus stehen, ist es Voraussetzung, dass die Daten über eine Datenakquisition in SAP Analytics Cloud importiert werden. Ein Live-Zugriff ist nur für Analysezwecke möglich. Eine Ausnahme stellt hier die Verbindung zu einem SAP-BPC-System dar. Dieses Szenario wird ausführlicher in Abschnitt 1.3, »Weitere Produkte im Umfeld der Planung«, behandelt.

[«]

Planung aus einer Hand

SAP Analytics Cloud bietet Ihnen eine in sich geschlossene Plattform. Das heißt, dass alle Funktionen für den Planungsprozess in SAP Analytics Cloud verfügbar sind. Es werden keine weiteren Softwarekomponenten benötigt. Sobald Sie Zugriff auf einen SAP Analytics Cloud Tenant erhalten, stehen Ihnen alle Funktionen wie Datenmodellierung, Berechtigungsverwaltung, Benutzeroberflächen zur Plandatenerfassung sowie Planungsfunktionen zur Verfügung.

Im Folgenden werden die einzelnen Komponenten von SAP Analytics Cloud kurz beschrieben, die im Rahmen der Planung genutzt werden. Die einzelnen Komponenten werden in den folgenden Kapiteln im Detail behandelt.

Ein wichtiger Bestandteil bei der Umsetzung einer Planungsanwendung stellt die Datenmodellierung dar. Das Fundament jedes Planungsprozesses ist das zugrunde liegende *Datenmodell*. Dieses Datenmodell definiert, welche Kennzahlen geplant werden müssen bzw. den Planern zu Informationszwecken zur Verfügung gestellt werden sollen. Des Weiteren definiert das Datenmodell, auf welchen Objekten bzw. welcher Granularität geplant werden soll. Beispielsweise kann eine Umsatzplanung auf der Ebene der Produkte und Kunden erfolgen.

Datenmodellierung

Diese Festlegungen müssen im Rahmen einer Anforderungsanalyse ermittelt und in einem geeigneten Datenmodell umgesetzt werden. SAP Analytics Cloud stellt Ihnen die Möglichkeit bereit, Datenmodelle zu entwerfen. Abbildung 1.3 zeigt die Modellierungsumgebung, in der Sie Datenmodelle entwerfen können.

Neben dem Entwurf eines passenden Datenmodells ist das Erstellen geeigneter Benutzeroberflächen zur Erfassung der Planwerte ein weiterer wichtiger Bestandteil bei der Umsetzung eines Planungsprozesses. Für das Erstellen von Benutzeroberflächen stehen in SAP Analytics Cloud zwei verschiedene Arten von Objekten zur Verfügung: Story und Analytic Application.

Eine *Story* ist vergleichbar mit einem klassischen Dashboard. Abbildung 1.4 zeigt ein Beispiel für eine Story. Storys können aus mehreren *Seiten* (*Pages*) aufgebaut werden, wobei jede Seite mehrere Komponenten zur Datenvisualisierung enthalten kann.

Benutzeroberflächen über Storys

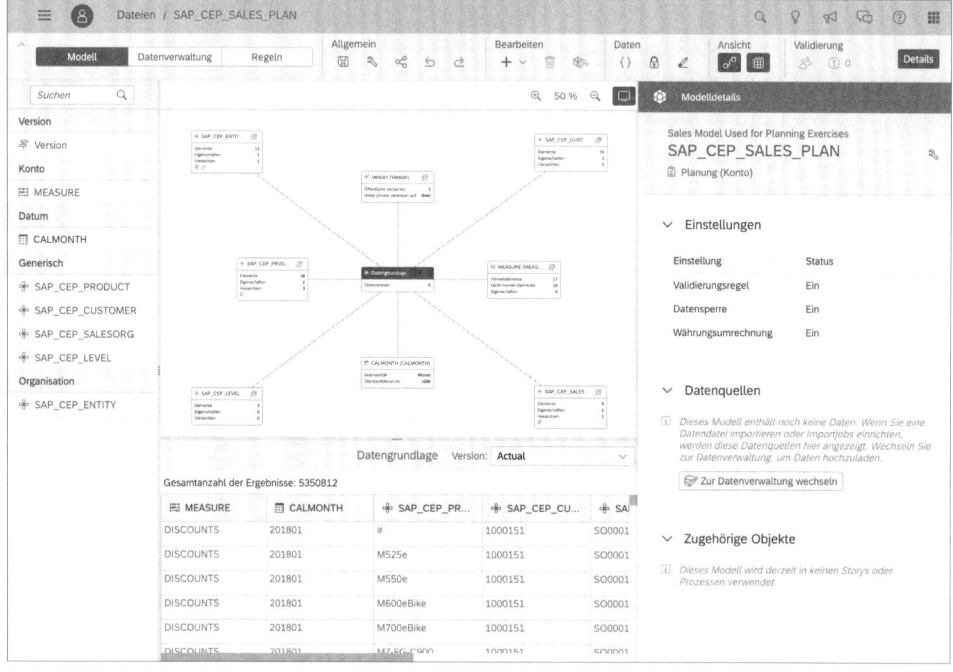

Abbildung 1.3 Datenmodellierung

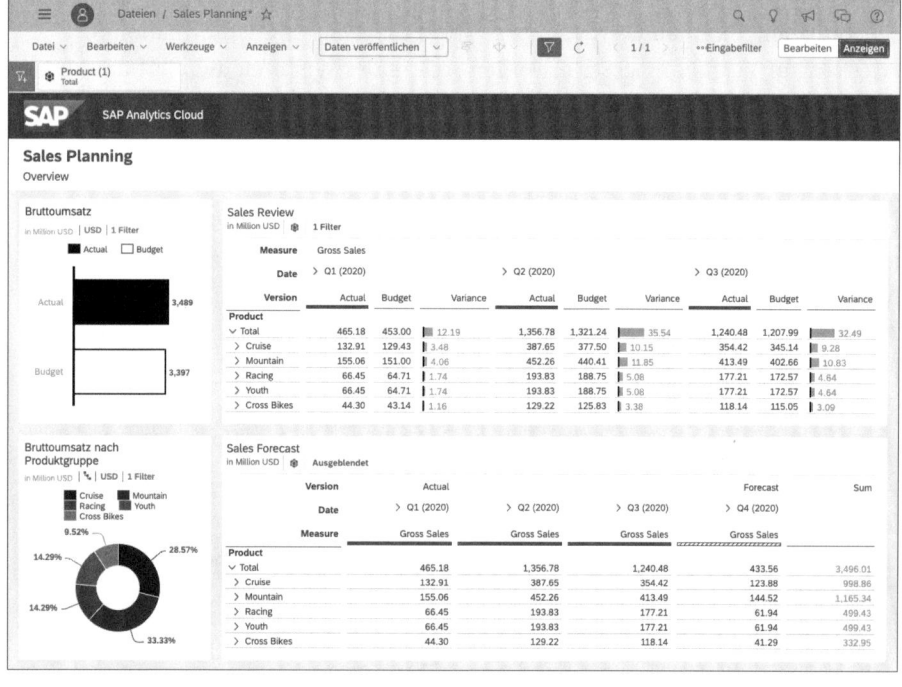

Abbildung 1.4 Beispiel für eine Story

Typische Komponenten sind Diagramme zur grafischen Visualisierung der Daten (z. B. Balken-, Linien- oder Donut-Diagramme) sowie Tabellen. Daneben existieren weitere Komponenten wie Filterelemente, über die Sie den Inhalt der dargestellten Informationen beeinflussen können. Mit der Story wird das Ziel verfolgt, dass Mitglieder des Fachbereichs in die Lage versetzt werden sollen, eigene Dashboards bzw. Berichte zu erstellen, ohne dabei auf Expertise der IT-Abteilung des Unternehmens angewiesen zu sein. In diesem Zusammenhang spricht man oft auch von Self-Service BI (Business Intelligence). Sie können bei einer Story zwischen zwei verschiedenen Modi wechseln: **Bearbeiten** und **Anzeigen**.

Im Modus **Bearbeiten** können Sie Änderungen an der Story vornehmen. So können Sie z. B. neue Komponenten zu einer Seite hinzufügen oder Änderungen an der Konfiguration einer vorhandenen Komponente vornehmen. Die Komponenten der Story können über das sogenannte *Builder-Panel* konfiguriert werden. Abbildung 1.5 zeigt die Story im **Bearbeiten**-Modus mit dem Builder-Panel zur Konfiguration des Balkendiagramms.

»Bearbeiten«-Modus

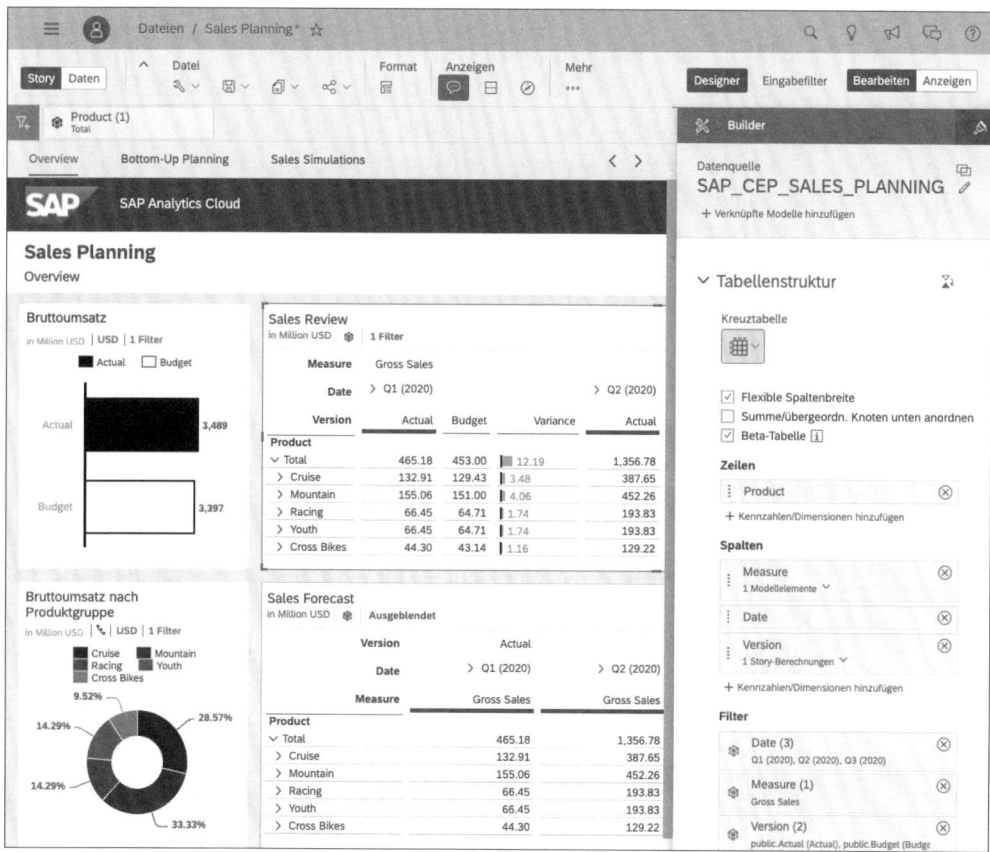

Abbildung 1.5 Story im Modus »Bearbeiten«

Auf diese Weise können Sie einen Bericht bzw. ein Dashboard erstellen, auch wenn Sie nicht über vertiefte Kenntnisse im Bereich der Programmierung verfügen.

Anzeigen-Modus

Wenn Sie die Änderungen an der Story vorgenommen haben, können Sie in den **Anzeigen**-Modus wechseln, in dem keine strukturellen Änderungen an der Story vorgenommen werden können. Im **Anzeigen**-Modus können aber dennoch individuelle Einstellungen, wie z. B. das Setzen von Filtern, vorgenommen werden.

Tabelle als zentrales Element der Planung

Das Konzept des Self-Service wird mit SAP Analytics Cloud konsequent auch auf den Bereich der Planung ausgeweitet. Die Story dient nicht nur zum Bereitstellen grafischer Berichte und Dashboards, sondern ist auch das zentrale Objekt zum Erstellen von Oberflächen im Rahmen der Erfassung Erfassung von Plandaten. Die Hauptkomponente ist dabei das Story-Element der Tabelle. Neben der tabellarischen Darstellung von Werten erlaubt die Tabelle auch die Eingabe und das Ändern von Werten. Darüber hinaus werden Planungsfunktionen über die Werkzeugleiste bzw. über das Kontextmenü der Tabelle zur Verfügung gestellt.

Ein Hauptmerkmal der Story besteht darin, dass Sie relativ schnell und ohne großen Aufwand ansprechende Benutzeroberflächen sowohl für Analysezwecke als auch für Planungsprozesse zur Erfassung und Auswertung von Plandaten erstellen können. Die Story stellt dafür Standardkomponenten und Navigationsmechanismen zur Verfügung. In manchen Fällen kann es jedoch sein, dass Sie auf individuelle Anforderungen, insbesondere im Bereich der Benutzerinteraktion bzw. der Ablaufsteuerung eingehen müssen, die über die Standardfunktionalität der Story nicht umgesetzt werden können. In diesen Fällen können Sie auf die Analytic Application zurückgreifen.

Analytic Application

Mit der *Analytic Application* steht neben der Story der zweite Objekttyp zur Verfügung, mit dem Sie Benutzeroberflächen in SAP Analytics Cloud erstellen können. Eine Analytic Application wird im Analytics Designer, einer speziellen Umgebung in SAP Analytics Cloud, erstellt.

Abbildung 1.6 zeigt eine Analytic Application im Analytics Designer. Eine Analytic Application ist eine Anwendung, in der Sie die Standardkomponenten, die Ihnen auch in der Story zur Verfügung stehen, verwenden können. Darüber hinaus stehen weitere Komponenten wie Drop-down-Menüs und Schaltflächen zur Verfügung.

Der große konzeptionelle Unterschied zur Story besteht darin, dass Sie auf Benutzerinteraktionen in Form von *Ereignisbehandlungsroutinen* individuell reagieren können. Eine Ereignisbehandlungsroutine ist eine Routine, die ausgeführt wird, wenn ein bestimmtes Ereignis, z. B. das Betätigen einer Schaltfläche durch den Anwender oder die Anwenderin, eintritt.

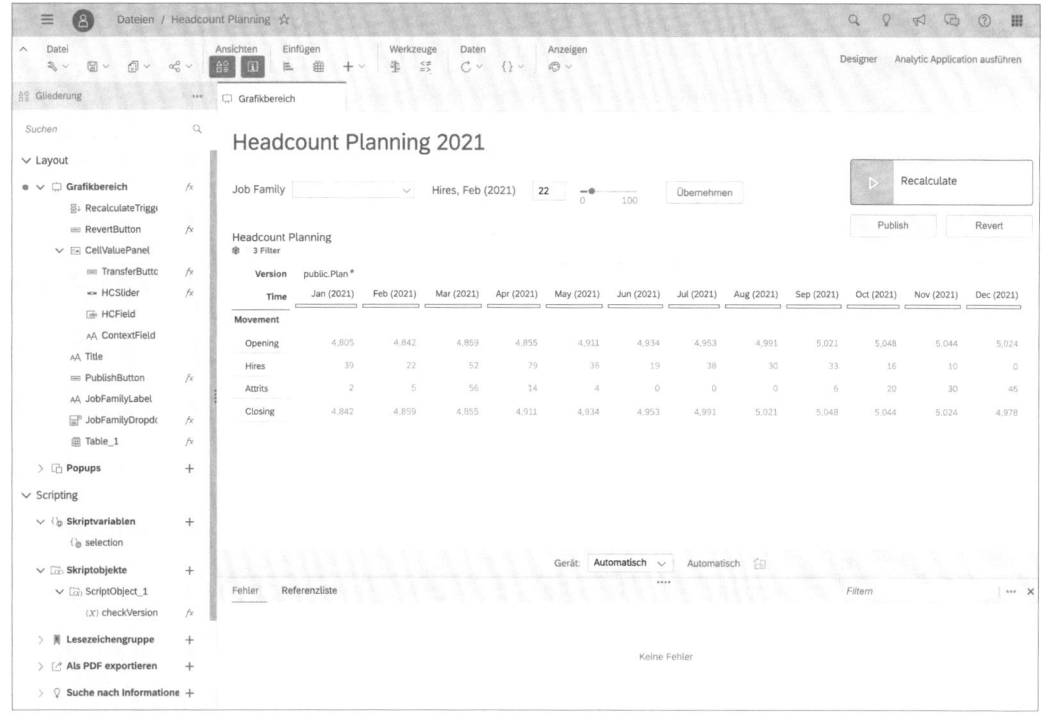

Abbildung 1.6 Beispiel für eine Analytic Application

Die Programmlogik der Ereignisbehandlungsroutine können Sie über Java-Script selbst festlegen. Dabei stehen Ihnen Programmierschnittstellen zur Verfügung, um auf die Komponenten, die Sie in der Analytic Application verwenden, zuzugreifen, mit dem Ziel, z. B. bestimmte Eigenschaften der Komponenten zu verändern. Auf diese Weise können Sie individuell gestrickte Anwendungen erstellen, die auf sehr spezielle und individuelle Anforderungen an Analyse- und Planungsprozesse eingehen.

Predictive Analytics

Ein weiterer wichtiger Bestandteil von SAP Analytics Cloud stellt der Bereich Predictive Analytics dar. Predictive Analytics verwendet fortgeschrittene Verfahren der statischen Datenanalyse und des maschinellen Lernens, um automatisiert Zusammenhänge und Erkenntnisse aus den zu analysierenden Daten zu gewinnen. Die Methoden von Predictive Analytics kommen in SAP Analytics Cloud an verschiedenen Stellen zum Einsatz. So werden z. B. werden vordefinierte Methoden direkt in der Story als Standardfunktionen angeboten.

Smart Insights

Zu diesen Funktionen zählen z. B. das automatische Fortschreiben einer Zeitreihe innerhalb eines Zeitreihendiagramms oder auch die Einflussanalyse über die Funktion *Smart Insights*, mit der Sie die Hauptbeiträge zu einem Kennzahlwert ermitteln können.

Daneben gibt es auch die Möglichkeit, ein Prognosemodell auf einem vorhandenen Referenzdatensatz zu erstellen. Aus diesem Prognosemodell können dann Vorhersagen abgeleitet werden. SAP Analytics Cloud stellt dafür eine eigene Umgebung zur Verfügung (siehe Abbildung 1.7).

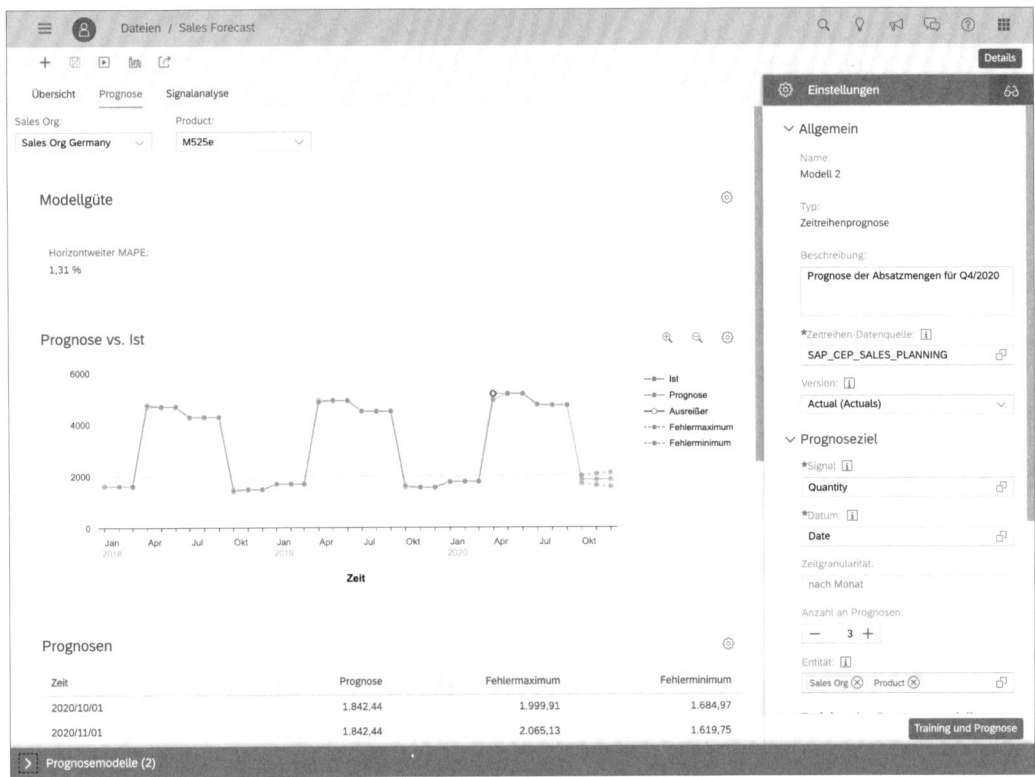

Abbildung 1.7 Beispiel für ein Prognoseszenario

Prognoseszenario
Mit einem *Prognoseszenario* erzeugen Sie ein statistisches Modell auf Basis vorliegender Trainingsdaten. Mit den ermittelten Parametern dieses Modells können Sie dann Vorhersagen erstellen und diese im Rahmen eines Planungs- oder Analyseprozesses weiterverarbeiten. Methoden von Predictive Analytics lassen sich besonders im Bereich der Unternehmensplanung gewinnbringend einsetzen, um die Effizienz der Planungsprozesse zu erhöhen.

Neben dem manuellen Erfassen von Werten werden in einem Planungsprozess typischerweise zahlreiche komplexe Berechnungen und Datentransformationen benötigt.

Beispielhaft seien hier die Umlage von geplanten Primärkosten im Rahmen einer Kostenstellenplanung genannt oder auch die Umsetzung einer Abschreibungslogik für eine Investitionsplanung. Außerdem werden viele Planungsprozesse so organisiert, dass in einem ersten Durchlauf Zielwerte auf einer höher aggregierten Ebene festgelegt werden.

Diese Zielvorgaben werden dann anhand einer vordefinierten Verteilungslogik auf die tiefer liegenden Ebenen heruntergebrochen. In einem zweiten Planungsschritt wird dann auf den tiefer liegenden Ebenen gegen diese Zielvorgaben geplant. Um dieses Vorgehen umsetzen zu können, werden zahlreiche Disaggregations- und Verteilungsfunktionen benötigt.

SAP Analytics Cloud stellt in diesem Bereich zahlreiche Funktionalitäten bereit. Abbildung 1.8 zeigt als Beispiel die Definition einer *Datenaktion*.

Datenaktionen

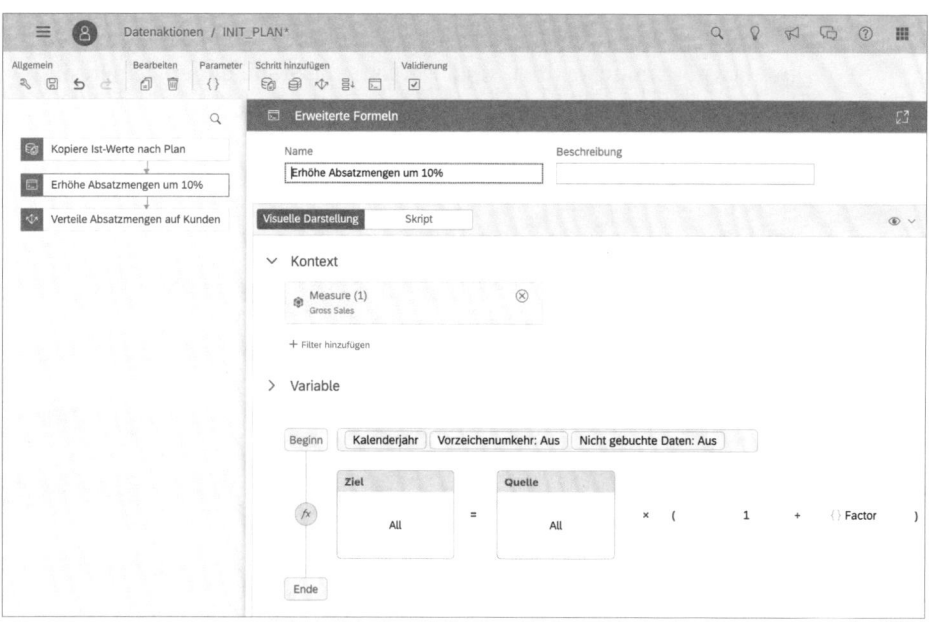

Abbildung 1.8 Datenaktion mit Formel in visueller Darstellung

Datenaktionen definieren Sequenzen von Verarbeitungsschritten, die eine bestimmte Transformation der Daten oder eine Berechnung implementieren. Bei der Definition einer solchen Sequenz können Sie zum einen auf vordefinierte Verarbeitungsschritte wie Kopierfunktionen zurückgreifen oder auch individuelle Berechnungen umsetzen. Datenaktionen können dann in eine Story oder Analytic Application eingebunden und von den Planenden angestoßen werden.

Ein weiterer wichtiger Aspekt im Bereich der Unternehmensplanung stellt die *Prozessorchestrierung* bzw. -steuerung dar. Planungsprozesse erfordern

Prozessorchestrierung

in der Regel die Mitwirkung zahlreicher Personen im Unternehmen und zwar auf eine kontrollierte und abgestimmte Art und Weise. Es müssen insbesondere Verantwortlichkeiten für die fristgerechte Erfassung genau definierter Plangrößen festgelegt werden. Diese Verantwortlichkeiten müssen dann auch an die Beteiligten kommuniziert sowie die fristgerechte Erfüllung überwacht werden. Darüber hinaus muss zu einem gegebenen Zeitpunkt ein gewisser Stand des erstellten Plans eingefroren und gegen weitere Änderungen geschützt werden.

Planungskalender   Diese Aspekte der Prozessorchestrierung erfordern in der Regel eine softwarebasierte Unterstützung. SAP Analytics Cloud stellt für diese Zwecke den *Planungskalender* als spezielle Komponente zur Verfügung. Abbildung 1.9 zeigt den Planungskalender mit den erforderlichen Aktivitäten eines Planungsprozesses. Die einzelnen Aktivitäten werden dabei bestimmten Personen zugeordnet, die für die fristgerechte Umsetzung der jeweiligen Aktivität verantwortlich sind. Der aktuelle Stand der einzelnen Aktivitäten kann über den Planungskalender für den Prozessverantwortlichen transparent gemacht werden.

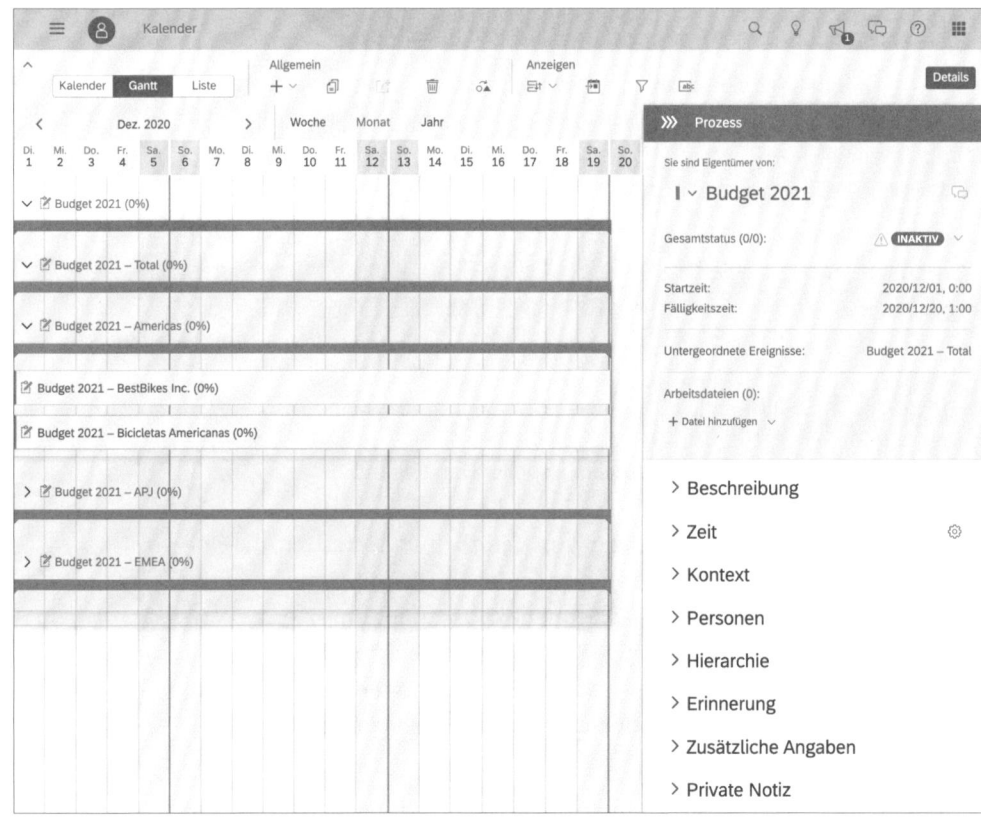

Abbildung 1.9 Beispiel für einen Planungskalender

1.2   Integrierte Unternehmensplanung

Planungsprozesse stellen in vielen Unternehmen einen Kernbestandteil der Unternehmenssteuerung dar. Durch das dynamische Umfeld einer globalisierten Wirtschaft wird es zunehmend wichtiger, kurzfristig auf neu eintretende Situationen reagieren zu können. Dies erfordert zum einen eine höchstmögliche Transparenz der aktuellen Istsituation des eigenen Unternehmens sowie des Marktgeschehens insgesamt. Zum anderen ist die Möglichkeit, vorausschauend zu handeln und sich auf verschiedene Szenarien einstellen zu können, unabdingbar.

Aufgaben und Zielsetzung der Unternehmensplanung

Während die Problematik der aktuellen Zustandsbestimmung Gegenstand der Analyse- und Berichtsprozesse im Unternehmen bildet, haben Planungsprozesse den Bereich der vorausschauenden Unternehmenssteuerung zum Ziel. Hierbei geht es darum, das eigene Unternehmen als Ganzes aber auch heruntergebrochen auf die einzelnen Teilorganisationen in die gewünschte Richtung zu steuern und sicherzustellen, dass die dafür benötigten Ressourcen zur Verfügung gestellt werden. Ein Trend ist in diesem Zusammenhang das Zusammenwachsen von Planung und Analyse.

Zum einen ist natürlich die Analyse und Kontrolle der gewünschten Unternehmensentwicklung ohne einen vorher definierten Plan nicht möglich. Zum anderen verlangt eine realistische Einschätzung der zukünftigen Geschäftsentwicklung eine möglichst umfassende und vor allem qualitativ hochwertige Datenbasis zum aktuellen Geschehen.

Verzahnung von Planung und Analyse

Ein weiterer Trend neben der engeren Verzahnung aus Planung und Analyse ist sicherlich die Notwendigkeit zu immer kürzeren Entscheidungs- und damit auch Planungszyklen. In einem sich ständig ändernden Umfeld, in dem ganze Branchen bedingt durch den zunehmenden technologischen Wandel von neuen Marktteilnehmern in kürzester Zeit vollständig umgekrempelt werden, ist es erforderlich geworden, die eigene Unternehmensperformance ständig im Auge zu behalten. Nur so ist es möglich, bei Bedarf den gewählten Kurs anzupassen und die damit verbundenen Änderungen für die einzelnen Unternehmensteile herauszuarbeiten.

Kürzere Planungszyklen

Die Herausforderung beim letzten Punkt besteht darin, sicherzustellen, dass die Ziele der einzelnen Unternehmensbereiche und die dafür benötigten Ressourcen mit den globalen Vorgaben für das Unternehmen als Ganzes in Einklang gebracht werden. Dies stellt eine nicht zu unterschätzende organisatorische Herausforderung dar.

In diesem Umfeld ist die Unterstützung durch geeignete Software-Tools bei der Unternehmenssteuerung und Entscheidungsunterstützung unabdingbar. Softwareprodukte können dabei insbesondere bei den oben genannten

Aspekten nicht nur hilfreich sein, sondern eine erfolgreiche Unternehmensplanung und -steuerung sogar erst möglich machen.

Trend zu Self-Service
Der genannte Aspekt der Bereitstellung relevanter und qualitativ hochwertiger Daten ist traditionell eine Kernaufgabe von Software-Tools aus dem Bereich Business Intelligence. Diese ermöglichen es, die relevanten Informationen schnell und in einer passenden Darstellung zur Verfügung zu stellen. Dabei ist der Trend zu erkennen, Tools zu bevorzugen, die eine selbstständige Navigation durch die Daten erlauben, um die je nach Situation benötigten Informationen zu erhalten, anstatt lediglich vordefinierte statische Berichte zur Verfügung zu stellen. Solche statischen Berichte geben überdies zum Zeitpunkt der Analyse eventuell schon nicht mehr die aktuelle Situation wider. SAP Analytics Cloud unterstützt Sie in dieser Hinsicht durch vielfältige Analyse- und Reporting-Funktionen sowie durch ein modernes Self-Service-Konzept, mit denen Sie sich die erforderlichen Informationen nach Bedarf auf intuitive Weise selbst zusammenstellen können.

Da SAP Analytics Cloud die Datenanalysefunktionen neben den Funktionen zur Unternehmensplanung in derselben Plattform bereitstellt, entsteht hier auch nicht der sonst vielfach übliche Bruch zwischen Planungs-Tool und Business-Intelligence-Umgebung. Neben dieser engen Verzahnung von Planung und Analyse stellt die Anforderung an kürzere Planungszyklen ganz erhebliche Herausforderungen an ein Planungswerkzeug.

Manueller Aufwand im Planungsprozess
Um Planungszyklen signifikant verkürzen zu können, ist es erforderlich, den Automatisierungsgrad in Planungsprozessen wesentlich zu erhöhen und den Anteil an manuellem Aufwand zu senken. Traditionell erfordern Planungsprozesse immer noch erheblichen manuellen Aufwand für die beteiligten Benutzergruppen im Unternehmen. Dies beginnt bereits bei der Datenübernahme und -aufbereitung der relevanten Informationen aus den Quellsystemen, setzt sich über die eigentliche Erfassung der Planwerte fort und endet dann in manuellem Aufwand zur Konsolidierung und Abstimmung der einzelnen Teilpläne. Hinzu kommt der manuelle Aufwand zur Orchestrierung der beteiligten Personen aus den Fachbereichen, die letztendlich die Plandaten erzeugen. Dieser aufwendige Vorgang aus Datenvorbereitung, manueller Erfassung, Abstimmung und Orchestrierung stellt schon rein zeitlich eine Untergrenze dar, die es vielen Unternehmen nicht möglich macht, Planungsprozesse häufiger als einmal im Quartal, in vielen Fällen sogar nur einmal im Jahr durchzuführen, obwohl dies aus betriebswirtschaftlicher Perspektive erforderlich wäre.

Automatisierung im Planungsprozess
Der Weg hin zu kürzeren Planungszyklen, ja sogar zu ereignisgetriebenen oder nahezu kontinuierlichen Planungsprozessen, kann nur über eine massive Reduktion manueller Prozessschritte erreicht werden, was ebenfalls

hohe Anforderungen an ein Planungswerkzeug stellt. Auf der einen Seite bietet SAP Analytics Cloud vielfältige Schnittstellen zu den unterschiedlichsten IT-Systemen, die für die Planung relevante Informationen bereitstellen. Auf diese Weise lässt sich die Datenbereitstellung für die Planungsprozesse weitgehend automatisieren. Auf der anderen Seite stellt SAP Analytics Cloud eine Umgebung zur Orchestrierung und Steuerung des Prozesses und der daran beteiligten Personen bereit. Dadurch lassen sich Planungsprozesse mit mehreren hundert oder gar tausend Beteiligten effizient und zentral orchestrieren.

Eine erhebliche Effizienzsteigerung und Aufwandsreduktion im Planungsprozess wird durch den Einsatz prädiktiver Verfahren ermöglicht. Durch den Fortschritt im Bereich der künstlichen Intelligenz stehen heute Verfahren zur Verfügung, die es mithilfe moderner Technologien erlauben, präzise Vorhersagen, basierend auf historischen Daten, in Echtzeit zu erstellen. Während der Einsatz solcher Methoden in vielen Bereichen der Technik und Naturwissenschaft heute schon Standard ist, befindet sich ihr Einsatz im Bereich der Betriebswirtschaft noch immer relativ am Anfang. SAP Analytics Cloud bietet hier eine ganze Reihe von Verfahren, die sich nahtlos in den Planungsprozess einfügen lassen und somit zu einem erheblichen Zeitgewinn und einer Effizienzsteigerung in Planungsprozessen führen können.

Prädiktive Planung steigert die Prozesseffizienz

Als letzter und zentraler Punkt sei hier noch einmal der *kollaborative Aspekt* im Bereich der Planung aufgegriffen. Wie bereits einführend kurz erläutert, besteht eine der größten Herausforderungen im Bereich der Unternehmensplanung in der gemeinschaftlichen Erstellung eines Plans für die einzelnen organisatorischen Einheiten eines Unternehmens, der am Ende dem Zweck dient, die Unternehmensziele zu erreichen. Die verschiedenen organisatorischen Einheiten werden sowohl regional als auch funktional, z. B. Finanzen, Personal, Vertrieb, Produktion usw., gegliedert. Die Anforderungen der einzelnen Funktionsbereiche müssen sowohl fachlich als auch datentechnisch erfüllt werden.

Kollaborative Planung

Abbildung 1.10 zeigt beispielhaft den Ablauf und das Zusammenspiel verschiedener Organisationsebenen im Rahmen einer Unternehmensplanung:

Ablauf des Planungsprozesses

1. Der Planungsprozess beginnt mit der Erstellung eines strategischen Plans, der die Ziele des Gesamtunternehmens sowie einige zentrale Annahmen für die nächsten Jahre festlegt.

2. Dieser strategische Plan wird dann auf die einzelnen Ebenen des Unternehmens wie Geschäftsfelder und Unternehmenseinheiten im Rahmen einer Mittelfrist- oder auch Kurzfristplanung, die etwa das nächste Geschäftsjahr umfasst, heruntergebrochen.

3. Auf der Ebene der Geschäftseinheiten erfolgt dann auch die Planung der unterschiedlichen Funktionsbereiche, wie z. B. Vertrieb, Personal und Einkauf.

4. Die einzelnen Teilpläne werden dann wieder zu einem (Finanz-)Plan zusammengesetzt.

5. Dieser wird auf den höheren Ebenen mit den ursprünglichen Top-down-Vorgaben verglichen.

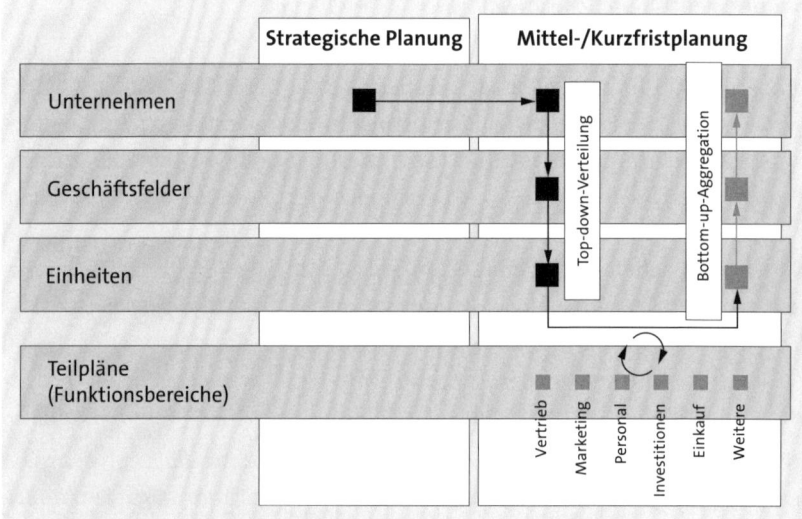

Abbildung 1.10 Typische Organisation eines Planungsprozesses

Neben der Organisation und der Orchestrierung eines solchen Prozesses stellen sich auch Herausforderungen bei der Integration der einzelnen Teilpläne. In der Regel werden für die verschiedenen Funktionsbereiche unterschiedliche Datenmodelle benötigt, da jeweils verschiedene Planungsobjekte und -größen relevant sind.

Im Rahmen einer Vertriebsplanung werden z. B. Absatzmengen für die einzelnen Produkte geplant, die als Umsatz in den Finanzplan einfließen. Eine Personalplanung erstellt hingegen einen Plan für die Anzahl der erforderlichen Mitarbeiter und deren Gehälter für einzelne Jobfamilien. Die Ergebnisse des Personalplans fließen dann als Personalkosten in den Finanzplan zurück. Neben der unterschiedlichen Struktur der einzelnen Teilpläne kommt hinzu, dass es typischerweise Abhängigkeiten zwischen diesen Plänen gibt. Eine geplante Erhöhung der Umsatzerlöse kann z. B. einen erhöhten Bedarf an Personal im Vertrieb nach sich ziehen.

SAP Analytics Cloud ermöglicht es Ihnen, die einzelnen Teilpläne als eigenständige Planungsanwendungen mit einem für den jeweiligen Teilprozess geeigneten Datenmodell umzusetzen. Die verschiedenen Teilpläne können dann wieder in einen gemeinsamen Finanzplan integriert werden. Technische Funktionen von SAP Analytics Cloud, die solche Szenarien unterstützen, sind dabei z. B. die Möglichkeit, dieselben Stammdaten in Form sogenannter öffentlicher Dimensionen in mehreren Datenmodellen zu nutzen sowie Funktionen zum Transfer der Daten zwischen verschiedenen Datenmodellen. Die einzelnen Funktionen werden im weiteren Verlauf des Buches im Detail besprochen.

Plattform für eine integrierte Unternehmensplanung

> **Plan – Budget – Forecast**
>
> Einfach ausgedrückt, bezieht sich der Begriff *Plan* allgemein auf zukünftige Aktivitäten oder Ziele eines Unternehmens. Im Rahmen einer Unternehmensplanung werden zum einen die Ziele formuliert, die das Unternehmen erreichen möchte, und zum anderen notwendige Aktivitäten zur Umsetzung dieser Ziele.
>
> Das *Budget* legt die Ressourcen fest, die zur Umsetzung eines Plans erforderlich sind bzw. zur Verfügung stehen.
>
> Im Rahmen eines *Forecasts* wird während der Umsetzung des Plans regelmäßig eine Prognose erstellt, die unter der Berücksichtigung bereits realisierter Ergebnisse und eines aktuellen Ausblicks ermittelt, welche Ergebnisse tatsächlich zu erwarten sind.

1.3   Weitere Produkte im Umfeld der Planung

Neben SAP Analytics Cloud bietet das Produktportfolio von SAP weitere Lösungen, die entweder einen ähnlichen Funktionsumfang abdecken oder in sehr engem Zusammenhang mit SAP Analytics Cloud stehen. In diesem Abschnitt werden einige dieser Lösungen und deren Integrationspunkte zu SAP Analytics Cloud betrachtet.

Zu den hier dargestellten Lösungen zählen SAP Business Planning and Consolidation (SAP BPC) sowie SAP S/4HANA Finance for Group Reporting.

1.3.1   SAP Business Planning and Consolidation (SAP BPC)

SAP BPC ist ein Tool für die Planung und (Finanz-)Konsolidierung und wird als klassische On-Premise-Lösung angeboten. SAP BPC verwendet als zugrunde liegende Plattform die Data-Warehouse-Lösung SAP BW/4HANA und ist ein etabliertes Produkt mit einer langen Historie und einer umfangreichen Nutzerbasis.

Es gibt zwei verschiedene Varianten, um Datenmodelle in SAP BPC zu erstellen: mit dem *Standard Model* und mit dem *Embedded Model*.

Standard Model

Das Standard Model von SAP BPC verwendet das zugrunde liegende SAP-BW-System als Plattform zur Ablage der Daten und Meta-Informationen der erstellten Planungsanwendungen. Das Erstellen und Verwalten der Datenmodelle erfolgt dabei nicht direkt auf der Ebene von SAP BW, sondern in einer dedizierten Modellierungsumgebung, die SAP BPC mitbringt.

Embedded Model

Bei der Verwendung der *eingebetteten Variante* (*Embedded Model*) werden hingegen direkt dieselben Artefakte wie Info-Objekte und InfoProvider von SAP Business Warehouse (SAP BW) genutzt. Das Erstellen der Datenmodelle und die Versorgung dieser mit Daten erfolgt daher nicht in einer speziellen Umgebung, sondern direkt innerhalb der Administrator Workbench von SAP BW/4HANA.

Je nach Anwendungsfall, d. h. je nach umzusetzendem Prozess, können Sie entweder ein Embedded Model oder ein Standard Model verwenden. Eine umfassende Diskussion der Vor- und Nachteile der beiden Modellvarianten für unterschiedliche Anwendungsfälle würde den Umfang dieses Kapitels sprengen.

[»]

Einsatz der unterschiedlichen Modelle in der Planung

Das Embedded Model von SAP BPC kommt immer dann zum Einsatz, wenn eine enge Integration in die Datenstrukturen von SAP BW erfolgen soll. Dies kann häufig der Fall sein, wenn es sich bei dem zu implementierenden Planungsprozess um einen konzernweiten globalen Prozess handelt, bei dem zentral verwaltete Datenstrukturen und Stammdaten zum Einsatz kommen, die in einem zentralen SAP-BW-System für Reporting- und Analyseprozesse vorgehalten werden.

Ein häufiger Einsatzbereich des Standard Models von SAP BPC ist in Planungsanwendungen zu finden, die eher lokal in einem Funktionsbereich oder einer Division des Unternehmens angesiedelt sind und in denen keine übermäßigen Anforderungen an die Integration in eine zentrale IT-Infrastruktur gestellt werden.

Diese Abgrenzungskriterien können natürlich je nach Anwendungsfall variieren.

Zusammenspiel von SAP Analytics Cloud und SAP BPC

Für Unternehmen, die SAP BPC bereits im Einsatz haben, ergeben sich durch die Verwendung von SAP Analytics Cloud interessante Erweiterungsmöglichkeiten. So kann SAP Analytics Cloud z. B. für neue Planungsanwendungen eingesetzt werden, die relativ schnell in der Cloud implementiert werden. Diese Planungsanwendungen können dann mit dem bereits vorhandenen SAP-BPC-System integriert werden. Ein anderer Anwendungsfall kann darin bestehen, den Endanwendern einer existierenden Planungsanwendung, die mit SAP BPC umgesetzt wurde, eine moderne webbasierte Benutzeroberfläche zur Verfügung zu stellen.

Technisch unterscheidet sich die Integration von SAP Analytics Cloud und SAP BPC je nach eingesetzter Modellvariante wie folgt:

- Export-/Importschnittstelle für das SAP BPC Standard Model
- Live-Verbindung für das SAP BPC Embedded Model

Die Integration zwischen SAP Analytics Cloud ist in Abbildung 1.11 dargestellt.

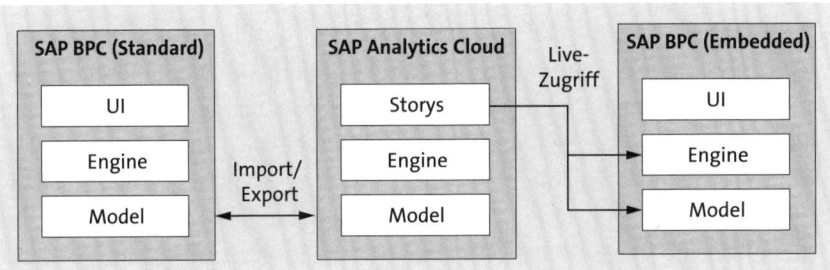

Abbildung 1.11 Integration von SAP Analytics Cloud und SAP BPC

Die verschiedenen Lösungen sind dabei jeweils in drei verschiedene Bereiche untergliedert:

- Modelle
- Planungslogik
- Benutzeroberfläche

Diese drei Bereiche repräsentieren den strukturellen Aufbau einer Planungsanwendung, die mit der jeweiligen Lösung aufgebaut wird. SAP Analytics Cloud stellt mit Storys und Analytic Applications Komponenten für die UI-Schicht einer Anwendung zur Verfügung. Der Aspekt der Planungslogik bezieht sich auf spezielle Planungsfunktionen, die von der Lösung bereitgestellt werden, und der Bereich Modelle bezieht sich auf die Datenablage in der jeweiligen Lösung.

Eine Integration zwischen SAP Analytics Cloud und dem SAP BPC Standard Model erfolgt auf der Ebene der Datenmodelle. SAP Analytics Cloud ermöglicht den Import von Planungsmodellen aus SAP BPC. Außerdem können Plandaten, die in SAP Analytics Cloud erfasst werden, wieder nach SAP BPC

Integration mit dem Standard Model

exportiert werden. Diese Integration ermöglicht es, Teilprozesse in SAP Analytics Cloud zu implementieren und die relevanten Daten zwischen den beiden Lösungen auszutauschen. Ein typisches Beispiel besteht darin, dass der Finanzplan – d. h. die Planung von Gewinn- und Verlustrechnung (GuV), Bilanz und Cash Flow – auf der Konzernebene in das SAP BPC Standard Model implementiert ist. Die einzelnen Teilprozesse wie Umsatz- und Kostenplanung oder auch die Planung der Overhead-Kosten könnten dann in SAP Analytics Cloud implementiert werden. Einzelne Unternehmensbereiche oder Gesellschaften können diese Teilprozesse dann individuell ausgestalten und die Ergebnisse in das Datenmodell der Konzernplanung in SAP BPC zurückspielen, wo dann im Rahmen eines Konsolidierungsprozesses der Konzernplan finalisiert wird. Für die Implementierung des Teilprozesses werden dann Funktionalitäten von SAP Analytics Cloud aus den Bereichen der Planungslogik wie Datenaktionen und Allokationsprozesse sowie die Komponenten des UI Layers, Storys und Analytic Applications, verwendet.

Integration mit dem Embedded Model
Die Integration von SAP Analytics Cloud mit dem SAP BPC Embedded Model verwendet eine sogenannte *Live-Verbindung*. Bei der Live-Verbindung zum SAP BPC Embedded Model werden, ähnlich wie im Falle der Analyse- und Berichtsprozesse, die in Abschnitt 1.1, »SAP Analytics Cloud im Überblick«, beschrieben werden, keine Daten zwischen dem Cloud-Server und dem Backend von SAP BPC ausgetauscht. Die Integration erfolgt vielmehr auf der UI-Ebene.

Das bedeutet, dass die Datenmodelle sowie die Planungsfunktionen in SAP BPC implementiert werden. SAP Analytics Cloud stellt in diesem Szenario die Benutzeroberfläche der Planungsanwendung in Form von Storys und Analytic Applications zur Verfügung. Über diese können Sie Oberflächen zur Plandatenerfassung und Ausführung von Planungssequenzen erstellen. Die Benutzereingaben werden dann über die Live-Verbindung direkt an SAP BPC gesendet und in den entsprechenden Datenmodellen gespeichert. Es werden keine Daten in SAP Analytics Cloud selbst gespeichert. Eventuell erforderliche Berechnungen werden ebenfalls mit den Mitteln von SAP BPC, wie beispielsweise Planungssequenzen, implementiert und können aus der Story oder der Analytic Application heraus angestoßen werden.

Die Datenmodelle sowie die Planungssequenzen werden mit den Mitteln von SAP BPC implementiert. Entsprechende Planungsfunktionen von SAP Analytics Cloud wie Datenaktionen und Allokationsprozesse kommen in diesem Integrationsszenario nicht zum Einsatz – anders als im Integrationsszenario mit dem SAP BPC Standard Model.

Diese Art der Integration ist insbesondere in Fällen interessant, in denen schon eine Planungsanwendung existiert, die mit dem SAP BPC Embedded

Model umgesetzt worden ist und für die Sie unter Zuhilfenahme von SAP Analytics Cloud eine moderne webbasierte Oberfläche bereitstellen wollen. Dies kann auch insbesondere dann sinnvoll sein, wenn SAP Analytics Cloud schon als Analysewerkzeug über die Live-Verbindung mit SAP BW verwendet wird. Die Anwender erhalten somit die gleiche Oberfläche für die Planung.

Abschließend sei hier noch angemerkt, dass eine import-/exportbasierte Integration zwischen SAP Analytics Cloud und dem SAP BPC Embedded Model ebenfalls möglich ist. In diesem Fall kommt die Import- bzw. Exportverbindung für SAP BW zum Einsatz, die in SAP Analytics Cloud zur Verfügung gestellt wird.

1.3.2   SAP S/4HANA Finance for Group Reporting

Ein weiterer Anwendungsfall für SAP Analytics Cloud ist die Finanzplanung und Analyse. Hier wird SAP Analytics Cloud zur Umsetzung typischer Finanzplanungsprozesse eingesetzt. Systemseitig ist hierbei insbesondere die enge Integration mit der Finanzbuchhaltung wichtig.

Darüber hinaus werden die Planungsprozesse eng mit weiteren Prozessen des Konzernabschlusses integriert. Relevante Teilprozesse sind hierbei das Bereitstellen der Meldedaten aus den unterschiedlichen Unternehmenseinheiten, der eigentliche Vorgang der Konsolidierung sowie das Veröffentlichen der aufgrund von Publizitätsvorschriften benötigten Berichte.

SAP Analytics Cloud als Teil des Konzernberichtswesens

Abbildung 1.12 zeigt die einzelnen Lösungen für die verschiedenen Abschlussprozesse bzw. Prozesse in der Konsolidierung. Die zentrale Lösung, die hier zum Einsatz kommt, ist *SAP S/4HANA Finance for Group Reporting*. Hierbei handelt es sich um eine Komponente zur Konsolidierung, die direkt in SAP S/4HANA integriert ist und somit direkt auf die Daten der einzelnen Gesellschaften zugreifen kann. Für Unternehmenseinheiten, die ihre Finanzbuchhaltung und somit ihre lokalen Abschlüsse außerhalb von SAP S/4HANA erstellen, steht mit *SAP Group Reporting Data Collection* eine Lösung zur Erfassung dieser externen Meldedaten zur Verfügung.

SAP S/4HANA Finance for Group Reporting kann neben den Istdaten auch Plandaten verarbeiten. In diesem Fall werden die Plandaten im Rahmen der Planungs- und Forecast-Prozesse in SAP Analytics Cloud erzeugt und über geeignete Schnittstellen in SAP S/4HANA übertragen. Die Plandaten können dann im Rahmen einer Plankonsolidierung verarbeitet werden. Letztendlich können über *SAP Disclosure Management* Finanzberichte für die Publikation vorbereitet und schließlich veröffentlicht werden.

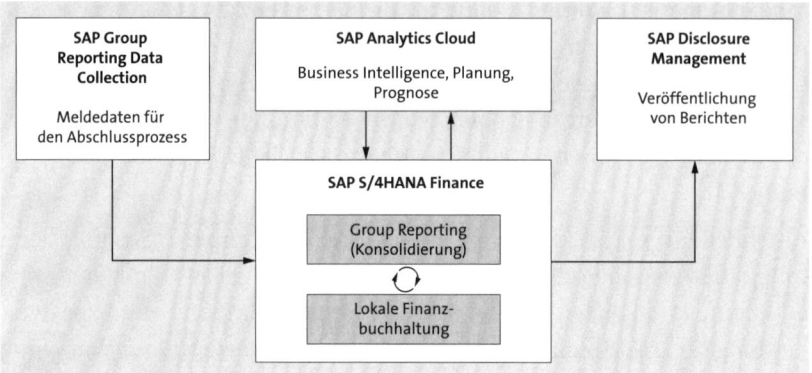

Abbildung 1.12 SAP Analytics Cloud im Zusammenspiel mit SAP S/4HANA Finance for Group Reporting

[»]

Business-Content-Netzwerk

Für die Implementierung von Finanzplanungsprozessen im Zusammenspiel mit SAP S/4HANA werden Vorlagen und vorkonfigurierte Planungsmodelle über das sogenannte *Business-Content-Netzwerk* von SAP Analytics Cloud zur Verfügung gestellt. Dieser Business Content wird im Detail in Kapitel 8, »Vordefinierter Planungs-Content«, betrachtet.

1.4   Beispiel: Umsatzplanung

Die unterschiedlichen Funktionen von SAP Analytics Cloud werden in diesem Buch immer anhand von Beispielen illustriert, um sie im Kontext einer konkreten Planungsanwendung darzustellen. Bei vielen Beispielen liegt gedanklich ein vereinfachter Umsatzplanungsprozess, wie er in Abbildung 1.13 dargestellt ist, zugrunde. Ziel dieses Prozesses ist es, die Absatzmengen und Umsatzerlöse für das nächste Geschäftsjahr zu planen. Bei dem Beispielunternehmen soll es sich um einen Hersteller von Fahrrädern handeln, der unterschiedliche Kategorien von Fahrrädern produziert und vertreibt.

| Strategische Planung von Umsatzerlösen | Top-down-Verteilung | Planung von Absatzmengen | Planung von Bruttoerlösen | Planung von Erlösschmälerungen | Transfer in GuV-Planung |

Abbildung 1.13 Planungsprozess der Beispielanwendung für die Umsatzplanung

Der Beispielprozess setzt sich aus den folgenden Planungsschritten zu-sammen:

Beispiel-
anwendung
für die Umsatz-
planung

1

1. **Strategische Planung**

   Die Umsatzerlöse werden auf aggregierter Ebene (*Produktgruppen*) für ei-nen mehrjährigen Zeithorizont (3–5 Jahre) geplant.

2. **Top-down-Verteilung**

   Der strategische Plan wird für das nächste Planjahr auf Monatsebene und Einzelproduktebene automatisiert heruntergebrochen.

3. **Planung der Absatzmengen**

   Die Absatzmengen werden auf den Ebenen Vertriebseinheit, Produkt und Kunde geplant.

4. **Planung der Bruttoumsatzerlöse**

   Die Bruttoumsatzerlöse werden aus den geplanten Mengen und den Ab-satzpreisen ermittelt.

5. **Planung der Erlösschmälerungen**

   Die Erlösschmälerungen werden auf der Ebene der Kunden geplant und über eine Allokationsfunktion auf die einzelnen Produkte entsprechend des Einzelumsatzes heruntergebrochen.

6. **Übergabe der Daten in die Finanzplanung**

   Die geplanten Umsatzerlöse werden inklusive Erlösschmälerungen in die Finanzplanung zur Erstellung der Plan-GuV übertragen.

Das diesem Prozess zugrunde liegende Datenmodell ist schematisch in Ab-bildung 1.14 dargestellt.

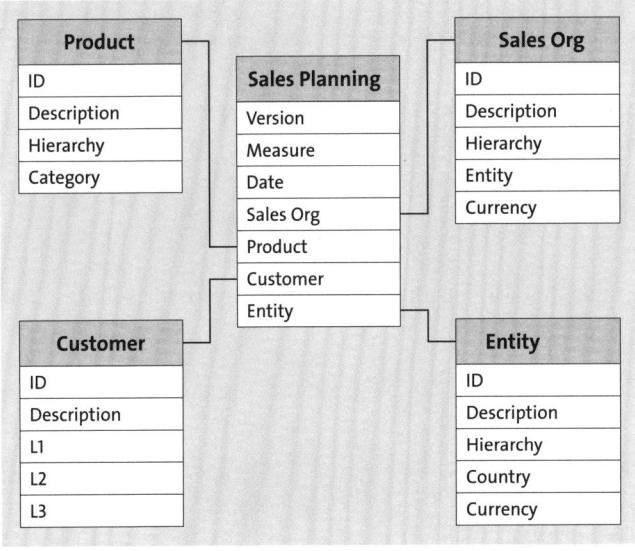

Abbildung 1.14 Beispiel für ein Datenmodell im Sternschema

Bei dem skizzierten Datenmodell handelt es sich um ein klassisches Stern-schema mit den folgenden Dimensionen:

- **Version**
  Dient zur Abgrenzung verschiedener Datenkategorien wie Ist, Plan, Bud-get und Forecast. Darüber hinaus können weitere Versionen für be-stimmte Szenarien definiert werden.

- **Date**
  Zeitdimension auf der Monatsebene. Alle Planwerte werden mit einem bestimmten Zeitbezug erfasst.

- **Measure**
  Diese Dimension enthält die betriebswirtschaftlichen Kennzahlen des Modells.

- **Product**
  Produkte, die das Unternehmen herstellt und verkauft.

- **Customer**
  Kunden des Unternehmens.

- **Sales Org**
  Vertriebsorganisationen, die für den Verkauf der Produkte verantwort-lich sind.

- **Entity**
  Legale Gesellschaften, aus denen sich das Unternehmen zusammensetzt.

Das Erstellen von Datenmodellen und die zugrunde liegenden Konzepte werden im Detail in Kapitel 2, »Datenmodellierung«, behandelt.

[»]

Kontenbasierter Ansatz

An dieser Stelle sei vorab auf eine Besonderheit hingewiesen. Dem Modell liegt ein sogenannter *kontenbasierter Ansatz* zugrunde. Das bedeutet, dass die betriebswirtschaftlichen Kennzahlen als Elemente der Dimension **Measure** abgebildet werden.

Im Einzelnen enthält das Modell die folgenden betriebswirtschaftlichen Kennzahlen:

- **Gross Sales**: Bruttoumsatzerlöse
- **Discounts**: Erlösschmälerungen
- **Quantity**: Absatzmengen
- **Price**: Absatzpreise

Für das Datenmodell können dann Datenerfassungsmasken in Form von Storys erstellt werden.

Abbildung 1.15 zeigt eine Story, über die Sie die Absatzmengen als Teil des Beispielprozesses erfassen können. Die geplanten Absatzmengen für die einzelnen Monate des Planungshorizonts werden pro Produkt in der Tabelle erfasst. Über entsprechende Auswahlelemente können Sie die Vertriebsorganisation bzw. die zu planenden Produkte auswählen, um den in der Tabelle dargestellten Datenbereich einzugrenzen. Die Details im Umgang mit der Story im Kontext von Planungsanwendungen werden in Kapitel 3, »Planungsintegration in die Story«, behandelt.

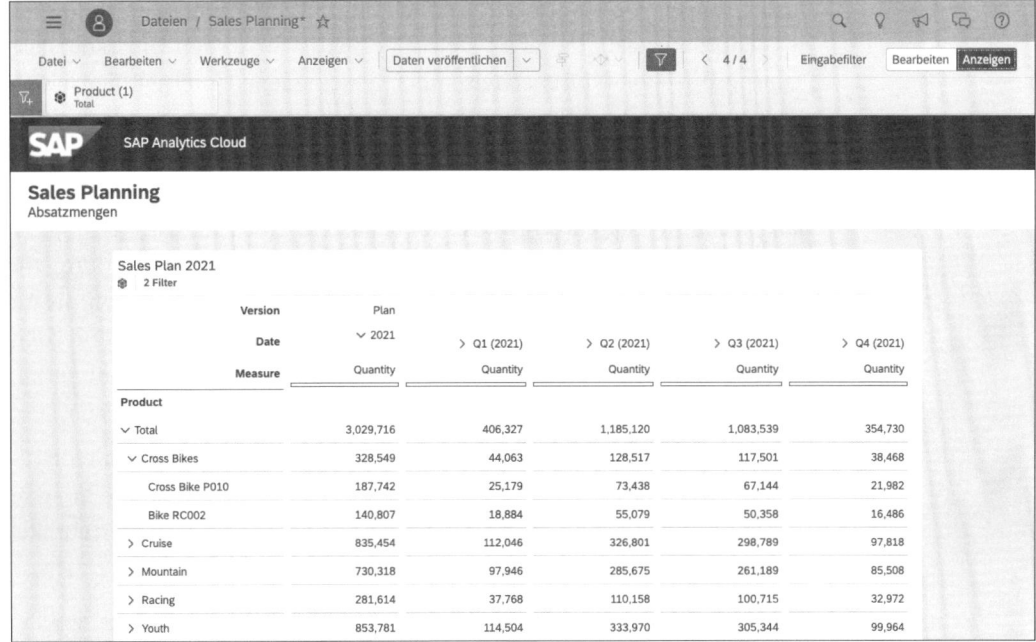

Abbildung 1.15 Story zur Plandatenerfassung

Das hier dargestellte Datenmodell ist Teil des Beispiel-Contents, der über das Business-Content-Netzwerk innerhalb von SAP Analytics Cloud zur Verfügung gestellt wird (siehe Kapitel 8, »Vordefinierter Planungs-Content«).

1.5   Zusammenfassung

In diesem Kapitel wurde SAP Analytics Cloud als Plattform für die Umsetzung von Unternehmensplanungsprozessen vorgestellt. SAP Analytics Cloud vereint Business Intelligence, Planung und Predictive Analytics in einer einzigen Lösung, die als cloudbasierte Software zur Verfügung gestellt wird. SAP Analytics Cloud ist eine in sich geschlossene Anwendung, die komplett über den Webbrowser bedient wird.

Das Kapitel hat kurz die verschiedenen Funktionsbereiche von SAP Analytics Cloud vorgestellt, ohne den Anspruch, alle Funktionen im Detail erläutern zu können. Entscheidend ist, dass alle Funktionen zur Analyse und Visualisierung von Daten auch im Planungsumfeld zur Verfügung stehen.

Des Weiteren wurden in diesem Kapitel die Herausforderungen dargestellt, die sich bei der Umsetzung von Planungsprozessen in Unternehmen stellen. Dies betrifft zum einen organisatorische Herausforderungen bei der Durchführung von Planungsprozessen und zum anderen datentechnische Herausforderungen. Der erste Aspekt bezieht sich auf den Umstand, dass Planungsprozesse typischerweise über verschiedene Unternehmensbereiche hinweg durchgeführt werden. Die Ergebnisse der einzelnen Teilprozesse müssen dabei zusammengeführt werden, um ein ganzheitliches Bild für das Unternehmen zu erhalten, das mit den strategischen Zielen in Einklang steht. Aus datentechnischer Sicht besteht eine Herausforderung darin, jeder Unternehmenseinheit die geeignete Planungsanwendung zur Verfügung zu stellen und die dafür relevanten Daten bereitzustellen, die für den jeweiligen Teilprozess erforderlich sind. Mit SAP Analytics Cloud steht eine Plattform zur Verfügung, die es ermöglicht, die einzelnen Planungsanwendungen umzusetzen und miteinander zu integrieren.

Als weiteres Thema wurde SAP Analytics Cloud in Beziehung zu anderen Lösungen des SAP-Portfolios gesetzt. Es wurde insbesondere auf die Integration mit SAP BPC eingegangen sowie SAP S/4HANA Finance for Group Reporting.

Zu guter Letzt wurde ein Beispiel für einen Planungsprozess sowie das zugehörige Datenmodell skizziert, auf das im weiteren Verlauf des Buches Bezug genommen wird.

Kapitel 2
Datenmodellierung

Das Datenmodell zu definieren und in SAP Analytics Cloud zu implementie-
ren, ist eine zentrale Aufgabe im Planungsprozess. Dieses Kapitel behan-
delt die grundlegenden Konzepte und Funktionen der Modellierungsum-
gebung von SAP Analytics Cloud und zeigt Ihnen, wie Sie Daten aus
Quellsystemen integrieren können.

Dieses Kapitel behandelt einen der wichtigsten Aspekte bei der Umsetzung
eines Planungsprozesses mithilfe des Planungswerkzeugs SAP Analytics
Cloud: die Erstellung des Datenmodells. Abschnitt 2.1, »Einführung«, gibt
dabei einen kurzen Überblick über die Konzepte, die einem Modell in SAP
Analytics Cloud zugrunde liegen. In Abschnitt 2.2, »Die Modellierungsumgebung«, wird dann die eigentliche Modellierungsumgebung im Detail vorgestellt, und Sie erfahren, wie ein Datenmodell erstellt wird. Abschnitt 2.3,
»Merkmalsbeziehungen«, stellt die Validierungsregeln vor, die es erlauben,
zusätzliche semantische Beziehungen für ein Datenmodell zu definieren,
um einen höheren Grad an Datenkonsistenz sicherzustellen.

Abschließend behandelt Abschnitt 2.4, »Datenintegration«, die Datenintegration. Sobald das Datenmodell erstellt ist, müssen in der Regel Daten aus
den unterschiedlichsten Quellsystemen übernommen werden, um z. B. aktuelle Istwerte aus einem transaktionalen System als Ausgangswerte für
den Planungsprozess zur Verfügung zu haben. Daneben werden Stammdaten in der Regel aus zentralen Stammdatenverwaltungssystemen wie einem Enterprise Data Warehouse übernommen. Bei Planungsanwendungen
ergibt sich im Gegensatz zu reinen analytischen Anwendungen noch die Besonderheit, dass im Rahmen des Planungsprozesses neue Daten generiert
werden. Diese werden oftmals wiederum in anderen IT-Systemen zur operativen Weiterverarbeitung benötigt, sodass sich hier die Anforderung an
eine Extraktion der Planwerte oder gar eine direkte Retraktion in die operativen Datenverarbeitungssysteme stellt. Abschnitt 2.4, »Datenintegration«,
geht auf alle genannten Aspekte im Detail ein.

2.1 Einführung

Die Definition eines Datenmodells ist wesentlicher Bestandteil bei der Umsetzung eines Planungsprozesses in einem Softwaresystem wie SAP Analytics Cloud. Ein gutes Datenmodell leistet Folgendes: Es erfasst die Anforderungen des Fachkonzepts und stellt sicher, dass alle Informationen, die während eines Planungsprozesses verarbeitet werden müssen, im Softwaresystem in strukturierter Form gespeichert werden. Diese Informationen müssen dem Planungsteam zu gegebener Zeit in der gewünschten Form zur Verfügung gestellt werden können. Ein gutes Datenmodell berücksichtigt dabei idealerweise schon mögliche zukünftige Erweiterungen, die sich aus Prozessänderungen ergeben können.

Kennzahlen im Planungsprozess
Im Kontext von Planungsprozessen umfasst das Datenmodell die relevanten betriebswirtschaftlichen Größen, die Sie im Prozess erfassen sollen bzw. die das eigentliche Ergebnis des Planungsprozesses darstellen. Dazu gehören z. B. Absatzmengen, Preise und Umsatzerlöse. Daneben können auch weitere Größen relevant sein, die Sie bei Ihren Aufgaben in der Planung unterstützen, die aber nicht zum eigentlichen Gegenstand des Planungsprozesses zählen.

Vertriebsplanung

So können im Kontext einer Vertriebsplanung z. B. Kennzahlen zum prognostizierten Wachstum des Bruttoinlandsprodukts eine wertvolle Information darstellen, obwohl diese Kennzahlen selbst nicht Gegenstand der Vertriebsplanung sind.

Neben den betriebswirtschaftlichen Kennzahlen selbst ist zu definieren, auf welche Objekte sich diese Kennzahlen beziehen. So kann es z. B. sinnvoll sein, Umsatzerlöse auf eine Kombination aus Produkt, Kunde und Vertriebsorganisation zu beziehen. Die Definition dieser informationstechnischen Anforderungen ist zentraler Gegenstand der Konzeptionsphase einer Planungsanwendung. Eine enge Zusammenarbeit mit der Fachabteilung ist dazu unumgänglich. Dabei ist es hilfreich, die Konzepte und Möglichkeiten des eingesetzten Planungswerkzeugs gut zu kennen.

Bei der strukturierten Ablage von betriebswirtschaftlichen Daten haben sich zum einen die relationale Datenmodellierung und zum anderen die multidimensionale Datenmodellierung bewährt. Daneben sind weitere Modellierungsansätze wie die graforientierte Datenmodellierung und die dokumentenorientierte Datenmodellierung möglich.

Vereinfachend ausgedrückt, werden in einem *relationalen Datenmodell* die Modellentitäten wie Kunde oder Produkt auf einzelne Datenbanktabellen abgebildet. Die Relationen zwischen den Entitäten werden durch (Fremd-)Schlüsselbeziehungen dargestellt. Die Vorgehensweise wird auch als Normalisierung bezeichnet und führt im Resultat zu einer möglichst redundanzfreien Datenhaltung. Das Konzept der relationalen Datenmodellierung ist im Kontext der betriebswirtschaftlichen Datenverarbeitung vor allem in transaktionsorientierten Softwaresystemen als Standard anzusehen.

Die *multidimensionale Datenmodellierung* wird hingegen vor allem in der analytischen Datenverarbeitung genutzt. Hierbei werden Informationen logisch als Datenpunkte in einem multidimensionalen Datenwürfel (*Data Cube*) angeordnet. Die Achsen des Würfels dienen dazu, die Datenpunkte des Würfels zu beschreiben und repräsentieren die unterschiedlichen Aspekte (*Dimensionen*) wie beispielsweise **Kunde** oder **Produkt**.

Technisch werden diese Datenwürfel häufig ebenfalls mithilfe von relationalen Datenbanken umgesetzt. Die Daten werden dabei mittels eines Sternschemas auf eine Faktentabelle und darum gruppierte Dimensionstabellen aufgeteilt. Die multidimensionale Datenmodellierung und deren technische Umsetzung findet vor allem im Kontext von Data-Warehousing- und Business-Intelligence-Systemen Verwendung. Bei solchen Systemen steht die Verarbeitung großer betriebswirtschaftlicher Datenmengen in Echtzeit zu analytischen Zwecken für die Fachabteilung im Vordergrund.

Neben diesen beiden klassischen Konzepten aus den Bereichen der OLTP- bzw. OLAP-Datenverarbeitungssysteme sind in der Vergangenheit eine Vielzahl weiterer Konzepte zur Datenmodellierung entstanden. Dazu gehören z. B. die graforientierte Datenmodellierung und die dokumentenorientierte Datenmodellierung und -verarbeitung, die wir in diesem Buch nicht näher betrachten.

Bei den unterschiedlichen, am Markt verfügbaren Planungslösungen lässt sich eine klare Tendenz zu den beiden klassischen Ansätzen der relationalen bzw. multidimensionalen Datenmodellierung erkennen.

Ein häufig für die Planung genutztes Werkzeug, das auf eine relationale Modellierung setzt, ist *Microsoft Excel*. Obwohl Microsoft Excel nicht als dediziertes Planungswerkzeug konzipiert ist, ist es in der betriebswirtschaftlichen Praxis häufig im Planungsumfeld anzutreffen. Die Nähe zum Konzept der relationalen Modellierung ergibt sich dabei dadurch, dass Entitäten über die Spalten eines Spreadsheet und Verknüpfungen über direkte Zellreferenzen oder S-Verweise dargestellt werden können. Aufgrund der großen Verbreitung von Microsoft Excel im betriebswirtschaftlichen Umfeld sind grundlegende Konzepte wie Tabellen und Referenzen gut bekannt.

Softwaregestützte Planungswerkzeuge wie SAP Analytics Cloud greifen daher solche Konzepte auf, um die Verständlichkeit und Akzeptanz der Lösung zu steigern, auch wenn sie ein anderes Konzept der Datenmodellierung verfolgen.

Viele Planungswerkzeuge, die für einen breiten Anwendungsbereich in verschiedenen Planungsprozessen entwickelt wurden, bauen auf einem multidimensionalen Modellierungsansatz auf. Ein Grund für die starke Verbreitung der multidimensionalen Modellierung im Planungsumfeld liegt in einer natürlichen Nähe der Planungswerkzeuge zu analytischen Softwarewerkzeugen aus dem Bereich Business Intelligence begründet (siehe Kapitel 1, »Planung mit SAP Analytics Cloud«). Des Weiteren stellen Data-Warehouse-Systeme in vielen Unternehmen die Datengrundlage für Planungsprozesse bereit, sodass die relevanten Informationen bereits in einer multidimensionalen Struktur vorliegen.

Modellierungs-
konzept in SAP
Analytics Cloud

SAP Analytics Cloud folgt, ebenso wie SAP Business Planning and Consolidation (SAP BPC), ebenfalls dem multidimensionalen Modellierungsansatz. Dabei wird mit SAP Analytics Cloud eine Plattform zur Verfügung gestellt, die es Unternehmen erlaubt, Planungsprozesse aus den unterschiedlichsten Unternehmensbereichen umzusetzen und damit auch ganz unterschiedliche Datenmodelle zu implementieren.

SAP Analytics Cloud wird deshalb nicht mit einem vordefinierten Datenmodell ausgeliefert, sondern bietet eine Modellierungsumgebung, die es den Nutzern erlaubt, Modelle zu erstellen, die ihren individuellen betriebswirtschaftlichen Anforderungen gerecht werden. Um dennoch nicht vollständig auf der »grünen Wiese« starten zu müssen, bietet SAP Analytics Cloud über das Business-Content-Netzwerk zahlreiche Standard-Templates für die wichtigsten betriebswirtschaftlichen Planungsprozesse.

Nach der Aktivierung dieser Content-Pakete stehen Ihnen dann Datenmodelle zur Verfügung, auf denen Sie aufsetzen können. Diese Modelle sind dabei in der Regel so aufgebaut, dass eine Datenversorgung aus typischen Quellsystemen wie SAP S/4HANA oder SAP SuccessFactors Employee Central relativ schnell aufgesetzt werden kann. Trotz der Verfügbarkeit dieser vordefinierten Modelle aus dem Business Content empfiehlt sich eine intensive Auseinandersetzung mit der Modellierungsumgebung von SAP Analytics Cloud.

In vielen Anwendungsfällen der betriebswirtschaftlichen Praxis ist eine kundenindividuelle Modellierung erforderlich, auch aufgrund des Umstandes, dass Planungsprozesse in der Regel nicht so stark standardisierbar wie andere Unternehmensprozesse sind. Um frühzeitig bei der Definition des Fachkonzepts für einen Planungsprozess die Umsetzbarkeit im Planungs-

Tool abschätzen zu können, empfiehlt es sich ebenfalls, ein gutes Verständnis der zugrunde liegenden Konzepte und Funktionen der Datenmodellierung zu entwickeln, auch wenn Sie selbst vielleicht nicht mit der eigentlichen Implementierung in der Software betraut sind.

Der Rest des Kapitels befasst sich daher im Detail mit den Konzepten und Funktionalitäten der Modellierungsumgebung von SAP Analytics Cloud. Neben den eigentlichen Elementen eines Datenmodells wird darüber hinaus auch das Thema Datenintegration behandelt. Sobald das Datenmodell in SAP Analytics Cloud definiert ist, stellt sich als Nächstes die Aufgabe, das Modell mit Daten aus den relevanten Quellsystemen zu versorgen bzw. bei Bedarf Plandaten, die in SAP Analytics Cloud im Rahmen eines Planungsprozesses entstehen, in andere IT-System zu retrahieren.

2.2   Die Modellierungsumgebung

SAP Analytics Cloud verfügt über eine spezielle Umgebung für das Erstellen und Ändern von Datenmodellen. In dieser Modellierungsumgebung werden die Kennzahlen und Dimensionen des Datenmodells angelegt und verwaltet. Des Weiteren werden über die Modellierungsumgebung die verschiedenen Datenladeprozesse aufgesetzt. Dabei kann es sich sowohl um Ladeprozesse für Stammdaten als auch um Ladeprozesse für Bewegungsdaten handeln.

Die Modellierungsumgebung erlaubt überdies das Einstellen zentraler Modellparameter, wie Einstellungen zur Sicherheit sowie die Konfiguration einer Währungsumrechnung, falls das Datenmodell die Kennzahlen in unterschiedlichen Währungen halten soll.

2.2.1   Überblick

Die Modellierungsumgebung kann in SAP Analytics Cloud über zwei unterschiedliche Navigationspfade aufgerufen werden. Im ersten Fall wird die Modellierungsumgebung über ☰ • **Erstellen** • **Modell** aufgerufen, um ein neues Modell direkt über das Hauptmenü zu erzeugen. Im zweiten Fall navigiert man über ☰ • **Durchsuchen** • **Dateien** in das Dateiverzeichnis (*File Repository*) von SAP Analytics Cloud.

Das File Repository bietet eine strukturierte Ablage für die meisten Objekte in SAP Analytics Cloud wie Storys und eben Datenmodelle. Die Dateiablage ist dabei über eine Ordnerstruktur organisiert, ähnlich wie das Dateisystem eines klassischen Betriebssystems. Um ein bereits existierendes Modell zu ändern, klickt man einfach auf den entsprechenden Eintrag in der Liste der existierenden Objekte für den jeweiligen Ordner. Modelle werden durch das Symbol ⚙ (**Modell**) gekennzeichnet.

Nach einem Klick auf den Eintrag öffnet sich die Modellierungsumgebung (siehe Abbildung 2.1). Auch neue Modelle lassen sich aus dem File Repository heraus über die Werkzeugleiste und die Schaltfläche +∨ erstellen.

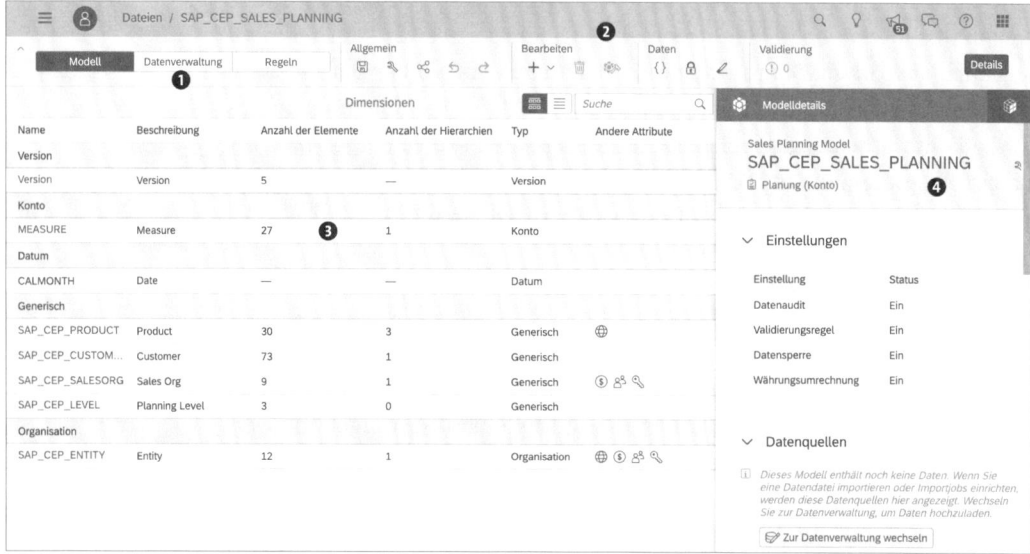

Abbildung 2.1 Die Modellierungsumgebung von SAP Analytics Cloud

Die Bestandteile der Modellierungsumgebung

Die Modellierungsumgebung gliedert sich in die folgenden Bereiche. Über die Tab-Leiste ❶ navigieren Sie zu den verschiedenen Bereichen der Modellierungsumgebung:

- **Modell**
  Übersicht über die Modellstruktur, insbesondere die Liste der vorhandenen Dimensionen.

- **Dateiverwaltung**
  Anlegen und Ändern von Datenimport- sowie Datenexportprozessen.

- **Regeln**
  Definition semantischer Beziehungen zwischen einzelnen Dimensionen.

Die Werkzeugleiste ❷ stellt zentrale Funktionen zum Bearbeiten des Modells zur Verfügung, wie z. B. das Löschen und Hinzufügen von Dimensionen. Der zentrale Bereich ❸ listet die Dimensionen des Datenmodells auf. Die Dimensionen sind dabei nach Dimensionstypen gruppiert. SAP Analytics Cloud stellt die folgenden Dimensionstypen zur Verfügung:

- Version
- Konto
- Datum
- generisch
- Organisation

Auf der rechten Seite lässt sich bei Bedarf über die Schaltfläche **Details** ein Panel ❹ mit zusätzlichen Informationen einblenden. Dazu zählen zentrale Einstellungen, angeschlossene Datenquellen sowie ein Verwendungsnachweis, der anzeigt, welche anderen Objekte das Modell im SAP Analytics Cloud Tenant referenzieren.

2.2.2   Erstellen eines Modells

Neue Modelle können Sie entweder direkt über das Hauptmenü oder über die Werkzeugleiste des File Repository erstellen. Die Schritte, die Sie anschließend durchlaufen, sind dabei in beiden Fällen gleich. Rufen Sie den Menüpfad ☰ • **Erstellen** • **Modell** auf. Daraufhin können Sie zwischen drei möglichen Arbeitsabläufen wählen (siehe Abbildung 2.2):

1. **Mit leerem Modell beginnen**
   Das Modell wird hier von Grund auf in der Modellierungsumgebung aufgebaut, d. h., es werden alle Kennzahlen und Dimensionen festgelegt. Anschließend werden Datenladeprozesse aufgesetzt, um das Datenmodell mit Daten zu befüllen.

2. **Daten aus einer Datenquelle abrufen**
   Das Modell wird aus einem in einem Quellsystem vorhandenen Modell erzeugt. Dabei muss zuvor eine technische Verbindung zu dem Quellsystem erstellt werden. Anschließend werden die Metadaten des Quellmodells ausgelesen, um die Struktur des Datenmodells in SAP Analytics Cloud zu erzeugen. Im gleichen Zuge werden dann die Daten aus dem Quellsystem in das neue SAP-Analytics-Cloud-Modell importiert.

3. **Datei von Ihrem Rechner importieren**
   Dieser Vorgang ähnelt dem Vorgang aus Variante 2, mit dem Unterschied, dass die Datenquelle eine lokale Datei auf Ihrem Rechner darstellt.

Im Folgenden soll Variante 1 im Detail betrachtet werden, da dies die häufigste Vorgehensweise in der Praxis für Implementierungen größerer Planungsanwendungen darstellt.

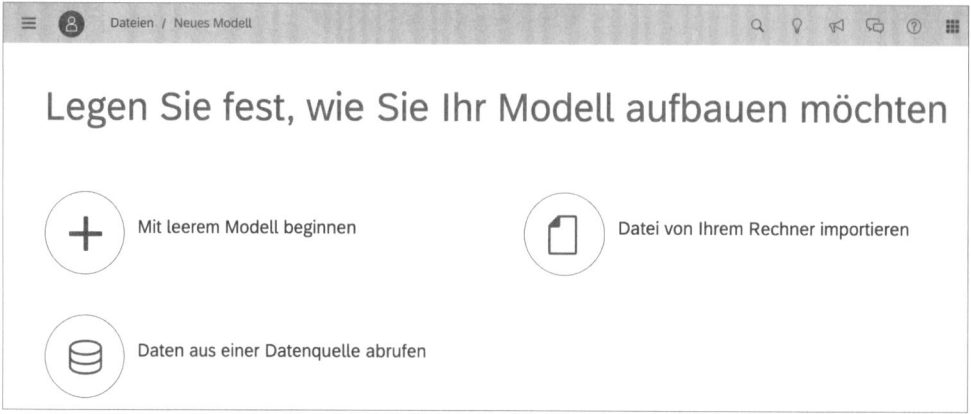

Abbildung 2.2 Neues Modell erstellen

Nach der Auswahl von **Mit leerem Modell beginnen** öffnet sich die Modellierungsumgebung mit einem leeren Modell (siehe Abbildung 2.3).

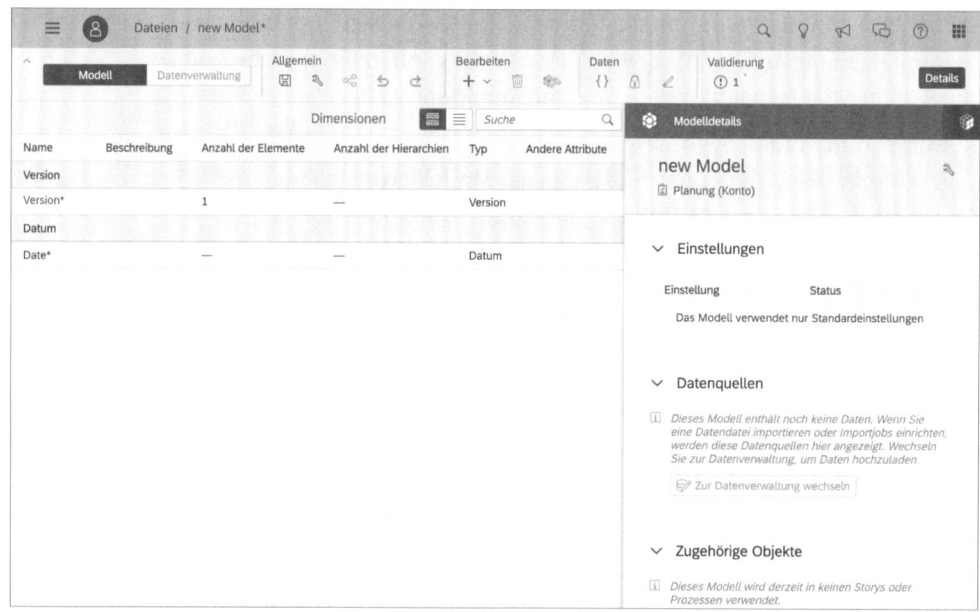

Abbildung 2.3 Neues leeres Modell

**Dimensionen und
Kennzahlen
hinzufügen**

Im weiteren Verlauf können Sie nun Kennzahlen und Dimensionen definie-
ren sowie weitere Modelleinstellungen vornehmen. Über die Schaltfläche
+ ∨ (Hinzufügen) in der Gruppe **Bearbeiten** der Werkzeugleiste lassen sich
Dimensionen zum Modell hinzufügen. Beachten Sie, dass Kennzahlen als
Elemente der Dimension **Konto** hinzugefügt werden. Details dazu werden
in Abschnitt 2.2.3, »Dimensionstyp ›Version‹«, erläutert.

Beim Hinzufügen von Dimensionen können Sie entscheiden, ob Sie eine neue Dimension erstellen möchten oder ob Sie aus einem Verzeichnis zentral verfügbarer sogenannter öffentlicher Dimensionen auswählen möchten. Im letzteren Fall bedienen Sie sich aus einer Menge bereits existierender Dimensionen, die bereits im System, z. B. aus anderen Projekten, vorhanden sind. Auf diese Weise lassen sich Dimensionen und damit Stammdaten zwischen verschiedenen Datenmodellen teilen.

In den folgenden Abschnitten soll auf die unterschiedlichen Dimensionstypen und ihre Besonderheiten eingegangen werden.

2.2.3   Dimensionstyp »Version«

Ein Planungsmodell in SAP Analytics Cloud enthält immer eine Dimension des Typs **Version**. Diese Dimension wird automatisch bei der Anlage des Planungsmodells erzeugt. Die Dimension dient als strukturierendes Merkmal, über das sich verschiedene Datenkategorien voneinander abgrenzen lassen. So lassen sich z. B. Aktual-, Plan- und Budget-Werte unterscheiden, aber auch verschiedene Szenarien innerhalb der Kategorie **Plan**. Das Verwalten von Versionen erfolgt über eine dedizierte Funktion, das sogenannte *Versionsmanagement*, das Sie über die Story aufrufen. Das Versionsmanagement von SAP Analytics Cloud ist detaillierter Gegenstand von Kapitel 3, »Planungsintegration in die Story«.

2.2.4   Dimensionstyp »Konto«

Dimensionen vom Typ **Konto** nehmen in SAP Analytics Cloud eine besondere Rolle ein. Konzeptionell ähnelt die Datenmodellierung in SAP Analytics Cloud dem Modellbegriff des sogenannten *Standardmodells* in SAP BPC. Dabei werden die betriebswirtschaftlichen Kennzahlen wie Umsatzerlöse, Kosten des Umsatzes, Ertrag usw. als Elemente einer speziellen Dimension, nämlich der Dimension **Konto**, aufgefasst.

Dieses Konzept wird manchmal allgemein auch als *Kontenmodell* bezeichnet. Bildlich gesprochen, steckt hinter dem Kontenmodell die Auffassung, dass betriebswirtschaftliche Kennzahlen eine Achse des Datenwürfels darstellen und die Datenpunkte des Würfels die eigentlichen numerischen Werte repräsentieren.

Kontenmodell

Die relationalen Datenbanken im Kontenmodell enthalten eine Faktentabelle, die typischerweise ein Feld für das Merkmal **Konto** sowie ein Wertfeld für den eigentlichen numerischen Wert enthält.

Kennzahlenmodell   Kennzahlbasierte Modelle verwenden hingegen typischerweise für jede Kennzahl ein separates Wertfeld in der Faktentabelle. Die Konzepte sind in Tabelle 2.1 und Tabelle 2.2 gegenübergestellt.

Version	Product	SalesOrg	Date	Account	Value
Plan A	PRD01	SORG01	2021.01	Gross Sales	100
Plan A	PRD01	SORG01	2021.01	Discounts	20
Plan A	PRD01	SORG01	2021.01	Net Sales	80

Tabelle 2.1 Kontenbasiertes Modell

Während beim kontenbasierten Modell die Kennzahlen als Elemente einer separaten Dimension **Konto** abgebildet werden, verwendet das kennzahlenbasierte Modell für jede Kennzahl ein separates Wertfeld. Das Layout der Datenbanktabellen unterscheidet sich entsprechend.

Version	Product	SalesOrg	Date	Gr. Sales	Disc.	Net Sales
Plan A	PRD01	SORG01	2021.01	100	20	80

Tabelle 2.2 Kennzahlenbasiertes Modell

Unterschiede Konten- und Kennzahlenmodell   Die Unterschiede in den Details beider Modellkonzepte sollen hier nicht weiter vertieft werden. In der Regel ist es möglich, ein kontenbasiertes Modell auf ein kennzahlbasiertes Modell abzubilden und umgekehrt. Das Kontenmodell stammt aus dem Bereich des Finanzberichtswesens und der Finanzplanung. Hier handelt es sich bei Kennzahlen in der Regel um Konten aus der Gewinn- und Verlustrechnung (GuV) bzw. der Bilanz. Dies ist der Grund dafür, dass die Elemente der Dimension **Konto** hierarchisch angeordnet werden können – ebenso, wie es für einen Kontenplan aus der Finanzbuchhaltung in der Regel der Fall ist. In diesem Buch werden die Begriffe *Konto* und *Kennzahl* dahingehend synonym verwendet, dass mit beiden Begriffen auf Elemente aus der Dimension vom Typ **Konto** referenziert wird.

SAP Analytics Cloud verfolgt den kontenbasierten Modellansatz. Sollen Modelle aus einem kennzahlbasierten System – wie es z. B. in SAP Business Warehouse (SAP BW) genutzt wird – in SAP Analytics Cloud nachgebildet werden, werden Kennzahlen als Elemente des Dimensionstyps **Konto** abgebildet. Ein Datenaustausch zwischen den Systemen ist in der Regel problemlos möglich, da die Transformation während des Imports nach SAP Analytics Cloud automatisch vorgenommen werden kann.

Beachten Sie beim Anlegen eines neuen Modells in SAP Analytics Cloud, dass jedes Modell genau eine Dimension des Typs **Konto** enthalten muss. Sie können in den Dimensionseinstellungen bestimmte Meta-Informationen konfigurieren, wie Name und Beschreibung, sowie weitere berechtigungsrelevante Eigenschaften. Die Dimensionseinstellungen können Sie mit einem Klick auf die Schaltfläche **Details** ein- und ausblenden (siehe Abbildung 2.4). Die Dimensionseinstellungen werden nicht nur für den Dimensionstyp **Konto**, sondern auch für alle anderen Dimensionstypen genutzt.

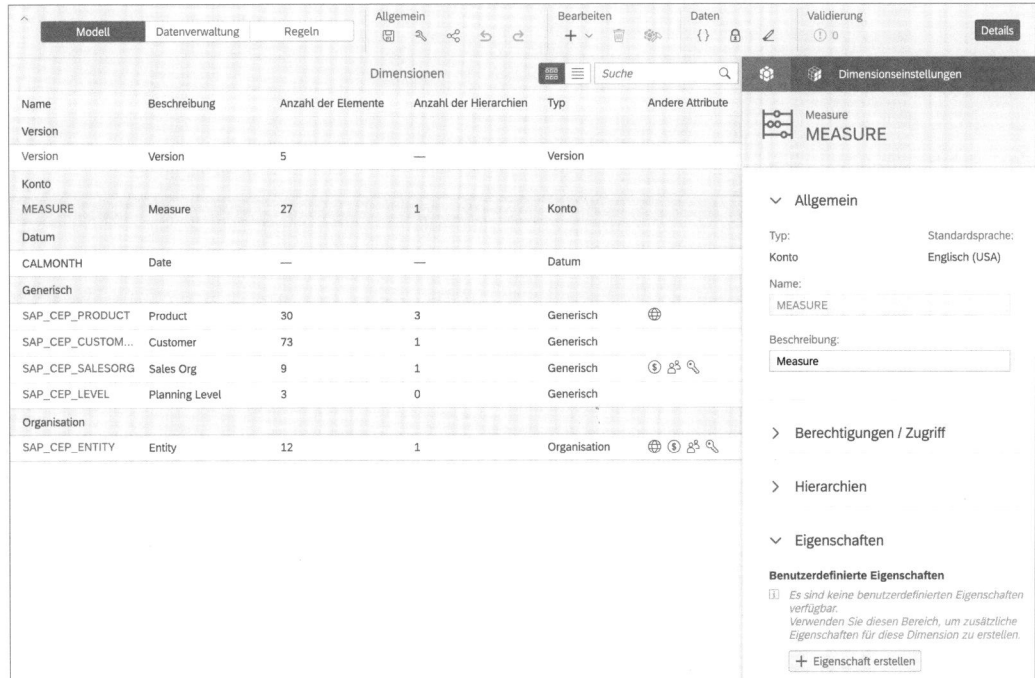

Abbildung 2.4 Dimensionseinstellungen für die Dimension »Konto«

Durch einen Klick auf den Eintrag für die Dimension **Konto** wechseln Sie in die Sicht zur Pflege der einzelnen Elemente dieser Dimension (siehe Abbildung 2.5).

Die einzelnen Kennzahlen, also die Elemente der Dimension **Konto**, werden tabellarisch aufgelistet. Die Zeilen der Tabelle entsprechen jeweils einem Element der Dimension. Die Attribute der einzelnen Elemente werden über die Spalte repräsentiert. Da die Dimension **Konto** eine spezielle Bedeutung in SAP Analytics Cloud hat, verfügt die Dimension über eine Reihe vordefinierter Attribute, mit denen spezielle Funktionen verknüpft sind. An dieser Stelle sollen die grundlegenden Attribute behandelt werden.

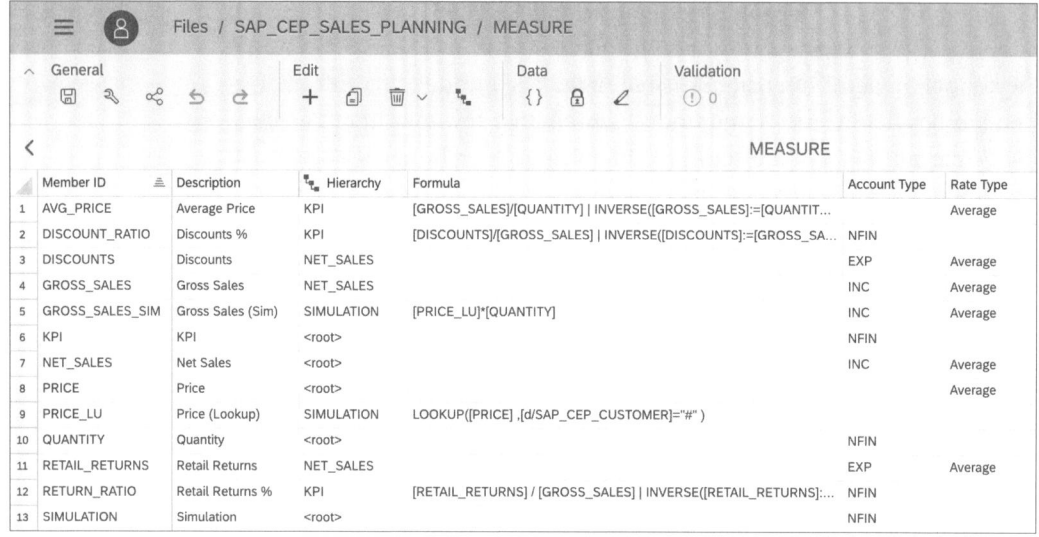

Abbildung 2.5 Stammdatenpflege der Dimension »Konto«

In Abschnitt 2.2.8, »Erweiterte Eigenschaften der Kontodimension«, werden weitere Attribute der Dimension und deren Funktionen betrachtet. Für die meisten Anwendungsfälle sind die folgenden Attribute relevant bzw. notwendig:

- **Element-ID**
  Eindeutiger Bezeichner des Elements.

- **Beschreibung**
  Beschreibung des Elements.

- **Hierarchie**
  Elternelement, falls die Kennzahl Teil einer hierarchischen Struktur sein soll.

- **Formel**
  Falls vorhanden, wird der Wert der Kennzahl zur Laufzeit aus der angegebenen Formel berechnet. Andernfalls wird der persistierte Wert aus der Faktentabelle gelesen. Eine detaillierte Betrachtung, zusammen mit weiteren Attributen, die die Berechnung steuern, erfolgt weiter unten in Abschnitt 2.2.8, »Erweiterte Eigenschaften der Kontodimension«.

- **Kontotyp**
  Es stehen die folgenden Kontotypen zur Verfügung:
  - INC/EXP: Wird für Konten der GuV verwendet (Erträge/Erlöse bzw. Income/Expense)

- AST/LEQ: Wird für Konten der Bilanz verwendet (Vermögensgegenstände/Verbindlichkeiten und Eigenkapital bzw. Assets/Liability and Equity).

- NFIN: Wird zur Kennzeichnung nicht finanzieller Kennzahlen, wie z. B. Mengen, verwendet.

Der Kontotyp hat im Wesentlichen Einfluss auf die Vorzeichendarstellung des Kennzahlwertes in der Story. So werden Werte für Konten vom Typ INC und EXP als positive Werte dargestellt. Im Rahmen der Aggregation über die Hierarchie werden die Werte allerdings mit unterschiedlichem Vorzeichen saldiert – Aufwände werden von Erträgen abgezogen. Gleiches gilt für die Kontentypen AST und LEQ.

- **Kurstyp**
  Kurstyp, der im Rahmen der Währungsumrechnung verwendet wird. GuV-Konten werden in der Regel mit dem Kurstyp **Durchschnitt** umgerechnet, wohingegen Bilanzkonten zu Stichtagskursen umgerechnet werden.

- **Aggregationstyp**
  Legt fest wie Werte der Kennzahl entlang der Achsen des Datenwürfels oder entlang der Hierarchie aggregiert werden. Es sind folgende Einstellungen möglich:

  - **Summe**: Die Werte werden aufsummiert.

  - **Bezeichnung**: Einstellung nur für Hierarchieknoten möglich. In diesem Fall dient der Hierarchieknoten nur zur Strukturierung gleichartiger Kennzahlen und nicht zur Berechnung eines Wertes.

  - **Ohne**: Es findet keine Aggregation statt, d. h., es wird kein Wert für die Kennzahl angezeigt, sofern die Darstellung nicht auf der untersten Ebene des Datenmodells erfolgt.

- **Skalierung**
  Legt die Standardskalierung für die Darstellung der Kennzahlwerte fest.

- **Dezimalstellen**
  Legt die Anzahl der Nachkommastellen bei der Anzeige der Kennzahl fest. Wie bei der Einstellung für die Skalierung, kann dieser Wert für einen individuellen Bericht angepasst werden.

- **Einheiten und Währung**
  Legt fest, ob die Kennzahl währungsbehaftet ist oder nicht. Im letzteren Fall können Sie explizit eine Einheit festlegen.

Es gibt Eigenschaften zur Darstellung, wie Beschreibung, Skalierung und Dezimalstellen. Darüber hinaus beziehen sich Eigenschaften auch auf die Behandlung der Kennzahl bei der Währungsumrechnung (Kurstyp, Einheiten und Währung) und auf das Aggregationsverhalten.

Hierarchie festlegen

Sie können eine Hierarchie für die Elemente der Dimension **Konto** definieren. Auf diese Weise lassen sich die verschiedenen Kennzahlen in eine hierarchische Beziehung setzen. SAP Analytics Cloud berechnet dabei den Wert einer Kennzahl aus den Kindelementen, sofern die Kennzahl nicht selbst ein Basiselement der Hierarchie ist. Die Werte eines Knotenelements sind dabei *transient*. Das heißt, für Knotenelemente der Hierarchie werden keine Werte in der Faktentabelle abgelegt, sondern sie erhalten ihren Wert durch die rekursive Aggregation der untergeordneten Elemente zur Laufzeit.

Hierarchieknoten lassen sich auch dazu verwenden, um die Elemente der Dimension zu gruppieren. In diesem Fall setzen Sie den Aggregationstyp des Knotenelements auf **Bezeichnung**. In der Folge wird für den Knoten kein Wert errechnet. Er dient lediglich zur verbesserten Übersicht bei der Anzeige in einer Tabelle in der Story.

Neben den bereits vom System vorgegebenen Attributen können Sie darüber hinaus noch weitere benutzerdefinierte Eigenschaften hinzufügen. Dies geschieht über das Detail-Panel der Dimension **Konto**. Die benutzerdefinierten Eigenschaften können Sie sowohl in der Ansicht **Modellübersicht** als auch in der Elementansicht der Dimension pflegen.

2.2.5   Dimensionstyp »Datum«

Datenmodelle in SAP Analytics Cloud verfügen zwingend über eine Dimension vom Typ **Datum**. Über dieses Merkmal erhalten die betriebswirtschaftlichen Kenngrößen einen Zeitbezug, d. h., dass sich ein gegebener Wert immer auf eine bestimmte Periode, auf ein Quartal oder auch sogar auf ein einzelnes Datum bezieht. Die Struktur der Datumsdimension ist dabei systemseitig vorgegeben, kann aber zu einem gewissen Umfang konfiguriert werden, um den konkreten Anforderungen des Planungsprozesses gerecht zu werden.

Die Datumsdimension lässt sich wie jede andere Dimension über die Dimensionseinstellungen des Detail-Panels konfigurieren (siehe Abbildung 2.6).

Parameter der Datumsdimension

Bei einer Dimension vom Typ **Datum** können dabei die folgenden Parameter festgelegt werden:

- **Einstellungen für Geschäftsjahr anwenden**
  Durch Aktivieren wird die Dimension von **Kalenderjahr** auf **Geschäftsjahr** umgestellt. Dies ermöglicht die Definition von Geschäftsjahren, die vom regulären Kalenderjahr abweichen.

- **Granularität**

  Legt die Basiseinheit der Dimension fest. Möglich sind Jahr, Quartal, Monat und Jahr.

- **Standardhierarchie**

  Wählt unter mehreren Möglichkeiten die Hierarchie, die standardmäßig für die Darstellung der Zeitdimension verwendet wird.

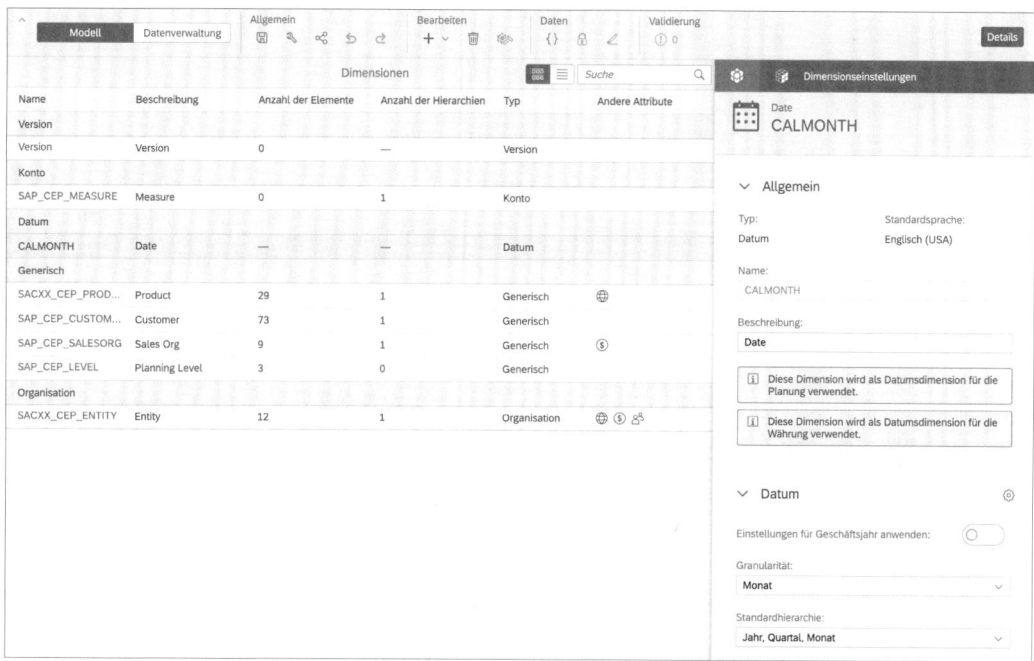

Abbildung 2.6 Dimensionseinstellungen für die Dimension »Datum«

Um bei der Verwendung eines Geschäftsjahres, das vom regulären Kalenderjahr abweicht, weitere Einstellungen vornehmen zu können, lässt sich über die Schaltfläche ⚙ direkt zur relevanten Registerkarte zur Definition der Geschäftsjahresvariante in den allgemeinen Modelleinstellungen navigieren (siehe Abbildung 2.7).

Ein Modell muss mindestens über eine Dimension vom Typ **Datum** verfügen. Es können allerdings auch weitere Dimensionen dieses Typs hinzugefügt werden. Falls ein Modell über mehr als eine Datumsdimension verfügt, kann über die allgemeinen Modelleinstellungen auf der Registerkarte **Planung und Zeitbereich** festgelegt werden, welche die für die Planung führende Datumsdimension sein soll. Für diese Dimension kann dann ein Zeithorizont definiert werden, für den Daten im Modell gespeichert werden können.

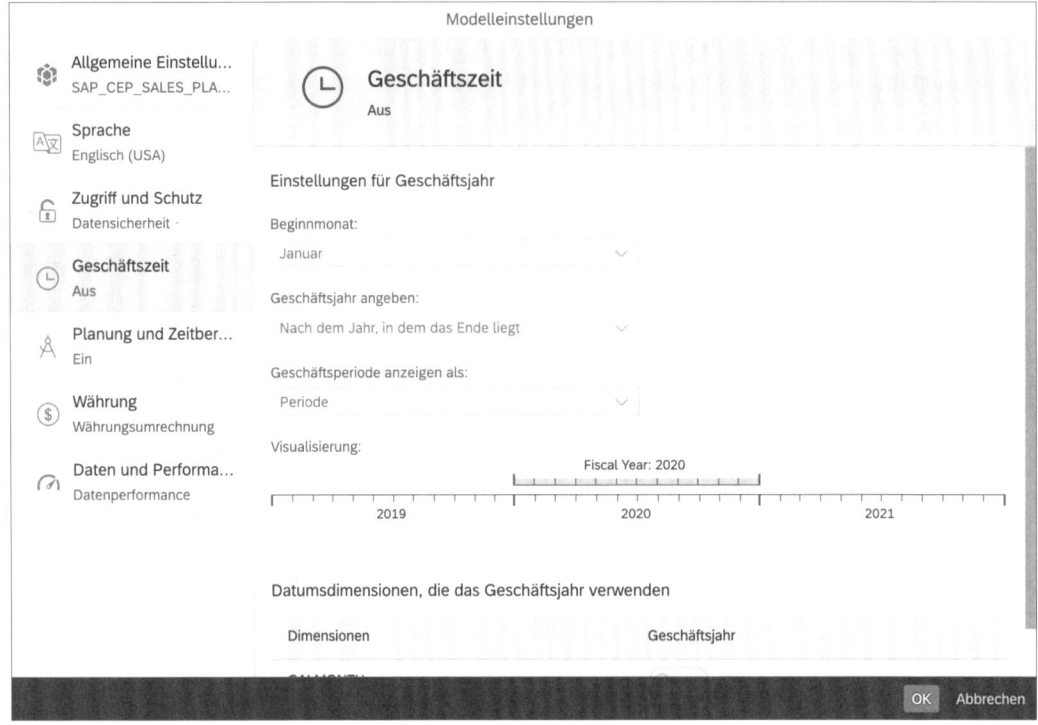

Abbildung 2.7 Einstellungen für das Geschäftsjahr

2.2.6   Generische Dimensionen

Neben den Dimensionstypen **Version**, **Konto** und **Datum**, die in jedem Planungsmodell vorhanden sein müssen und an die spezielle Funktionen in SAP Analytics Cloud geknüpft sind, können Sie zusätzlich weitere Dimensionen zum Modell hinzufügen, um die für den Planungsprozess benötigten Daten ausreichend semantisch abbilden zu können.

Diese zusätzlichen Dimensionen werden als sogenannte *generische Dimensionen* angelegt und können beliebige Objekte repräsentieren. Im betriebswirtschaftlichen Umfeld finden sich beispielsweise häufig die Dimensionen **Produkt**, **Kunde** und **Vertriebseinheit** im Kontext von Vertriebsplanung oder Kostenstelle, von Buchungskreis und Profit-Center im Rahmen einer Finanzplanung.

In Abbildung 2.8 ist ein Beispiel für eine generische Dimension zu sehen, die hier zur Modellierung des Produktportfolios eines Unternehmens verwendet wird. Die verfügbaren Elemente dieser Dimension sind hier tabellarisch dargestellt, wie dies bereits bei der Kontodimension besprochen wurde.

	Element-ID	Beschreibung	H1	Category
1	#	Unassigned	<root>	
2	0003	Cross Bikes	TOTAL	
3	CB4711	New Cross Bike	0003	
4	M525e	M525e	ZMTN	E-Bike
5	M550e	M550e	ZMTN	E-Bike
6	M600eBike	M600 eBike	ZMTN	E-Bike
7	M700eBike	M700 eBike	ZMTN	E-Bike
8	MZ-FG-C900	C900 BIKE	ZCRUISE	Standard
9	MZ-FG-C950	C950 BIKE	ZCRUISE	Standard
10	MZ-FG-C990	C990 Bike	ZCRUISE	Standard
11	MZ-FG-E101	eBike E101	ZCRUISE	E-Bike
12	MZ-FG-E102	eBike E102	ZCRUISE	E-Bike
13	MZ-FG-E103	eBike E103	ZCRUISE	E-Bike
14	MZ-FG-M500	M500 BIKE	ZMTN	Standard
15	MZ-FG-M525	M525 BIKE	ZMTN	Standard
16	MZ-FG-M550	M550 BIKE	ZMTN	Standard
17	MZ-FG-P010	Cross Bike P010	0003	Standard
18	MZ-FG-R100	R100 BIKE	ZRACING	Standard
19	MZ-FG-R200	R200 Bike	ZRACING	Standard
20	MZ-FG-R300	R300 Bike	ZRACING	Standard
21	MZ-SR-RC002	Bike RC002	0003	Standard
22	MZ-TG-Y120	Y120 Bike	ZYOUTH	Standard
23	MZ-TG-Y200	Y200 Bike	ZYOUTH	Standard
24	MZ-TG-Y240	Y240 Bike	ZYOUTH	Standard
25	Not In Hierarchies	Not In Hierarchies	<root>	
26	TOTAL	Total	<root>	
27	ZCRUISE	Cruise	TOTAL	
28	ZMTN	Mountain	TOTAL	
29	ZRACING	Racing	TOTAL	
	ZYOUTH	Youth	TOTAL	

Abbildung 2.8 Beispiel für eine generischen Dimension

Eine Dimension verfügt standardmäßig über die beiden Attribute **Element-ID** und **Beschreibung** zur Identifikation der einzelnen Elemente. Darüber hinaus können weitere benutzerdefinierte Attribute über die Dimensionseinstellungen, erreichbar über die Schaltfläche **Details**, hinzugefügt werden. Die Semantik dieser zusätzlichen Attribute ist dabei vollständig Ihnen überlassen und wird vom jeweiligen Anwendungszweck bestimmt. Im Beispiel aus Abbildung 2.8 verfügt die Dimension über ein benutzerdefiniertes Attribut **Category**, das dazu dient, die Produkte verschiedenen Kategorien zuzuordnen (in diesem Fall E-Bikes und normale Fahrräder).

Attribute generischer Dimensionen

Neben benutzerdefinierten Attributen können auch einige vom System vordefinierte Attribute aktiviert werden. Diese Attribute haben eine feste

Vordefinierte Systemattribute

Bedeutung und werden herangezogen, um bestimmte Systemfunktionen zu steuern. In den Dimensionseinstellungen stehen die folgenden Schalter zur Verfügung, um Systemattribute für die Dimension zu aktivieren:

- **Datenzugriffskontrolle**
  Aktiviert die Systemattribute **Lesen** und **Schreiben** zur Definition der Datenzugriffsrechte.

- **Verantwortlicher**
  Aktiviert das gleichnamige Attribut. Dieses Attribut findet Verwendung bei der Steuerung des Planungsprozesses über den Kalender.

- **Datensperreigentümerschaft**
  Aktiviert das Attribut **Eigentümer** der Datensperre, das im Kontext von Datensperren in SAP Analytics Cloud Verwendung findet.

- **Währung aktivieren**
  Aktiviert das gleichnamige Attribut zur Aufnahme des Währungskennzeichens.

Während die ersten drei Attribute weitestgehend Aspekte der Datenzugriffskontrolle im Rahmen des Planungsprozesses steuern, wird das Systemattribut **Währung** zur Steuerung einer eventuell aktivierten Währungsumrechnung verwendet (siehe Abschnitt 2.2.9, »Währungsumrechnung«). Das Thema Datenzugriffskontrolle und Prozesssteuerung wird in Kapitel 6, »Steuerung von Planungsprozessen«, detailliert behandelt, in dem auf diese Attribute noch einmal Bezug genommen wird.

Neben Attributen können Sie für eine generische Dimension auch eine oder bei Bedarf sogar mehrere Hierarchien definieren. Eine neue Hierarchie wird ebenfalls über die Dimensionseinstellungen hinzugefügt. Für generische Dimensionen gibt es dabei prinzipiell zwei Arten, wie eine Hierarchie definiert werden kann:

- **Parent-Child-Hierarchie**
  Die Hierarchie ergibt sich rekursiv aus der Verknüpfung eines Elements mit seinem übergeordneten Element (*Parent*). In der Hierarchiespalte eines Elements wird dazu die Element-ID des übergeordneten Knotenelements eingetragen.

- **Ebenenbasierte Hierarchie**
  Die Position eines Elements im Hierarchiebaum wird hier direkt durch zusätzliche Attribute bestimmt, die die Ebenen der Hierarchie repräsentieren.

In Abbildung 2.9 ist das Beispiel der Parent-Child-Hierarchie für die oben gezeigte Produktdimension dargestellt. Die Hierarchieansicht lässt sich über die Schaltfläche ⚙ (**Hierarchieverwaltung**) der Werkzeugleiste ein- und ausblenden.

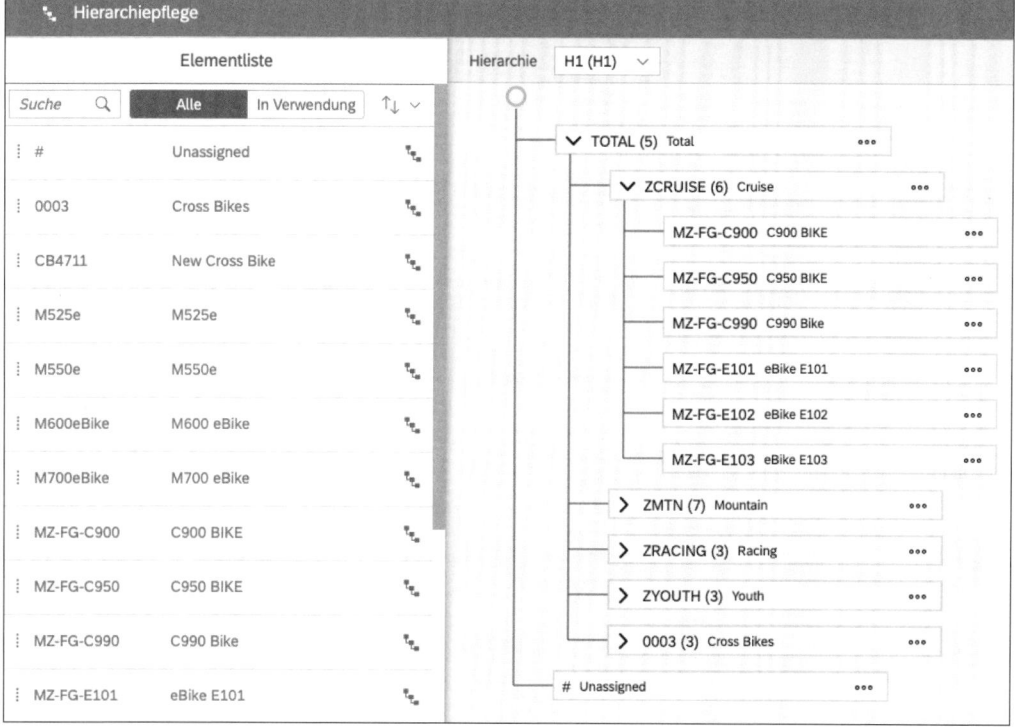

Abbildung 2.9 Beispiel für eine Parent-Child-Hierarchie

Sie können die Hierarchie auch per Drag & Drop mit der Maus direkt in der Hierarchieansicht ändern und Elemente im Baum verschieben. Die Änderungen werden in der Elementansicht entsprechend automatisch angepasst.

In Abbildung 2.10 wird der Ausschnitt einer generischen Dimension gezeigt, für die eine ebenenbasierte Hierarchie definiert ist. Inhaltlich handelt es sich hierbei um die Dimension **Kunde**. Für die Dimension ist eine ebenenbasierte Hierarchie definiert (siehe Abbildung 2.11 für den Hierarchie-Builder zum Anlegen/Ändern einer ebenenbasierten Hierarchie).

Inhaltlich soll die Hierarchie die Struktur des Vertriebskanals widerspiegeln. Auf oberster Ebene werden die unterschiedlichen Zweige in einem Knoten **Total** zusammengeführt. Darunter wird zwischen den Kanälen direkt und indirekt unterschieden. Auf der dritten Ebene werden die Größe und Art des Händlers (großer/mittelgroßer Einzelhandel oder Großhandel) abgebildet. Die unterste Ebene stellt dann den eigentlichen Kunden dar.

Über die Attribute wird für jedes Element der Dimension der gesamte Hierarchiepfad von der Wurzel bis zum Blatt explizit angeführt.

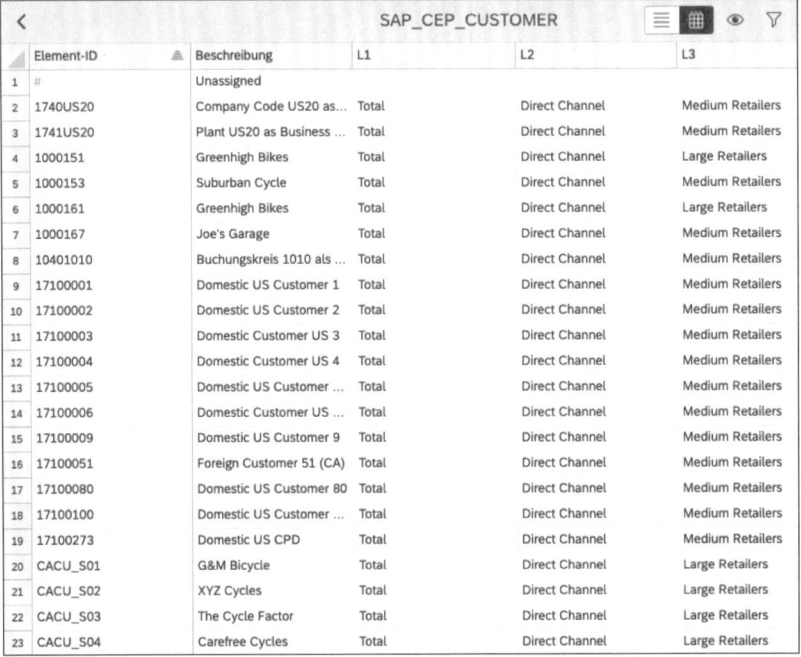

	Element-ID	Beschreibung	L1	L2	L3
1	#	Unassigned			
2	1740US20	Company Code US20 as...	Total	Direct Channel	Medium Retailers
3	1741US20	Plant US20 as Business ...	Total	Direct Channel	Medium Retailers
4	1000151	Greenhigh Bikes	Total	Direct Channel	Large Retailers
5	1000153	Suburban Cycle	Total	Direct Channel	Medium Retailers
6	1000161	Greenhigh Bikes	Total	Direct Channel	Large Retailers
7	1000167	Joe's Garage	Total	Direct Channel	Medium Retailers
8	10401010	Buchungskreis 1010 als ...	Total	Direct Channel	Medium Retailers
9	17100001	Domestic US Customer 1	Total	Direct Channel	Medium Retailers
10	17100002	Domestic US Customer 2	Total	Direct Channel	Medium Retailers
11	17100003	Domestic Customer US 3	Total	Direct Channel	Medium Retailers
12	17100004	Domestic Customer US 4	Total	Direct Channel	Medium Retailers
13	17100005	Domestic US Customer ...	Total	Direct Channel	Medium Retailers
14	17100006	Domestic Customer US ...	Total	Direct Channel	Medium Retailers
15	17100009	Domestic US Customer 9	Total	Direct Channel	Medium Retailers
16	17100051	Foreign Customer 51 (CA)	Total	Direct Channel	Medium Retailers
17	17100080	Domestic US Customer 80	Total	Direct Channel	Medium Retailers
18	17100100	Domestic US Customer ...	Total	Direct Channel	Medium Retailers
19	17100273	Domestic US CPD	Total	Direct Channel	Medium Retailers
20	CACU_S01	G&M Bicycle	Total	Direct Channel	Large Retailers
21	CACU_S02	XYZ Cycles	Total	Direct Channel	Large Retailers
22	CACU_S03	The Cycle Factor	Total	Direct Channel	Large Retailers
23	CACU_S04	Carefree Cycles	Total	Direct Channel	Large Retailers

Abbildung 2.10 Beispiel für eine ebenenbasierte Hierarchie

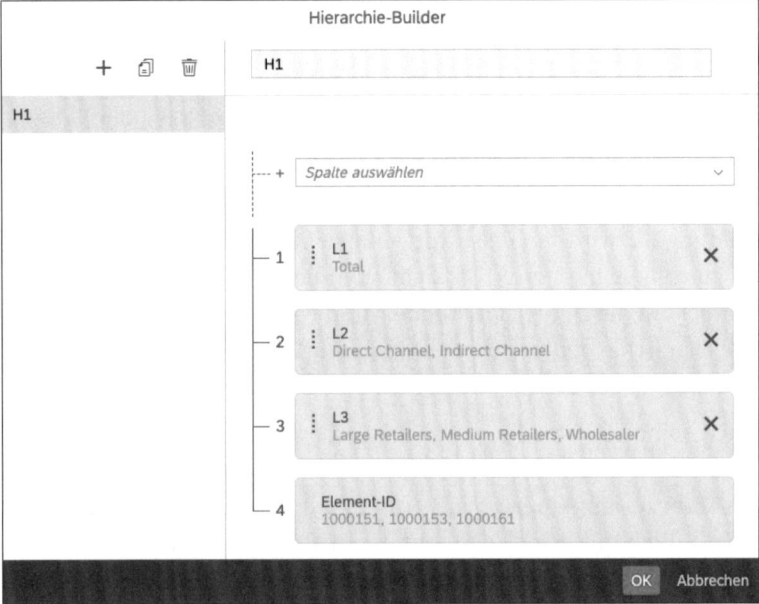

Abbildung 2.11 Hierarchie-Builder für ebenenbasierte Hierarchien

Bei der Entscheidung, welche Art von Hierarchie im vorliegenden Fall verwendet werden soll, sind einige grundlegende konzeptionelle Unterschiede zu beachten. Ebenenbasierte Hierarchien sind immer balanciert, d. h. die Anzahl der Hierarchiestufen vom Element bis zum Topknoten der Hierarchie ist für jedes Element immer gleich. Fälle, bei denen für manche Elemente eine detailliertere Abstufung und für andere Elemente eine weniger detaillierte Untergliederung benötigt werden, lassen sich über ebenenbasierte Hierarchien nicht abbilden. Genau dies ist ein wesentliches Merkmal von Parent-Child-Hierarchien, bei denen verschiedene Zweige des Hierarchiebaumes eine unterschiedliche Anzahl von Hierarchiestufen aufweisen können. Ein weiterer wichtiger Unterschied zwischen beiden Konzepten ist der Umstand, dass bei einer Parent-Child-Hierarchie die Knoten selbst Elemente der Dimension sind, während sich die Knoten bei der ebenenbasierten Hierarchie aus den Attributwerten der Elemente ergeben, selbst aber keine Elemente der Dimension sind. Dies ist insbesondere auch zu berücksichtigen, wenn Stammdaten aus anderen Quellsystemen geladen werden sollen.

Vergleich der Hierarchiearten

Allgemein ist festzustellen, dass in Planungsprojekten mit SAP Analytics Cloud meiner Erfahrung nach eher dem Konzept der Parent-Child-Hierarchie der Vorzug gegeben wird.

2.2.7   Dimensionstyp »Organisation«

Als letzter vom System zur Verfügung gestellter Dimensionstyp sollen Dimensionen vom Typ **Organisation** vorgestellt werden. Eine Dimension von diesem Typ wird verwendet, um Organisationsstrukturen in Unternehmen abzubilden. Beispiele aus der Betriebswirtschaft sind Kostenstelle, Gesellschaft, Profit-Center, Werk oder auch Vertriebseinheit. Organisationsdimensionen unterscheiden sich in ihrer Struktur nicht sehr von generischen Dimensionen. Ein Unterschied ist, dass bestimmte Systemattribute standardmäßig aktiviert werden. Dabei handelt es sich um das Währungsattribut sowie das Attribut zur Pflege eines Verantwortlichen. Ersteres wird verwendet, um die lokale Währung der Organisation abzubilden (z. B. Hauswährung bei Gesellschaften). Es wird im Rahmen der Währungsumrechnung herangezogen, um von der lokalen Währung in die gewünschte Berichtswährung zu konvertieren. Das zweite Attribut findet seine Verwendung im Rahmen der Prozesssteuerung. Dabei wird dieses Attribut verwendet, um stammdatengetrieben Aufgaben, wie die Erfassung von Plandaten, automatisiert an die Verantwortlichen zu verschicken.

Abschließend sei noch erwähnt, dass sich die Bedeutung dieses speziellen Typs etwas verringert hat, da inzwischen die beiden genannten Systemattribute auch in generischen Dimensionen zur Verfügung stehen. Dennoch ist es in vielen Fällen üblich, die Dimension, über die der Planungsprozess organisatorisch gesteuert werden soll, als Dimension vom Typ **Organisation** anzulegen.

2.2.8   Erweiterte Eigenschaften der Kontodimension

Dimensionen vom Typ **Konto** wurden bereits in Abschnitt 2.2.4, »Dimensionstyp ›Konto‹«, eingeführt. Dort wurde erläutert, dass die Dimension dazu dient, die für den Anwendungsfall relevanten Kennzahlen und deren Eigenschaften wie Aggregationsverhalten und Behandlung im Rahmen der Währungsumrechnung abzubilden. Des Weiteren wurden die Eigenschaften behandelt, die sich auf die Darstellung der einzelnen Konten im Reporting beziehen.

In diesem Abschnitt sollen die fortgeschrittenen Eigenschaften der Kontendimension behandelt werden. Diese erweiterten Funktionalitäten finden Verwendung bei Kennzahlen, deren Berechnungslogik über eine einfache Aggregation entlang einer Hierarchie hinausgehen. Die vorgestellten Konzepte können sowohl im Kontext des Berichtswesens verwendet werden, um komplexe Berechnungslogiken betriebswirtschaftlicher Kennzahlen abzubilden, als auch, um Berechnungen im Rahmen einer treiberbasierten Planung oder Simulation zu implementieren.

Berechnete Kennzahlen

Wie bereits kurz in Abschnitt 2.2.4, »Dimensionstyp ›Konto‹«, dargestellt, kann der Wert einer Kennzahl, also eines Elements der Dimension **Konto**, auf zwei unterschiedliche Arten zustande kommen. Zum einen kann sich der Wert aufgrund der Werte ergeben, die im Datenwürfel für diese Kennzahl abgespeichert sind. Die zweite Variante ist, dass sich der Wert einer Kennzahl dynamisch zur Laufzeit, also in dem Moment, in dem Sie einen Bericht aufrufen, aus anderen Basiskennzahlen durch die Anwendung einer Formel berechnet. Die Berechnungsvorschrift wird in diesem Fall als Wert der Eigenschaft **Formel** für die jeweilige Kennzahl hinterlegt. Als Beispiel sei hier noch einmal auf Abbildung 2.5 verwiesen und die Kennzahl **Discounts %** im Detail dargestellt. Inhaltlich gibt diese Kennzahl den Anteil an Preisnachlässen im Verhältnis zum Bruttoumsatz an. Dabei sind Bruttoumsätze und Preisnachlässe Basiskennzahlen, deren Werte direkt in der Faktentabelle des Modells abgelegt werden. Die Definition der Berechnung im Attribut **Formel** lautet wie folgt:

[DISCOUNTS] / [GROSS_SALES]

Dies bewirkt, dass zur Laufzeit der Wert für **Discounts %** aus dem Quotienten der beiden Konten **Discounts** und **Gross Sales** berechnet wird. Die Syntax der Formelsprache sieht vor, dass Konten über ihre technische Element-ID angesprochen werden, die in eckige Klammern zu setzen ist. In einem Bericht ergibt sich dann, je nach konkreter Spezifikation des Berichts, unter Umständen das in Abbildung 2.12 dargestellte Resultat.

Discounts in Mio. USD ⚙ 3 Filter Ausgeblendet						
Version	Plan *					
Date	⌄ Q1 (2021)			Jan (2021)		
Measure	Gross Sales	Discounts	Discounts %	Gross Sales	Discounts	Discounts %
Customer						
⌄ Total	464,34	31,09	6,70 %	154,78	6,97	4,50 %
⌄ Direct Channel	278,61	19,51	7,00 %	92,87	4,37	4,71 %
> Large Retailers	179,75	12,11	6,74 %	59,92	2,71	4,53 %
> Medium Retailers	98,86	7,40	7,48 %	32,95	1,66	5,03 %
> Indirect Channel	185,74	11,58	6,24 %	61,91	2,60	4,19 %

Abbildung 2.12 Elementformeln der Dimension »Konto«

Wie zu erkennen, wird **Discounts %** aus den beiden Basiskennzahlen berechnet. Eine weitere wichtige Eigenschaft ist, dass die Berechnung für die eingestellte Aufrissebene erfolgt. Dies bedeutet, dass die Berechnung für den Ausschnitt der Datenbasis erfolgt, der im Bericht dargestellt wird. Außerdem erfolgt die Berechnung nach der Aggregation der Basiskennzahlen. Dies ist z. B. anhand der Dimension **Datum** ersichtlich. Die Berechnung von **Discounts %** für das Quartal Q1 ergibt sich aus dem aggregierten Wert von **Gross Sales** und **Discounts** für Q1.

Wie es aus Abbildung 2.5 ebenfalls ersichtlich ist, lassen sich für berechnete Kennzahlen auch Berechnungsvorschriften für die inverse Kalkulation hinterlegen. Diese bestimmt, welche Berechnung durchgeführt werden soll, wenn Sie den Wert der berechneten Kennzahl innerhalb einer Plandatenerfassung ändern. Im Beispiel ist für **Discounts %** Folgendes definiert:

Inverse Berechnung

INVERSE([DISCOUNTS]:=[GROSS_SALES]*[DISCOUNT_RATIO])

Dies bewirkt, dass bei einer Eingabe für **Discounts %** eine Rückrechnung erfolgt, und zwar dergestalt, dass aus dem neu eingegebenen Wert für

LOOKUP-Formel

Discounts % und Gross Sales ein neuer Wert für Discounts berechnet wird. Eine Alternative wäre die Neuberechnung von Gross Sales unter Beibehaltung des Wertes für Discounts.

Ein weiteres Konzept, dass hier zum Tragen kommt, bezieht sich auf den Umstand, dass die Berechnung vollständig innerhalb des Datenausschnittes erfolgt, der über die Berichtsdefinition gegeben ist. Das bedeutet, dass die Filter- und Aufrisseinstellungen für alle beteiligten Kennzahlen gleichermaßen zur Anwendung kommen. Sollen Kennzahlen in die Berechnung einfließen, deren Werte außerhalb des eingestellten Datenbereichs definiert sind, der über den Bericht eingestellt ist, kann die Formel LOOKUP verwendet werden. Im Beispiel aus Abbildung 2.5 wird diese verwendet, um Preise zu lesen, denen in der Dimension Kunde das Element # zugewiesen ist. Fachlich ist dies dadurch motiviert, dass Produktpreise unabhängig von einem konkreten Kunden definiert werden. Um aber dennoch Umsätze auf der Ebene einzelner Kunden kalkulieren zu können, müssen Preise entsprechend gelesen werden können, obwohl die zugehörigen Absatzmengen nicht auf derselben Ebene im Modell gespeichert werden. Im Beispiel wird dazu folgende Formel definiert:

LOOKUP([PRICE], [d/SAP_CEP_CUSTOMER]="#")

Dies bewirkt, dass der Wert für die Kennzahl Price unabhängig vom konkret dargestellten Element der Dimension Kunde vom speziellen Element # gelesen und dargestellt wird. Dies wird im nächsten Abschnitt verwendet, um den Umsatz aus Menge und Preis zu berechnen.

Ausnahmeaggregation

Wie im letzten Abschnitt dargestellt, erfolgt die Berechnung von Formeln standardmäßig nach der Aggregation. Bei Berechnungen von Anteilen wie im obigen Beispiel führt dies auch zum gewünschten Ergebnis. In Fällen, in denen die Berechnung der Formel vor der Aggregation durchgeführt werden soll, wie bei der Berechnung von Umsatz aus Menge und Preis, führt dies allerdings nicht zum gewünschten Ergebnis. In diesem Fall kann über das Konzept der Ausnahmeaggregation ein anderes Aggregationsverhalten eingestellt werden. Die Dimension Konto verfügt dafür über zwei spezielle Attribute:

- **Ausnahmeaggregationstyp**
  Hier kann neben Summe auch eine andere Art der Aggregation definiert werden, wie z. B. AVG für Durchschnitt oder auch LAST und FIRST zur Berechnung von Beständen.

- **Ausnahmeaggregationsdimensionen**
  Definiert die Dimensionen, die bei der Berechnung der Ausnahmeaggregation zugrunde gelegt werden.

Im obigen Beispiel der Umsatzberechnung wird Folgendes definiert:

- Formel: [PRICE_LU]*[QUANTITY]
- Ausnahmenaggregationstyp: **Summe**
- Ausnahmenaggregationsdimensionen: **Produkt**, **Kunde**, **Vertriebs-
  einheit**, **Datum**

Dies bewirkt, dass das System die Basiskennzahlen auf die Ebene einzelner
Elemente der Dimensionen **Produkt**, **Kunde**, **Vertriebseinheit** und **Datum**
aufaggregiert. Auf dieser Ebene wird dann die Formel berechnet, d. h., es
werden Menge und Preis miteinander multipliziert. Je nach Definition des
Berichts wird dann das Ergebnis weiter aggregiert, um z. B. den Gesamtumsatz einer Vertriebseinheit über alle Kunden und alle Produkte hinweg zu
erhalten.

2.2.9   Währungsumrechnung

Unternehmen agieren heute in der Regel auf internationalen Märkten. Dies
gilt nicht mehr nur für große multinationale Konzerne, sondern bereits
schon für viele mittelständische Unternehmen und insbesondere im On-
line-Business selbst für Kleinstunternehmen. Durch diesen Umstand werden naturgemäß Geschäftsvorfälle in verschiedenen Währungen abgewi-
ckelt. So werden Umsatzerlöse typischerweise in der Währung der Kunden,
also des Absatzmarktes fakturiert, während Wareneinkäufe in der Landes-
währung des Lieferanten abgerechnet werden. Für eine Planung dieser
betriebswirtschaftlichen Kennzahlen ist es daher notwendig, dass das Planungswerkzeug die Erfassung einer Kennzahl in unterschiedlichen Währungen erlaubt sowie eine Umrechnung der jeweiligen lokalen Währungen
in die eigentliche Berichtswährung, über die das Unternehmen letztendlich
gesteuert wird, ermöglicht. Dabei ist es ebenfalls wünschenswert, den Einfluss verschiedener Wechselkurskonstellationen durchspielen zu können,
um ein eventuelles Währungskursrisiko aufzudecken und gegebenenfalls
berücksichtigen zu können.

In multinationalen Unternehmen, bei denen mehrere Gesellschaften zu einem Konzern verbunden sind, berichten und planen die einzelnen Gesellschaften schon aufgrund regulatorischer Vorschriften in ihrer jeweiligen
lokalen Währung. Darüber hinaus werden auf der Konzernebene die Infor-

mationen in Konzern- oder Berichtswährung zusammengeführt, sodass die oben genannten Anforderungen an eine umfassende Behandlung mehrerer Währungen im Planungsprozess auf natürliche Weise gegeben sind.

Parametrisierung der Währungsumrechnung

SAP Analytics Cloud ermöglicht die oben genannten betriebswirtschaftlichen Anforderungen bezüglich der Handhabung mehrerer paralleler Währungen durch eine Standardfunktion zur Währungsumrechnung. Dabei wird das Konzept der Währung bereits tief in der Datenmodellierung verankert und ist eine Grundkonfiguration bei der Erstellung des Datenmodells. SAP Analytics Cloud berücksichtigt Währungen an unterschiedlichster Stelle im System, wie z. B. bei der Erstellung von Dashboards oder Planungsmasken über die Story.

Währungs-
umrechnung
konfigurieren

Bei der Erstellung des Datenmodells über die Modellierungsumgebung kann in den allgemeinen Modelleinstellungen eine Währungsumrechnung explizit eingeschaltet werden (siehe Abbildung 2.13).

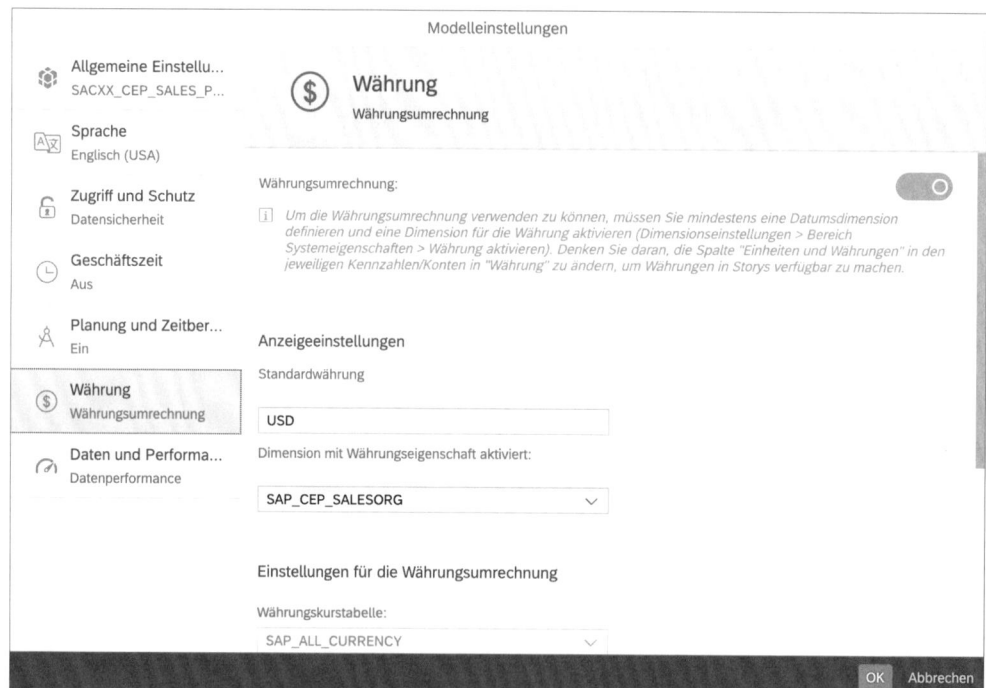

Abbildung 2.13 Modelleinstellungen zur Währungsumrechnung

Die Handhabung von Währungen wird über die folgenden Einstellungen gesteuert:

- **Währungsumrechnung Ein/Aus**
  Aktiviert die Währungsumrechnung für das Modell. Falls dies nicht der Fall ist, werden alle Werte währungsbehafteter Kennzahlen als Beträge in Standardwährung interpretiert.

- **Standardwährung**
  Definiert zum einen die einzige Währung bei deaktivierter Währungsumrechnung und zum anderen die Berichtswährung bei aktivierter Umrechnung, in die standardmäßig in den Story-Widgets zur Anzeige der Werte konvertiert wird.

- **Dimension mit Währungseigenschaft**
  Definiert die Dimension, deren Währungsattribut die Währung der jeweiligen gespeicherten Werte bestimmt.

- **Währungskurstabelle**
  Tabelle, die die Wechselkurse zwischen Quell- und Zielwährung enthält.

- **Datumsdimension**
  Da Wechselkurse immer einen Zeitbezug haben, muss festgelegt werden, welche Dimension vom Typ **Datum** für die Umrechnung herangezogen werden soll.

Neben diesen Einstellungen muss im Modell selbst sichergestellt sein, dass die währungsrelevanten Attribute für die Kennzahlen in der Dimension **Konto** richtig eingestellt sind, sofern eine spezielle Kennzahl als währungsbehaftet modelliert werden soll.

Währungskurstabelle

Die oben genannte Währungskurstabelle enthält die Wechselkurse, um einen gegebenen Wert von der Ausgangswährung in die Zielwährung umzurechnen. SAP Analytics Cloud erlaubt das Anlegen mehrerer Währungskurstabellen im System. Eine neue Währungskurstabelle kann im Hauptmenü über den Navigationspfad ☰ • **Erstellen** • **Währung** angelegt werden. Zu existierenden Tabellen navigiert man über ☰ • **Durchsuchen** • **Währungen**.

Abbildung 2.14 zeigt eine Währungskurstabelle. Die Kurstabelle verfügt über die folgenden Einträge:

Parameter der Währungskurstabelle

- **Quellwährung**
  Ausgangswährung, auf die sich der Kurs bezieht

- **Gültig ab**
  Datum, ab dem der Umrechnungskurs gültig ist. Der Kurs bleibt solange gültig, bis ein zweiter identischer Eintrag mit späterem Datum gültig

wird. Dabei wird die Dimension vom Typ **Datum**, die in den Einstellungen der Währungsumrechnung definiert wurde, mit dem Gültigkeitsbereich des Kurses verglichen.

- **Zielwährung**
Zielwährung, auf die sich der Kurs bezieht.

- **Kategorie**
Über dieses Feld lassen sich verschiedene Kurse für z. B. Budget und Forecast definieren.

- **Kursversion**
Für die Kategorie **Specific** in Kombination mit diesem Feld lassen sich verschiedene Währungskurszenarien abbilden und simulieren.

- **Kurstyp**
Bestimmt den Kurstyp (Durchschnitt oder Abschluss). Konten aus der GuV werden typischerweise mit dem Durchschnittskurs umgerechnet, während Konten der Bilanz mittels des Stichtags- oder Abschlusskurses umgerechnet werden.

- **Umrechnungskurs**
Der eigentliche Faktor, mit dem die Quellwährung in die Zielwährung umgerechnet wird.

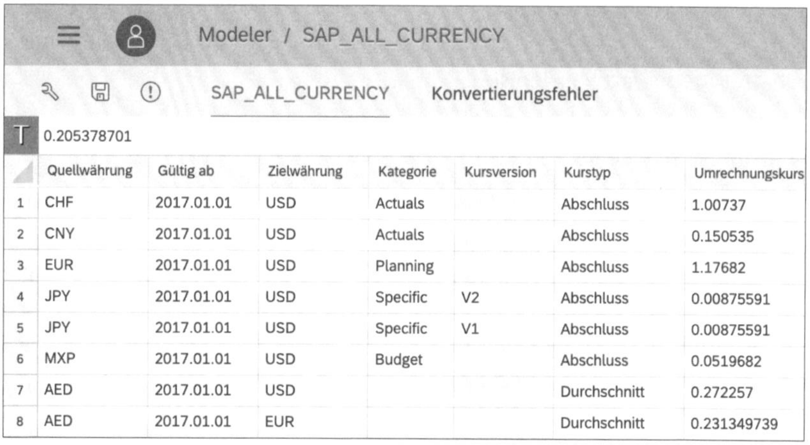

Modeler / SAP_ALL_CURRENCY

SAP_ALL_CURRENCY   Konvertierungsfehler

0.205378701

	Quellwährung	Gültig ab	Zielwährung	Kategorie	Kursversion	Kurstyp	Umrechnungskurs
1	CHF	2017.01.01	USD	Actuals		Abschluss	1.00737
2	CNY	2017.01.01	USD	Actuals		Abschluss	0.150535
3	EUR	2017.01.01	USD	Planning		Abschluss	1.17682
4	JPY	2017.01.01	USD	Specific	V2	Abschluss	0.00875591
5	JPY	2017.01.01	USD	Specific	V1	Abschluss	0.00875591
6	MXP	2017.01.01	USD	Budget		Abschluss	0.0519682
7	AED	2017.01.01	USD			Durchschnitt	0.272257
8	AED	2017.01.01	EUR			Durchschnitt	0.231349739

Abbildung 2.14 Währungskurstabelle

Funktionsweise der Währungsumrechnung

Sobald alle notwendigen Einstellungen am Modell vorgenommen worden sind und die notwendigen Kurse in der Währungskurstabelle gepflegt sind, kann das System Werte aus der Quellwährung in die gewünschte Berichtswährung umrechnen. Die prinzipielle Funktionsweise sei an einem kleinen

Beispiel demonstriert (siehe Abbildung 2.15). Die genaue Definition der Berichtswährung, die in der Story vorgenommen wird, soll auf das nächste Kapitel verschoben werden. An dieser Stelle geht es vielmehr um die grundlegende Vorgehensweise bei der Umrechnung von Währungen in SAP Analytics Cloud.

Measure	Gross Sales							
Date	> 2020		∨ 2021		> Q1 (2021)		> Q2 (2021)	
Version	Actual		Plan		Plan		Plan	
Übergreifende Berechnungen	Default Currency (USD)	Currency	Default Currency (USD)	Currency	Default Currency (USD)	Currency	Default Currency (USD)	Currency
Sales Org								
∨ Total	$3.488,86		$3.482,57		$464,34		$1.354,33	
Sales Org US	$1.081,55	$1.081,55	$1.075,26	$1.075,26	$143,37	$143,37	$418,16	$418,16
Sales Org Germany	$837,33	€761,21	$837,33	€644,10	$111,64	€85,88	$325,63	€250,48
Sales Org China	$697,77	CN¥4.635,28	$697,77	CN¥4.635,28	$93,04	CN¥618,04	$271,36	CN¥1.802,61
Sales Org Japan	$348,89	¥39.845,78	$348,89	¥39.845,78	$46,52	¥5.312,77	$135,68	¥15.495,58
Sales Org Switzerland	$104,67	CHF103,90	$104,67	CHF103,90	$13,96	CHF13,85	$40,70	CHF40,41
Sales Org Mexico	$418,66	MX$8.056,14	$418,66	MX$8.056,14	$55,82	MX$1.074,15	$162,81	MX$3.132,94

Abbildung 2.15 Funktionsweise der Währungsumrechnung

In Abbildung 2.15 ist die Kennzahl **Gross Sales** entlang der Dimensionen **Vertriebseinheit** (**Sales Org**) sowie **Zeit** und **Version** aufgerissen. Das Datenmodell ist so konfiguriert, dass die Dimension **Vertriebseinheit** das Währungsattribut enthält. Dies bedeutet, dass die Werte für die Kennzahl **Gross Sales**, die in der Faktentabelle persistiert sind, als Werte in lokaler Währung interpretiert werden, wobei das Währungskennzeichen über das Attribut der Dimension **Vertriebseinheit** bestimmt wird. Soll in der jeweiligen lokalen Währung berichtet werden, ist keine Währungsumrechnung nötig.

Im Beispiel werden aber die Beträge für **Gross Sales** neben der jeweiligen lokalen Währung auch in der Berichtswährung USD dargestellt, die in diesem Fall gleichzeitig die Standardwährung des Datenmodells darstellt. In diesem Fall rechnet das System die Werte aus den lokalen Währungen in die Berichtswährung um. Dabei kommen die Parameter der Währungsumrechnung wie folgt zur Anwendung:

Wie bereits oben dargestellt, werden die physisch in der Faktentabelle des Datenwürfels gespeicherten Kennzahlwerte als Werte in lokaler Währung interpretiert, wobei die Währung über das Attribut des Elements aus der Dimension **Vertriebseinheit** ermittelt wird. Die Zielwährung ergibt sich aus der eingestellten Berichtswährung. Im Beispiel wird neben der lokalen Währung noch die Standardwährung des Modells (USD) angezeigt. Neben Quell- und Zielwährung werden als Parameter der Währungsumrechnung noch der Kurstyp sowie Kategorie und Zeit benötigt. Der erste Parameter **Kurstyp** wird durch die jeweilige Kennzahl bestimmt. Im Beispiel ist die eingestellte Kennzahl **Gross Sales**, die als Element der Dimension **Konto** den Kurstyp **Durchschnitt** als Attributwert hinterlegt hat.

Der Bezug zur Zeit bzw. zur Kategorie ergibt sich ebenfalls aus der Struktur des Berichts. In den Spalten des Berichts werden sowohl Ist- als auch Planwerte dargestellt. Falls entsprechende Kurse in der Währungstabelle definiert sind, würden die Kennzahlwerte mit den entsprechenden Ist- bzw. Planwerten umgerechnet. Das Gleiche gilt für die unterschiedlichen Werte in den einzelnen Perioden.

Generell ist es wichtig, sich zu vergegenwärtigen, dass die Kennzahlwerte dynamisch zur Laufzeit in die eingestellte Zielwährung, hier USD, umgerechnet werden. Die Ergebnisse der Währungsumrechnung werden nicht in der Faktentabelle persistiert. Hier sind nur die Kennzahlwerte in Quellwährung physisch gespeichert.

2.2.10   Allgemeine Einstellungen

Über die Schaltfläche ✎ (**Modelleinstellungen**) im Bereich **Allgemein** der Werkzeugleiste lassen sich die Modelleinstellungen öffnen. Hier werden allgemeine Modellparameter festgelegt, außerdem Zugriffsrechte, Konfiguration der Datumsdimension(en) usw. sowie die Einstellungen bezüglich der Währungsumrechnung.

2.3   Merkmalsbeziehungen

Über die Definition des Datenmodells in der Modellierungsumgebung selbst wird eine Struktur und Semantik für die Daten definiert, die vom System verwendet wird, um die Konsistenz mit dieser Definition sicherzustellen. Beim Erzeugen neuer Datensätze, sei es durch einen Datenimport oder durch die manuelle Erfassung über Planungsmasken, verprobt das System beispielsweise die Konsistenz mit den definierten Stammdaten, sodass es nicht möglich ist, einen Datensatz zu erzeugen, der ein nicht bekanntes Element für eine Dimension verwendet oder der zusätzliche Merkmale benutzt, für die keine Dimension angelegt worden ist. Diese Konsistenzprüfungen garantieren bereits einen hohen Grad der Datenqualität.

Beziehungen zwischen Dimensionen

In vielen Fällen ist allerdings darüber hinaus noch eine weitergehende Konsistenzprüfung wünschenswert, die über die bloße Existenzprüfung der Stammdaten hinausgeht. In diesen Fällen soll vielmehr eine Beziehung zwischen den Elementen unterschiedlicher Dimensionen hergestellt werden.

Ein Beispiel für solche zusätzlichen semantischen Beziehungen wäre im Fall der Dimensionen **Kunde** und **Vertriebseinheit** aus dem Modell der Fallstudie gegeben. Ein bestimmter Kunde soll dabei genau einer Vertriebseinheit zugeordnet werden, die den Kunden betreut. Das System soll sicherstellen, dass nur Datensätze erstellt und gespeichert werden, die eine gültige Kombination der Merkmale **Kunde** und **Vertriebseinheit** aufweisen. Ein weiteres Beispiel sind Merkmalskombinationen für die Dimensionen **Produkt** und **Vertriebseinheit**. In einer Vertriebseinheit soll nur eine bestimmte Auswahl der insgesamt verfügbaren Produkte zum Verkauf angeboten werden.

SAP Analytics Cloud erlaubt die Definition solcher Merkmalsbeziehungen über die Registerkarte **Regeln** in der Modellierungsumgebung. Um diese Registerkarte sichtbar zu machen, muss die Funktionalität für das Modell erst über die allgemeinen Modelleinstellungen aktiviert werden. Dies geschieht im Menüpunkt **Zugriff und Schutz** durch Einschalten der Option **Validierungsregel** (siehe Abbildung 2.16).

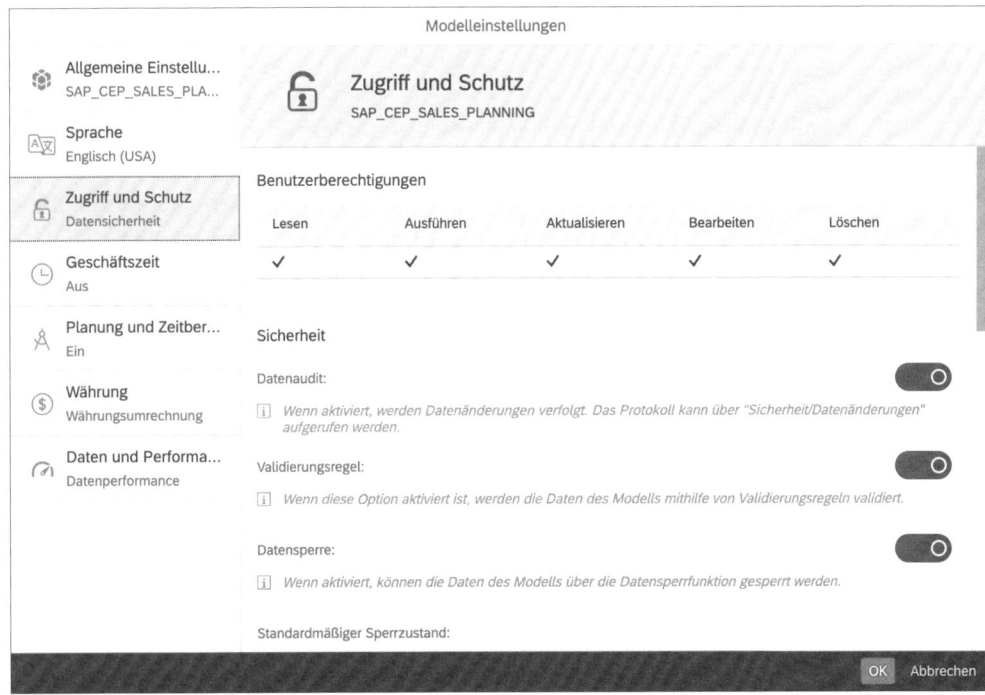

Abbildung 2.16 Validierungsregeln aktivieren

Danach steht die entsprechende Registerkarte zur Verfügung (siehe Abbildung 2.17).

Im Folgenden wird eine Validierungsregel erstellt, die gültige Kombinationen für die Merkmale **Vertriebseinheit** (**Sales Org**) und **Gesellschaft** (**Entity**)

Beispiel einer Validierungsregel

sicherstellt. Als Voraussetzung dafür wurde in der Dimension für die Vertriebseinheiten ein zusätzliches benutzerdefiniertes Attribut angelegt. Dieses Attribut gibt zu jeder Vertriebseinheit die zugehörige Gesellschaft an. Dabei ist zu beachten, dass der Wert des Attributs der Element-ID des zugehörigen Elements in der Dimension **Entity** entspricht.

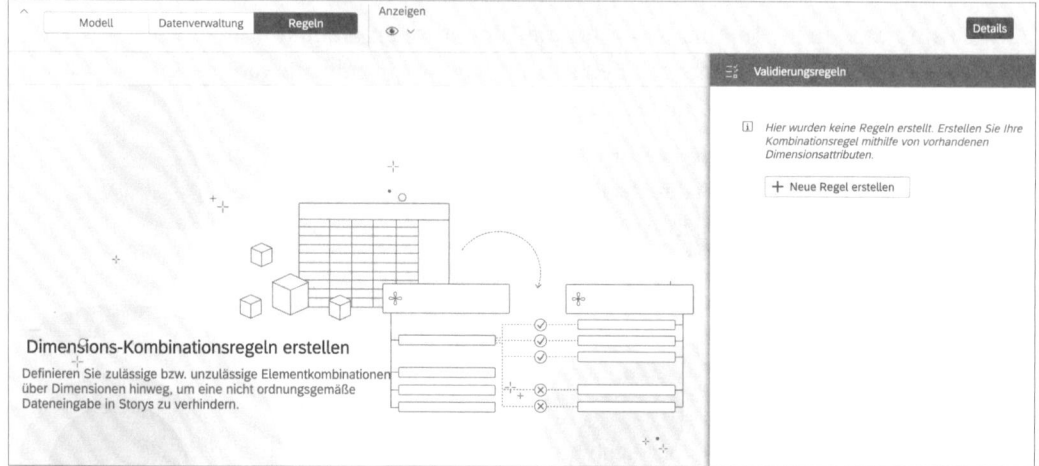

Abbildung 2.17 Übersicht über die Validierungsregeln

Ist dies der Fall, kann eine neue Regel angelegt werden (siehe Abbildung 2.18). Im Auswahldialog wird für die Dimension **Vertriebseinheit** das Attribut ausgewählt, das die Dimension **Gesellschaft** referenziert. Als Zweites wird die eigentliche Dimension gewählt, deren Elemente mit dem Attributwert aus der Vertriebseinheit verprobt werden.

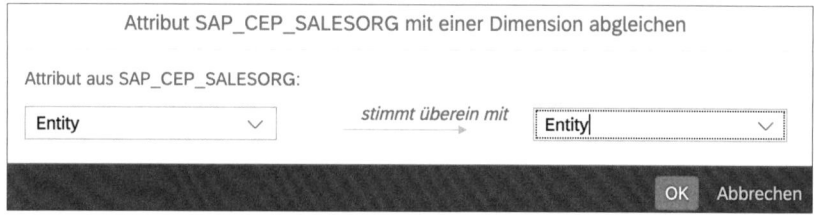

Abbildung 2.18 Validierungsregel anlegen

Als Ergebnis werden die gültigen Kombinationen aus Vertriebseinheit und Gesellschaft aufgelistet, die sich über die Zuordnung aus dem Attributwert der Dimension **Vertriebseinheit** ergeben (siehe Abbildung 2.19).

Es können mehrere Regeln für ein Modell definiert werden. Eine Regel kann dabei auch mehrere Dimensionen umfassen.

Abbildung 2.19 Liste der gültigen Kombinationen

Bei der Erfassung von Plandaten überprüft das System, ob der Datensatz mit den hier definierten Validierungsregeln im Einklang steht. Ist dies nicht der Fall, verhindert das System die Übernahme der Eingabe und das Abspeichern in der Datenbank.

Eine Variante, die ebenfalls durch den Validierungsmechanismus ermöglicht wird, ist das Ableiten des gültigen Elements aus der zweiten Dimension. Im genannten Beispiel würden Sie Plandaten für die Vertriebseinheit erfassen. SAP Analytics Cloud stellt dann durch Ausführen der Validierungsregeln sicher, dass das korrespondierende Element aus der Dimension **Gesellschaft** ermittelt und der Planwert für das gültige Tupel aus Vertriebseinheit und Gesellschaft in der Datenbank persistiert wird. Im nächsten Kapitel wird noch einmal genauer auf diesen Fall eingegangen.

2.4   Datenintegration

In fast allen Fällen sind Planungsanwendungen im Unternehmen nicht unabhängig von anderen IT-Systemen, sondern sind im Gegenteil eng mit ihnen verwoben, sodass in vielerlei Hinsicht Integrationsaspekte eines Planungssystems mit der restlichen IT-Systemlandschaft berücksichtigt werden müssen. Dabei ist eine große Bandbreite unterschiedlicher Integrationsthemen zu berücksichtigen.

Ein wesentlicher Aspekt bei der Einführung eines softwaregestützten Planungswerkzeugs betrifft den Themenkomplex der *Benutzer- und Berechtigungsverwaltung*. Typischerweise werden Benutzerkonten und Berechtigungen für den Zugriff auf Daten in zentralen IT-Systemen für die Berechtigungsverwaltung hinterlegt. Idealerweise kann eine Planungssoftware auf diese Informationen zurückgreifen, sodass kein doppelter Pflegeaufwand für diese kritischen Informationen entsteht. Das Thema Benutzer- und Rechte-

**Berechtigungs-
verwaltung**

verwaltung wird an anderer Stelle dieses Buches daher noch einmal vertieft behandelt. An dieser Stelle soll vielmehr ein zweiter Themenkomplex bei der Systemintegration behandelt werden, nämlich die Versorgung des Planungswerkzeugs SAP Analytics Cloud mit allen für den Planungsprozess relevanten Informationen, die typischerweise in anderen IT-System entstehen und vorgehalten werden.

2.4.1 Grundlagen

Die Datenverwaltung für ein Modell, d. h. das Anlegen und Verwalten automatisierter Import- und Exportprozesse, erfolgt direkt aus der Modellierungsumgebung heraus und ist somit direkt mit dem Modell verknüpft. Wie bereits in Kapitel 1, »Planung mit SAP Analytics Cloud«, erläutert, gibt es in SAP Analytics Cloud grundsätzlich zwei verschiedene Arten, um auf die Daten aus Quellsystemen zuzugreifen.

Live Connection

Die erste Möglichkeit wird oft als sogenannte *Live Connection* bezeichnet. Dabei werden die Daten nicht physisch repliziert, sondern die Verarbeitung wird an das jeweilige Quellsystem delegiert. SAP Analytics Cloud, oder um noch präziser zu sein, der Teil von SAP Analytics Cloud, der zur Laufzeit im Webbrowser ausgeführt wird, erhält dann vom Quellsystem das Resultat der Verarbeitung und stellt die Daten grafisch aufbereitet für den Benutzer dar. Eine Besonderheit ist hierbei, dass zu keinem Zeitpunkt, Daten aus dem Quellsystem in den Cloud-Server von SAP Analytics Cloud übertragen und vorgehalten werden. Die Live Connection steht nur für bestimmte Quellsystemtypen und analytische Szenarien zur Verfügung, bei denen keine Daten erfasst oder geändert werden sollen, wie es bei Planungsprozessen typischerweise der Fall ist. Auf eine besondere Ausnahme in diesem Zusammenhang wurde bereits in Kapitel 1, »Planung mit SAP Analytics Cloud«, genauer eingegangen.

Datenakquisition

Die zweite Möglichkeit für den Zugriff auf Daten aus Quellsystemen wird auch als *Datenakquisition* bezeichnet. Hierbei werden Daten aus dem Quellsystem extrahiert, in den Server von SAP Analytics Cloud geladen und dort persistiert. Es handelt sich hierbei also um einen klassischen Prozess von Extraktion, Transformation und Laden der Daten, wie er in der Datenverarbeitung, insbesondere bei Datenintegrationsprozessen, alltäglich ist. Um Sie bei diesem Prozess zu unterstützen, stellt SAP Analytics Cloud eine spezielle Umgebung zur Verfügung, die über die Modellierungsumgebung über die Registerkarte **Datenverwaltung** (*Data Management*) aufgerufen wird.

Im Kontext der Planung mit SAP Analytics Cloud ist beim Thema Zugriff auf Daten aus Quellsystemen in der Regel immer von der Datenakquisition die Rede. In den nächsten beiden Abschnitten sollen daher der Datenimport sowie nachfolgend der Export von Plandaten im Detail betrachtet werden.

2.4.2   Verbindungen

Bevor Daten aus einem Quellsystem importiert oder auch wieder in ein anderes System exportiert werden können, muss zwischen SAP Analytics Cloud und dem jeweiligen Quell- bzw. Zielsystem eine technische Verbindung hergestellt werden. In SAP Analytics Cloud werden Verbindungen über den Menüpfad ☰ • **Verbindung** verwaltet (siehe Abbildung 2.20).

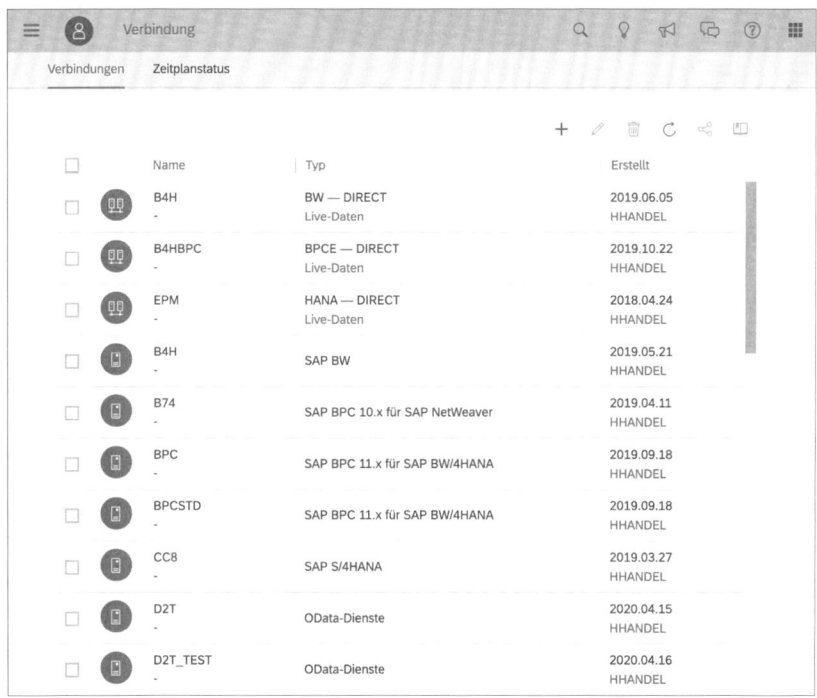

Abbildung 2.20 Verbindungsmanagement

Hier können neue Verbindungen über die Schaltfläche ⊕ in der Werkzeugliste hinzugefügt oder Verbindungseinstellungen über die Schaltfläche ✎ geändert werden. SAP Analytics Cloud erlaubt dabei den direkten Zugriff auf eine breite Palette von verschiedenen Systemen. Die jeweils aktuelle Liste der unterstützten Systemtypen können Sie im SAP Help Portal der Produktdokumentation, entnehmen, erreichbar über:

https://help.sap.com/viewer/product/SAP_ANALYTICS_CLOUD/release/de-DE

Wichtig ist auch, dass SAP Analytics Cloud direkt auf die exponierten Schnittstellen des jeweiligen Quellsystems zugreift. Es wird keine separate Middleware-Komponente für den Datenaustausch zwischen den Systemen benötigt. Sobald die technischen Voraussetzungen erfüllt sind und der technische Zugriff auf das Quellsystem möglich ist, können in SAP Analytics Cloud Datentransferprozesse angelegt und ausgeführt werden.

Zugriff auf Quellsysteme Bevor eine Verbindung zu einem System erstellt werden kann, sind in der Regel allerdings weitere technische Vorbereitungen zu treffen, damit der Zugriff auf das Quellsystem aus der Cloud heraus erfolgen kann. Bei einem Datenaustausch zwischen SAP Analytics Cloud und einem Quellsystem lassen sich zwei grundlegende Fälle unterscheiden:

1. Das Quellsystem ist ebenfalls ein cloudbasiertes System.

2. Das Quellsystem ist ein On-Premise-System.

Im zweiten Fall wird davon ausgegangen, dass das Quellsystem hinter der Firewall im Unternehmensnetzwerk lokalisiert und nicht direkt im öffentlichen Internet exponiert ist. Dies ist der typische Fall für die meisten Unternehmen. Die verschiedenen Fälle sind noch einmal in Abbildung 2.21 schematisch dargestellt.

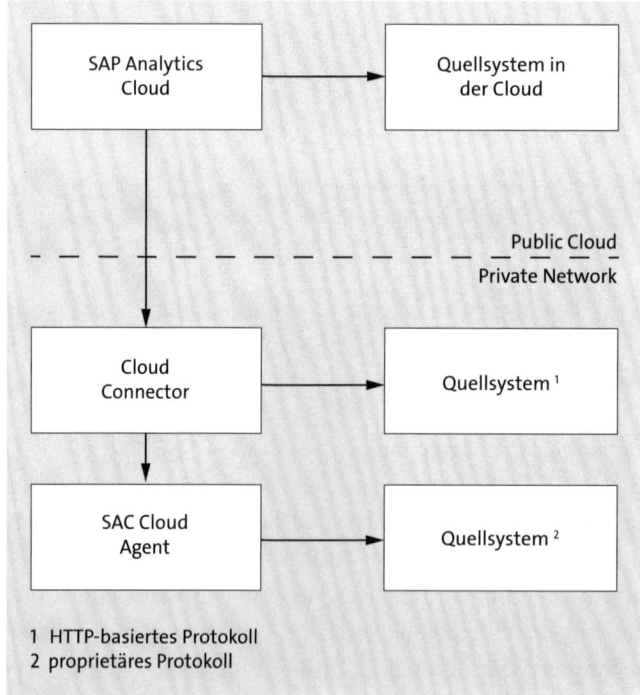

1 HTTP-basiertes Protokoll
2 proprietäres Protokoll

Abbildung 2.21 Typische Systemlandschaft bei der Verwendung von SAP Analytics Cloud und On-Premise-Quellsystemen

Falls sich das Quellsystem, aus dem Daten importiert werden sollen, ebenfalls in der Public Cloud befindet, kann der Zugriff direkt ohne zusätzlich zu installierende und betreibende Softwarekomponenten erfolgen. Im zweiten Fall, bei dem sich das Quellsystem hinter der Unternehmens-Firewall in einem privaten Netzwerk befindet, sind zwei weitere Szenarien zu unterscheiden. Diese beiden Szenarien beziehen sich auf die Art und Weise, wie das Quellsystem seine Daten bereitstellt:

- Die Daten werden über ein HTTP-basiertes Protokoll exponiert.
- Die Daten werden über ein proprietäres Protokoll exponiert.

In beiden Fällen muss eine zusätzliche Komponente, der sogenannte *SAP Cloud Connector*, im Unternehmensnetzwerk installiert und konfiguriert werden. Diese Komponente erlaubt dem SAP-Analytics-Cloud-Server den Zugriff durch die Unternehmens-Firewall. Für den Fall, dass das On-Premise-Quellsystem seine Daten über ein HTTP-basiertes Protokoll wie z. B. OData exponiert, ist dies bereits ausreichend, und es können eine Verbindung zu dem System in SAP Analytics Cloud angelegt und Daten importiert werden.

In allen Fällen, in denen das Quellsystem Daten über ein proprietäres Protokoll exponiert, das nicht HTTP-basiert ist, muss eine zusätzliche Komponente installiert und konfiguriert werden. Hierbei handelt es sich um den *SAP Analytics Cloud Agent* . Diese Komponente hat die Aufgabe, die Anfrage des SAP-Analytics-Cloud-Servers in das Protokoll des Quellsystems zu übersetzen.

SAP Analytics Cloud Agent

Für genauere Informationen zur Installation und Konfiguration des SAP Cloud Connectors sowie des SAP Analytics Cloud Agents sei auf die Seiten der Dokumentation unter *http://help.sap.com* verwiesen.

Zusätzlich sei hier noch angemerkt, dass neben den allgemeinen Voraussetzungen bezüglich der Systemlandschaft in der Regel noch zusätzliche Einstellungen in den jeweiligen Quellsystemen selbst vorzunehmen sind. Typischerweise muss der Zugriff auf Datenextraktionsschnittstellen explizit freigegeben werden, da dies in der Regel als sicherheitskritisch gilt und deswegen standardmäßig deaktiviert ist. Für genauere Informationen muss hier in der Regel die Dokumentation des jeweiligen Quellsystems konsultiert werden.

2.4.3   Datenimport

Sofern die technischen Voraussetzungen, die im vorangehenden Abschnitt diskutiert wurden, erfüllt sind und eine Verbindung zum Quellsystem in

SAP Analytics Cloud erfolgreich erstellt wurde, können Daten aus dem Quellsystem in ein Modell geladen werden.

Es gibt zwei verschiedene Arten von Ladeprozessen:

1. Laden von Stammdaten
2. Laden von Bewegungsdaten

Stammdaten importieren

Wie bereits erläutert, handelt es sich bei *Stammdaten* um grundlegende Informationen zu betriebswirtschaftlich relevanten Objekten, wie z. B. Produkt, Kunde, Lieferant oder Mitarbeiter. Technisch werden Stammdaten in SAP Analytics Cloud in den Dimensionen eines Modells abgelegt. Sollen Stammdaten unabhängig von den Bewegungsdaten aus einem Quellsystem geladen werden können, muss die betreffende Dimension zuvor als öffentlich definiert worden sein. Öffentliche Dimensionen stehen in SAP Analytics Cloud zentral zur Verfügung und können potenziell in mehreren Modellen verwendet werden. In diesem Fall können für die Dimension eigene Ladeprozesse aufgesetzt und ausgeführt werden.

Bewegungsdaten importieren

Bewegungsdaten werden in die Faktentabelle des Modells geladen. Die Datensätze, die aus dem Quellsystem importiert werden, müssen für die einzelnen Dimensionen jeweils die Element-IDs sowie den numerischen Wert für die jeweilige Kennzahl enthalten. Da SAP Analytics Cloud einen kontenbasierten Modellansatz verwendet, wird die Kennzahl über die Element-ID der Kontendimension bestimmt.

Datenladeprozesse sowohl für Stamm- als auch Bewegungsdaten werden direkt aus der Modellierungsumgebung heraus angelegt und verwaltet. Die entsprechende Sicht können Sie über die Registerkarte **Datenverwaltung** aufrufen. Dabei ist es relevant, in welcher Ansicht der Modellierungsumgebung Sie sich gerade befinden. Ist die Modellübersicht geöffnet, bezieht sich die Datenverwaltung auf die Bewegungsdaten des Modells. Befinden Sie sich gerade in der detaillierten Sicht für eine spezielle Dimension und ruft die Datenverwaltung auf, bezieht sich die Datenverwaltung auf Import-/Exportprozesse der jeweiligen Dimension.

Import von Bewegungsdaten

Die Bewegungsdaten eines Modells können Sie über die Datenverwaltung importieren. In Abbildung 2.22 ist die Datenverwaltung für ein Modell zu sehen.

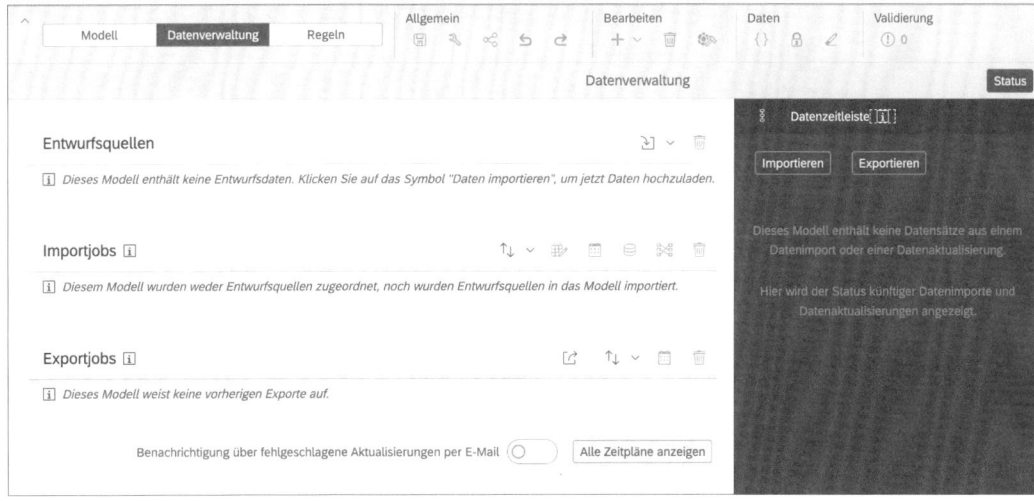

Abbildung 2.22 Datenverwaltung für ein Modell

Die Datenverwaltung untergliedert sich in drei Abschnitte:

1. Entwurfsquellen
2. Importjobs
3. Exportjobs

Der Import von Daten untergliedert sich in zwei Schritte. Zuerst wird ein neuer Import über die Schaltfläche ⟱∨ (**Daten importieren**) angelegt. In diesem Schritt wird definiert, welche verfügbaren Felder aus der Quellsystemabfrage importiert werden sollen. In der Regel stellt das Quellsystem verschiedene Abfragen zur Verfügung, und Sie können die Abfrage auswählen, die die relevanten Daten zur Verfügung stellt.

Haben Sie die Struktur der Datenabfrage festgelegt, lädt das System eine begrenzte Anzahl an Datensätzen. Diese Datensätze erscheinen als Entwurfsdaten im Bereich **Entwurfsquellen** auf der Registerkarte **Datenverwaltung**. Die Entwurfsdaten dienen dazu, eventuell notwendige Datentransformationen sowie Zuordnungen der Abfragefelder zu den Feldern der Faktentabelle des Datenmodells vorzunehmen. Als Resultat dieses zweiten Schrittes wird ein Importjob erzeugt, der entweder einmalig ausgeführt werden oder bei Bedarf auch regelmäßig wiederholt werden kann.

Entwurfsdaten laden

Um den beschriebenen Prozess anschaulich zu verdeutlichen, soll im Folgenden beispielhaft dargestellt werden, wie Daten aus einer Textdatei in das Modell zur Vertriebsplanung, das in Kapitel 1, »Planung mit SAP Analytics

Cloud«, vorgestellt wurde, geladen werden. Das Modell verfügt über die folgenden Dimensionen:

- Version
- Measure
- Date
- Product
- Customer
- Sales Org
- Planning Level
- Entity

Dabei ist Measure die Dimension vom Typ **Konto** und enthält die Kennzahlen **Gross Sales, Discounts, Price** und **Quantity**.

Als Erstes werden neue Entwurfsdaten über die Schaltfläche 🔽 (**Daten importieren**) geladen. Aus der Drop-down-Liste **Daten importieren aus** wird der Menüpunkt **Datei** ausgewählt. In den anschließenden Dialogfenstern wird eine Datei aus dem lokalen Dateisystem ausgewählt, die die Bewegungsdaten für das Planungsmodell enthält. Ein Ausschnitt der Daten ist in Abbildung 2.23 dargestellt.

	A	B	C	D	E	F	G	H	I	J
1	Measure	Version	Date	Product	Entity	Customer	SalesOrg	PlanningLevel	Value	Unit
2	GROSS_SALES	Actual	202001	MZ-TG-Y240	ENT0001	1000151	SO0001	#	-22151,4975	USD
3	QUANTITY	Actual	202001	MZ-TG-Y240	ENT0001	1000151	SO0001	#	49,22555	
4	GROSS_SALES	Actual	202001	MZ-TG-Y240	ENT0001	1000153	SO0001	#	-22151,4975	USD
5	QUANTITY	Actual	202001	MZ-TG-Y240	ENT0001	1000153	SO0001	#	49,22555	
6	GROSS_SALES	Actual	202001	MZ-TG-Y240	ENT0001	1000161	SO0001	#	-22151,4975	USD
7	QUANTITY	Actual	202001	MZ-TG-Y240	ENT0001	1000161	SO0001	#	49,22555	
8	GROSS_SALES	Actual	202001	MZ-TG-Y240	ENT0001	1000167	SO0001	#	-22151,4975	USD
9	QUANTITY	Actual	202001	MZ-TG-Y240	ENT0001	1000167	SO0001	#	49,22555	
10	GROSS_SALES	Actual	202001	MZ-TG-Y240	ENT0001	10401010	SO0001	#	-22151,4975	USD
11	QUANTITY	Actual	202001	MZ-TG-Y240	ENT0001	10401010	SO0001	#	49,22555	
12	GROSS_SALES	Actual	202001	MZ-TG-Y240	ENT0001	17100001	SO0001	#	-22151,4975	USD
13	QUANTITY	Actual	202001	MZ-TG-Y240	ENT0001	17100001	SO0001	#	49,22555	
14	GROSS_SALES	Actual	202001	MZ-TG-Y240	ENT0001	17100002	SO0001	#	-22151,4975	USD
15	QUANTITY	Actual	202001	MZ-TG-Y240	ENT0001	17100002	SO0001	#	49,22555	

Abbildung 2.23 Zu importierende Bewegungsdaten

Beim Import von Daten aus einem anderen IT-System würde an dieser Stelle ein Auswahlschritt folgen, der Ihnen eine Selektion der zur Verfügung stehenden Felder erlaubt. Im Falle des Imports aus einer lokalen Datei werden die Entwurfsdaten (eine limitierte Anzahl an Datensätzen) direkt geladen (siehe Abbildung 2.24).

Nach dem Abschluss des Vorgangs erscheint ein Eintrag für die Entwurfsdaten im entsprechenden Bereich der Datenverwaltung.

Abbildung 2.24 Liste der verfügbaren Entwurfsdaten

Importjob erzeugen

Sobald die Entwurfsdaten erfolgreich geladen sind, kann der eigentliche Importjob angelegt werden. Während der Ausführung des Importjobs werden die Daten aus ihrer ursprünglichen Struktur, wie sie durch das Quellsystem definiert ist, auf die Struktur der Faktentabelle des Datenmodells in SAP Analytics Cloud abgebildet. Dabei können eventuell noch weitere Transformationen der Daten erfolgen.

Durch Anklicken des entsprechenden Eintrags für die Entwurfsdaten in der Datenverwaltung öffnet sich die Datentransformationssicht (*Data Wrangling*), die in Abbildung 2.25 dargestellt ist.

Data Wrangling

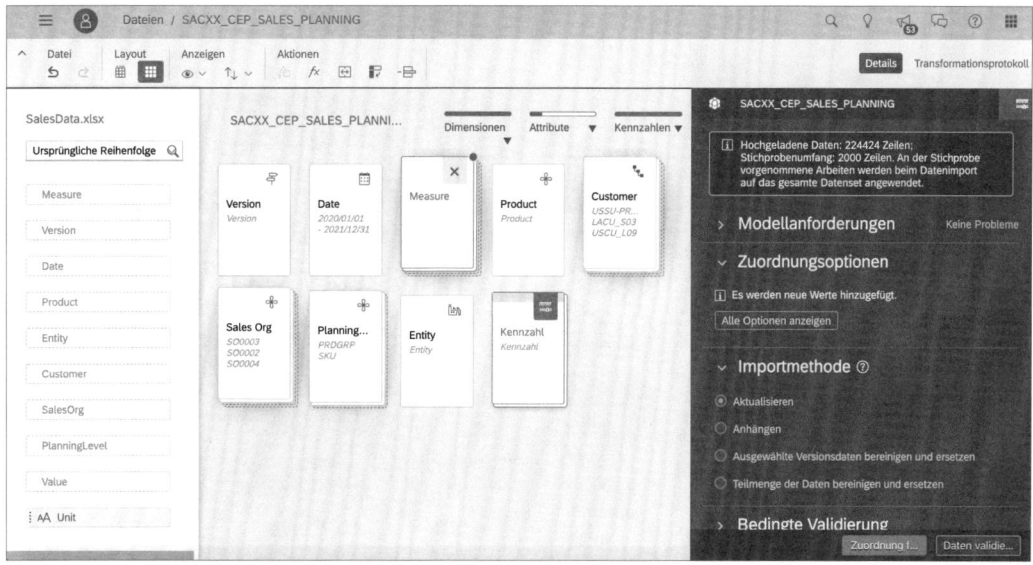

Abbildung 2.25 Transformationssicht der Entwurfsdaten

Die Ansicht untergliedert sich in die folgenden Bereiche: Auf der linken Seite ist die Struktur der Entwurfsdaten zu sehen, d. h. die Felder, die aus dem Quellsystem, in diesem Fall lediglich eine lokale Datei, exponiert werden.

Struktur des Modells   In der Mitte wird die Struktur des Modells dargestellt. Die einzelnen Karten repräsentieren die Dimensionen des Datenmodells. Das System versucht bereits, die Felder der Datenquelle den entsprechenden Dimensionen des Modells automatisch zuzuordnen. Falls dies nicht auf automatische Weise möglich ist oder bestimmte Zuordnungen nicht korrekt erfolgt sind, können Sie die Zuordnung per Drag & Drop mit der Maus selbst vornehmen. Dazu wird ein Feld aus der Liste auf der linken Seite in die Bildmitte gezogen und auf der entsprechenden Karte losgelassen. Eine fehlerhafte Zuordnung kann über die Schaltfläche ⊠ auf der entsprechenden Karte wieder gelöscht werden.

Auf der rechten Seite des Bildes befinden sich weitere Detailinformationen. Je nach Kontext werden hier entweder Informationen zu einzelnen Dimensionen angezeigt, falls eine Karte selektiert wurde, oder Informationen, die sich auf den Importjob als Ganzes beziehen, wie beispielsweise die eingestellte Importmethode.

Kartenansicht   Neben dieser sogenannten *Kartenansicht* können Sie über die Schaltfläche ▦ (**Rasteransicht**) in der Werkzeugleiste in die Rasteransicht wechseln (siehe Abbildung 2.26).

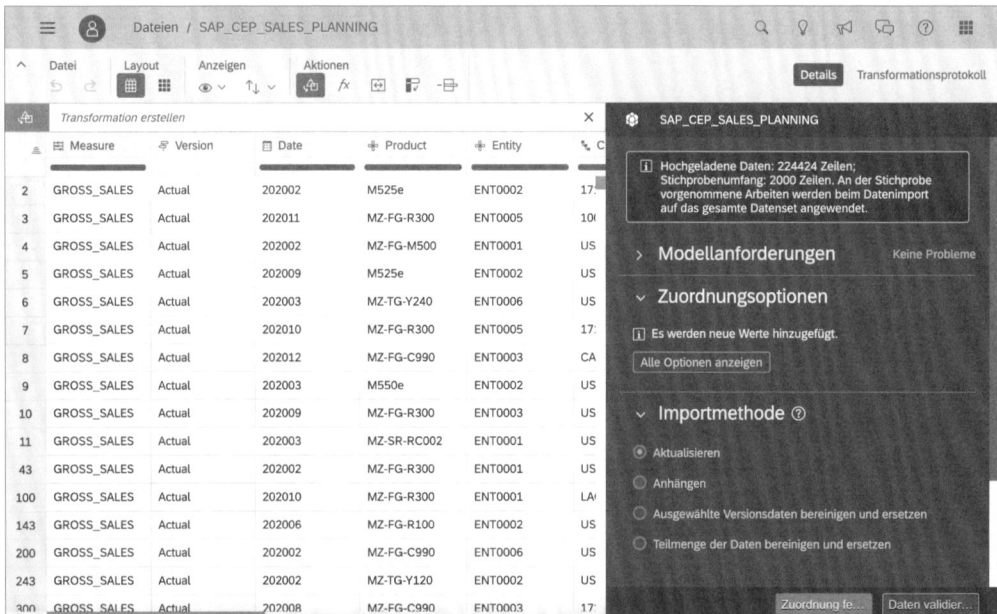

Abbildung 2.26 Rasteransicht

Die Rasteransicht bietet eine Vorschau auf die zu importierenden Daten. Die Datensätze werden so angezeigt, wie sie aus der Datenquelle in die Entwurfsdaten importiert wurden. In dieser Ansicht können Sie entweder direkt einzelne Datensätze manuell ändern, indem Sie den Inhalt einzelner Zellen verändern. Es können aber auch Transformationsregeln definiert werden, um z. B. bestimmte Inhalte durch andere Inhalte zu ersetzen. Abbildung 2.27 zeigt ein Beispiel für das Anlegen einer Transformationsregel.

∧	Datei	Layout	Anzeigen	Aktionen		
	↶ ↷ ⊞ ⊞⊞	⊙∨ ↑↓∨	⟨⊟ fx	⊟ 🚩 −⊟		

Ersetzen (Zelle ∨) in [Product] entspricht " M525e " mit " M525E " (... ∨)

≡	⚘ Version	🗓 Date	⚛ Product	⌊ﯔ Entity	⚶ Customer
				⟨⊟ ∨	
2	Actual	202002	M525E	⚬⚬⚬ ∨ ...2	17100001
3	Actual	202011	MZ-FG-R300	ENT0005	1000151
4	Actual	202002	MZ-FG-M500	ENT0001	USCU_S10
5	Actual	202009	M525E	ENT0002	USCU_S12
6	Actual	202003	MZ-TG-Y240	ENT0006	USCU_S02

Abbildung 2.27 Datentransformation erzeugen

Transformationsregeln legen Sie über die Transformationsleiste an. Diese können Sie über einen Klick auf die Schaltfläche ⟨⊟ (**Transformationsleiste ein-/ausblenden**) in der Werkzeugleiste ein- und ausblenden.

Sind alle Zuordnungen zwischen den Feldern der Entwurfsdaten und den Dimensionen des Modells erfolgt und alle benötigten Transformationen definiert, kann der Importjob über die Schaltfläche **Zuordnung fertigstellen** angelegt werden.

Nach einer kurzen Validierungsphase führt das System den Importjob aus und lädt die gesamten Daten in das Datenmodell. Der Importjob erscheint nun in der Übersicht der Datenverwaltung mit zugehörigen Statusinformationen (siehe Abbildung 2.28).

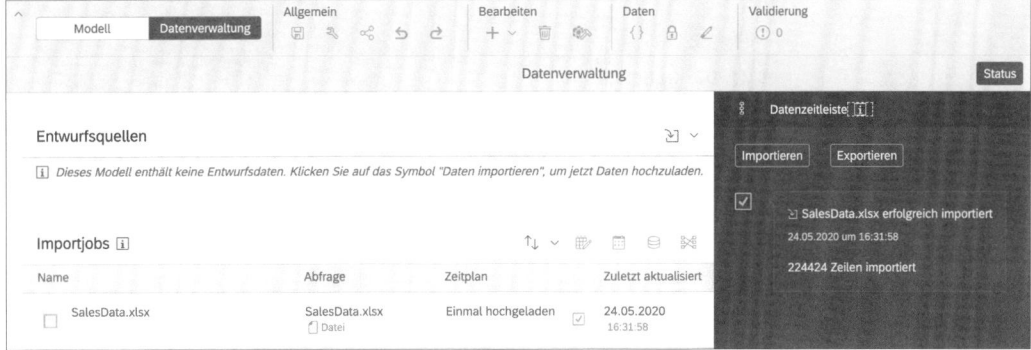

Abbildung 2.28 Übersicht über die durchgeführten Importjobs

Handelt es sich bei den Quelldaten nicht um eine lokale Datei, sondern um ein anderes IT-System oder eine Datei von einem zentralen File Share, kann der Importjob auch regelmäßig eingeplant werden.

Zeitplan definieren Über die Schaltfläche ▦ (**Zeitplaneinstellungen**) im Bereich **Importjobs** kann ein Zeitplan für eine wiederkehrende Ausführung des Importjobs festgelegt werden. Das Fenster **Zeitplaneinstellungen** erlaubt das Festlegen der Parameter (siehe Abbildung 2.29).

Die Einstellungen erlauben das Festlegen der Häufigkeit (stündlich, täglich, wöchentlich usw.) sowie des Start- und Enddatums für die gesamte Serie.

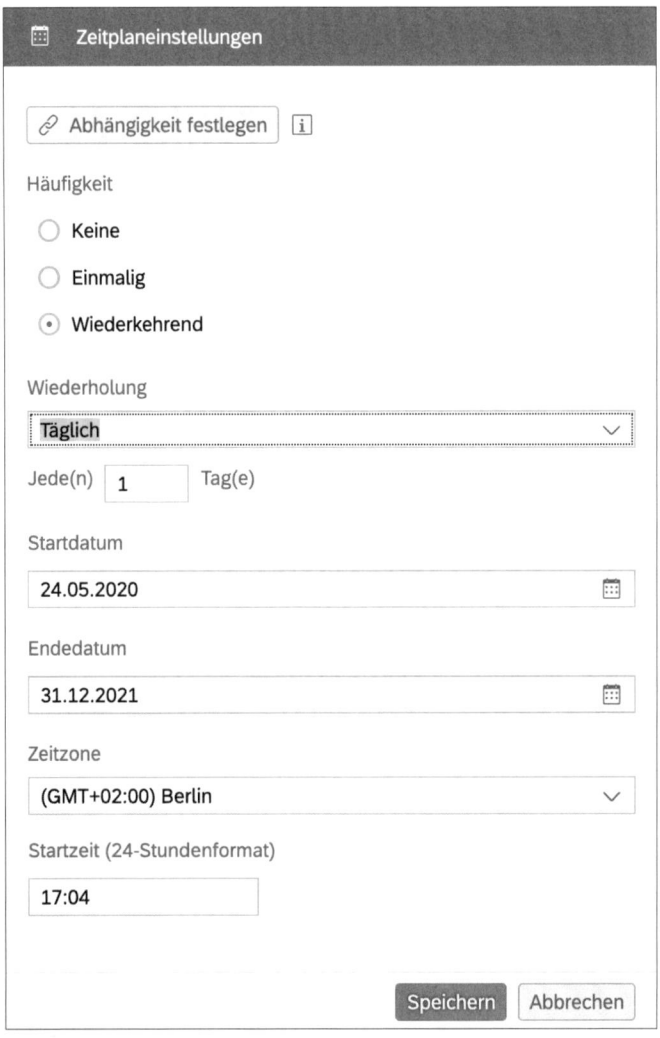

Abbildung 2.29 Zeitplaneinstellungen

Des Weiteren ist es möglich, Abhängigkeiten zu anderen Ladeprozessen zu definieren und Regeln für die Handhabung im Fehlerfall zu definieren. Die Abhängigkeiten werden über die Schaltfläche **Abhängigkeit festlegen** angelegt.

2.4.4   Datenexport

Wie eingangs bereits erläutert, besteht eine Besonderheit von Planungsprozessen im Vergleich zu reinen analytischen Prozessen in dem Umstand, dass während eines Planungsprozesses in der Regel neue Daten erzeugt werden. In vielen Fällen ist es notwendig, dass diese neuen Informationen nicht im Planungswerkzeug verbleiben, sondern zum Zwecke der Weiterverarbeitung oder als Referenz für andere Prozesse in weitere IT-Systeme überführt werden.

Aus der Datenverwaltung eines Modells lassen sich über die Schaltfläche ⌕ Bewegungsdaten in verschiedene Systeme exportieren:

Zielsysteme für den Datenexport

- Datei
- SAP BPC
- OData-Dienste (SAP Business Warehouse)
- SAP Integrated Business Planning
- SAP S/4HANA

Die jeweiligen systemspezifischen Voraussetzungen wie minimaler Releasestand und eventuell erforderliche Service Packs lassen sich am besten aus der aktuellen Produktdokumentation unter *http://help.sap.com* entnehmen.

Soll direkt in ein anderes IT-System exportiert werden, muss analog zum Importszenario sichergestellt werden, dass die Voraussetzungen an die Systemlandschaft erfüllt sind und in SAP Analytics Cloud eine Verbindung zum Zielsystem erstellt werden kann (siehe Abschnitt 2.4.2, »Verbindungen«).

Beim direkten Export in ein Zielsystem muss, ähnlich wie beim Datenimport, zunächst eine Zuordnung der Felder der empfangenden Schnittstelle zu den Dimensionen des Modells hergestellt werden. Ein Beispiel für den Dialog zur Zuordnung im Falle eines Exports nach SAP S/4HANA ist in Abbildung 2.30 dargestellt.

Analog zu Importjobs können Exportprozesse ebenfalls regelmäßig eingeplant werden.

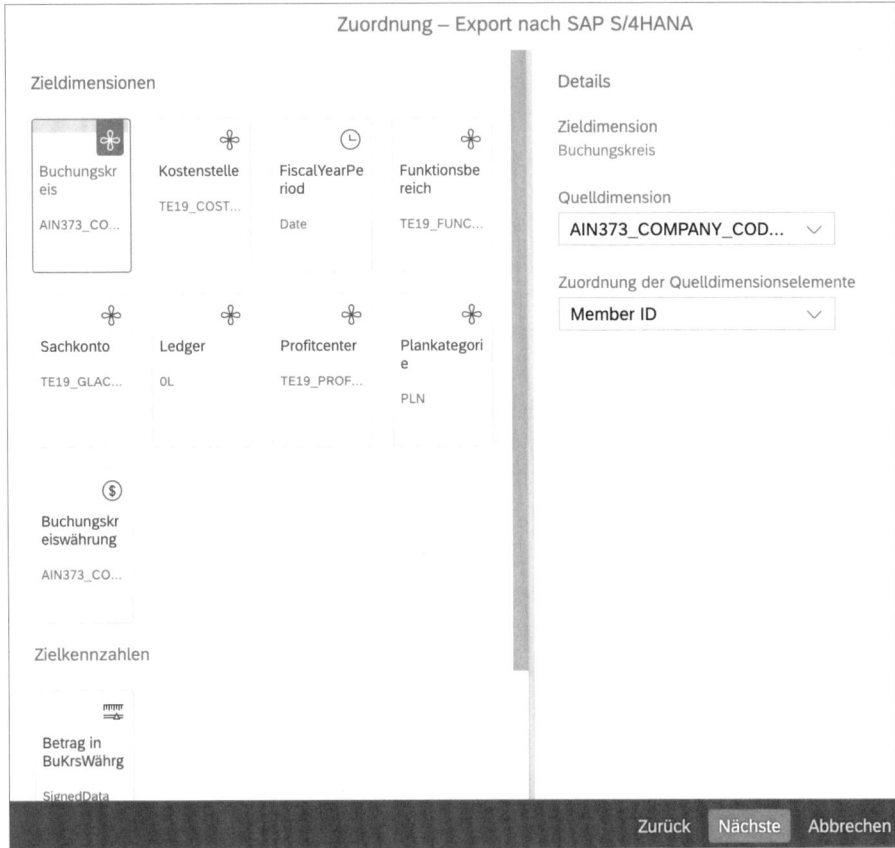

Abbildung 2.30 Feldzuordnung beim Datenexport

2.5   Zusammenfassung

In diesem Kapitel wurden die konzeptionellen Grundlagen vorgestellt, die in SAP Analytics Cloud zur Modellierung von Daten angewandt werden. Es wurde insbesondere herausgestellt, dass SAP Analytics Cloud ein multidimensionales Modellierungskonzept verwendet, in dem Informationen in Datenwürfeln organisiert werden. Als Varianten des multidimensionalen Modellansatzes wurde dann noch kurz auf die Unterschiede einer kontenbasierten sowie einer kennzahlbasierten Modellierung eingegangen. Dies ist insofern bedeutsam, dass Modelle in SAP Analytics Cloud über eine Dimension vom Typ **Konto** verfügen. Die Bedeutung dieser Dimension sowie deren Eigenschaften wurden detailliert dargestellt.

Neben Möglichkeiten zur erweiterten Konsistenzprüfung der Daten über Validierungsregeln wurde das Thema der Datenintegration ausgiebig behandelt. Dies ist insbesondere wichtig, da softwaregestützte Planungswerkzeuge in der Regel mit anderen Systemen einer komplexen IT-Landschaft Daten austauschen müssen. Durch den Einsatz einer cloudbasierten Lösung ergeben sich darüber hinaus weitere Aspekte, die bei der Erarbeitung einer Systemarchitektur zu berücksichtigen sind.

Der Inhalt dieses Kapitels ist insofern zentral für das weitere Verständnis, da viele Planungsfunktionen von SAP Analytics Cloud auf dem Konzept des Datenmodells aufsetzen. Ein grundlegendes Verständnis des Modellbegriffs und der dahinterstehenden Konzepte ist daher wichtig, um die weiteren Funktionalitäten von SAP Analytics Cloud nachvollziehen und gewinnbringend einsetzen zu können.

Kapitel 3
Planungsintegration in die Story

Dieses Kapitel zeigt, wie Sie mithilfe der Story vordefinierte Planungsfunktionen nutzen können. Die Story ist die Umgebung, über die Sie Plandaten erfassen und Planungsfunktionen ausführen. Ein wichtiges Thema ist dabei der Umgang mit der Versionsverwaltung.

Im Planungsprozess ist die fachliche Expertise der Personen aus dem Fachbereich, die die Planwerte erfassen, entscheidend. Sie arbeiten nicht direkt auf der Ebene des Datenmodells in der Modellierungsumgebung, sondern mit speziellen Planerfassungsmasken oder individuellen Benutzeroberflächen. Diese sind auf die Erfordernisse des jeweiligen Planungsprozesses und die Rolle der Anwenderinnen und Anwender im Prozess zugeschnitten. Ziel ist dabei, zukünftige Entwicklungen in Form von Kennzahlwerten abzuschätzen und im Planungswerkzeug zu erfassen.

Es ist Aufgabe des Planungswerkzeugs, Sie bestmöglich bei diesen Aufgaben zu unterstützen. In vielen Planungsprozessen werden Planwerte auf verdichteter Ebene erfasst. So ist es in der Regel nicht praktikabel, jeden einzelnen Artikel im Rahmen einer Vertriebsplanung manuell zu behandeln. Vielmehr erfolgt hier die Planung auf der Ebene der Produktgruppen oder sogar auf noch höher aggregierter Ebene. Ein Planungswerkzeug erlaubt dann aber gegebenenfalls das Herunterbrechen der Planwerte auf die unterste Ebene.

In diesem Kapitel wird die Story als zentrale Umgebung im Planungsprozess genauer beleuchtet. Abschnitt 3.1, »Die Story als Umgebung zur Plandatenerfassung«, geht auf die Funktionen der Story in SAP Analytics Cloud ein, soweit diese für die Planung relevant sind. Der Schwerpunkt liegt dabei auf der Erläuterung der Tabelle als zentralem Element zur Eingabe und Änderung von Planwerten. Abschnitt 3.2, »Die Versionsverwaltung«, widmet sich den Details der Versionsverwaltung. Das Versionskonzept von SAP Analytics Cloud ist von zentraler Bedeutung, da jedes Planungsmodell, wie in Kapitel 2, »Datenmodellierung«, dargestellt, automatisch über eine Dimension **Version** verfügt und viele Planungsfunktionen in SAP Analytics Cloud auf einer bestimmten Version operieren. Abschnitt 3.3, »Das Planungs-Panel«, stellt das Planungs-Panel vor, das grundlegende Planungsfunktionen zum Verteilen von Daten zur Verfügung stellt. In Abschnitt 3.4, »Mit der Tabelle arbeiten«, wird dann noch einmal vertiefend auf die erweiterten Funktionen der Tabelle als zentralem Element der Story im Rahmen der Planung eingegangen.

3.1   Die Story als Umgebung zur Plandatenerfassung

In SAP Analytics Cloud gibt es im Wesentlichen zwei Arten von Benutzeroberflächen, die dem Fachbereichsanwender im Rahmen eines Planungsprozesses zur Erfassung der Planwerte zur Verfügung gestellt werden: die Self-Service-Funktionen in der Story und die Analytic Application.

Self-Service-Funktionen in der Story

Sie können also zum einen Erfassungsmasken nutzen, die mithilfe der Story in SAP Analytics Cloud erstellt werden. Die Story ist die Umgebung, die auch im Rahmen von Business-Intelligence-Anwendungen zur Gestaltung individueller Dashboards und zur Datenvisualisierung verwendet wird. Die Story folgt dem Self-Service-Prinzip: Sie können ein Dashboard für ihre Analysen erstellen, ohne auf die Hilfe der IT-Abteilung angewiesen zu sein. Aus diesem Grund werden viele Funktionen zur Datenanalyse und Visualisierung in der Story als Standardfunktionen angeboten, die einfach miteinander zu kombinieren sind. Dies erleichtert den Umgang mit SAP Analytics Cloud enorm. Allerdings werden dadurch der Umsetzung individueller Anforderungen aber auch auf natürliche Weise Grenzen gesetzt.

Unterschied zwischen Story und Analytic Application

Um zum anderen auch eine hochindividuelle Benutzeroberfläche sowohl für Analyse- als auch für Planungsprozesse zur Verfügung stellen zu können, gibt es in SAP Analytics Cloud neben der Story noch die sogenannte *Analytic Application*. Diese Umgebung erlaubt es Ihnen, wenn Sie bereits über fortgeschrittene Kenntnisse verfügen, durch den Einsatz einer Bibliothek von vordefinierten Komponenten sowie JavaScript-Programmierschnittstellen individuelle Benutzeroberflächen zu erstellen. Dadurch lassen sich insbesondere spezielle Navigationsschritte oder auch Abfolgen innerhalb eines Analyse- und Planungsprozesses erstellen, die über die generischen Möglichkeiten der Story hinausgehen. Die Möglichkeiten der Analytic Application im Hinblick auf den Einsatz im Planungsumfeld sind Gegenstand von Kapitel 7, »Kundenindividuelle Planungsanwendungen«.

Story und Analytic Application ergänzen sich daher ideal, indem sie je nach Kontext die Möglichkeit bieten, entweder schnell und mit wenig Aufwand eine ansprechende Benutzeroberfläche zu erstellen oder eine Anwendung zu entwerfen, die individuell auf die Bedürfnisse des Anwenderkreises zugeschnitten werden kann.

Im Folgenden werden die grundlegenden Schritte beschrieben, um für ein existierendes Modell eine Story zu erstellen. Mithilfe dieser Story können Planwerte erfasst und geändert werden. Dabei kommt das Modell, das in Kapitel 2, »Datenmodellierung«, erstellt wurde, zum Einsatz.

Eine neue Story können Sie im Hauptmenü über den Navigationspfad ☰ • **Erstellen • Story** erstellen. In der folgenden Ansicht wird über einen Klick auf die Schaltfläche ⊕ (**Grafikseite**) eine neue Grafikseite in die Story eingefügt. Innerhalb einer Grafikseite können verschiedene Elemente wie Grafiken, Tabellen oder auch Auswahlelemente angeordnet werden. Dadurch können Sie die Seite individuell für den jeweiligen Anwendungsfall gestalten. In Planungsanwendungen ist das Tabellenelement der Story von zentraler Bedeutung, da die Erfassung von Plandaten in den meisten Fällen über das Tabellenelement erfolgt. Beim Erzeugen einer neuen Story können Sie, wie in Abbildung 3.1 dargestellt, ein neues Element auswählen, das in die Grafikseite eingefügt wird.

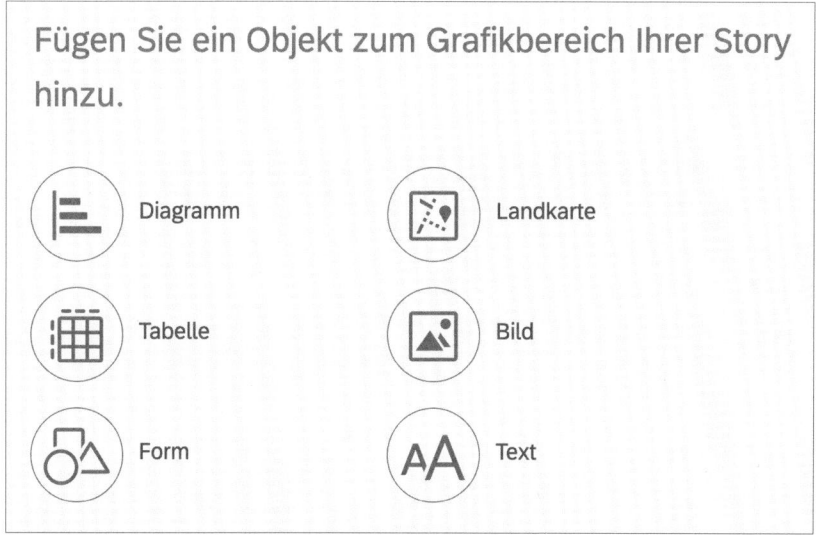

Abbildung 3.1 Ein Objekt für die Story auswählen

Auch wenn Sie bereits eine Grafikseite angelegt haben, können Sie mit einem Klick auf die Schaltfläche ⊞ (**Tabelle**) in der Werkzeugleiste ein neues Tabellenobjekt hinzufügen.

Das Tabellenobjekt stellt Ihnen als Kreuztabelle mit Spalten und Zeilen eine Möglichkeit zur Verfügung, die Daten aus einem Datenmodell darzustellen. Dabei können Sie auch durch große Datenmengen leicht navigieren. Eine Kreuz- oder auch Pivot-Tabelle ordnet die Dimensionen eines mehrdimensionalen Datenmodells auf den Achsen der zweidimensionalen Tabelle an.

Neue Story erstellen

Kreuz- oder Pivot-Tabellen

Dimensionen, die nicht dargestellt werden, werden vom System aggregiert. Dadurch können die Daten flexibel gruppiert dargestellt und analysiert werden.

Builder-Panel der Tabelle

Nachdem Sie eine Tabelle eingefügt haben, können Sie sie – wie jedes Objekt in der Story – über das sogenannte *Builder-Panel* konfigurieren. Wählen Sie zunächst ein Tabellenobjekt aus, indem Sie mit der Maus in das entsprechende Objekt klicken. Setzen Sie die Story anschließend in den Modus **Bearbeiten**, indem Sie auf die gleichnamige Schaltfläche am oberen rechten Rand der Story klicken.

Um das Builder-Panel anzuzeigen, klicken Sie auf die Schaltfläche **Designer** in der Werkzeugleiste. Als Datenquelle dient das Modell, dessen Daten analysiert werden sollen bzw. das zum Speichern der Plandaten vorgesehen ist. Die Datenquelle können Sie über einen Klick auf ⃞ (**Primärmodell ändern**) ändern. Das restliche Builder-Panel für die Tabelle gliedert sich in drei Bereiche (siehe Abbildung 3.2):

- Tabellenstruktur
- Berichtswesen
- Eigenschaften

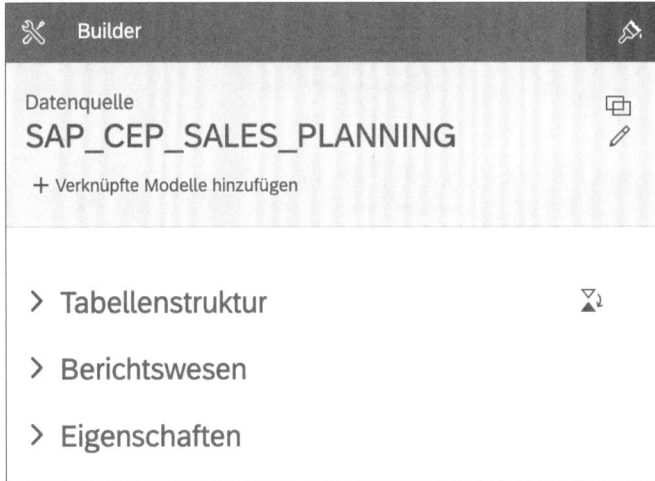

Abbildung 3.2 Das Builder-Panel der Tabelle

Tabellenstruktur definieren

Im Bereich **Tabellenstruktur** definieren Sie den Aufriss der Tabelle (siehe Abbildung 3.3). Das heißt, dass Sie festlegen, welche Dimensionen des Modells in den Zeilen und Spalten der Tabelle dargestellt werden. Des Weiteren können Sie über die Filtereinstellungen festlegen, welcher Ausschnitt der Datenbasis zugrunde gelegt wird.

In dem dargestellten Beispiel wird die Dimension **Produkt (Product)** in den Zeilen der Tabelle dargestellt. Die Kennzahlen, Versionen und Perioden werden hingegen in den Spalten der Tabelle angeordnet. Die anderen Dimensionen wie **Vertriebsorganisation** und **Kunde** werden nicht dargestellt. Das heißt, dass die Kennzahlwerte nicht entlang dieser Dimensionen des Datenwürfels heruntergebrochen werden, sondern vielmehr summiert das System die Werte entlang dieser Achsen auf.

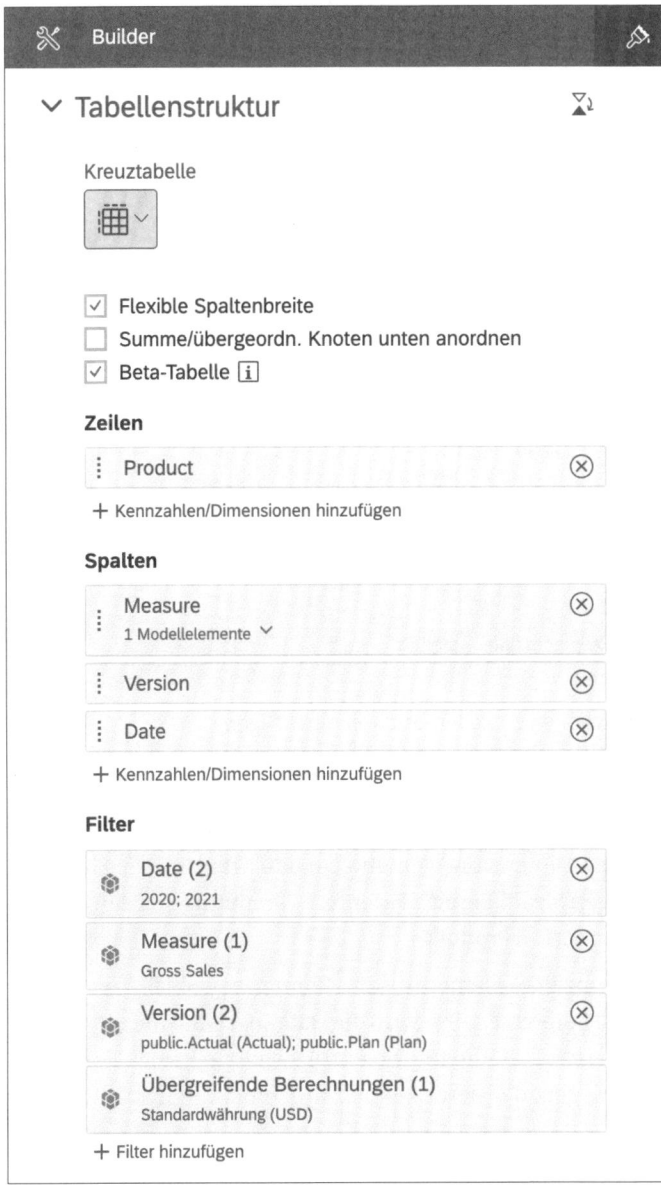

Abbildung 3.3 Tabellenstruktur definieren

Weitere Dimensionen, die in den Zeilen bzw. Spalten der Tabelle dargestellt werden sollten, können Sie über die Schaltfläche **Kennzahlen/Dimensionen hinzufügen** aufnehmen. Daraufhin erscheint die Dialogbox, die in Abbildung 3.4 dargestellt ist.

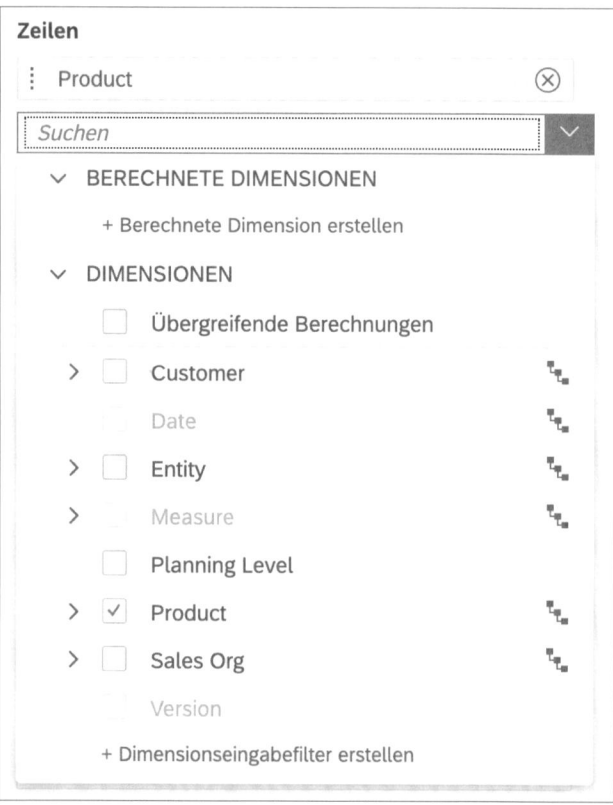

Abbildung 3.4 Dimensionen zu Zeilen/Spalten hinzufügen

Filter definieren Da in den meisten Fällen nicht alle Daten des zugrunde liegenden Modells angezeigt werden sollen, ist es in der Regel sinnvoll, die Datenbasis durch Filtern der relevanten Dimensionselemente zu beschränken. Die Elemente einer Dimension legen Sie im Bereich **Filter** fest. Abbildung 3.5 zeigt den Filterdialog für die Dimension **Produkt**.

Durch die Auswahl einzelner Elemente – dies können sowohl Blattelemente als auch Knoten der Hierarchie sein – wird die Datenbasis auf die Datensätze der Faktentabelle beschränkt, die für die entsprechende Dimension einen Merkmalswert aufweisen, der den selektierten Elementen des Filters entspricht.

In Abbildung 3.6 ist das Ergebnis der gezeigten Konfiguration in Form einer Kreuztabelle dargestellt.

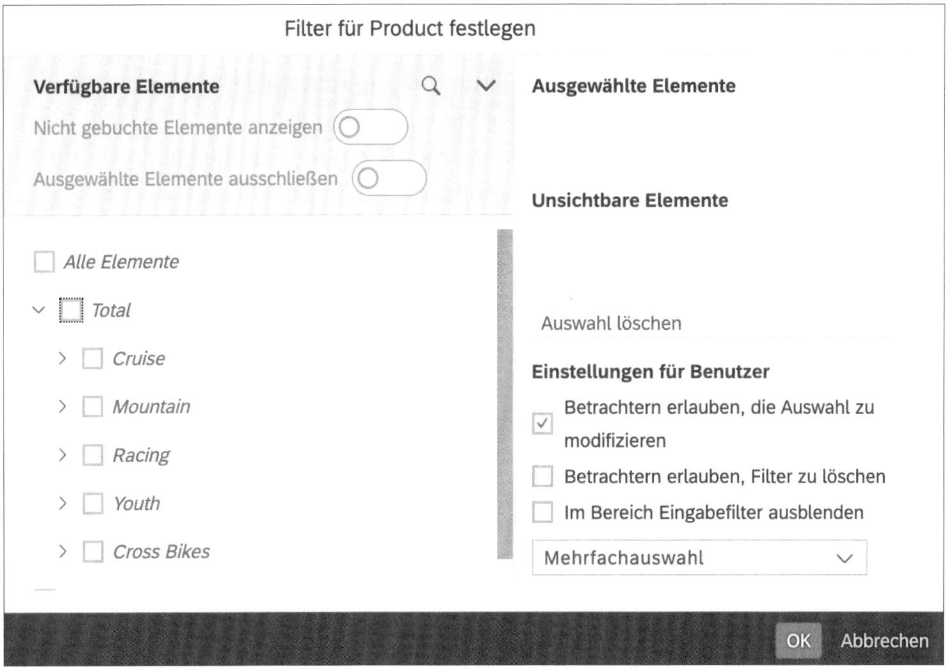

Abbildung 3.5 Filterdialog für Dimensionen

Abbildung 3.6 Beispiel für eine Kreuztabelle

In der Tabelle
navigieren

Es ist möglich, entlang der definierten Hierarchien für die einzelnen Dimensionen zu navigieren. Knoten der Hierarchie können Sie dabei nach Bedarf durch einen Klick auf das Pfeilsymbol auf- und wieder zuklappen, um weitere Details der Datenbasis zu analysieren. Im Beispiel wird dies für die Dimensionen **Zeit** und **Produkt** gezeigt. Dabei werden die Planwerte für das zweite Quartal 2021 auf der Monatsebene dargestellt. Des Weiteren ist für die Produktdimension der Knoten **Racing** expandiert, sodass die einzelnen Produkte unterhalb dieses Knotens im Einzelnen sichtbar werden.

Planwerte erfassen
und ändern

Neben der reinen Darstellung und Analyse der Daten können Sie die Tabelle auch zum Erfassen bzw. Ändern von Planwerten verwenden. Selektieren Sie dazu eine Zelle in der Tabelle, und geben Sie einen neuen Wert ein. Neben der Eingabe von absoluten Werten bietet SAP Analytics Cloud auch die Möglichkeit, relative Änderungen zu erfassen. Abbildung 3.7 zeigt als Beispiel die Erhöhung des geplanten Kennzahlwertes **Gross Sales** für die Produktgruppe **Racing** für das zweite Quartal 2021 um 2 %.

Measure	Gross Sales						
Version	Actual	Plan *					
Date	> 2020	∨ 2021	> Q1 (2021)	∨ Q2 (2021)	Apr (2021)	May (2021)	Jun (2021)
Product							
∨ Total	3.488,86	3.482,57	464,34	1.354,33	451,44	451,44	451,44
> Cruise	996,82	995,02	132,67	386,95	128,98	128,98	128,98
> Mountain	1.162,95	1.160,86	154,78	451,44	150,48	150,48	150,48
∨ Racing	498,41	497,51	66,33	+2%	64,49	64,49	64,49
R100 BIKE	166,14	165,84	22,11	64,49	21,50	21,50	21,50
R200 Bike	166,14	165,84	22,11	64,49	21,50	21,50	21,50
R300 Bike	166,14	165,84	22,11	64,49	21,50	21,50	21,50

Abbildung 3.7 Manuelle Dateneingabe in der Tabelle

Planwerte
disaggregieren

SAP Analytics Cloud berücksichtigt dabei, dass sich der ursprüngliche Wert, der in der Zelle dargestellt wurde, aus vielen Einzelwerten zusammengesetzt hat. SAP Analytics Cloud verarbeitet den eingegebenen Wert in der Weise, dass der neue Wert auf die Datensätze verteilt wird, aus denen sich der Zellwert ursprünglich zusammengesetzt hat. Diesen Vorgang bezeichnet man auch als *Disaggregation*.

Disaggregation mit
Selbstreferenz

Im Gegensatz dazu steht die *Aggregation*, also der Vorgang des Aufsummierens einzelner Datensätze. Die Standard-Disaggregation von SAP Analytics Cloud berücksichtigt den Anteil jedes Datensatzes zum ursprünglichen

Wert der dargestellten Zelle. Dieser Anteil wird dann auf den neu eingegebenen Zellwert angewendet, um den neuen Wert des einzelnen Datensatzes zu ermitteln. Da bei dieser Vorgehensweise der ursprüngliche Wert des Datensatzes selbst als Referenz herangezogen wird, wird diese Art der Verteilung auch als *Disaggregation mit Selbstreferenz* bezeichnet. Das Ergebnis der Disaggregation für dieses Beispiel ist in Abbildung 3.8 dargestellt.

Vertriebsplanung in Mio. USD 🕸 1 Filter									
Measure	Gross Sales								
Version	Actual	Plan*							
Date	> 2020	∨ 2021	> Q1 (2021)	∨ Q2 (2021)	Apr (2021)	May (2021)	Jun (2021)	> Q3 (2021)	> Q4 (2021)
Product									
∨ Total	3.488,86	3.486,44	464,34	1.358,20	452,73	452,73	452,73	1.238,25	425,65
> Cruise	996,82	995,02	132,67	386,95	128,98	128,98	128,98	353,79	121,61
> Mountain	1.162,95	1.160,86	154,78	451,44	150,48	150,48	150,48	412,75	141,88
∨ Racing	498,41	501,38	66,33	197,35	65,78	65,78	65,78	176,89	60,81
R100 BIKE	166,14	167,13	22,11	65,78	21,93	21,93	21,93	58,96	20,27
R200 Bike	166,14	167,13	22,11	65,78	21,93	21,93	21,93	58,96	20,27
R300 Bike	166,14	167,13	22,11	65,78	21,93	21,93	21,93	58,96	20,27
> Youth	498,41	497,51	66,33	193,48	64,49	64,49	64,49	176,89	60,81
> Cross Bikes	332,27	331,67	44,22	128,98	42,99	42,99	42,99	117,93	40,54

Abbildung 3.8 Ergebnis der manuellen Dateneingabe

Die Zellwerte, die durch die Disaggregation beeinflusst worden sind und sich deshalb geändert haben, werden dabei farblich (gelb) hervorgehoben. Des Weiteren wird durch das Symbol * hinter der Version **Plan** angezeigt, dass die Version geändert wurde. Dies führt uns direkt zum Thema des nächsten Abschnitt 3.2, nämlich der Versionsverwaltung von SAP Analytics Cloud.

3.2   Die Versionsverwaltung

Jedes Planungsmodell in SAP Analytics Cloud verfügt standardmäßig über eine Dimension mit dem Namen **Version** (siehe Kapitel 2, »Datenmodellierung«). Diese Dimension dient zur Speicherung verschiedener Kategorien von Werten, z. B. von Aktual- und Planwerten, nebeneinander in einem Modell.

Im Rahmen eines Planungsprozesses sollen häufig verschiedene Versionen eines Plans oder eines Forecasts erstellt werden, um unterschiedliche betriebswirtschaftliche Szenarien miteinander zu vergleichen. Versionen

Die Versionsverwaltung öffnen

werden dabei über das Versionsmanagement von SAP Analytics Cloud erstellt und verwaltet. Die Versionsverwaltung öffnen Sie in der Story über einen Klick auf die Schaltfläche **Versionsverwaltung** in der Werkzeugleiste. Das Resultat sehen Sie in Abbildung 3.9. Es werden stets Versionen auf der Grundlage des der selektierten Tabelle zugrunde liegenden Modells verwaltet.

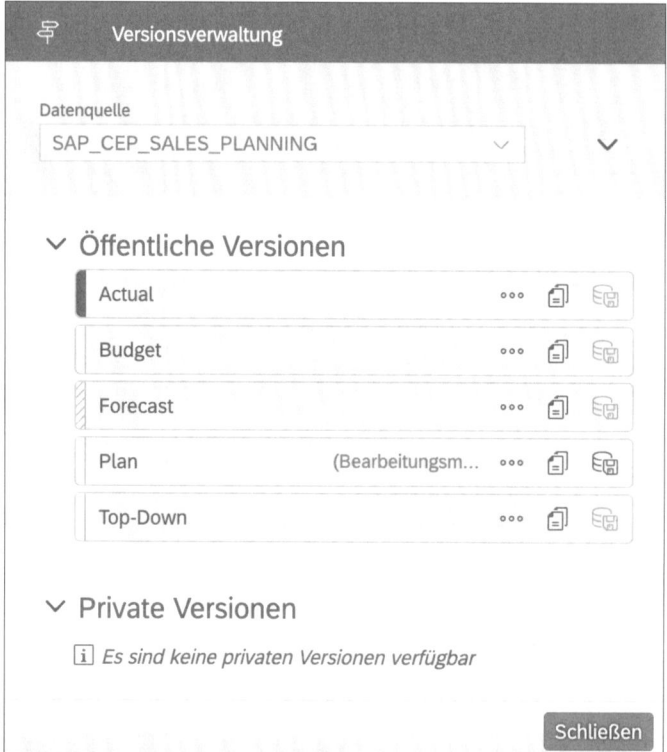

Abbildung 3.9 Versionsverwaltung

Im gezeigten Beispiel enthält das Modell fünf öffentliche Versionen. Eine öffentliche Version ist für alle Personen sichtbar, die das System nutzen und deren Berechtigungsprofil den Zugriff auf die Version erlaubt.

Versionskategorien   Jede Version ist genau einer der folgenden Kategorien zugeordnet:

- Ist
- Budget
- Planung
- Prognose
- Rollierende Prognose

Über die Kategorien können Sie verschiedene Versionen semantisch gruppieren. So können z. B. mehrere Versionen innerhalb der Kategorie **Planung** vorliegen, um verschiedene Szenarien abzubilden. Auch können Sie z. B. in einem Gegenstromverfahren Planwerte aus dem Top-down-Planungsschritt **Werten** aus dem Bottom-up-Prozess gegenüberstellen.

Eine neue Version legen Sie typischerweise immer dann an, wenn Sie eine Variante einer bereits existierenden Version erstellen und dann mit der ursprünglichen Version vergleichen wollen. Dies könnte z. B. der Fall sein, wenn Sie den aktuellen Plan revidieren oder ein bestimmtes Szenario, basierend auf dem aktuellen Plan, simulieren möchten.

Eine neue Version legen Sie in der Versionsverwaltung über einen Klick auf die Schaltfläche 🗐 (**Kopieren**) an. Dadurch erzeugt das System eine Kopie der ursprünglichen Version. In dem zugehörigen Dialogfenster können Sie den Kopiervorgang im Detail konfigurieren (siehe Abbildung 3.10).

Neue Version anlegen

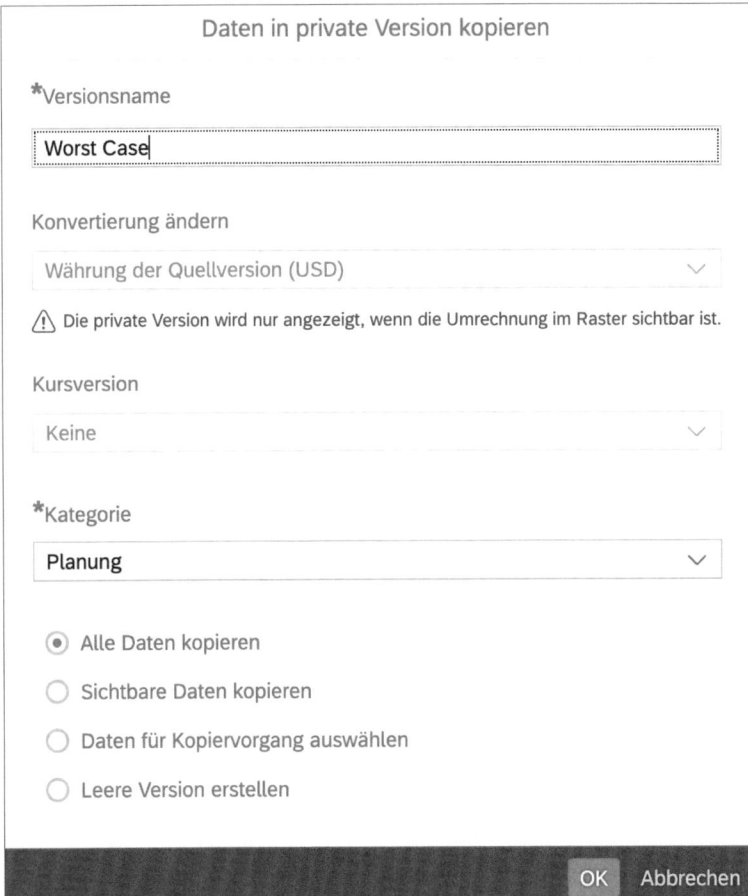

Abbildung 3.10 Private Version erstellen

Als Erstes können Sie der zu erstellenden Version im Feld **Versionsname** einen Namen geben (»Worst Case« in diesem Beispiel). In der Drop-down-Liste **Kategorie** können Sie die Kategorie auswählen, die dieser Version zugeordnet ist. Es stehen die fünf bereits genannten Kategorien zur Auswahl. Ein Wechsel der Kategorie ist z. B. dann notwendig, wenn Sie eine neue Planversion auf Basis der aktuellen Istdaten erstellen möchten.

Daten der Ursprungsversion übernehmen

Abschließend können Sie noch festlegen, welche Daten der Ursprungsversion in die neue private Version übernommen werden sollen. Dabei können Sie entweder über die Option **Alle Daten kopieren** die gesamte Datenbasis kopieren oder den Bereich der zu kopierenden Daten über **Sichtbare Daten kopieren** oder über **Daten für den Kopiervorgang auswählen** einschränken. Auch können Sie mit der Option **Leere Version erstellen** eine komplett leere Version erzeugen. Dies ist unter Umständen dann sinnvoll, wenn der Plan über eine dedizierte Programmroutine initialisiert werden soll. Beispiele für dieses Vorgehen werden in Abschnitt 4.2, »Datenaktionen«, und in Kapitel 5, »Predictive Planning«, noch genauer vorgestellt.

Als Resultat erzeugt das System eine Kopie der Daten unter Berücksichtigung der eingestellten Parameter und speichert diese Kopie als neue Version ab (siehe Abbildung 3.11). Die Version erscheint nun im Bereich **Private Versionen** in der Versionsverwaltung.

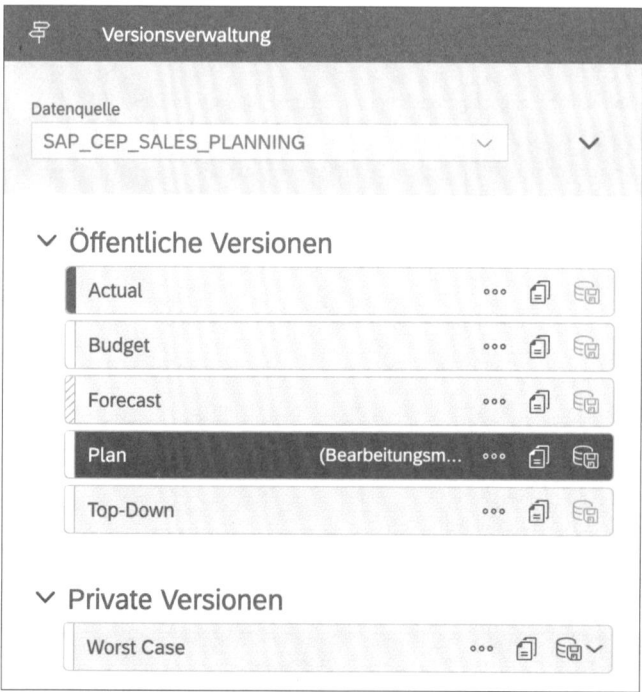

Abbildung 3.11 Neue private Version

Die neu erzeugte private Version kann, wie jede andere Version auch, direkt in den Elementen der Story verwendet werden. Insbesondere kann die private Version in der Tabelle den existierenden Versionen gegenübergestellt werden. In Abbildung 3.12 wird die private Version **Worst Case** neben den existierenden Ist- und Planwerten angezeigt.

Private Version und existierende Versionen vergleichen

Vertriebsplanung
in Mio. USD   🔒   1 Filter

Measure	Gross Sales						
Version	Actual	Plan *	Worst Case				
Date	> 2020	> 2021	∨ 2021	> Q1 (2021)	> Q2 (2021)	> Q3 (2021)	> Q4 (2021)
Product							
∨ Total	3.488,86	3.486,44	3.486,44	464,34	1.358,20	1.238,25	425,65
> Cruise	996,82	995,02	995,02	132,67	386,95	353,79	121,61
> Mountain	1.162,95	1.160,86	1.160,86	154,78	451,44	412,75	141,88
∨ Racing	498,41	501,38	501,38	66,33	197,35	176,89	60,81
R100 BIKE	166,14	167,13	167,13	22,11	65,78	58,96	20,27
R200 Bike	166,14	167,13	167,13	22,11	65,78	58,96	20,27
R300 Bike	166,14	167,13	167,13	22,11	65,78	58,96	20,27
> Youth	498,41	497,51	497,51	66,33	193,48	176,89	60,81
> Cross Bikes	332,27	331,67	331,67	44,22	128,98	117,93	40,54

Abbildung 3.12 Private Version in der Tabelle

Dass es sich um eine private Version handelt, ist von zentraler Bedeutung für das Verständnis des Versionskonzepts in SAP Analytics Cloud. Private Versionen werden im System getrennt von den öffentlichen Versionen gehalten, sodass diese nur für die Person sichtbar sind, die die Version erstellt hat. Diese kann ihre Version gezielt mit anderen Personen teilen, um so gemeinschaftlich an einem Szenario arbeiten zu können. Dennoch bleibt die Version auch in diesem Fall privat, d. h., die Sichtbarkeit der Version bleibt auf einen bestimmten Teilnehmerkreis beschränkt.

Private Versionen

Speicherung der privaten Versionen

Eine private Version und jede Änderung einzelner Werte wird unmittelbar im Backend verarbeitet und gespeichert. Eine private Version wird also nicht lediglich im Frontend der Anwendung gehalten. Dies bedeutet auch, dass beim Abbruch der Netzwerkverbindung keine Daten verloren gehen. Die private Version bleibt über die aktuelle Benutzersession hinaus erhalten, bis der Anwender die Version entweder löscht oder veröffentlicht. Mit der Veröffentlichung wird die private Version zu einer regulären öffentlichen Version.

In Abbildung 3.13 werden einige Operationen gezeigt, die Sie mit privaten Versionen durchführen können. Dieses Menü wird über die Schaltfläche [∘∘∘] (**Mehr**) in der Versionsverwaltung für die jeweilige Version geöffnet.

Abbildung 3.13 Mit privaten Versionen arbeiten

Änderungshistorie von privaten Versionen

Über die Optionen **Rückgängig** und **Wiederholen** können Sie die letzten Änderungen des Anwenders wieder zurücknehmen bzw. wiederholen. Die Änderungshistorie können Sie über das Element **Verlauf** im Detail betrachten (siehe Abbildung 3.14).

Abbildung 3.14 Änderungshistorie

Die Änderungshistorie erfasst alle Änderungen, die seit dem Erstellen der privaten Version vorgenommen wurden. Durch die Selektion des entsprechenden Eintrags kann die Version in den jeweiligen Zustand zurückversetzt werden.

Die private Version können Sie über den Eintrag **Freigeben** mit anderen Personen im System teilen. Schließlich können Sie die Version über den Eintrag **Löschen** wieder verwerfen.

Nachdem Sie Ihr Szenario in einer privaten Version ausgearbeitet haben und um das Resultat nun offiziell als Ergebnis in den Planungsprozess einfließen zu lassen, können Sie die private Version über die Versionsverwaltung publizieren (siehe Abbildung 3.15). Klicken Sie dazu auf das Dropdown-Menü über die Schaltfläche 🖫 (**Veröffentlichen**). Sie haben die Möglichkeit, die private Version über **Veröffentlichen** in eine bereits schon existierende öffentliche Version zu überführen oder über **Veröffentlichen als** eine neue öffentliche Version zu erzeugen.

Private Version publizieren

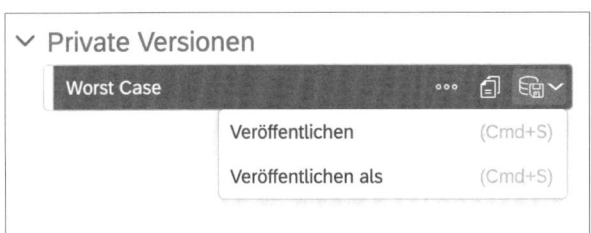

Abbildung 3.15 Version veröffentlichen

Es gibt vielfältige Möglichkeiten, für die sich das Versionskonzept gewinnbringend einsetzen lässt. Es ist z. B. denkbar, dass Ihre Aufgabe darin besteht, die aktuelle Prognose, die über eine öffentliche Version abgebildet ist, zu aktualisieren. Dazu erstellen Sie zunächst mehrere private Versionen, die auf der öffentlichen Prognoseversion aufsetzen. Innerhalb der privaten Versionen arbeiten Sie verschiedene Szenarien aus, eventuell auch gemeinschaftlich, indem Sie die privaten Versionen mit Kollegen teilen. Nach dem Abschluss und Vergleich der unterschiedlichen Szenarien entscheiden Sie sich für die Variante, die Ihnen am wahrscheinlichsten erscheint, und veröffentlichen diese in der offiziellen Prognoseversion.

Szenarien über private Versionen erstellen

Abschließend soll hier noch das direkte Ändern von öffentlichen Versionen beschrieben werden. Wie im Beispiel aus Abschnitt 3.1, »Die Story als Umgebung zur Plandatenerfassung«, gezeigt wurde, können Sie auch direkt Werte in einer öffentlichen Version erfassen und ändern. In diesem Fall wird die öffentliche Version in den Bearbeitungsmodus geschaltet. Hierbei erzeugt das System im Hintergrund implizit eine private Version. Das bedeutet, dass die Änderungen, die Sie vornehmen, anfänglich nur für Sie selbst sichtbar sind. Erst wenn Sie die Änderungen wieder über die Versionsverwaltung publizieren und damit in die öffentliche Version zurückspielen, sind sie für andere sichtbar. Änderungen, die noch nicht veröffentlicht sind, werden dennoch wie bei einer neu erzeugten privaten Version in der Datenbank von SAP Analytics Cloud persistiert. Die Änderungen gehen also nicht verloren, falls die Netzwerkverbindung abbricht, die Daten aber noch nicht veröffentlicht sind.

Direktes Ändern einer öffentlichen Version

Zum Abschluss dieses Abschnitts sei noch einmal auf die Bedeutung des Versionskonzepts in SAP Analytics Cloud hingewiesen. Da jedes Planungsmodell standardmäßig über die Dimension **Version** verfügt, ist das Versionsmanagement in allen Planungsanwendungen, die mit SAP Analytics Cloud umgesetzt werden, zentraler Bestandteil. Das Verständnis des Lebenszyklus von Versionen, insbesondere die Unterscheidung von privaten und öffentlichen Versionen, ist dabei von zentraler Bedeutung.

Sperrkonzept   SAP Analytics Cloud verfügt im Gegensatz zu anderen SAP-Planungswerkzeugen nicht über ein *pessimistisches Sperrkonzept*. Beim pessimistischen Sperren wird davon ausgegangen, dass es durch das parallele Arbeiten mehrerer Benutzer im System zu Konflikten kommt. Deshalb wird zu Beginn einer Benutzereingabe eine exklusive Datensperre gesetzt, sodass immer nur ein Benutzer dieselbe Datenscheibe bearbeiten kann. SAP Analytics Cloud verfolgt ein anderes Konzept. Durch die Nutzung privater Versionen wird verhindert, dass mehrere Personen gleichzeitig dieselbe Teilmenge der Daten bearbeiten und so Probleme entstehen. Dieselbe Technik wird auch bei der Nutzung des Bearbeitungsmodus in öffentlichen Versionen genutzt.

Sie arbeiten somit mit Ihrer eigenen privaten Kopie der Daten. Beim Veröffentlichen der Daten kann es theoretisch zu einem Konflikt kommen: In diesem Fall gilt die letzte veröffentlichte private Version als finaler Stand der öffentlichen Version. Da SAP Analytics Cloud beim Veröffentlichen der privaten Version nur die Werte übernimmt, die vom Anwender in der privaten Version auch wirklich geändert wurden, lassen sich Probleme durch Nebenläufigkeit in der Praxis in aller Regel vermeiden.

3.3   Das Planungs-Panel

Dieser Abschnitt behandelt das Planungs-Panel. Über das Planungs-Panel können Sie komplexe Verteilungen über eine einfach zu bedienende Eingabemaske vornehmen.

Planwerte verteilen   Im Beispiel aus Abschnitt 3.1, »Die Story als Umgebung zur Plandatenerfassung«, wurde gezeigt, wie Sie Planwerte in der Tabelle ändern, indem Sie eine Zelle selektieren und einen neuen Wert erfassen. Es wurde auch dargestellt, dass der neue Wert auf die tiefer liegenden Ebenen des Modells verteilt wird, sofern die Eingabe auf einem übergeordneten Knoten erfolgt bzw. auch entlang der Dimensionen, die sich nicht im aktuellen Aufriss befinden. Das Ergebnis wurde beispielhaft in Abbildung 3.8 dargestellt.

Die Verteilung des eingegebenen Wertes wird dabei durch die schon vorhandenen Werte bestimmt. Soll eine andere Verteilung erfolgen, kann dies durch das Planungs-Panel realisiert werden.

Das Planungs-Panel dient dazu, den Wert einer Zelle anhand bestimmter Regeln zu verteilen. Um das Planungs-Panel aufzurufen, müssen Sie zunächst die Zelle in der Tabelle selektieren, deren Wert verteilt werden soll. Anschließend können Sie über die Schaltfläche 🔄⌄ (**Zuordnen**) in der Werkzeugleiste das Menü aus Abbildung 3.16 öffnen. Das Planungs-Panel wird dann über den Menüeintrag **Werte verschieben** geöffnet.

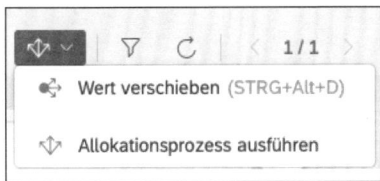

Abbildung 3.16 Allokationsmenü

Alternativ können Sie das Planungs-Panel auch dadurch öffnen, dass Sie in der betreffenden Zelle ein Fragezeichen eingeben. Für das Beispiel aus Abschnitt 3.1, »Die Story als Umgebung zur Plandatenerfassung«, ist das Planungs-Panel in Abbildung 3.17 dargestellt. In diesem Beispiel wird das Planungs-Panel für die Zelle aufgerufen, die den Planwert für die Produktgruppe **Racing** für das Gesamtjahr 2021 enthält (ca. 501 Mio USD).

Sie können das Planungs-Panel nun dazu nutzen, den Wert dieser Zelle neu zu verteilen. Im Bereich **Welcher Betrag** können Sie den zu verteilenden Betrag festlegen. Dabei gibt es zwei Möglichkeiten (siehe Abbildung 3.18): *Quellwert festlegen*

- **Quellbetrag auf Ziele verteilen** (📤)
  Der Betrag aus dem Textfeld wird als Ausgangswert verwendet und auf die Zellen verteilt. Initial wird der aktuelle Wert aus der Tabelle verwendet; diesen können Sie jedoch noch manuell verändern.

- **Gesamtbetrag auf Ziele neu verteilen** (Σ)
  Der Wert aus der Zelle wird unverändert übernommen und verteilt.

Im Bereich **Wohin** legen Sie fest, auf welche Zellen der Ausgangswert verteilt werden soll. Die Zellen können Sie durch einen einfachen Mausklick in der Tabelle selektieren. Alternativ bietet Ihnen das System Vorschläge an, die durch den aktuellen Tabellenaufriss definiert werden. *Ziel festlegen*

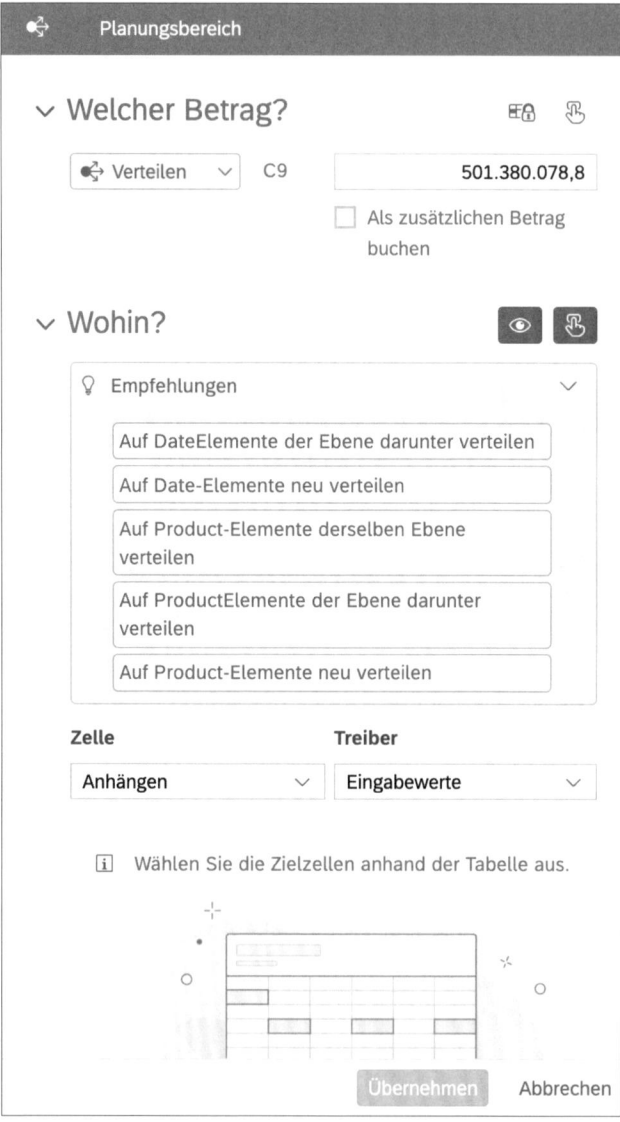

Abbildung 3.17 Beispiel für ein Planungs-Panel

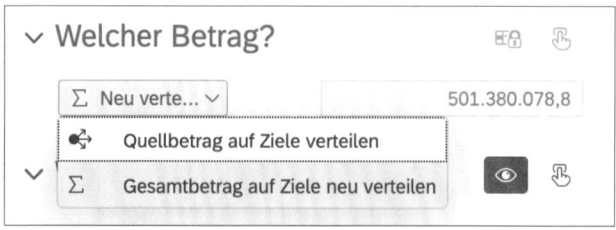

Abbildung 3.18 Zu verteilender Betrag

In Abbildung 3.19 werden die Vorschläge für das Beispiel gezeigt. Das System schlägt vor, den Gesamtwert entweder entlang der Dimension **Date**
oder der Dimension **Product** auf verschiedenen Ebenen neu zu verteilen.

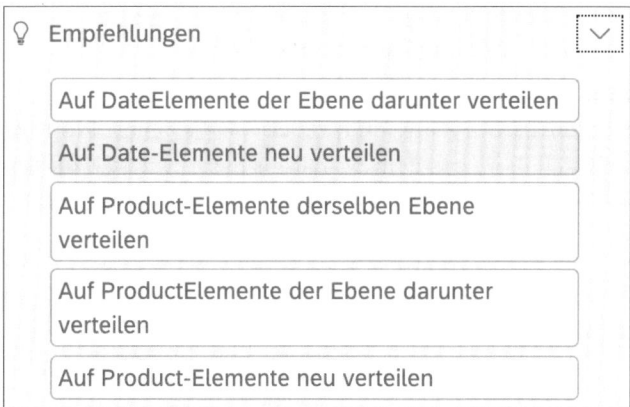

Abbildung 3.19 Vorschläge für die Verteilung

Wenn Sie sich für einen Vorschlag entschieden und die entsprechende
Schaltfläche angeklickt haben, werden die Zielzellen für die Verteilung ermittelt und im Planungs-Panel dargestellt. Wie in Abbildung 3.20 dargestellt, werden neben den Zellkoordinaten auch die entsprechenden Dimensionselemente dargestellt. Im Beispiel bezieht sich die Zelle D9 auf das erste
Quartal des Jahres 2021 (Q1 2021).

Zelle			Treiber		
Überschreiben		∨	Eingabegewichtung	∨	
D9	Q1 (2021)		10		10,0 %
E9	Q2 (2021)		50		50,0 %
F9	Q3 (2021)		30		30,0 %
G9	Q4 (2021)		10		10,0 %
Verfügbarer Betrag			**0,00**		**0,00 %**
Summe			**501.380.078,80**		**100 %**

Abbildung 3.20 Ziele der Neuverteilung

Verteilungslogik
In den Eingabefeldern neben den Zellen können Sie nun die jeweiligen Zielwerte eintragen. Über das Drop-down-Menü im Feld **Treiber** können Sie einstellen, wie die Eingabewerte interpretiert werden sollen:

- **Eingabewerte**
  Die Eingaben werden als absolute Werte interpretiert.

- **Eingabegewichtung**
  Die Eingaben werden als Gewichte interpretiert. Der jeweilige Wert für die Zelle ermittelt sich dann aus dem Verhältnis des Gewichtes zur Gesamtsumme der Gewichte, multipliziert mit dem zu verteilenden Wert.

Im Drop-down-Menü **Zelle** legen Sie fest, wie das System die zu verteilenden Werte mit dem schon für die Zelle existierenden Wert kombiniert. Dabei stehen zwei Einstellungen zur Verfügung:

- **Anhängen**
  Die neu verteilten Werte werden zu den existierenden Werten hinzuaddiert.

- **Überschreiben**
  Die neuen Werte überschreiben die vorhandenen Werte.

Das Ergebnis der im Beispiel gezeigten Verteilung ist in Abbildung 3.21 zu sehen.

Vertriebsplanung
in Mio. USD   ⚙ 1 Filter

Measure	Gross Sales					
Version	Actual	Plan *				
	> 2020	∨ 2021				
Date			> Q1 (2021)	> Q2 (2021)	> Q3 (2021)	> Q4 (2021)
Product						
∨ Total	3.488,86	3.486,44	448,15	1.411,55	1.211,77	414,98
> Cruise	996,82	995,02	132,67	386,95	353,79	121,61
> Mountain	1.162,95	1.160,86	154,78	451,44	412,75	141,88
∨ Racing	498,41	501,38	50,14	250,69	150,41	50,14
R100 BIKE	166,14	167,13	16,71	83,56	50,14	16,71
R200 Bike	166,14	167,13	16,71	83,56	50,14	16,71
R300 Bike	166,14	167,13	16,71	83,56	50,14	16,71
> Youth	498,41	497,51	66,33	193,48	176,89	60,81
> Cross Bikes	332,27	331,67	44,22	128,98	117,93	40,54

Abbildung 3.21 Ergebnis der Verteilung

Der Gesamtbetrag von ca. 501 Mio USD für das Jahr 2021 und die Produktgruppe **Racing** sind bei der Verteilung gleichgeblieben. Lediglich die Verteilung auf die einzelnen Quartale hat sich entsprechend der eingestellten Treiber geändert.

Das Planungs-Panel ermöglicht es Ihnen, Daten auf einfache Weise umzuverteilen. Ein typischer Anwendungsfall ist gegeben, wenn der Wert aus einer Top-down-Vorgabe beibehalten wird, die Details aber nochmal differenziert ausgeplant werden sollen. In diesem Fall können Sie über das Planungs-Panel schnell ans Ziel gelangen.

3.4 Mit der Tabelle arbeiten

Wie eingangs bereits erklärt, ist die Tabelle das zentrale Element für die Planung. Die Tabelle unterstützt Sie dabei, detaillierte Berichte zu erstellen sowie Plan- und Istwerte einander gegenüberzustellen. Sie dient aber auch dem Erfassen und Ändern von Plandaten.

Sie haben bereits erfahren, wie Sie Zellen in der Tabelle direkt ändern können und wie Werte, die auf einer höheren Ebene erfasst wurden, über die Standard-Disaggregation sowie über die Funktionen des Planungs-Panels verteilt werden können. In diesem Abschnitt werden die fortgeschrittenen Funktionen der Tabelle dargestellt.

3.4.1 Massendateneingabe

Um Daten in SAP Analytics Cloud zu bearbeiten, selektieren Sie eine Zelle innerhalb der Tabelle und verändern dann den Wert. Dies führt dazu, dass ein Transfer der Eingabe an das Backend, d. h. den Cloud-Server, angestoßen wird. Die Daten werden in der Datenbank gespeichert, und es erfolgt eine Neuberechnung der in der Tabelle dargestellten Werte.

Zellenbasierte Dateneingabe

Die Ergebnisse dieser Berechnung werden anschließend wieder vom Server an das Frontend, d. h. Ihren Webbrowser, übermittelt und in der Tabelle dargestellt. Wenn Sie viele Werte hintereinander ändern oder der Zyklus aus Eingabe, Persistieren der Daten, Neuberechnung und Aktualisierung der Tabelle zu lange erscheint, kann dieses Standardverhalten auch geändert werden. Sie können die Tabelle in den Modus zur *Massendateneingabe* versetzen. Dadurch können Sie die Daten erst lokal in der Tabelle ändern und erst danach den Transfer der Eingabe ins Backend und die Neuberechnung der Tabellenwerte anstoßen.

Sie aktivieren die Massendateneingabe über das Tabellenmenü, indem Sie auf die Schaltfläche ⋯ (**Weitere Aktionen**) am oberen rechten Rand des Tabellenelements klicken. Falls die Schaltfläche nicht sichtbar ist, müssen Sie gegebenenfalls erst die Tabelle selektieren. Wählen Sie den Menüeintrag **Massendateneingabe** mit dem Symbol ✎, um in den Eingabemodus umzuschalten.

Daraufhin erscheinen am linken oberen Rand der Story zwei Elemente, über die Sie die Massendateneingabe wieder beenden können (siehe Abbildung 3.22):

- **Daten verarbeiten**
  Beendet die Massendateneingabe und überträgt Ihre Eingaben zur Verarbeitung an den Server.

- **Massendateneingabe beenden**
  Beendet die Massendateneingabe und verwirft Ihre getätigten Eingaben.

✓ Daten verarbeiten	⎆ Massendateneingabe beenden

Abbildung 3.22 Massendateneingabe beenden

Solange die Massendateneingabe aktiv ist, können Sie die Werte in der Tabelle ändern, ohne einen Transfer zum Backend und damit eine Neuberechnung der Tabellenwerte anzustoßen (siehe Abbildung 3.23).

Date	> 2020	∨ 2021	> Q1 (2021)	> Q2 (2021)	> Q3 (2021)	> Q4 (2021)
Product						
∨ Total	3.488,86	3.486,44	448,15	1.411,55	1.211,77	414,98
> Cruise	996,82	995,02	132,67	386,95	353,79	121,61
> Mountain	1.162,95	1.160,86	154,78	451,44	412,75	141,88
∨ Racing	498,41	501,38	50,14	250,69	150,41	50,14
R100 BIKE	166,14	167,13	17,00	85,00	52,00	17,00
R200 Bike	166,14	167,13	17,00	80,00	45,00	18,00
R300 Bike	166,14	167,13	18,00	85,00	55,00	12,00

Abbildung 3.23 Tabelle mit der Massendateneingabe

[»]

Keine Backend-Funktionen während der Massendateneingabe
Berücksichtigen Sie, dass Funktionen, die eine Verarbeitung im Backend erfordern, nicht zur Verfügung stehen. Dies ist z. B. der Fall, wenn Sie Hierarchieknoten expandieren möchten. Da die Werte erst vom Backend angefordert werden müssen, ist diese Funktion während der Massendateneingabe nicht möglich.

3.4.2   Zelle sperren

Um manche Werte von einer Änderung durch eine Neuberechnung auszu-
nehmen, können Sie gezielt einzelne Zellen sperren. Soll z. B. der Planwert
für ein bestimmtes Produkt fixiert und nicht mehr vom System angepasst
werden, wenn Sie etwa den Planwert für die übergeordnete Produktgruppe
ändern, können Sie die entsprechende Zelle gegenüber Veränderungen
sperren.

Zellwerte vor
Änderungen
schützen

Eine Zelle können Sie über das Kontextmenü durch den Menüeintrag **Zelle
sperren** mit dem Symbol sperren. Dadurch wird die selektierte Zelle gesperrt und ändert ihren Wert nicht, wenn eine Neuberechnung im Rahmen
einer Aggregation oder Disaggregation angestoßen wird. Abbildung 3.24
zeigt, wie die Zelle, die die Planwerte des Produkts R200 für das Jahr 2021
enthält, über das Kontextmenü gesperrt wird.

Abbildung 3.24 Zelle sperren

Eine Änderung des Planwertes für die gesamte Produktgruppe **Racing** für
das Jahr 2021 stößt eine Neuberechnung an. Der neue Wert wird über die
vorhandenen untergeordneten Produkte verteilt, mit Ausnahme des Produkts R200 (siehe Abbildung 3.25).

Da die Zelle gesperrt wird, bleibt der Wert erhalten, während die anderen
Produkte der Gruppe geändert werden. Das Ergebnis ist in Abbildung 3.26
dargestellt.

Vertriebsplanung
in Mio. USD ⬡ 1 Filter

Product	Actual > 2020	Plan* ∨ 2021	> Q1 (2021)	> Q2 (2021)	> Q3 (2021)	> Q4 (2021)
∨ Total	3,488.86	3,513.78	468.50	1,366.47	1,249.34	429.46
> Cruise	996.82	996.82	132.91	387.65	354.42	121.83
> Mountain	1,162.95	1,162.95	155.06	452.26	413.49	142.14
∨ Racing	498.41	523.33	69.78	203.52	186.07	63.96
R100 BIKE	166.14	178.60	23.81	69.45	63.50	21.83
R200 Bike	166.14	166.14	22.15	64.61	59.07	20.31
R300 Bike	166.14	178.60	23.81	69.45	63.50	21.83
> Youth	498.41	498.41	66.45	193.83	177.21	60.92
> Cross Bikes	332.27	332.27	44.30	129.22	118.14	40.61

Abbildung 3.25 Übergeordnete Zelle ändern

Vertriebsplanung
in Mio. USD ⬡ 1 Filter

Product	Actual > 2020	Plan* ∨ 2021	> Q1 (2021)	> Q2 (2021)	> Q3 (2021)	> Q4 (2021)
∨ Total	3,488.86	3,513.78	468.50	1,366.47	1,249.34	429.46
> Cruise	996.82	996.82	132.91	387.65	354.42	121.83
> Mountain	1,162.95	1,162.95	155.06	452.26	413.49	142.14
∨ Racing	498.41	523.33	69.78	203.52	186.07	63.96
R100 BIKE	166.14	182.17	24.29	70.84	64.77	22.27
R200 Bike	166.14	166.14	22.15	64.61	59.07	20.31
R300 Bike	166.14	175.02	23.34	68.07	62.23	21.39
> Youth	498.41	498.41	66.45	193.83	177.21	60.92
> Cross Bikes	332.27	332.27	44.30	129.22	118.14	40.61

Abbildung 3.26 Ergebnis der Neuverteilung unter der Berücksichtigung gesperrter Zellen

3.4.3   Datenpunktkommentare

In der Planung ist es wichtig, nicht nur numerische Werte zu erfassen, sondern diese auch zu erläutern. Auf diese Weise können Sie Ihre Annahmen und Gründe, bestimmte Wert zu erfassen, erläutern. Für diesen Zweck bietet SAP Analytics Cloud die Funktion der *Datenpunktkommentare* an.

Mit dieser Funktion können Sie Textkommentare zu bestimmten Datenpunkten erfassen. Ein Kommentar wird dabei über eine Zelle der Tabelle erfasst. Technisch ist der Kommentar allerdings nicht mit der Zelle selbst, sondern mit dem dahinter liegenden Datenpunkt, d. h. mit einer Selektion des zugrunde liegenden Datenmodells verbunden. Dadurch wird der Kommentar auch in anderen Tabellen oder Storys angezeigt, wenn Sie denselben Datenpunkt betrachten. Kommentare können auf beliebigen Aggregationsebenen des Modells erfasst werden.

Textkommentare auf beliebiger Aggregationsebene

Einen Kommentar fügen Sie zu einer selektierten Zelle über den Menüeintrag **Datenpunktkommentar hinzufügen** mit dem Symbol ⌨ hinzu (siehe Abbildung 3.27).

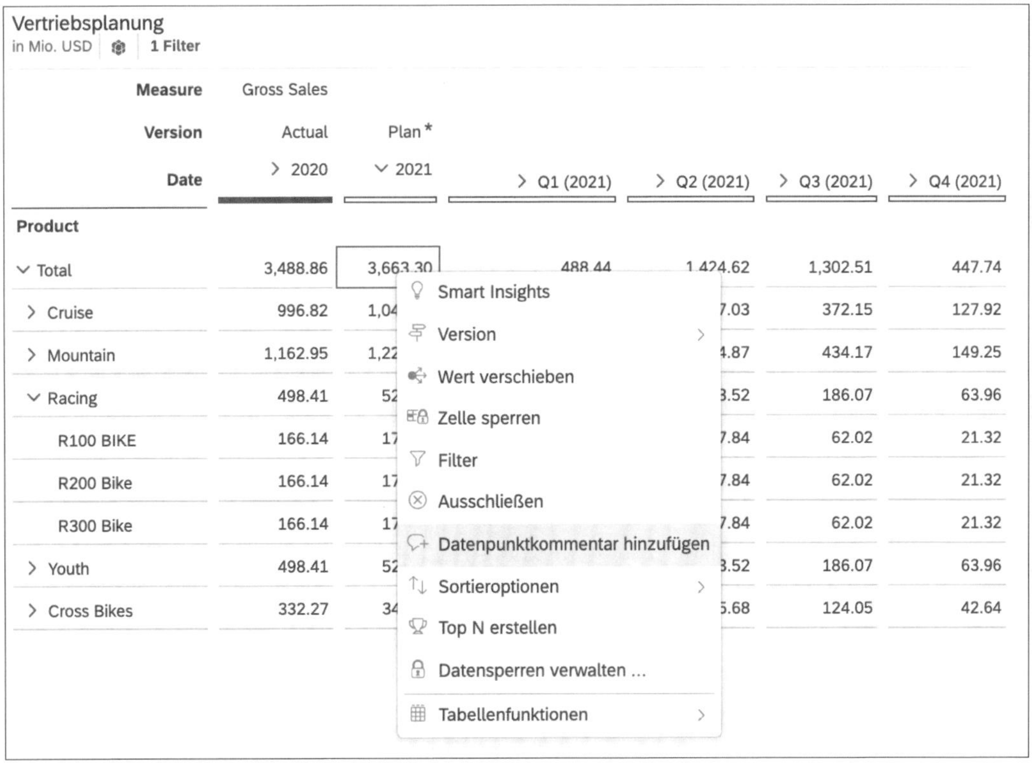

Abbildung 3.27 Datenpunktkommentar hinzufügen

Der eigentliche Kommentar, also der erläuternde Text, wird in einem speziellen Pop-up-Fenster erfasst (siehe Abbildung 3.28).

Abbildung 3.28 Textkommentar erfassen

Kommentar-
indikatoren

In der Tabelle werden die Zellen, für deren zugrunde liegende Datenpunkte ein Kommentar verfügbar ist, mit dem Symbol 🗨 in der rechten oberen Ecke der Zelle hervorgehoben.

Abbildung 3.29 zeigt ein Beispiel, in dem zwei Zellen hervorgehoben sind: zum einen der Gesamtwert für alle Produktgruppen für das Jahr 2021 und zum anderen die Zelle für die Produktgruppe **Racing**. Der Indikator für die Zelle des Produkts **Racing** in der Spalte **Plan*** ist dabei im Gegensatz zur Zelle in der Zeile **Total** nicht gefüllt. Dies zeigt an, dass der Kommentar nicht direkt auf der Produktgruppe **Racing** erfasst wurde, sondern für ein Element unterhalb des Hierarchieknotens.

Mehrfachkom-
mentare desselben
Datenpunktes

Die Kommentarfunktion erlaubt es Ihnen, mehrere Kommentare für ein und denselben Datenpunkt zu erfassen. Das System speichert dabei die gesamte Kommentarhistorie und zeigt diese auch an.

Abbildung 3.30 zeigt, dass ein zweiter Kommentar für die Zelle mit dem geplanten Umsatz für alle Produkte im Jahr 2021 erfasst wurde. Das System zeigt neben dem aktuellen, also dem letzten Kommentar, auch die zuvor erfassten Kommentare an.

Vertriebsplanung in Mio. USD ⚙ 1 Filter						
Measure	Gross Sales					
Version	Actual	Plan*				
Date	＞ 2020	∨ 2021	＞ Q1 (2021)	＞ Q2 (2021)	＞ Q3 (2021)	＞ Q4 (2021)
Product						
∨ Total	3,488.86	3,652.84	487.04	1,420.55	1,298.79	446.46
＞ Cruise	996.82	1,046.66	139.55	407.03	372.15	127.92
＞ Mountain	1,162.95	1,221.10	162.81	474.87	434.17	149.25
＞ Racing	498.41	512.86	68.38	199.45	182.35	62.68
＞ Youth	498.41	523.33	69.78	203.52	186.07	63.96
＞ Cross Bikes	332.27	348.89	46.52	135.68	124.05	42.64

Abbildung 3.29 Zellen mit Kommentarindikatoren

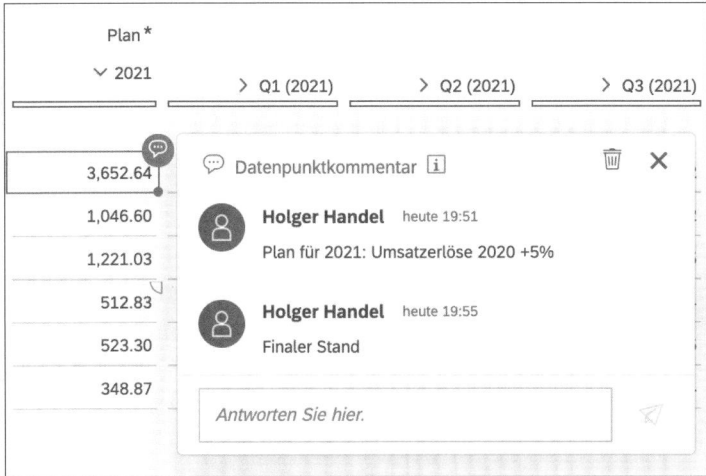

Abbildung 3.30 Historie der Datenpunktkommentare

Standardmäßig werden die Kommentare zu einem Datenpunkt in einem Pop-up-Fenster dargestellt, das Sie durch Klick auf den Kommentarindikator in der Ecke einer Zelle öffnen können.

In manchen Fällen ist es jedoch wünschenswert, die Kommentare direkt als Teil des Berichts neben den Zahlwerten darzustellen. Dazu können Sie eine vordefinierte Berechnungsspalte nutzen. Abbildung 3.31 zeigt ein Beispiel für eine Tabelle mit einer Kommentarspalte.

Kommentare neben den Zahlwerten darstellen

Vertriebsplanung in Mio. USD 🔒 1 Filter							
Measure	Gross Sales						
Version	Actual	Plan *					
Date	> 2020	∨ 2021	> Q1 (2021)	> Q2 (2021)	> Q3 (2021)	> Q4 (2021)	Kommentar
Product							
∨ Total	3,488.86	3,652.64	487.02	1,420.47	1,298.72	446.43	Finaler Stand
> Cruise	996.82	1,046.60	139.55	407.01	372.12	127.92	
> Mountain	1,162.95	1,221.03	162.80	474.85	434.15	149.24	
∨ Racing	498.41	512.83	68.38	199.44	182.34	62.68	
R100 BIKE	166.14	170.94	22.79	66.48	60.78	20.89	Neues Modell R100
R200 Bike	166.14	170.94	22.79	66.48	60.78	20.89	
R300 Bike	166.14	170.94	22.79	66.48	60.78	20.89	
> Youth	498.41	523.30	69.77	203.51	186.06	63.96	
> Cross Bikes	332.27	348.87	46.52	135.67	124.04	42.64	

Abbildung 3.31 Eigene Kommentarspalte anzeigen

Im nächsten Abschnitt 3.4.4, »Berechnungen«, wird erläutert, wie Sie eine Kommentarspalte als spezielle Form einer berechneten Spalte erzeugen können.

3.4.4   Berechnungen

In Kapitel 2, »Datenmodellierung«, über die Modellierungsumgebung haben Sie gesehen, wie Sie für ein Modell in der Dimension **Konto** berechnete Elemente erstellen können. Dabei wird einem Element eine Formel zugewiesen, über die dann zur Laufzeit, d. h. zum Zeitpunkt, zu dem Sie die Story öffnen, der Wert des Elements berechnet wird.

Über diesen Mechanismus lassen sich betriebswirtschaftliche Kennzahlen berechnen. Diese werden in den Komponenten der Story, d. h. Tabellen und Grafiken, sowie in der Werttreiberbaum-Komponente verwendet und dargestellt. Für zentrale betriebswirtschaftliche Indikatoren, für die eventuell auch eine unternehmensweite Definition der Berechnungsvorschrift vorliegt, ist dieses Vorgehen auch genau das richtige.

Berechnungen in der Tabelle

Daneben gibt es aber häufig auch den Bedarf, schnell und vielleicht auch nur zeitweise eine Berechnung direkt in der Tabelle eines Dashboards zu definieren. Das ist z. B. dann nützlich, wenn Sie die Varianz zwischen Plan- und Istwerten berechnen oder den Anteil des Umsatzes eines Produkts in ein Verhältnis zur Produktgruppe setzen möchten. Für einen solchen Anwen-

dungsfall ist der Ansatz, im Modell eine neue Kennzahl mit Berechnungsvorschrift zu definieren, etwas zu aufwendig. Außerdem würde durch dieses Vorgehen die Anzahl der zentral im Modell definierten Berechnungen
schnell unnötig aufgebläht.

Für derartige Ad-hoc-Berechnungen können Sie Berechnungen direkt in der
Tabelle definieren. Genauer gesagt, können Sie über das Kontextmenü der
Tabelle berechnete Zeilen oder Spalten zur Tabelle hinzufügen. Dabei gibt es
zwei verschiedene Funktionen im Kontextmenü, um berechnete Spalten
bzw. Zeilen hinzuzufügen:

Berechnete Zeilen/Spalten

- **Spalte/Zeile hinzufügen**
  Diese Funktion steht im Editiermodus der Story zur Verfügung. Die Ta-
  belle wird um eine zusätzliche Zeile bzw. Spalte ergänzt, in der Sie eigene
  Berechnungsformeln hinterlegen können.

- **Berechnung hinzufügen**
  Diese Funktion steht sowohl im Editier- als auch im Präsentationsmodus
  der Story zur Verfügung. Der Anwender kann eine berechnete Spalte
  oder Zeile zur Tabelle hinzufügen. Für die Berechnung steht eine Reihe
  vordefinierter Formeln zur Verfügung.

In Abbildung 3.32 wird gezeigt, wie eine Spalte über das Kontextmenü, also
über einen Rechtsklick mit der Maus, zur Tabelle hinzugefügt wird. Als Ausgangspunkt selektieren Sie die Zelle **Budget** in der Kopfzeile der Tabelle und
wählen im Kontextmenü den Eintrag **Spalte hinzufügen** mit dem Symbol ⊞.

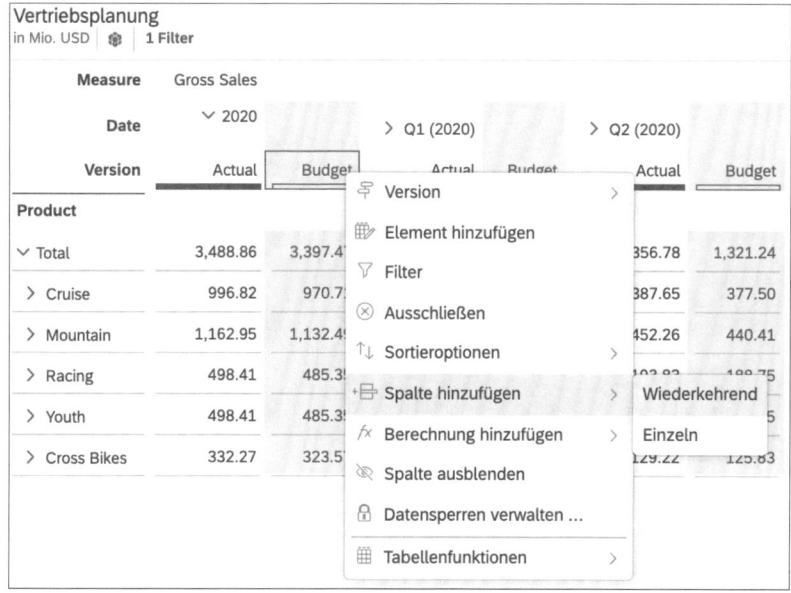

Abbildung 3.32 Berechnete Spalte hinzufügen

Wiederkehrende oder einzelne Berechnungen

In einem Untermenü stehen Ihnen zwei weitere Optionen zur Verfügung, zu denen sie mit dem Pfeil navigieren:

- **Wiederkehrend**
  Die berechnete Zeile/Spalte wird für jedes Auftreten des selektierten Elements wiederholt hinzugefügt.

- **Einzeln**
  Die berechnete Zeile/Spalte wird nur einmal für genau das selektierte Element eingefügt.

In Abbildung 3.32 ist die Berechnung für eine wiederkehrende Spalte dargestellt. Die berechnete Spalte wird für jedes Auftreten des Dimensionselements **Budget** in die Tabelle eingefügt – und nicht nur für die Auswahl **Budget 2020**. In diesem Beispiel soll die Abweichung zwischen Ist- und Budgetwert für jedes Quartal und für jeden Monat dargestellt werden.

Berechnungsvorschrift eingeben

Ist die berechnete Zeile/Spalte zur Tabelle hinzugefügt worden, können Sie durch einen Doppelklick in die Zelle des Tabellenkopfes, den Inhalt ändern. Abbildung 3.33 zeigt als Beispiel eine berechnete Spalte für die Varianzberechnung. Wenn Sie den Inhalt der Zelle mit dem Zeichen = beginnen, bezieht sich der folgende Inhalt auf die Berechnungsvorschrift, die wie bei einer Tabellenkalkulation üblich, über Zellreferenzen definiert wird. Lassen Sie bei der Eingabe das Zeichen = weg, können Sie die Bezeichnung der Spalte eingeben.

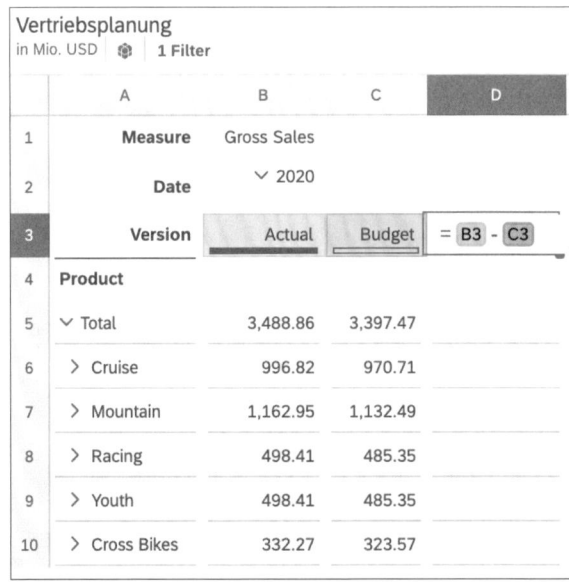

Abbildung 3.33 Formel mit Zellreferenzen

Abbildung 3.34 zeigt das Ergebnis für die berechnete Varianzspalte. Für jedes Auftreten der Version **Budget** wird die Differenz zwischen Ist- und Budgetwert berechnet. Beachten Sie, dass hier eine dynamische Berechnungsvorschrift definiert wird. Wenn sich das Layout der Tabelle z. B. dadurch ändert, dass Sie einen Hierarchieknoten aufklappen, bleibt die Berechnungsvorschrift gültig. Sie wird dann ebenfalls auf die Elemente unterhalb des Knotens angewendet.

Anpassung der Berechnung

Vertriebsplanung in Mio. USD 🔷 1 Filter							
	A	B	C	D	E	F	G
1	**Measure**	Gross Sales					
2	**Date**	⌄ 2020			› Q1 (2020)		
3	**Version**	Actual	Budget	Variance	Actual	Budget	Variance
4	**Product**						
5	⌄ Total	3,488.86	3,397.47	91.39	465.18	453.00	12.19
6	› Cruise	996.82	970.71	26.11	132.91	129.43	3.48
7	› Mountain	1,162.95	1,132.49	30.46	155.06	151.00	4.06
8	› Racing	498.41	485.35	13.06	66.45	64.71	1.74
9	› Youth	498.41	485.35	13.06	66.45	64.71	1.74
10	› Cross Bikes	332.27	323.57	8.70	44.30	43.14	1.16

Abbildung 3.34 Berechnete Spalte mit Varianz zwischen Ist und Budget

Neben dem Einfügen berechneter Zeilen/Spalten haben Sie auch die Möglichkeit, aus einer Liste von vordefinierten Funktionen zu wählen. Diese können Sie als zusätzliche berechnete Zeile/Spalte zur Tabelle hinzufügen. Nutzen Sie den Kontextmenüeintrag **Berechnung hinzufügen**, um eine vordefinierte Funktion zur Tabelle hinzuzufügen. Je nachdem, ob Sie eine oder zwei Zeilen/Spalten als Ausgangspunkt selektiert haben, stehen Ihnen unterschiedliche Berechnungen zur Verfügung. Für den Fall, dass eine Zelle markiert wurde, sind dies die folgenden Berechnungen:

Vordefinierte Standardberechnungen

- Gleitender Minimalwert
- Gleitender Maximalwert
- Akkumulierte Summe
- Akkumulierte Summe, die nicht NULL ist oder 0 oder Fehler enthält
- Akkumulierte Summe der gerundeten Werte
- Akkumulierte Anzahl aller detaillierten Werte
- Akkumulierte Anzahl aller detaillierten Werte, die nicht NULL, 0 oder Fehler sind

- Gleitender Durchschnitt
- Gleitender Durchschnitt, der nicht NULL ist oder 0 oder Fehler enthält
- Rangnummer
- Olympische Rangnummer
- Kommentar

Die Bedeutung der einzelnen Formeln sollte weitestgehend selbsterklärend bzw. aus der Produktdokumentation ersichtlich sein. Bei der Funktion **Kommentar**, handelt es sich um die Kommentarspalte zur Anzeige der Datenpunktkommentare (siehe Abschnitt 3.4.2, »Zelle sperren«).

Wenn Sie zwei Zellen markiert haben, stehen die folgenden vordefinierten Berechnungen zur Verfügung:

- Summieren
- Subtrahieren
- Multiplizieren
- Dividieren
- Prozentualer Unterschied
- Prozentualer Anteil

Der Menüpunkt **Berechnung hinzufügen** steht Ihnen auch im Präsentationsmodus der Story zur Verfügung, erfordert also keine Berechtigung zum Ändern der Story.

3.4.5   Schwellwerte

Es ist möglich, bestimmte Zellen einer Tabelle bzw. deren Werte grafisch hervorzuheben. Sie können die Aufmerksamkeit Ihrer Zielgruppe gezielt auf einen bestimmten Sachverhalt richten, indem Sie in SAP Analytics Cloud sogenannte *Schwellwerte* definieren.

Wird der definierte Wert über- oder unterschritten, wird die Zelle in der Tabelle farbig hinterlegt. Im Beispiel aus dem vorangehenden Abschnitt 3.4.4, »Berechnungen«, könnte es z. B. sinnvoll sein, Abweichungen zwischen Ist und Budget immer dann grafisch hervorzuheben, wenn der Istwert geringer als der ursprünglich geplante Budgetwert ist, das Umsatzziel also nicht erreicht wurde.

Abweichungen grafisch darstellen   Sie können technisch einen Schwellwert für die Varianz festlegen. Auf diese Weise können Sie z. B. erreichen, dass negative Abweichungen, also Fälle, in denen die Istwerte niedriger sind als die Budgetwerte, rot markiert werden.

Fälle, in denen die Vorgaben erreicht wurden, in denen die Varianz also positiv ist, werden hingegen grün dargestellt.

Um einen Schwellwert festzulegen, klicken Sie in der Tabelle auf die Spalte **Varianz** und öffnen dann das Kontextmenü mit der rechten Maustaste. Wählen Sie dann den Menüpfad **Schwellenwerte • Neuer Schwellenwert** (siehe Abbildung 3.35). In dem gezeigten Beispiel soll ein neuer Schwellwert für die Varianz zwischen Ist- und Budgetwerten definiert werden.

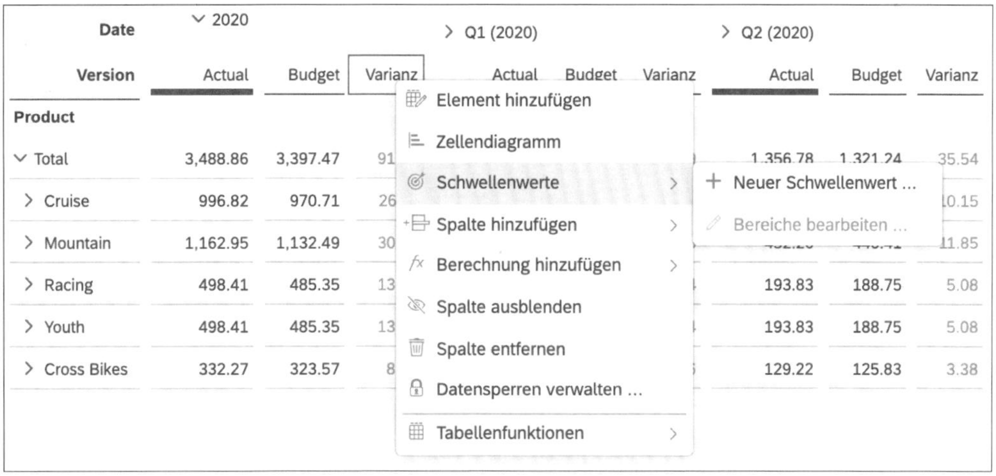

Neuen Schwellwert festlegen

Date	⌄ 2020			> Q1 (2020)			> Q2 (2020)		
Version	Actual	Budget	Varianz	Actual	Budget	Varianz	Actual	Budget	Varianz
Product									
⌄ Total	3,488.86	3,397.47	91				1.356.78	1.321.24	35.54
> Cruise	996.82	970.71	26						10.15
> Mountain	1,162.95	1,132.49	30						11.85
> Racing	498.41	485.35	13				193.83	188.75	5.08
> Youth	498.41	485.35	13				193.83	188.75	5.08
> Cross Bikes	332.27	323.57	8				129.22	125.83	3.38

Kontextmenü:
- ⊞ Element hinzufügen
- ≣ Zellendiagramm
- ⊚ Schwellenwerte >   + Neuer Schwellenwert …
- ⊟ Spalte hinzufügen >   ✎ Bereiche bearbeiten …
- ƒx Berechnung hinzufügen >
- ⊘ Spalte ausblenden
- 🗑 Spalte entfernen
- 🔒 Datensperren verwalten …
- ▦ Tabellenfunktionen >

Abbildung 3.35 Neuen Schwellwert für Varianz festlegen

Die Definition des Schwellwertes wird in Abbildung 3.36 gezeigt. Prinzipiell kann der Vergleich, über den eine Kennzahl in Bezug zu einem Schwellwert gesetzt wird, auf zwei verschieden Arten erfolgen:

Schwellwerte definieren

- **Vergleich mit Zahlenbereich**
  Der Wert der Kennzahl wird mit absolut angegebenen Zahlenbereichen verglichen.

- **Vergleich mit Kennzahl**
  Der Wert einer Kennzahl wird ins Verhältnis zu einer Referenzkennzahl gesetzt.

In unserem Beispiel wird die Kennzahl **Varianz**, also die in Abschnitt 3.4.4, »Berechnungen«, definierte Berechnung, ins Verhältnis zu einem Zahlenbereich gesetzt. Je nachdem, ob der Kennzahlwert positiv oder negativ ist, wird eine Farbkodierung definiert (Grün für OK, Rot für Warnung).

Des Weiteren können Sie den Gültigkeitsbereich der Schwellwertdefinition über zusätzliche Filter auf eine bestimmte Datenselektion begrenzen. So könnten Sie z. B. für dieselbe Kennzahl unterschiedliche Schwellwertdefinitionen für die verschiedenen Produktgruppen festlegen.

Abbildung 3.36 Schwellwert definieren

Schwellwerte mit
Zellendiagrammen
kombinieren

Abbildung 3.37 zeigt die Tabelle mit aktivierten Schwellwerten. Darüber hinaus wurden für die Tabelle im Kontextmenü Zellendiagramme für die Varianz aktiviert. Als Ergebnis wird der Wert der Varianz als Balken innerhalb jeder Zelle und in der Farbe dargestellt, die sich aus der Schwellwertdefinition ergibt. Der Anwender erhält somit einen schnellen Überblick über die Bereiche, die besondere Aufmerksamkeit erfordern.

Abbildung 3.37 Tabelle mit Schwellwerten und Zellendiagramm

3.4.6   Elemente hinzufügen

Die Stammdaten eines Modells, also z. B. die Produkte und Kunden, für die geplant werden soll, werden in der Modellierungsumgebung von SAP Analytics Cloud definiert (siehe Kapitel 2, »Datenmodellierung«). Sie können die Stammdaten entweder direkt manuell in der Modellierungsumgebung erfassen oder über einen Datenimport aus einem anderen IT-System laden.

Es ist im Laufe des Planungsprozesses zuweilen notwendig, neue Stammdaten anzulegen. Das können etwa neue Artikel für eine Vertriebsplanung oder neue Mitarbeitende im Rahmen einer Personalplanung sein. Diese Vorgänge lassen sich ohne Brüche im Prozess nur schwer in einen Vorbereitungsschritt verlagern.

Neue Stammdaten erzeugen

Sinnvoller ist es, wenn Sie neue Stammdaten direkt in der Umgebung zur Plandatenerfassung erstellen können. Sie sollten in diesem Zusammenhang die entsprechenden Kennzahlwerte erfassen können, ohne dabei in die Modellierungsumgebung wechseln zu müssen.

Um neue Stammdaten einzufügen, wählen Sie in der Tabelle mit der Maus die Kategorie aus, zu der Sie etwas hinzufügen möchten. Öffnen Sie mit der rechten Maustaste das Kontextmenü, und wählen Sie die Funktion **Element hinzufügen**. Abbildung 3.38 zeigt, wie Sie über das Kontextmenü der Tabelle ein neues Element zur Dimension **Produkt** hinzufügen können.

Als Ergebnis wird eine neue leere Zeile in die Tabelle eingefügt (siehe Abbildung 3.39). In die leere Zelle für die Produkt-ID können Sie nun manuell einen Produktbezeichner eingeben. Hierbei kann es sich zum einen um eine bereits vorhandene Produkt-ID handeln oder um die ID eines neuen Produkts, das noch nicht als Element in der Dimension vorhanden ist.

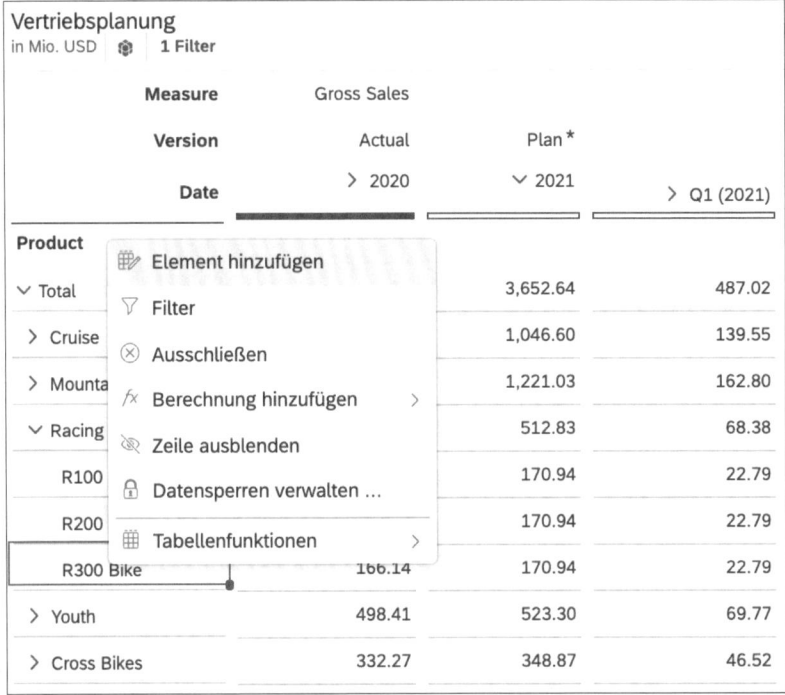

Abbildung 3.38 Neues Element hinzufügen

⌄ Racing	498.41	512.83	68.38	199.44	182.34	62.68
R100 BIKE	166.14	170.94	22.79	66.48	60.78	20.89
R200 Bike	166.14	170.94	22.79	66.48	60.78	20.89
R300 Bike	166.14	170.94	22.79	66.48	60.78	20.89

Abbildung 3.39 Neue leere Zeile in der Tabelle

Ist die Produkt-ID noch nicht in der Dimension als Element vorhanden, wird das Pop-up-Fenster aus Abbildung 3.40 geöffnet. Hier können Sie die weiteren Attribute des neuen Elements spezifizieren. Im gezeigten Beispiel wird das neue Produkt mit der **ID** R400 angelegt sowie weitere Eigenschaften wie **Beschreibung** und der übergeordnete Knoten, die Produktgruppe, festgelegt.

Abbildung 3.40 Attribute des Elements festlegen

Bestätigen Sie Ihre Eingaben mit einem Klick auf die Schaltfläche **Anwenden**. Anschließend erscheint das neue Element in der Tabelle (siehe Abbildung 3.41), und Sie können nun die Planwerte für dieses neue Element erfassen.

Date	> 2020	⌄ 2021	> Q1 (2021)	> Q2 (2021)	> Q3 (2021)	> Q4 (2021)
Product						
⌄ Total	3,488.86	3,652.64	487.02	1,420.47	1,298.72	446.43
> Cruise	996.82	1,046.60	139.55	407.01	372.12	127.92
> Mountain	1,162.95	1,221.03	162.80	474.85	434.15	149.24
⌄ Racing	498.41	512.83	68.38	199.44	182.34	62.68
R100 BIKE	166.14	170.94	22.79	66.48	60.78	20.89
R200 Bike	166.14	170.94	22.79	66.48	60.78	20.89
R300 Bike	166.14	170.94	22.79	66.48	60.78	20.89
R400 *	–	–	–	–	–	–
> Youth	498.41	523.30	69.77	203.51	186.06	63.96
> Cross Bikes	332.27	348.87	46.52	135.67	124.04	42.64

Abbildung 3.41 Plandatenerfassung für das neue Element

Sie können nun also über einen einfachen Weg neue Dimensionselemente, also neue Stammdaten, direkt aus der Planungsumgebung heraus über eine Standardfunktion erzeugen.

Neue Elemente in der Analytic Application definieren

Kapitel 7, »Kundenindividuelle Planungsanwendungen«, zeigt eine weitere Möglichkeit innerhalb einer Analytic Application auf. Diese zweite Variante bietet noch die Möglichkeit, eine eigene Oberfläche zur Erfassung der Attribute des neuen Elements zu definieren und zusätzliche Prüfungen der erfassten Attributwerte durchzuführen.

3.4.7   Prognose-Layout

Die Tabellenkomponente verwendet in der Story von SAP Analytics Cloud eine Kreuztabelle. Der Begriff *Kreuztabelle* bedeutet in diesem Zusammenhang, dass mehrere Dimensionen des zugrunde liegenden Datenmodells auf den beiden Achsen der Tabelle angeordnet werden können.

Eine Zelle der Tabelle entspricht dem Auftreten einer Merkmalskombination aus den auf den Achsen angeordneten Elementen der Dimensionen. Die dargestellten Zellwerte ergeben sich aus der Aggregation aller zugrunde liegenden Datensätze, die die entsprechende Merkmalskombination aufweisen. Dieses Layout entspricht dem Standardverhalten der Tabelle.

Vordefiniertes Layout für Forecast-Berichte

Sie können darüber hinaus ein zweites Layout für die Tabelle definieren: das sogenannte *Prognose-Layout*. Das Prognose-Layout wird vorwiegend im Rahmen eines rollierenden Forecast-Prozesses eingesetzt. Abbildung 3.42 zeigt schematisch die Funktionsweise eines Prognose-Layouts.

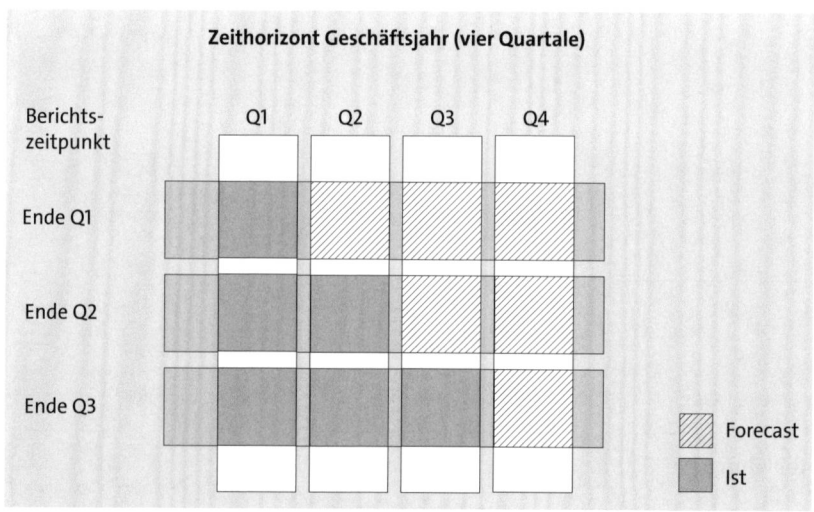

Abbildung 3.42 Übersicht über das Prognose-Layout

Das Prognose-Layout bietet eine feste Struktur für einen Bericht über einen Zeithorizont von z. B. vier Quartalen, was einem vollen Geschäftsjahr entspricht. Je nach Berichtszeitpunkt werden unterschiedliche Daten für die jeweiligen Quartale dargestellt. Am Ende des ersten Quartals werden beispielsweise für das erste Quartal Istwerte dargestellt und für die restlichen drei Quartale jeweils die Prognosewerte. Wird derselbe Bericht am Ende des zweiten Quartals vom Benutzer aufgerufen, werden für die ersten beiden Quartale die Istwerte dargestellt und für den Rest des Jahres weiterhin die Prognosewerte.

Bei dem Prognose-Layout werden die realisierten Istwerte auf der Zeitachse bis zu einem bestimmten Zeitpunkt des betrachteten Zeithorizonts dargestellt. Ab diesem Zeitpunkt werden Prognosewerte bis zum Ende des Zeithorizonts gezeigt. Ein prognostizierter Wert für den gesamten Zeithorizont ergibt sich somit aus der Aggregation der Istwerte sowie der prognostizierten Zukunftswerte.

Sie definieren das Prognose-Layout über das Builder-Panel der Tabelle. Öffnen Sie zunächst das Builder-Panel, und klicken Sie auf den Eintrag **Prognose-Layout**, wie in Abbildung 3.43 dargestellt.

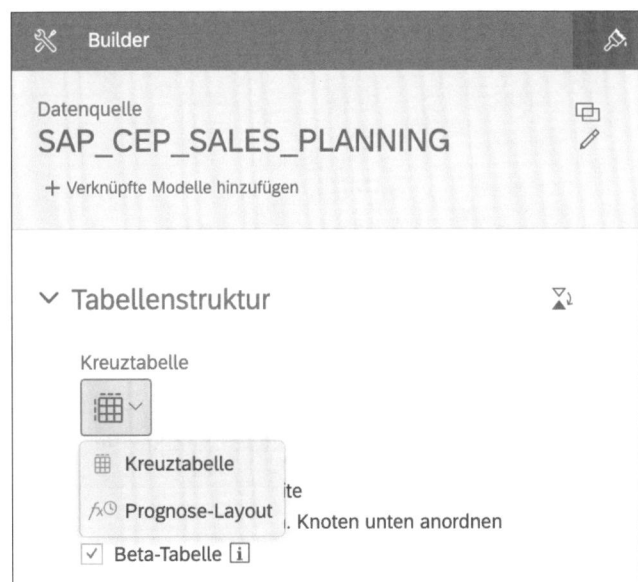

Abbildung 3.43 Prognose-Layout auswählen

Abbildung 3.44 zeigt ein Prognose-Layout für das folgende Beispiel: Die Tabelle stellt den Bruttoumsatz für das Berichtsjahr 2020 für die einzelnen Produkte dar. Für die ersten drei Quartale werden dabei die bereits realisierten Umsatzerlöse und für das vierte Quartal die prognostizierten Erlöse ver-

Wechseldatum festlegen

wendet, wie sie im Rahmen eines Forecast-Prozesses ermittelt werden. Die Summe für das Gesamtjahr ist damit eine Hochrechnung, die sich aus den realisierten Werten der ersten drei Quartale sowie der Prognose aus dem noch offenen vierten Quartal ergibt.

Der Zeitpunkt, zu dem von Ist- auf Prognosewerte gewechselt wird, ergibt sich in der Regel aus dem aktuellen Berichtsdatum. Das heißt, es werden zu dem Zeitpunkt, an dem der Bericht geöffnet wird, die Istwerte der abgeschlossenen Perioden sowie die Prognosewerte der noch offenen Perioden verwendet. Sobald die nächste Periode abgeschlossen ist und damit neue Istwerte zur Verfügung stehen, wird das Layout der Tabelle entsprechend angepasst.

Vertriebsplanung
in Mio. USD   Ausgeblendet

Version	Actual			Forecast	Summe
Date	> Q1 (2020)	> Q2 (2020)	> Q3 (2020)	> Q4 (2020)	
Measure	Gross Sales	Gross Sales	Gross Sales	Gross Sales	
Product					
∨ Total	465.18	1,356.78	1,240.48	433.56	3,496.01
> Cruise	132.91	387.65	354.42	123.88	998.86
> Mountain	155.06	452.26	413.49	144.52	1,165.34
> Racing	66.45	193.83	177.21	61.94	499.43
> Youth	66.45	193.83	177.21	61.94	499.43
> Cross Bikes	44.30	129.22	118.14	41.29	332.95

Abbildung 3.44 Prognose-Layout für Bruttoumsatz

Konfigurationspara-
meter des Prognose-
Layouts

Wenn Sie für Ihre Tabelle das Prognose-Layout nutzen möchten, können Sie einige Parameter einstellen. Abbildung 3.45 zeigt die Konfigurationsmöglichkeiten des Prognose-Layouts. Im Bereich **Layout** können Sie die folgenden Einstellungen vornehmen:

- **Rückschau auf**
  Dieses Feld legt fest, welche Version für den Zeitraum vor dem Wechseldatum verwendet werden soll. Dies ist typischerweise die Version **Actual** für die Istwerte.

- **Vorschau auf**
  Hier bestimmten Sie, welche Version für die Prognosewerte, d. h. für die Zeit nach dem Wechseldatum verwendet werden soll.

- **Wechseldatum**

  Das Feld **Wechseldatum** legt den Zeitpunkt fest, zu dem von realisierten Werten auf Prognosewerte gewechselt werden soll. Es stehen drei verschiedene Methoden zur Verfügung, um diesen Zeitpunkt zu bestimmen:

  - **Heute**: Verwendet das aktuelle Systemdatum als Wechseldatum.
  - **Bestimmtes Datum**: Legt das Wechseldatum auf einen festen Wert (statischer Filter).
  - **Zuletzt gebucht**: Bestimmt das Wechseldatum aus den vorhandenen Transaktionsdaten, d. h., das Wechseldatum ist der Zeitpunkt, für den noch Istwerte zur Verfügung stehen.
  - **Eingabefilter für Berechnung**: Stellt ein Eingabeelement in der Story bereit, über den der Anwender das Wechseldatum einstellen kann.

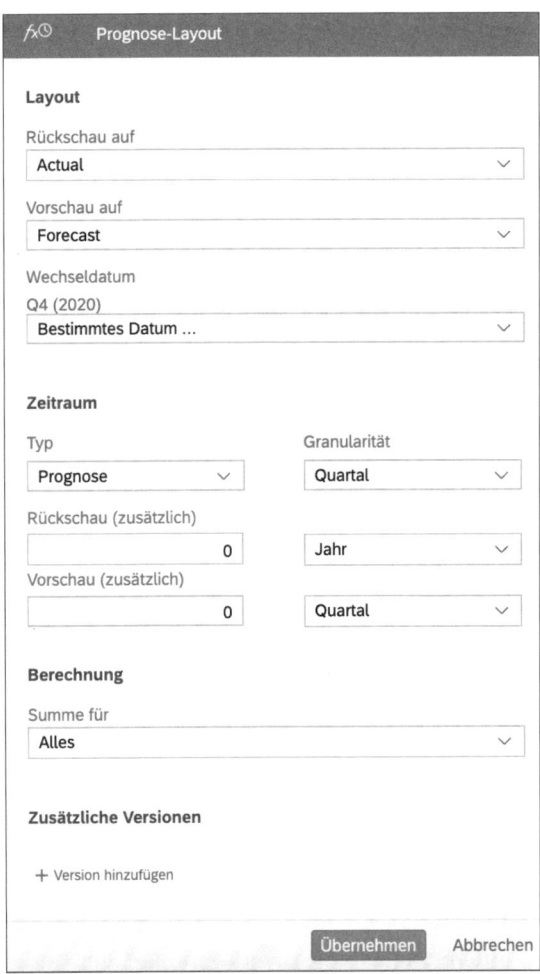

Abbildung 3.45 Prognose-Layout konfigurieren

Zeitraum für die
Prognose festlegen

Im Bereich **Zeitraum** können Sie u. a. festlegen, wie viele Perioden die Prognose- bzw. die Vergangenheitssicht umfassen soll. Des Weiteren können Sie die Granularität bestimmen. Wie die Summe für den dargestellten Zeitraum berechnet wird, kann ebenfalls eingestellt werden. Sie können zwischen den folgenden Optionen auswählen:

- **Wechseljahr**
  Die dargestellte Gesamtsumme berechnet sich aus den realisierten und den prognostizierten Werten des Jahres, in dem sich das Wechseldatum befindet.

- **Alles**
  Die Summe berücksichtigt alle Perioden des dargestellten Zeitraums, inklusive zusätzlicher Rückschau- und Prognoseperioden.

- **Vorausschau**
  Die Summe berechnet sich nur aus den Prognoseperioden, inklusive eventuell vorhandener zusätzlicher Prognoseperioden.

- **Keine**
  Es wird keine Summe berechnet und angezeigt.

Über die Option **Zusätzliche Versionen** können Sie weitere Versionen in das Prognose-Layout mit aufnehmen.

Keine automatische Berechnung der Prognoswerte

Beachten Sie, dass über das Prognose-Layout der Tabelle die Darstellung festgelegt wird. Mit dem Prognose-Layout ist keine automatische Berechnung der Prognosewerte selbst verknüpft. Die Prognosewerte als solche können entweder im Rahmen eines traditionellen Forecast-Prozesses manuell erfasst oder über eine automatisierte Prognose ermittelt werden. Letzteres wird insbesondere in Kapitel 5, »Predictive Planning«, im Detail beschrieben.

3.4.8 Formatierung

Daten in der Tabelle
darstellen

Die Tabelle verfügt über zahlreiche Möglichkeiten, um Daten darzustellen. In diesem Abschnitt lernen Sie die Einstellungen kennen, die Ihnen für die Formatierung der Daten zur Verfügung stehen.

Darstellung der
Tabelle
konfigurieren

Öffnen Sie das Builder-Panel der Tabelle über einen Klick auf die Schaltfläche **Designer** im oberen rechten Teil der Story, und wechseln Sie über einen Klick auf die Schaltfläche 🖉 (**Format**) in der Titelleiste in das *Format-Panel*. Das Format-Panel stellt Ihnen eine Reihe von Layoutoptionen zur Verfügung, um die Tabelle zu gestalten (siehe Abbildung 3.46).

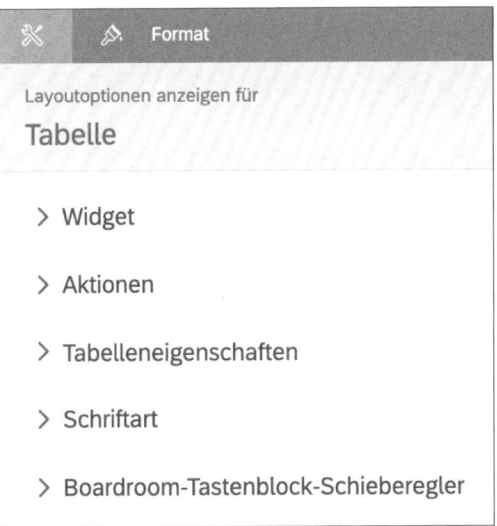

Abbildung 3.46 Format-Einstellungen der Tabelle

Die Einstellungen des Format-Panels untergliedern sich in die folgenden Bereiche, die Ihnen im Folgenden vorgestellt werden:

- Widget
- Aktionen
- Tabelleneigenschaften
- Schriftart
- Boardroom-Tastenblock-Schieberegler

Neben einigen generellen Einstellungen, über die jedes Widget verfügt, wie z. B. die Linienstärke der Komponente oder die Anordnung übereinander angeordneter Widgets, gibt es im Bereich **Tabelleneigenschaften** Einstellungen, die das Erscheinungsbild der gesamten Tabelle beeinflussen. Abbildung 3.47 zeigt die verschiedenen Einstellungen dieses Bereichs. Sie können zum einen im Drop-down-Feld **Vorlage** aus schon vorhandenen Vorlagen für das Tabellendesign auswählen. Zum anderen können Sie über die Felder **Füllfarbe für bearbeitbare Zellen** und **Füllfarbe für das Aufklappen-Symbol** die Farbeinstellungen festlegen.

Tabellen-einstellungen

Daneben stehen Ihnen weitere Einstellungen zur Verfügung, wenn Sie einen bestimmten Datenbereich innerhalb der Tabelle selektiert haben. In Abbildung 3.48 ist das Format-Panel für ein Beispiel gezeigt, in dem zuvor die Zellen eines Bereichs der Tabelle selektiert worden sind.

Einstellungen für einzelne Datenbereiche

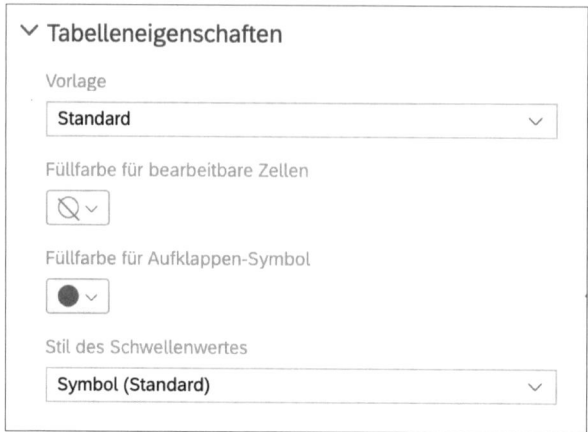

Abbildung 3.47 Tabelleneigenschaften

Neben den Tabelleneigenschaften stehen Ihnen hier noch die folgenden Bereiche zur Verfügung:

- **Schriftart**
  Unter **Schriftart** gestalten Sie die Schrift für den ausgewählten Zellenbereich. Neben der Schriftart selbst können Sie hier Schriftgröße, Schriftfarbe, Stil (fett, kursiv, unterstrichen, durchgestrichen) und Ausrichtung (links- oder rechtsbündig usw.) festlegen.

- **Zelle**
  Einstellungen, die die selektierten Zellen betreffen. Sie können beispielsweise Zellen zusammenführen oder zusätzliche Zeilen und Spalten hinzufügen. Dies betrifft den Fall, dass Sie Zellen außerhalb des Datenbereichs selektiert haben, der die Daten aus dem Modell darstellt.

- **Linien**
  Unter **Linien** finden Sie die Einstellungen zum Erscheinungsbild der Gitterlinien der Tabelle.

- **Zahlenformat**
  Im Bereich **Zahlenformat** können Sie das Format der dargestellten Werte definieren. Die Einstellungen können pro Kennzahl oder gesamtheitlich für alle Kennzahlen des selektierten Bereichs vorgenommen werden. Zu den zur Verfügung stehenden Einstellungen zählen die Skalierung, die Anzahl der Nachkommastellen sowie die Darstellung der Währung bzw. der Einheit einer Kennzahl.

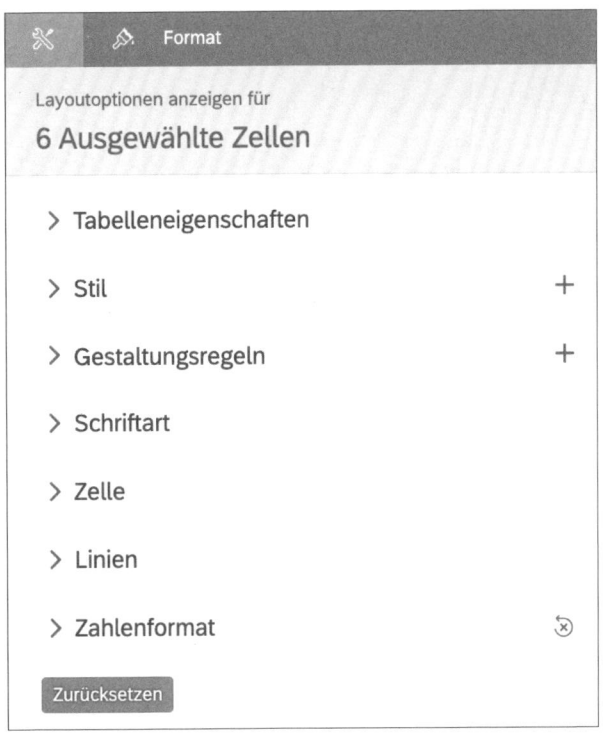

Abbildung 3.48 Layoutoptionen für einen Datenbereich

In Abbildung 3.49 sind die Einstellmöglichkeiten für **Schriftart**, **Zelle** und **Linien** eines Datenbereichs im Detail dargestellt.

Abbildung 3.50 zeigt die Einstellung für das Zahlenformat. Beachten Sie, dass die Einstellungen pro Kennzahl des selektierten Bereichs getrennt vorgenommen werden können. Alternativ können Sie durch Auswahl der Option **Alle** im Drop-down-Menü **Kennzahlenauswahl**, die Einstellungen global für die im selektierten Datenbereich vorhandenen Kennzahlen vornehmen.

Zahlenformat festlegen

Beim Festlegen von Darstellungsoptionen kann es manchmal sinnvoll sein, für verschiedene Datenbereiche unterschiedliche Formatierungen zu nutzen. Um in diesem Fall strukturiert vorzugehen, können Sie die Bereiche **Stil** und **Gestaltungsregeln** nutzen. Im Bereich **Stil** können Sie über die Schaltfläche ⊞ (**Stil hinzufügen**) einen neuen Stil erzeugen. Der Stil definiert bestimmte Einstellungen zu den Bereichen **Schriftart**, **Zelle** und **Linie** (siehe Abbildung 3.51). Diesen Einstellungen wird als Gruppe ein Name zugewiesen (der Name des Stils). Sie können auf diese Weise mehrere Stile für die Tabelle parallel definieren, die sich in bestimmten Einstellungen unterscheiden.

Stile und Gestaltungsregeln

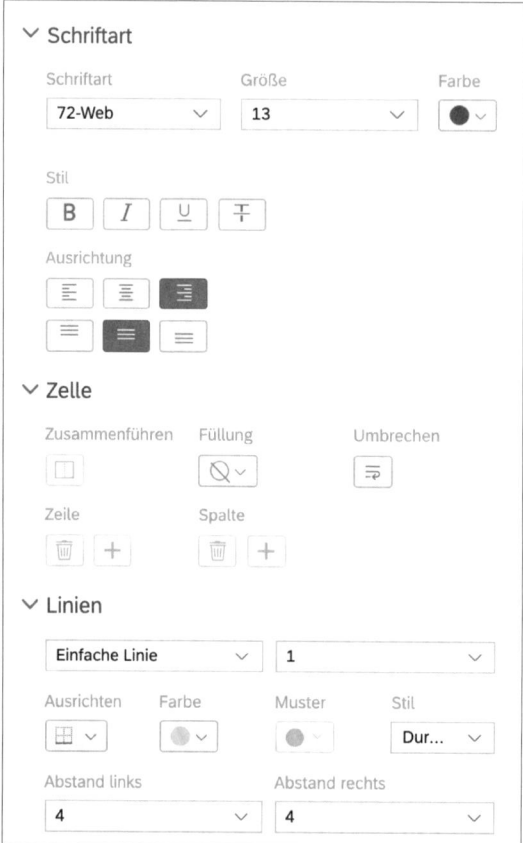

Abbildung 3.49 Einstellungen für Schriftart, Zelle und Linien eines Datenbereichs

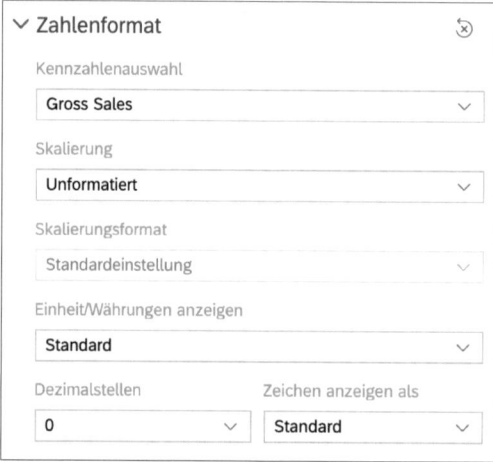

Abbildung 3.50 Zahlenformat definieren

Der Stil aus Abbildung 3.51 definiert z. B. eine bestimmte Füllfarbe über das
Drop-down-Feld **Füllung** für die Zellen.

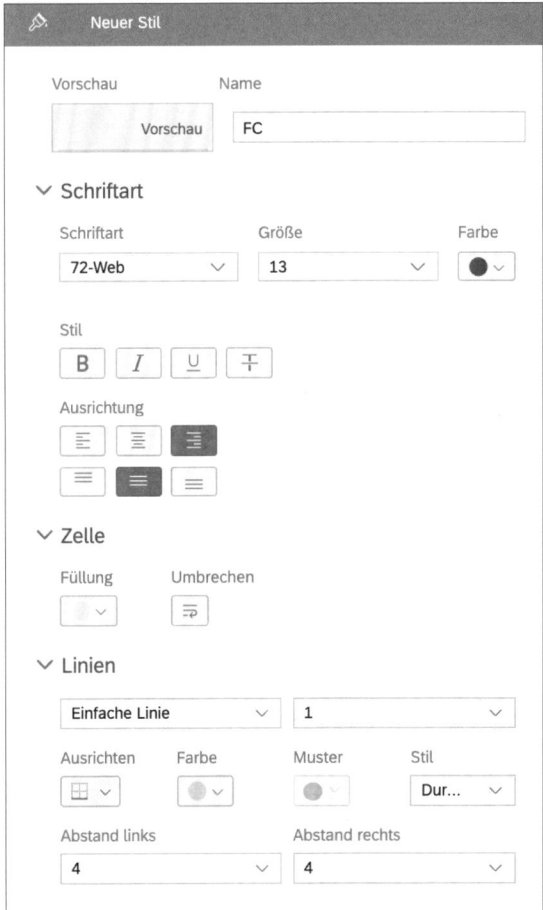

Abbildung 3.51 Neuen Stil erzeugen

Sobald Sie einen eigenen Stil definiert haben, können Sie diesen über eine
Gestaltungsregel bestimmten Datenpunkten zuweisen. Über die Schaltfläche ⊞ (**Gestaltungsregel hinzufügen**) im Bereich **Gestaltungsregeln** können Sie eine neue Gestaltungsregel erzeugen (siehe Abbildung 3.52). Neben
der Benennung der Regel im Feld **Name** können Sie folgende Einstellungen
vornehmen:

Neue Gestaltungs-
regel definieren

- **Inhalt**
  Diese Einstellung bestimmt, auf welchen Zellen die Gestaltungsregel zur
  Anwendung kommen soll. Ausgangspunkt bilden die in der Tabelle dar-
  gestellten Dimensionen. Sie können für jede Dimension festlegen, ob die
  Gestaltungsregel im Datenbereich oder in der Kopfzeile zur Anwendung

kommen soll. Darüber hinaus legen Sie fest, wie die im selektierten Datenbereich vorhandenen Dimensionselemente den Geltungsbereich der Regel steuern. Es stehen folgende Optionen zur Auswahl:

– Selbst

– Selbst und untergeordnete

– Selbst und gleichgeordnete

– Selbst und nachfolgende

– Untergeordnete

– Nachfolgende

– Alle

- **Stil**
  Diese Einstellung legt den Stil fest, der durch die Gestaltungsregel zur Anwendung kommt.

- **Zelleneigenschaften**
  Über diese Funktion legen Sie fest, ob die Zellen, für die die Gestaltungsregel zur Anwendung kommt, schreibgeschützt sind.

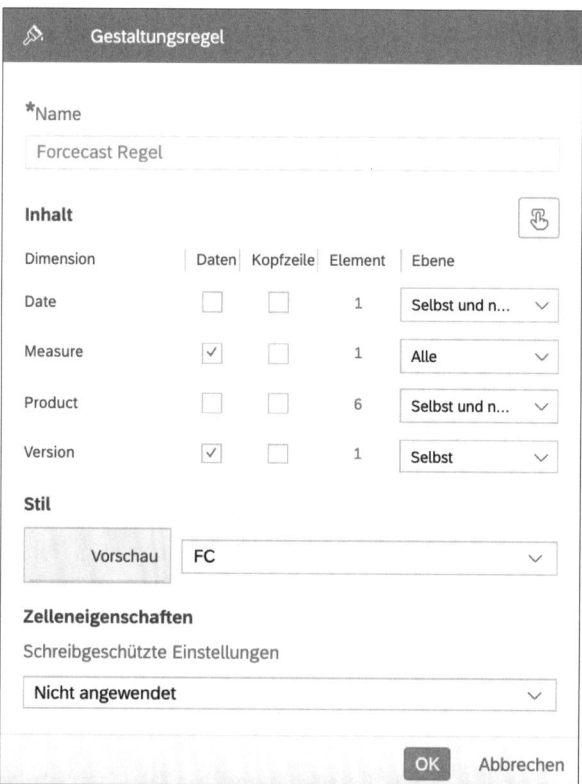

Abbildung 3.52 Gestaltungsregel

Die Anwendung der Gestaltungsregel soll am Beispiel aus Abbildung 3.52 veranschaulicht werden. Die Regel verwendet den in Abbildung 3.51 definierten Stil, der eine bestimmte Füllfarbe für die Zellen festlegt.

Das Ergebnis der Gestaltungsregel ist in Abbildung 3.53 dargestellt. Die Anwendung des Stils wird über die beiden Dimensionen **Measure** und **Version** gesteuert. Zur Definition der Gestaltungsregel wurde die Spalte mit den Forecast-Werten für das vierte Quartal 2020 selektiert. Die Spalte **Element** in Abbildung 3.52 gibt die Anzahl der Elemente der Dimension an, die hinter dem ausgewählten Tabellenbereich stehen. Im Beispiel ist ein Bereich ausgewählt, der eine Version und ein Element der Dimension **Measure**, aber insgesamt sechs Elemente der Dimension **Product** umfasst. Dies entspricht dem selektierten Datenbereich der Tabelle. Die Gestaltungsregel soll für alle Produkte und Kennzahlen zur Anwendung kommen, wenn es sich um die Version **Forecast** handelt.

Aus diesem Grund wird für die Version die Option **Selbst** ausgewählt. Handelt es sich bei der maßgeblichen Dimension um eine Dimension, für die eine Hierarchie definiert wurde, können ebenfalls die Optionen sinnvoll sein, die sich auf eventuell vorhandene untergeordnete oder nebengeordnete Elemente beziehen.

Vertriebsplanung
in Mio. USD   ⚙   Ausgeblendet

Version	Actual			Forecast	Summe
Date	› Q1 (2020)	› Q2 (2020)	› Q3 (2020)	› Q4 (2020)	
Measure	Gross Sales	Gross Sales	Gross Sales	Gross Sales	
Product					
∨ Total	465	1,357	1,240	434	3,496.01
› Cruise	133	388	354	124	998.86
› Mountain	155	452	413	145	1,165.34
› Racing	66	194	177	62	499.43
› Youth	66	194	177	62	499.43
› Cross Bikes	44	129	118	41	332.95

Abbildung 3.53 Ergebnis der Gestaltungsregel

In dem dargestellten Ergebnis der Gestaltungsregel ist die Spalte mit den Forecast-Werten mit einer anderen Hintergrundfarbe dargestellt. Wenn Sie einen Hierarchieknoten der Dimension **Produkt** aufklappen, werden die Zellen ebenfalls in dem definierten Stil angezeigt. Das Gleiche gilt, falls neue Quartale mit Prognosewerten hinzukommen.

3.4.9 Übergreifende Berechnungen

In manchen Berichtsszenarien ist es wünschenswert, die einzelnen Spalten der Tabelle genauer zu definieren. Abbildung 3.54 zeigt einen typischen Aufriss für eine Tabelle zur Analyse von Umsatzwerten nach den einzelnen Produkten bzw. Produktgruppen eines Unternehmens. Den Spalten der Tabelle sind die Dimensionen **Zeit** und **Version** zugeordnet.

Die einzelnen Spalten ergeben sich dann aus der Kombination der einzelnen Elemente dieser Dimensionen. Dies erlaubt es dem Benutzer, sehr flexibel die Daten zu analysieren und auch durch große Datenmengen zu navigieren.

Vertriebsplanung in Mio. USD ⚙ 1 Filter			
Measure	Gross Sales		
Version	Actual	Plan	
Date	⟩ 2020	⟩ 2020	⟩ 2021
Product			
⌄ Total	3,489	3,450	3,653
⟩ Cruise	997	986	1,047
⟩ Mountain	1,163	1,150	1,221
⟩ Racing	498	493	513
⟩ Youth	498	493	523
⟩ Cross Bikes	332	329	349

Abbildung 3.54 Kreuztabelle mit Version und Zeit in den Spalten

In manchen Fällen sollen die Spalten mit den Planwerten für das Jahr 2020 nicht in der Tabelle dargestellt werden, sondern lediglich der Plan für 2021 zusammen mit den Istwerten aus dem Jahr 2020 sowie die Abweichungen zwischen den beiden Spalten.

Fest definierte Berichtslayouts   Um solche konkreten Tabellenlayouts umzusetzen, steht Ihnen in der Tabelle die Funktion der *übergreifenden Berechnungen* zur Verfügung. Mit übergreifenden Berechnungen lassen sich Kennzahlen direkt in der Tabelle definieren, ohne dass Sie in die Modellierungsumgebung wechseln müssten. Diese übergreifenden Berechnungen definieren Sie stattdessen direkt im Builder-Panel der Tabelle.

Über die Schaltfläche **Kennzahlen/Dimensionen hinzufügen** im Bereich **Zeilen/Spalten** des Builder-Panels können Sie die übergreifenden Berechnungen in den Tabellenaufriss aufnehmen. Sobald die übergreifenden Berechnungen Teil des Tabellenlayouts sind, können Sie neue übergreifende Berechnungen hinzufügen (siehe Abbildung 3.55). Klicken Sie dazu auf die drei Punkte im Feld **Übergreifende Berechnungen**.

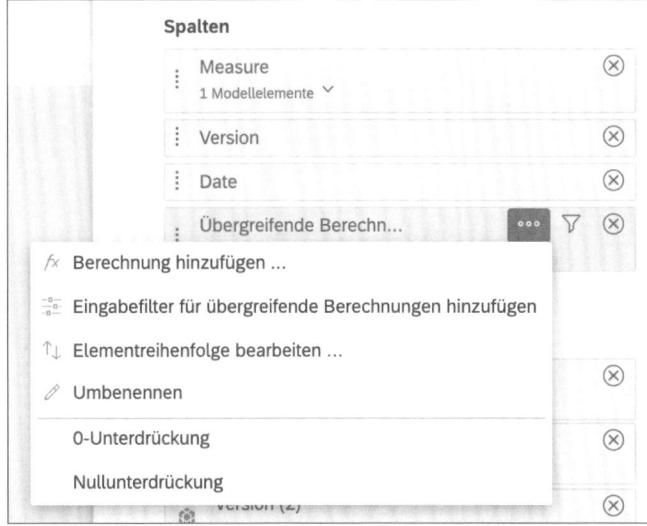

Abbildung 3.55 Neue übergreifende Berechnung hinzufügen

Nach der Auswahl des Menüpunktes **Berechnung hinzufügen** öffnet sich der in Abbildung 3.56 gezeigte *Berechnungseditor*.

Der Berechnungseditor erlaubt es Ihnen, neue übergreifende Berechnungen zu definieren, die Sie dann in die Tabelle als Zeile bzw. Spalte aufnehmen können. Sie können im Berechnungseditor die folgenden unterschiedlichen Arten von Berechnungen anlegen:

Berechnungseditor für übergreifende Berechnungen

- Berechnete Kennzahl
- Eingeschränkte Kennzahl
- Währungsumrechnung
- Aggregation
- Prognose mit SAP Predictive Analytics
- Rollierende Prognose

Abbildung 3.57 zeigt die Definition einer eingeschränkten Kennzahl. Die eingeschränkte Kennzahl basiert dabei auf einer bereits vorhandenen Kennzahl, die über eine oder mehrere Dimensionen eingeschränkt ist. Im Beispiel wird eine Kennzahl auf Basis der existierenden Kennzahl **Standardwährung**, die immer vorhanden ist, definiert. Diese wählen Sie im Feld **Kennzahl** aus.

Eingeschränkte Kennzahlen

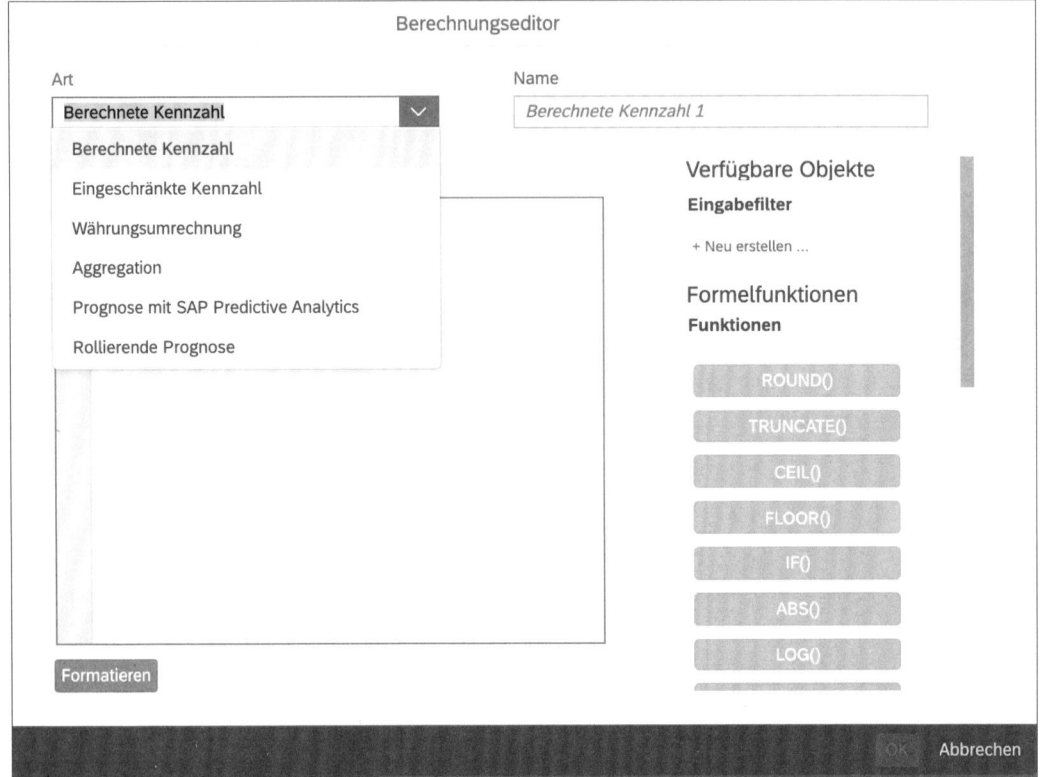

Abbildung 3.56 Berechnungsarten im Berechnungseditor

Die Basiskennzahl wird über die beiden Dimensionen **Version** und **Zeit** eingeschränkt. Die einschränkenden Dimensionen legen Sie im Bereich **Dimension** fest. In diesem Beispiel werden die Dimensionen durch das Setzen fester Werte im Bereich **Werte oder Eingabefilter** (Actual bzw. **2020**) eingeschränkt. Es besteht prinzipiell die Möglichkeit, die Dimensionen an ein Eingabeelement zu knüpfen. Sie können somit die Einschränkung der Kennzahl zum Berichtszeitpunkt vornehmen.

Die zusätzliche Option **Konstantauswahl aktivieren** bewirkt, dass die Einschränkung der Dimensionen unabhängig von eventuell vorhandenen Filtereinstellungen erfolgt, die eventuell für dieselben Dimensionen in der Tabelle vorgenommen werden.

Berechnete
Kennzahlen

Zum einen ermöglichen es die übergreifenden Berechnungen, eingeschränkte Kennzahlen festzulegen, um genau die Selektion der in einer Spalte dargestellten Werte kontrollieren zu können. Zum anderen können mithilfe übergreifender Berechnungen auch berechnete Kennzahlen definiert werden.

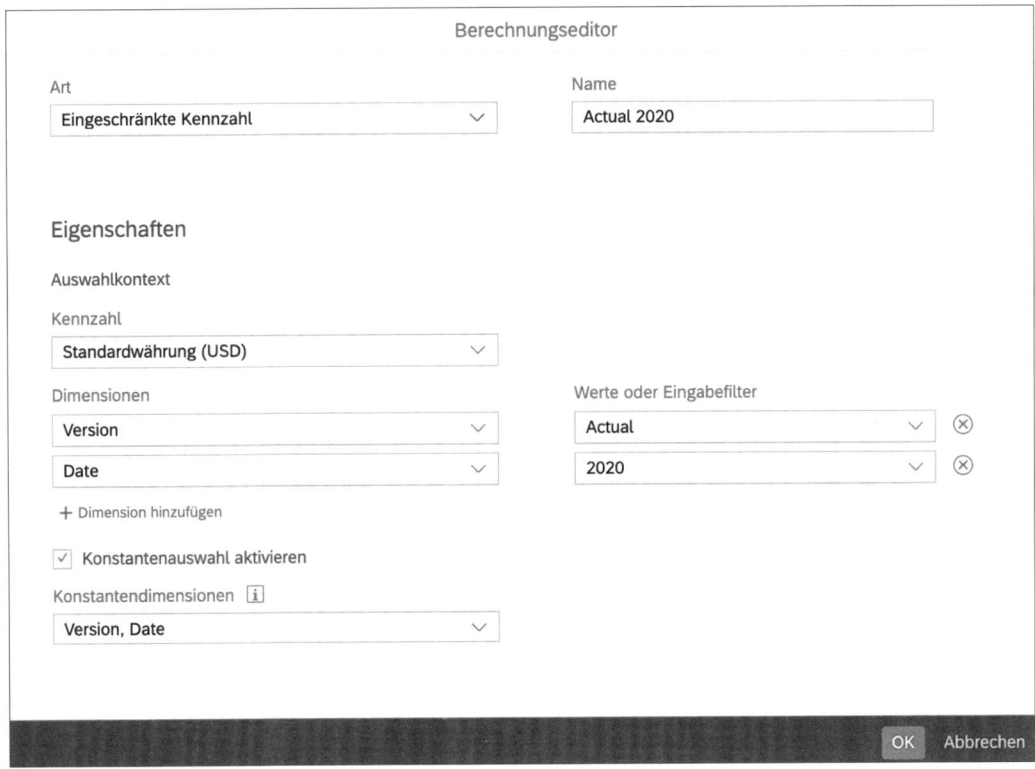

Abbildung 3.57 Eingeschränkte Kennzahl definieren

Abbildung 3.58 zeigt den Berechnungseditor zum Erstellen einer berechneten Kennzahl. Im Auswahlmenü **Art** müssen Sie die Option **Berechnete Kennzahl** auswählen. Darüber hinaus legen Sie im Feld **Name** den Namen der berechneten Kennzahl fest. Im Feld **Formel bearbeiten** definieren Sie letztlich die Berechnungsvorschrift der Kennzahl.

Die Berechnung basiert in diesem Fall auf zwei bereits existierenden Kennzahlen. Diese sind selbst wiederum als übergreifende Berechnungen, genauer als eingeschränkte Kennzahlen, definiert. Die Kennzahl berechnet aus diesen beiden Basiskennzahlen die Differenz. Inhaltlich handelt es sich dabei um die Abweichung zwischen den Istwerten des vergangenen Jahres und den Planwerten des aktuellen Jahres.

Für übergreifende Berechnungen können Sie Formatierungsoptionen festlegen. Diese öffnen Sie über die Schaltfläche 🅰 (**Formatierungsoptionen bearbeiten**) im Auswahlmenü der übergreifenden Berechnungen (siehe Abbildung 3.59).

Übergreifende
Berechnungen

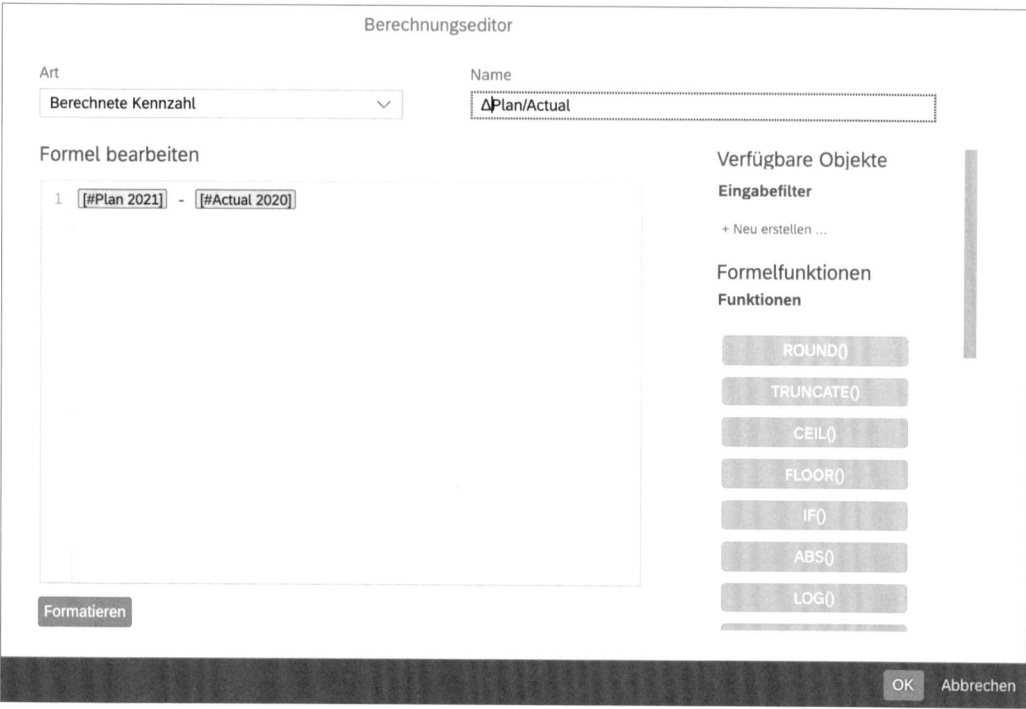

Abbildung 3.58 Berechnete Kennzahl zur Delta-Berechnung

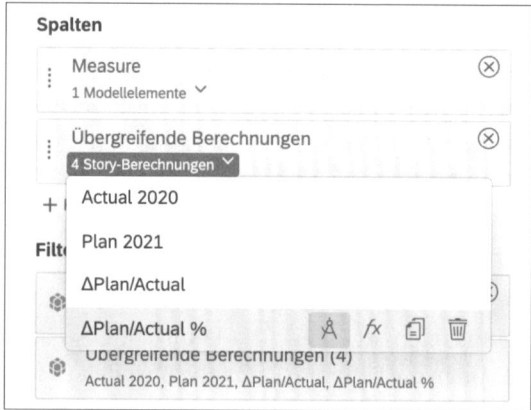

Abbildung 3.59 Formatierung für übergreifende Berechnungen

Mithilfe der Formatierungsoptionen können Sie z. B. die Skalierung sowie die Anzahl der Dezimalstellen festlegen. Abbildung 3.60 zeigt als Beispiel die Formatierung einer berechneten Kennzahl, die die prozentuale Abweichung zweier Basiskennzahlen berechnet und entsprechend als Prozentwert formatiert werden soll.

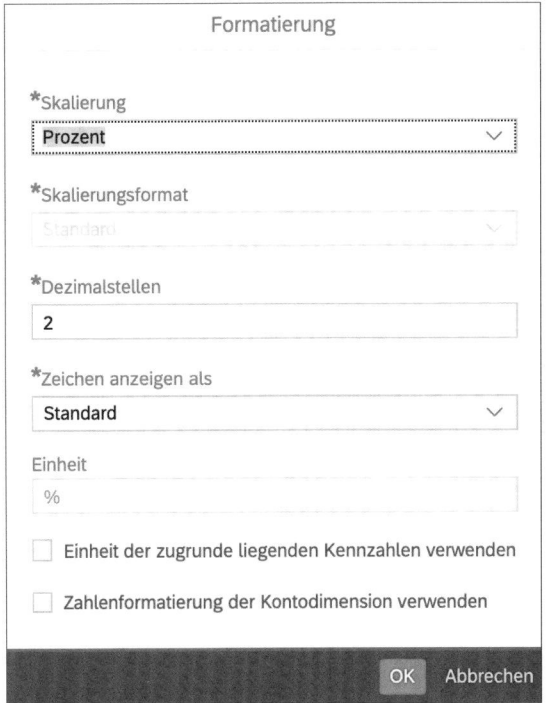

Abbildung 3.60 Formatierung einer prozentualen Kennzahl

Abbildung 3.61 zeigt eine Tabelle mit übergreifenden Berechnungen in den Spalten.

	Gross Sales			
Vertriebsplanung in Mio. USD				
Measure **Übergreifende Berechnungen**	Actual 2020	Plan 2021	ΔPlan/Actual	ΔPlan/Actual %
Product				
⌄ Total	3,489	3,653	164	4.69 %
› Cruise	997	1,047	50	4.99 %
› Mountain	1,163	1,221	58	4.99 %
› Racing	498	513	14	2.89 %
› Youth	498	523	25	4.99 %
⌄ Cross Bikes	332	349	17	4.99 %
Cross Bike P010	166	174	8	4.99 %
Bike RC002	166	174	8	4.99 %

Abbildung 3.61 Tabelle mit übergreifenden Kennzahlen

Die Tabelle zeigt die Istwerte des Jahres 2020 sowie die Planwerte für 2021 als eingeschränkte Kennzahlen. Die beiden berechneten Kennzahlen ermitteln die absoluten bzw. relativen Differenzen zwischen diesen beiden Kennzahlen. Die Kennzahl für die relative Differenz ist darüber hinaus als prozentuale Kennzahl formatiert.

Währungs-umrechnung Neben den eingeschränkten bzw. berechneten Kennzahlen stellt das Konzept der übergreifenden Berechnungen mit der sogenannten *Währungs-umrechnung* einen weiteren zentralen Berechnungstyp zur Verfügung. Abbildung 3.62 zeigt den Berechnungseditor zum Festlegen einer Währungsumrechnung.

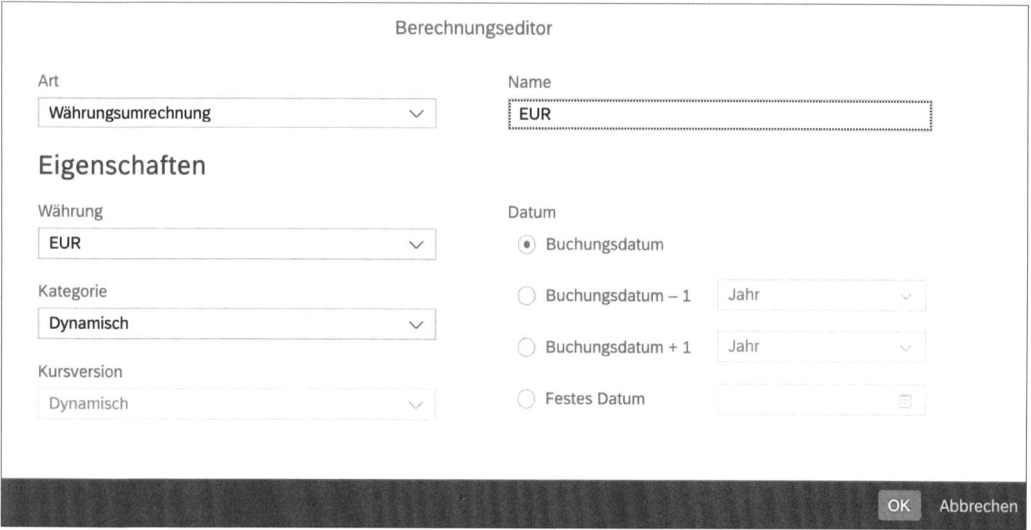

Abbildung 3.62 Berechnungseditor für Währungsumrechnung

Wie bereits in Kapitel 2, »Datenmodellierung«, über die Modellierungsumgebung von SAP Analytics Cloud dargestellt, wird der Wert einer währungsbehafteten Kennzahl immer genau in einer Währung in der Datenbank von SAP Analytics Cloud gespeichert. Diese Währung ergibt sich aus dem Währungsattribut einer ausgezeichneten Dimension.

Diese Dimension wird in den Einstellungen des Planungsmodells festgelegt. Sie entspricht oftmals einer Organisationseinheit wie Gesellschaft oder Vertriebsorganisation. Soll ein vorhandener Wert in einer anderen Währung dargestellt werden als der Währung, in der der Wert in der Datenbank gespeichert ist, kommt die Währungsumrechnung zum Einsatz.

Die Währungsumrechnung rechnet einen Wert von der ursprünglichen Währung, in der der Wert gespeichert ist, in die gewünschte Zielwährung um. Die Zielwährung ist die Währung, in die ein Wert umgerechnet werden soll. Dies geschieht zum Berichtszeitpunkt, d. h., zu dem Zeitpunkt, zu dem Sie den Wert z. B. innerhalb einer Tabelle sehen möchten. Die Umrechnung erfolgt immer direkt, ohne den umgerechneten Wert selbst zu speichern.

Zur Bestimmung der Zielwährung kommt nun eben genau das Konzept der übergreifenden Berechnungen ins Spiel. Die Zielwährung wird nämlich über eine übergreifende Berechnung vom Typ **Währungsumrechnung** festgelegt.

In der Konfiguration für eine Währungsumrechnung aus Abbildung 3.62 werden neben der Zielwährung im Feld **Währung** noch Einstellungen zur Kategorie bzw. Version und zu der Zeit festgelegt. Wechselkurse können in SAP Analytics Cloud abhängig von Kategorie und Zeit gepflegt werden. Auf dieser Grundlage können Sie bei der Definition einer Währungsumrechnung festlegen, wie speziell mit diesen beiden Dimensionen umgegangen werden soll.

Konfiguration der Währungsumrechnung

Standardmäßig ergibt sich die Kategorie, z. B. **Plan**, **Budget** oder **Actual**, aus der Kategorie der entsprechenden Bewegungsdaten. Für die Zeitdimension gilt das Gleiche. Zur Umrechnung eines Budgetwertes für die Periode Dezember 2020 wird daher ein Umrechnungskurs ermittelt, der für eben diese Kombination gültig ist.

Von dieser Regel kann auch abgewichen werden, wenn z. B. ein Istwert auf Basis der ursprünglich geplanten Budgetkurse umgerechnet werden soll, um so die Vergleichbarkeit mit den ursprünglichen Budgetwerten sicherzustellen. Dieser spezielle Bezug zur Kategorie **Budget** kann daher in den Einstellungen festgelegt werden. Ähnliches trifft für den Zeitbezug zu: Ein Istwert des Jahres 2021 kann mit den entsprechenden Kursen des Vorjahres umgerechnet werden, um im Rahmen einer Vergleichsrechnung aussagekräftigere Resultate zu erzielen und eventuelle Währungseffekte zu eliminieren.

Ein Planungsmodell, für das eine Währungsumrechnung aktiviert wurde, verfügt standardmäßig über die beiden Kennzahlen **Standardwährung** und **Currency**. Bei der ersten Kennzahl handelt es sich um eine Währungsumrechnung in die für das Modell definierte Standardwährung. Die zweite Kennzahl liefert die Werte in der ursprünglichen Währung, d. h. in der Währung, die über das Währungsattribut der für die Währungsumrechnung relevanten Dimension festgelegt ist und in der die Werte in der Datenbank gespeichert werden. Das bedeutet, dass die Kennzahl **Currency** die Werte ohne Anwendung einer Währungsumrechnung im Ausgangszustand liefert.

Berichte mit mehreren Währungen

Darüber hinaus können Sie weitere Zielwährungen definieren, indem Sie übergreifende Berechnungen vom Typ **Währungsumrechnung** anlegen. Es ist überdies möglich, mehrere Währungen parallel in einer Tabelle darzustellen. Dazu können Sie einen Filter für übergreifende Berechnungen nutzen. Abbildung 3.63 zeigt die Filtereinstellungen zur Auswahl der drei Währungen USD, EUR und der lokalen Währung.

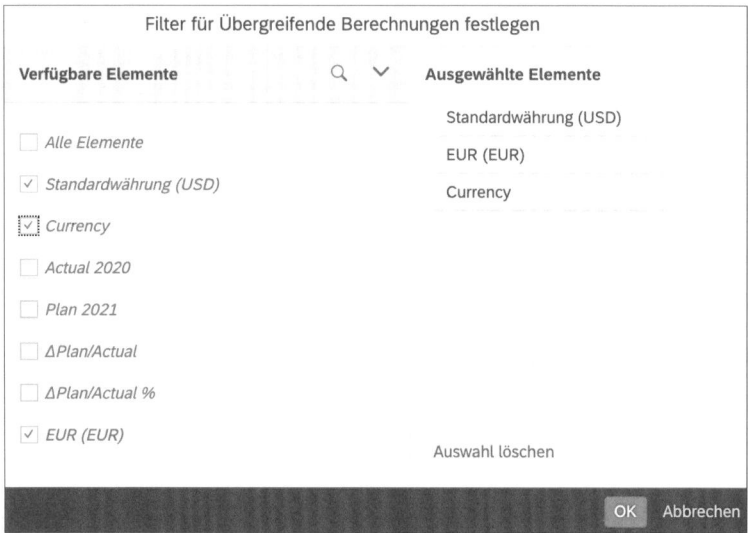

Abbildung 3.63 Filter für übergreifende Berechnungen

Die entsprechende konfigurierte Tabelle ist in Abbildung 3.64 dargestellt. Die Umsatzerlöse werden nach den einzelnen Vertriebsorganisationen aufgeschlüsselt und in drei verschiedenen Währungen dargestellt.

Vertriebsübersicht
in Mio.   🏢   1 Filter

	Measure	Gross Sales	
	Version	Actual	
	Date	⟩ 2020	
Übergreifende Berechnungen	Standardwährung (USD)	Currency	EUR (EUR)
Sales Org			
⌄ Total	$3,488.86		€2,981.25
Sales Org US	$1,081.55	$1,081.55	€919.04
Sales Org Germany	$837.33	€728.11	€728.11
Sales Org China	$697.77	CN¥4,635.28	€592.93
Sales Org Japan	$348.89	¥39,845.78	€296.47
Sales Org Switzerland	$104.67	CHF103.90	€88.94
Sales Org Mexico	$418.66	MX$8,056.14	€355.76

Abbildung 3.64 Tabelle mit mehreren Währungen

Im Rahmen eines Planungsprozesses erfolgt die Planung in verschiedenen Währungen auf ähnliche Weise. Sollen die Planwerte z. B. in lokaler Währung erfasst werden, definieren Sie die Tabelle zur Plandatenerfassung am besten mit der übergreifenden Berechnung **Currency**. Soll die Plandatenerfassung in Konzernwährung erfolgen, definieren Sie die Standardwährung als relevante Kennzahl.

3.5   Zusammenfassung

In diesem Kapitel wurde die Story als zentrale Komponente in SAP Analytics Cloud zum Erstellen von Benutzeroberflächen für Planungsanwendungen vorgestellt. Mithilfe der Story können Sie sehr schnell und ohne großen Entwicklungsaufwand Oberflächen erstellen, die Fachanwenderinnen und Fachanwendern zur Verfügung gestellt werden, um Daten im Rahmen eines Planungsprozesses zu erfassen.

In der Story haben Sie direkten Zugriff auf die Planungsfunktionen von SAP Analytics Cloud. Eine wichtige Funktion für eine Planungsanwendung ist die Versionsverwaltung zum Erstellen neuer Planversionen. Das standardmäßig zur Verfügung gestellte Versionskonzept von SAP Analytics Cloud ist für jede Planungsanwendung von zentraler Bedeutung. Über private Versionen können Sie schnell eigene Szenarien ausarbeiten und am Ende eines Prozesses wieder in eine öffentliche Version publizieren. Über diesen Mechanismus wird die Idee einer kollaborativen Unternehmensplanung gefördert, da mehrere Personen gemeinschaftlich an einer privaten Version arbeiten können, bevor diese in die offizielle Planversion einfließt.

Eine weitere zentrale Komponente für eine Planungsanwendung wird über das Planungs-Panel zur Verfügung gestellt. Das Planungs-Panel ermöglicht es Ihnen, komplexe Verteilungen von Planwerten auf intuitive Weise direkt in der Story vorzunehmen.

Ein Großteil des Kapitels hat sich darüber hinaus mit den vielfältigen Funktionen der Tabelle in SAP Analytics Cloud beschäftigt. Die Tabelle ist ein mächtiges Element in der Story und verfügt über eine Fülle von Funktionen, die einfach über Konfiguration im Builder-Panel bzw. über das Kontextmenü zur Verfügung gestellt werden.

Beispielhaft seien hier noch einmal Funktionen zur Dateneingabe und die umfangreichen Möglichkeiten zum Erstellen eigener Berechnungen genannt. Des Weiteren sind Datenpunktkommentare und die Möglichkeit zum Erstellen neuer Dimensionselemente, insbesondere für Planungsanwendungen, interessant.

Die Tabelle ist zentrales Element jeder Planungsanwendung. Es lohnt somit, sich intensiv mit ihren Möglichkeiten zu beschäftigen, um die Funktionen von SAP Analytics Cloud voll ausschöpfen zu können.

Kapitel 4
Fortgeschrittene Planungsfunktionen

In den vorangehenden Kapiteln wurden die grundlegenden Planungsfunktionen von SAP Analytics Cloud vorgestellt. In diesem Kapitel sollen nun einige fortgeschrittene Möglichkeiten, insbesondere zur Umsetzung von Berechnungen und Datentransformationen, vorgestellt werden.

SAP Analytics Cloud stellt verschiedene Konzepte zur Verfügung, mit denen Sie Berechnungen und Planungslogiken implementieren können. Die zugrunde liegende Philosophie besteht dabei immer darin, möglichst viele Anwendungsfälle abdecken zu können und die jeweilige Funktionalität möglichst flexibel und allgemeingültig zu halten. Konkrete und häufig verwendete Funktionen werden dann über den Business Content zur Verfügung gestellt und können von den Anwendern als Vorlage herangezogen und an die individuellen Anforderungen angepasst werden.

Dieses Kapitel stellt die verschiedenen Konzepte zum Umsetzen komplexer Berechnungs- und Planungslogiken im Detail vor. Abschnitt 4.1, »Werttreiberbäume«, widmet sich dem Konzept der Werttreiberbäume. Mithilfe von Werttreiberbäumen lassen sich die Beziehungen zwischen verschiedenen betriebswirtschaftlichen Kenngrößen grafisch darstellen. Neben der reinen Visualisierung kann ein Werttreiberbaum auch zur treiberbasierten Simulation und Planung verwendet werden.

In Abschnitt 4.2, »Datenaktionen«, wird das Konzept der Datenaktionen eingeführt. Datenaktionen stellen einen zentralen Mechanismus bereit, um datenintensive Operationen und Berechnungen umzusetzen. Eine Datenaktion definiert eine Sequenz von Operationen, die auf den Datensätzen eines Planungsmodells angewendet wird.

Ein spezieller Typ einer solchen Operation, nämlich erweiterte Formeln, wird in Abschnitt 4.6, »Erweiterte Formeln«, im Detail vorgestellt. Erweiterte Formeln bieten über eine Skriptsprache die Möglichkeit, komplexe Berechnungen umzusetzen.

Abschnitt 4.5, »Allokation«, behandelt dann noch das Konzept der Allokation. Mit diesem Konzept lassen sich regelbasierte Verteilungsfunktionen über einen grafischen Editor definieren. Allokationen spielen in der betriebswirtschaftlichen Planung eine zentrale Rolle. Anwendungen finden sich in der Verteilung von Gemeinkosten auf Kostenträger oder auch in der Umlage von Sekundärkosten zwischen Kostenstellen.

Nach dem Abschluss des Kapitels kennen Sie die verschiedenen Konzepte zum Umsetzen von Berechnungen und Datentransformationen, sodass Sie zusammen mit dem Inhalt aus Kapitel 2, »Datenmodellierung«, und aus Kapitel 3, »Planungsintegration in die Story«, in der Lage sind, die meisten Anforderungen aus einem typischen Planungsprojekt mithilfe von SAP Analytics Cloud umzusetzen.

4.1   Werttreiberbäume

Werttreiberbäume als Instrument zur Unternehmenssteuerung

Werttreiberbäume sind Instrumente zur Umsetzung strategischer Ziele. Dabei wird das oberste Ziel des Unternehmens oder auch eines Unternehmensbereichs in Teilziele heruntergebrochen. Dies ermöglicht es, die für das oberste Ziel verantwortlichen Faktoren, die sogenannten *Werttreiber*, zu identifizieren. Grafisch können das Hauptziel sowie die Teilziele und die verantwortlichen Werttreiber hierarchisch in einem Baum dargestellt werden. Diese Darstellung wird als *Werttreiberbaum* bezeichnet.

DuPont-Schema zur wertorientierten Unternehmenssteuerung

Einer der ältesten Ansätze der wertorientierten Unternehmenssteuerung in Form einer hierarchisch organisierten Struktur relevanter Unternehmenskennzahlen ist das DuPont-Kennzahlensystem (siehe Abbildung 4.1).

In diesem Kennzahlensystem stellt die Größe *Gesamtkapitalrendite* (*Return On Investment*, kurz *ROI*) die Hauptzielgröße dar. Die Teilziele dieses Systems und damit die Knoten des Werttreiberbaumes stellen Kenngrößen dar, die miteinander in Beziehung stehen und sich gegenseitig beeinflussen. Der Werttreiberbaum ermöglicht dabei die Visualisierung dieser Abhängigkeiten.

Neben dem traditionellen DuPont-Schema sind heute weitere standardisierte Kennzahlensysteme im Einsatz. Viele Unternehmen nutzen auch individuelle Systeme, denen derselbe Gedanke der wertorientierten Unternehmensführung zugrunde liegt.

Kennzahlvisualisierung über die Werttreiberbaum-Komponente

SAP Analytics Cloud ermöglicht es Ihnen, über die Dimension vom Typ **Konto** eines Modells, ein individuelles Kennzahlensystem abzubilden (siehe Kapitel 2, »Datenmodellierung«). Dabei können über das Konzept der Account-Formeln auch komplexe Kennzahlenberechnungen und -beziehungen abgebildet werden. Diese Beziehungen können über das Element **Werttreiberbaum** in der Story grafisch visualisiert werden.

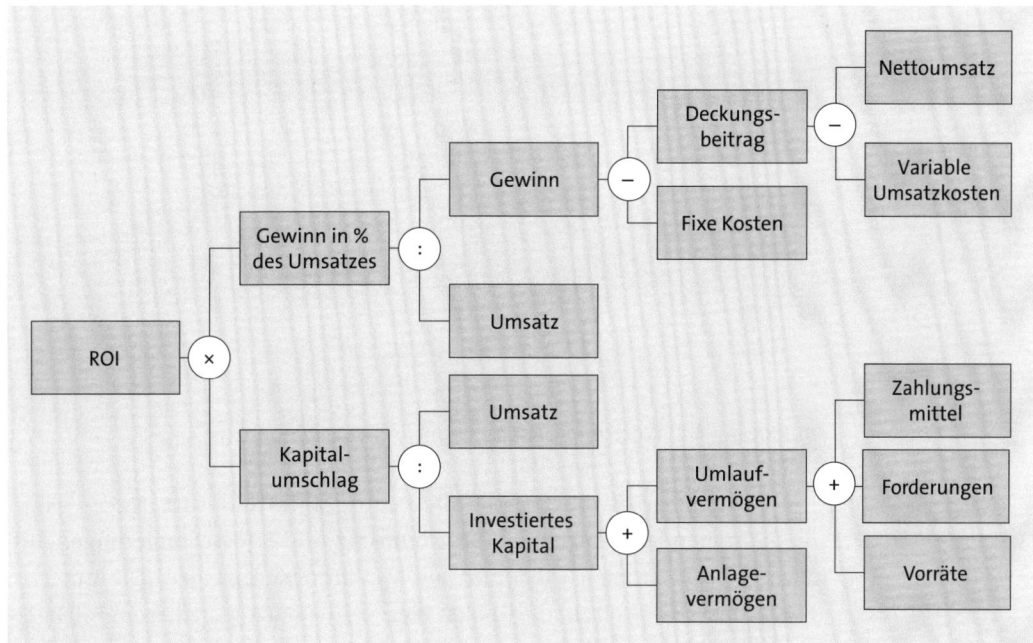

Abbildung 4.1 DuPont-Kennzahlensystem als Beispiel für einen Werttreiber-baum (siehe R. Michel, 1999: Das DuPont RoI-Kennzahlensystem. In: Kompri-miertes Kennzahlen-Know-how. Springer Gabler Verlag)

Neben der reinen Visualisierung ermöglicht der Werttreiberbaum auch das Ändern der Werttreiber und damit die Simulation verschiedener Szenarien und deren Einfluss auf die Zielgröße. Im Folgenden wird die Werttreiber-baum-Komponente von SAP Analytics Cloud im Detail vorgestellt.

4.1.1   Werttreiberbäume in SAP Analytics Cloud

Werttreiberbäume können über ein spezielles Widget in der Story definiert werden. Das zugrunde liegende Kennzahlenmodell wird über die Dimen-sion **Konto** des Datenmodells definiert (siehe Abschnitt 4.1.2, »Das Kennzah-lenmodell definieren«). Die Berechnungsvorschriften der einzelnen Kenn-zahlen stammen ebenfalls aus der Definition der jeweiligen Kennzahl als Element der Dimension **Konto**. Die Werttreiberbaum-Komponente stellt eine Möglichkeit zur Verfügung, um die Beziehungen der einzelnen Kenn-zahlen grafisch in einem Baum zu visualisieren. Dabei entspricht ein Kno-ten des Baumes einer Kennzahl im zugrunde liegenden Modell. Ein Beispiel für einen Werttreiberbaum in der Story ist in Abbildung 4.2 dargestellt.

Werttreiberbäume
als Story-Widget

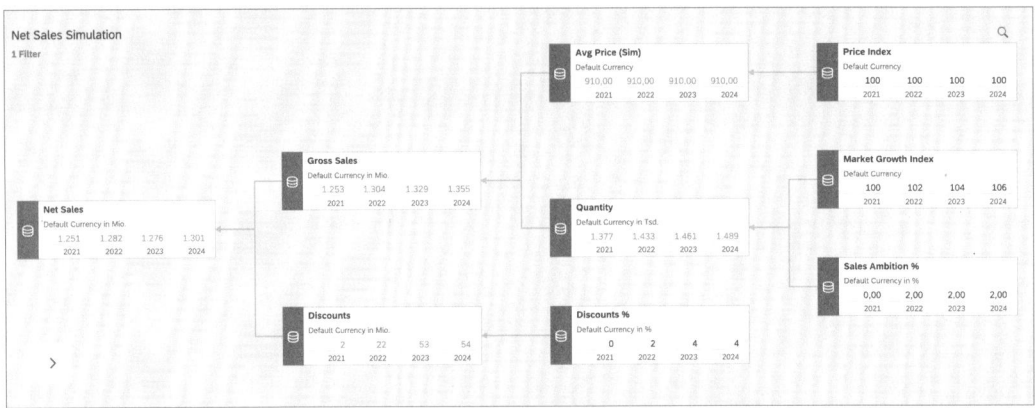

Abbildung 4.2 Werttreiberbaum in SAP Analytics Cloud

Kennzahlen des Werttreiberbaumes

Der Werttreiberbaum schlüsselt die Kennzahl **Nettoumsatz** (**Net Sales**) in die beitragenden Kennzahlen **Bruttoumsatz** und **Erlösschmälerungen** auf. Diese errechnen sich wiederum aus weiteren Kennzahlen. Die unterste Ebene des Baumes stellt die finalen Werttreiber dar, die in diesem Fall letztendlich ursächlich für den eigentlichen Wert des Nettoumsatzes sind. In diesem Fall werden als Werttreiber die Kennzahlen **Preisindex**, **Marktwachstum**, **Markt-Outperformance** und **Erlösschmälerungen in Prozent** verwendet. In diesem Beispiel wird die Kennzahl **Nettoumsatz** in Abhängigkeit sowohl externer Marktfaktoren wie Preisentwicklung und Marktwachstum als auch interner Faktoren wie Rabatte und Wachstumsambitionen des eigenen Unternehmens im Vergleich zum Gesamtmarkt dargestellt.

Knoten des Werttreiberbaumes

Ein Knoten des Werttreiberbaumes entspricht jeweils einer Kennzahl. Darüber hinaus wird der Wert der Kennzahl über einen gewissen Zeitraum dargestellt, z. B. über mehrere Jahre. Der Zeitraum und die Granularität (also Monate, Quartale, Jahre) können dabei konfiguriert werden.

Neben der reinen Darstellung der Kennzahlen kann der Werttreiberbaum auch für die Simulation verschiedener Szenarien verwendet werden. Die Werte der Werttreiber können direkt in den Knoten der Komponente geändert werden.

Simulationen mit Werttreiberbäumen

In Abbildung 4.3 sehen Sie, wie der Effekt einer Reduktion der Erlösschmälerungen simuliert werden kann. Sie können den Wert der Kennzahl im Basisknoten des Werttreiberbaumes einfach anklicken. Daraufhin erscheint ein Nummernfeld ❶, das die direkte Eingabe eines neuen Wertes erlaubt. Nachdem Sie Ihre Eingabe über die Schaltfläche **OK** ❷ bestätigt haben, kalkuliert das System den Baum neu und ermittelt somit den neuen Wert der Kennzahl **Nettoumsatz** unter Berücksichtigung der neuen prozentualen

Erlösschmälerungen. Dies ermöglicht die Simulation verschiedener Szenarien in Echtzeit.

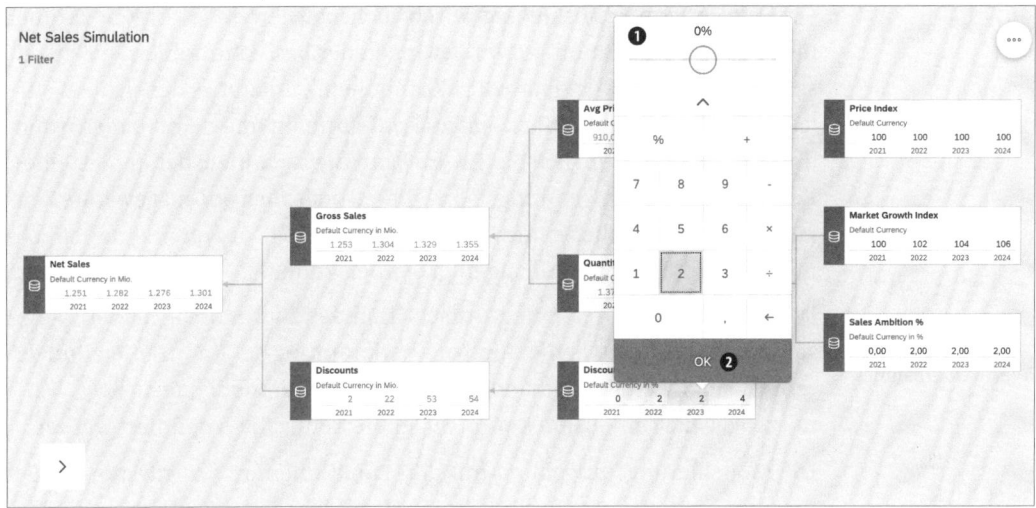

Abbildung 4.3 Treiber im Werttreiberbaum ändern

Da die Werttreiberbaum-Komponente eine Visualisierung der Kennzahlen des zugrunde liegenden Datenmodells bietet, sind die im Werttreiberbaum dargestellten Werte immer konsistent mit den Werten, die in anderen Widgets, wie z. B. in der Tabelle, angezeigt werden (siehe Abbildung 4.4).

Version	Plan*					
Date	> 2021			> 2022		
Measure	Net Sales	Discount	Discount %	Net Sales	Discount	Discount %
Product						
⌄ Total	1.251	2	0 %	1.282	22	2 %
> Cruise	335	+0	0 %	342	2	0 %
> Mountain	388	+0	0 %	397	2	1 %
> Racing	211	+0	0 %	215	1	0 %
> Youth	186	+0	0 %	190	+0	0 %
> Cross Bikes	133	+0	0 %	135	+0	0 %

Abbildung 4.4 Darstellung der Kennzahlen in der Tabelle

Änderungen, die Sie im Werttreiberbaum vornehmen, werden unmittelbar in der Tabelle reflektiert und umgekehrt.

4.1.2   Das Kennzahlenmodell definieren

Die Werttreiberbaum-Komponente der Story bietet also die Möglichkeit, ein Geflecht von Kennzahlen grafisch zu visualisieren. Sie können darüber hinaus den Einfluss von Wertänderungen der Basiskennzahlen in Echtzeit simulieren. Die Werttreiberbaum-Komponente erlaubt es dabei, die Visualisierung des Kennzahlenbaumes zu konfigurieren und damit dem Anwendungsfall anzupassen. Beispielsweise kann die Detailtiefe der dargestellten Kennzahl je nach Anwendungsfall variieren oder auch der ausgewählte Zeitraum sowie zusätzliche Informationen, die durch übergreifende Berechnungen zu den Knoten hinzugefügt werden können.

Konten als Basiselemente des Werttreiberbaumes

Die eigentlichen Berechnungsvorschriften der zugrunde liegenden Kennzahlen und damit auch die implizite Verknüpfung der Kennzahlen und deren Abhängigkeiten zueinander werden im Datenmodell festgelegt. Dazu nutzen Sie die Dimension **Konto**, in der die Kennzahlen definiert werden.

Die Modellierungsumgebung mit den Funktionen und Attributen der Dimension vom Typ **Konto** werden im Detail in Kapitel 2, »Datenmodellierung«, vorgestellt. In Tabelle 4.1 sehen Sie die Definition der relevanten Kennzahlen für den Werttreiberbaum aus Abbildung 4.2.

ID	Bezeichner	Formel
AVG_PRICE	Avg Price (Calc)	[GROSS_SALES]/[QUANTITY]
AVG_PRICE_BASE	Avg Price (LU)	LOOKUP([AVG_PRICE], [d/Date].[p/YEAR]= "2020" and [d/Version]="public.Actual")
AVG_PRICE_SIM	Avg Price	[AVG_PRICE_BASE]*(1+([PRICE_INDEX_LU]-100)/100)
DISCOUNT_RATIO_DRV	Discount %	
DISCOUNT_SIM	Discounts	[GROSS_SALES_SIM]*[DISCOUNT_RATIO_DRV]
GROSS_SALES_SIM	Gross Sales	[QUANTITY_SIM]*[AVG_PRICE_SIM]
MARKET_GROWTH	Market Growth Index (Base)	

Tabelle 4.1 Kennzahlen des Werttreiberbaumes

ID	Bezeichner	Formel
MARKET_GROWTH_ LU	Market Growth Index	LOOKUP([MARKET_GROWTH] , [d/SAP_CEP_PRODUCT]="#" and [d/SAP_CEP_SALESORG]="#" and [d/SAP_CEP_CUSTOMER]="#")
NET_SALES_SIM	Net Sales	[GROSS_SALES_SIM]-[DIS-COUNT_SIM]
PRICE_INDEX	Price Index (Base)	
PRICE_INDEX_LU	Price Index	LOOKUP([PRICE_INDEX] , [d/SAP_CEP_PRODUCT]="#" and [d/SAP_CEP_SALESORG]="#" and [d/SAP_CEP_CUSTOMER]="#")
QUANTITY_REF	Quantity (Ref)	LOOKUP([QUANTITY] ,[d/Date].[p/YEAR]= "2020" and [d/Version]="public.Actual")
QUANTITY_SIM	Quantity (Sim)	[QUANTITY_REF]*(1+([MARKET_GROWTH_LU]-100)/100)*(1+[SALES_AMBITION])
SALES_AMBITION	Sales Ambition %	

Tabelle 4.1 Kennzahlen des Werttreiberbaumes (Forts.)

Der Knoten **Quantity** des Werttreiberbaumes wird mit der Kennzahl QUANTITY_SIM verknüpft, die als berechnetes Element in der Dimension **Konto** des zugrunde liegenden Datenmodells definiert ist. Der Wert der Kennzahl berechnet sich dabei aus den berechneten Konten QUANTITY_REF, die die Bezugsmenge darstellen, sowie den Treibern MARKET_GROWTH_LU und SALES_AMBITION. Die Formel für QUANTITY_REF verwendet den Befehl LOOKUP, um den Wert der Basiskennzahl QUANTITY für das Jahr 2020 und die Version **Actual** zu lesen.

Auf ähnliche Weise wird für die Kennzahl MARKET_GROWTH_LU der Wert der Basiskennzahl MARKET_GROWTH unter Zuhilfenahme einer Einschränkung der Dimensionen **Produkt**, **Vertriebsorganisation** und **Kunde** ermittelt. Dies hat den Hintergrund, dass der Wert der Kennzahl MARKET_GROWTH nicht von diesen Dimensionen abhängt. Das heißt, der Wert der Kennzahl soll sich nicht für verschiedene Elemente dieser Dimensionen unterscheiden. Das Modell wird daher so ausgelegt, dass die Werte dieser Kennzahl immer auf die Standardelemente nicht zugeordnet (**Unassigned**) geschrieben werden. Durch das Verwenden der LOOKUP-Funktion wird im-

Berechnungs-vorschriften der Kennzahlen des Werttreiberbaumes

mer auf diese speziellen Elemente zugegriffen. Der Knoten **Market Growth Index** des Werttreiberbaumes wird wiederum mit dem Element MARKET_GROWTH_LU verknüpft. Eine Eingabe in diesem Knoten ändert dabei den Wert der zugrunde liegenden Basiskennzahl MARKET_GROWTH, da die konkreten Werte physisch auf der Ebene der Basiskennzahlen, d. h. der Elemente der Dimension **Konto**, ohne Formel auf der untersten Ebene der Hierarchie persistiert werden. Eine Wertänderung dieser Kennzahlen stößt dabei immer eine Neuberechnung der von der Basiskennzahl abhängigen berechneten Kennzahlen an, sodass der gesamte Werttreiberbaum neu kalkuliert wird.

Die restlichen Kennzahlen funktionieren nach demselben Prinzip und bilden die den Knoten des Werttreiberbaumes zugrunde liegenden Berechnungen ab.

4.1.3   Einen Werttreiberbaum erzeugen

Innerhalb der Story lässt sich ein Werttreiberbaum wie eine gewöhnliche Komponente zur Story hinzufügen. Über die Schaltfläche ⊞✓ (**Hinzufügen**) im Bereich **Einfügen** der Werkzeugleiste der Story öffnen Sie das Dropdown-Menü zum Einfügen eines neuen Elements. Durch die Auswahl des Elements ⬀ (**Werttreiberbaum**) können Sie eine neue Werttreiberbaum-Komponente zur Story hinzufügen (siehe Abbildung 4.5).

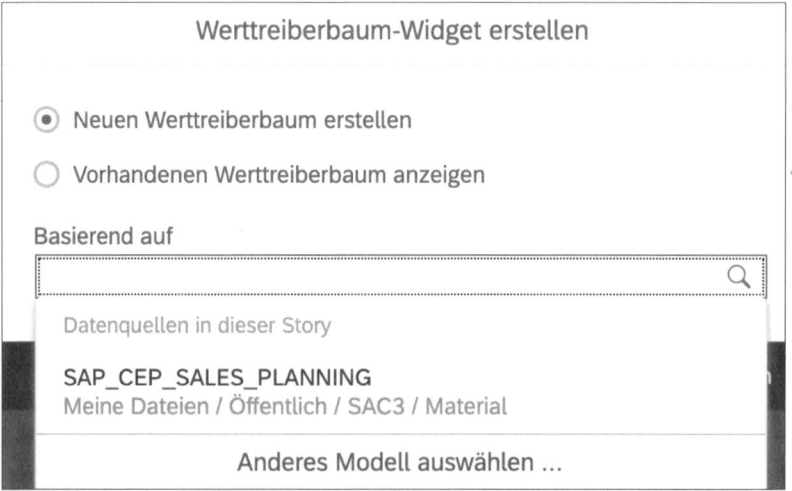

Abbildung 4.5 Werttreiberbaum-Widget erstellen und Modell auswählen

Dabei müssen Sie festlegen, auf welchem Datenmodell der Werttreiberbaum aufbauen soll (siehe Abbildung 4.6).

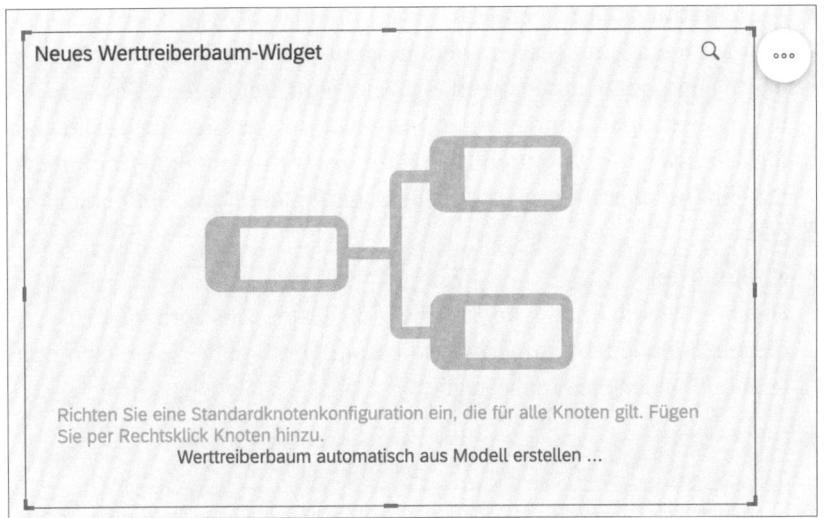

Abbildung 4.6 Neue Werttreiberbaum-Komponente

Nachdem Sie das Modell ausgewählt haben, wird eine neue Komponente in den Grafikbereich der Story eingefügt. Sie können den eigentlichen Werttreiberbaum auf zwei unterschiedliche Arten erstellen:

Werttreiberbaume für ein Datenmodell erzeugen

- **Automatisch**
  Wenn Sie die Option **Werttreiberbaum automatisch aus Modell erstellen** auswählen, generiert das System die Knoten des Baumes automatisch aus den Elementen der Account-Dimension des zugrunde liegenden Modells.

- **Manuell**
  Über das Builder-Panel der Werttreiberbaum-Komponente können Sie die Knoten des Baumes manuell definieren (siehe Abbildung 4.7).

Im Folgenden wird der Fall der manuellen Definition des Werttreiberbaumes genauer betrachtet. Wie Sie in Abbildung 4.7 sehen können, besteht das Builder-Panel des Werttreiberbaumes aus den folgenden drei Bereichen:

Builder-Panel des Werttreiberbaumes

- **Standardknotenkonfiguration**
  Hier werden Standardeinstellungen festgelegt, die jeder Knoten, der neu zum Baum hinzugefügt wird, automatisch als Voreinstellung erhält. Die Einstellungen, die Sie festlegen können, betreffen die angezeigte Kennzahl, eventuell zusätzliche übergreifende Berechnungen, wie Umrechnungen in alternative Währungen, und Filtereinstellungen. Bei den Filtereinstellungen sind insbesondere der angezeigte Zeitraum (siehe Abbildung 4.8) sowie die Version typischerweise relevant.

- **Präsentationsdatumsbereich**
Hier kann ein Filter gesetzt werden, um den Zeitraum einzuschränken, der in den Knoten des Baumes angezeigt wird. Der Unterschied zum Filter in der Standardkonfiguration besteht darin, dass sich dieser Filter auf die Anzeige bezieht, während der Filter in der Knotenkonfiguration den Datenraum einschränkt, der zur Berechnung der Kennzahl herangezogen wird.

- **Knotenliste**
Hier werden die Knoten des Baumes aufgelistet, falls vorhanden. Durch die Selektion eines Eintrags wird die Konfiguration des jeweiligen Knotens im Builder-Panel angezeigt.

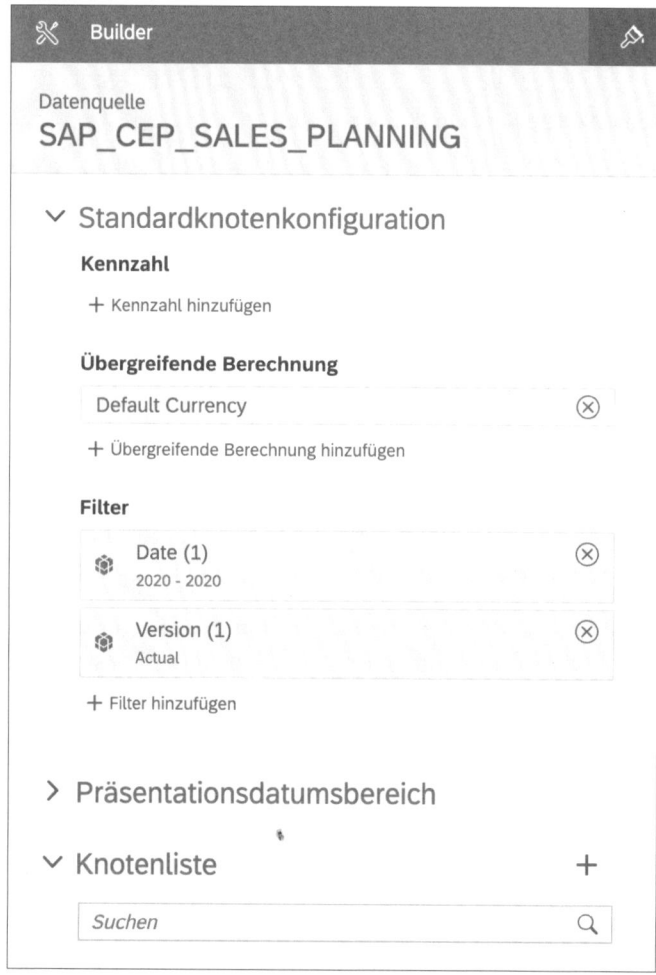

Abbildung 4.7 Builder-Panel des Werttreiberbaumes

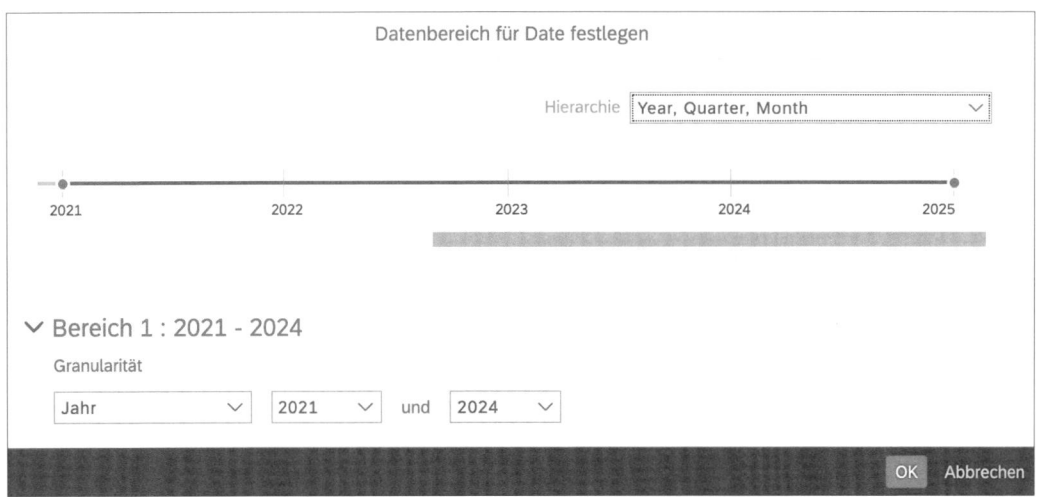

Abbildung 4.8 Zeitraum für die Berechnungen im Werttreiberbaum einstellen

Sie können einen neuen Knoten zum Werttreiberbaum über einen Klick auf die Schaltfläche ⊞ (**Knoten hinzufügen**) hinzufügen. Der neue Knoten erscheint in der Knotenliste des Werttreiberbaumes mit dem Namen **Unbekannt** (siehe Abbildung 4.9).

Abbildung 4.9 Neuer Knoten in der Knotenliste des Werttreiberbaumes

Indem Sie diesen neuen Eintrag in der Knotenliste auswählen, wird die Konfiguration für den Knoten im Builder-Panel angezeigt. Die Knotenkonfiguration umfasst dabei die folgenden Elemente:

Einen neuen Knoten erzeugen

- **Kennzahl**
  Definiert die Kennzahl, die durch den Knoten im Baum repräsentiert wird.

- **Übergreifende Berechnung**
  Zusätzliche Berechnungen, basierend auf der Kennzahl, die im Knotenelement mit angezeigt werden. Dabei kann es sich beispielsweise um Umrechnungen in anderen Währungen handeln oder auch um Varianzkalkulationen zu einer Referenz.

- **Filter**
  Einschränkungen der Ausgangsdatenbasis, die für die Berechnung herangezogen wird. Hierbei handelt es sich um Filter auf den Dimensionen des Modells.

- **Beziehungen**
  Definiert, in welcher Beziehung der Knoten mit anderen Knoten des Baumes steht. Dies legt die Kanten zwischen den Knoten des Baumes fest.

Ein neuer Knoten erhält dabei automatisch die Standardknotenkonfiguration. In Abbildung 4.10 ist zu sehen, dass der neue Knoten mit der Bezeichnung **Unbenannt** die Einstellungen im Bereich **Filter** aus der Standardknotenkonfiguration übernommen hat.

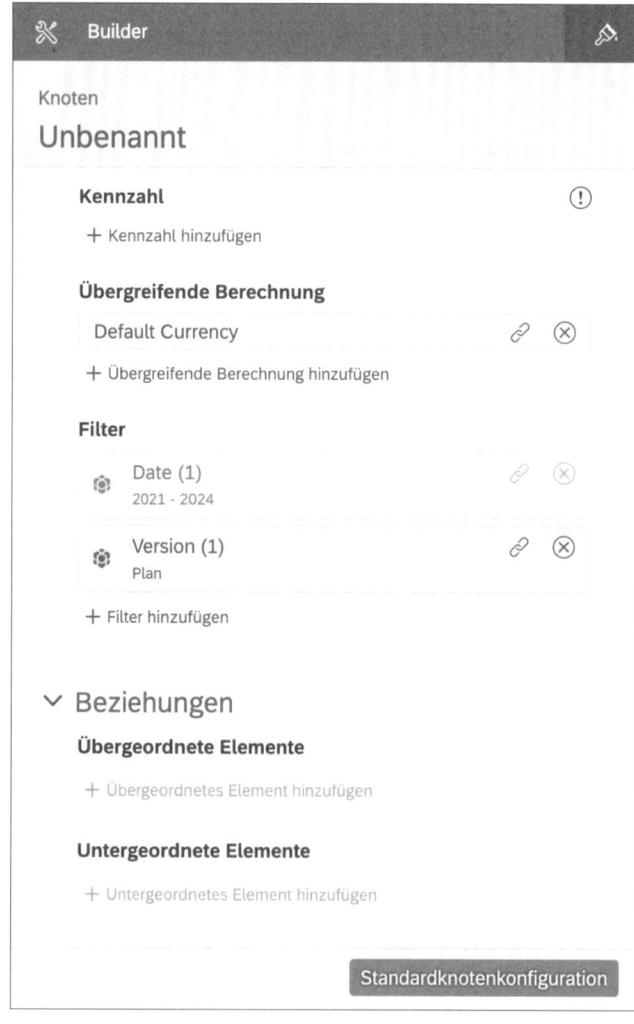

Abbildung 4.10 Neuer Knoten mit Standardkonfiguration

Für einen Knoten muss immer die Kennzahl ausgewählt werden, die der Knoten repräsentiert. Über einen Klick auf die Schaltfläche **Kennzahl hinzufügen** können Sie die Kennzahl für den Knoten auswählen. Daraufhin erscheint ein Auswahlmenü mit den Kennzahlen, die im Modell definiert sind. Dies sind genau die Elemente der Dimension **Konto** des zugrunde liegenden Datenmodells. Der Auswahldialog mit der Auswahl **Net Sales** ist beispielhaft in Abbildung 4.11 dargestellt.

Kennzahl des Knotens

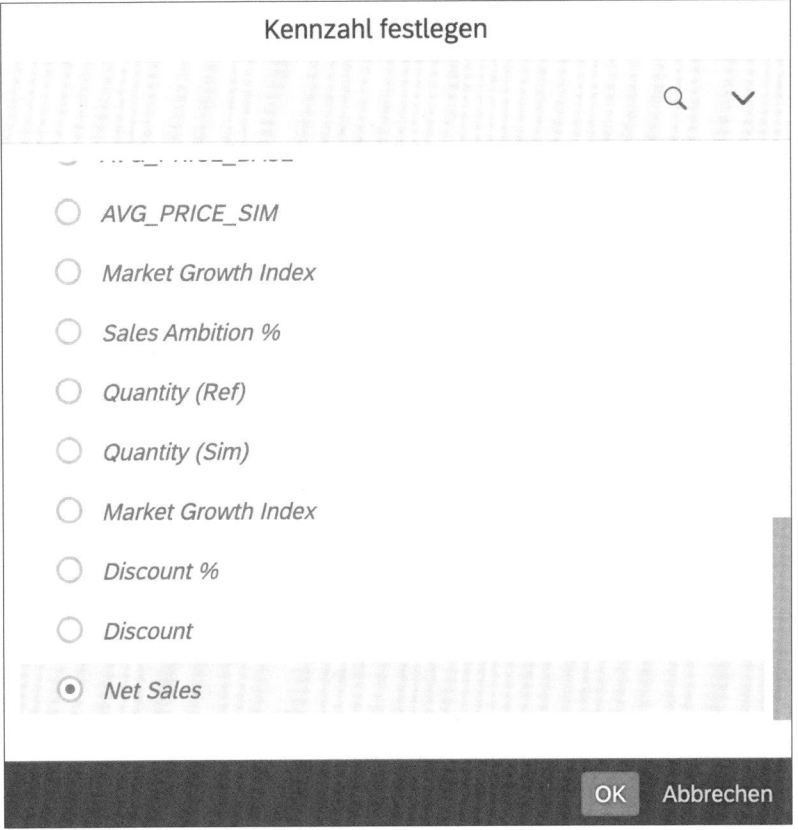

Abbildung 4.11 Kennzahl des Knotens festlegen

Der Knoten wird als einzelnes Element im Darstellungsbereich der Werttreiberbaum-Komponente angezeigt (siehe Abbildung 4.12). Da noch keine Beziehungen zu anderen Knoten festgelegt wurden, erscheint der Knoten alleinstehend, also ohne visuelle Verknüpfungen zu anderen Knoten. Diese Beziehungen werden im Bereich **Beziehungen** der Knotenkonfiguration festgelegt.

Abbildung 4.12 Einzelner Knoten des Werttreiberbaumes (ohne Beziehungen zu anderen Knoten)

Beziehungen zwischen den Knoten

Ein Knoten im Werttreiberbaum kann folgendermaßen mit anderen Knoten des Baumes in Beziehung stehen: Die Kennzahl des Knotens kann durch andere Kennzahlen selbst beeinflusst werden. In diesem Fall sind die anderen Knoten untergeordnete Elemente und können über die Schaltfläche **Untergeordnetes Element hinzufügen** mit dem aktuellen Knoten in Verbindung gesetzt werden. Für den Knoten **Nettoumsatz** (**Net Sales**) aus Abbildung 4.13 mit den zwei untergeordneten Knoten **Bruttoumsatz** (**Gross Sales**) und **Erlösschmälerungen** (**Discounts**) ist die Definition der Beziehungen in Abbildung 4.14 dargestellt.

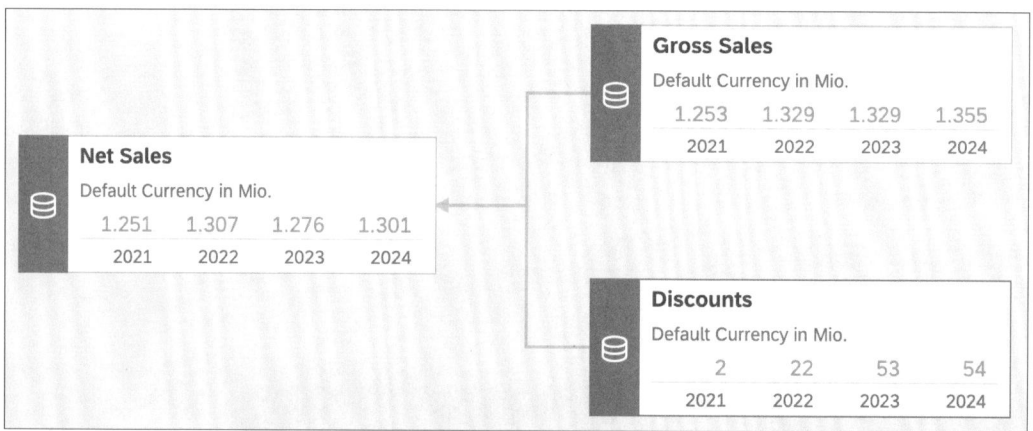

Abbildung 4.13 Werttreiberbaum mit drei Knoten

Durch die Definition der Beziehungen werden die Kanten zwischen den Knoten des Baumes definiert. Da untergeordnete Elemente für die Berechnung des übergeordneten Elements notwendig sind, wird dies durch einen Pfeil entsprechend bei der Darstellung berücksichtigt.

Durch das Festlegen der Beziehungen zu den untergeordneten Elementen in der Konfiguration eines Knotens werden automatisch die reziproken Beziehungen in den untergeordneten Elementen angelegt. Das heißt, der Knoten wird als übergeordnetes Element in diesem Knoten festgelegt.

Abbildung 4.14 Knotenbeziehungen für den Nettoumsatz

Werttreiberbaum als gerichteter azyklischer Graf

Beachten Sie hierbei, dass es durchaus möglich ist, dass ein Knoten untergeordnetes Element für mehrere Knoten sein kann. Betriebswirtschaftlich ist dies unmittelbar einleuchtend, da die Absatzmenge sowohl direkter Treiber für den Umsatz als auch Treiber für die Produktionskosten ist. Rein mathematisch handelt es sich bei einem Werttreiberbaum also nicht um einen Baum im strengen Sinn, sondern um einen azyklischen gerichteten Grafen.

4.1.4   Zusammenfassung

Werttreiberbäume ermöglichen es, treiberbasierte Simulationen durchzuführen. Die Komponente Werttreiberbaum der Story ermöglicht es, das zugrunde liegende Kennzahlenmodell zu visualisieren und Änderungen an den Treiberwerten vorzunehmen. Die Definition der Kennzahlen, d. h. die mathematischen Berechnungsvorschriften, erfolgen dabei innerhalb der Dimension **Konto** des zugrunde liegenden Datenmodells. Die Werte dieser berechneten Kennzahlen werden vom System zum Berichtszeitpunkt ermittelt, d. h. zu dem Zeitpunkt, zu dem eine Benutzerinteraktion eine Neuberechnung der Kennzahlwerte erforderlich macht. Dies kann z. B. der Fall sein, wenn die Story initial geladen und zur Anzeige gebracht wird oder wenn durch die Eingabe eines neuen Treiberwertes eine Neuberechnung erforderlich wird. Ein zentrales Merkmal der berechneten Kennzahlen in der Dimension **Konto** ist es, dass die Ergebnisse nicht vom System in der zugrunde liegenden Datenbank persistiert, sondern immer nur zum Berichtszeitpunkt neu ermittelt werden. Man spricht in diesem Zusammenhang auch von transienten Kennzahlen im Gegensatz zu den persistierten Kennzahlen, deren Werte explizit in der Datenbank gespeichert werden.

4.2   Datenaktionen

Datenaktionen stellen in SAP Analytics Cloud ein zentrales Konzept zur Manipulation von Daten zur Verfügung. Über eine Datenaktion lassen sich individuell konfigurierbare Sequenzen von Verarbeitungsschritten definieren, die die Bewegungsdaten des zugrunde liegenden Datenmodells beliebig verändern können. Die prinzipielle Funktionsweise einer Datenaktion ist in Abbildung 4.15 dargestellt. Die Datenaktion liest die Bewegungsdaten aus einem zugrunde liegenden Datenmodell, lässt diese in die Berechnungen bzw. Transformationen einfließen und schreibt das Ergebnis wieder in das Datenmodell zurück.

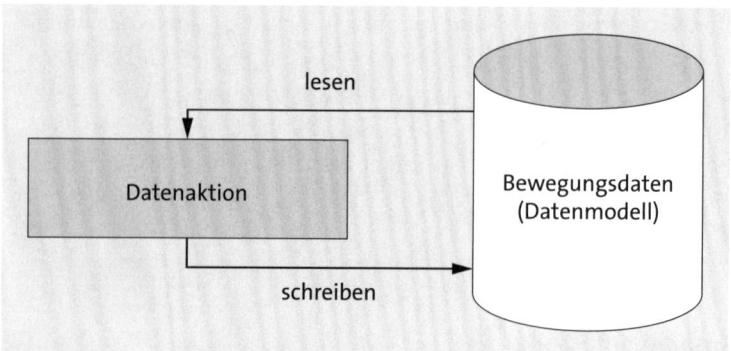

Abbildung 4.15 Verarbeitung von Daten mit Datenaktionen

Datenaktion zur Definition von Verarbeitungsschritten
In der Datenaktion ist eine Manipulationsvorschrift definiert, die auf die Bewegungsdaten des zugrunde liegenden Datenmodells angewendet wird. Bei den Datenmanipulationen kann es sich z. B. um das Kopieren von Daten aus einem Geschäftsjahr in das nächste handeln oder aber auch um die Berechnung von Planwerten aufgrund einer definierten Berechnungslogik. Die verschiedenen Arten der zur Verfügung stehenden Datenmanipulationen werden im weiteren Verlauf des Abschnitts im Detail vorgestellt. Abbildung 4.16 zeigt als Beispiel eine Datenaktion mit drei Verarbeitungsschritten zur Initialisierung der Planwerte:

1. **Kopiere Ist-Werte nach Plan**: Die Istwerte des Vorjahres werden in eine Planversion für das nächste Jahr kopiert.

2. **Erhöhe Absatzmengen um 10%**: Die geplanten Absatzmengen der Produkte werden um 10 % erhöht.

3. **Verteile Absatzmengen auf Kunden**: Die Absatzmengen werden auf Kunden anhand eines Schlüssels verteilt.

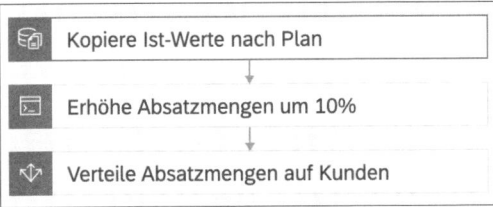

Abbildung 4.16 Verarbeitungsschritte einer Datenaktion

Die Verarbeitung einer Datenaktion folgt dabei dem in Abbildung 4.15 dargestellten Schema: Die Datenaktion liest Bewegungsdaten aus dem zugrunde liegenden Datenmodell und verwendet diese im Rahmen der Verarbeitung zur Ermittlung der Berechnungs- oder Transformationsergebnisse. Die Ergebnisse dieser Verarbeitung werden wieder als Bewegungsdaten in das Datenmodell zurückgeschrieben und damit persistiert. Als Ergebnis einer Datenaktion können entweder die Werte existierender Datenpunkte des mehrdimensionalen Datenwürfels verändert oder auch Werte für neue Merkmalskombinationen erzeugt werden, für die bisher noch keine Werte existiert haben.

Grundlegendes Verarbeitungsschema einer Datenaktion

Hiermit zeigt sich schon ein wesentlicher Unterschied zum Konzept der berechneten Kennzahlen aus der Dimension **Konto**. Die Ergebnisse der Datenaktion werden im Modell persistiert und stehen im Nachgang als Basiskennzahlen zur Verfügung, um z. B. im Rahmen einer Story dargestellt zu werden. Beim Laden der Story bzw. beim Ändern von Filtereinstellungen wird dann, im Gegensatz zu den berechneten Kennzahlen, keine automatische Neuberechnung der Werte über die Datenaktion angestoßen.

Datenaktion anstoßen

Ist eine Neuberechnung der Kennzahlwerte notwendig, weil sich z. B. bestimmte Faktoren durch die Eingabe des Benutzers geändert haben, muss die Ausführung der Datenaktion explizit angestoßen werden. Dies geschieht über einen expliziten Trigger, den sogenannten *Auslöser der Datenaktion*. Abbildung 4.17 zeigt einen Auslöser mit der Bezeichnung **Initialisiere Plan**.

Abbildung 4.17 Auslöser der Datenaktion

Bei dem Auslöser handelt es sich um ein Steuerelement, das wie ein normales Widget zur Story hinzugefügt werden kann. Sie können die gewünschte Datenaktion per Klick auf dieses Element ausführen und somit eine Neuberechnung erzielen. Abbildung 4.18 zeigt ein Beispiel, in dem ein Auslöser für eine Datenaktion zur Initialisierung der Planwerte in der Story platziert ist.

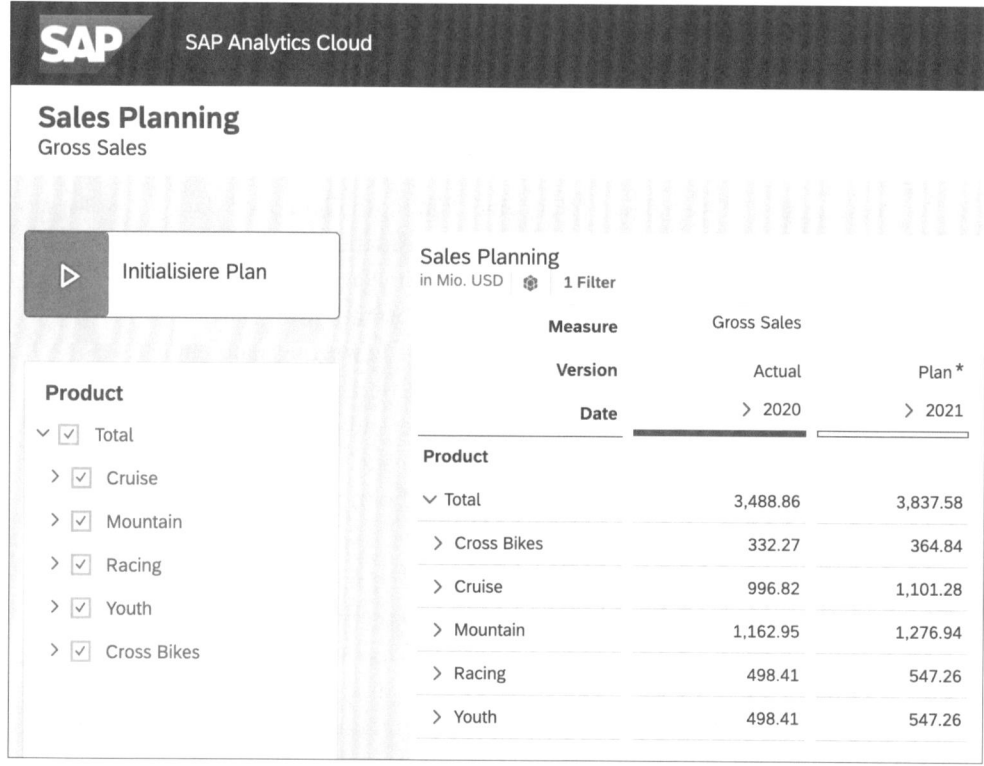

Abbildung 4.18 Auslöser als Element in der Story

In diesem Beispiel dient die Datenaktion dazu, die Werte für den Plan für das Jahr 2021 zu initialisieren. Dazu werden die Istwerte aus dem Jahr 2020 kopiert und um 10 % erhöht. Solche datengetriebenen Operationen sind ein typischer Anwendungsfall für Datenaktionen.

4.2.1   Entwurfsumgebung für Datenaktionen

Zur Definition von Datenaktionen steht in SAP Analytics Cloud eine eigene Entwurfsumgebung zur Verfügung. Eine Datenaktion steht im System als globales Objekt bereit und kann somit in verschiedenen Storys und Analytic Applications verwendet werden.

Eine neue Datenaktion erzeugen Sie über den Pfad des Hauptmenüs ☰ • **Erstellen** • **Prozess** • **Datenaktion**. Anschließend öffnet sich die Entwurfsumgebung für Datenaktionen (siehe Abbildung 4.19).

Neue Datenaktion erzeugen

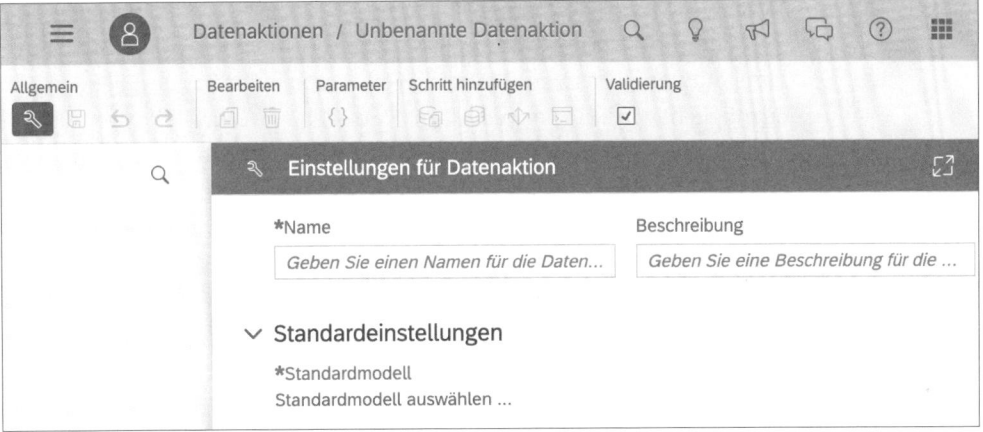

Abbildung 4.19 Entwurfsumgebung für eine neue Datenaktion

Im Bereich **Einstellungen für Datenaktion** können Sie einige allgemeine Einstellungen vornehmen. Hierzu zählen der Name und eine optionale Beschreibung sowie das Datenmodell, auf das sich die Datenaktion bezieht. Einer Datenaktion muss immer ein Datenmodell zugeordnet sein. Pro Datenmodell können natürlich mehrere Datenaktionen im System definiert werden. Nachdem die erforderlichen Einstellungen erfolgt sind, können Sie die Datenaktion über die Schaltfläche 🖫 (**Speichern**) der Werkzeugleiste speichern.

Neue Datenaktion erstellen

Über die Werkzeugleiste können Sie im Bereich **Schritte hinzufügen** neue Verarbeitungsschritte zur Datenaktion hinzufügen.

Verarbeitungsschritte einer Datenaktion

Es existieren vier Arten von Verarbeitungsschritten:

- **Kopierschritt**
  Dieser Verarbeitungsschritt erlaubt es, Daten innerhalb des Datenmodells von einer Merkmalskombination auf eine andere zu kopieren. Ein Beispiel ist das Kopieren der Istwerte aus dem Jahr 2020 in den Plan für 2021. Hierbei wird eine Datenscheibe des Datenwürfels in eine andere Datenscheibe kopiert. Kopierschritte fügen Sie über die Schaltfläche 🖼 (**Kopierschritt hinzufügen**) der Werkzeugleiste zur Datenaktion hinzu.

- **Modellübergreifender Kopierschritt**
  Bei der modellübergreifenden Kopie werden Daten aus einem Modell in ein anderes Modell kopiert. Ein Beispiel ist die Übernahme von Umsatzwerten aus einem Vertriebsplanungsmodell in ein Finanzplanungs-

modell. Modellübergreifende Kopierschritte können Sie über die Schalt-fläche ⊛ (**Modellübergreifenden Kopierschritt hinzufügen**) der Werk-zeugleiste hinzufügen.

- **Allokationsschritt**

  Mit der Allokation in SAP Analytics Cloud können Regeln definiert wer-den, mit denen das Verteilen von Werten von einer Quelle zu einem Ziel ermöglicht wird. Ein Beispiel ist das Verteilen von Gemeinkosten auf Pro-dukte anhand bestimmter Treiber wie Umsatzerlöse oder Absatzmen-gen. Der Allokationsschritt erlaubt die Ausführung einer solchen zuvor definierten Allokation. Die Möglichkeiten der Allokation in SAP Ana-lytics Cloud werden im Detail in Abschnitt 4.5, »Allokation«, behandelt. Allokationsschritte fügen Sie über die Schaltfläche ⚓ (**Allokationsschritt hinzufügen**) der Werkzeugleiste zur Datenaktion hinzu.

- **Erweiterter Formelschritt**

  Über den erweiterten Formelschritt können Sie komplexere Berech-nungsvorschriften umsetzen. Die Berechnungsvorschriften können ent-weder über einen grafischen Wizard oder über einen Skripteditor defi-niert werden. Über die Werkzeugleiste können Sie erweiterte Formel-schritte per Klick auf die Schaltfläche ▣ (**Erweiterten Formelschritt hinzufügen**) zur Datenaktion hinzufügen. Erweiterte Formeln werden im Detail in Abschnitt 4.6, »Erweiterte Formeln«, vorgestellt.

- **Eingebetteter Datenaktionsschritt**

  Über den eingebetteten Datenaktionsschritt können Sie existierende Da-tenaktionen auch in andere Datenaktionen als eigenen Verarbeitungs-schritt einbinden. Auf diese Weise können Sie Datenverarbeitungsrou-tinen wiederverwenden, ohne sie jedes Mal wieder neu in einer Datenaktion implementieren zu müssen. Über die Werkzeugleiste kön-nen Sie einen eingebetteten Datenaktionsschritt per Klick auf die Schalt-fläche ▤↓ (**Eingebetteten Datenaktionsschritt hinzufügen**) zur Daten-aktion hinzufügen. Eingebettete Datenaktionsschritte werden im Detail in Abschnitt 4.7, »Eingebettete Datenaktionsschritte«, beschrieben.

Eine Sequenz mehrerer Verarbeitungsschritte ist in Abbildung 4.20 zu se-hen. In diesem Fall umfasst die Datenaktion vier Verarbeitungsschritte, die im linken Teil der Entwurfsumgebung zu sehen sind. Die Schritte sind im Einzelnen **Kopie der Ist-Werte**, **Erhöhung der Planwerte um X%**, **Umlage Ra-batte** sowie **Transfer in GuV-Modell**.

Wenn Sie einen Schritt der Sequenz auswählen, sehen Sie im rechten Teil des Fensters den Konfigurationsdialog für den jeweiligen Schritt. Dieser hängt natürlich vom Typ des jeweiligen Schrittes ab.

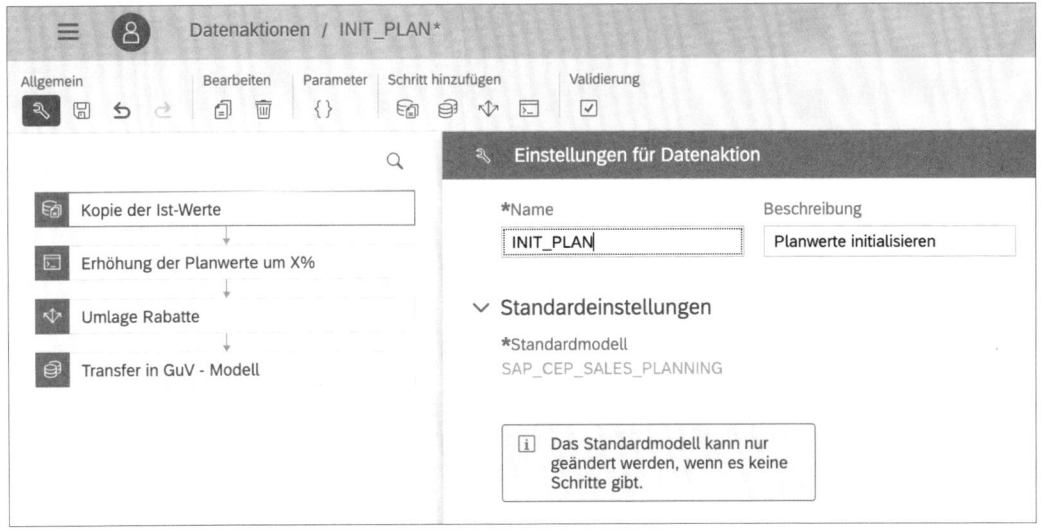

Abbildung 4.20 Sequenz einer Datenaktion

4.2.2   Parameter von Datenaktionen

Um Datenaktionen möglichst flexibel zu halten und an den jeweiligen Einsatzzweck anzupassen, können Sie Parameter für eine Datenaktion festlegen. Die Werte dieser Parameter können dann bei der Ausführung vom Anwender festgelegt werden. Es gibt zwei Arten von Parametern:

Parameter festlegen

- **Elementparameter**
  Parameter dieses Typs beziehen sich immer auf ein oder mehrere Elemente einer Dimension. Das bedeutet, dass der Anwender bei der Ausführung der Datenaktion ein oder gegebenenfalls mehrere Elemente dieser Dimension auswählen muss. Parameter vom Typ **Element** werden typischerweise verwendet, um den Ausführungsbereich der Datenaktion einzuschränken.

- **Wertparameter**
  Ermöglichen es dem Benutzer, einen numerischen Wert festzulegen. Dieser Wert kann dann z. B. im Rahmen einer Berechnung innerhalb einer erweiterten Formel verwendet werden.

Die Definition der Parameter für die Datenaktion erfolgt in der Entwurfsumgebung über die Schaltfläche {} (**Parameterliste anzeigen**) der Werkzeugleiste. Nach der Auswahl dieses Eintrags erscheint die Liste der Parameter, die für die Datenaktion festgelegt sind (siehe Abbildung 4.21).

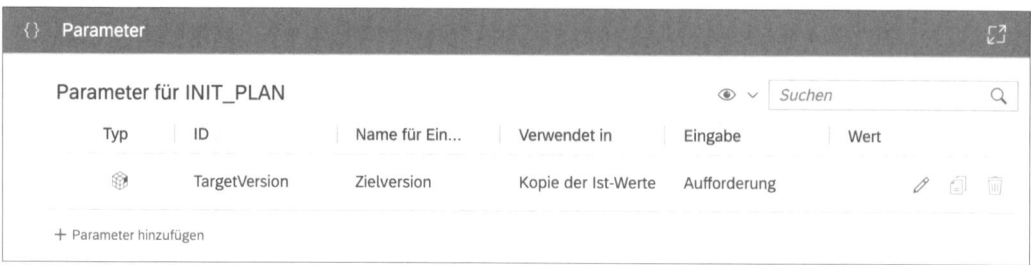

Abbildung 4.21 Liste der Parameter einer Datenaktion

Standardparameter »Zielversion«

Standardmäßig verfügt jede Datenaktion über einen Parameter **TargetVersion**. Dieser Parameter definiert die Zielversion für die Datenaktion. Das bedeutet, dass die Ergebnisse der Datenaktion in die Version geschrieben werden, die über den Parameter **TargetVersion** zum Ausführungszeitpunkt festgelegt wird.

Neuen Parameter erstellen

Über einen Klick auf die Schaltfläche **Parameter hinzufügen** können Sie einen neuen Parameter definieren.

Elementparameter konfigurieren

In den Parametereinstellungen müssen Sie zuerst einen Namen für den Parameter angeben und festlegen, welchen Parametertyp Sie definieren möchten (Elementparameter oder numerischen Parameter).

Wenn Sie einen Elementparameter definieren möchten, müssen Sie folgende Einstellungen vornehmen (siehe Abbildung 4.22):

- **Modell**
  Legt das Modell fest, auf das sich der Parameter bezieht. Dies ist in der Regel immer das Modell, für das die Datenaktion definiert wird. Falls ein modellübergreifender Kopierschritt Teil der Datenaktion ist, ist es auch möglich, Parameter zu definieren, die sich auf ein anderes Modell beziehen.

- **Dimension**
  Legt die Dimension fest, auf die sich der Elementparameter bezieht.

- **Kardinalität**
  Gibt an, ob der Anwender ein Element für diesen Parameter auswählen kann (Kardinalität **Einzeln**) oder auch mehrere (Kardinalität **Beliebig**).

- **Hierarchie**
  Legt die Hierarchie fest, die für die Auswahl der Parameterwerte durch den Benutzer verwendet wird. Dies ist relevant, da eine Dimension über mehrere Hierarchien verfügen kann.

- **Ebene**
  Legt fest, ob der Benutzer Elemente aus jeder Ebene der Hierarchie auswählen kann (Ebene **Beliebig**) oder nur Blattelemente (Ebene **Blatt**).

- **Eingabe**
Bei der Auswahl des Elements **Aufforderung** wird der Parameter zur Auswahl an den Benutzer exponiert. Bei der Wahl von **Fest** wird der Parameterwert auf einen festen Wert gesetzt und kann nicht durch den Benutzer ausgewählt werden.

- **Wert**
Legt den Wert des Parameters fest. Je nach Auswahl der Option für die Eingabe, wird der Wert als Vorschlagswert für den Benutzer verwendet oder fest an den Parameter gebunden.

- **Name für Eingabeaufforderung**
Definiert den Namen des Parameters, wie er im Auswahlmenü zur Selektion der Parameterwerte bei der Ausführung der Datenaktion erscheint.

- **Beschreibung für Eingabeaufforderung**
Ermöglicht die Angabe eines beschreibenden Textes, der dem Benutzer im Auswahlmenü bei der Ausführung der Datenaktion angezeigt wird.

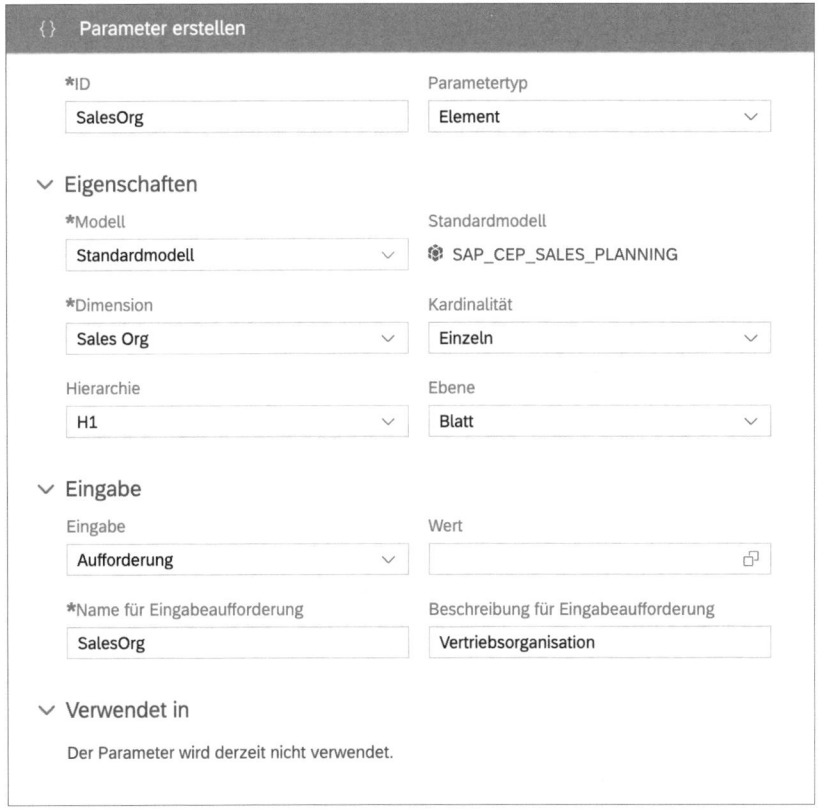

Abbildung 4.22 Elementparameter festlegen

Wertparameter konfigurieren

Die Einstellungen für einen Wertparameter sind in Abbildung 4.23 dargestellt. Im Einzelnen sind dies:

- **Eingabe**
  Legt fest, ob der Benutzer den Wert beim Ausführen der Datenaktion bestimmen kann oder ob dieser festgesetzt werden soll.

- **Wert**
  Numerischer Wert, entweder als Vorschlagswert oder als fester Wert für den Parameter.

- **Name für Eingabeaufforderung**
  Analog zu den Elementparametern.

- **Beschreibung für Eingabeaufforderung**
  Analog zu den Elementparametern.

Abbildung 4.23 Wertparameter festlegen

Die Parameter können in den Verarbeitungsschritten, je nach Typ des jeweiligen Schrittes, unterschiedlich verwendet werden.

4.2.3   Datenaktion ausführen

Auslöser der Datenaktion

Datenaktionen werden explizit durch den Benutzer durch einen sogenannten *Auslöser* (*Trigger*) angestoßen. Dieser Auslöser wird über ein spezielles Steuerelement zur Story hinzugefügt. Neben diesem Auslöser kann eine Datenaktion auch über den Planungskalender eingeplant und automatisiert ausgeführt werden. Dieser Fall wird in Kapitel 6, »Steuerung von Planungsprozessen«, genauer vorgestellt. In diesem Abschnitt soll der klassische Weg über einen Auslöser in der Story genauer betrachtet werden.

Sie können einen Auslöser für eine Datenaktion über die Werkzeugleiste in der Story hinzufügen. Navigieren Sie im Bereich **Einfügen** zur Schaltfläche ⊞ (**Hinzufügen**), und selektieren Sie die Schaltfläche ▤ (**Auslöser für Datenaktion**). Nach dem Hinzufügen des Elements zur Story können Sie den Auslöser über das Builder-Panel konfigurieren (siehe Abbildung 4.24).

Auslöser der Datenaktion konfigurieren

4

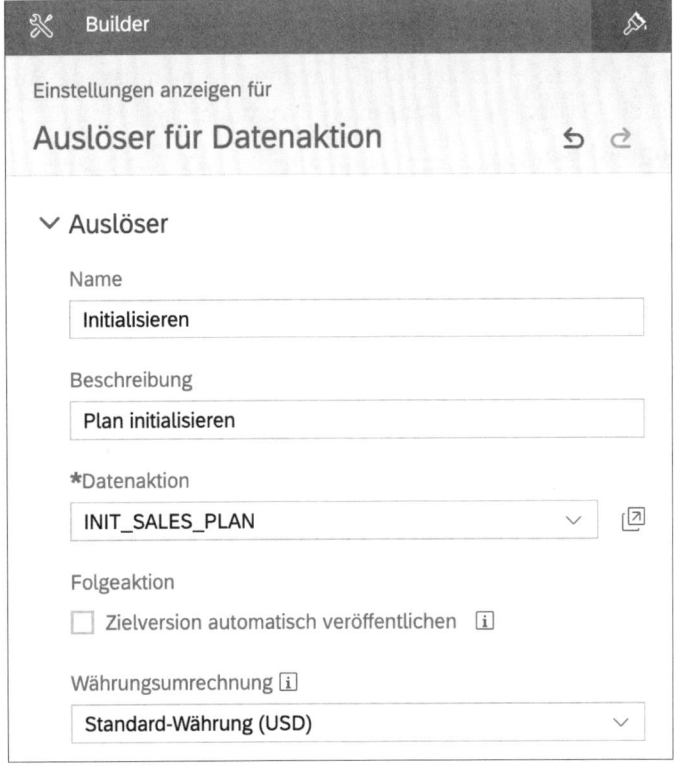

Abbildung 4.24 Konfiguration eines Auslösers für eine Datenaktion

Das Builder-Panel untergliedert sich in zwei Abschnitte:

- **Auslöser**
  Grundeinstellungen für den Auslöser

- **Parameter**
  Einstellungen für die Parameter der Datenaktion

Für den Auslöser lassen sich folgende Grundeinstellungen festlegen:

- **Name**
  Legt den Namen des Auslösers fest, der in dem Element angezeigt wird.

- **Beschreibung**
  Fügt eine Beschreibung hinzu; diese wird in einer separaten Zeile im UI-Element angezeigt.

- **Datenaktion**
  Definiert den Namen der Datenaktion, die durch den Auslöser angestoßen wird.

- **Folgeaktion**
  Durch die Aktivierung des Kennzeichens **Zielversion automatisch veröffentlichen** legen Sie fest, dass die Version nach dem Ausführen der Datenaktion automatisch publiziert werden soll. Standardmäßig ist dies nicht der Fall. Die Version verbleibt im Editiermodus und muss vom Anwender über die Versionsverwaltung explizit veröffentlicht werden.

- **Währungsumrechnung**
  Legt fest, wie währungsbehaftete Werte kopiert werden. Es besteht dabei die Möglichkeit, entweder die Werte in der Standardwährung oder in der jeweiligen Basiswährung, in der die Daten persistiert sind, zu kopieren.

Einstellungen für die Parameter werden im gleichnamigen Abschnitt des Builder-Panels festgelegt. Abbildung 4.25 zeigt ein Beispiel für eine Datenaktion, die über vier Parameter verfügt.

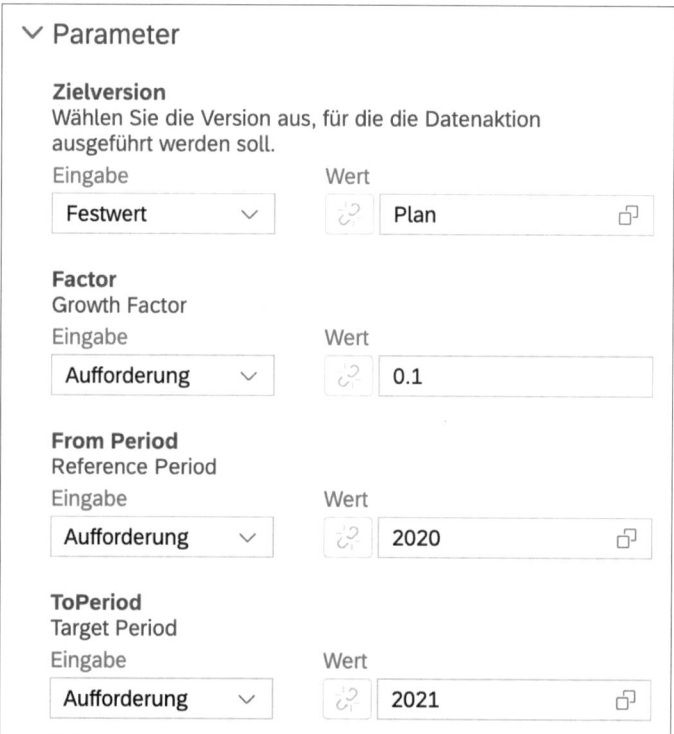

Abbildung 4.25 Parameter konfigurieren

Der Parameter **Zielversion** legt die Version fest, auf der die Datenaktion operiert. Im Beispiel ist die Version **Plan** voreingestellt. Darüber hinaus wurde festgelegt, dass es sich bei dem Parameterwert um einen **Festwert** handelt, der Anwender diese Einstellung bei Betätigen des Auslösers also nicht mehr verändern kann. Der Parameter **Factor** definiert, um welchen Anteil die Planwerte im Vergleich zum Vorjahr erhöht werden sollen. Hier wurde 0.1 eingestellt; die Planwerte werden also um 10 % erhöht. Der Parameter **From Period** legt die Periode fest, von der kopiert werden soll und der Parameter **ToPeriod** entsprechend die Periode, in die kopiert werden soll.

Für jeden Parameter können Sie die Art der Eingabe festlegen. Der Parameter kann dabei abgefragt (Einstellung **Aufforderung**) oder auf einen festen Wert gesetzt werden (Einstellung **Festwert**). Bei der Einstellung **Aufforderung** wird der eingestellte Wert als Vorschlagswert übernommen, kann aber geändert werden. Ein eingestellter Festwert kann jedoch nicht geändert werden.

> Parameter-einstellungen

In Abbildung 4.26 sehen Sie die Eingabemaske zur Auswahl der Parameter, wie sie beim Ausführen der Datenaktion angezeigt wird. Sie können die vorgeschlagenen Standardwerte entweder belassen oder eine andere Auswahl vornehmen. Wie Sie in Abbildung 4.26 auch sehen können, erscheint für den Parameter **Zielversion** keine Auswahlmöglichkeit, da dieser Parameter auf einen Festwert gesetzt wurde.

Durch einen Klick auf die Schaltfläche **Ausführen** werden die eingestellten Parameterwerte vom System übernommen und die Datenaktion ausgeführt.

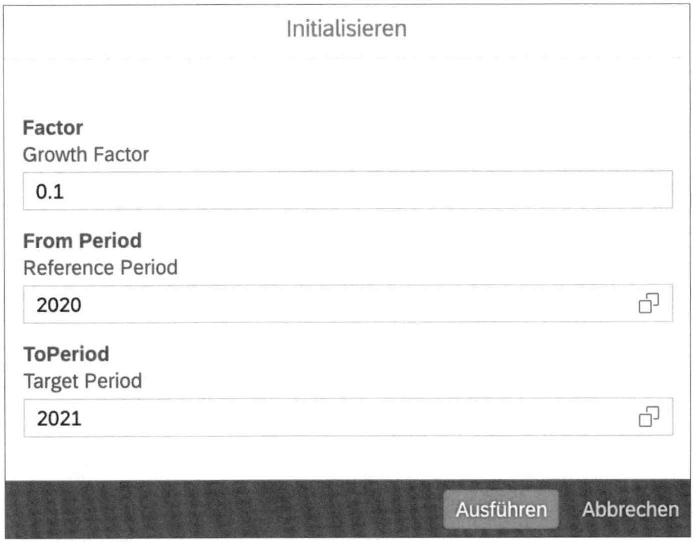

Abbildung 4.26 Parameterabfrage bei der Ausführung der Datenaktion

4.3   Kopierschritt

Daten kopieren

Ein möglicher Schritt einer Datenaktion kann in dem Kopieren existierender Bewegungsdaten innerhalb eines Modells bestehen (siehe Abschnitt 4.2, »Datenaktionen«). Ein häufiger Anwendungsfall für das Kopieren der Daten existiert während der Vorbereitung eines neuen Planungszyklus. Bei diesem Schritt wird die Planversion mit initialen Werten vorbelegt, sodass Sie die Planung nicht mit einer vollkommen leeren Planungsmaske beginnen müssen.

Kopierschritt erstellen

Einen Kopierschritt können Sie über die Werkzeugleiste der Entwurfsumgebung für eine Datenaktion über die Schaltfläche ⌧ (**Kopierschritt hinzufügen**) hinzufügen.

Nach dem Einfügen des Kopierschrittes erscheint die Operation in der Liste der Schritte auf der linken Seite der Entwurfsumgebung. Wenn Sie diesen Schritt selektieren, erscheint im großen Fenster auf der rechten Seite die Konfiguration für diesen Kopierschritt (siehe Abbildung 4.27).

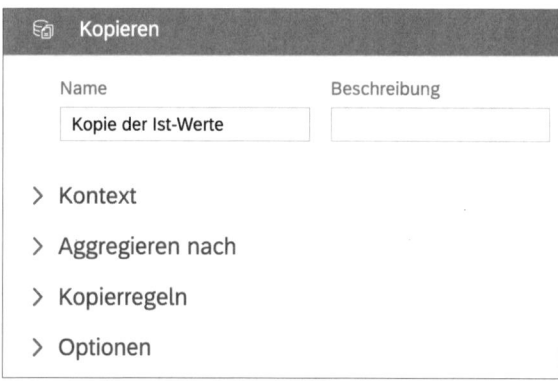

Abbildung 4.27 Kopierschritt konfigurieren

Neben Namen und Beschreibung können Sie Einstellungen in vier verschiedenen Bereichen für die Kopieroperation vornehmen:

- Kontext
- Aggregieren nach
- Kopierregeln
- Optionen

Die einzelnen Bereiche werden im Folgenden kurz anhand eines Beispiels dargestellt. In diesem Beispiel soll ein Kopierschritt definiert werden, der die Istwerte eines Referenzjahres in die Planversion für das gewünschte Planjahr kopiert. Konkret sollen hier die Istwerte aus dem Jahr 2020 in den

Plan für das Jahr 2021 kopiert werden. Referenzjahr sowie Planversion und Planjahr sollen dabei zum Ausführungszeitpunkt über Parameter festgelegt werden, um die Datenaktion möglichst flexibel zu halten. In Abbildung 4.28 sind die Parameter der Datenaktion dargestellt, die im Kopierschritt verwendet werden.

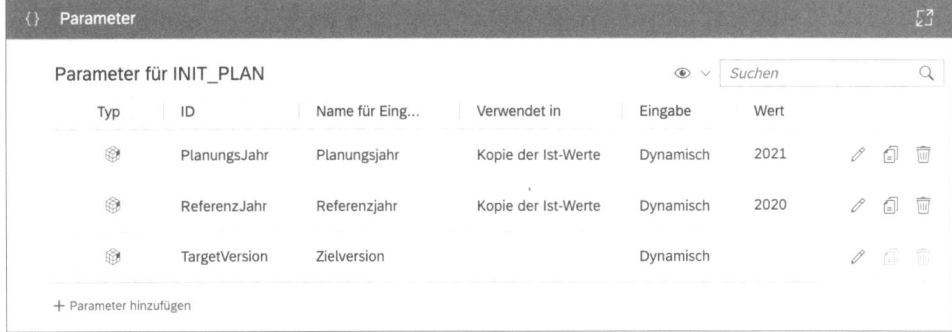

Abbildung 4.28 Parameter der Datenaktion für den Kopierschritt

Neben dem Standardparameter für die Zielversion, der in jeder Datenaktion vom System angelegt wird, sind noch zwei weitere Parameter für das Referenzjahr und das Planungsjahr definiert. Die beiden Parameter sind im Wesentlichen identisch. Abbildung 4.29 zeigt als Beispiel die Definition des Parameters für das Referenzjahr.

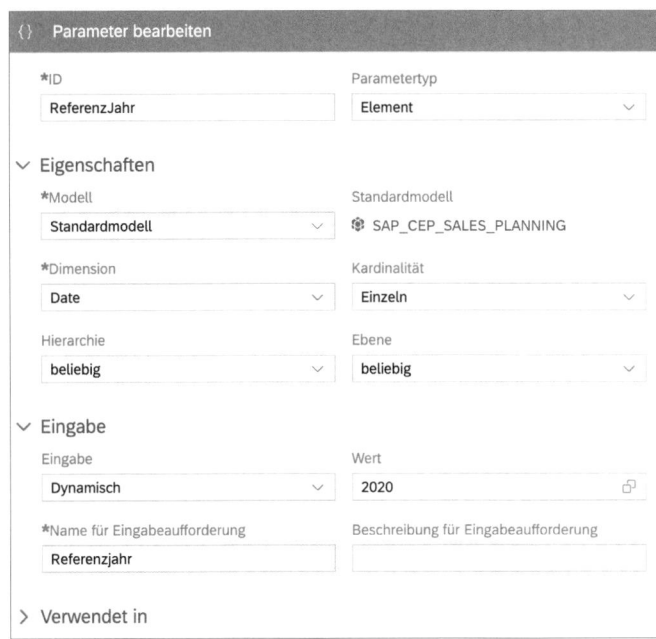

Abbildung 4.29 Parameter für das Referenzjahr definieren

4.3.1   Kontext

Im Bereich **Kontext** selektieren Sie die Daten, die durch den Kopierschritt kopiert werden sollen. Die Daten werden durch Filter für die einzelnen Dimensionen ausgewählt. Es werden die Datensätze kopiert, deren Merkmalsausprägungen der einzelnen Dimensionen durch die Filterdefinition enthalten sind.

In Abbildung 4.30 ist ein Beispiel für die Kontextdefinition einer Kopieroperation gezeigt, wie sie für die Initialisierung einer Planversion verwendet werden kann. In der Kontextdefinition ist ein Filter für die Dimension **Version** festgelegt. Diese Dimension wird auf den festen Merkmalswert **Actual** gesetzt. Des Weiteren werden die Kennzahlen **Quantity**, **Price** und **Gross Sales** über einen Filter für die Dimension vom Typ **Konto** ausgewählt. Als Ergebnis dieser Selektion werden alle Datensätze für die drei Kennzahlen der Version **Actual**, also die Istwerte, zum Kopiervorgang herangezogen.

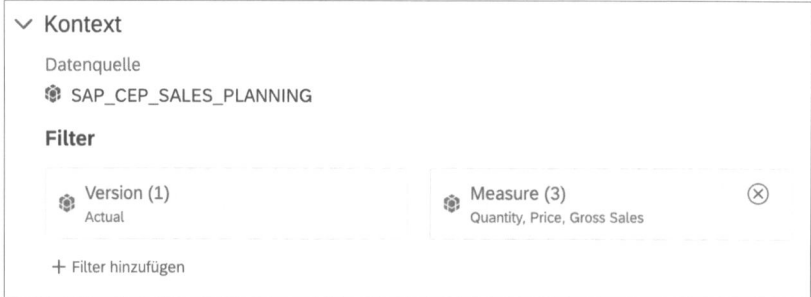

Abbildung 4.30 Kontext für den Kopierschritt festlegen

Wahrscheinlich vermissen Sie hier die Einschränkung der Dimension **Date** auf das gewünschte Referenzjahr. Da dieses aber später Eingang in die Definition der Kopierregel findet, wird die Dimension **Date** nicht über den Kontext eingeschränkt.

Da bei dem Kopiervorgang keine Einschränkungen bezüglich **Kunde** oder **Vertriebseinheit** gemacht werden soll, werden für diese Dimensionen keine Filter gesetzt. Die Abwesenheit eines Filters für eine Dimension bedeutet also keine Einschränkung für diese.

4.3.2   Aggregieren nach

Im Bereich **Aggregieren nach** können Sie optional eine Aggregationsregel festlegen. Die Aggregationsregel bewirkt, dass beim Kopiervorgang über die angegebenen Dimensionen aggregiert wird. Das bedeutet, dass die Datensätze der einzelnen Dimensionselemente auf ein einzelnes Zielelement kopiert und damit verdichtet werden. Bei diesem Vorgang geht also die detaillierte Aufschlüsselung für die einzelnen Elemente der angegebenen Dimensionen verloren.

Im Beispiel in Abbildung 4.31 ist eine Aggregation für die Dimension **Kunde** festgelegt. Dabei werden die einzelnen Datensätze aus der Quellselektion beim Kopieren auf das spezielle Element **Unassigned** (nicht zugeordnet) der Dimension **Kunde** kopiert. Dies bedeutet, dass die ursprüngliche Information zu einzelnen Kunden in der Kopie nicht mehr vorhanden ist. Die Summe der einzelnen Kennzahlen über alle Kunden bleibt aber nach wie vor erhalten.

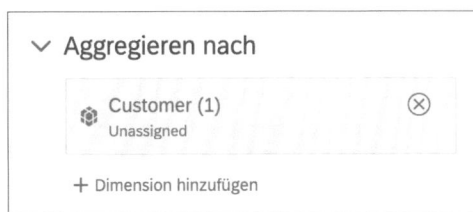

Abbildung 4.31 Aggregationsregel für einen Kopierschritt

Eine Aggregation beim Kopieren ist immer dann anzuraten, wenn die ursprünglichen zu kopierenden Daten auf einer detaillierten Ebene vorliegen, die für die Verwendung der Kopie betriebswirtschaftlich nicht sinnvoll ist. Dies ist z. B. häufig der Fall, wenn Istwerte in den Plan kopiert werden, da Istwerte oftmals mit zusätzlichen Details angereichert sind, die innerhalb der Planung nicht berücksichtigt werden.

In unserem Beispiel würde unterstellt, dass für den hier betrachteten Planungsschritt das Herunterbrechen der Planwerte auf die Kundenebene betriebswirtschaftlich als nicht sinnvoll erscheint, weil die Kopieroperation zur Initialisierung eines Top-down-Plans gedacht ist.

4.3.3 Kopierregeln

Im Bereich **Kopierregeln** legen Sie die eigentlichen Kopiervorschrift fest. Bei einem Kopiervorgang werden die Daten von einer Quelle in ein Ziel überführt, wobei die Quelldaten unverändert erhalten bleiben. In Summe nimmt die Menge der Daten also zu; die Kopierregeln definieren dabei Quelle und Ziel des Kopiervorgangs.

Kopiervorschrift festlegen

Da SAP Analytics Cloud das Konzept eines mehrdimensionalen Datenwürfels zugrunde liegt, werden Quelle und Ziel entsprechend über die Dimensionen dieses Datenwürfels ausgedrückt. Eine Kopierregel bezieht sich dabei immer auf cinc Dimension des Modells und gibt an, wie Elemente der Quellselektion auf Elemente im Ziel abgebildet werden. Abbildung 4.32 zeigt als Beispiel eine Regel für die Dimension **Date**.

Abbildung 4.32 Beispiel für eine Kopierregel

Dabei werden Datensätze aus dem Jahr 2020 in das Jahr 2021 kopiert. Sie können Kopierregeln für mehrere Dimensionen anlegen. Eine Kopierregel wird über die Schaltfläche **Kopierregel hinzufügen** angelegt.

Parameter in der Kopierregel verwenden
In unserem Beispiel wird die Kopierregel statisch definiert, d. h., die Werte für Quelle und Ziel sind auf feste Werte gesetzt. Um die Regel flexibler zu halten, können Sie bei der Definition auch auf Parameter der Datenaktion zurückgreifen. In Abbildung 4.33 ist dargestellt, wie Sie im Auswahldialog für das Quellelement der Kopierregel durch einen Wechsel auf die Sicht **Parameter** auf die Parameter der Datenaktion zurückgreifen können. Die Sicht **Element** erlaubt hingegen die Auswahl fester Merkmalswerte.

Abbildung 4.34 zeigt die fertige Kopierregel unter der Verwendung von Parametern. Quelle und Ziel werden durch die oben erwähnten Parameter der Datenaktion bestimmt, die zum Ausführungszeitpunkt abgefragt werden können.

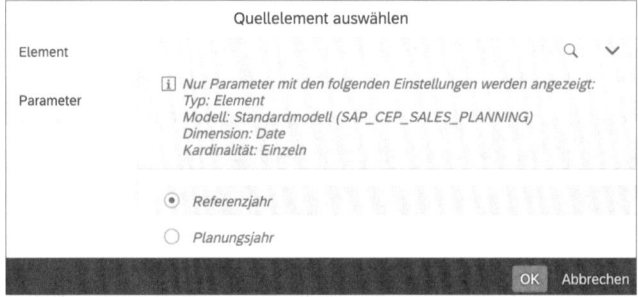

Abbildung 4.33 Quellelement für die Kopierregel auswählen

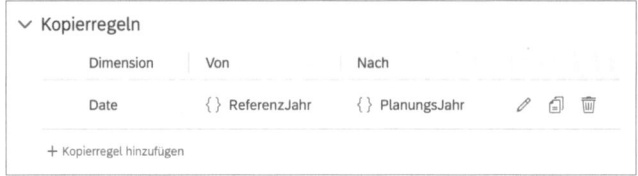

Abbildung 4.34 Kopierregel mit Parametern

4.3.4   Optionen

Existierende Werte durch den Kopierschritt überschreiben

Zuletzt können Sie im Bereich **Optionen** festlegen, wie das System Daten behandelt, die eventuell schon im Ziel vorliegen. Dabei gibt es die beiden folgenden Optionen:

- **Überschreiben**
  Im Zielbereich vorhandene Daten werden überschrieben.

- **Anhängen**
  Im Zielbereich vorhandene Daten werden kumuliert.

Die Voreinstellung ist auf **Überschreiben** gesetzt. Das heißt, bei mehrmaligem Ausführen der Datenaktion werden die Werte im Zielbereich immer wieder überschrieben und nicht aufsummiert.

4.3.5   Ergebnis des Kopierschrittes

Als Ergebnis des Kopierschrittes wurden die Istwerte aus dem Jahr 2020 in den Plan für das Jahr 2021 kopiert (siehe Abbildung 4.35). Dabei wurde die Dimension **Kunde** aggregiert, und als Ergebnis sind die Werte im Plan alle auf das Element **Unassigned** dieser Dimension kopiert worden. Der Wert entspricht dem Wert für die Summe über alle Kunden in der Version **Actual**.

Sales Planning
in Mio. USD   ⚙   3 Filter

Measure		Gross Sales	
Version		Actual	Plan*
Date		> 2020	> 2021
Product	**Customer**		
> Cross Bikes	Unassigned	–	332.27
	∨ Total	332.27	–
	∨ Direct Channel	199.36	–
	> Large Retailers	128.62	–
	> Medium Retailers	70.74	–
	> Indirect Channel	132.91	–
> Cruise	Unassigned	–	996.82
	> Total	996.82	–

Abbildung 4.35 Ergebnis der Kopie

4.4 Modellübergreifender Kopierschritt

Daten zwischen Modellen kopieren

Neben der Kopie von Daten zwischen Quelle und Ziel innerhalb eines Datenmodells können Sie auch Bewegungsdaten zwischen zwei verschiedenen Modellen in SAP Analytics Cloud kopieren. Dies kann über den Schritt einer modellübergreifenden Kopie in einer Datenaktion realisiert werden. Einen modellübergreifenden Kopierschritt fügen Sie in der Entwurfsumgebung über die Werkzeugleiste über die Schaltfläche 🗐 (**Modellübergreifenden Kopierschritt hinzufügen**) zu Ihrer Datenaktion hinzu.

Modellübergreifenden Kopierschritt erstellen

Nach dem Einfügen des modellübergreifenden Kopierschrittes erscheint die Operation in der Liste auf der linken Seite der Entwurfsumgebung. Durch die Auswahl der Operation können Sie die Konfiguration der Operation aufrufen (siehe Abbildung 4.36).

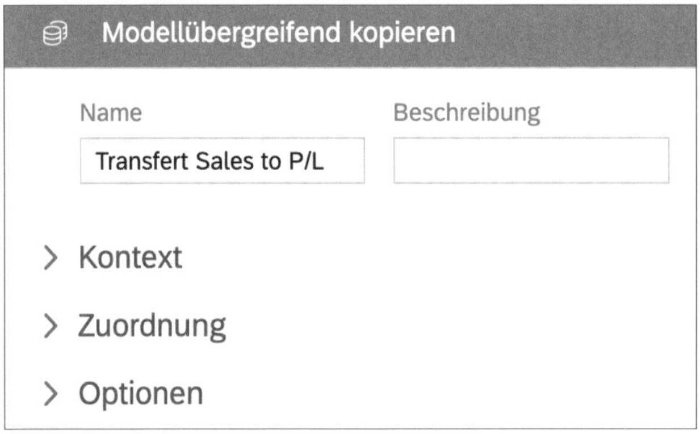

Abbildung 4.36 Modellübergreifende Kopie konfigurieren

Modellübergreifenden Kopierschritt konfigurieren

Neben dem Namen und der Beschreibung des Schrittes können Sie Einstellungen in drei verschiedenen Bereichen vornehmen:

- Kontext
- Zuordnung
- Optionen

Die Bedeutung dieser Bereiche wird im Folgenden wieder anhand eines Beispiels dargestellt. In diesem Beispiel sollen Planwerte aus dem Vertriebsplanungsmodell in ein Datenmodell für die Finanzplanung übernommen werden. Dabei ist zu beachten, dass diese beiden Modelle über eine unterschiedliche Struktur verfügen. Während das Vertriebsplanungsmodell lediglich über ein paar Kennzahlen wie **Umsatzerlöse** und **Erlösschmälerungen** verfügt, bildet die Dimension vom Typ **Konto** im Finanzplanungsmodell eine komplexe Hierarchie der Konten aus Gewinn- und Verlustrechnung (GuV) sowie Bilanz ab.

Darüber hinaus erfolgt die Vertriebsplanung auf der Ebene der Kalendermonate, wobei eine Finanzplanung auf Fiskalperioden basiert. Als letzter Punkt verfügen die Modelle außerdem über unterschiedliche Dimensionen, um die Kennzahlwerte mit den jeweils relevanten Details anzureichern. In unserem Beispiel erfolgt die Vertriebsplanung auf den Ebenen **Verkaufsorganisation** und **Kunde**, wohingegen diese Dimensionen auf finanzwirtschaftlicher Ebene eine untergeordnete Rolle spielen, sodass sie nicht in das Modell aufgenommen wurden. Im Finanzplanungsmodell finden wir hingegen Dimensionen wie **Legale Einheit** und **Geschäftspartner** sowie eine zusätzliche Dimension zur Verspiegelung der Bilanzkonten, die in unserem Beispiel **Flow** genannt wurde. Beim Kopieren von Daten von einem Modell in ein anderes Modell muss diesem Umstand natürlich Rechnung getragen und festgelegt werden, wie das System diese Unterschiede handhaben soll.

4.4.1   Kontext

Ähnlich wie bei der Kopieroperation innerhalb eines Modells, legen Sie im Bereich **Kontext** der Konfiguration fest, welche Daten kopiert werden sollen. Ein entscheidender Unterschied besteht darin, dass bei der modellübergreifenden Kopie *zwei* Datenmodelle involviert sind. Das eine Modell, aus dem die Daten gelesen werden, wird als *Quellmodell* bezeichnet, und das andere Modell, in das geschrieben wird, ist das *Zielmodell*. Das Zielmodell wird bereits durch die Definition der Datenaktion selbst festgelegt.

Die modellübergreifende Kopie liest also aus einem frei wählbaren Planungsmodell und schreibt die Daten in das Modell, das bei der Anlage der Datenaktion als zugrunde liegendes Modell ausgewählt wurde. Das Quellmodell, aus dem die Daten gelesen werden sollen, legen Sie durch Klick auf die Schaltfläche **Wählen Sie ein Quellmodell aus** fest (siehe Abbildung 4.37).

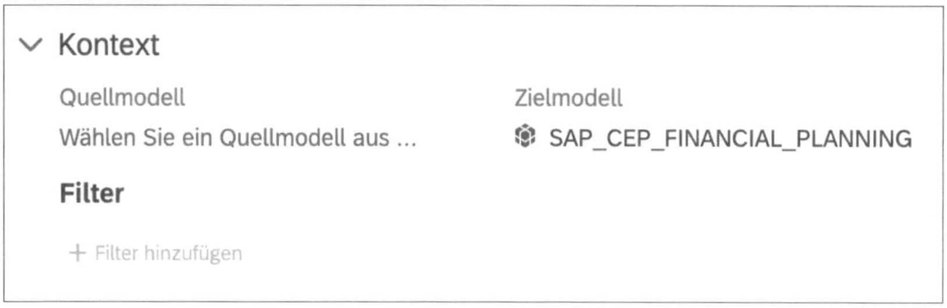

Quelldaten des Kopierschrittes

⌄ Kontext

Quellmodell	Zielmodell
Wählen Sie ein Quellmodell aus …	⚙ SAP_CEP_FINANCIAL_PLANNING

Filter

＋ Filter hinzufügen

Abbildung 4.37 Quellmodell auswählen

Sobald das Quellmodell ausgewählt ist, können Sie, wie bei der Nutzung der Standardkopierfunktion, Filter für die einzelnen Dimensionen des Quellmodells festlegen (siehe Abschnitt 4.3, »Kopierschritt«). Auf diese Weise bestimmen Sie den Datenbereich, der in das Zielmodell kopiert werden soll.

Abbildung 4.38 zeigt die Filtereinstellungen für das Beispiel des Vertriebsplanungsmodells. In diesem Fall sollen die Kennzahlwerte für Umsatzerlöse und Erlösschmälerungen aus der Version **Plan** für das Jahr 2021 in das Finanzplanungsmodell kopiert werden. Auch hier können Sie wieder mit Parametern arbeiten, um die Datenaktion möglichst flexibel zu halten. In diesem Beispiel wurde allerdings der Klarheit wegen darauf verzichtet.

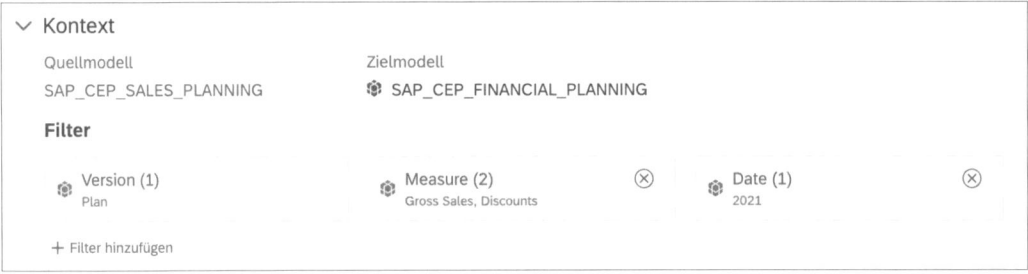

Abbildung 4.38 Kontext des modellübergreifenden Kopierschrittes

4.4.2   Zuordnung

Abbildung von Quellmodell auf Zielmodell festlegen

Quell- und Zielmodell können über eine unterschiedliche Struktur verfügen. Deshalb müssen Sie festlegen, wie das System diese Modelle aufeinander abbilden soll. Sie nehmen diese Abbildungsregeln im Bereich **Zuordnung** der Konfigurationseinstellungen für den modellübergreifenden Kopierschritt auf zwei unterschiedlichen Ebenen vor:

- Zuordnung der Dimensionen
- Zuordnung der Elemente innerhalb der Dimensionen

Im ersten Schritt legen Sie fest, welche Dimension des Quellmodells einer Dimension im Zielmodell zugeordnet werden soll. Abbildung 4.39 zeigt die Konfiguration für diesen Schritt. In der Mitte des Fensters sind die Dimensionen des Zielmodells als Kacheln abgebildet. Auf der rechten Seite wird die Liste der Dimensionen aus dem Quellmodell dargestellt, die noch nicht zugeordnet sind. Im Beispiel sind dies die Dimensionen **Customer**, **Entity**, **Planning Level**, **Product** und **Sales Org**.

Sie können eine Quelldimension zuordnen, indem Sie das grafische Element mit der Maus auf die entsprechende Kachel in der Mitte des Fensters ziehen. Einige Dimensionen werden vom System auch schon automatisch zugeordnet, wenn dies zweifelsfrei ermittelt werden kann. Im Beispiel ist dies für die Zeitdimensionen sowie die Dimension vom Typ **Konto** der Fall.

Bei der Zuordnung müssen nicht alle Dimensionen aus dem Quellmodell einer Dimension im Zielmodell zugeordnet werden. Dies ist in diesem Beispiel auch unmittelbar plausibel, da für die Dimension **Kunde** im Vertriebsplanungsmodell keine entsprechende Dimension im Finanzplanungsmodell existiert.

Für jede Dimension des Zielmodells muss festgelegt werden, wie ein Element für diese Dimension auszuwählen ist, wenn ein Datensatz aus dem Quellmodell gelesen und in das Zielmodell geschrieben werden soll.

Standardelement für nicht zugeordnete Zieldimensionen

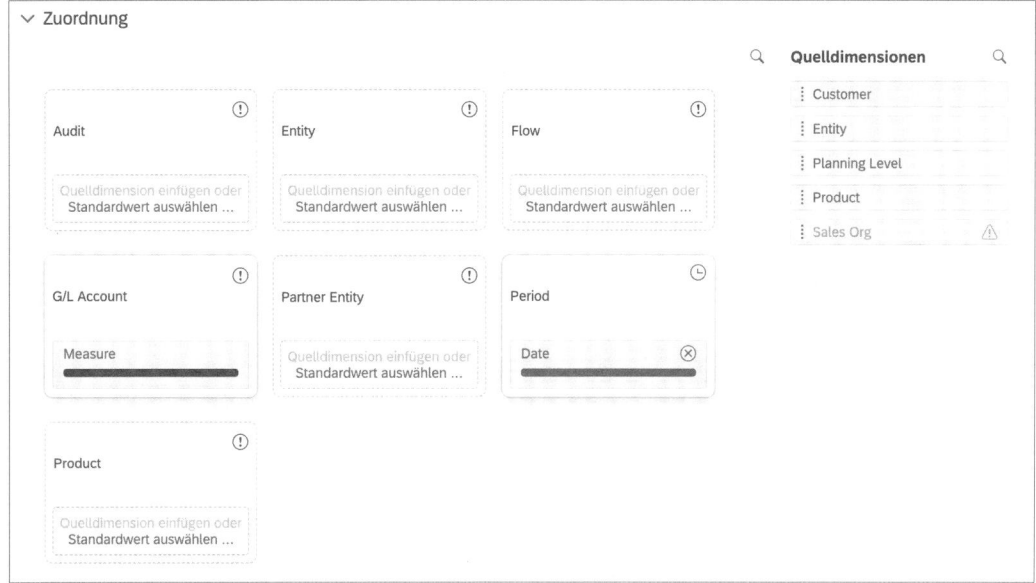

Abbildung 4.39 Dimensionen aus Quell- und Zielmodell zuordnen

Dies erfolgt entweder anhand der Zuordnung aus Quell- und Zieldimension oder dadurch, dass das Element der Zieldimension auf einen festen Wert gesetzt wird. Das Element der Zieldimension setzen Sie auf einen festen Wert, indem Sie auf die Schaltfläche **Standardwert auswählen** innerhalb der Kachel einer Zieldimension klicken. In Abbildung 4.40 ist dies für die Dimension **Flow** des Finanzplanungsmodells dargestellt. Diese Dimension dient zur Verspiegelung der Bilanzkonten in Anfangs- und Endbestand (**Opening/Closing Balance**) sowie Nettoveränderungen (**Net Variation**). Darüber hinaus gibt es das Element **nicht zugeordnet** (**Unassigned**), das typischerweise für Konten der GuV verwendet wird. Im Beispiel wird dieses Element als Standardwert ausgewählt.

Da die Kennzahlen aus dem Vertriebsplanungsmodell auf die Konten der GuV abgebildet werden, wird diese Dimension betriebswirtschaftlich eigentlich nicht benötigt. Da beim Schreiben der Kennzahlwerte jedoch für diese Dimension ebenfalls ein definiertes Element zugeordnet sein muss, wird als Standardwert das Element **Unassigned** gewählt. Dies bewirkt, dass alle Datensätze aus dem Quellmodell diesen Standardwert für die Dimension erhalten, wenn sie ins Zielmodell geschrieben werden.

Elemente aus Quell- und Zieldimension zuordnen

Ist eine Dimension aus dem Quellmodell zugeordnet, kann oder muss gegebenenfalls eine Zuordnung zwischen den Elementen der Quell- und Zieldimension erfolgen. Dies kann erforderlich werden, weil diese technisch nicht identisch sein müssen.

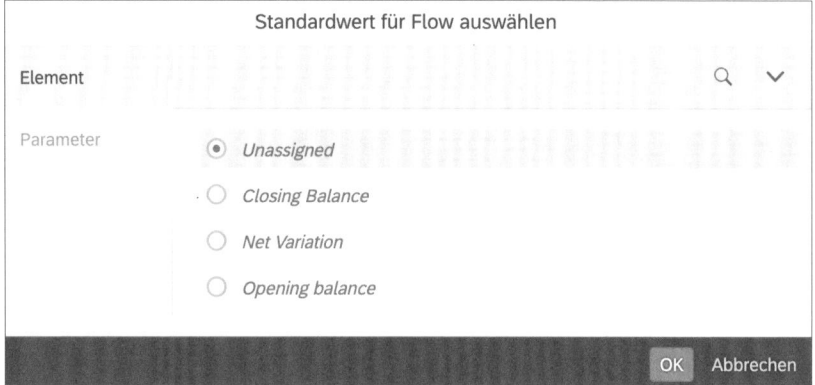

Abbildung 4.40 Standardwert auswählen

Das heißt, Quell- und Zieldimension können über unterschiedliche Elemente verfügen. Selbst wenn beide Dimensionen über dieselben Merkmalswerte verfügen, kann eine Umschlüsselung erforderlich sein. Abbildung 4.41 zeigt das Zuordnen von Werten innerhalb der korrespondierenden Dimensionen anhand der Dimension vom Typ **Konto**. Im Vertriebsplanungsmodell wurde diese Dimension **Measure** genannt, während sie im Finanzplanungsmodell **G/L Account** heißt.

Im Standard werden die Elemente der Dimensionen automatisch anhand der Namensgleichheit zugeordnet. Die Elemente der Quelldimension, die nicht automatisch zugeordnet werden können, erscheinen im Bereich **Vervollständigung** unter dem Punkt **Quellelemente ohne Ziel**. Um diese Elemente zuzuordnen, bietet das System unterschiedliche Optionen an, die Sie in der Drop-down-Box **Vervollständigungsoptionen** auswählen können:

- Manuell
- Festwert
- Verbleibende Elemente ignorieren

Abbildung 4.41 Kopierregeln für Quell- und Zieldimension

Bei der manuellen Vervollständigung können Sie für jedes Element der Quelldimension das entsprechende Element aus der Zieldimension manuell auswählen (siehe Abbildung 4.41). Durch einen Klick auf die Schaltfläche ⊞ (**Regel hinzufügen**) neben dem Elementbezeichner erscheint ein Auswahldialog mit den Elementen der Zieldimension. Abbildung 4.42 zeigt die vervollständigte Zuordnung mit den manuell erstellten Regeln.

Elemente manuell zuordnen

Neben der manuellen Zuordnung können Sie auch einen Festwert bestimmen. Alle Elemente, die vom System nicht zugeordnet werden können, werden dann diesem Element der Zieldimension zugewiesen.

Festwert zuordnen oder nicht zugeordnete Elemente ignorieren

Schließlich gibt es noch die Möglichkeit, nicht zugeordnete Elemente zu ignorieren. In diesem Fall werden die entsprechenden Datensätze nicht ins Zielmodell kopiert.

Berücksichtigung des Kontextes

Beim Zuordnen der Quellelemente wird die Definition des Kontextes berücksichtigt. Das bedeutet, dass für Elemente, die über die Filterdefinition des Kontextes bereits ausgeschlossen sind, keine Zuordnung erfolgt.

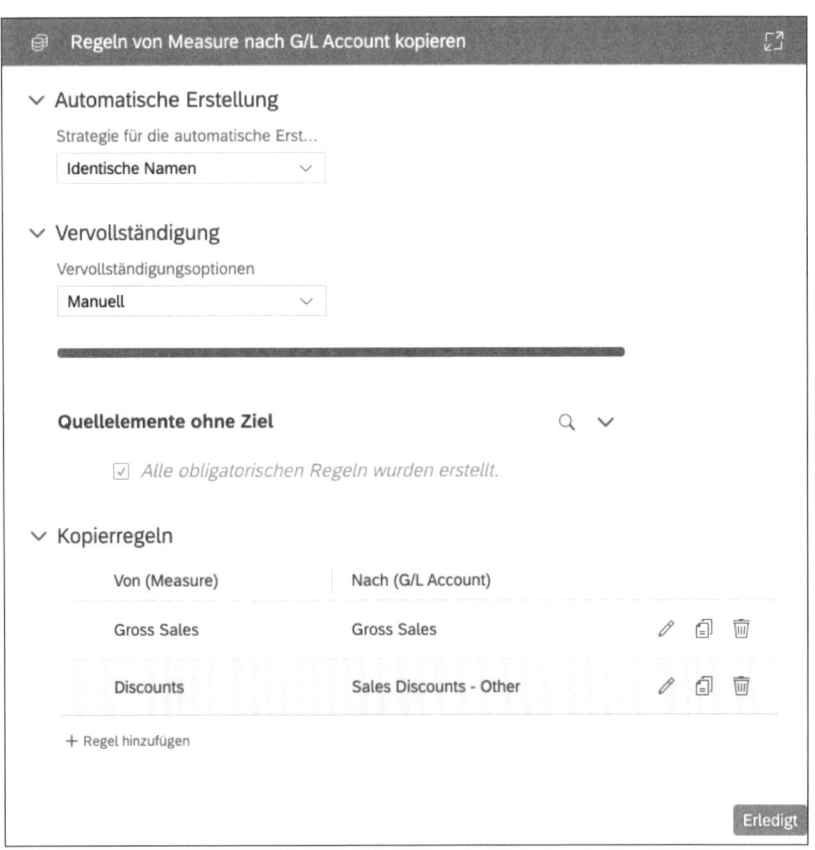

Abbildung 4.42 Vervollständigte Zuordnung der Dimensionselemente

Abbildung 4.43 zeigt die vollständige Zuordnung des modellübergreifenden Kopierschrittes für das hier beschriebene Beispiel. Für die Dimensionen **Entity**, **G/L Account**, **Period** und **Product** des Zielmodells wurden entsprechende Dimensionen aus dem Quellmodell zugeordnet; für die Dimensionen **Audit**, **Flow** und **Partner Entity** wurden feste Element zugeordnet. Die Dimensionen **Customer**, **Planning Level** und **Sales Org** aus dem Quellmodell wurden nicht zugeordnet, da im Zielmodell keine entsprechenden Dimensionen existieren.

Für den Fall, dass die Zuordnung noch nicht vollständig ist, signalisiert SAP Analytics Cloud dies mit dem Symbol ⊙ (**Fehler**) innerhalb des Konfigurationsfensters.

Abbildung 4.43 Vollständige Zuordnung der modellübergreifenden Kopie

4.4.3   Optionen

Für den modellübergreifenden Kopierschritt können Sie ebenfalls den Schreibmodus festlegen (siehe Abschnitt 4.3.4, »Optionen«,). Der Schreibmodus definiert, wie beim Kopiervorgang mit Daten umgegangen werden soll, die bereits im Zielbereich vorhanden sind. Hier gibt es die Möglichkeit, bereits vorhandene Daten mit den zu kopierenden Daten aus dem Quellmodell zu überschreiben (Standard) oder die Daten zu aggregieren (Schreibmodus anhängen).

Existierende Daten überschreiben

4.4.4   Ergebnis der modellübergreifenden Kopie

Durch das Ausführen der modellübergreifenden Kopie werden die Daten aus dem Quellmodell in das Zielmodell überführt. Abbildung 4.44 zeigt das Resultat des modellübergreifenden Kopierschrittes. Die linke Tabelle zeigt das Vertriebsplanungsmodell mit den beiden Kennzahlen **Bruttoumsatz** und **Erlösschmälerungen** für die einzelnen Vertriebseinheiten. Die rechte Tabelle zeigt einen Ausschnitt des Finanzplanungsmodells. Die Werte für Bruttoumsatz und Erlösschmälerungen wurden beim Kopiervorgang auf die entsprechenden Konten der GuV abgebildet.

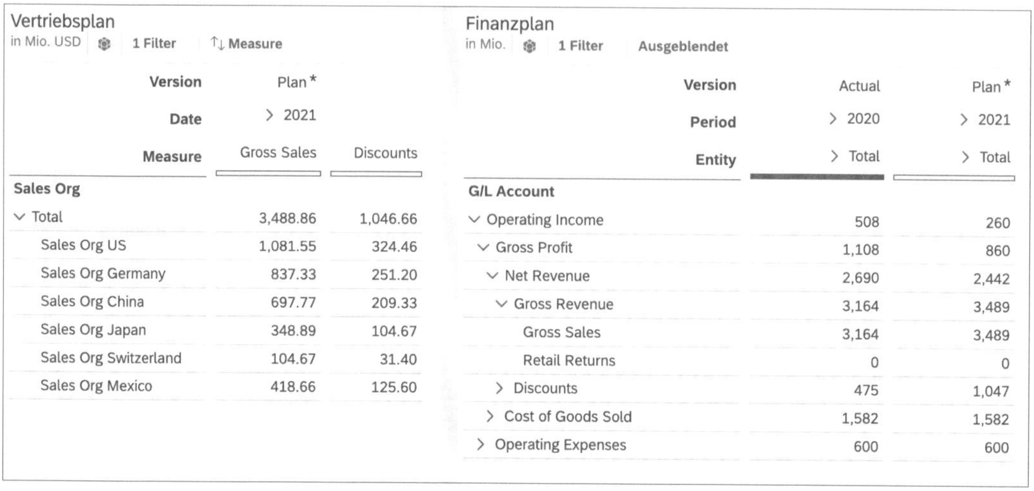

Vertriebsplan in Mio. USD ⚙ 1 Filter ↑↓ Measure				Finanzplan in Mio. ⚙ 1 Filter Ausgeblendet			
Version	Plan*			**Version**	Actual	Plan*	
Date	› 2021			**Period**	› 2020	› 2021	
Measure	Gross Sales	Discounts		**Entity**	› Total	› Total	
Sales Org				**G/L Account**			
⌄ Total	3,488.86	1,046.66		⌄ Operating Income	508	260	
Sales Org US	1,081.55	324.46		⌄ Gross Profit	1,108	860	
Sales Org Germany	837.33	251.20		⌄ Net Revenue	2,690	2,442	
Sales Org China	697.77	209.33		⌄ Gross Revenue	3,164	3,489	
Sales Org Japan	348.89	104.67		Gross Sales	3,164	3,489	
Sales Org Switzerland	104.67	31.40		Retail Returns	0	0	
Sales Org Mexico	418.66	125.60		› Discounts	475	1,047	
				› Cost of Goods Sold	1,582	1,582	
				› Operating Expenses	600	600	

Abbildung 4.44 Ergebnis des modellübergreifenden Kopierschrittes

4.5   Allokation

Allokationsschritte in einer Datenaktion

Als weiterer Verarbeitungsschritt können Sie eine Allokation zu einer Datenaktion hinzufügen. Bei einer *Allokation* handelt es sich um eine Datenverarbeitungsoperation, bei der Werte von einer Quelle zu einem Ziel anhand definierter Regeln verteilt werden. Quelle und Ziel oder auch Sender und Empfänger sind dabei typischerweise Dimensionselemente des zugrunde liegenden Datenmodells. Technisch werden die Ergebnisse der Allokation im Modell persistiert.

Regelbasierte Verrechnung durch die Allokation

Eine Allokation wird eingesetzt, wenn Größen wie Kosten oder Rabatte anhand bestimmter Schlüssel wie Umsatzerlöse oder auch Menge einer in Anspruch genommenen Leistung innerhalb des Unternehmens weiterverrechnet werden sollen. Prominente Beispiele sind hier die Verrechnung von Gemeinkosten auf die Kostenträger oder auch die Umlage von Sekundärkosten zwischen Kostenstellen. Die Kenngröße, die dabei zur Verteilung herangezogen wird, bezeichnet man auch als Treiber der Allokation. Typischerweise bleibt die Gesamtsumme der zu verteilenden Größe erhalten; lediglich die Verteilung dieser Summe auf die Empfänger ändert sich.

Tabelle 4.2 zeigt beispielhaft einen typischen Fall für eine Allokation. Im Beispiel fallen 100 EUR Marketingaufwendungen an. Diese sind ursprünglich keinem Produkt zugeordnet. Der Marketingaufwand soll nun anteilig auf die drei Produkte A, B und C verteilt werden. Als Verteilschlüssel sollen die Umsatzerlöse der einzelnen Produkte verwendet werden. Diese addieren sich zu 1.000 EUR. Der prozentuale Anteil am Gesamtumsatz ist für jedes

Produkt in Klammern angegeben. Dieser Prozentsatz wird nun verwendet, um im Rahmen der Allokation den Anteil der Marketingaufwendungen zu berechnen, der auf das jeweilige Produkt entfallen soll.

Produkt	Marketingaufwand	Umsatzerlöse	Verteilter Marketingaufwand
Gesamt	100	1.000	100
#	100	–	–
Produkt A	–	500 (50 %)	50
Produkt B	–	300 (30 %)	30
Produkt C	–	200 (20 %)	20

Tabelle 4.2 Beispiel für eine typische Allokation (in EUR)

Die Konfiguration der Allokation in SAP Analytics Cloud wird im Folgenden anhand eines Beispiels verdeutlicht: Dabei soll eine Allokation definiert werden, die die Marketingaufwendungen einer Gesellschaft auf die einzelnen Produkte umlegt, die von der jeweiligen Gesellschaft vertrieben werden. Hintergrund ist, dass Gemeinkosten wie Aufwendungen für Werbekampagnen nicht unbedingt einzelnen Produkten zuzuordnen sind. Dennoch sollen im Rahmen einer Profitabilitätsrechnung die Marketingausgaben auf die Produkte verteilt werden, da sie letztendlich von diesen als Ganzes verursacht werden. Als Verteilungsschlüssel soll hier der Bruttoumsatz der einzelnen Produkte herangezogen werden.

In Abbildung 4.45 sehen Sie die Marketingaufwendungen für unser Beispiel. In der Version **Plan** sind Umsatzerlöse auf der Ebene von Gesellschaft und Produkt geplant.

Daneben werden die Marketingaufwendungen pro Gesellschaft geplant, aber nicht auf der Ebene der einzelnen Produkte. Hierunter fallen Aufwendungen, die nicht direkt auf ein einzelnes Produkt bezogen werden können, aber von denen alle Produkte der Gesellschaft profitieren. Technisch wird dies durch eine Erfassung der Marketingaufwendungen auf dem Element **Unassigned** der Dimension **Produkt** realisiert.

Die Version **Plan** wurde in eine zweite Version mit der Bezeichnung **Alloc Marketing** kopiert. Auf diese Weise können die Auswirkungen der Allokation verdeutlicht und den ursprünglichen Werten besser gegenübergestellt werden.

Finanzplanung
in Mio. | ⚙ 1 Filter

Version		Plan *			Alloc Marketing	
Period		> 2021			> 2021	
G/L Account		Gross Sales	Marketing Expenses		Gross Sales	Marketing Expenses
Entity	**Product**					
∨ Total	> Total	3,489	–		3,489	–
	Unassigned	–	46		–	46
> EMEA	> Total	942	–		942	–
	Unassigned	–	8		–	8
> Americas	> Total	1,500	–		1,500	–
	Unassigned	–	23		–	23
> APJ	> Total	1,047	–		1,047	–
	Unassigned	–	15		–	15

Abbildung 4.45 Marketingaufwendungen vor der Umlage

Nach dem Ausführen der Allokation sollen die Marketingaufwendungen vom Element **Unassigned** auf die einzelnen Produkte umverteilt werden, und zwar gemäß dem Anteil an den gesamten Umsatzerlösen, die sich für die einzelnen Produkte ergeben. Die Summe der Marketingaufwendungen soll sich dabei natürlich nicht ändern. Das Ergebnis der Allokation ist in Abbildung 4.46 auf der obersten Ebene von Gesellschaft und Produkt zu sehen. Dabei können Sie erkennen, dass die Gesamtsumme (USD 3,489 Mio.) der Marketingaufwendungen nach der Allokation dieselbe geblieben ist. Der Unterschied besteht darin, dass die Marketingaufwendungen nun nicht mehr dem Element **Unassigned** der Produktdimension zugeordnet sind, sondern jeweils konkreten Produkten.

Ein weiteres Herunterbrechen der Marketingaufwendungen entlang der Dimension **Produkt** ist in Abbildung 4.47 dargestellt. Die Marketingaufwendungen sind nun auf die einzelnen Produkte gemäß dem Anteil am Umsatz verteilt.

Finanzplanung						
in Mio. 1 Filter						
	Version	Plan *			Alloc Marketing	
	Period	> 2021			> 2021	
	G/L Account	Gross Sales	Marketing Expenses		Gross Sales	Marketing Expenses
Entity	**Product**					
∨ Total	> Total	3,489	–		3,489	46
	Unassigned	–	46		–	0
> EMEA	> Total	942	–		942	8
	Unassigned	–	8		–	0
> Americas	> Total	1,500	–		1,500	23
	Unassigned	–	23		–	0
> APJ	> Total	1,047	–		1,047	15
	Unassigned	–	15		–	0

Abbildung 4.46 Ergebnis der Umlage

In diesem Abschnitt erfahren Sie, wie die hier vorgestellte Allokation in SAP Analytics Cloud umgesetzt wird. Zentrale Elemente sind dabei Allokationsprozesse und Allokationsschritte sowie Datenaktionen.

Finanzplanung						
in Mio. 1 Filter						
	Version	Plan *			Alloc Marketing	
	Period	> 2021			> 2021	
	G/L Account	Gross Sales	Marketing Expenses		Gross Sales	Marketing Expenses
Entity	**Product**					
> Total	∨ Total	3,489	–		3,489	46
	> Cruise	997	–		997	13
	> Mountain	1,163	–		1,163	15
	> Racing	498	–		498	7
	> Youth	498	–		498	7
	> Cross Bikes	332	–		332	4
	Unassigned	–	46		–	0

Abbildung 4.47 Marketingaufwendungen entlang der Produkte

4.5.1   Allokationsprozess erzeugen

SAP Analytics Cloud verfügt über eine eigene Entwurfsumgebung, die es erlaubt, regelbasierte Allokationen zu definieren.

Allokationsprozesse zur Klammerung einzelner Allokationsschritte

Bei der Operation (wie der im Beispiel dargestellten Umlage) spricht man technisch in SAP Analytics Cloud von einem sogenannten *Allokationsprozess*. Ein Allokationsprozess ist dabei eine Sequenz von einem oder mehreren Allokationsschritten.

Ein einzelner *Allokationsschritt* definiert dabei die Verteilung zwischen Quell- und Zieldimension. Soll eine Allokation in mehreren Stufen über verschiedene Quell- und Zieldimensionen hinweg erfolgen, muss der Allokationsprozess in mehrere Allokationsschritte aufgeteilt werden. Allokationsschritte können auch in eine Datenaktion eingebunden werden. Damit werden sie Teil einer komplexen Datenverarbeitungsroutine, die sich aus unterschiedlichen Verarbeitungsschritten wie **Kopieren**, **Allokation** und den erweiterten Formeln, die in Abschnitt 4.6, »Erweiterte Formeln«, vorgestellt werden, zusammensetzt.

Zunächst lernen Sie auf den folgenden Seiten, wie Sie einen aus mehreren Schritten bestehenden Allokationsprozess erzeugen, den Sie aus dem Planungsmenü in der Story heraus anstoßen können.

Neuen Allokationsprozess erstellen

Einen neuen Allokationsprozess erstellen Sie über den Hauptmenüpfad ☰ • **Erstellen** • **Prozess** • **Allokation**. Daraufhin werden Sie aufgefordert, die Hauptangaben des neuen Allokationsprozesses in den Feldern **Name des Allokationsprozesses**, **Beschreibung** und **Zugrunde liegendes Modell** (für das der Allokationsprozess definiert werden soll) vorzunehmen (siehe Abbildung 4.48).

Abbildung 4.48 Neuen Allokationsprozess erstellen

Nach einem Klick auf die Schaltfläche **Erstellen** gelangen Sie in die Entwurfsumgebung für Allokationsprozesse (siehe Abbildung 4.49).

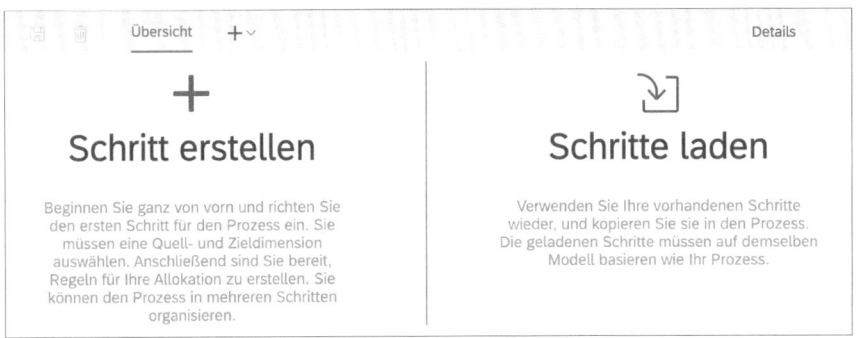

Abbildung 4.49 Entwurfsumgebung für Allokationsprozesse

In der Entwurfsumgebung können Sie entweder neue Allokationsschritte erstellen oder bereits im System vorhandene Allokationsschritte in diesen Allokationsprozess einbinden. Sowohl Allokationsprozesse als auch Allokationsschritte können somit als zentrale Objekte in SAP Analytics Cloud wiederverwendet werden. Allokationsschritte können sowohl in Allokationsprozesse als auch in Datenaktionen eingebunden werden. Zunächst soll das Erstellen eines Allokationsschrittes genauer erläutert werden. Abschnitt 4.5.3, »Allokationsschritte in Datenaktionen«, zeigt dann, wie Sie einen Allokationsschritt innerhalb einer Datenaktion verwenden können.

Allokationsschritte in Datenaktionen wiederverwenden

Mit einem Klick auf die Schaltfläche **Schritt erstellen** wird der Dialog zum Erstellen eines neuen Allokationsschrittes geöffnet (siehe Abbildung 4.50).

Allokationsschritt erstellen

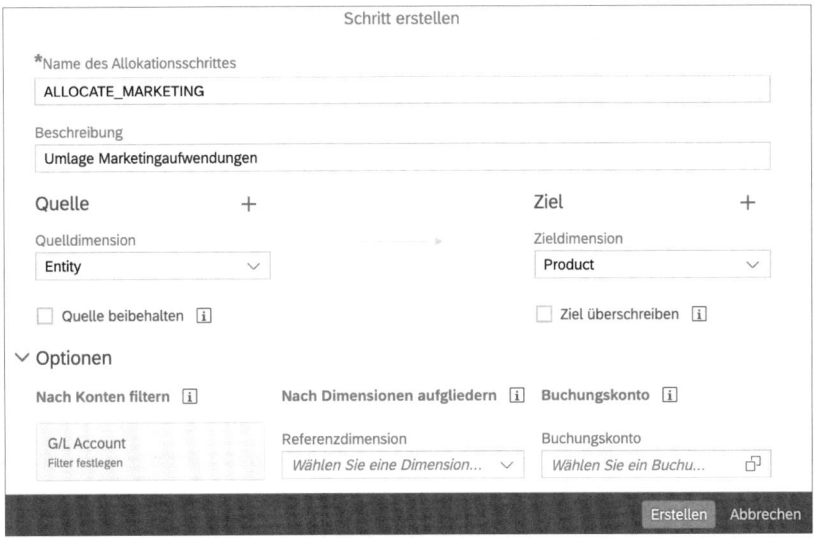

Abbildung 4.50 Allokationsschritt erstellen

Allokationsschritt konfigurieren

In diesem Dialog werden die grundlegenden Einstellungen des Allokationsschrittes festgelegt. Neben den Basisinformationen wie **Name des Allokationsschrittes** und **Beschreibung des Allokationsschrittes** sind dies vor allem die Definition der Quelle im Feld **Quelldimension** und des Ziels des Schrittes im Feld **Zieldimension**.

Im dargestellten Beispiel wird als Quelle die Dimension **Entity** angegeben, da die zu verteilenden Marketingaufwendungen auf der Ebene der Gesellschaften erfasst werden. Standardmäßig werden beim Ausführen des Allokationsschrittes die Werte von der Quelle auf das Ziel umverteilt, sodass die Summe erhalten bleibt. In manchen Fällen kann es erwünscht sein, dass der ursprüngliche Wert auf Seite der Quelle unverändert erhalten bleibt. Wählen Sie dazu die Option **Quelle beibehalten**. Auf der Seite der Quelle können weitere Dimensionen als sogenannte *Überschreibungsdimensionen* hinzugefügt werden (siehe Abbildung 4.51).

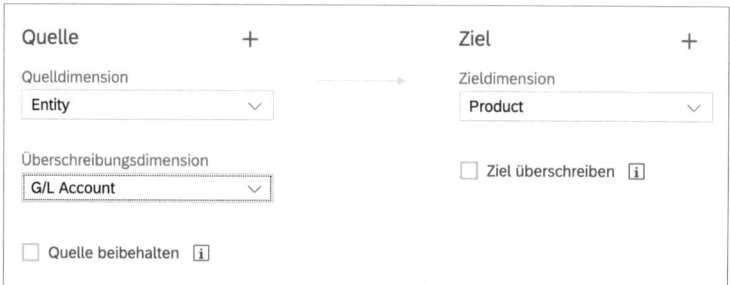

Abbildung 4.51 Überschreibungsdimensionen hinzufügen

Durch das Hinzufügen dieser weiteren Dimensionen ist es möglich, die eigentlichen Allokationsregeln, die später definiert werden, von den einzelnen Merkmalsausprägungen dieser Dimensionen abhängig zu machen. Im Beispiel mit der Dimension **G/L Account** als zusätzlicher Überschreibungsdimension könnte man mit einem Allokationsschritt neben den Marketingaufwendungen auch IT-Aufwendungen verteilen, wobei für Marketing- und IT-Aufwendungen jeweils unterschiedliche Verteilungsregeln angewendet werden.

Auf der Seite des Ziels des Allokationsschrittes wird im Beispiel die Dimension **Produkt** ausgewählt. Als zusätzliche Option können Sie hier festlegen, dass bereits vorhandene Werte durch den Allokationsschritt überschrieben werden. Dies erfolgt durch die Auswahl der Option **Ziel überschreiben**. Standardmäßig ist diese Option deaktiviert, was bedeutet, dass die Ergebnisse der Allokation zu bereits existierenden Werten hinzuaddiert werden. Des Weiteren bleibt noch anzumerken, dass das Ziel der Allokation auch aus einer Kombination mehrerer Dimensionen zusammengesetzt werden kann.

Neben der Definition von Quelle und Ziel des Allokationsschrittes können noch weitere Einstellungen im Bereich **Optionen** vorgenommen werden:

Zusätzliche Optionen des Allokationsschrittes

- **Nach Konten filtern**
  Hier kann die Ausführung des Allokationsschrittes auf bestimmte Kennzahlen, d. h. Elemente der Dimension **Konto** beschränkt werden. Im obigen Beispiel wird ein Filter für das Konto Marketingaufwendungen definiert.

- **Nach Dimensionen aufgliedern**
  Über diese Einstellung definieren Sie zusätzliche Dimensionen, entlang derer die Werte verteilt werden.

- **Buchungskonto**
  Über diese Option kann das Zielkonto gewechselt werden. Standardmäßig verteilt ein Allokationsschritt die Werte von der Quelle zum Ziel, unter der Beibehaltung desselben Kontos. Sollen die Ergebnisse im Ziel auf eine andere Kennzahl geschrieben werden als die Ursprungswerte der Quelle, kann die Zielkennzahl über diese Option festgelegt werden.

Durch einen Klick auf die Schaltfläche **Erstellen** wird der Allokationsschritt erstellt. Um die Definition des Allokationsschrittes abzuschließen, müssen Sie noch die Allokationsregeln festlegen, die bei der Ausführung des Allokationsschrittes zur Anwendung kommen. Wie das geht, lesen Sie im folgenden Abschnitt.

4.5.2   Allokationsregeln definieren

Für jeden Allokationsschritt können mehrere *Allokationsregeln* definiert werden, die die eigentliche Verteilung der Werte von Elementen der Quelle zu den Elementen des Ziels steuern. Eine Allokationsregel hat drei Bestandteile:

Bestandteile der Allokationsregel

- **Quelle**
  Elemente der Quelldimension.

- **Treiber**
  Konto, das als Verteilungsschlüssel für die Allokation herangezogen wird.

- **Ziel**
  Elemente der Zieldimension, auf die der Wert der Quelle verteilt wird.

Abbildung 4.52 zeigt die Allokationsregeln für den Allokationsschritt aus dem Beispiel. Für die Quelle ist das Element **Total** ausgewählt. Das bedeutet, dass alle Gesellschaften in die Allokation einbezogen werden. Als Treiber ist

die Kennzahl **Umsatzerlöse** und als Ziel die Verteilung auf alle Produkte eingestellt, die unterhalb des Knotens **Total** vorhanden sind.

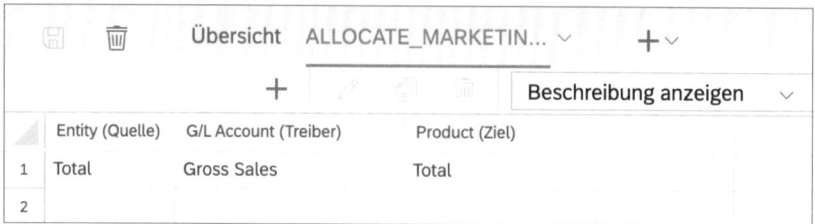

Abbildung 4.52 Allokationsregeln

Neue Allokations-
regel festlegen

Eine neue Allokationsregel wird über die Schaltfläche ⊞ (**Hinzufügen**) hinzugefügt. Über diese Schaltfläche wird der Dialog zur Definition von Allokationsregeln geöffnet (siehe Abbildung 4.53).

Allokationsregel erstellen

Quelle 🔍	Treiber 🔍	Ziel 🔍
⌄ ◯ Entity	⌄ ◯ Finance	⌄ ◼ Product
◯ Not In Hierarchies	⌄ ◯ Operating Income	☐ Not In Hierarchies
⌄ ⦿ Total	⌄ ◯ Gross Profit	⌄ ☑ Total
⌄ ◯ EMEA	⌄ ◯ Net Revenue	⌄ ☑ Cruise
◯ BestBikes GmbH	⌄ ◯ Gross Revenue	☑ C900 BIKE
◯ Alpine Bikes Switzerland	⦿ Gross Sales	☑ C950 BIKE
⌄ ◯ Americas	◯ Retail Returns	☑ C990 Bike
◯ BestBikes Inc.	⌄ ◯ Discounts	☑ eBike E101
◯ Bicicletas Americanas	◯ Pricing Adjustments	☑ eBike E102
⌄ ◯ APJ	◯ Sale Allowances	☑ eBike E103
◯ China Bikes Ltd	◯ Sales Discounts - Other	⌄ ☑ Mountain
◯ Nippon Bikes	◯ Sales Markdowns	☑ M525e
◯ Unassigned	⌄ ◯ Cost of Goods Sold	☑ M550e
	◯ Raw Materials	☑ M600 eBike
	····	☑ M700 eBike

Ausgewählte Allokationsregeln

Quellelement	Treiberelement	Ziel
Total ⊗	Gross Sales ⊗	Total ⊗

Erstellen   Abbrechen

Abbildung 4.53 Allokationsregel erstellen

Treiber definieren

Der Dialog ermöglicht die Auswahl der Elemente für Quelle, Treiber und
Ziel. Zunächst definieren Sie das Element der Quelle, dessen Wert auf die
Zielelemente verteilt werden soll. Der Treiber definiert die Kennzahl, die als
Referenzgröße zur Ermittlung der Anteile der jeweiligen Zielelemente an der
Gesamtsumme des zu verteilenden Wertes verwendet wird. Im Beispiel

wird **Gross Sales** als die zu verwendende Referenzgöße ausgewählt. Sobald die notwendigen Allokationsregeln definiert sind, ist die Konfiguration des Allokationsschrittes abgeschlossen. Der Allokationsschritt kann nun verwendet werden. Dies kann zum einen über die Ausführung des Allokationsprozesses über das entsprechende Menü in der Story geschehen oder durch Einbinden des Allokationsschrittes in eine Datenaktion.

4.5.3   Allokationsschritte in Datenaktionen

In einer Datenaktion können Sie einen zuvor definierten Allokationsschritt als Teilschritt der Datenaktion hinzufügen. Einen Schritt vom Typ **Allokation** fügen Sie über die Werkzeugleiste in der Entwurfsumgebung für Datenaktionen über die Schaltfläche ⟪⟫ (**Allokationsschritt hinzufügen**) hinzu. Nach dem Hinzufügen des Schrittes erscheint dieser in der Liste der Schritte der Datenaktion auf der linken Seite der Entwurfsumgebung. Durch die Auswahl des Schrittes erscheint die Konfiguration für diesen Schritt (siehe Abbildung 4.54).

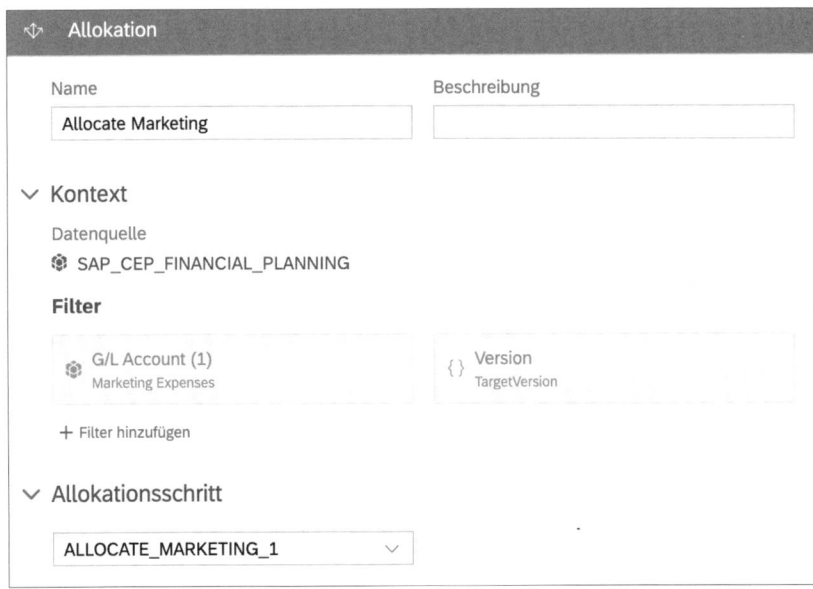

Abbildung 4.54 Konfiguration der Allokation in der Datenaktion

Neben dem Namen und der Beschreibung des Schrittes können Sie Einstellungen in zwei Bereichen vornehmen:

- **Kontext**
  In diesem Abschnitt können Sie den Datenbereich einschränken, für den der Allokationsschritt zur Anwendung kommt. Dabei werden die Filter-

Allokationsschritt
konfigurieren

einstellungen, die bereits bei der Definition des Allokationsschrittes vorgenommen worden sind, übernommen.

- **Allokationsschritt**
  Über eine Auswahlbox selektieren Sie den Allokationsschritt, den Sie in die Datenaktion einbinden möchten.

Durch das Einbinden des Allokationsschrittes kann die Allokation als Teil der Datenaktion ausgeführt werden. Das Ausführen der Datenaktion und somit der Allokation erfolgt über den Standardmechanismus des Auslösers innerhalb der Story.

> **Erstellung des Allokationsschrittes**
>
> Beachten Sie, dass der Allokationsschritt selbst nicht in der Entwurfsumgebung für Datenaktionen erstellt wird. Es wird vielmehr ein im System vorhandener Allokationsschritt in die Datenaktion eingebunden.

4.5.4   Allokationen ausführen

In den vorangehenden Abschnitten haben Sie gelernt, wie Sie Allokationen erstellen. Sie können nun Allokationen auf zwei unterschiedliche Arten in der Story anstoßen:

- Sie können den *Allokationsprozess* ausführen.
- Sie können die *Datenaktion* ausführen.

Zunächst soll Variante 1, also das Ausführen eines Allokationsprozesses, beschrieben werden. Über die Schaltfläche ⬇⌄ (**Zuordnen**) in der Werkzeugleiste der Story können Sie das Allokationsmenü aufrufen (siehe Abbildung 4.55).

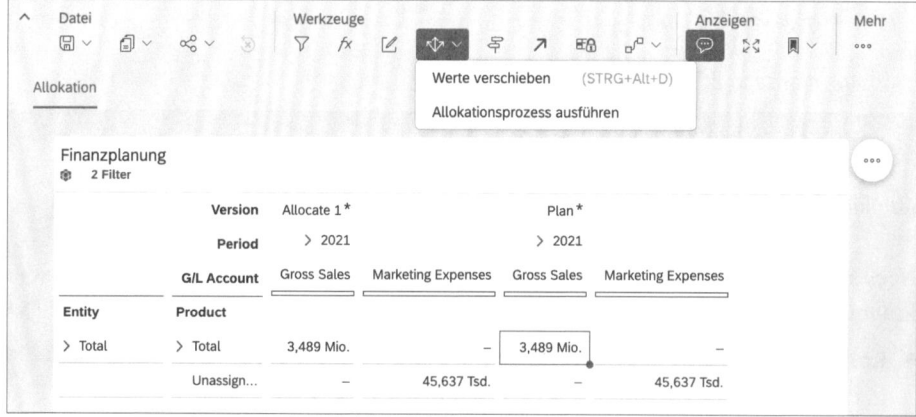

Abbildung 4.55 Allokationsmenü der Story

Mit einem Klick auf den Menüeintrag **Allokationsprozess ausführen** können Sie den gewünschten Allokationsprozess auswählen und zur Ausführung bringen.

Allokationsprozess
in der Story
ausführen

Die zweite Option zur Ausführung eines Allokationsschrittes besteht darin,
eine Datenaktion auszuführen, die den Allokationsschritt enthält. Die Datenaktion wird, wie bereits in Abschnitt 4.2.3, »Datenaktion ausführen«, dargestellt, über einen Auslöser in der Story ausgeführt.

4.6   Erweiterte Formeln

Mit *erweiterten Formeln* stellt SAP Analytics Cloud eine Möglichkeit zur Verfügung, komplexe Berechnungen und Datentransformationen zu implementieren. Erweiterte Formeln können als Verarbeitungsschritt in eine Datenaktion eingebunden werden.

In der Entwurfsumgebung für Datenaktionen können Sie über die Schaltfläche ▣ (**Erweiterten Formelschritt hinzufügen**) der Werkzeugleiste eine erweiterte Formel zur Datenaktion hinzufügen. Nach einem Klick auf diese
Schaltfläche erscheint diese Option in der Liste der Schritte der Datenaktion
auf der linken Seite der Entwurfsumgebung. Wenn Sie diesen Schritt auswählen, erscheint das Konfigurationsfenster **Erweiterte Formeln** (siehe Abbildung 4.56).

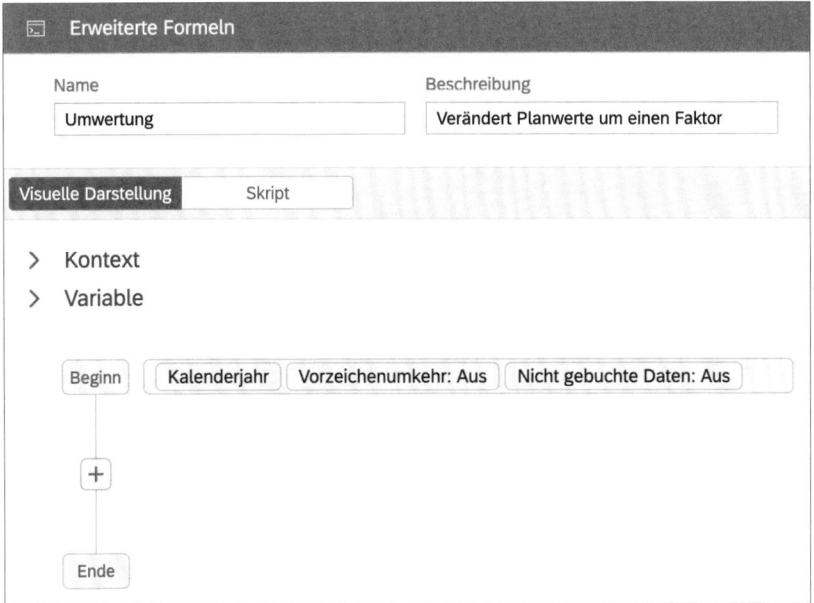

Abbildung 4.56 Erweiterte Formel konfigurieren

Neben den grundlegenden Informationen wie Name und Beschreibung des Verarbeitungsschrittes in den gleichnamigen Feldern können Sie in dem Konfigurationsfenster die eigentliche Definition der erweiterten Formel konfigurieren. Dabei kann eine erweiterte Formel auf zwei unterschiedliche Arten definiert werden:

- **Visuelle Darstellung**
  Die erweiterte Formel wird über einen grafischen Editor definiert.

- **Skript**
  Die erweiterte Formel wird mit Skriptbefehlen in einem Skripteditor definiert.

Im Folgenden wird das Konzept der erweiterten Formeln anhand eines einfachen Beispiels vorgestellt. Dazu kommen wir auf die Datenaktion aus Abschnitt 4.3, »Kopierschritt«, zurück. Diese Datenaktion implementiert eine Kopieroperation, mit der Sie eine Planversion aus vergangenen Istwerten initialisieren können.

Diese Datenaktion soll um einen Schritt erweitert werden, der es ermöglicht, die neuen Planwerte nach der Kopie pauschal um einen gewissen Prozentsatz zu erhöhen oder zu erniedrigen. Dieser Prozentsatz soll dabei vom Benutzer über einen Parameter zum Ausführungszeitpunkt der Datenaktion angegeben werden können.

Hierzu wird die Datenaktion um einen numerischen Parameter erweitert (siehe Abbildung 4.57).

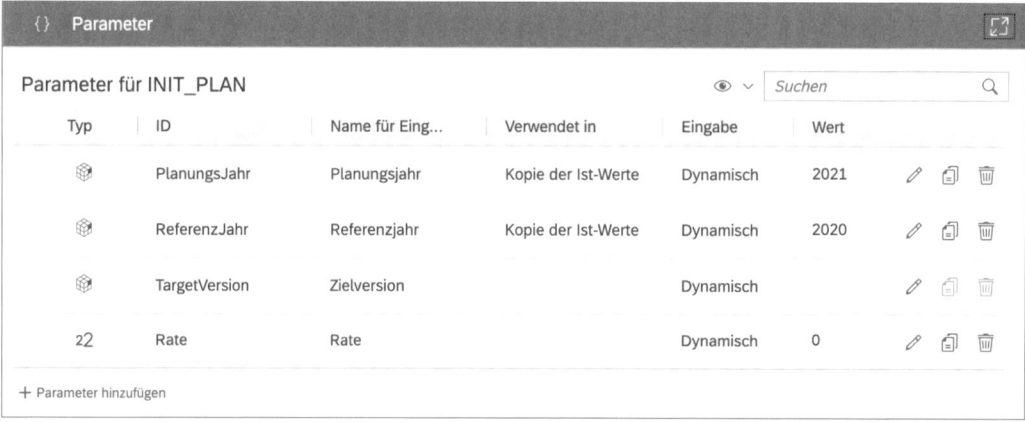

Abbildung 4.57 Parameter der Datenaktion mit zusätzlicher Rate

4.6.1   Visuelle Darstellung

In einem ersten Schritt soll die Formel zur Berechnung der neuen Planwerte mithilfe der grafischen Darstellung in der Entwurfsumgebung erzeugt werden. Wie bereits aus Abbildung 4.56 ersichtlich, besteht der grafische Editor für erweiterte Formeln aus drei Bereichen:

Defintion über grafischen Editor

- **Kontext**
  Hier kann analog zu den anderen Schritten der Datenbereich über Filter selektiert werden, auf dem die erweiterte Formel operiert.
- **Variable**
  Hier können lokale Variablen, d. h. temporäre Dimensionselemente oder numerische Variablen definiert werden, um Zwischenergebnisse zu speichern.
- **Formeldefinition**
  In diesem Bereich wird die eigentliche Berechnungsvorschrift der erweiterten Formel definiert.

Als Erstes wollen wir den Kontext für die erweiterte Formel definieren. Da die Werte in einem ersten Schritt aus dem Referenzjahr ins Planjahr kopiert wurden, soll die erweiterte Formel nur diese verändern. Die Dimension **Date** wird deshalb über einen Filter eingeschränkt.

Kontext einer erweiterten Formel festlegen

Wie Sie es schon bei den anderen Operationen gesehen haben, kann auch bei erweiterten Formeln die Filterdefinition entweder statisch durch eine explizite Angabe der Dimensionselemente erfolgen oder unter der Verwendung von Parametern flexibler gehalten werden. Da in diesem Fall schon ein Parameter für das Planungsjahr existiert, soll dieser auch hier verwendet werden.

Abbildung 4.58 Parameter zum Filtern der Dimension »Date« auswählen

Im Bereich **Kontext** können Sie über die Schaltfläche **Filter hinzufügen** einen neuen Filter erzeugen. Nach der Auswahl der Dimension **Date** erscheint das Auswahlfenster aus Abbildung 4.58.

Da nicht unbedingt alle Kennzahlen durch den Faktor erhöht werden sollen, ist es sinnvoll, auch die Dimension vom Typ **Konto** über einen Filter auf die relevanten Kennzahlen einzuschränken. Abbildung 4.59 zeigt die fertige Definition des Kontextes für die erweiterte Formel.

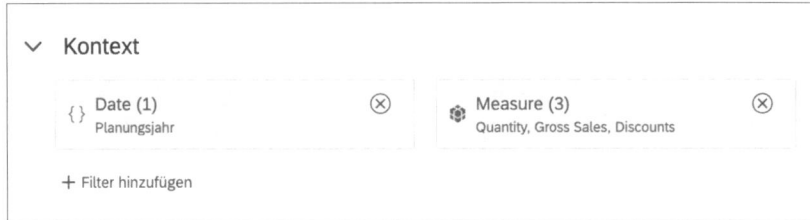

Abbildung 4.59 Kontext für die erweiterte Formel

Als Nächstes soll die eigentliche Definition der Berechnungsvorschrift erläutert werden. Die eigentliche Berechnung ist mathematisch relativ simpel:

$$\text{Wert}_{neu} = \text{Wert}_{alt} \times (1{,}0 + \text{faktor})$$

Berechnungsvorschrift grafisch definieren Der neue Wert ergibt sich aus dem alten Wert, multipliziert mit eins plus den Faktor, der über den Parameter definiert ist. Diese Berechnung wird im Definitionsbereich der visuellen Entwurfsumgebung implementiert (siehe Abbildung 4.60).

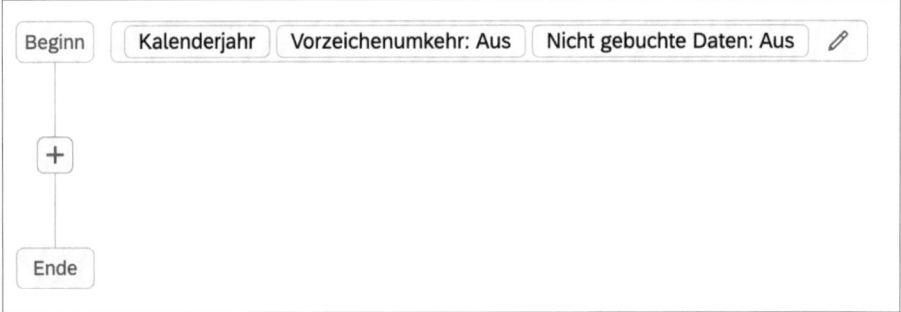

Abbildung 4.60 Visueller Definitionsbereich der erweiterten Formel

Operationen im grafischen Editor Zwischen **Beginn** und **Ende** können Sie mehrere Operationen einfügen, die die gewünschte Berechnung realisieren. Es gibt die folgenden verschiedenen Operationstypen:

- **Berechnung**

  Diese Operation implementiert eine Berechnung. Die Definition der Berechnung besteht aus zwei Bestandteilen, dem *Ziel*, d. h. den Koordinaten im Datenwürfel, an die das Ergebnis der Berechnung geschrieben wird, und der *Expression*, d. h. der Berechnungsvorschrift. Die Berechnungsvorschrift kann aus drei Teilelementen zusammengesetzt werden:

  - **Quellwert**: Diese Teiloperation liest einen Wert aus dem Datenwürfel unter optionaler Angabe der Koordinaten, d. h. der Merkmalsausprägungen der einzelnen Dimensionen.

  - **Mathematischer Ausdruck**: Dabei handelt es sich um Standardfunktionen der Mathematik oder auch um Klammerausdrücke sowie die Grundrechenarten.

  - **Eingabefeld**: Dieses Element bestimmt einen numerischen Wert, entweder durch die Angabe einer numerischen Konstante oder durch den Verweis auf einen Parameter des Typs **Wert**.

- **Wiederholen**

  Diese Operation fügt eine Schleife zur erweiterten Formel hinzu. Die Anweisungen innerhalb des Schleifenblocks werden wiederholt ausgeführt. Hierbei ist zu beachten, dass die Schleife nicht über einen numerischen Zähler iteriert, sondern über die Elemente einer oder mehrerer Dimensionen, die beim Hinzufügen der Schleife angegeben werden müssen.

- **Bedingung**

  Fügt einen Block mit bedingter Ausführung hinzu. Der Block wird nur dann ausgeführt, wenn die Bedingung erfüllt ist. Bedingungen werden auf den Elementen der Dimensionen definiert.

- **Löschen**

  Löscht einen Wert. Die Koordinaten des zu löschenden Wertes im Datenwürfel können hierbei angegeben werden, um den Datenpunkt adressieren zu können.

- **Kommentar**

  Fügt einen Kommentar zur Erläuterung hinzu. Der Kommentar hat rein informativen Charakter und nimmt keinen Einfluss auf die Ausführung der erweiterten Formel.

Eine neue Operation können Sie durch Anklicken der Schaltfläche ⊞ (**Hinzufügen**) hinzufügen. Der Vorgang ist auch noch einmal in Abbildung 4.61 dargestellt.

Operation hinzufügen

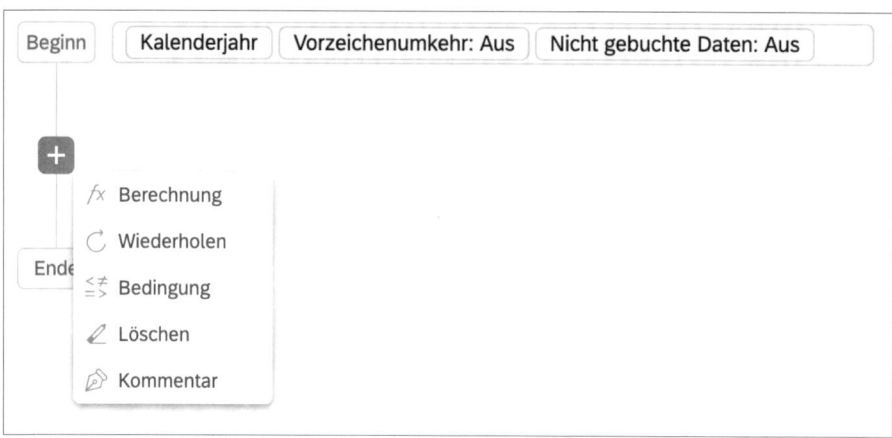

Abbildung 4.61 Operation zur erweiterten Formel hinzufügen

Bestandteile einer Operation Die Berechnung aus dem Beispiel ist als erweiterte Formel in Abbildung 4.62 dargestellt. Dabei besteht die Berechnung konzeptionell aus drei Teilschritten. Im ersten Schritt wird ein Wert aus dem Datenwürfel gelesen. Im zweiten Schritt fließt dieser Wert in eine mathematische Berechnung ein, in diesem Fall in die Multiplikation mit einem Faktor. Im dritten Schritt wird das Ergebnis der Berechnung wieder in den Datenwürfel zurückgeschrieben. Das Lesen aus dem Datenwürfel ist hier über den Block **Quelle** und das Zurückschreiben über den Block **Ziel** visualisiert.

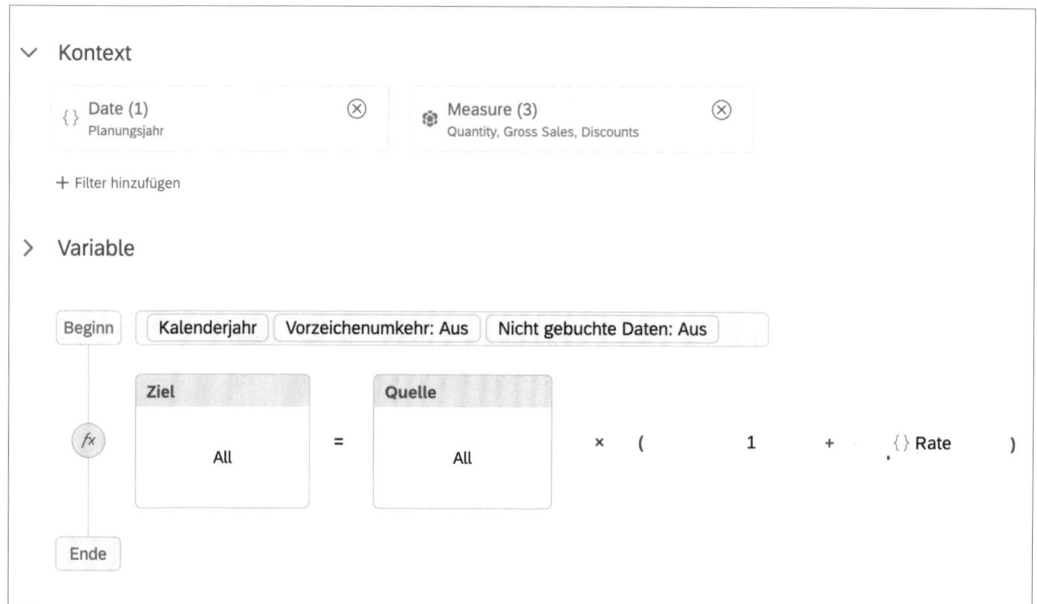

Abbildung 4.62 Beispielberechnung in visueller Darstellung

Da es sich hier um Lese- und Schreibvorgänge im Zusammenhang mit einem mehrdimensionalen Datenmodell handelt, können zur genauen Spezifikation der Koordinaten im Datenwürfel die Merkmalsausprägungen in den Blöcken angegeben werden. In dem obigen Beispiel werden keine expliziten Dimensionselemente für Quelle und Ziel angegeben. Dies bedeutet, dass die Operationen für alle Zellen des Datenwürfels ausgeführt werden, die über die Kontextdefinition in die Verarbeitung einbezogen sind. Da die Dimensionsangaben für Quelle und Ziel darüber hinaus identisch sind, wird der neue Wert in dieselbe Zelle des Datenwürfels geschrieben, aus der der alte Wert gelesen wird.

Mengenorientierte Datenverarbeitung

Die Abarbeitung der Operationen in SAP Analytics Cloud folgt einer mengenorientierten Datenverarbeitung. Die Syntax der erweiterten Formeln sollte nicht dahingehend interpretiert werden, dass die Anweisungen sequenziell auf den einzelnen Datenbanksätzen erfolgen.

4.6.2   Skriptbasierte Darstellung

Neben dem Erstellen erweiterter Formeln über den visuellen Editor können Sie auch einen skriptbasierten Ansatz verfolgen und die erweiterte Formel rein über Skript definieren. Im Konfigurationsfenster der erweiterten Formel können Sie über die Registerkarten **Visuelle Darstellung** und **Skript** zwischen der grafischen und der skriptbasierten Variante wechseln. Sie können auch mit dem visuellen Editor beginnen und dann das vom System generierte Skript durch Wechsel der Registerkarte anschauen. Für unser Beispiel ist dies in Abbildung 4.63 dargestellt.

Wechsel zwischen grafischer und textueller Darstellung

```
    Visuelle Darstellung          Skript

 1  CONFIG.TIME_HIERARCHY  =  CALENDARYEAR

 2  CONFIG.FLIPPING_SIGN_ACCORDING_ACCTYPE  =  OFF

 3  CONFIG.GENERATE_UNBOOKED_DATA  =  OFF

 4  MEMBERSET [d/CALMONTH]  =  ( BASEMEMBER ( [d/CALMONTH] . [h/YQM] , %PlanungsJahr% ))

 5  MEMBERSET [d/MEASURE]  =  ( "QUANTITY" , "GROSS_SALES" , "DISCOUNTS" )

 6

 7  DATA ()  =  RESULTLOOKUP ()  *  ( 1 +  %Rate% )
```

Abbildung 4.63 Aus der visuellen Darstellung generiertes Skript

Im Fall einer visuell erstellten Formel ist es auch möglich, weitere Änderungen im Skript vorzunehmen. Der Weg von einer skript-basierten Definition zurück zur visuellen Darstellung war zum Zeitpunkt der Drucklegung dieses Buches allerdings nicht möglich.

Aufbau einer erweiterten Formel

Am Beispiel des generierten Skriptes aus Abbildung 4.63 lässt sich der prinzipielle Aufbau eines Skriptes zur Definition einer erweiterten Formel veranschaulichen. Ein Skript besteht dabei in der Regel aus drei Blöcken:

- Konfigurationsoptionen
- Kontextdefinition
- Formeldefinition

Die drei Blöcke und deren Funktion werden im Folgenden kurz beschrieben.

Konfigurationsoptionen

Handhabung nicht existierender Werte

Über die Konfigurationsoptionen können Sie Parameter setzen, die die Ausführung der erweiterten Formel steuern. Konfigurationsparameter beginnen mit dem Schlüsselwort CONFIG, gefolgt von einem Punkt und dem Parameternamen.

Details dieser Optionen finden Sie in der Kontexthilfe des Skripteditors. Eine Option soll an dieser Stelle jedoch etwas genauer betrachtet werden: Der Parameter GENERATE_UNBOOKED_DATA legt fest, wie das System auf nicht existierende Werte reagiert. Beim Lesen aus dem Datenwürfel kann über die Angabe der Dimensionselemente auf eine bestimmte Zelle des Datenwürfels zugegriffen werden.

Es kann jedoch gut sein, dass für die angegebene Zelle kein Wert gespeichert ist. In diesem Fall zieht SAP Analytics Cloud den Parameter GENERATE_UNBOOKED_DATA heran, um zu entscheiden, ob ein Wert, in diesem Fall dann numerisch null, ins Ziel geschrieben werden oder nichts geschrieben werden soll. In der Regel wird dieser Parameter auf **OFF** gesetzt, was zur Folge hat, dass für den Fall keine Werte geschrieben werden, dass eine Lese-Operation keinen Wert zurückliefert. Dies ist gleichzeitig auch das Standardverhalten im Falle, dass der Parameter nicht gesetzt ist.

Kontextdefinition

MEMBERSET – Definition

Auf die Konfigurationsoptionen folgt in der Regel die Kontextdefinition, über die der Datenbereich eingeschränkt werden kann, auf dem die erweiterte Formel angewendet wird. Die Kontextdefinition erfolgt über das Schlüsselwort MEMBERSET. Über diesen Befehl lassen sich die Elemente der angegebenen Dimension einschränken. Dies wirkt analog zu den Filterdefinitionen, die wir bereits bei den anderen Operationen innerhalb der Daten-aktion gesehen haben.

Wie Sie im Falle der Dimension **Date** im Beispiel in Abbildung 4.63 sehen können, kann auch die Hierarchie einer Dimension zur Definition des Filters herangezogen werden. Im Beispiel wird der Befehl BASEMEMBER verwendet, um alle Elemente unterhalb des Knotens zu filtern, der über den Parameter PlanungsJahr angegeben wird.

Eine Dimension kann dabei auch über die Verwendung von Attributen eingeschränkt werden. Im weiteren Verlauf des Kapitels erhalten Sie hierzu noch Beispiele.

Kontextdefinition über Hierarchie-knoten oder Attribute

Formeldefinition

Im Anschluss an die Kontextdefinition erfolgt die Definition der eigentlichen erweiterten Formel, d. h. der auszuführenden Berechnungen. Zwei Befehle spielen dabei eine zentrale Rolle: DATA und RESULTLOOKUP.

Datenzugriffs-befehle DATA und RESULTLOOKUP

Die Funktion dieser Befehle soll daher noch einmal genauer erläutert werden. Zum besseren Verständnis dieser Befehle ist es hilfreich, sich zu vergegenwärtigen, dass das zugrunde liegende Datenmodell in SAP Analytics Cloud eine mehrdimensionale Struktur besitzt, die sich über das Konzept des Datenwürfels veranschaulichen lässt. Kapitel 2, »Datenmodellierung«, zur Datenmodellierung erläutert diese Konzepte im Detail.

Beim Zugriff auf die einzelnen Zellen eines Datenwürfels, egal ob lesend oder schreibend, müssen die Koordinaten der Zelle eindeutig bestimmt sein. Die Koordinaten eines Datenpunktes werden dabei durch die Elemente der jeweiligen Dimensionen bestimmt.

Über den Befehl DATA können Sie das Ergebnis einer Berechnung in die Zelle des zugrunde liegenden Datenwürfels schreiben und mit RESULTLOOKUP den Wert eines Datenpunktes lesen. Um die Funktionsweise dieser beiden Befehle besser zu verstehen, hilft es sich vorzustellen, dass die angegebene Berechnung für jeden Punkt des Datenwürfels, der in der Definition des Kontextes enthalten ist, parallel durchgeführt wird. Dabei ergeben sich die Koordinaten für die Lese- und Schreiboperation der Berechnung implizit durch den jeweils betrachteten Datenpunkt. Kann die Berechnung also für jeden Punkt des Datenwürfels isoliert durchgeführt werden, müssen Sie keine Parameter für DATA und RESULTLOOKUP angeben. Dies ist der Fall in unserem oben dargestellten Beispiel. In Fällen, in denen zur Berechnung eines Wertes aber noch andere Datenpunkte nötig sind, müssen die Koordinaten dieses zusätzlichen Datenpunktes explizit angeben werden. Dies ist der

Funktionsweise des Datenzugriffs

Grund, warum der Befehl RESULTLOOKUP die Angabe von Dimensionselementen über die Parameterliste ermöglicht.

Für den Befehl DATA gilt dies entsprechend. Soll das Ergebnis einer Berechnung nicht in die jeweilige Zelle des Datenwürfels zurückgeschrieben werden, kann durch die Angabe einer Dimensionsliste ein anderer Datenpunkt selektiert werden, der das Ergebnis aufnimmt.

Die Berechnung mit DATA und RESULTLOOKUP erfolgt immer auf dem gesamten Kontext. Folgen zwei Berechnungsbefehle, also zwei DATA-Befehle, hintereinander ist der erste Befehl auf dem gesamten Kontext bereits abgearbeitet, sobald der zweite Befehl ausgeführt wird.

Eine Abfolge von Berechnungen in einer erweiterten Formel erfolgt nicht einzelsatzbasiert. Die Befehle der erweiterten Formel stellen vielmehr mengenorientierte Befehle dar, die immer auf den gesamten Kontext angewandt werden.

DATA und RESULTLOOKUP stellen die beiden wichtigsten Datenzugriffsbefehle innerhalb einer erweiterten Formel dar. Die Datenzugriffsbefehle sind in Tabelle 4.3 zusammengefasst.

Darüber hinaus gibt es noch mit dem Befehl ATTRIBUTE die Möglichkeit, numerische Attributwerte von Dimensionselementen zu lesen. Für einen Überblick über die Details der Syntax zu den einzelnen Befehlen sei auf die Kontexthilfe im Skripteditor von SAP Analytics Cloud verwiesen.

Befehl	Beschreibung
DATA	Schreibt Werte in den Datenwürfel unter optionaler Angabe der Dimensionselemente.
RESULTLOOKUP	Liest Werte aus dem Datenwürfel unter optionaler Angabe der Dimensionselemente.
ATTRIBUTE	Liest den Attributwert eines Dimensions-elements. Der Attributwert muss numerisch sein.
LINK	Liest Werte aus einem anderen Datenmodell.
DELETE	Löscht Werte aus dem Datenwürfel.

Tabelle 4.3 Datenzugriffsbefehle

Neben den Datenzugriffsbefehlen gibt es weitere Kategorien von Befehlen, die beim Einsatz von erweiterten Formeln häufig Verwendung finden. Zunächst seien hier Befehle zur Steuerung des Kontrollflusses genannt. In den erweiterten Formeln steht mit FOREACH ein Schleifenbefehl zur Verfügung, der es ermöglicht, über die Elemente einer Dimension oder auch die Kombinationen mehrerer Dimensionen zu iterieren. Die Schleifendurchgänge erfolgen hier sequenziell, d. h., die Ergebnisse eines Durchlaufs stehen im nächsten Durchlauf zur Verfügung. Dies kann dann sinnvoll genutzt werden, wenn über die Elemente einer Dimension iteriert werden soll, die eine natürliche Sortierreihenfolge aufweist, wie Dimensionen vom Typ **Datum**. In diesen Fällen lassen sich so Ergebniswerte von einer Periode in die nächste Periode übertragen.

Die zweite Anweisung zur Steuerung des Kontrollflusses ist der Befehl IF…ELSEIF…ENDIF, der die bedingte Ausführung eines Anweisungsblockes ermöglicht. Bei den Kontrollflussbefehlen gilt ebenfalls, dass diese mengenorientiert arbeiten. Das bedeutet, dass die Zellen des Datenwürfels, die die Bedingung der IF-Anweisung erfüllen, im Block dieser Anweisung verarbeitet werden. Mit den Anweisungen zum Kontrollfluss erfolgt keine sequenzielle Einzelsatzverarbeitung. Tabelle 4.4 fasst die Anweisungen zusammen.

Befehl	Beschreibung
FOREACH … ENDFOR	Schleife über die Elemente einer oder mehrerer Dimensionen
IF … ELSEIF … ENDIF	bedingte Anweisung

Tabelle 4.4 Kontrollflussanweisungen

Die nächste wichtige Kategorie von Befehlen führt gleichzeitig das Konzept der lokalen Variablen in erweiterten Formeln ein. Die Befehle zur Definition von lokalen Variablen sind in Tabelle 4.5 zusammengefasst.

Lokale Variablen

Befehl	Beschreibung
FLOAT	Definiert eine lokale Fließkommavariable.
INTEGER	Definiert eine lokale Ganzzahlvariable.
VARIABLEMEMBER	Definiert ein temporär verfügbares Element in einer Dimension.

Tabelle 4.5 Befehle für lokale Variablen

Mit den Befehlen FLOAT und INTEGER können Sie lokale Variablen anlegen, um numerische Werte zu speichern, um sie später in Berechnungen zu verwenden. Der Befehl VARIABLEMEMBER dient dazu ein temporäres Element zu einer Dimension hinzuzufügen. Das Element ist temporär, weil es nur für die Dauer der Laufzeit der erweiterten Formel Bestandteil der Dimension ist. Dieses Element kann dann verwendet werden, um Zwischenergebnisse zu speichern. Ein häufiger Anwendungsfall besteht darin, eine Kennzahl über eine Menge von Elementen aufzusummieren und diesen aggregierten Wert dann einem temporären Element zuzuweisen. Der so gespeicherte kumulierte Wert kann in weiteren Schritten für Berechnungen verwendet werden. Weiter unten im Kapitel werden einige Beispiele für diese Technik gezeigt.

Betriebswirtschaft-
liche Funktionen
Eine weitere wichtige Kategorie von Befehlen stellen die speziellen betriebswirtschaftlichen Anweisungen aus Tabelle 4.6 dar. SAP Analytics Cloud stellt mit den Befehlen CARRYFORWARD und ELIMMEMBER in den erweiterten Formeln zwei Befehle für spezielle Anwendungsfälle bereit, die hauptsächlich im Bereich der Finanzplanung zum Einsatz kommen. Die CARRYFORWARD-Anweisung ermöglicht es, Werte aus einer Periode in die nächste Periode vorzutragen. Dies kommt insbesondere bei Konten im Rahmen der Bilanzplanung zum Einsatz, da bei Bilanzkonten neben der Veränderung der jeweiligen Periode auch Eröffnungs- und Schlusssalden erfasst werden. Der Befehl CARRYFORWARD erlaubt es, den Schlussbestand einer Periode in den Anfangsbestand der nächsten Periode zu übernehmen. Eine alternative Möglichkeit wäre hier der Einsatz einer FOREACH-Anweisung über die Zeitdimension. Mit CARRYFORWARD steht aber eine auf den Anwendungsfall zugeschnittene und performanceoptimierte Spezialfunktion zur Verfügung.

Eine weitere Spezialfunktion wird mit ELIMMEMBER bereitgestellt. Diese Funktion findet ebenfalls im Finanzplanungsbereich ihren Einsatz. Ein Anwendungsfall ist das Planen von Geschäftsvorfällen zwischen zwei Gesellschaften desselben Konzerns, wie z. B. gegenseitige Forderungen und Verbindlichkeiten. Auf der Ebene der Einzelgesellschaften ist es sinnvoll, Forderungen und Verbindlichkeiten auch gegenüber verbundenen Unternehmen zu planen und auszuweisen. Auf der Konzernebene sollen diese rein internen Geschäftsvorfälle allerdings herausgerechnet werden, um die Bilanz nicht fälschlicherweise aufzublähen. Um im Rahmen einer erweiterten Formel eine solche Eliminierungslogik implementieren zu können, kann die Funktion ELIMMEMBER eingesetzt werden, um für zwei Gesellschaften die Organisationseinheit innerhalb der Hierarchie der Teilgesellschaften zu ermitteln, auf der die Eliminierungsbuchungen ausgewiesen werden sollen. Hierbei handelt es sich dann um eine sogenannte einseitige Eliminierung.

Befehl	Beschreibung
CARRYFORWARD	Vortrag von Endbeständen in die nächste Periode
ELIMMEMBER	Ermittelt das Verrechnungselement für zwei Gesellschaften, die eine Intercompany-Beziehung unterhalten.

Tabelle 4.6 Betriebswirtschaftliche Funktionen

Eine weitere wichtige und umfangreiche Kategorie von Befehlen bilden die Anweisungen zur Datumsberechnung. Die meisten dieser Befehle werden in diesem Kapitel im Zusammenhang weiterer Beispiele erläutert.

Funktionen zur Datumsverarbeitung

Befehl	Beschreibung
DATEDIFF	Ermittelt die Länge des Zeitraumes zwischen zwei Datumsangaben.
DATERATIO	Ermittelt die Anzahl der überlappenden Tage zwischen einem Zeitraum und einem Monat und setzt diese ins Verhältnis zur Anzahl Tage des Monats.
DAY / MONTH / YEAR	Ermittelt Tag/Monat/Jahr eines Datums. Das Ergebnis wird als Zahl geliefert.
DAYSINMONTH/ DAYSINYEAR	Ermittelt die Anzahl der Tage in einem gegebenen Monat/Jahr.
FIRST / PREYEARLAST	Liefert ist die erste Periode des Jahres bzw. die letzte Periode des Vorjahres.
NEXT / PREVIOUS	Liefert die nächste/vorherige Periode.
PERIOD	Konvertiert einen String in einen Datumswert.
TODAY	Liefert das aktuelle Datum.

Tabelle 4.7 Datumsfunktionen

Als letzte Kategorie seien hier noch mathematische Standardfunktionen zu nennen, die neben den Grundrechenarten ebenfalls in Berechnungen herangezogen werden können. Tabelle 4.8 gibt einen Überblick.

Mathematische Formeln

Befehl	Beschreibung
ABS	Liefert den Absolutwert einer Zahl.
CEIL	Liefert die nächste Zahl mit den angegebenen Nachkommastellen, die größer oder gleich der angegebenen Zahl ist.
FLOOR	Liefert die nächste Zahl mit den angegebenen Nachkommastellen, die kleiner oder gleich der angegebenen Zahl ist.
LOG	Berechnet den natürlichen Logarithmus einer Zahl.
LOG10	Berechnet den Logarithmus zur Basis 10 einer Zahl.
MOD	Ermittelt den Rest einer Ganzzahldivision.
POWER	Berechnet die Potenz einer Zahl.
ROUND	Rundet einen Wert auf die angegebene Genauigkeit.
SQRT	Ermittelt die Quadratwurzel einer Zahl.
TRUNC	Schneidet die Dezimalstellen einer Zahl ab.

Tabelle 4.8 Mathematische Funktionen

4.6.3   Anwendungsbeispiele für erweiterte Formeln

In diesem Abschnitt sollen weitere Beispiele für die Anwendung erweiterter Formeln präsentiert werden. Der Schwerpunkt liegt dabei auf einer praxisnahen Demonstration der im vorangegangenen Abschnitt vorgestellten Befehle. Die Befehle sollen hier jeweils in einem Anwendungskontext präsentiert werden, um so die Funktion anschaulich zu erläutern und zu verdeutlichen, wie die jeweilige Funktion eingesetzt werden kann. Die präsentierten Beispiele haben alle einen realen Hintergrund, sind jedoch aufgrund einer klaren Präsentation auf das Wesentliche reduziert worden.

Personalkostenplanung

Planung des Personalbestands sowie der Kostentreiber

Das Beispiel behandelt einen Anwendungsfall aus dem Bereich der Personalkostenplanung. Abbildung 4.64 zeigt die Eingabemaske, über die pro Gesellschaft die Parameter des Plans erfasst werden. Der Endanwender ist in diesem Beispiel der jeweils für die Gesellschaft zuständige Controller, der innerhalb der Story die Planungswerte erfasst.

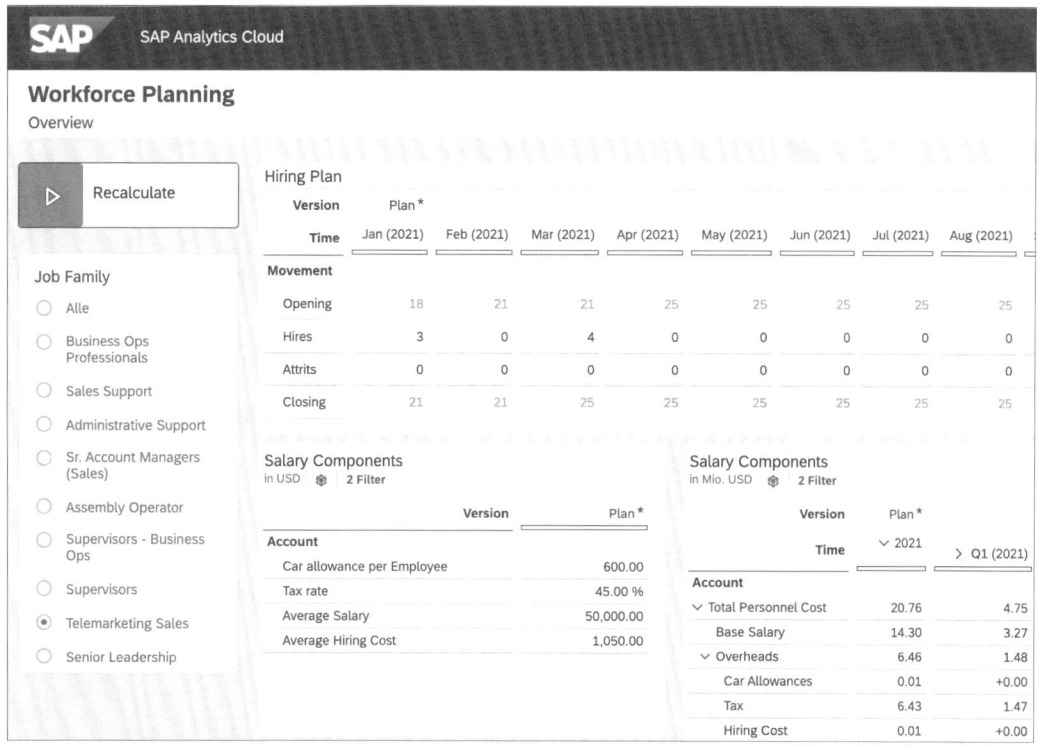

Abbildung 4.64 Personalkostenplanung

Hierbei werden im Wesentlichen die relevanten Kennzahlen auf der Ebene der Jobfamilie für jede Gesellschaft erfasst. Zum einen werden in der Tabelle **Hiring Plan** die geplanten Zu- und Abgänge im Laufe des Planjahres erfasst. Im unteren Teil der Story können in der linken Tabelle die Kostentreiber erfasst werden. Dies sind Parameter wie Durchschnittsgehälter pro Mitarbeiter für die jeweilige ausgewählte Jobfamilie oder zusätzliche Gehaltsbestandteile wie Zulagen zum Firmenwagen. Die relevanten Kennzahlen sind noch einmal in Tabelle 4.9 zusammengefasst und ihre hierarchische Struktur ist in Abbildung 4.65 dargestellt.

Oberfläche zur Erfassung der Planwerte

Bezeichnung	Beschreibung
Headcount	Mitarbeiterbestand
Personalkosten	
Base Salary	Grundgehalt
Car Allowances	Zulage Firmenwagen

Tabelle 4.9 Kennzahlen der Personalkostenplanung

Bezeichnung	Beschreibung
Personalkosten (Forts.)	
Tax	Steuern & Sozialabgaben
Hiring Cost	Zusatzkosten Einstellung
Plan-Parameter	
Car Allowance per Employee	Zulage Firmenwagen pro Mitarbeiter
Tax Rate	Abgabenrate (unterschiedlich pro Gesellschaft)
Average Salary	Durchschnittliches Gehalt (unterschiedlich pro Gesellschaft und Jobfamilie)
Average Hiring Cost	Durchschnittliche Kosten zum Einstellen eines neuen Mitarbeiters

Tabelle 4.9 Kennzahlen der Personalkostenplanung (Forts.)

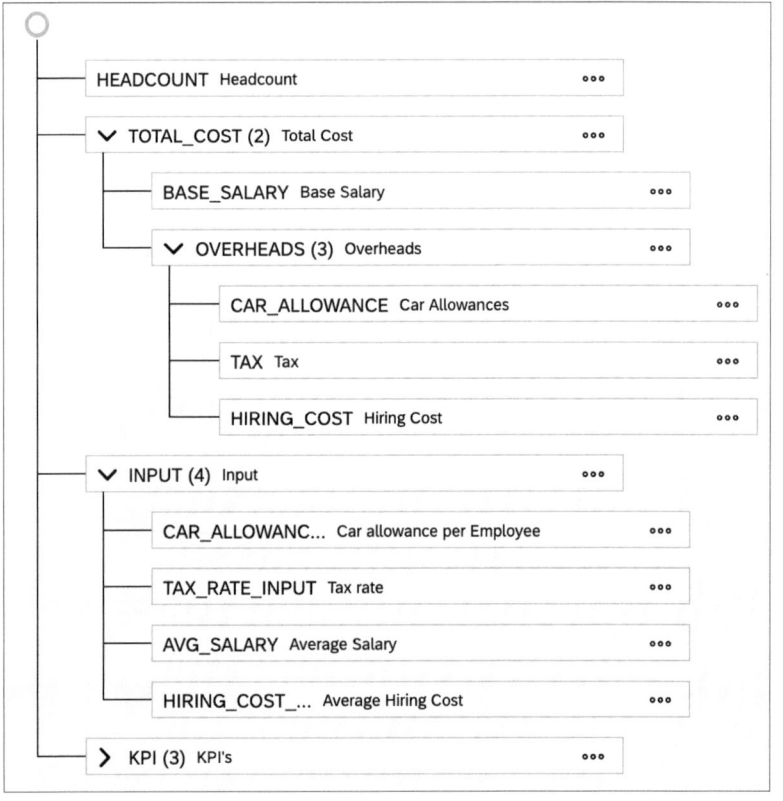

Abbildung 4.65 Hierarchische Struktur der Kennzahlen

Neben den Kennzahlen verfügt das Modell über die für die Personalplanung relevanten Dimensionen. Dies sind insbesondere die Dimensionen **Jobfamilie**, **Bestandsveränderung** und **Gesellschaft** als organisatorische Struktur, über die der Planungsprozess gesteuert wird. Die Dimensionen des Modells sind in Tabelle 4.10 zusammengefasst.

Datenmodell der Personalkosten-planung

Bezeichnung	Beschreibung
Version	Standarddimension zur Abgrenzung verschiedener Planversionen
Account	Dimension vom Typ **Konto** für die Kennzahlen der Personalplanung
Time	Zeitdimension mit der Granularität **Monat**
JobFamily	Dimension für die verschiedenen Jobfamilien
Audit	Dimension zum Nachvollziehen der unterschiedlichen Planungsschritte
Movement	Aufschlüsselung der Veränderung des Personalbestands
Entity	legale Gesellschaften

Tabelle 4.10 Dimensionen des Modells zur Personalkostenplanung

Die Dimension MOVEMENT zur Erfassung der Personalbestandsveränderung wird dazu verwendet, die Bestandskennzahl HEADCOUNT aufzuschlüsseln, um die Veränderungen im Personalbestand detaillierter darstellen zu können. Dies ist eine typische Vorgehensweise bei der Modellierung von Bestandskennzahlen wie HEADCOUNT oder auch bei Bilanzkonten. Die Elemente der Dimension sind in Tabelle 4.11 zusammengefasst.

Aufschlüsselung des Personalbestands

Bezeichnung	Beschreibung
None	Standardwert für alle Kennzahlen außer Headcount
Opening	Anfangsbestand
Hires	Zugänge
Terminations	Abgänge
Closing	Endbestand

Tabelle 4.11 Dimension zur Aufschlüsselung des Personalbestands

Berechnungen in
der Personalkosten-
planung

Nachdem alle Planparameter durch den Endanwender erfasst worden sind, sollen folgende Kennzahlen vom System errechnet werden:

- **Personalbestand**

  Da der Planer Zu- und Abgänge in den einzelnen Perioden erfasst, muss das System, ausgehend vom Anfangsbestand zu Beginn des Planjahres, die Anfangs- und Endbestände der einzelnen Perioden errechnen.

- **Personalkosten**

  Der Planer erfasst die einzelnen Kostentreiber als Durchschnittswerte pro Mitarbeiter. Auf der Grundlage dieser Werte und dem im ersten Berechnungsschritt ermittelten Personalbestand kann das System die Personalkosten ermitteln. Dabei werden die Personalkosten noch einmal in die verschiedenen Bestandteile wie Grundgehalt und weitere Gehaltsbestandteile untergliedert.

Die Berechnungen werden mit einer Datenaktion implementiert, die der Planer aus seiner Planungsmaske heraus über den Auslöser anstoßen kann. Die Datenaktion verfügt über zwei Schritte, die mithilfe von erweiterten Formeln die oben dargestellten Berechnungen umsetzen. Die Struktur der Datenaktion ist in Abbildung 4.66 dargestellt.

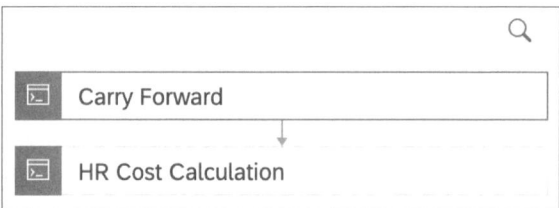

Abbildung 4.66 Datenaktion mit zwei Schritten

Vortrag des Perso-
nalbestands

Der erste Schritt implementiert den Saldovortrag, d. h. die Berechnung des Personalbestands zum Ende jeder Periode aus den Veränderungen, die sich durch Zu- und Abgänge während der Periode ergeben sowie dem Anfangsbestand, der sich wiederum aus dem Endbestand der Vorperiode ergibt. Die erweiterte Formel für diese Berechnung ist in Abbildung 4.67 dargestellt.

Der Saldovortrag wird über den Befehl CARRYFORWARD in Zeile 8 realisiert:

```
DATA() = CARRYFORWARD([d/
MOVEMENT] ,"OPENING" ,"CLOSING" ,"OPENING" + "HIRES"-"TERMINATIONS")
```

Abbildung 4.67 Erweiterte Formel für den Saldovortrag

Der Befehl wird mit den folgenden vier Parametern aufgerufen:

1. **Dimensionsname**
   Bezeichnet die Dimension, die die Bestandskennzahl verspiegelt. In diesem Beispiel ist dies die Dimension MOVEMENT.

2. **Eröffnungselement**
   Dimensionselement, das den Anfangsbestand einer Periode darstellt. Im Beispiel ist dies das Element OPENING.

3. **Abschlusselement**
   Dimensionselement, das den Endbestand der Periode darstellt. Im Beispiel ist dies das Element OPENING.

4. **Berechnungsausdruck**
   Ausdruck zur Berechnung des Abschlusselements der Periode. Im Beispiel ist dies OPENING + HIRES – TERMINATIONS.

CARRYFORWARD – Befehl

Der Befehl CARRYFORWARD setzt den folgenden Berechnungsvorgang um. Zuerst wird der Endbestand der vorangehenden Periode, der sich aus dem Abschlusselement (dritter Parameter) der Bewegungsdimension (erster Parameter) ergibt, in das Eröffnungselement (zweiter Parameter) der aktuellen Periode kopiert. Danach wird der Berechnungsausdruck (vierter Parameter) für die aktuelle Periode ausgewertet, um den Endbestand der Periode zu ermitteln. Dieser Endbestand wird auf das Abschlusselement (dritter Parameter) der aktuellen Periode kopiert. Die Datenpunkte, für die diese Berechnung durchgeführt wird, ergibt sich im Beispiel aus der Kontextdefinition der MEMBERSET-Befehle.

Bestandsvortrag durch FOREACH-Schleife

Alternativ könnte der Saldovortrag auch mithilfe des Befehls FOREACH implementiert werden. In diesem Fall sähe die erweiterte Formel folgendermaßen aus:

```
CONFIG.GENERATE_UNBOOKED_DATA = OFF

MEMBERSET [d/Account] = "HEADCOUNT"
MEMBERSET [d/Time] = "202101" TO "202112"
MEMBERSET [d/AUDIT] ="AT_SAC_CALC"
MEMBERSET [d/MOVEMENT] ="CLOSING"

FOREACH [d/Time]
    DATA([d/MOVEMENT]="OPENING") = RESULTLOOKUP(
    [d/MOVEMENT] = "CLOSING", [d/Time]=PREVIOUS())
    DATA([d/MOVEMENT]="CLOSING") =
    RESULTLOOKUP( [d/MOVEMENT] = "OPENING") +
     RESULTLOOKUP( [d/MOVEMENT] = "HIRES") - RESULTLOOKUP(
    [d/MOVEMENT] = "TERMINATIONS")
ENDFOR
```

Listing 4.1 Saldovortrag mit »FOREACH«-Schleife

Die erweiterte Formel implementiert im Wesentlichen dieselbe Berechnungslogik wie der Befehl CARRYFORWARD. Der entscheidende Befehl ist hier FOREACH, durch den erreicht wird, dass die einzelnen Perioden des Kontextes in einer definierten Reihenfolge, d. h. nacheinander bearbeitet werden. Im Schleifenblock wird dann als erster Schritt der Endbestand der vorangehenden Periode in den Anfangsbestand der aktuellen Periode kopiert. Hierbei wird eine dynamische Zeitselektion über den Befehl PREVIOUS vorgenommen. Der Befehl PREVIOUS ermittelt zur aktuellen Periode die vorangehende Periode. Danach wird aus dem Anfangsbestand der aktuellen Periode und den Veränderungen der Endbestand der Periode ermittelt und auf das Element CLOSING geschrieben.

Das Beispiel soll zeigen, welche Möglichkeiten es gibt, um mit Überträgen zwischen Perioden umzugehen, da dies einen häufigen Anwendungsfall in vielen Planungsszenarien darstellt. Nach Möglichkeit sollten Sie dabei, wenn immer möglich, der Funktion CARRYFORWARD den Vorzug geben, da diese Funktion speziell auf die Berechnung des Saldovortrags optimiert ist.

Ermittlung der Personalkosten

Ist der Personalbestand für jede Periode ermittelt worden, können im zweiten Schritt der Datenaktion die Personalkosten ermittelt werden. Diese ergeben sich im Wesentlichen aus den zuvor berechneten Personalbeständen der Periode sowie den manuell erfassten Planparametern. Abbildung 4.68

zeigt die Berechnung der Personalkosten über eine erweiterte Formel in visueller Darstellung.

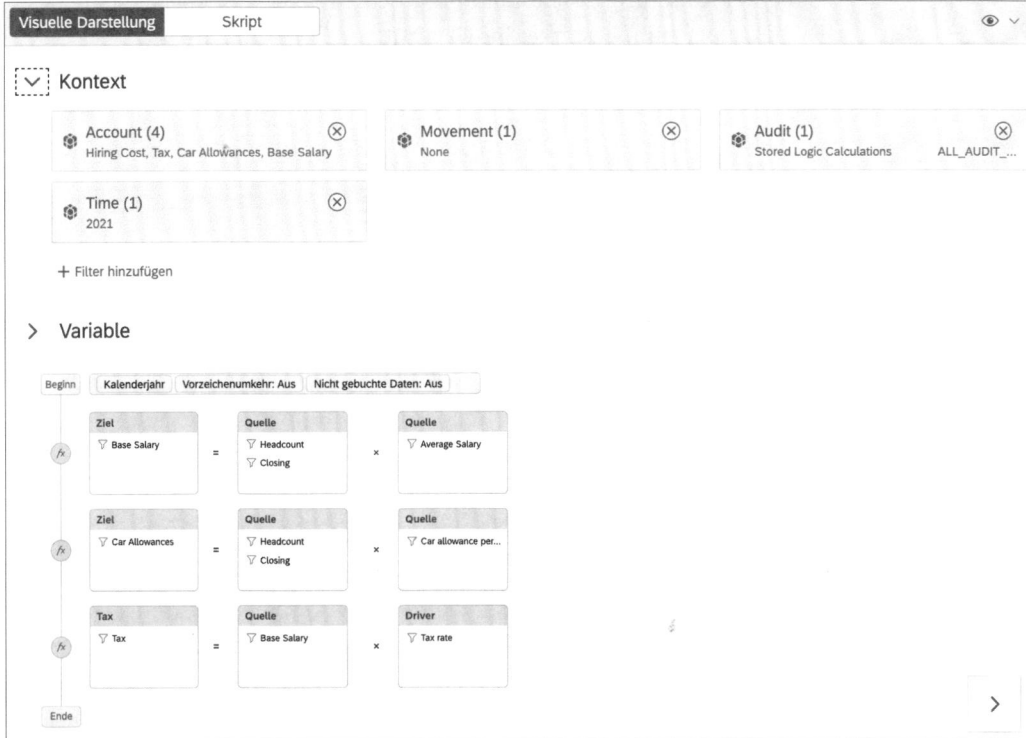

Abbildung 4.68 Erweiterte Formel für die Personalkostenberechnung

Die Personalkostenberechnung besteht aus drei Schritten: Als Erstes werden die Gehaltskosten berechnet, indem der Personalbestand mit dem Durchschnittsgehalt multipliziert wird. Im zweiten Schritt werden in einer analogen Berechnung die Zulagen zu den Dienstwagen errechnet, und als Letztes werden die Steuern aus den zuvor berechneten Gehaltskosten und dem Steuersatz ermittelt. Die betriebswirtschaftliche Korrektheit der hier dargestellten Berechnung ist hierbei nicht das vordergründige Thema. Es sollen vielmehr unterschiedliche Berechnungsverfahren für verschiedene Kennzahlen dargestellt werden. Die erweiterte Formel in Skriptdarstellung ist in Abbildung 4.69 gezeigt.

Über das Beispiel zur Personalplanung wurden Ihnen unterschiedliche Techniken zum Saldovortrag von Bestandskennzahlen sowie Möglichkeiten zur treiberbasierten Personalkostenermittlung über erweiterte Formeln an die Hand gegeben. Auch wurde angedeutet, dass Berechnungen über erweiterte Formeln eng mit der Struktur des zugrunde liegenden Modells zusammenspielen. Dies wurde insbesondere bei der Modellierung der Bestandskennzahlen durch eine zusätzliche Dimension zur Aufschlüsselung der Änderung des Bestands deutlich. Im nächsten Beispiel fällt dieser Aspekt noch einmal stärker ins Gewicht.

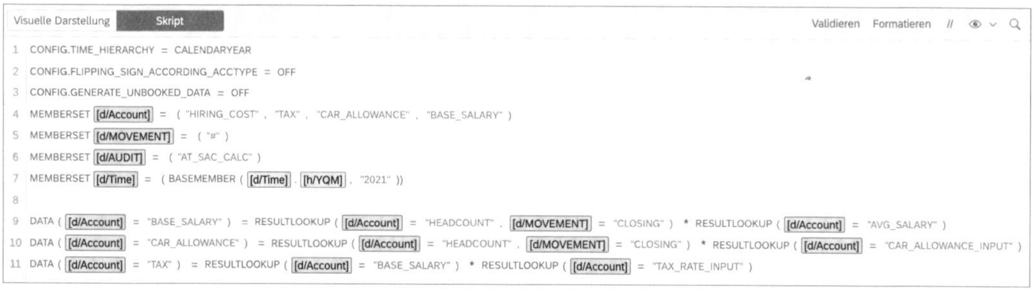

```
   Visuelle Darstellung      Skript                                                                    Validieren  Formatieren  //  ◉ ∨  Q

 1  CONFIG.TIME_HIERARCHY = CALENDARYEAR
 2  CONFIG.FLIPPING_SIGN_ACCORDING_ACCTYPE = OFF
 3  CONFIG.GENERATE_UNBOOKED_DATA = OFF
 4  MEMBERSET [d/Account] = ( "HIRING_COST" , "TAX" , "CAR_ALLOWANCE" , "BASE_SALARY" )
 5  MEMBERSET [d/MOVEMENT] = ( "#" )
 6  MEMBERSET [d/AUDIT] = ( "AT_SAC_CALC" )
 7  MEMBERSET [d/Time] = ( BASEMEMBER ( [d/Time] . [h/YQM] , "2021" ))
 8
 9  DATA ( [d/Account] = "BASE_SALARY" ) = RESULTLOOKUP ( [d/Account] = "HEADCOUNT" , [d/MOVEMENT] = "CLOSING" ) * RESULTLOOKUP ( [d/Account] = "AVG_SALARY" )
10  DATA ( [d/Account] = "CAR_ALLOWANCE" ) = RESULTLOOKUP ( [d/Account] = "HEADCOUNT" , [d/MOVEMENT] = "CLOSING" ) * RESULTLOOKUP ( [d/Account] = "CAR_ALLOWANCE_INPUT" )
11  DATA ( [d/Account] = "TAX" ) = RESULTLOOKUP ( [d/Account] = "BASE_SALARY" ) * RESULTLOOKUP ( [d/Account] = "TAX_RATE_INPUT" )
```

Abbildung 4.69 Personalkostenberechnung in der Skriptdarstellung

Projektkostenplanung und -verteilung

Verursachungsgerechte Verteilung der Projektkosten

Im nächsten Beispiel zum Thema der erweiterten Formeln soll ein Anwendungsfall aus dem Bereich der Finanzplanung betrachtet werden. In diesem Beispiel geht es um die verursachungsgerechte Zurechnung von geplanten Projektkosten auf die einzelnen Perioden des Projektzeitraums. Dabei soll eine Verrechnung aufgrund der tatsächlichen Anzahl an Werktagen pro Periode erfolgen. In diesem Beispiel kommen insbesondere die Funktionen zur Datumsberechnung zum Einsatz. Darüber hinaus wird gezeigt, wie man mit Techniken der Modellierung einen Werktagekalender aufbauen kann, der regionale Unterschiede wie Feiertage berücksichtigt. Außerdem kommen die Befehle zur Steuerung des Kontrollflusses zum Einsatz.

Stammdaten der Projekte

Abbildung 4.70 zeigt die einfach aufgebaute Story. In der oberen Tabelle sind die Stammdaten des Projekts sowie die geschätzten Gesamtkosten erfasst. Start- und Enddatum des Projekts sowie Kunde und Lokation sind dabei Projektattribute. Die geschätzten Gesamtkosten werden für die Periode, in der das Projekt beginnt, in einer eigenen Kennzahl erfasst. In diesem Fall soll angenommen werden, dass diese Informationen entweder importiert oder direkt im Rahmen des Planungsprozesses in SAP Analytics Cloud erzeugt worden sind. Neue Stammdaten, wie z. B. Projekte, können dabei entweder in der Modellierungsumgebung oder aber auch direkt in der Tabelle erzeugt werden (siehe Kapitel 3, »Planungsintegration in die Story«). In Kapitel 7, »Kundenindividuelle Planungsanwendungen«, über anwendungsspezifische Planungsanwendungen werden wir auf dieses Beispiel wieder zurückkommen und sehen, wie Sie mithilfe einer Analytic Application ein spezielles User Interface entwickeln können, das die Erfassung der Projektstammdaten für den Endanwender wesentlich erleichtert.

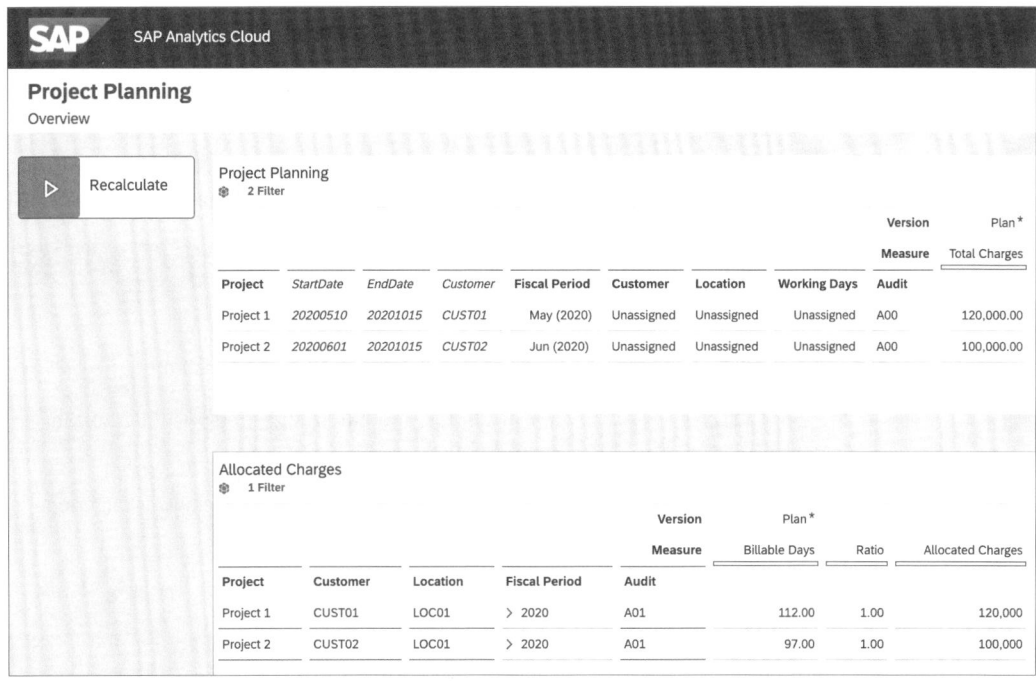

Abbildung 4.70 Projektkostenplanung

Bezeichnung	Bedeutung
StartDate	Datum des Projektbeginns
EndDate	Datum des voraussichtlichen Projektendes
ProjectDetails	erläuternder Text zu dem Projekt
Customer	Kunde, der das Projekt in Auftrag gegeben hat.
StartMonth	Periode, in der das Projekt beginnt
Location	Durchführungsort des Projekts

Tabelle 4.12 Attribute eines Projekts

Nachdem also die Projektstammdaten erfasst worden sind, sollen die Projektkosten auf die einzelnen Perioden innerhalb der Projektlaufzeit verteilt werden. Bei dieser Verteilung soll die Anzahl der tatsächlich fakturierbaren Tage berücksichtigt werden. Als fakturierbare Tage sollen hier die Werktage am Durchführungsort des Projekts gelten. Um diese Verteilung durchführen zu können, muss zunächst die Gesamtzahl der Werktage während der Projektlaufzeit ermittelt werden. Danach wird für jede Periode in der Pro-

Verteilung der Projektkosten über die Projektlaufzeit

jektlaufzeit ermittelt, wie viele Werktage der Projektlaufzeit auf die jeweilige Periode entfallen. Aus der Anzahl dieser Tage in Relation zur Gesamtanzahl der Werktage lässt sich dann der Anteil an den Gesamtkosten berechnen, der auf die jeweilige Periode entfällt und somit auch der absolute Wert der Projektkosten pro Periode. Die für diese Berechnung erforderlichen Kennzahlen sind in Tabelle 4.13 zusammengefasst.

Bezeichnung	Bedeutung
Total Charges	geplante Gesamtkosten des Projekts
Allocated Charges	auf Fiskalperioden verteilte Projektkosten
Billable Days	Anzahl der fakturierbaren Tage (entspricht der Anzahl der Werktage)
Ratio	Kennzahl zur Aufnahme des Anteils einer Fiskalperiode an der Gesamtprojektlaufzeit
Working Day	Kennzahl zur Erfassung, ob ein Tag ein Werktag ist oder nicht

Tabelle 4.13 Kennzahlen des Projektplanungsmodells

Abbildung eines Werktagekalenders

In der Liste der Kennzahlen fällt insbesondere die Kennzahl **Working Day** auf. Diese Kennzahl wird verwendet, um für jeden einzelnen Tag zu erfassen, ob es sich bei dem Tag um einen Werktag handelt oder nicht. Zu diesem Zweck enthält das Modell neben der eigentlichen Zeitdimension, die auf Fiskalperiode eingestellt ist, eine zusätzliche Dimension **WorkingDays**, deren Elemente die einzelnen Tage der Monate enthält (siehe Tabelle 4.14).

Bezeichnung	Bedeutung
Version	Standarddimension zur Abgrenzung unterschiedlicher Planversionen
Measure	Kennzahlen des Modells
Fiscal Period	Zeitdimension (Granularität Fiskalperioden)
Project	Dimension mit den einzelnen Projekten als Elemente
Customer	Auftraggeber der Projekte
Location	Durchführungsorte der Projekte

Tabelle 4.14 Dimensionen des Projektplanungsmodells

Bezeichnung	Bedeutung
WorkingDays	Dimension zur Abbildung eines Werktagekalenders
Audit	Dimension zur Nachvollziehbarkeit der Planungsschritte

Tabelle 4.14 Dimensionen des Projektplanungsmodells (Forts.)

Auf diese Weise lässt sich ein Werktagekalender aufbauen, der in Abbildung 4.71 dargestellt ist. Die Elemente der Dimension bilden die einzelnen Monatstage ab, und über die Kennzahl wird angezeigt, ob es sich um einen Werktag handelt (Wert 1) oder nicht (Wert 0).

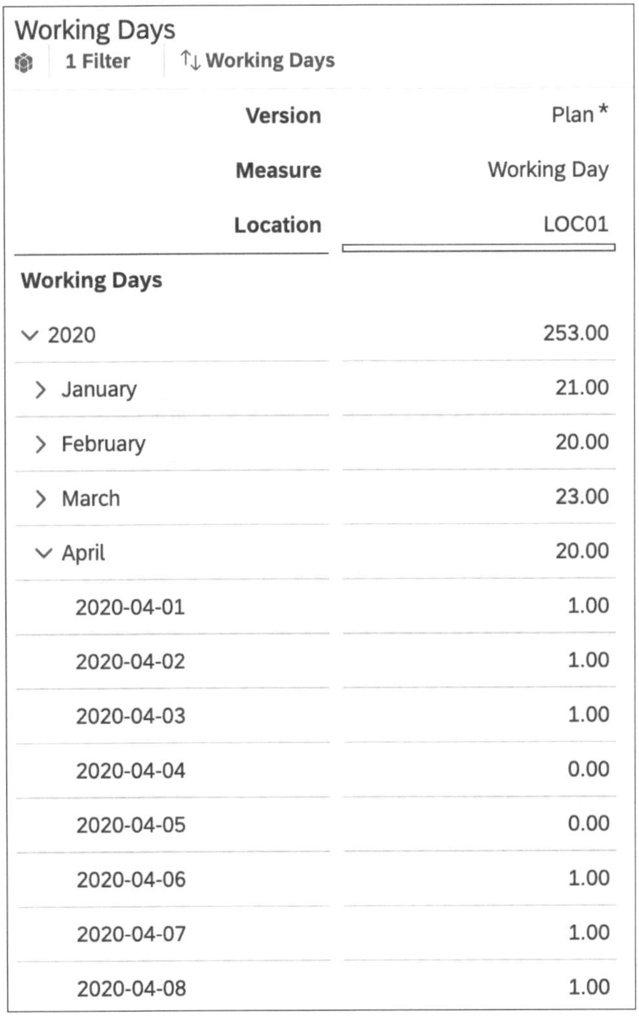

Working Days

1 Filter   ↑↓ Working Days

Version	Plan *
Measure	Working Day
Location	LOC01

Working Days	
⌄ 2020	253.00
⟩ January	21.00
⟩ February	20.00
⟩ March	23.00
⌄ April	20.00
2020-04-01	1.00
2020-04-02	1.00
2020-04-03	1.00
2020-04-04	0.00
2020-04-05	0.00
2020-04-06	1.00
2020-04-07	1.00
2020-04-08	1.00

Abbildung 4.71 Werktagekalender

Berücksichtigung
lokaler Feiertags-
regelungen Der Vorteil dieser Modellierungsvariante besteht darin, dass die Kennzahl noch nach weiteren Dimensionen untergliedert werden kann. Wie es aus Abbildung 4.71 ersichtlich ist, kann die Kennzahl unterschiedliche Werte je nach Durchführungsort annehmen. Dies ermöglicht es, lokale Feiertags-regelungen zu berücksichtigen. Die Werktage können hier entweder direkt in SAP Analytics Cloud wie in Abbildung 4.71 über eine Story gepflegt oder über eine Datei importiert werden.

	Element-ID ≜	Beschreibung	CALMONTH	YEAR	MONTH	DATE
1	#	Unassigned				
2	2020-01-01		202001	2020	January	2020-01-01
3	2020-01-02		202001	2020	January	2020-01-02
4	2020-01-03		202001	2020	January	2020-01-03
5	2020-01-04		202001	2020	January	2020-01-04
6	2020-01-05		202001	2020	January	2020-01-05
7	2020-01-06		202001	2020	January	2020-01-06
8	2020-01-07		202001	2020	January	2020-01-07
9	2020-01-08		202001	2020	January	2020-01-08
10	2020-01-09		202001	2020	January	2020-01-09
11	2020-01-10		202001	2020	January	2020-01-10
12	2020-01-11		202001	2020	January	2020-01-11
13	2020-01-12		202001	2020	January	2020-01-12
14	2020-01-13		202001	2020	January	2020-01-13
15	2020-01-14		202001	2020	January	2020-01-14
16	2020-01-15		202001	2020	January	2020-01-15

Abbildung 4.72 Elemente der Dimension »WorkingDays«

Abbildung 4.72 zeigt einen Ausschnitt der Stammdaten der Dimension **WorkingDays**. Bei dieser Dimension handelt es sich um eine sogenannte *generische Dimension*, die um eigene Attribute erweitert werden kann. So können Sie z. B. die Zuordnung einzelner Tage zu Monaten ändern.

Ergebnis der
Verteilung Die eigentliche Verteilung der Projektkosten anhand der Werktage auf die einzelnen Perioden erfolgt über eine Datenaktion. Das Ergebnis dieser Verteilung ist in Abbildung 4.70 in der unteren Tabelle dargestellt und wird in Abbildung 4.73 noch einmal im Detail gezeigt.

Project	Customer	Location	Fiscal Period	Audit	Version	Plan*		
					Measure	Billable Days	Ratio	Allocated Charges
Project 1	CUST01	LOC01	∨ 2020	A01		112.00	1.00	120,000
			∨ Q2 (2020)	A01		35.00	0.31	37,500
			May (2020)	A01		15.00	0.13	16,071
			Jun (2020)	A01		20.00	0.18	21,429
			∨ Q3 (2020)	A01		66.00	0.59	70,714
			Jul (2020)	A01		23.00	0.21	24,643
			Aug (2020)	A01		21.00	0.19	22,500
			Sep (2020)	A01		22.00	0.20	23,571
			∨ Q4 (2020)	A01		11.00	0.10	11,786
			Oct (2020)	A01		11.00	0.10	11,786
Project 2	CUST02	LOC01	> 2020	A01		97.00	1.00	100,000

Abbildung 4.73 Ergebnis der Verteilung

Wie aus der Abbildung zu erkennen ist, wurden die Projektkosten von 120,000 EUR für **Project 1** auf die Monate Mai bis Oktober verteilt (Kennzahl **Allocated Charges**). Der Verteilungsschlüssel ist die Kennzahl **Ratio**, die sich aus der Anzahl der Werktage der Periode ergibt, die im Projektzeitraum enthalten sind, sowie aus der Gesamtzahl der Werktage des Projektzeitraums, die sich für **Project 1** auf 120 Werktage beläuft. Eine Herausforderung hierbei ist der Umstand, dass ein Projekt in der Mitte eines Monats anfangen und enden kann, was hier auch der Fall ist. Die Anzahl der Werktage (Kennzahl **Billable Days**) entspricht daher nicht der Anzahl der Werktage des Monats, sondern nur der Anzahl der Tage, die auch tatsächlich vollständig im Projektzeitraum liegen.

Wie Sie aus Abbildung 4.73 auch ersehen können, werden bei der Verteilung der Projektkosten auch die entsprechenden Elemente der Dimensionen **Kunde** und **Lokation** aus den Attributwerten des Projekts abgeleitet. Zu Beginn werden die Gesamtkosten nur auf dem Projekt erfasst (siehe Abbildung 4.70).

Dimensionselemente aus Attributwerten ableiten

Die Datenaktion, die sowohl die Verteilung als auch die Merkmalsableitung aus den Projektattributen vornimmt, besteht aus den beiden Teilschritten **Clean** und **Allocate** (siehe Abbildung 4.74).

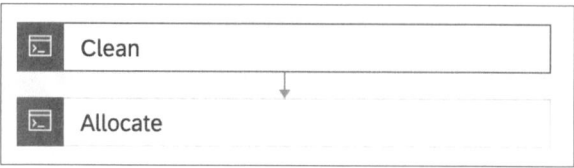

Abbildung 4.74 Schritte der Datenaktion

Bereits existierende Werte löschen Im ersten Schritt werden bereits existierende Werte für die Projekte gelöscht. Dies ist erforderlich, da im Rahmen einer Planung unter Umständen die Projektlaufzeit verändert wird. Wird diese verkürzt, reicht ein einfaches Überschreiben mit neuen Werten nicht aus. Das Skript der erweiterten Formel sieht dabei folgendermaßen aus:

```
MEMBERSET [d/PROJECT] = %Project%
MEMBERSET [d/AUDIT] = "A01"

DELETE()
```

Listing 4.2 Bereinigen der Daten vor der Neuverteilung

Dimension »Audit« zur Separation von Verarbeitungs-schritten Hier wird die Funktion DELETE zum Löschen von Bewegungsdaten aus dem Modell verwendet. Des Weiteren wird hier ein Parameter zur Selektion der zu verarbeitenden Projekte verwendet. Für den Parameter wurde die Kardinalität auf **Beliebig** eingestellt, um die Auswahl und Verarbeitung mehrerer Projekte in einem Durchlauf der Datenaktion zu ermöglichen. Außerdem ist zu beachten, dass hier nicht selektiv einzelne Kennzahlen gelöscht werden, sondern die komplette Datenscheibe für das Element A01 der Dimension **Audit**. Die Elemente der Dimension **Audit** werden verwendet, um manuelle Eingaben (Element A00) von Werten zu unterscheiden, die durch eine Datenaktion erzeugt werden (Element A01). Dies ermöglicht neben der besseren Nachvollziehbarkeit der einzelnen Verarbeitungsschritte eines Planungsprozesses eben auch Operationen wie diese.

Verteilung der Projektkosten Der zweite Schritt der Datenaktion berechnet dann die Verteilung der Projektkosten auf die einzelnen Perioden und nimmt eine Merkmalsableitung aus den Attributen des Projekts vor.

```
MEMBERSET [d/PROJECT] = %Project%
MEMBERSET [d/WORKINGDAYS].[p/YEAR] = "2020"

VARIABLEMEMBER  #TOTAL_MONTH OF [d/FISCPER]
VARIABLEMEMBER  #TOTAL_DAYS OF [d/MEASURE]

FOREACH [d/PROJECT]
```

```
  IF  DATEDIFF([d/PROJECT].[p/StartDate],
    [d/WORKINGDAYS].[p/DATE], "DAY" ) >= 0 THEN
    IF DATEDIFF([d/WORKINGDAYS].[p/DATE],
      [d/PROJECT].[p/EndDate], "DAY" ) >=0 THEN
        DATA([d/MEASURE]="IS_BILLABLE_DAY",
            [d/CUSTOMER]=[d/PROJECT].[p/Customer],
            [d/FISCPER]=[d/WORKINGDAYS].[p/CALMONTH],
            [d/LOCATION]=[d/PROJECT].[p/Location],
            [d/WORKINGDAYS]="#",[d/AUDIT]="A01") =
            RESULTLOOKUP([d/MEASURE]="IS_WORKING_DAY",
            [d/LOCATION]=[d/PROJECT].[p/Location],
            [d/FISCPER]=[d/WORKINGDAYS].[p/CALMONTH],
            [d/PROJECT]="#",
            [d/CUSTOMER]="#",[d/AUDIT]="#")

    DATA([d/MEASURE]=#TOTAL_DAYS,[d/CUSTOMER]=[d/PROJECT].
        [p/Customer],[d/FISCPER]= #TOTAL_MONTH,
        [d/LOCATION]=[d/PROJECT].[p/Location],
        [d/WORKINGDAYS]="#",[d/AUDIT]="A01") =
        RESULTLOOKUP([d/MEASURE]="IS_WORKING_DAY",
        [d/LOCATION]=[d/PROJECT].[p/Location],
        [d/FISCPER]=[d/WORKINGDAYS].[p/CALMONTH],
        [d/PROJECT]="#",[d/CUSTOMER]="#",[d/AUDIT]="#")
    ENDIF
  ENDIF
ENDFOR

DATA([d/MEASURE]="RATIO",[d/WORKINGDAYS]="#",[d/AUDIT]="A01")
    = RESULTLOOKUP([d/MEASURE]="IS_BILLABLE_DAY",
    [d/WORKINGDAYS]="#",[d/AUDIT]="A01") /
    RESULTLOOKUP([d/MEASURE]=#TOTAL_DAYS,
    [d/WORKINGDAYS]="#",[d/FISCPER]=#TOTAL_MONTH,
    [d/AUDIT]="A01")

DATA([d/MEASURE]="ALLOCATED_CHARGES",
    [d/LOCATION]=[d/PROJECT].[p/Location],
    [d/WORKINGDAYS]="#",[d/AUDIT]="A01") =
    RESULTLOOKUP([d/MEASURE]="RATIO", [d/WORKINGDAYS]="#",
    [d/AUDIT]="A01") *
    RESULTLOOKUP([d/MEASURE]="TOTAL_CHARGES",
    [d/WORKINGDAYS]="#",[d/FISCPER]=
    [d/PROJECT].[p/StartMonth],[d/LOCATION]="#",
    [d/CUSTOMER]="#",[d/AUDIT]="A00")
```

Listing 4.3 Skript zur Verteilung der Projektkosten

Kernstück des Skriptes stellt die Schleife FOREACH [d/PROJECT] dar, mit der sichergestellt wird, dass die Befehle des folgenden Schleifenblocks für alle Projekte des Kontextes sequenziell ausgeführt werden. Die Reihenfolge ist hierbei nicht entscheidend, sondern der Umstand, dass durch die FOREACH-Anweisung sichergestellt wird, dass sich alle folgenden Anweisungen jeweils auf ein und dasselbe Projekt beziehen.

DATEDIFF-Funktion zur Eingrenzung der Verarbeitung auf den Projektzeitraum

Mit den beiden folgenden IF-Anweisungen wird sichergestellt, dass die weiteren Verarbeitungsschritte nur für die Punkte im Datenwürfel durchgeführt werden, bei denen das Element für die Dimension **WorkingDays** innerhalb des Durchführungszeitraumes für das Projekt liegt, das im aktuellen Schleifendurchlauf verarbeitet wird. Dazu wird die Funktion DATEDIFF verwendet, die die Anzahl der Tage zwischen dem aktuellen Element der Dimension **WorkingDays** und dem Datum für Projektanfang und -ende berechnet. Ist der aktuelle Tag also Teil des Projektzeitraums, kommt folgende Anweisung zur Ausführung:

```
DATA([d/MEASURE]="IS_BILLABLE_DAY",
    [d/CUSTOMER]=[d/PROJECT].[p/Customer],
    [d/FISCPER]=[d/WORKINGDAYS].[p/CALMONTH],
    [d/LOCATION]=[d/PROJECT].[p/Location],
    [d/WORKINGDAYS]="#",[d/AUDIT]="A01") =
    RESULTLOOKUP([d/MEASURE]="IS_WORKING_DAY",
    [d/LOCATION]=[d/PROJECT].[p/Location],
    [d/FISCPER]=[d/WORKINGDAYS].[p/CALMONTH],
    [d/PROJECT]="#",
    [d/CUSTOMER]="#",[d/AUDIT]="#")
```

Listing 4.4 Ableitung der Dimensionselemente aus Attributwerten

Merkmalsableitung aus den Attributwerten

Diese Anweisung kopiert den Wert der Kennzahl **Working Day** in die Kennzahl **Billable Day**. Dabei werden die Dimensionselemente des Ziels für die Dimensionen **Kunde** und **Lokation** aus den Attributen des Projekts abgeleitet und die Periode aus einem Attribut der Dimension **WorkingDays**. Auf diese Weise kann eine individuelle Zuordnung von Tagen zu Fiskalperioden erfolgen, die auch von der Standardkonvention abweichen kann. Darüber hinaus wird die Dimension **WorkingDays** für das Ziel auf das Element **Unassigend** gesetzt, da ein Herunterbrechen auf die Tage nach der Verteilung auf die Fiskalperioden nicht mehr erforderlich ist. Der Wert für die Kennzahl **Working Day**, d. h. der Wert 1 oder 0, je nachdem, ob es sich um einen Werktag handelt oder nicht, wird auf ähnliche Weise ausgelesen. Hierbei muss beachtet werden, dass die Elemente für die Dimensionen **Projekt**, **Kunde** und **Audit** auf **Unassigned** gesetzt werden.

Da auf der Zielseite die Dimension **WorkingDays** auf das Element **Unassigned** gesetzt wird, hat dies zur Folge, dass alle Werte der Kennzahl **Working Day** für eine Periode in der Kennzahl **Billable Day** kumuliert werden. Als Resultat enthält die Kennzahl **Billable Day** also die Anzahl der Werktage der Periode, die innerhalb des Projektzeitraumes liegen, was wiederum durch die IF-Anweisungen sichergestellt ist.

Die darauffolgende Anweisung ist weitgehend identisch zur ersten Anweisung. Einziger Unterschied ist, dass die Werte im Ziel auf ein temporäres Element der Dimension **Periode** und auf eine temporäre Kennzahl geschrieben werden. Diese temporären Elemente werden über die Anweisung VARIABLE-MEMBER angelegt. Als Resultat werden die Werktage der gesamten Projektlaufzeit in der temporären Kennzahl kumuliert. Dieser Wert wird später verwendet, um den Anteil einer Periode an der Projektlaufzeit zu berechnen.

Kumulation der Anzahl Werktage für die Projektlaufzeit

Die beiden letzten Anweisungen des Skriptes, außerhalb der FOREACH-Schleife berechnen dann zum einen genau diesen Anteil in der Kennzahl **Ratio** sowie letzten Endes die Projektkosten, die anhand dieses Anteils auf die jeweilige Periode entfallen.

Ermittlung der anteiligen Projektkosten

Dieses etwas komplexere Beispiel für eine erweiterte Formel ist dazu gedacht, Ihnen die folgenden Aspekte von erweiterten Formeln zu veranschaulichen. Zum einen werden in dem Beispiel die Funktionen FOREACH und IF zur Steuerung des Kontrollflusses gezeigt. Darüber hinaus wird die Verwendung der Funktion DATEDIFF dargestellt, und wie Sie diese mit Datumswerten aus Dimensionsattributen aufrufen können. Des Weiteren wurde das Konzept der lokalen Variablen anhand des Befehls VARIABLE-MEMBER erläutert.

Neben der reinen Erläuterung konkreter Befehle zeigt das Beispiel auch verschiedene generelle Konzepte bei der Verwendung von erweiterten Formeln. Eine generische Technik ist das Ableiten von Dimensionselementen aus den Attributwerten einer anderen Dimension. Dieses Vorgehen können Sie in vielen Planungsanwendungen einsetzen. Zu guter Letzt wird in dem Beispiel verdeutlicht, wie Sie mithilfe einer generischen Dimension eine vollständig flexible Datumsdimension erzeugen können, um wie hier im Beispiel verschiedenen lokalen Regelungen bezüglich Wochenenden und Feiertagen Rechnung tragen zu können. Insbesondere dieser letzte Punkt verdeutlicht noch einmal, wie eng eine für den Anwendungsfall geeignete Modellierung und die Berechnungen in erweiterten Formeln miteinander verbunden sind.

Binneneliminierung von Forderungen und Verbindlichkeiten

ELIMMEMBER-Funktion

In diesem Beispiel soll die Verwendung der Funktion ELIMMEMBER erläutert werden. Diese Funktion wird dazu verwendet, um eine IC-Eliminierung (*Intercompany*) umzusetzen. In dem hier präsentierten Szenario werden Forderungen und Verbindlichkeiten der Einzelgesellschaften eines Unternehmens geplant. Ist der Geschäftspartner dabei ein Unternehmen aus dem Konzern, soll die Forderung bzw. die Verbindlichkeit eliminiert werden. Die Funktion ELIMMEBER dient in diesem Zusammenhang dazu, die entsprechende Organisationseinheit in der Hierarchie der Gesellschaften zu ermitteln, auf der eine Eliminierungsbuchung ausgeführt werden soll.

AR/AP Planning

	Version	Plan*					
	Entity	BestBikes GmbH			Alpine Bikes Switzerland		BestBikes Inc.
	Partner Entity	Unassigned	BestBikes Inc.	Alpine Bikes Switzerland	Unassigned	BestBikes GmbH	BestBikes GmbH
G/L Account							
⌄ Accounts receivable	Mio. USD	–	300.00	–	700.00	200.00	–
Accounts receivable 3rd party	Mio. USD	–	–	–	700.00	–	–
Accounts receivable IC	Mio. USD	–	300.00	–	–	200.00	–
⌄ Accounts payable	Mio. USD	1,200.00	–	200.00	–	–	300.00
Accounts payable 3rd party	Mio. USD	1,200.00	–	–	–	–	–
Accounts payable IC	Mio. USD	–	–	200.00	–	–	300.00

Elimination Result

	Version	Plan*				
	Audit	⌄ Total	Elimination			Before Elimination
	Entity	> Total	⌄ Total	> EMEA	ICElm Global	> Total
G/L Account						
⌄ Accounts receivable	Mio. USD	700.00	-500.00	-200.00	-300.00	1,200.00
Accounts receivable 3rd party	Mio. USD	700.00	–	–	–	700.00
Accounts receivable IC	Mio. USD	0.00	-500.00	-200.00	-300.00	500.00
⌄ Accounts payable	Mio. USD	1,200.00	-500.00	-200.00	-300.00	1,700.00
Accounts payable 3rd party	Mio. USD	1,200.00	–	–	–	1,200.00
Accounts payable IC	Mio. USD	0.00	-500.00	-200.00	-300.00	500.00
Elimination AR/AP	Mio. USD	0.00	0.00	0.00	0.00	–

Abbildung 4.75 Forderungen und Verbindlichkeiten planen

Konzerninterne Forderungen und Verbindlichkeiten erfassen

Abbildung 4.75 zeigt die Story zur Erfassung der geplanten Forderungen und Verbindlichkeiten. Das Szenario sieht vor, dass der zuständige Controller die geplanten Forderungen und Verbindlichkeiten für die jeweilige Gesellschaft plant. Die Erfassung der geplanten Forderungen und Verbindlichkeiten erfolgt in der oberen Tabelle. Es gibt hierfür jeweils zwei Bilanzkonten: ein Konto für Forderungen und Verbindlichkeiten mit Partnern außerhalb des Konzerns sowie ein Konto für Geschäftsvorfälle mit zum Konzern gehörigen Gesellschaften. Die Partnergesellschaft wird im Modell durch die Dimension **Partner Entity** abgebildet.

Im Beispiel aus Abbildung 4.75 ist für die Gesellschaft BestBikes GmbH eine geplante Forderung über 300 Mio. USD gegenüber der Gesellschaft BestBikes Inc. eingestellt. Die jeweilige Gegenposition existiert für die Gesellschaft Best Bike Inc. ebenfalls. Hier ist eine entsprechende Verbindlichkeit über ebenfalls 300 Mio. USD vorhanden. Die Gesellschaft BestBikes GmbH hat darüber hinaus geplante Verbindlichkeiten gegenüber Dritten in Höhe von 1,200 Mio. USD sowie eine Verbindlichkeit in Höhe von 200 Mio. USD gegenüber der Schweizer Konzerngesellschaft. Saldiert man über alle Forderungen und Verbindlichkeiten, hat die Gesellschaft BestBikes GmbH Forderungen in Höhe von 300 Mio. USD sowie Verbindlichkeiten in Höhe von 1,400 Mio. USD. Auf der Ebene des Konzerns kann es aber erwünscht sein, Forderungen und Verbindlichkeiten gegenüber Gesellschaften des Konzerns herauszurechnen. Welche Gesellschaften für den jeweils betrachteten Teilkonzern als intern bzw. extern betrachtet werden, ergibt sich aus der hierarchischen Struktur der Gesellschaften.

Abbildung 4.76 zeigt die Hierarchie der Dimension ENTITY und somit die hierarchische Gliederung des Konzerns. In diesem Beispiel sind die Gesellschaften BestBikes GmbH und Alpine Bikes Switzerland zu einem Teilkonzern EMEA zusammengefasst. Dieser wiederum ist ein Unterknoten zu **Total**, der den Gesamtkonzern repräsentiert. In unserem Beispiel soll nun umgesetzt werden, dass Forderungen und Verbindlichkeiten zwischen Gesellschaften des Konzerns auf der Ebene des jeweiligen Teilkonzerns eliminiert werden sollen, die Verbindlichkeit der Gesellschaft BestBikes GmbH gegenüber der Gesellschaft Alpine Bikes Switzerland soll ab der Ebene des europäischen Teilkonzerns also nicht mehr ausgewiesen werden. Die Forderung von 300 Mio. USD gegenüber der amerikanischen Tochtergesellschaft soll erst auf der obersten Ebene des Konzerns eliminiert, auf den Ebenen darunter allerdings weiterhin ausgewiesen werden.

Gesellschafts-struktur

Zu diesem Zweck implementieren wir eine Datenaktion, die die internen Geschäftsbeziehungen auf der Ebene des jeweils relevanten Teilkonzerns eliminiert. Dazu ist die Dimension ENTITY um zusätzliche Elemente erweitert worden, die dazu dienen, die jeweiligen Eliminierungswerte des Teilkonzerns aufzunehmen. In Abbildung 4.76 sind dies die Elemente, deren Bezeichnung mit »ICElm« beginnt. Hierbei handelt es sich um Pseudogesellschaften, die lediglich dazu dienen, die Eliminierungswerte für Geschäftsbeziehungen zwischen den Gesellschaften des jeweiligen Teilkonzerns aufzunehmen, sodass auf dem den Teilkonzern repräsentierenden Knotenelement im Bericht der korrekte Wert dargestellt wird.

Pseudo-Knotenelemente

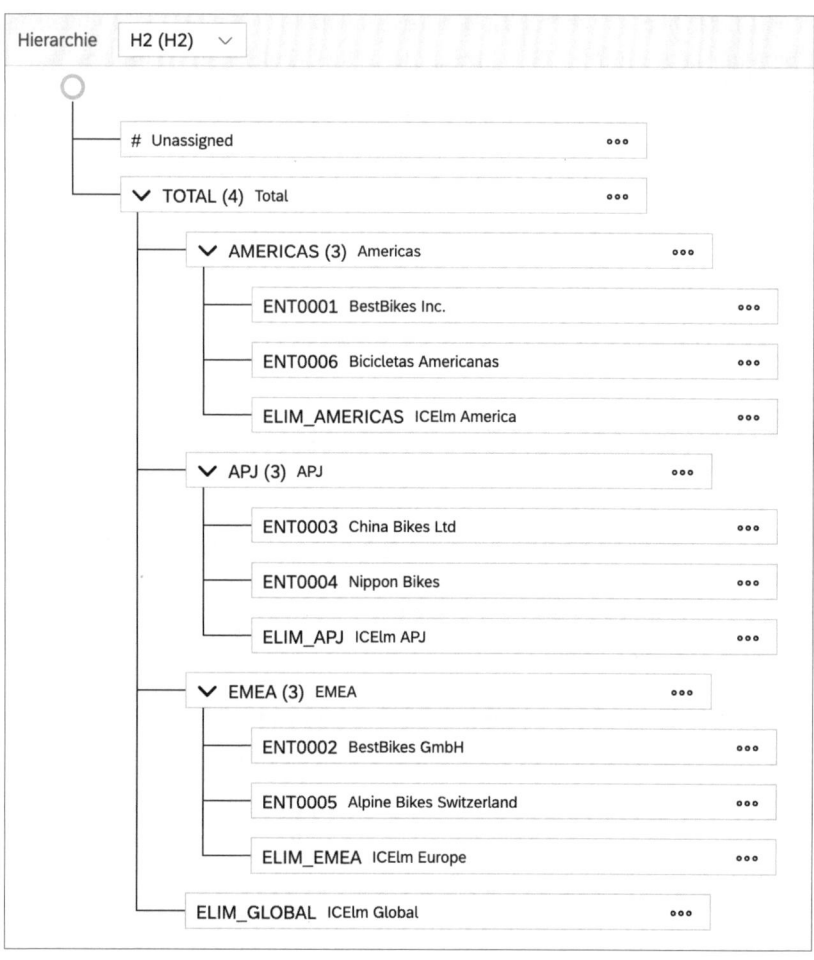

Abbildung 4.76 Hierarchische Struktur der Gesellschaften

G/L Account	Version	Plan*							Elimination	Before Elimination
	Audit	∨ Total								
		∨ Total			BestBikes GmbH	Alpine Bikes Switzerland	ICElm Europe	ICElm Global	> Total	> Total
	Entity	∨ Total	> Americas	∨ EMEA						
> Accounts receivable	Mio. USD	700.00	–	1,000.00	300.00	900.00	-200.00	-300.00	-500.00	1,200.00
> Accounts payable	Mio. USD	1,200.00	300.00	1,200.00	1,400.00	–	-200.00	-300.00	-500.00	1,700.00
Elimination AR/AP	Mio. USD	0.00	–	0.00	–	–	0.00	0.00	0.00	–

Abbildung 4.77 Ergebnis der Eliminierung

Dimension »Audit« zum Separieren der einzelnen Eliminierungsschritte

Abbildung 4.77 zeigt das Ergebnis der Eliminierung. Über die Dimension **Audit** können die Werte für die unterschiedlichen Schritte des Eliminierungsvorgangs aufgegliedert werden. Das Element **Before Elimination** zeigt dabei die ursprünglichen Werte, wie sie vom Planer manuell erfasst worden sind.

Das Element **Elimination** weist die Werte aus, die die Datenaktion zur Eliminierung erzeugt. Dies sind im Wesentlichen Invertierungswerte, um die jeweils zu eliminierenden Beträge der Forderungen und Verbindlichkeiten durch Summation auf dem Hierarchieknoten aufzuheben. Das Element **Total** der Dimension **Audit** zeigt dann die Summe aus **Before Elimination** und **Elimination**, die dem um für den jeweiligen Teilkonzern relevanten Intercompany-Beziehungen korrigierten Wert entspricht.

In der Abbildung sind auf der Ebene der Gesellschaften BestBikes GmbH und Alpine Bikes Switzerland für das Element **Total** die ursprünglichen Beträge inklusive der Intercompany-Beträge zu sehen. Die Datenaktion hat für die Gesellschaft BestBikes GmbH die Verbindlichkeit gegenüber der Schweizer Gesellschaft dadurch eliminiert, dass ein Wert in Höhe von −200 Mio. USD für die Gesellschaft ICElm Europe und das Verbindlichkeitenkonto geschrieben wurde. Dadurch wird auf der Ebene des Knotens EMEA die ursprüngliche Verbindlichkeit eliminiert. Für die Gesellschaft Alpine Bikes Switzerland wird die Forderung in entsprechender Weise eliminiert. Die Eliminierung erfolgt hier also immer für jede Gesellschaft, unabhängig davon, welchen Wert die Partnergesellschaft geplant hat. Falls es zu Differenzen kommt, wenn z. B. die Gesellschaft BestBikes GmbH nur 150 Mio. USD plant, werden diese auf dem Konto **Elimination AR/AP** ausgewiesen. Man spricht bei diesem Vorgehen auch von einer einseitigen Eliminierung. Für viele Planungsanwendungen ist dieses Vorgehen erfahrungsgemäß ausreichend.

Die Datenaktion, die den Eliminierungsvorgang umsetzt, ist in Listing 4.5 dargestellt.

Datenaktion zur Binneneliminierung

```
CONFIG.GENERATE_UNBOOKED_DATA = OFF
CONFIG.FLIPPING_SIGN_ACCORDING_ACCTYPE = ON
CONFIG.HIERARCHY = [d/SAP_CEP_ENTITY].[h/H2]

MEMBERSET [d/FISCPER] = "202101" TO "202112"
MEMBERSET [d/GLACCOUNT].[p/accType] = ("AST","LEQ")
MEMBERSET [d/SAP_CEP_AUDIT] = "A_10"

DELETE([d/SAP_CEP_AUDIT] = "A_30")

IF [d/GLACCOUNT] = ("BSA_CA_32","BSL_CL_22")  THEN
    DATA([d/SAP_CEP_ENTITY] =
    ELIMMEMBER([d/SAP_CEP_ENTITY],
    [d/SAP_CEP_ENTITY], [d/SAP_CEP_PARTNER].[p/ID],
    [d/SAP_CEP_ENTITY].[p/ELIMINATION]="Y"),
    [d/SAP_CEP_AUDIT]="A_30") = RESULTLOOKUP() * -1
```

```
      DATA([d/SAP_CEP_ENTITY] =
      ELIMMEMBER([d/SAP_CEP_ENTITY], [d/SAP_CEP_ENTITY],
      [d/SAP_CEP_PARTNER].[p/ID],
      [d/SAP_CEP_ENTITY].[p/ELIMINATION]="Y"),
      [d/GLACCOUNT]=[d/GLACCOUNT].[p/ELIMACC],
      [d/SAP_CEP_AUDIT]="A_30") = RESULTLOOKUP()
ENDIF
```

Listing 4.5 Eliminierung von Forderungen und Verbindlichkeiten

Funktion
ELIMMEMBER

Die entscheidende Rolle spielt hier die Funktion ELIMMEMBER. Die Funktion ermittelt aus der Hierarchie der Gesellschaften zu zwei angegebenen Elementen das Verrechnungselement, auf dem die Eliminierungswerte erzeugt werden sollen. Im Beispiel von **BestBikes GmbH** und **Alpine Bikes Switzerland** ist dies das Element **ICElm Europe**. Die Funktion verfügt über die folgenden vier Parameter:

- **Dimensionsname**
  Gibt die Dimension an, die als Organisationsstruktur für die Eliminierung herangezogen werden soll.

- **Elementname1**
  Repräsentiert die erste Gesellschaft.

- **Elementname2**
  Repräsentiert die Partnergesellschaft.

- **Dimensionseigenschaft**
  Optionale Bedingung für ein bestimmtes Attribut der Dimension, die für die Verrechnungsgesellschaft erfüllt sein muss.

Funktion
ELIMMEMBER

Die Funktion ermittelt das Verrechnungselement aus den angegebenen Parametern wie folgt: In der Hierarchie der angegebenen Dimension wird zu den beiden Elementen das erste Element ermittelt, das unterhalb eines gemeinsamen übergeordneten Knotens der beiden Elemente hängt und die im vierten Parameter angegebene Bedingung erfüllt. Standardmäßig ist diese Bedingung erfüllt, wenn das Element den Wert Y für das Attribut ELIMINATION aufweist.

Die Funktion ELIMMEBER wird typischerweise als Teil einer Elementselektion der Organisationsdimension innerhalb einer DATA-Anweisung aufgerufen, da der Rückgabewert ein Element dieser Dimension ist und so das Zielelement für das Schreiben des Eliminierungswertes ermittelt werden kann. Der eigentliche Eliminierungswert sowie die Elemente der anderen Dimensionen müssen dann als Teil des Skriptes gesondert definiert werden.

In Listing 4.5 werden zwei DATA-Anweisungen mit ELIMMEBER als Argument ausgeführt. Die erste DATA-Anweisung invertiert den Wert für die Forderung oder Verbindlichkeit unter Beibehaltung des jeweiligen Bilanzkontos, aber für das Verrechnungselement der Dimension ENTITY. Die zweite DATA-Anweisung schreibt den Wert der Forderung oder Verbindlichkeit auf dasselbe Verrechnungselement nutzt aber ein spezielles Verrechnungskonto als Ziel. Dies bewirkt, dass am Ende eventuell Differenzen bei der Eliminierung auf diesem Konto ausgewiesen werden.

Dieses Beispiel soll die Verwendung der Funktion ELIMMEMBER verdeutlichen, da es sich hierbei um eine sehr spezielle Funktion für einen ganz bestimmten Anwendungsfall handelt. Wie gezeigt, kann diese Funktion eingesetzt werden, um eine einfache einseitige Eliminierung auf Basis einer Organisationsstruktur zu realisieren. Dies ist in vielen Fällen der Finanzplanung ausreichend. Bestehen allerdings Anforderungen an eine Plankonsolidierung, die über den hier dargestellten Anwendungsfall hinausgehen, können Sie SAP Analytics Cloud im Rahmen einer Finanzplanung mit SAP S/4HANA zusammen einsetzen (siehe Kapitel 8, »Vordefinierter Planungs-Content«). SAP S/4HANA besitzt mit der Komponente Group Reporting eine vollumfängliche Konsolidierungslösung, die in einem solchen Fall gewinnbringend in Verbindung mit SAP Analytics Cloud eingesetzt werden kann.

4.7   Eingebettete Datenaktionsschritte

Existierende Datenaktionen können auch in andere Datenaktionen als eigener Verarbeitungsschritt eingebunden werden. Auf diese Weise können Sie Datenverarbeitungsroutinen wiederverwenden, ohne sie jedes Mal wieder neu in einer Datenaktion implementieren zu müssen. Über die Werkzeugleiste der Entwurfsumgebung für Datenaktionen können Sie eine im System vorhandene Datenaktion über die Schaltfläche 🗒 (**Eingebetteten Datenaktionsschritt hinzufügen**) als eigenständigen Schritt einbetten.

Wiederverwenden existierender Datenaktionen

Abbildung 4.78 zeigt das Konfigurationsfenster für den Datenaktionsschritt **Eingebettete Datenaktion**.

Neben Namen und Beschreibung des Schrittes können Sie im Drop-down-Feld **Name der Datenaktion** eine vorhandene Datenaktion auswählen und diese damit in Ihre aktuelle Datenaktion einbetten. Die Datenaktionen, die Sie an dieser Stelle einbinden können, müssen für dasselbe Datenmodell definiert sein, wie die Datenaktion, in die eingebettet werden soll.

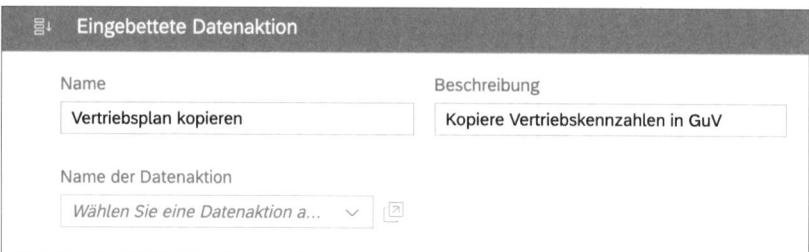

Abbildung 4.78 Konfiguration der eingebetteten Datenaktion

Abbildung 4.79 zeigt als Beispiel einen Datenaktionsschritt, über den eine existierende Datenaktion eingebunden wird. Über das Auswahlmenü **Name der Datenaktion** können Sie die Datenaktion auswählen, die eingebettet werden soll. Dieser Datenaktionsschritt führt wiederum eine modellübergreifende Kopie durch. In diesem Beispiel soll eine zentrale Datenaktion bereitgestellt werden, die die Daten aus den unterschiedlichen Planungsmodellen wie Vertriebsplanung, Personalplanung usw. in ein zentrales Finanzplanungsmodell übernimmt. Die jeweiligen modellübergreifenden Kopieroperationen existieren dabei bereits als eigenständige Datenaktionen. Im Beispiel soll die Datenaktion SAP_CEP_TRANSFER_SALES eingebunden werden, die die Ergebnisse der Vertriebsplanung in das Modell der Finanzplanung überführt.

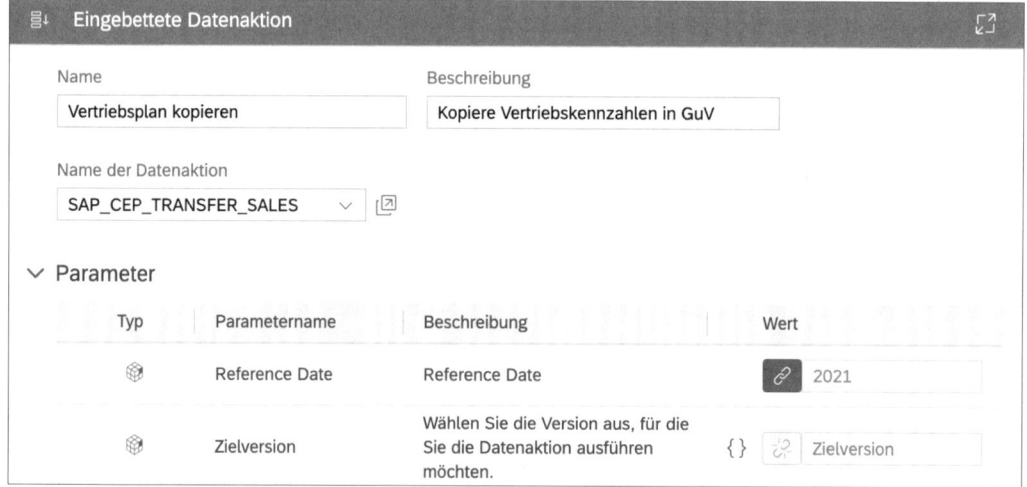

Abbildung 4.79 Parameter für die eingebettete Datenaktion
SAP_CEP_TRANSFER_SALES

In dem Konfigurationsfenster aus Abbildung 4.79 ist zu sehen, dass Sie die Einstellungen für die Parameter dieser eingebetteten Datenaktion vornehmen können. Da eine Datenaktion neben dem Standardparameter für die Zielversion beliebige andere Parameter besitzen kann, müssen Sie festlegen, wie mit diesen Parametern in der einbettenden Datenaktion umgegangen werden soll.

Standardmäßig wird die Zielversion der eingebetteten Datenaktion auf denselben Wert gesetzt wie die Zielversion der einbettenden Datenaktion. Die gesamte Datenaktion operiert also auf ein und derselben Zielversion.

Für die übrigen Parameter der eingebetteten Datenaktion wird standardmäßig der Wert aus der Konfiguration der eingebetteten Datenaktion übernommen. Dies ist im Beispiel in Abbildung 4.79 zu sehen, in der der Parameter **Reference Date** fest auf den ursprünglich eingestellten Wert von 2021 gesetzt wird. Diese Bindung können Sie durch einen Klick auf die Schaltfläche 🖉 (**Wert aus den Parametereinstellungen der eingebetteten Datenaktion**) lösen und anschließend über die Elementauswahl einen anderen Wert festlegen. Abbildung 4.80 zeigt die Elementauswahl für den Parameter der eingebetteten Datenaktion.

Parameter der
eingebetteten
Datenaktion

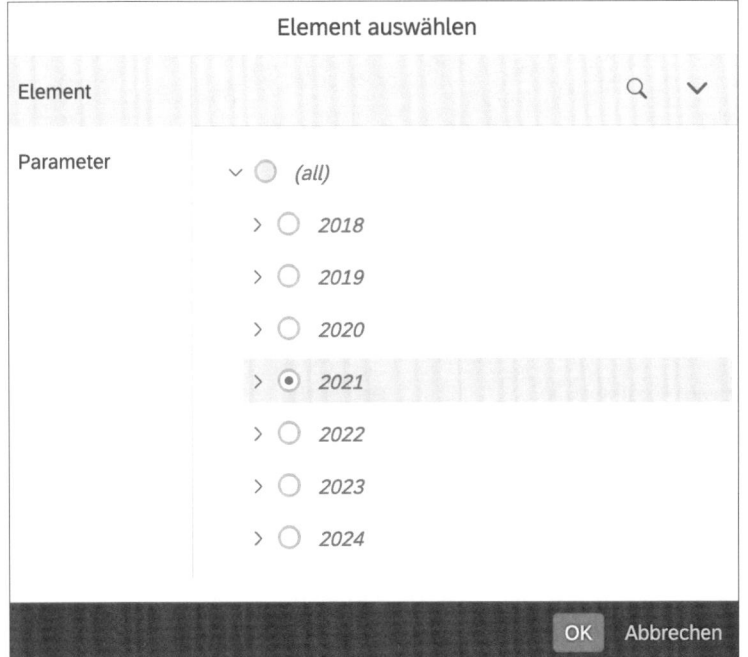

Abbildung 4.80 Elementauswahl für Parameter

Neben einem Festwert aus der Registerkarte **Element** können Sie auch einen Parameter über die gleichnamige Registerkarte wählen. Hierbei handelt es sich dann um Parameter, die in der einbettenden Datenaktion definiert werden und deren Wert bei der Ausführung an die eingebettete Datenaktion weitergereicht wird.

Abbildung 4.81 zeigt die Definition eines Parameters in der einbettenden Datenaktion. Dieser Parameter soll an die eingebettete Datenaktion weitergegeben werden. Da es sich bei der eingebetteten Datenaktion um eine modellübergreifende Kopie handelt, deren Parameter auf dem Vertriebsplanungsmodell definiert wurde, muss der Parameter in der einbettenden Datenaktion analog definiert werden. Deshalb verweist die Parameterdefinition in Abbildung 4.81 auch auf das Modell SAP_CEP_SALES_PLANNING.

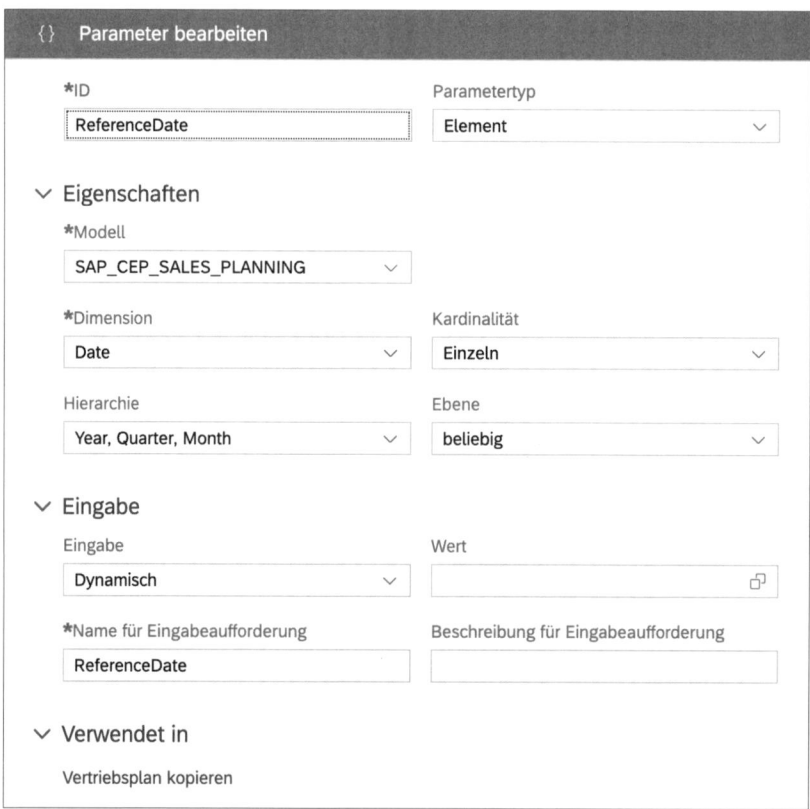

Abbildung 4.81 Parameter für die eingebettete Datenaktion

4.8   Zusammenfassung

In diesem Kapitel wurden die unterschiedlichen Möglichkeiten in SAP Analytics Cloud zur Umsetzung komplexer Berechnungen behandelt. Zu den komplexen Berechnungen zählen Rechenoperationen, die auf großen Bereichen des zugrunde liegenden Datenmodells operieren und komplexere Berechnungsvorschriften enthalten als lediglich die Berechnung der Varianz zwischen zwei Kennzahlen. Letzteres würde eher mit den Möglichkeiten benutzerdefinierter Berechnungen in der Tabelle umgesetzt (siehe Kapitel 3, »Planungsintegration in die Story«).

Für die Umsetzung solcher komplexen Berechnungen, wie sie im Bereich der Unternehmensplanung häufig anzutreffen sind, hat dieses Kapitel im Wesentlichen zwei grundlegende Konzepte vorgestellt: Zum einen können Sie Berechnungen über modellbasierte Formeln abbilden, und zum anderen bieten Datenaktionen mit dem Mechanismus der erweiterten Formeln ebenfalls die Möglichkeit, Berechnungen zu implementieren.

Über die modellbasierten Formeln der Dimension **Konto** existiert ein Mechanismus, über den sich auch komplexere Kennzahlberechnungen zur Laufzeit implementieren lassen. Die Ergebnisse werden ad-hoc berechnet, also immer dann, wenn Sie die entsprechende Kennzahl durch das Öffnen einer Story anfragen oder wenn durch die Eingabe eines Wertes in der Tabelle eine Neuberechnung erforderlich wird. Die Werte dieser berechneten Kennzahlen werden zudem nicht physisch im Datenwürfel abgelegt. Sie müssen also bei erneutem Öffnen der Story wieder neu berechnet werden. Die modellbasierten Formeln aus der Dimension **Konto** können dabei in allen Benutzerelementen der Story wie Grafiken und Tabellen verwendet werden. Sie bilden auch die Grundlage für die Definition von Werttreiberbäumen, die in diesem Kapitel ebenfalls ausführlich behandelt wurden. Werttreiberbäume erlauben es, die Beziehungen zwischen Kennzahlen grafisch darzustellen und so den Einfluss einer Basiskennzahl oder eines Werttreibers auf die zentralen Kennzahlen des Unternehmens zu veranschaulichen.

Neben Werttreiberbäumen und den zugrunde liegenden Formeln der Dimension **Konto** wurde in diesem Kapitel das zweite große Konzept zur Umsetzung komplexer Berechnungen diskutiert: die Datenaktionen in SAP Analytics Cloud. Datenaktionen stellen einen Mechanismus zur Verfügung, um eine Sequenz von Berechnungs- oder allgemeinen Verarbeitungsschritten auf dem zugrunde liegenden Datenmodell zu definieren und ausführen zu lassen. Ein zentraler Unterschied dieses Konzepts im Vergleich zu den modellbasierten Formeln besteht darin, dass eine Neuberechnung der

Kennzahlwerte explizit vom Benutzer durch einen sogenannten Auslöser angestoßen werden muss. Außerdem werden die Ergebnisse der Berechnung oder Datentransformation einer Datenaktion physisch im Datenmodell, genauer in den Bewegungsdaten, persistiert. Ein erneutes Öffnen oder Neuladen einer Story macht daher keine erneute Ausführung der Datenaktion notwendig.

Innerhalb einer Datenaktion stehen verschiedene Typen von Verarbeitungsschritten zur Verfügung. Bei diesen Verarbeitungsschritten handelt es sich zum einen um Operationen zum Kopieren von Daten, entweder innerhalb desselben Modells oder aber auch zwischen zwei verschiedenen Modellen.

Zum anderen stehen mit der Allokation und den erweiterten Formeln zwei mächtige Funktionen zur Verfügung, mit denen komplexe betriebswirtschaftliche Berechnungen durchgeführt werden können. Insbesondere die erweiterten Formeln erlauben es, über eine Skriptsprache sehr individuelle Anforderungen bezüglich komplexer Berechnungen in SAP Analytics Cloud zu umzusetzen. Anhand von Beispielen wurden dabei die verschiedenen zur Verfügung stehenden Anweisungen der Skriptsprache für erweiterte Formeln erläutert.

Zum Abschluss des Kapitels wurde noch dargestellt, wie vorhandene Datenaktionen wiederverwendet werden können, indem sie in andere Datenaktionen eingebettet werden.

Kapitel 5
Predictive Planning

Es ist Aufgabe der Unternehmensplanung, die zukünftigen Entwicklungen des Unternehmens zu antizipieren und mit möglichst realistischen Annahmen plausibel zu machen. Prädiktive Methoden aus der Statistik stellen Ihnen dafür ein wertvolles Werkzeug zur Verfügung.

Die Ausrichtung auf die Zukunft liegt in der Natur der wirtschaftlichen Planung: Es gilt, die Ziele des Unternehmens bzw. der einzelnen Bereiche festzulegen und zu definieren, wie diese Ziele operativ zu erreichen sind. Während der Umsetzung eines Plans steht der Vergleich der ursprünglichen Ziele mit der wahrscheinlich noch zu erreichenden Leistung im Mittelpunkt. Für diesen Vergleich wird oft auf Werkzeuge wie die rollierende Prognose zurückgegriffen, die einen Ausblick auf den verbleibenden Zeitraum mit den tatsächlichen Ergebnissen zusammenbringt und so eine Prognose ermöglicht, welche Zielerreichung zu erwarten ist.

Für die Definition und das Trainieren von Prognosemodellen mit historischen Daten stellt SAP Analytics Cloud eine eigene Umgebung zur Verfügung: *Smart Predict*. Dieses Kapitel behandelt Smart Predict im Kontext der Planung.

Nach einer Einführung in Abschnitt 5.1, »Einführung«, stellt Abschnitt 5.2, »Smart Predict«, die Umgebung Smart Predict und die zur Verfügung gestellten Methoden kurz vor. In Abschnitt 5.3, »Zeitreihenanalyse«, wird dann die Funktion zur Zeitreihenanalyse und -vorhersage genauer dargestellt. Diese Funktion ermöglicht die Extrapolation historischer Werte in die Zukunft und ist damit insbesondere für das automatisierte Erstellen initialer Werte im Rahmen eines Planungsprozesses interessant.

Abschnitt 5.4, »Klassifikation«, stellt die Möglichkeiten zur Klassifikation vor. Die Klassifikation kann im Rahmen eines Planungsprozesses verwendet werden, um die Einflussfaktoren hinter einer zu planenden Größe zu bestimmen. Damit können Sie im Rahmen eines Planungsprozesses genauer auf die relevanten Einflussfaktoren einwirken und so die relevante Zielgröße beeinflussen.

Abschnitt 5.5, »Regressionsanalyse«, betrachtet abschließend die Möglichkeiten der Regression. Die Regressionsanalyse erlaubt es, Zusammenhänge zwischen einzelnen Parametern und einer betriebswirtschaftlichen Zielgröße aufzuzeigen.

5.1   Einführung

Allen Arten von Planungsprozessen sowie eng verwandten Prozessen wie Budgetierung und Prognose ist das Ziel gemeinsam, den Planenden möglichst fundierte Annahmen über zukünftige Entwicklungen zu erlauben. Im einfachsten Fall verlässt man sich hierbei auf seine Erfahrung und seine Intuition.

In letzter Zeit ist aber ein deutlicher Trend zu erkennen, im Rahmen von Planungsprozessen zentrale Annahmen mit Daten zu untermauern. Mithilfe von mathematischen Methoden aus dem Bereich der prädiktiven Analyse sollen zukünftige Entwicklungen durch mathematische Modelle bis zu einem gewissen Grad vorhersagbar werden. In diesem Zusammenhang wird auch manchmal von *prädiktiver Planung* gesprochen.

Gerade die Unternehmensplanung kann von dieser Entwicklung sehr stark profitieren. Planungsprozesse bestehen in vielen Bereichen noch überwiegend in einer dezentralen manuellen Erfassung der Planwerte und anschließenden Überführung in ein zentrales Planungssystem. Die Überlegungen und Annahmen der an der Planung Beteiligten hinter den erfassten Werten werden dabei im besten Fall noch als Textkommentare im Planungswerkzeug erfasst. In vielen Fällen sind diese jedoch auch einfach nur in lokalen Nebenrechnungen der Beteiligten vorhanden und somit nicht zentral verfügbar. Dieses Vorgehen, auch wenn es durchaus weit verbreitet ist, hat zum einen den Nachteil, dass die so ermittelten Planwerte unter Umständen sehr subjektiv sind und dass zum anderen der damit verbundene Prozess sehr zeitaufwendig ist.

Vorteile der prädiktiven Planung An dieser Stelle setzt das Predictive Planning ein: Zum einen wird durch den Einsatz mathematischer Prognosemodelle die Objektivierung der Planwerte erhöht, da die Ergebnisse der Prognosemodelle besser nachvollzogen werden können. Zum anderen ergibt sich durch den Einsatz der Verfahren auch eine Effizienzsteigerung, da Kennzahlwerte nicht mehr manuell oder nur zum Teil erfasst werden müssen, sondern vom System automatisch vorberechnet werden können. Sie können die Werte dann im Nachgang, je nach Ihrer Einschätzung, abändern oder einfach übernehmen.

Das Anwenden von statistischen Prognosemodellen im Rahmen eines Planungsprozesses setzt natürlich voraus, dass die relevanten historischen Daten verfügbar sind und dass die Prognosemodelle eng in das Planungswerkzeug integriert sind.

Hier kommt der Vorteil von SAP Analytics Cloud als integrierte Plattform für Business Intelligence, Planung und die prädiktive Analyse voll zum Tragen. Die statistischen Methoden zur prädiktiven Analyse zum Aufbau der mathematischen Prognosemodelle sind voll in die Planungsumgebung integriert und müssen nicht erst als separates Werkzeug umständlich angebunden werden. Darüber hinaus stellt SAP Analytics Cloud eine Vielzahl vordefinierter Konnektoren zu den wichtigsten IT-Systemen zur Verfügung, sodass die benötigten Daten für die Prognosemodelle leicht zugänglich sind.

5.2   Smart Predict

Die Funktionen von Smart Predict richten sich bewusst an die Fachabteilungen. Die Anwendung der einzelnen Funktionen setzt kein tieferes Verständnis der zugrunde liegenden statistischen Verfahren oder der verwendeten Algorithmen voraus. Des Weiteren sind zur Konfiguration der unterschiedlichen Methoden auch keine Skripting- oder Programmierkenntnisse erforderlich. Smart Predict erlaubt es auf diese Weise, von einer möglichst großen Zahl von Personen schnell und unkompliziert eingesetzt zu werden, was der Verbreitung dieser Methoden in vielfältigen Szenarien zugute kommt. In diesem Abschnitt erfahren Sie, wie Sie Smart Predict für die Prognose nutzen.

Fokus auf die Fachabteilung

Ein neues Prognoseszenario können Sie in SAP Analytics Cloud über die Smart-Predict-Umgebung anlegen. Wählen Sie dazu im Hauptmenü den Pfad ☰ • **Erstellen** • **Prognoseszenario**. Abbildung 5.1 zeigt die Umgebung zum Erstellen eines neuen Prognoseszenarios. Per Klick auf eine der drei möglichen Varianten **Kalssifikation**, **Regression** oder **Zeitreihe** können Sie ein neues Szenario erstellen.

Prognoseszenarien werden in der Verzeichnisstruktur von SAP Analytics Cloud abgelegt und können dort auch geöffnet werden. Prognoseszenarien werden in einem Ordner durch das Symbol ⚭ (**Prognoseszenario**) gekennzeichnet. Abbildung 5.2 zeigt ein Prognoseszenario neben einer Story in einem privaten Unterordner.

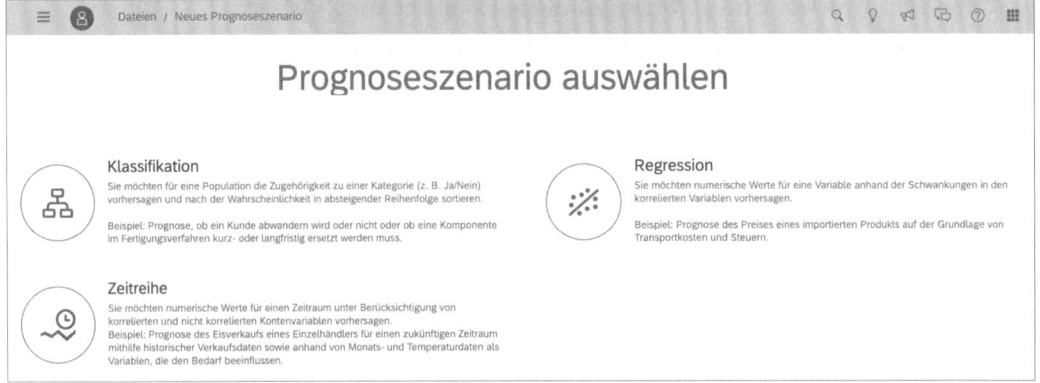

Abbildung 5.1 Ein neues Prognoseszenario in Smart Predict anlegen

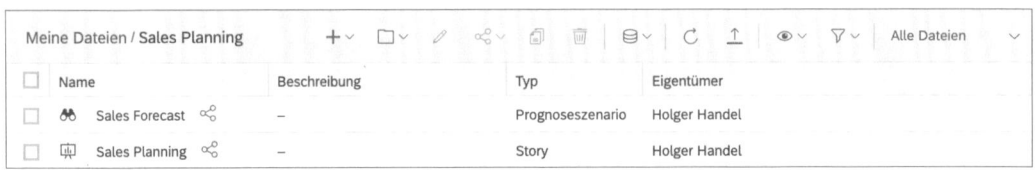

Abbildung 5.2 Prognoseszenario in der Ordnerstruktur

Arten von Prognoseszenarien

Es stehen Ihnen drei verschiedene Arten von Prognoseszenarien zur Verfügung:

- **Klassifikation**
  Das Verfahren der Klassifikation ermittelt, anhand welcher Merkmale eines Objekts die Zugehörigkeit zu einer bestimmten Klasse am besten abgeleitet werden kann. Die Zugehörigkeit zu einer Klasse muss dabei über ein binäres Merkmal im Trainingsdatensatz ausgedrückt werden können. Ein Anwendungsfall aus dem Bereich der Personalplanung ist die Vorhersage der Kündigung von Mitarbeitern. Die Mitarbeiter werden in zwei Klassen unterteilt. Die erste Klasse kennzeichnet die Mitarbeiter, die im Unternehmen verbleiben, also nicht gekündigt haben, und die wahrscheinlich in absehbarer Zeit kündigen. Über die Methode der Klassifikation können nun die Mitarbeiterattribute ermittelt werden, anhand derer eine Kündigung am besten vorausgesagt werden kann.

- **Regressionsanalyse**
  Über das Verfahren der Regressionsanalyse lassen sich Beziehungen zwischen einer unabhängigen und einer oder mehreren abhängigen Variablen ermitteln. Ein Anwendungsfall wäre die Analyse von Absatzpreisen anhand verschiedener Produktmerkmale.

- **Zeitreihenanalyse**
  Das Verfahren der Zeitreihenanalyse ermöglicht es, eine gegebene Zeitreihe, d. h. den Wert einer Größe in Abhängigkeit von der Zeit, in die Zukunft weiter zu extrapolieren. Ein Beispiel aus dem Bereich der Vertriebsplanung ist die Prognose zukünftiger Absatzmengen eines Produkts, basierend auf historischen Absatzmengen.

Die einzelnen Verfahren werden in den folgenden Abschnitten anhand von Beispielen aus dem Bereich der Unternehmensplanung eingehend erläutert.

Einige der Verfahren arbeiten mit sogenannten *Datensets*. Neben den Modellen, die bereits in Kapitel 2, »Datenmodellierung«, vorgestellt worden sind, existiert in SAP Analytics Cloud ein zweiter Objekttyp, über den Daten strukturiert im System vorgehalten werden können. Dieser Objekttyp wird als Datenset bezeichnet. Im Unterschied zu Modellen stellen Datensets eine zusätzliche Möglichkeit zur Verfügung, Daten in SAP Analytics Cloud zu speichern und z. B. im Rahmen eines Prognoseszenarios zu verarbeiten.

Datensets bieten Ihnen nicht solche umfassenden Möglichkeiten zur semantischen Beschreibung der Daten wie in der Modellierungsumgebung. Der Vorteil von Datensets liegt vielmehr darin, einen vorhandenen Datensatz relativ schnell und mit wenig Aufwand in SAP Analytics Cloud zu verarbeiten.

Datenset

Abbildung 5.3 Datenset erstellen

Ein neues Datenset können Sie im Hauptmenü über den Pfad ☰ • **Erstellen** • **Datenset** erzeugen. Wie es Abbildung 5.3 zeigt, können Sie ein Datenset, ähnlich wie Modelle, entweder aus einer lokalen Datei ❶ oder über eine Verbindung zu einem Quellsystem ❷ erzeugen. Eine explizite Modellierung der semantischen Struktur wie bei einem Modell ist nicht vorgesehen und beim Erstellen eines Datensets auch nicht gewünscht.

Das Datenset stellt vielmehr eine flache spaltenorientierte Struktur zur Verfügung, wie in Abbildung 5.4 beispielhaft gezeigt. Die einzelnen Spalten sind unabhängig und haben keine semantische Beziehung zueinander.

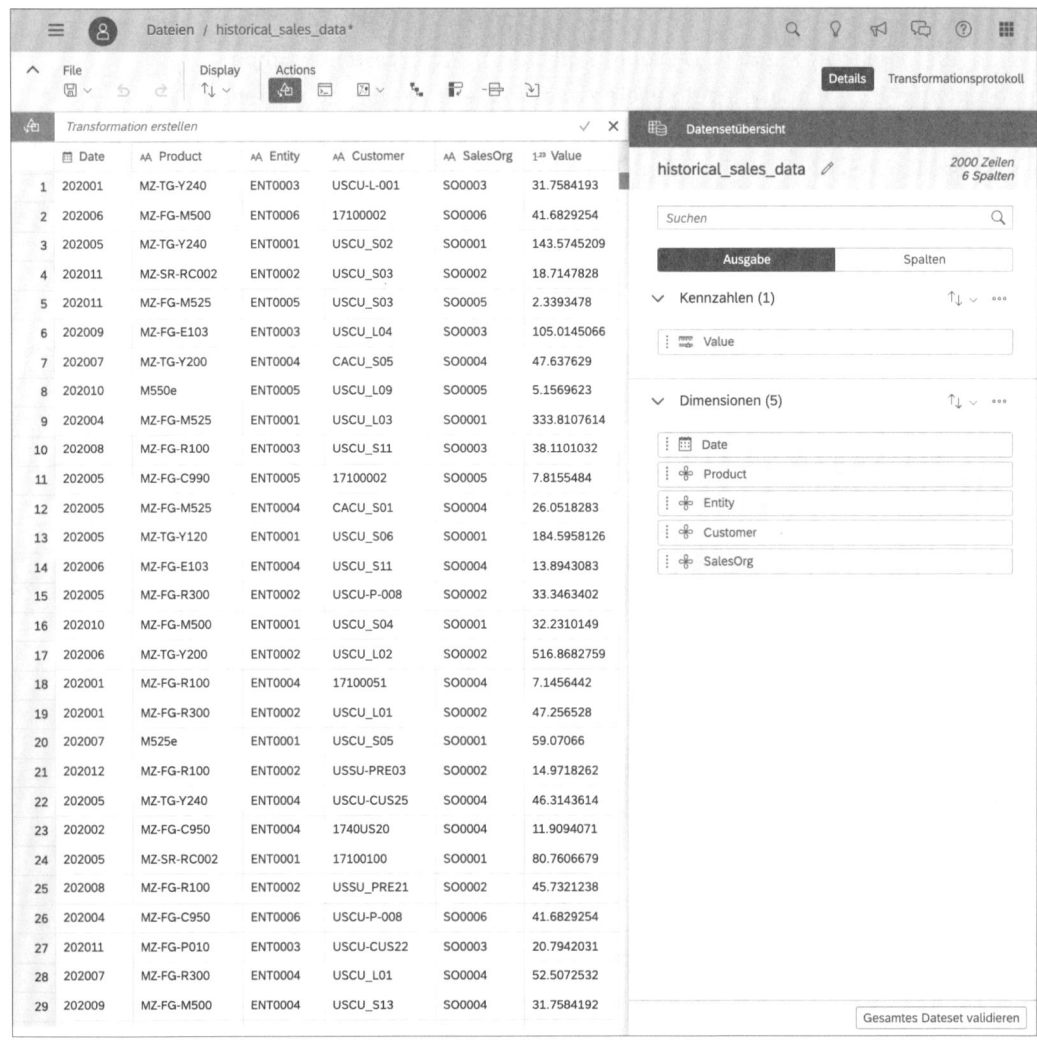

Abbildung 5.4 Beispiel für ein Datenset

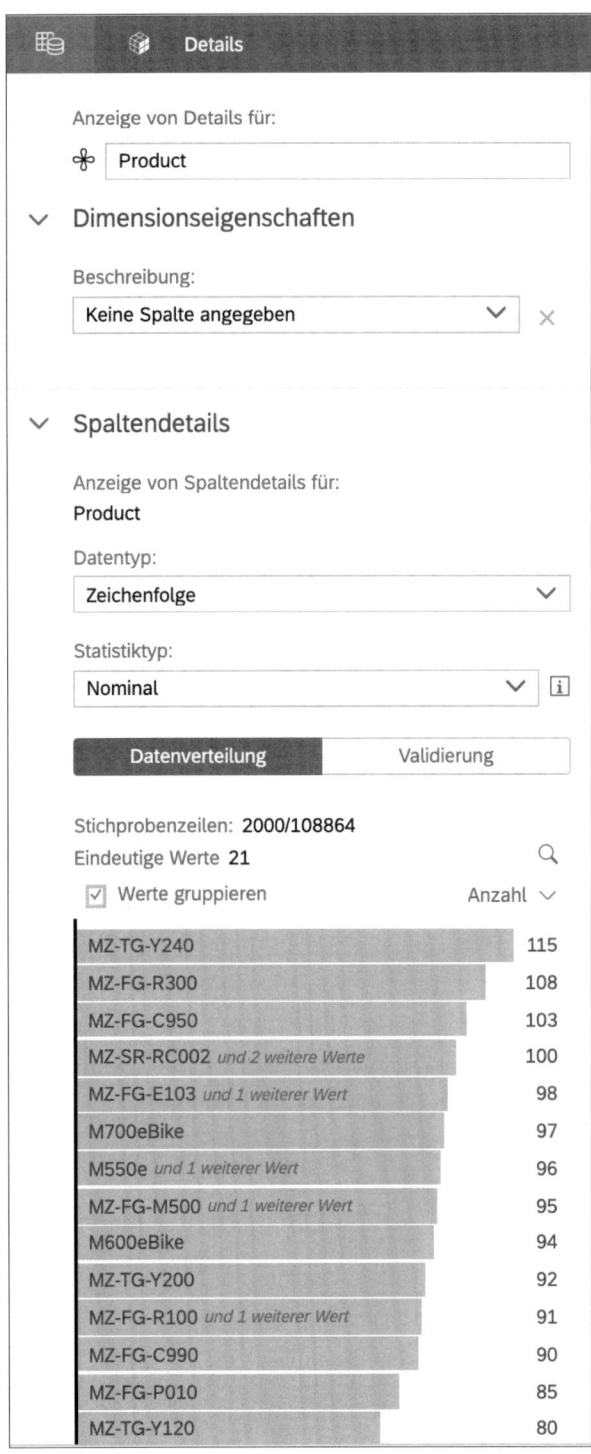

Abbildung 5.5 Spaltendetails

Im Beispiel könnten weitere Spalten mit Attributen der Produkte vorhanden sein, um diese im Rahmen einer Klassifikationsanalyse zu berücksichtigen. Als Bestandteil eines Datensets gibt es aber keine semantische Zuordnung von Attributen zu einer bestimmten Dimension, wie dies im Rahmen der Modellierung eines multidimensionalen Datenmodells der Fall ist.

Die Spalten eines Datensets können in Kennzahlen und Dimensionen unterschieden werden. Für die einzelnen Spalten können Datentypen und Typen für die statistische Verarbeitung festgelegt werden. Abbildung 5.5 zeigt als Beispiel die Details der Spalte **Produkt**. Als Statistiktyp, der im Rahmen eines Prognoseszenarios relevant ist, stehen die folgenden Typen zur Verfügung:

- **Nominal**: unsortierte, diskrete Werte (z. B. Kategorien)
- **Ordinal**: sortierbare, diskrete Werte (z. B. Rangfolgen)
- **Stetig**: numerische, sortierbare, steigende Werte (z. B. Umsatzerlöse)
- **Textuell**: nominale Werte, die Text enthalten (z. B. Produktbeschreibung)

Eine detailliertere Beschreibung der Konfigurationsmöglichkeiten von Datensets soll an dieser Stelle nicht erfolgen, da sie für das weitere Verständnis im Umgang mit Prognoseszenarien nicht erforderlich sind.

5.3   Zeitreihenanalyse

Mithilfe der *Zeitreihenanalyse* können Sie den Verlauf einer betriebswirtschaftlichen Größe über die Zeit analysieren. Die aus der Zeitreihenanalyse ermittelten Zusammenhänge zwischen der Zeit und dem Verlauf der Größe können Sie nutzen, um den zukünftigen Verlauf dieser Größe zu prognostizieren, d. h. den Wert in die Zukunft zu extrapolieren.

Die Zeitreihenanalyse erfolgt anhand von vorliegenden Vergangenheitsdaten, die technisch entweder über ein Datenset zur Verfügung gestellt werden oder direkt aus einem Modell gelesen werden können.

Im Folgenden soll eine Zeitreihenanalyse für die Absatzmengen des Unternehmens erstellt werden. Dabei werden historische Vertriebsdaten verwendet, um ein Zeitreihenmodell zu erstellen. Mithilfe dieses Modells wird dann eine automatische Prognose der zu erwartenden Absatzmengen erstellt.

Eine neue Zeitreihenanalyse erstellen Sie durch die Auswahl des Eintrags **Zeitreihe**, wie in Abbildung 5.6 dargestellt.

Zeitreihe

Sie möchten numerische Werte für einen Zeitraum unter Berücksichtigung von korrelierten und nicht korrelierten Kontenvariablen vorhersagen.
Beispiel: Prognose des Eisverkaufs eines Einzelhändlers für einen zukünftigen Zeitraum mithilfe historischer Verkaufsdaten sowie anhand von Monats- und Temperaturdaten als Variablen, die den Bedarf beeinflussen.

Abbildung 5.6 Neue Zeitreihenanalyse erstellen

Nach der Auswahl eines Namens und eines Ordners, in dem das Prognoseszenario gespeichert werden soll, gelangen Sie in die Arbeitsumgebung der Zeitreihenanalyse (siehe Abbildung 5.7). In dieser Umgebung können Sie mehrere Prognosemodelle auf der Grundlage existierender Daten trainieren und anwenden. Die verschiedenen Modelle werden im Bereich **Prognosemodelle** am unteren Rand des Fensters aufgelistet. Ein neues Prognosemodell erzeugen Sie per Klick auf die Schaltfläche ⊞ (**Prognosemodell erstellen**) in der Werkzeugleiste.

Prognosemodell erzeugen

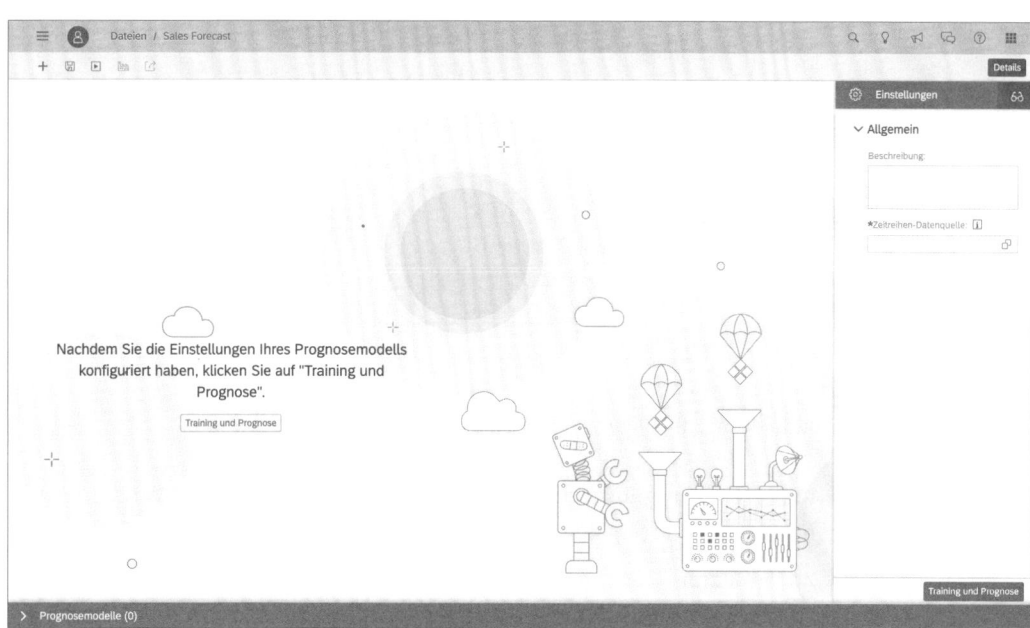

Abbildung 5.7 Arbeitsumgebung für eine neue Zeitreihenanalyse

Die Parameter für das Prognosemodell definieren Sie im Fenster **Einstellungen**, das Sie über die Schaltfläche **Details** einblenden können. Die Parameter legen im Wesentlichen fest, welche Kennzahl auf welcher Detailebene vorhergesagt werden soll.

5.3.1 Einstellungen der Zeitreihenanalyse

Die Einstellungen für die Zeitreihenanalyse untergliedern sich in drei Abschnitte:

- Allgemein
- Prognoseziel
- Training des Prognosemodells

Datenbasis der
Zeitreihe festlegen

Im Abschnitt **Allgemein** legen Sie die Datenbasis der Zeitreihe fest. Neben einer Beschreibung, hier »Prognose der Absatzmengen«, können Sie im Feld **Zeitreihen-Datenquelle** die Datenquelle festlegen. Bei der Zeitreihenanalyse kommen hier sowohl Datensets als auch ein Planungsmodell infrage. Bei der Auswahl eines Modells können Sie im Feld **Version** die Version auswählen (siehe Abbildung 5.8), da in einem Planungsmodell in der Regel mehrere Versionen verfügbar sind, die Grundlage für die Prognose im Allgemeinen aber auf den Istwerten basiert.

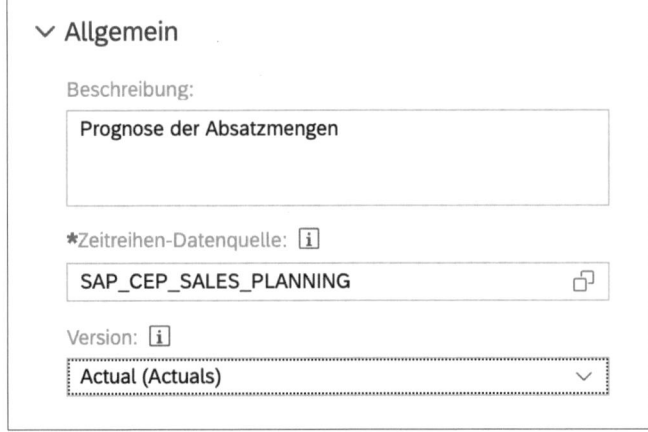

Abbildung 5.8 Allgemeine Einstellungen der Zeitreihenanalyse

Prognoseziel
festlegen

Im Bereich **Prognoseziel** werden die eigentlichen Parameter für die Zeitreihendefinition festgelegt (siehe Abbildung 5.9).

Zu den Parametern gehört die Signalvariable im Feld **Signal**. Die Signalvariable ist die Kennzahl, deren Wert analysiert und danach prognostiziert werden soll. Bei der Verwendung eines Modells als Datenbasis ist dies ein Element der Dimension vom Typ **Konto**.

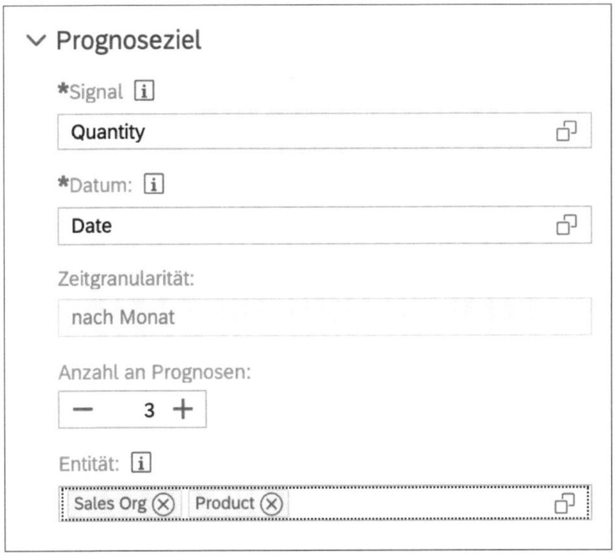

Abbildung 5.9 Prognoseziel definieren

Der zweite Parameter im Feld **Datum** definiert, welche Dimension als Zeitvariable dienen soll. Da ein Modell generell mehrere Dimensionen vom Typ
Zeit haben kann, müssen Sie hier ebenfalls eine Auswahl treffen. Bei der Verwendung von Datensets als Quelle werden hier die entsprechenden Spalten
für die Signal- und Zeitvariable ausgewählt.

Die Einstellung **Anzahl an Prognosen** legt fest, wie weit in die Zukunft die
Prognose erstellt werden soll. Als Zeiteinheit kommt hier die Granularität
der zugrunde liegenden Zeitdimension zum Einsatz (**Zeitgranularität**).

Als letzten Parameter legen Sie im Feld **Entität** die Entität der Prognose fest.
Über die Entität erzeugen Sie eine segmentierte Zeitreihenanalyse. Als Entität können Sie eine oder mehrere Dimensionen angeben.

Das System erzeugt dann für jede Elementkombination aus den angegebenen Dimensionen eine separate Zeitreihe und folglich eine eigene Prognose. Im Beispiel aus Abbildung 5.9 werden die Dimensionen **Produkt** und
Vertriebsorganisation definiert. Dies bewirkt, dass für jede Kombination
aus Produkt und Vertriebseinheit eine separate Zeitreihe gebildet wird und
SAP Analytics Cloud für jede Zeitreihe eine eigene Prognose erstellt. Dadurch kann dem Umstand Rechnung getragen werden, dass sich eine Kennzahl, wie z. B. Absatzmenge, je nach betrachtetem Produkt oder betrachteter
Region unterschiedlich entwickelt. So ergibt sich eventuell eine genauere
Vorhersage, als wenn eine Prognose auf Basis der Aggregation über verschiedene Produkte oder Regionen hinweg erstellt würde. Der Aufwand
zum Erstellen und Verwalten dieser separaten Zeitreihen wird auf diese

**Segmentierte
Zeitreihenanalyse**

Weise drastisch reduziert – im Vergleich zu herkömmlichen Werkzeugen, in denen explizit separate Zeitreihenmodelle erzeugt werden müssen.

Prognosemodell trainieren

Der letzte Bereich **Training des Prognosemodells**, der in Abbildung 5.10 dargestellt ist, enthält Parameter, die die Menge der Datensätze einschränken, die für das Training des Prognosemodells herangezogen werden. Über die Einstellungen ❶ kann der Bereich der Zeitvariablen eingeschränkt werden. Außerdem können Sie festlegen, dass bei der Prognose nur positive Werte erzeugt werden sollen ❷. Dies ist bei vielen betriebswirtschaftlichen Kennzahlen wie Absatzmengen oder Umsatzerlösen sinnvoll.

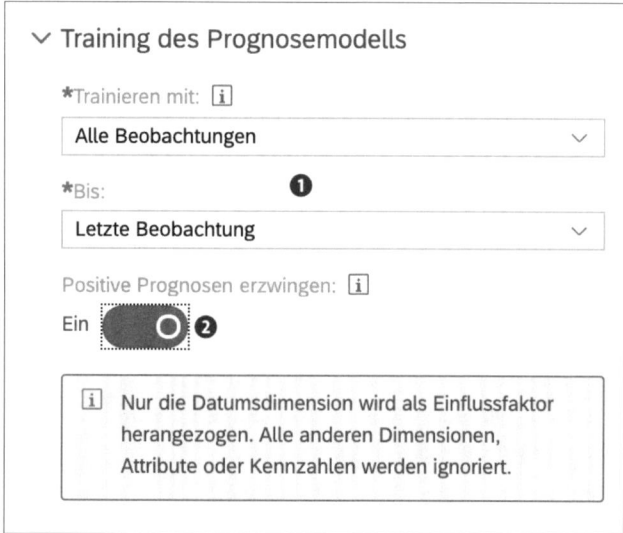

Abbildung 5.10 Training des Prognosemodells

Sobald Sie alle Einstellungen für die Zeitreihenanalyse festgelegt haben, können Sie über die Schaltfläche **Training und Prognose** die Analyse anstoßen. Abbildung 5.11 zeigt die Einstellungen für die Zeitreihenanalyse des Beispiels:

- **Beschreibung**: allgemeine Informationen zum Prognosemodell.
- **Zeitreihen-Datenquelle**: Datenquelle (Modell oder Dataset), das die Trainingsdaten enthält.
- **Version**: Version, die zum Trainieren des Modells verwendet wird.
- **Signal**: Kennzahl, für die eine Prognose erstellt wird.
- **Datum**: Dimension, die als Zeitvariable für das Prognosemodell verwendet wird.
- **Zeitgranularität**: Granularität der Zeitvariablen.
- **Anzahl der Prognose**: Anzahl Prognosewerte (im Beispiel drei Monate).

- **Entität**: Detailebene des Prognosemodells.
- **Trainieren mit/Bis**: Einschränkung der Datenbasis, die zum Trainieren verwendet wird.
- **Positive Prognosen erzwingen**: Legt fest, ob die Prognosewerte rein positiv oder gegebenenfalls auch negativ sein sollen.

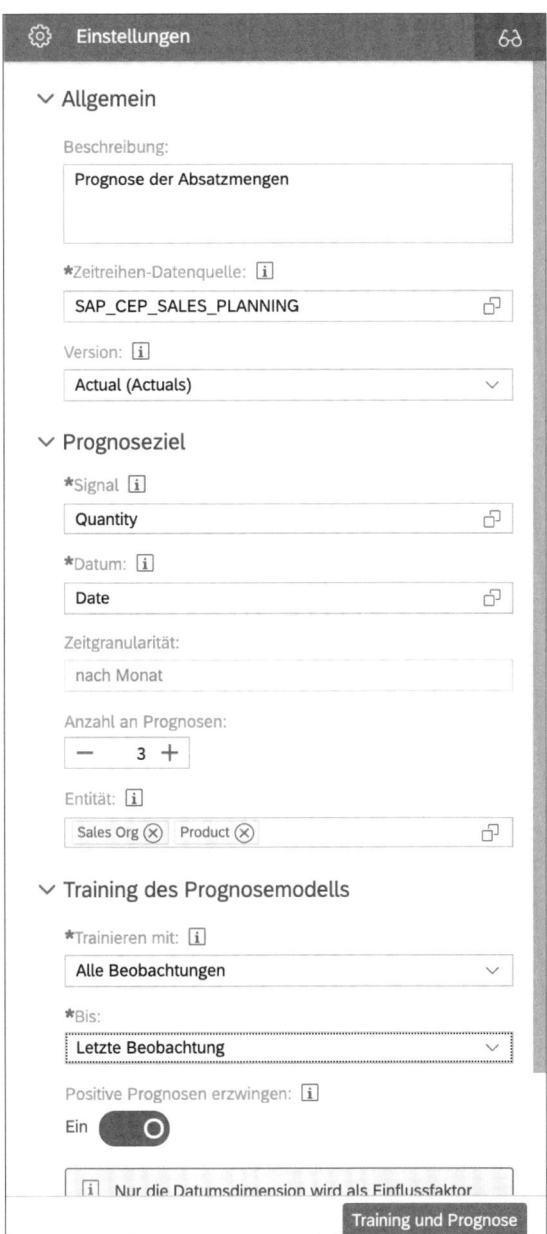

Abbildung 5.11 Vollständige Einstellungen für die Zeitreihenanalyse

Nach dem Anstoßen der Analyse ermittelt das System die Parameter der einzelnen Zeitreihen für jede einzelne Kombination der angegebenen Dimensionen.

5.3.2   Ergebnis der Zeitreihenanalyse

Nach dem Abschluss der Zeitreihenanalyse bietet SAP Analytics Cloud eine Übersicht über die Ergebnisse.

MAPE   Abbildung 5.12 zeigt ein Beispiel für einen Ergebnisbericht. Dabei wird für alle Entitäten, also für alle Merkmalskombinationen der in den Einstellungen festgelegten Dimensionen der sogenannte *MAPE* (*Mean Absolute Percentage Error*) als Qualitätskennzahl der Zeitreihenanalyse angegeben.

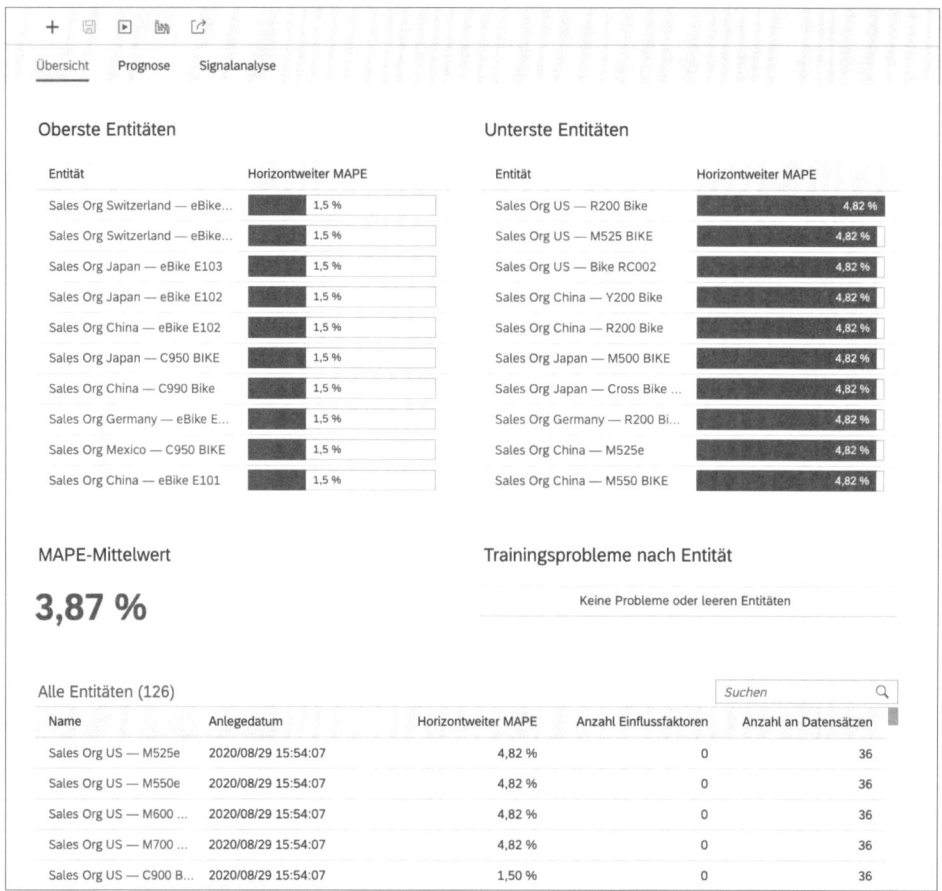

Abbildung 5.12 Ergebnisübersicht der Zeitreihenanalyse

Diese Kennzahl vergleicht die Prognosewerte, basierend auf den ermittelten Zeitreihenparametern, die für die Punkte der Zeitreihe ermittelt werden und für die historische Werte existieren, mit den existierenden Istwerten und ermittelt deren Abweichung.

Der mittlere Abweichungswert in Prozent bildet dann den MAPE-Wert. Ein geringerer MAPE-Wert signalisiert dabei eine bessere Übereinstimmung der ermittelten Prognosewerte mit den tatsächlich vorhandenen Werten. Die Merkmalskombinationen mit den jeweils besten bzw. schlechtesten MAPE-Werten sind nochmals im oberen Teil der Übersicht gesondert aufgelistet.

Über einen Klick auf eine bestimmte Entität navigieren Sie in die Prognoseansicht für die jeweilige Merkmalskombination. Abbildung 5.13 zeigt die Prognoseansicht für die Entität, definiert durch die Vertriebseinheit Sales Org US und das Produkt R200 Bike. Im Diagramm **Prognose vs. Ist** werden die tatsächlichen Werte der Entität den aus den Zeitreihenparametern errechneten Werten grafisch gegenübergestellt. Außerdem werden für den Prognosezeitraum die errechneten Prognosewerte sowie deren Konfidenzintervall dargestellt. Durch diese Darstellung erhalten Sie bereits einen anschaulichen Eindruck über die Güte des ermittelten Prognosemodells und damit einen Anhaltspunkt über die Güte der prognostizierten Kennzahlwerte.

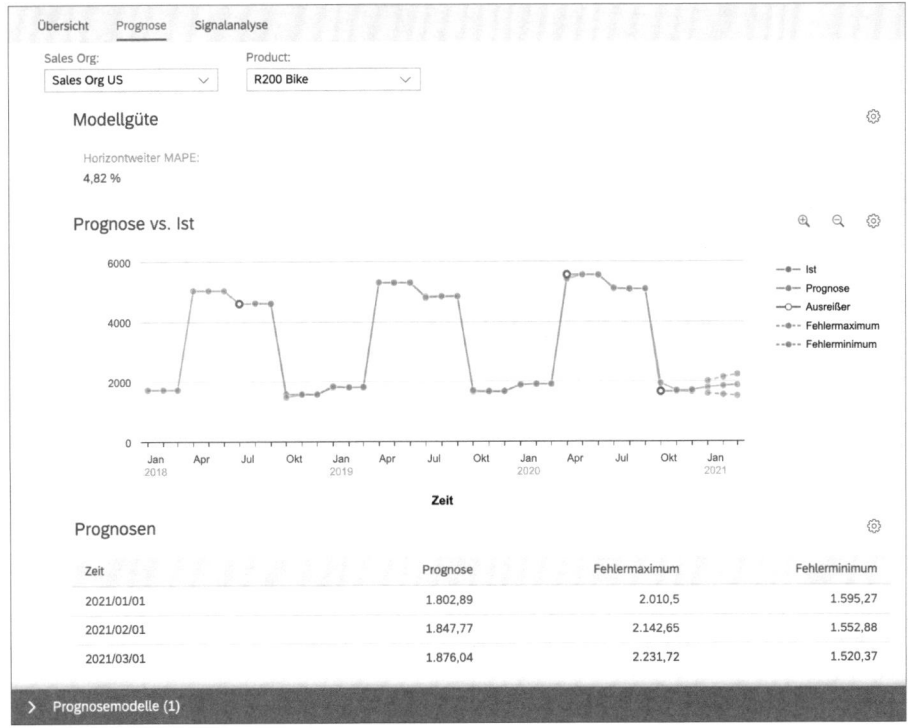

Abbildung 5.13 Prognose der Zeitreihe

Über die beiden Auswahlelemente können Sie eine andere Merkmalskombination auswählen und das Ergebnis der Zeitreihenanalyse für diese Kombination analysieren.

Saisonalität und Trend der Zeitreihe analysieren

Auf der Registerkarte **Signalanalyse** könne Sie das Ergebnis der Zeitreihenanalyse detaillierter analysieren (siehe Abbildung 5.14). Für eine ausgewählte Merkmalskombination wird die prognostizierte Zeitreihe in die einzelnen Bestandteile zerlegt, die durch das Prognosemodell ermittelt werden. Bei der Ermittlung des Prognosemodells wird die vorliegende Zeitreihe in eine *Trendkomponente* sowie einen *zyklischen Anteil* aufgegliedert.

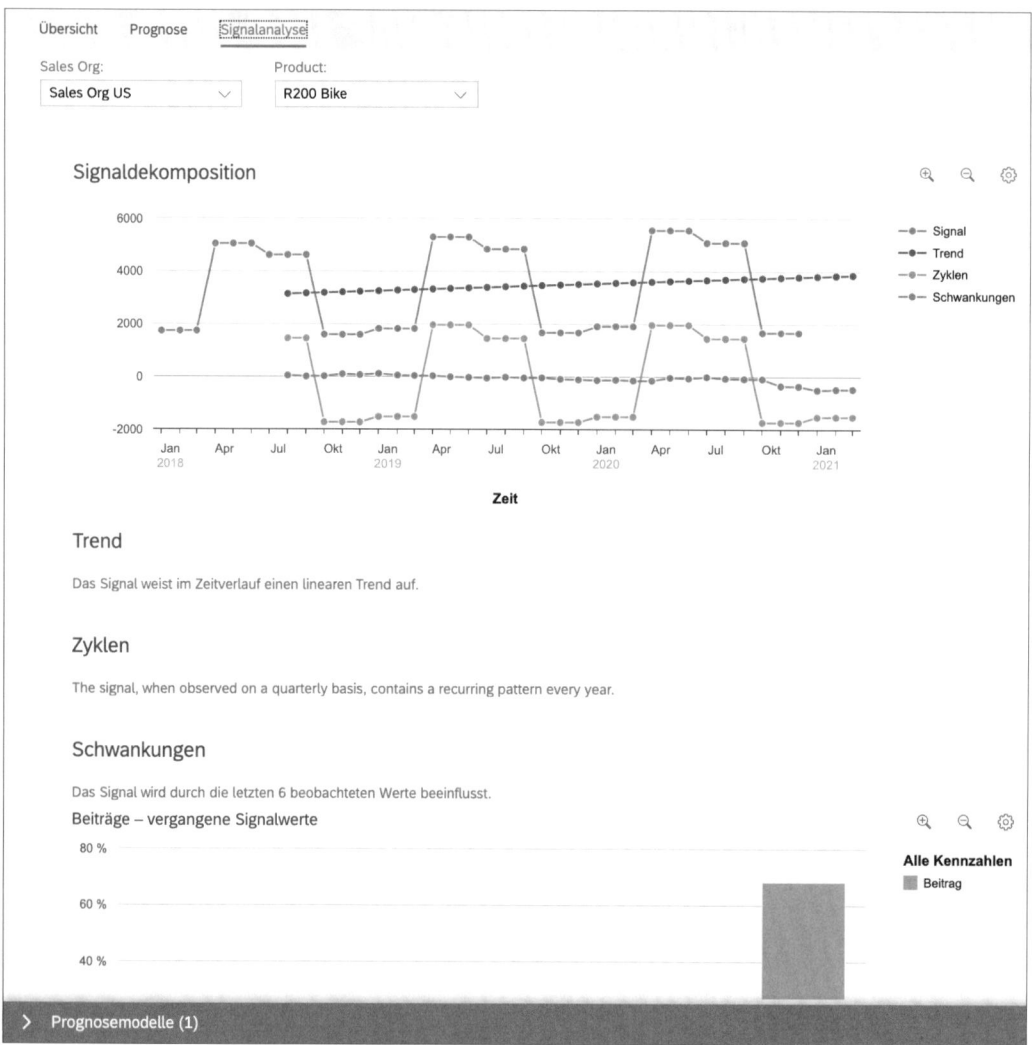

Abbildung 5.14 Signalanalyse

Die restliche Abweichung, die weder durch die zyklische noch die Trend-komponenten erklärt werden kann, wird als *Schwankung* ausgewiesen. Die zugrunde liegende Annahme bei diesem Vorgehen besteht darin, dass sich eine Zeitreihe in eben diese beiden Komponenten zerlegen lässt. Die beiden Komponenten repräsentieren, betriebswirtschaftlich betrachtet, einen zugrunde liegenden stabilen Trend sowie eine eventuell vorhandene Saisonalität.

Diese Annahme ist bei vielen betriebswirtschaftlichen Größen durchaus re-alistisch. Die dabei ermittelten Parameter dieser beiden Bestandteile bilden dann die Grundlage für die Berechnung der zukünftigen Entwicklung der Zeitreihe.

5.3.3 Prognosewerte übernehmen

Neben der Analyse des ermittelten Zeitreihenmodells können Sie die ermit-telten Prognosewerte auch wieder in das zugrunde liegende Datenmodell übernehmen, um beispielsweise im Rahmen eines Planungsprozesses Aus-gangswerte für die zu planende Kennzahl zur Verfügung zu stellen. Über ei-nen Klick auf die Schaltfläche 🔛 (**Prognosen speichern**) der Werkzeugleiste können Sie die errechneten Prognosewerte der Kennzahl in eine Planver-sion übernehmen.

Abbildung 5.15 zeigt den Dialog zur Auswahl der Planversion, in die die er-mittelten Prognosewerte übernommen werden sollen. Bei der Version, die Sie hier auswählen können, muss es sich um eine private Version handeln. Im Beispiel ist dies die private Version mit der Bezeichnung **FC3 (Forecast)**.

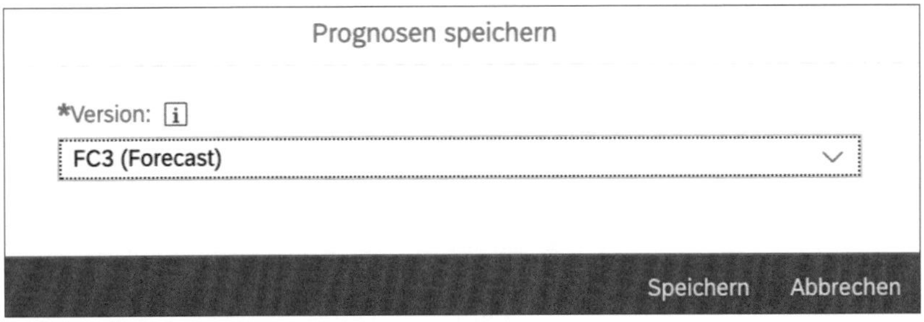

Abbildung 5.15 Prognose speichern

5.3.4 Beispiel eines Integrationsszenarios

Zum Abschluss dieses Abschnitts wird ein Anwendungsfall skizziert, in dem ein Prognoseszenario in den Ablauf eines Planungsprozesses integriert wird. Als Beispiel soll wieder die Vertriebsplanung zugrunde gelegt werden:

Es wird ein Forecast-Prozess für das vierte Quartal des Jahres 2020 durchgeführt. Für diesen Prozess wird ein Prognoseszenario erstellt, das die Absatzmengen für das nächste Quartal ermittelt. Mit diesen automatisch generierten Werten soll eine Planversion vorbelegt werden, die dann von den einzelnen Planern in den Vertriebsregionen manuell angepasst werden kann.

Abbildung 5.16 zeigt die Story zur Erfassung der Forecast-Werte. Die Tabelle zeigt die Istwerte für die Quartale Q1 bis Q3. Die Forecast-Werte für Q4 stammen noch aus dem vorherigen Forecast-Prozess nach dem Abschluss von Q2 und sollen nun aktualisiert werden. Der Prozessverantwortliche hat über die Versionsverwaltung eine neue Forecast-Version FC3 erstellt. Dabei wurde einfach die Version Forecast in eine neue private Version kopiert.

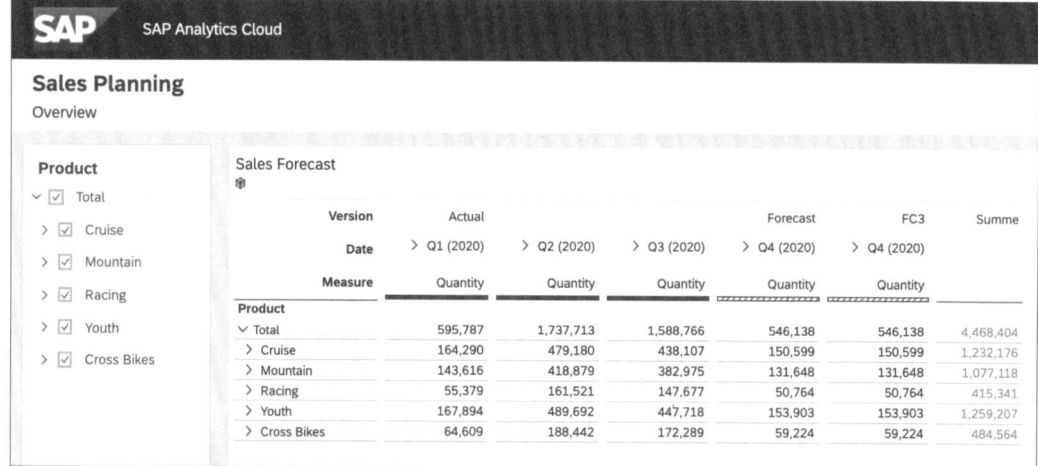

SAP SAP Analytics Cloud

Sales Planning
Overview

Product	Sales Forecast					
✓ ☑ Total						
> ☑ Cruise	**Version**	Actual			Forecast	FC3	Summe
> ☑ Mountain	**Date**	> Q1 (2020)	> Q2 (2020)	> Q3 (2020)	> Q4 (2020)	> Q4 (2020)	
> ☑ Racing	**Measure**	Quantity	Quantity	Quantity	Quantity	Quantity	
> ☑ Youth	**Product**						
> ☑ Cross Bikes	∨ Total	595,787	1,737,713	1,588,766	546,138	546,138	4,468,404
	> Cruise	164,290	479,180	438,107	150,599	150,599	1,232,176
	> Mountain	143,616	418,879	382,975	131,648	131,648	1,077,118
	> Racing	55,379	161,521	147,677	50,764	50,764	415,341
	> Youth	167,894	489,692	447,718	153,903	153,903	1,259,207
	> Cross Bikes	64,609	188,442	172,289	59,224	59,224	484,564

Abbildung 5.16 Story zur Erfassung der Forecast-Werte für Q4/2020

Forecast über Prognoseszenario erstellen Der Forecast für Q4/2020 wird, wie oben beschrieben, über ein Prognoseszenario vom Typ **Zeitreihe** erstellt und die Ergebnisse in die private Version FC3 gespeichert.

Während die Ergebnisse in das Planungsmodell der Vertriebsplanung übertragen werden, wird dies über eine entsprechende Statusanzeige in der Smart-Predict-Umgebung dargestellt (siehe Abbildung 5.17).

	Name	Status	Anlegedatum	Horizontweiter MAPE	Anzahl Einflussfaktoren	Anzahl an Datensätzen	⚙
✓ Prognosemodelle (2)							
⋯	Modell 2 / Prognose der Absatzmengen für Q4/2020	Wird angewendet	2020/08/30 17:19:43	1,03 %	0	4158	⋯
☑	Modell 1 / Prognose der Absatzmengen	Trainiert	2020/08/29 15:48:40	3,87 %	0	4536	⋯

Abbildung 5.17 Prognoseergebnisse in das Modell übertragen

Nach dem Abschluss des Kopiervorgangs sind die Ergebnisse der Prognose entsprechend in der privaten Version sichtbar. Wie es in Abbildung 5.18 zu sehen ist, liegt der neue Forecast deutlich über dem ursprünglichen Forecast für Q4/2020 aus dem letzten Forecast-Prozess.

Die neuen maschinengenerierten Forecast-Werte können nun als Ausgangswerte für den anschließenden Forecast-Prozess verwendet werden. Je nach Ausgestaltung des Prozesses können sich die verantwortlichen Planer an den generierten Werten orientieren und diese bei Bedarf anpassen. Dabei kann wiederum die Versionsverwaltung eingesetzt werden und der automatisch generierte Forecast als eigene Version erhalten bleiben, um so manuell erfasste Werte und automatisch generierte Werte miteinander zu vergleichen. Es ist auch denkbar, dass das maschinenbasierte Verfahren zur Erzeugung der Quartalsvorhersagen den manuellen Prozess vollständig ersetzt.

Prognosewerte übernehmen

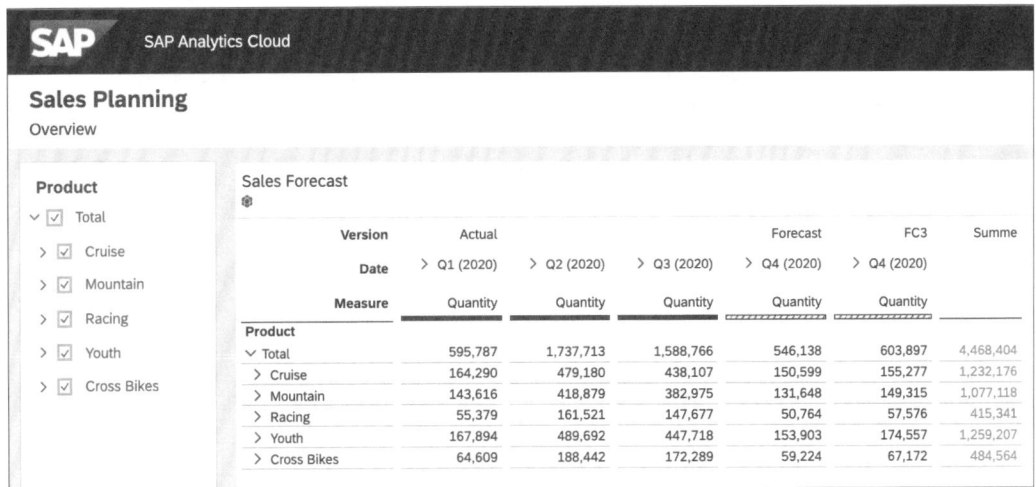

Abbildung 5.18 Ergebnisse der Zeitreihenprognose

5.4   Klassifikation

In diesem Abschnitt wird das zweite Verfahren zur Erstellung von Prognoseszenarien behandelt, die sogenannte *Klassifikation*. Das Verfahren der Klassifikation erlaubt es, Objekte anhand ihrer Attribute einer bestimmten Klasse zuzuordnen. Die Gesetzmäßigkeit anhand derer sich die Zuordnung eines Objekts zu einer Klasse ergibt, ermittelt das System automatisiert auf Basis einer bereitgestellten Population von Objekten, der sogenannten Trainingsmenge.

In den folgenden Infokästen finden Sie Beispiele für betriebswirtschaftliche Fragestellungen, für die sich das Verfahren der Klassifikation einsetzen lässt.

Kommende Vertragskündigung?

Wird ein Kunde in nächster Zeit seinen Vertrag kündigen oder nicht? Die Zugehörigkeit zu einer der beiden Klassen, **Kunde kündigt** oder **Kunde kündigt nicht**, soll anhand verschiedener Kundenattribute abgeleitet werden. Attribute können hierbei die Häufigkeit der Anrufe beim Kundendienst, die Dauer des bestehenden Vertragsverhältnisses oder auch demografische Eigenschaften sein.

Zukünftige Kündigung

Wird eine Mitarbeiterin das Unternehmen verlassen oder nicht? Dies ist analog zum ersten Beispiel, jedoch mit dem Fokus auf Mitarbeiter und deren spezifische Attribute wie Unternehmenszugehörigkeit, Gehaltsentwicklung, Alter usw.

Qualitätsprobleme bei Fertigungsaufträgen

Mit welcher Wahrscheinlichkeit treten bei Fertigungsaufträgen Qualitätsprobleme auf? Hier soll anhand bestimmter Merkmale eines Fertigungsauftrags in der Produktion vorhergesagt werden, ob Ausschuss generiert wird oder nicht.

Das Verfahren der Klassifikation kann nicht nur für Planungsprozesse, sondern selbstverständlich auch im Kontext anderer analytischer Fragestellungen eingesetzt werden. Im Rahmen eines Planungsprozesses können die Erkenntnisse einer Klassifikationsanalyse besonders gewinnbringend sein.

Das Beispiel der Klassifikation von Mitarbeitenden hinsichtlich ihrer Neigung, das Unternehmen zu verlassen, kann z. B. einen wichtigen Beitrag im Rahmen einer Personalplanung leisten. Sind die Einflussfaktoren bekannt, über die sich Mitarbeitende identifizieren lassen, die im Begriff sind, das Unternehmen zu verlassen, kann dem im Rahmen einer Gehaltsplanung entgegengewirkt oder aber zusätzlicher Personalbedarf frühzeitig einkalkuliert werden.

Im Folgenden wird das Klassifikationsverfahren anhand eines Beispiels aus der Produktion erläutert. Es soll auf der Basis historischer Fertigungsaufträge ein Prognosemodell erstellt werden, das es ermöglicht vorherzusagen, ob ein Fertigungsauftrag wahrscheinlich Ausschuss generiert oder nicht. Ein solches Modell könnte z. B. im Rahmen einer Materialbedarfsplanung helfen, Ausschussquoten zu berücksichtigen oder durch andere Maßnahmen gezielt auf eine Reduktion des Ausschusses hinzuwirken.

Für die Ermittlung des Klassifikationsmodelles müssen die Trainingsdaten in einem Dataset in SAP Analytics Cloud vorliegen.

Abbildung 5.19 zeigt das Dataset mit den Attributen vergangener Fertigungsaufträge sowie deren Klassifikation als Ausschuss. Die beiden Klassen, in die die Fertigungsaufträge eingeteilt werden, sind hier also Ausschuss bzw. kein Ausschuss. Die Zugehörigkeit eines Auftrags zu einer dieser beiden Klassen wird durch die Spalte **Ausschuss** angezeigt, wobei der Wert 1 Ausschuss signalisiert. In diesem Beispiel haben die Fertigungsaufträge eine Reihe von Attributen, anhand derer versucht werden soll, ob sich eine signifikante Beziehung zwischen den Attributen und dem Resultat des Auftrags hinsichtlich der Qualität ableiten lässt. In der Praxis ist es typischerweise eine der Hauptaufgaben herauszufinden, welche Informationen relevant sind und diese Informationen dann auch bereitzustellen.

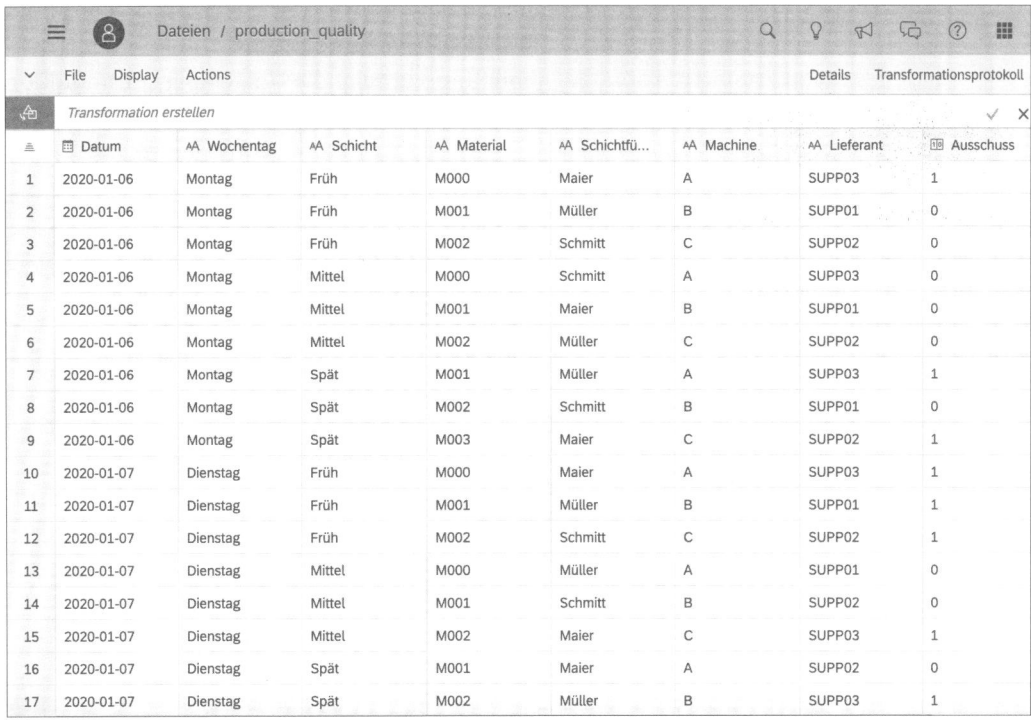

Abbildung 5.19 Datenset mit historischen Fertigungsaufträgen sowie deren Klassifikation

In diesem vereinfachten Beispiel werden als Attribute eines Fertigungsauftrag Informationen zu Wochentag, Schicht, Material und Lieferant erfasst. An dieser Stelle soll nur das Prinzip des Klassifikationsverfahrens verdeutlicht werden. Dabei geht es nicht um das korrekte Abbilden eines Fertigungsauftrags; auf der Basis dieses Datensatzes soll nun eine Klassifikationsmodell erzeugt werden.

Neue Klassifikation erstellen
In der Umgebung zum Erstellen von Prognoseszenarien erstellen Sie eine neue Klassifikation über die Schaltfläche **Klassifikation** (siehe Abbildung 5.20).

Klassifikation

Sie möchten für eine Population die Zugehörigkeit zu einer Kategorie (z. B. Ja/Nein) vorhersagen und nach der Wahrscheinlichkeit in absteigender Reihenfolge sortieren.

Beispiel: Prognose, ob ein Kunde abwandern wird oder nicht oder ob eine Komponente im Fertigungsverfahren kurz- oder langfristig ersetzt werden muss.

Abbildung 5.20 Neue Klassifikation erstellen

Wie für jede Art von Prognoseszenario müssen Sie zunächst die Einstellungen für die Klassifikation festlegen, bevor Sie das Modell anhand des Datensets trainieren können. Abbildung 5.21 zeigt die Umgebung zur Definition eines neuen Prognoseszenarios vom Typ **Klassifikation**. Die Einstellungen werden im zugehörigen Fenster am rechten Rand vorgenommen.

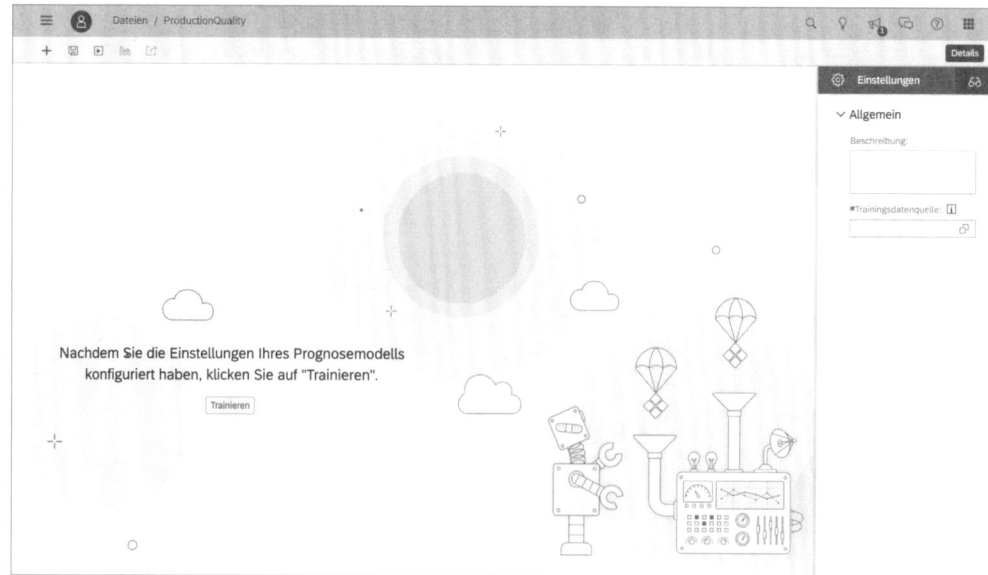

Abbildung 5.21 Parameter definieren

Die Einstellungen untergliedern sich in drei verschiedene Abschnitte, wie in Abbildung 5.22 gezeigt. Im Bereich **Allgemein** legen Sie neben einem beschreibenden Text die Quelle für die Trainingsdaten fest. Hierbei muss es sich um ein Objekt vom Typ **Datenset** handeln, das Sie vorher angelegt haben.

Trainingsdaten auswählen

Abbildung 5.22 Allgemeine Einstellungen

Aufgrund dieses Datensatzes ermittelt das Klassifikationsverfahren die Zusammenhänge zwischen den Merkmalen und den beiden Klassen.

Im Bereich **Prognoseziel** legen Sie die Zielvariable fest, d. h., Sie geben an, über welche Spalte des Datasets die Zugehörigkeit zur Klasse angegeben wird. In Abbildung 5.23 wird die Spalte **Ausschuss** zur Angabe der Klasse festgelegt.

Zielvariable festlegen

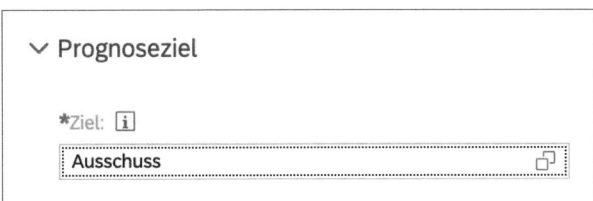

Abbildung 5.23 Prognoseziel

Der letzte Bereich **Einflussfaktoren**, der in Abbildung 5.24 gezeigt wird, ermöglicht es Ihnen, bestimmte Attribute für die Klassifikation auszuschließen. Dies kann z. B. für rein technische Merkmale wie fortlaufende Nummern sinnvoll sein, die keinerlei Bezug zu realen Objekten oder deren Eigenschaften haben, sondern lediglich zur Verwaltung in einem Datenverarbeitungssystem dienen.

Einflussfaktoren

Als Einflussfaktor ausschließen:

Dat...

Anzahl der Einflussfaktoren begrenzen:

Aus

Abbildung 5.24 Einflussfaktoren

In diesem Beispiel wird das Attribut **Datum** des Fertigungsauftrags für die Analyse ausgeschlossen, da vermutet wird, dass kein Zusammenhang zwischen dem konkreten Datum und dem Auftreten von erhöhtem Ausschuss in der Produktion besteht.

Ergebnisse der Klassifikation analysieren

Sobald alle Einstellungen für die Klassifikation vorgenommen worden sind, können Sie über die Schaltfläche **Trainieren** den Trainingsvorgang für das Klassifikationsmodell starten. Sobald der Trainingsvorgang abgeschlossen ist, werden die Ergebnisse der Analyse dargestellt. Die Ergebnisse der Klassifikation für das Beispiel werden in Abbildung 5.25 gezeigt.

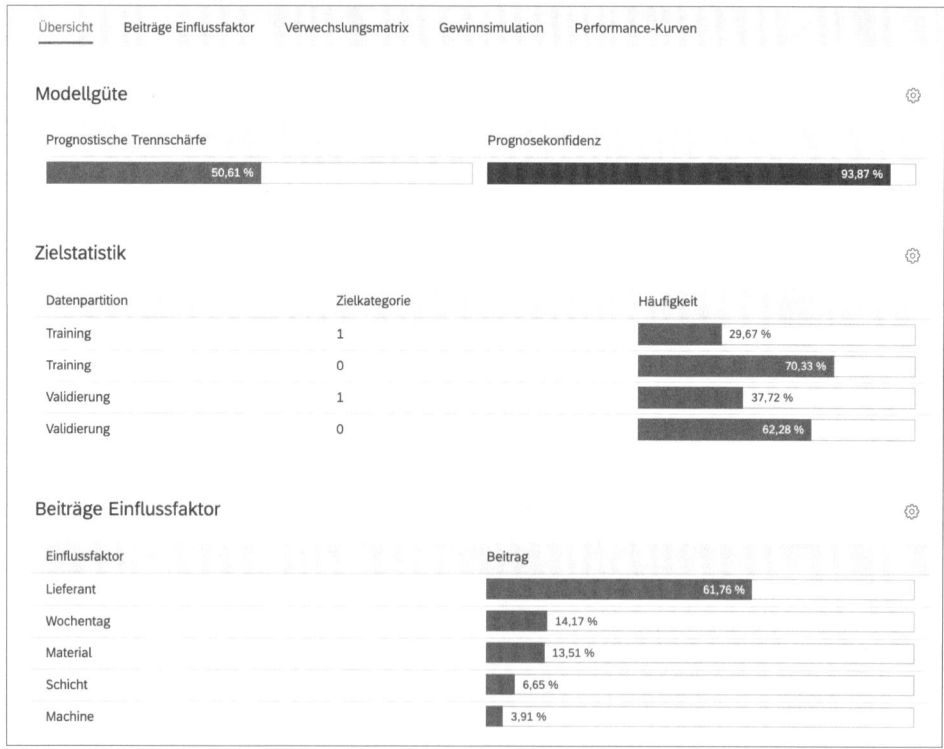

Abbildung 5.25 Statistische Parameter der Klassifikation

Neben einigen statistischen Parametern, die Rückschlüsse auf die Aussagekräftigkeit der Klassifikationsergebnisse ermöglichen, werden die Einflussfaktoren und ihr jeweiliger Beitrag aufgeschlüsselt. Aus dem Beitrag lässt sich die Signifikanz des jeweiligen Attributs für die Klassifikation ablesen. Im Beispiel wird das Merkmal **Lieferant** als das Merkmal identifiziert, das den größten Einfluss darauf hat, ob ein Fertigungsauftrag Ausschuss generiert oder nicht.

Auf der Registerkarte **Beiträge Einflussfaktor** in Abbildung 5.26 werden die einzelnen Ausprägungen der Attribute und ihr Einfluss aufgeschlüsselt ❶. Für das Beispiel ist zu erkennen, dass ein bestimmter Lieferant (SUPPO3) den größten Einfluss auf das Klassifikationsergebnis hat ❷. In diesem Fall steigt die Wahrscheinlichkeit, dass bei der Fertigung Ausschuss erzeugt wird, wenn der Lieferant involviert ist.

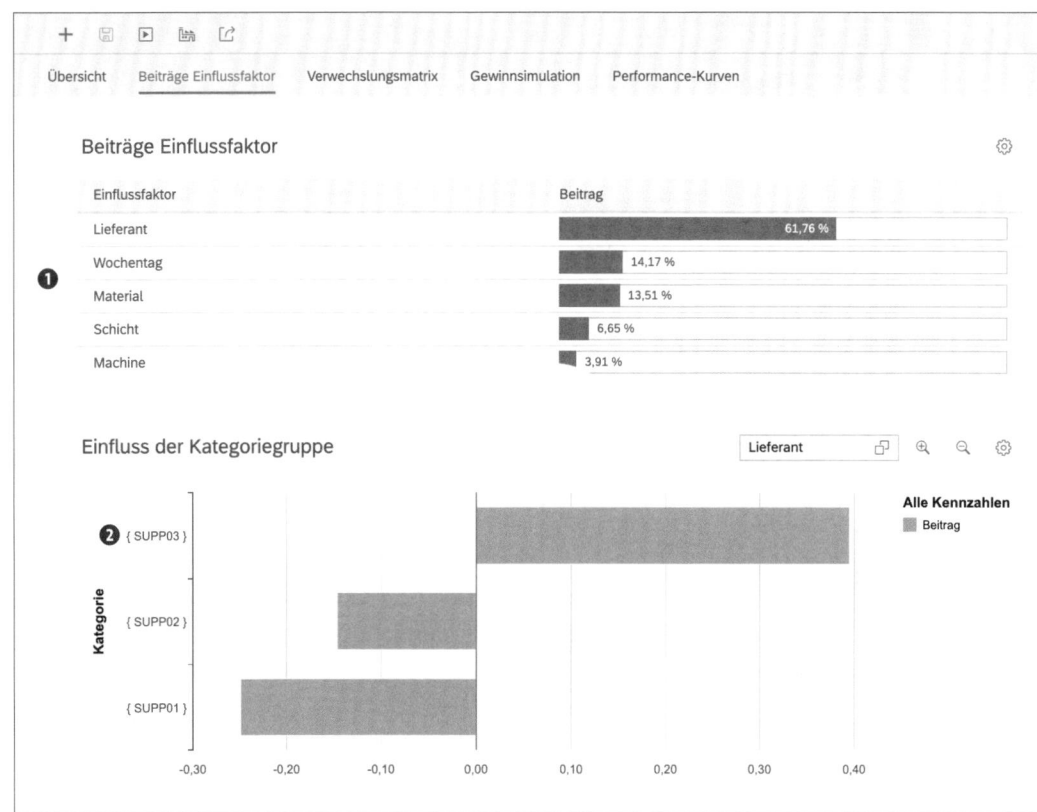

Abbildung 5.26 Beiträge der Einflussfaktoren

Wenn Sie der Meinung sind, dass das Klassifikationsmodell gute Prognosen über die zu erwartende Qualität eines Fertigungsauftrags liefern kann, können Sie das Modell auf neue Fertigungsaufträge anwenden. Dazu klicken Sie

Klassifikationsmodell anwenden

auf die Schaltfläche 🖻 (**Prognosemodell übernehmen**) in der Werkzeugleiste.

Über den Dialog, der in Abbildung 5.27 dargestellt ist, wenden Sie das Prognosemodell auf ein Datenset an. Dazu wählen Sie im Feld **Datenquelle** das
Datenset mit den neuen Fertigungsaufträgen aus. Das System erzeugt ein
neues Datenset, das aus den Spalten des ursprünglichen Datensets besteht,
die Sie über das Feld **Replizierte Spalten** auswählen.

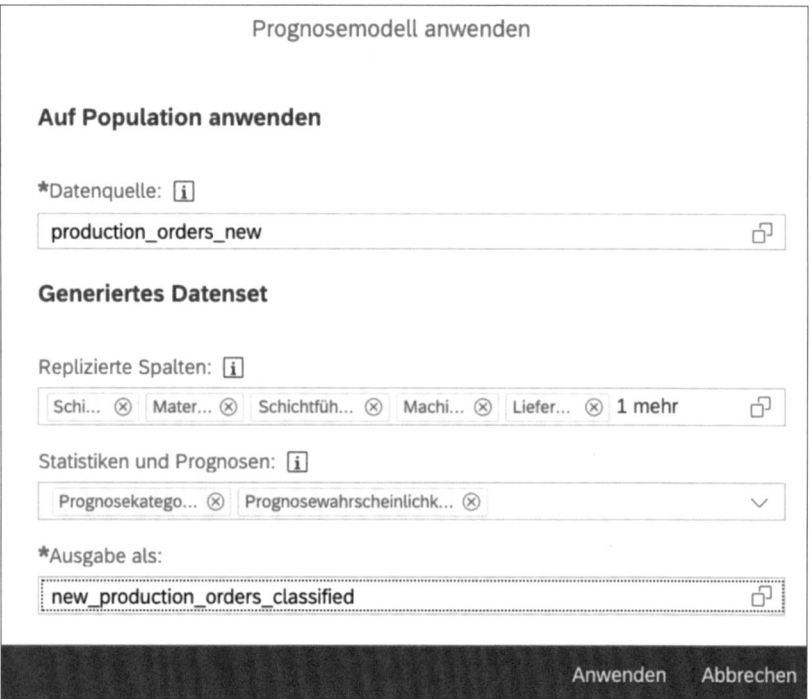

Abbildung 5.27 Prognosemodell anwenden

Zusätzlich wird das neue Datenset um Spalten angereichert, die über das
Prognosemodell für die jeweiligen Fertigungsaufträge ermittelt werden. Im
Beispiel sind die Prognosekategorie sowie die Prognosewahrscheinlichkeit
ausgewählt.

Das neue Datenset erhält dann die Informationen zu den Fertigungsaufträgen sowie die aus dem Prognosemodell abgeleitete Kategorie. Das neue Datenset ist in Abbildung 5.28 dargestellt. Neben den Attributen der neuen
Fertigungsaufträge enthält es die beiden zusätzlichen Spalten **Predicted
Category** sowie **Prediction Probability**.

Die über das Prognosemodell ermittelten Werte dieser beiden Spalten geben die ermittelte Kategorie sowie die Wahrscheinlichkeit an. Darüber können Sie abschätzen, wie zuverlässig das Ergebnis der Klassifikation ist.

Über einen weiteren Arbeitsschritt können Sie ein neues Modell aus dem Datenset erstellen und so die Ergebnisse noch enger in einen Planungsprozess integrieren, um beispielsweise im Rahmen einer Produktkostenplanung Informationen über die zu erwartenden Ausschussraten zur Verfügung zu stellen.

☰ ⦿	Dateien / new_production_orders_classified							
∨ File Display Actions						Details	Transformationsprotokoll	
🔲 *Transformation erstellen*							✓ ✗	
⬆	AA Wochentag	AA Schicht	AA Material	AA Schichtfü...	AA Machine	AA Lieferant	🔢 Predicted ...	1²³ Prediction...
1	Montag	Früh	M000	Maier	A	SUPP03	1	0.7069844720496
2	Montag	Früh	M001	Müller	B	SUPP01	0	0.2019230769230
3	Montag	Früh	M002	Schmitt	C	SUPP02	0	0.3766908557022
4	Montag	Mittel	M000	Schmitt	A	SUPP03	1	0.7618109476729
5	Montag	Mittel	M001	Maier	B	SUPP01	0	0.2740595477019
6	Montag	Mittel	M002	Müller	C	SUPP02	1	0.4230769230769
7	Montag	Spät	M001	Müller	A	SUPP03	1	0.7069844720496
8	Montag	Spät	M002	Schmitt	B	SUPP01	0	0.2877785472503
9	Montag	Spät	M003	Maier	C	SUPP02	0	0.2776511709114
10	Dienstag	Früh	M000	Maier	A	SUPP03	1	0.5230421644289
11	Dienstag	Früh	M001	Müller	B	SUPP01	0	0.0869899665551
12	Dienstag	Früh	M002	Schmitt	C	SUPP02	0	0.2772991480243
13	Dienstag	Mittel	M000	Müller	A	SUPP01	0	0.1206637256882
14	Dienstag	Mittel	M001	Schmitt	B	SUPP02	0	0.1434725292043
15	Dienstag	Mittel	M002	Maier	C	SUPP03	1	0.7618169927894
16	Dienstag	Spät	M001	Maier	A	SUPP02	0	0.0870127733514
17	Dienstag	Spät	M002	Müller	B	SUPP03	1	0.6913205937584

Abbildung 5.28 Neues Datenset mit klassifizierten Fertigungsaufträgen

5.5   Regressionsanalyse

Als letztes Verfahren für Prognoseszenarien wird die *Regressionsanalyse* vorgestellt. Die Regressionsanalyse erlaubt es, den Zusammenhang zwischen einem oder mehreren Einflussfaktoren und dem Wert einer Kennzahl aus einem gegebenen Datensatz zu ermitteln. Aus dem Bereich der Betriebswirtschaft gibt es dafür wieder eine Reihe von Anwendungsfällen, die auch insbesondere im Umfeld der Planung interessant sind.

Im Folgenden soll die Regressionsanalyse in SAP Analytics Cloud anhand eines Beispiels veranschaulicht werden. In dem Beispiel soll der Zusammen-

Beispiel: Preisanalyse

hang zwischen den Merkmalen eines Produkts und dessen Preis ermittelt werden. Dieses Szenario ist im Rahmen einer Preisplanung relevant, bei der der Planende Zugriff auf die Daten aus der Konsumforschung hat, und so die Preise für die eigenen Produkte mit den am Markt existierenden Preisen für vergleichbare Produkte vergleichen möchte. Für die Regressionsanalyse in SAP Analytics Cloud ist wiederum ein Datenset erforderlich. Das Datenset für das Beispiel ist in Abbildung 5.29 dargestellt.

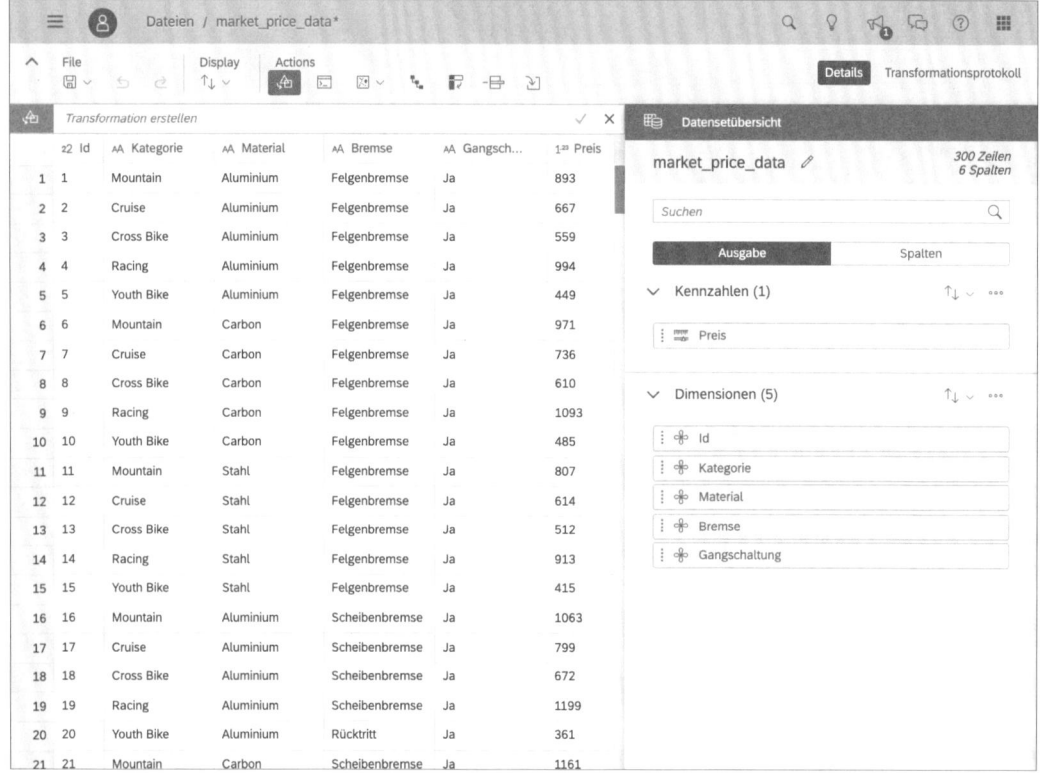

Abbildung 5.29 Datenset mit Produktmerkmalen und Preisen

Neben den Verkaufspreisen sind einige Produktmerkmale aufgeführt. Das Szenario bezieht sich dabei wieder auf das Unternehmen BestBikes, das Fahrräder herstellt und verkauft. Aus dem vorhandenen Datensatz soll nun ein Zusammenhang zwischen den einzelnen Produktmerkmalen und dem am Markt üblichen Preis ermittelt werden. Mit diesem Zusammenhang kann dann für die eigenen Produkte ein vergleichbarer Preis ermittelt werden und so dem Planer als Anhaltpunkt für die Preisplanung dienen.

Regressionsmodell erstellen

Eine neue Regressionsanalyse wird in der Umgebung für Prognoseszenarien über die Schaltfläche **Regression** erzeugt (siehe Abbildung 5.30).

Die Parameter der Regressionsanalyse werden über den Dialog **Einstellungen** festgelegt. Das Fenster untergliedert sich in drei Abschnitte: **Allgemein**, **Prognoseziel** und **Einflussfaktoren**.

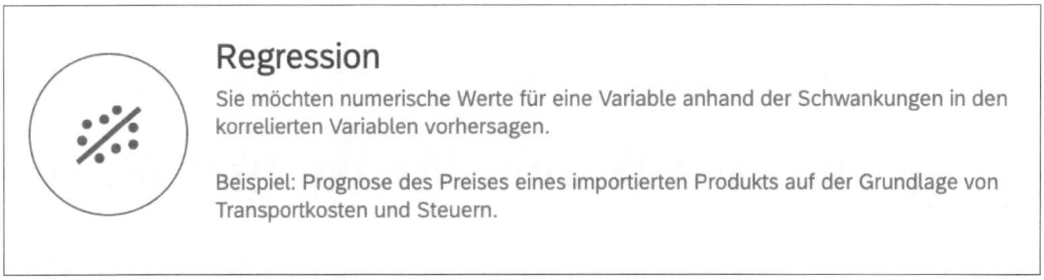

Regression
Sie möchten numerische Werte für eine Variable anhand der Schwankungen in den korrelierten Variablen vorhersagen.
Beispiel: Prognose des Preises eines importierten Produkts auf der Grundlage von Transportkosten und Steuern.

Abbildung 5.30 Neue Regressionsanalyse erstellen

Im Bereich **Allgemein**, der in Abbildung 5.31 zu sehen ist, legen Sie neben einem beschreibenden Text im Feld **Beschreibung** die Datenquelle im Feld **Trainingsdatenquelle** für die Regressionsanalyse fest. Dieses Datenset enthält Informationen zu der zu analysierenden Kennzahl sowie zu der abhängigen Variablen.

Allgemein
Beschreibung:
Preisanalyse
*Trainingsdatenquelle:
market_price_data
Spaltendetails bearbeiten

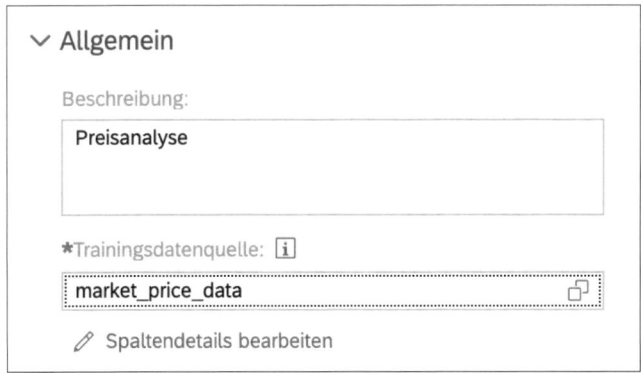

Abbildung 5.31 Allgemeine Einstellungen der Regressionsanalyse

Prognoseziel festlegen

Im Bereich **Prognoseziel** wählen Sie die zu erklärende Variable aus, also die Kennzahl, für die Sie die Abhängigkeit zu anderen Merkmalen ermitteln möchten. Im Beispiel in Abbildung 5.32 ist dies die Kennzahl **Preis**.

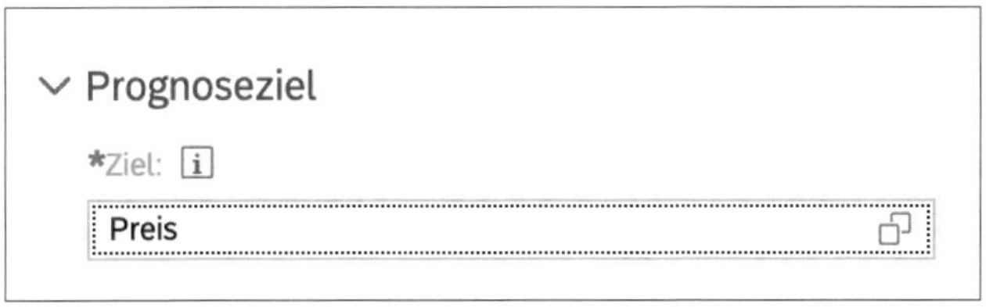
Prognoseziel
*Ziel:
Preis

Abbildung 5.32 Prognoseziel der Regression

Einflussfaktoren der
Regression Letztendlich können Sie wieder im Bereich **Einflussfaktoren** einzelne Spalten des Datensatzes von der Regressionsanalyse ausschließen.

In Abbildung 5.33 wird z. B. die Spalte **ID** von der Regression ausgeschlossen,
da es sich hierbei lediglich um ein technisches Merkmal zur Unterscheidung der einzelnen Datensätze handelt und keinerlei betriebswirtschaftlicher Bezug zur Kennzahl vorliegt.

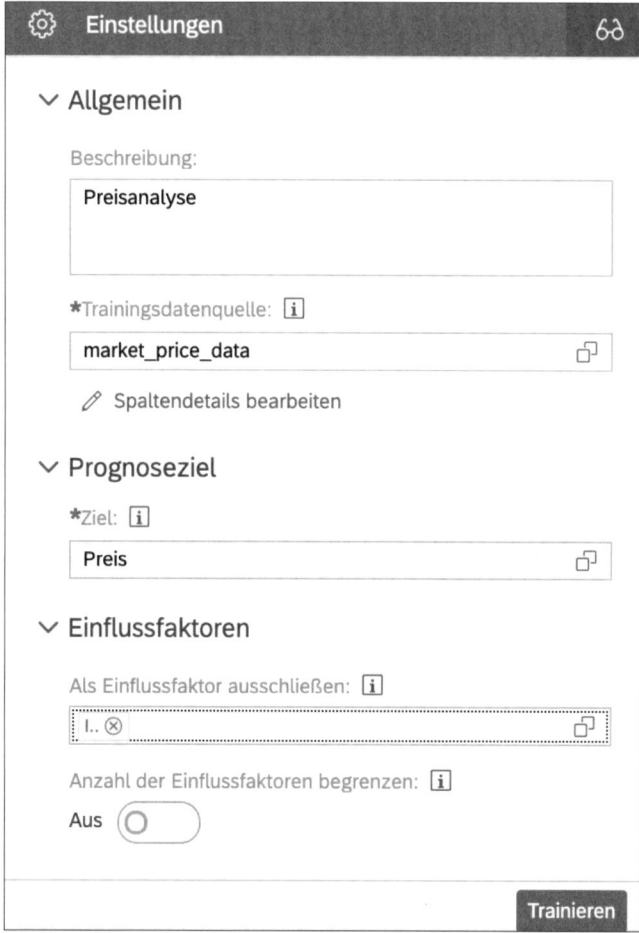

Abbildung 5.33 Vollständig konfigurierte Regressionsanalyse

Sobald alle Einstellungen für die Regressionsanalyse vorgenommen worden sind, können Sie den Trainingsvorgang für das Regressionsmodell über
die Schaltfläche **Trainieren** anstoßen.

Ergebnisse der
Regressionsanalyse Nach der Ermittlung des Prognosemodells werden die Ergebnisse vom System angezeigt (siehe Abbildung 5.34).

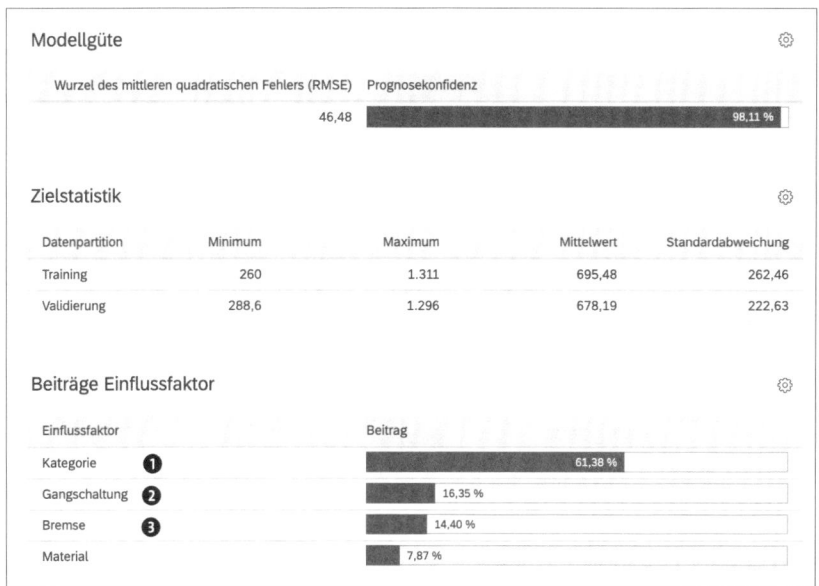

Abbildung 5.34 Ergebnis der Regressionsanalyse

Zum einen wird anhand statistischer Parameter angezeigt, wie gut das ermittelte Modell auf die bereitgestellten Daten angewendet werden kann. Sie erhalten somit einen Indikator, inwiefern sich das Prognosemodell zuverlässig anwenden lässt. Zum anderen wird der Beitrag der einzelnen Spalten bzw. Merkmale auf die zu erklärende Größe aufgeschlüsselt.

Im Beispiel aus Abbildung 5.34 ist zu erkennen, dass die Fahrradkategorie, d. h. Mountainbike, Rennrad usw. den größten Einfluss auf den Preis hat ❶. Danach folgen das Vorhandensein einer Gangschaltung ❷ sowie die Art der verwendeten Bremse ❸. Auf der Registerkarte **Beiträge Einflussfaktor** werden wiederum die Beiträge der einzelnen Merkmalsausprägungen aufgeschlüsselt. Für das Beispiel ist in Abbildung 5.35 dargestellt, dass das Vorhandensein einer Scheibenbremse den Preis tendenziell erhöht ❹.

Das ermittelte Regressionsmodell kann auf einen neuen Datensatz zur Prognose der entsprechenden Kennzahl angewendet werden. Dies erfolgt über die Schaltfläche 🖿 (**Prognosemodell übernehmen**) in der Werkzeugleiste.

Über den Dialog, der in Abbildung 5.36 dargestellt ist, wenden Sie das Prognosemodell auf einen neuen Datensatz an. Dieser neue Datensatz muss technisch als Dataset in SAP Analytics Cloud vorliegen. Im Feld **Datenquelle** können Sie dieses Dataset auswählen.

Regressionsmodell anwenden

Beiträge Einflussfaktor   ⚙

Einflussfaktor   Beitrag

Kategorie   61,38 %

Gangschaltung   16,35 %

Bremse   14,40 %

Material   7,87 %

Einfluss der Kategoriegruppe   Bremse   ⌷   ⊕   ⊖   ⚙

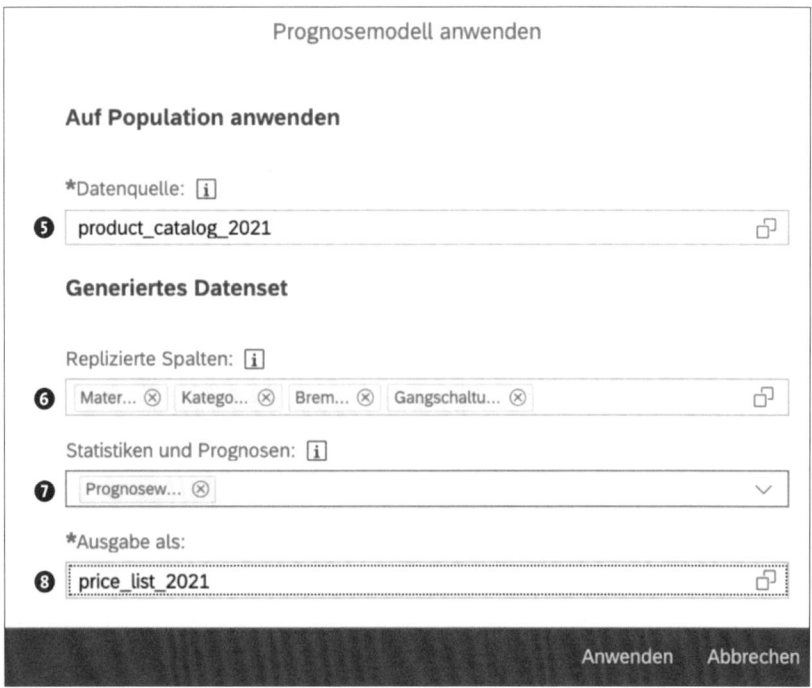

Abbildung 5.35 Beiträge der Einflussfaktoren

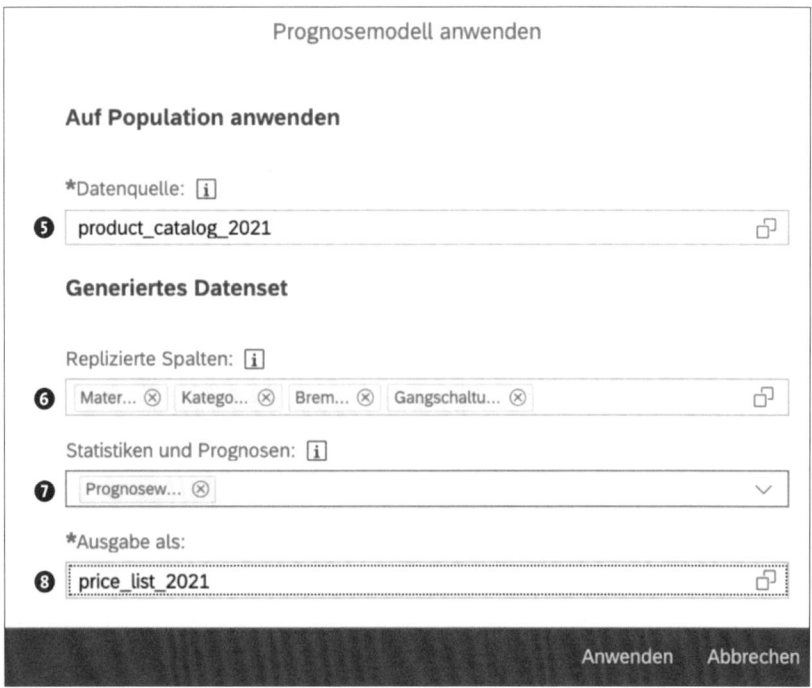

Abbildung 5.36 Regressionsmodell anwenden

Im Beispiel wird die Produktliste für die nächste Saison verwendet ❺, für die dann Preisvorschläge anhand des Prognosemodells ermittelt werden sollen. Im Beispiel werden alle Felder aus dem Datenset übernommen ❻ und mit dem prognostizierten Preis ❼ in ein neues Datenset geschrieben ❽. Dieses neue Datenset ist in Abbildung 5.37 dargestellt.

	Kategorie	Material	Bremse	Gangsch...	Predicted Value
1	Mountain	Stahl	Felgenbremse	Nein	709.0081802747611
2	Cruise	Stahl	Felgenbremse	Nein	530.7456566693888
3	Cross Bike	Stahl	Felgenbremse	Nein	457.954398391415
4	Racing	Stahl	Felgenbremse	Nein	824.3334144150965
5	Youth Bike	Stahl	Felgenbremse	Nein	313.6421241089304

Abbildung 5.37 Datenset mit Prognoseergebnissen

Das Datenset ist mit den prognostizierten Werten für die Kennzahl **Preis** in der Spalte **Predicted Value** angereichert worden. Wird aus dem Datenset ein Modell erstellt, können Sie die prognostizierten Werte technisch noch enger in einen Planungsprozess integrieren und z. B. im Rahmen einer Datenaktion verarbeiten.

5.6   Zusammenfassung

Gegenstand dieses Kapitels ist die prädiktive Planung. SAP Analytics Cloud stellt eine integrierte Umgebung zur Verfügung, mit der Sie Prognosemodelle erstellen und mithilfe vorhandener Daten trainieren können. Die so erzeugten Prognosemodelle können dann auf neue Datensätze angewendet und so in Planungsprozesse integriert werden.

SAP Analytics Cloud stellt drei verschiedene Verfahren zum Erstellen von Prognosemodellen zur Verfügung. Bei den Verfahren handelt es sich um die Zeitreihenanalyse, die Klassifikation und die Regressionsanalyse:

- Die Zeitreihenanalyse ermöglicht eine segmentierte Analyse zeitabhängiger Kennzahlwerte und die Extrapolation dieser Kennzahlwerte in die Zukunft.
- Mithilfe der Klassifikation kann die Zugehörigkeit eines Objekts zu einer Klasse anhand der Attribute des Objekts abgeleitet werden.

- Schließlich können Sie über die Regressionsanalyse einen Zusammenhang zwischen Merkmalswerten und einer Kennzahl ermitteln.

Der Einsatz von Prognosemodellen ermöglicht zum einen eine weitere Automatisierung von Planungsprozessen und somit eine Effizienzsteigerung im Vergleich zu einer traditionell rein manuell durchgeführten Planung. Zum anderen kann durch den Einsatz mathematischer Prognosemodelle die Qualität der ermittelten Planwerte erhöht werden, da dem Planenden auf diese Weise etablierte Werkzeuge zur Verfügung gestellt werden, die eine stärker datengetriebene Wertermittlung ermöglichen.

Da sowohl die Planung als auch die Prognoseszenarien integraler Bestandteil von SAP Analytics Cloud sind, entfällt die Notwendigkeit einer umständlichen Integration und Orchestrierung verschiedener Werkzeuge.

Kapitel 6
Steuerung von Planungsprozessen

Die vorangehenden Kapitel haben sich hauptsächlich mit den technischen Objekten beschäftigt, die benötigt werden, um eine Planungsapplikation für einen Planungsprozess zu implementieren. In diesem Kapitel stehen nun die Funktionen von SAP Analytics Cloud für die Steuerung des Planungsprozesses im Vordergrund.

Am Planungsprozess eines Unternehmens ist in der Regel eine große Personenzahl beteiligt. Denken Sie z. B. an die Kostenstellenplanung, bei der die Kostenstellenverantwortlichen die Primärkosten ihrer Kostenstelle planen oder auch an den meist jährlich stattfindenden Personalplanungsprozess. Die an diesen Prozessen beteiligten Personen nehmen dabei jeweils eine bestimmte Rolle ein: So ist eine Person für den Prozess betriebswirtschaftlich verantwortlich und trägt am Ende dafür Sorge, dass der zu erstellende Plan den Anforderungen des Unternehmens genügt. Dazu gehört sowohl, dass die relevanten Kennzahlen erfasst werden, als auch, dass alle erforderlichen Organisationseinheiten am Prozess beteiligt sind und dieser im geforderten Zeitrahmen durchgeführt wird.

Daneben gibt es in der Regel auch technische Verantwortlichkeiten, bei denen sichergestellt werden muss, dass die Planungsanwendung zum geforderten Zeitpunkt den betriebswirtschaftlichen Anforderungen gerecht wird und dass alle relevanten Daten im Planungssystem vorhanden und aktuell sind.

Zu guter Letzt gibt es noch den an der Planung direkt beteiligten Personenkreis, der die Plandaten in das System eingibt. Dabei gilt es sicherzustellen, dass die Plandaten zum geforderten Zeitpunkt korrekt in der Planungsanwendung erfasst werden.

Um einen derart komplexen Prozess auch in großen Organisationen erfolgreich durchführen zu können, bietet SAP Analytics Cloud verschiedene Funktionen, die die genannten Zielgruppen bei dessen Vorbereitung und Durchführung unterstützen. Diese Funktionen sind Gegenstand dieses Kapitels. Das Kapitel ist wie folgt aufgebaut:

Abschnitt 6.1, »Berechtigungskonzept«, stellt das Berechtigungskonzept von SAP Analytics Cloud vor. Aufgrund der Vielzahl der Beteiligten, die Zugriff zum Planungssystem benötigen, muss sichergestellt werden, dass die Beteiligten jeweils nur Zugriff auf die Funktionen und Daten haben, die für ihre Aufgabe erforderlich sind. Da es bei der Planung um die zukünftige Entwicklung und die Strategie des Unternehmens geht, ist die Definition eines Berechtigungskonzepts in der Regel ein zentraler Punkt beim Entwurf und der Implementierung einer Planungsanwendung.

In Abschnitt 6.2, »Datensperren«, wird das Sperrkonzept von SAP Analytics Cloud, ein elementarer Bestandteil der Prozesssteuerung, erläutert. Über die Funktion der Datensperre können die Prozessverantwortlichen steuern, wann welche Daten im Planungswerkzeug erfasst werden können.

Da Planungsprozesse oftmals zeitkritisch sind, ist es wichtig, dass jede am Prozess beteiligte Person weiß, welche Aufgabe wann erfüllt sein muss. Die Prozessverantwortlichen müssen zu jedem Zeitpunkt einen Überblick über den aktuellen Status des Prozesses erhalten können, um bei Verzögerungen gegensteuern zu können. Abschnitt 6.3, »Planungskalender«, stellt Ihnen die zentrale Komponente zur Prozesssteuerung vor, den Planungskalender.

Abschnitt 6.4, »Kollaboration«, widmet sich der Kollaboration. Bei einem Planungsprozess entsteht in der Regel ein hoher Abstimmbedarf zwischen den Beteiligten. Zum einen ist der Prozess hierarchisch aufgebaut: Eine verantwortliche Person delegiert die Erarbeitung von Teilplänen an weitere Personen. Zum anderen kann die Einschätzung des Kollegenkreises eine wertvolle Hilfe sein. Die Kollaborationsfunktionen von SAP Analytics Cloud vereinfachen die Kommunikation zwischen den Prozessbeteiligten im Kontext des Planungsprozesses.

Das Kapitel schließt mit dem Thema Systemaudit in Abschnitt 6.5, »Auditierfunktionen«. Für System- oder auch Prozessverantwortliche ist es manchmal notwendig, Änderungen an Objekten oder Daten im Rahmen eines Prozesses nachzuvollziehen. SAP Analytics Cloud stellt dafür ein spezielles Audit-Log zur Verfügung.

6.1   Berechtigungskonzept

Umfang des Berechtigungskonzepts

Der Entwurf und die Implementierung eines Berechtigungskonzepts sind kritische Bestandteile bei der Umsetzung einer Planungsanwendung. Das Berechtigungskonzept von SAP Analytics Cloud steuert die folgenden Aspekte:

- Zugriff zum System
- Zugriff auf Objekte

- Verfügbarkeit bestimmter Funktionen
- Zugriff/Sichtbarkeit der Daten

Im Laufe dieses Abschnitts werden diese Punkte im Detail vorgestellt. Wir beginnen dabei mit dem Zugriff auf ein SAP-Analytics-Cloud-System.

6.1.1   Benutzer und Teams

Um Personen Zugang zu einem SAP Analytics Cloud Tenant zu geben, wird ein sogenannter *Benutzer* (*User*) im System angelegt. Der angelegte Benutzer ist an eine konkrete Person gebunden und wird über eine Benutzerkennung und E-Mail-Adresse eindeutig identifiziert. Es gibt zwei verschiedene Arten, um Benutzer für SAP Analytics Cloud zu verwalten:

- Benutzerverwaltung in SAP Analytics Cloud
- Benutzerverwaltung über einen externen Idenity Provider (IdP)

Im ersten Fall erfolgt die Benutzerverwaltung vollständig in SAP Analytics Cloud. Das heißt, dass das Anlegen neuer Benutzer, die Definition der Berechtigungen für die Benutzer und auch das Löschen von Benutzern direkt in Ihrem SAP Analytics Cloud Tenant in der dafür vorhandenen Umgebung erfolgt. Das Anmelden eines Benutzers am System, d. h. der Authentifizierungsprozess, wird ebenfalls von SAP Analytics Cloud durchgeführt.

Benutzerverwaltung in SAP Analytics Cloud

Bei der zweiten Variante werden die Benutzer in einem externen System angelegt und verwaltet. Ein solches System zur Benutzerverwaltung wird auch als Identity Provider oder kurz IdP bezeichnet. Sie können SAP Analytics Cloud so konfigurieren, dass die Benutzerverwaltung über einen solchen externen Identity Provider erfolgt. In diesem Fall wird der Authentifizierungsprozess beim Anmelden eines Benutzers an den externen Identity Provider delegiert. Als Voraussetzung dafür, dass Sie den Identity Provider zur Authentifizierung der Benutzer für SAP Analytics Cloud konfigurieren können, muss der benutzerdefinierte Identity Provider das Protokoll SAML 2.0 unterstützen. Die Authentifizierung über einen benutzerdefinierten Identity Provider findet man häufig in großen Unternehmen, in denen die Zugriffskontrolle für viele verschiedene IT-Systeme über eine solche zentrale Komponente erfolgt.

Benutzerverwaltung über Identity Provider

Benutzerverwaltung in SAP Analytics Cloud

Im Folgenden soll die erste Variante, d. h. die Benutzerverwaltung direkt in SAP Analytics Cloud, genauer vorgestellt werden.

Benutzerver-
waltung öffnen

Zur Benutzerverwaltung gelangen Sie im Hauptmenü über ☰ • **Sicherheit** •
Benutzer. Abbildung 6.1 zeigt die Benutzerverwaltung von SAP Analytics
Cloud. In der Benutzerverwaltung ist die Liste der im System angelegten Be-
nutzer zu sehen. Ein Benutzer im System verfügt dabei über die folgenden
Informationen, die in den gleichnamigen Spalten hinterlegt sind:

- Benutzer-ID
- Vorname
- Nachname
- Anzeigename
- E-Mail
- Manager
- Rollen
- Lizenzen

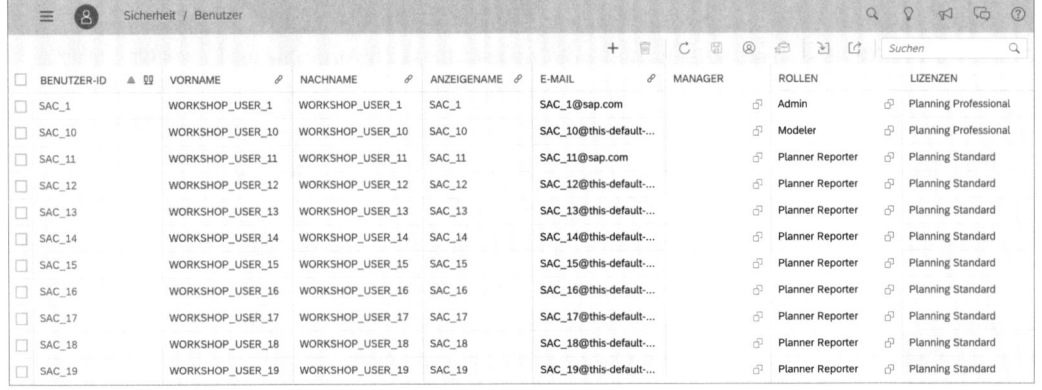

Abbildung 6.1 Benutzerverwaltung

Benutzerrolle und
erforderliche Lizenz

Benutzer-ID und E-Mail-Adresse müssen dabei eindeutig sein und identifizieren den Benutzer. Optional kann dem Benutzer ein anderer Benutzer als
Manager zugeordnet werden. Dies hat Bedeutung für den Workflow, bei
dem ein Benutzer eine bestimmte Rolle anfordern kann.

Das Attribut **Rollen** enthält die Rollen, die dem Benutzer zugewiesen sind.
Das Thema Rollen wird in Abschnitt 6.1.2, »Rollenbasiertes Berechtigungskonzept«, noch genauer beleuchtet. An dieser Stelle sei nur so viel vorweg-
genommen, dass eine Rolle festlegt, welche Funktionen von SAP Analytics
Cloud der Benutzer verwenden kann.

Einem Benutzer können mindestens eine sowie mehrere Rollen zugeordnet
sein. Dies wird durch das Attribut **Lizenzen** definiert. Während alle anderen

Attribute beim Anlegen des Benutzers durch die Administration festgelegt werden und zum Teil später noch geändert werden können, wird dieses Attribut aus den zugewiesenen Rollen abgeleitet.

Je nachdem, welche Funktionen von SAP Analytics Cloud dem Benutzer über seine zugewiesenen Rollen erlaubt werden, hat dies Einfluss darauf, welcher Lizenztyp für den Benutzer angerechnet wird. Ein Benutzer, der z. B. eine Datenaktion aus einer Story heraus ausführen kann, benötigt eine Lizenz vom Typ **Planning Standard**, während ein Benutzer, dem eine Rolle zugewiesen wird, die ihm das Anlegen von Modellen und Datenaktionen ermöglicht, eine Lizenz vom Typ **Planning Professional** verbraucht.

Einen Überblick über die Anzahl der vom jeweiligen Typ zugewiesenen Lizenzen erhalten Sie über den *Systemmonitor*, den Sie im Hauptmenü über den Pfad ☰ • **System** • **Überwachen** öffnen können. Abbildung 6.2 zeigt den Ausschnitt des Systemmonitors, der die insgesamt verfügbaren und bereits zugewiesenen Lizenzen aufgliedert.

Systemmonitor

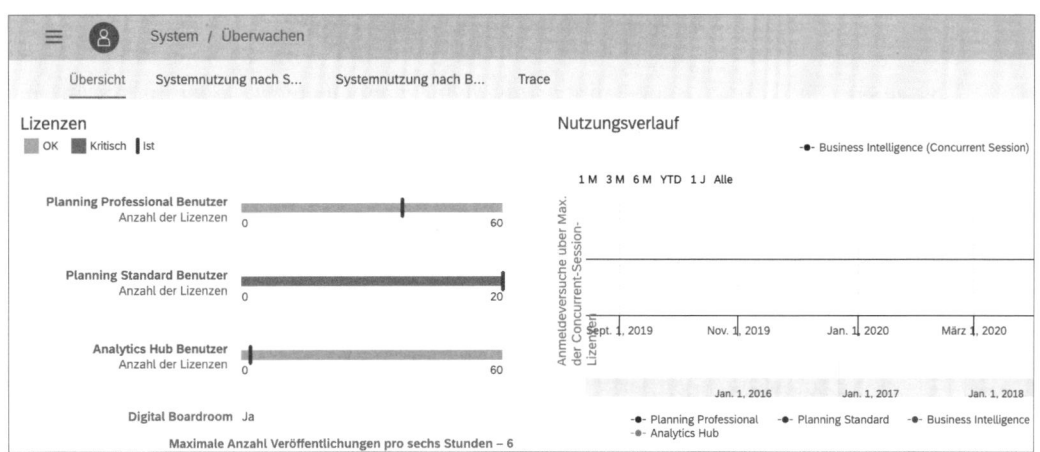

Abbildung 6.2 Übersicht über die bereits zugewiesenen Lizenzen

Einen neuen Benutzer legen Sie in der Benutzerverwaltung über die Schaltfläche ⊞ (**Neu**) in der Werkzeugleiste an. Dies fügt eine neue Zeile ans Ende der Benutzerliste hinzu (siehe Abbildung 6.1). Die neue Zeile ist eingabebereit, sodass Sie die Attribute für den neuen Benutzer über die Tastatur eingeben können. Für das Zuweisen der Rolle steht Ihnen ein Auswahldialog zur Verfügung (siehe Abbildung 6.3). Dort können Sie die im System zur Verfügung stehenden Benutzerrollen auswählen und dem neuen Benutzer zuweisen. Das Konzept der Rolle wird in Abschnitt 6.1.2, »Rollenbasiertes Berechtigungskonzept«, genauer erläutert.

Neuen Benutzer anlegen

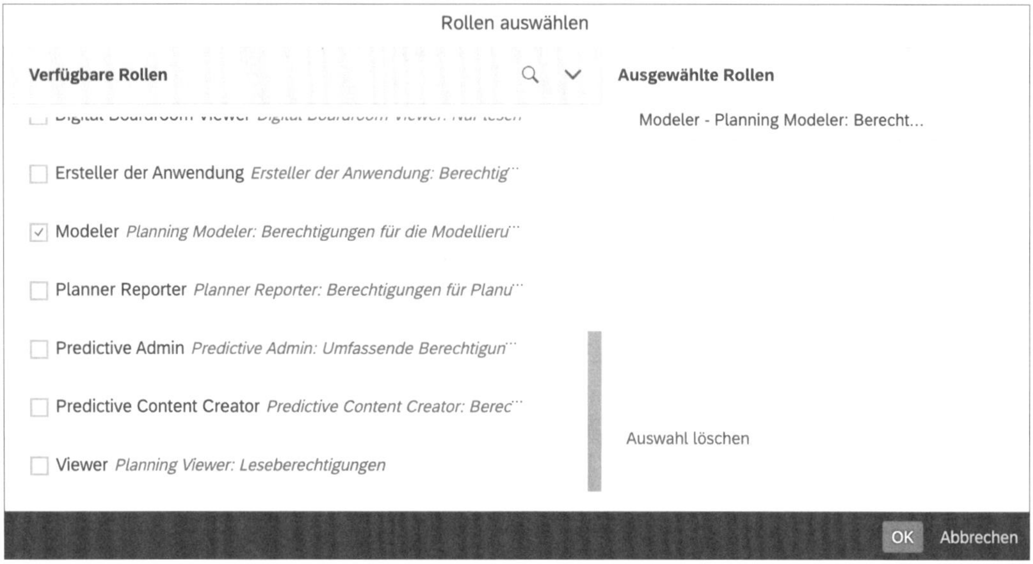

Abbildung 6.3 Auswahldialog für Benutzerrollen

Benutzer
importieren

Sie können neue Benutzer entweder manuell anlegen oder ins System importieren. Über die Schaltfläche ⬇ (**Benutzer importieren**) in der Werkzeugleiste können Sie Benutzer aus zwei verschiedenen Quellen importieren:

- Lokale Datei
- Active Directory

Ein Export der Liste mit den im System vorhandenen Benutzern können Sie über die Schaltfläche ⬀ (**Exportieren**) der Werkzeugleiste als CSV-Datei exportieren. Ein Benutzer des Systems ist als Systemeigentümer ausgezeichnet. Diese Zuordnung kann über die Schaltfläche 🖧 (**Als Systemeigentümer zuordnen**) der Werkzeugleiste geändert werden. Manche Systemeinstellungen des Tenant können nur vom Systemeigentümer vorgenommen werden. Der Systemeigentümer erhält darüber hinaus auch Benachrichtigungen, die den Betrieb des Tenant betreffen.

Externen Identity Provider anbinden

Im Folgenden soll kurz skizziert werden, wie Sie einen externen Identity Provider mit SAP Analytics Cloud verbinden können. Dazu müssen Sie als Systemeigentümer im Hauptmenü über ☰ • **System** • **Administration** in die Administrationsumgebung von SAP Analytics Cloud navigieren. Auf der Registerkarte **Sicherheit** finden Sie die Einstellungen für den Identity Provider. Um Änderungen vorzunehmen, müssen Sie erst über die Schaltfläche ✎

(**Bearbeiten**) in den Änderungsmodus wechseln. Danach können Sie im Bereich **Authentifizierungsmethode** vom Standard-Identity-Provider auf einen eigenen Identity Provider wechseln (siehe Abbildung 6.4).

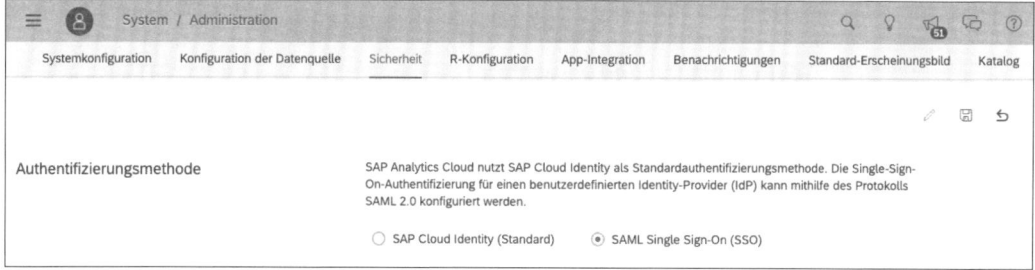

Abbildung 6.4 Vom Standard-Identity-Provider auf einen benutzerdefinierten Identity Provider wechseln

Um den eigenen Identity Provider mit Ihrem SAP Analytics Cloud Tenant zu verbinden, müssen Sie vier Schritte durchlaufen, die auch im Administrationsfenster von SAP Analytics Cloud beschrieben werden:

Identity Provider mit SAP Analytics Cloud verbinden

1. **Service-Provider-Metadaten herunterladen**
   Über die Schaltfläche **Herunterladen** in diesem Abschnitt können Sie die Metadaten Ihres SAP Analytics Cloud Tenant herunterladen, die Sie benötigen, um Ihren eigenen Identity Provider mit SAP Analytics Cloud zu verbinden. Die Metadatendatei muss dann in Ihren Identity Provider hochgeladen werden. Wie dies funktioniert, hängt vom konkret verwendeten Identity Provider ab. Informationen hierzu sollten Sie entsprechend der Dokumentation zu Ihrem Identity Provider entnehmen.

2. **Identity-Provider-Metadaten hochladen**
   Über die Schaltfläche **Hochladen** in diesem Abschnitt müssen Sie wiederum die zuvor exportierten Metadaten Ihres Identity Providers in SAP Analytics Cloud hochladen. Wie Sie diese Metadaten exportieren, sollten Sie ebenfalls aus der Dokumentation des Identity Providers entnehmen können.

3. **Benutzerattribut auswählen**
   Hier wählen Sie das Attribut aus, anhand dessen die Benutzer in SAP Analytics Cloud mit den Benutzern im Identity Provider identifiziert werden. Normalerweise handelt es sich dabei um eine Benutzer-ID oder die E-Mail-Adresse.

4. **Funktionsfähigkeit prüfen und bestätigen**
   Am Schluss können Sie in diesem Schritt über die Schaltfläche **Konto verifizieren** prüfen, ob Ihr externer Identity Provider korrekt mit SAP Analytics Cloud verbunden ist.

Ist SAP Analytics Cloud erfolgreich mit Ihrem eigenen Identity Provider verbunden, können Sie die Benutzer von nun an in Ihrem eigenen Identity Provider verwalten und so ein unternehmensweites Single Sign-On (SSO) zu unterstützen.

Teams anlegen und verwalten

Neben den eigentlichen Benutzern gibt es in SAP Analytics Cloud auch das Objekt des *Teams*. Mit Teams können sie mehrere Benutzer zu einer Gruppe zusammenfassen. Dies hat den Vorteil, dass später manche Berechtigungseinstellungen auf der Ebene eines Teams vorgenommen werden können, also einer Gruppe von Benutzern, und nicht für jeden einzelnen Benutzer individuell.

Teams verwalten   Zur Verwaltung von Teams navigieren Sie im Hauptmenü über den Pfad ☰ • **Sicherheit** • **Teams**. Daraufhin gelangen Sie zur Übersicht, der in Ihrem System angelegten Teams (siehe Abbildung 6.5).

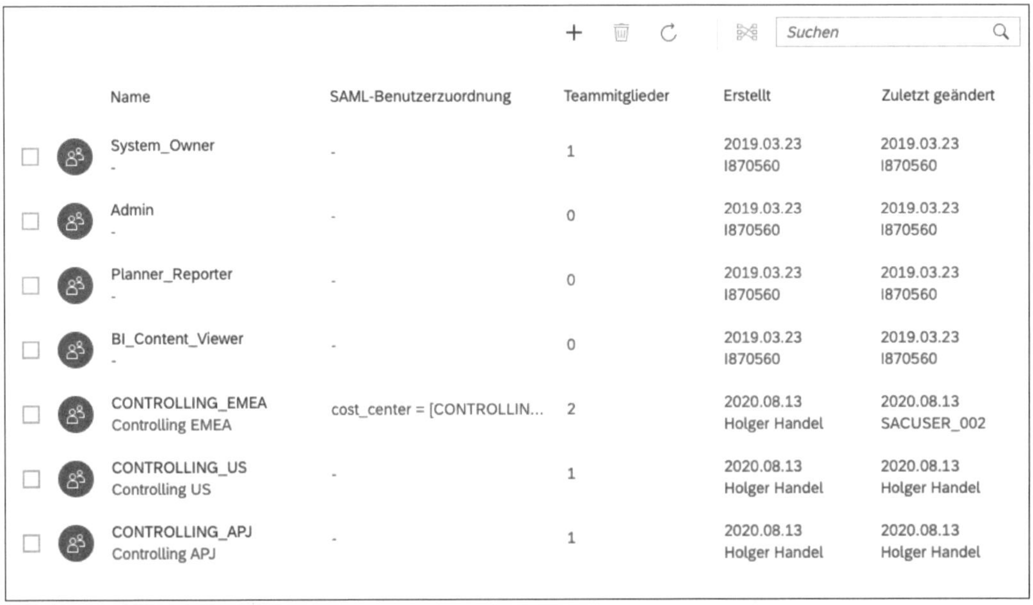

	Name	SAML-Benutzerzuordnung	Teammitglieder	Erstellt	Zuletzt geändert
☐	System_Owner –	-	1	2019.03.23 I870560	2019.03.23 I870560
☐	Admin –	-	0	2019.03.23 I870560	2019.03.23 I870560
☐	Planner_Reporter –	-	0	2019.03.23 I870560	2019.03.23 I870560
☐	BI_Content_Viewer –	-	0	2019.03.23 I870560	2019.03.23 I870560
☐	CONTROLLING_EMEA Controlling EMEA	cost_center = [CONTROLLIN...	2	2020.08.13 Holger Handel	2020.08.13 SACUSER_002
☐	CONTROLLING_US Controlling US	-	1	2020.08.13 Holger Handel	2020.08.13 Holger Handel
☐	CONTROLLING_APJ Controlling APJ	-	1	2020.08.13 Holger Handel	2020.08.13 Holger Handel

Abbildung 6.5 Übersicht der vorhandenen Teams

Ein neues Team legen Sie über die Schaltfläche ⊞ (**Team erstellen**) in der Werkzeugleiste an. Daraufhin öffnet sich das Konfigurationsfenster aus Abbildung 6.6. Im Konfigurationsfenster legen Sie einen eindeutigen Namen für das Team fest sowie eine optionale Beschreibung.

Durch die Auswahl der Option **Ordner erstellen** wird ein Ordner im Datei- Ordner erstellen
verzeichnis von SAP Analytics Cloud erstellt, den die Mitglieder des Teams
verwenden können, um Objekte wie Datenmodelle und Storys oder auch
gewöhnliche Dokumente abzulegen, auf die alle Teilnehmer des Teams Zugriff erhalten sollen.

Team erstellen
*Teamname
CONTROLLING_EMEA
Beschreibung
Controlling EMEA
☑ Ordner erstellen
*Ordnername
CONTROLLING_EMEA
1 Teammitglied   Suchen 🔍   Anzeigename ⌄   ↑↓ + 🗑
☐ 👤 HHANDEL
Erstellen Abbrechen

Abbildung 6.6 Ein neues Team erstellen

Der Name des Ordners kann gesondert angegeben werden. Standardmäßig
wird der Name des Teams vergeben.

Über die Schaltfläche ⊞ (**Elemente hinzufügen**) im unteren Teil des Fensters
können weitere Benutzer zum Team hinzugefügt werden. Ein Klick auf die
Schaltfläche **Erstellen** schließt die Konfiguration ab und erstellt das Team.

Als Resultat sehen Sie einen Eintrag für das neu erstellte Team in der Liste
der vorhandenen Teams (siehe Abbildung 6.7).

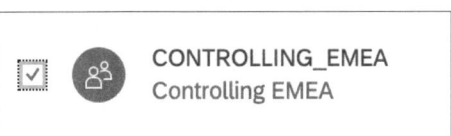

Abbildung 6.7 Eintrag für das neu erstellte Team

Sollen im Laufe der Zeit weitere Benutzer zum Team hinzugefügt oder wieder entfernt werden, können Sie durch die Auswahl des Teams aus der Liste
in Abbildung 6.5 wieder den Konfigurationsdialog aus Abbildung 6.6 öffnen

und über die Schaltfläche ⊞ (**Elemente hinzufügen**) bzw. 🗑 (**Löschen**) weitere Benutzer zum Team hinzufügen oder entfernen.

Zuordnung über SAML-Attribute

Das Hinzufügen der Benutzer zu bestimmten Teams kann auch automatisiert erfolgen, falls ein benutzerdefinierter Identity Provider verwendet wird. In diesem Fall können Sie festlegen, dass beim Anmelden eines Benutzers dieser automatisch einem Team zugeordnet wird, falls dies noch nicht erfolgt ist. Die Zuordnung erfolgt dabei durch die SAML-Attribute des Benutzers.

SAML-Attribute werden im zentralen Identity Provider gepflegt und im Rahmen der Authentifizierung über das SAML-Protokoll an SAP Analytics Cloud weitergereicht. Über einen Klick auf ⊠ (**SAML-Teamzuordnung öffnen**) in der Werkzeugleiste der Teamübersicht können Sie den Dialog aus Abbildung 6.8 zur Definition dieser Zuordnungsregeln öffnen. Dazu muss das entsprechende Team, für das Sie eine Zuordnungsregel pflegen möchten, in der Liste selektiert sein.

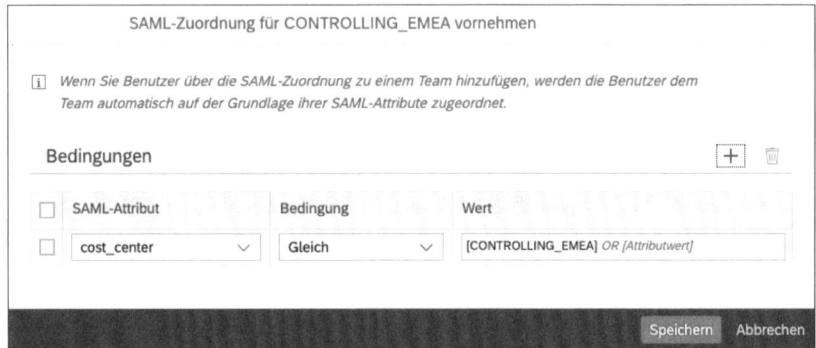

Abbildung 6.8 Automatische Zuordnung der Benutzer zu Teams

Das in Abbildung 6.8 gezeigte Beispiel bewirkt, dass ein Benutzer dessen SAML-Attribut cost_center den Wert CONTROLLING_EMEA aufweist, automatisch dem Team CONTROLLING_EMEA zugeordnet wird.

Über die SAML-Attribute eines Benutzers werden typischerweise Informationen zu dessen Rolle oder die Zuordnung zu einer Organisationseinheit im Unternehmen zentral gepflegt. Daraus können dann in SAP Analytics Cloud Zuordnungen zu Gruppen, oder wie es später noch gezeigt wird, die Ableitung von Rollen erfolgen.

6.1.2   Rollenbasiertes Berechtigungskonzept

Wie bereits erläutert, muss jedem Benutzer in SAP Analytics Cloud mindestens eine Rolle zugewiesen werden. Eine Rolle ist das zentrale Artefakt in

SAP Analytics Cloud, über das ein Berechtigungskonzept umgesetzt werden kann. Eine Rolle kann verwendet werden, um zwei sicherheitskritische Aspekte zu regeln:

1. Zugriff auf bestimmte Funktionen von SAP Analytics Cloud
2. Zugriff bzw. Sichtbarkeit der in SAP Analytics Cloud gehaltenen Daten

Der zweite Punkt ist optional. Eine Rolle kann zur Definition von Datenzugriffsregeln verwendet werden. Wie es aber noch im weiteren Verlauf des Kapitels gezeigt wird, gibt es allerdings auch die Option, Datenzugriffsregeln über spezielle Attribute in den Dimensionen zu definieren.

Im Folgenden wird zunächst die Definition der Verfügbarkeit bestimmter Funktionen von SAP Analytics Cloud für den Benutzer, dargestellt.

Zur Verwaltung der Rollen in SAP Analytics Cloud gelangen Sie im Hauptmenü über den Pfad ☰ • **Sicherheit** • **Rollen**. In Abbildung 6.9 ist die Übersicht der vorhandenen Rollen zu sehen.

Rollenverwaltung öffnen

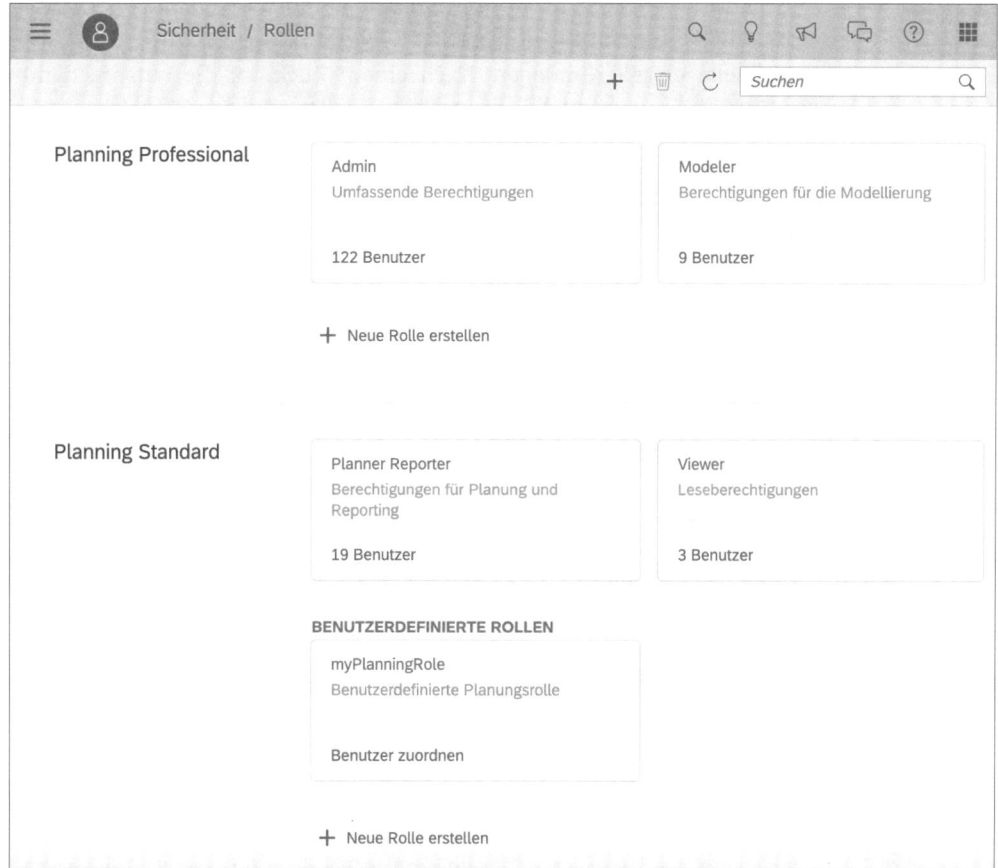

Abbildung 6.9 Übersicht der vorhandenen Rollen

Die Übersicht der Rollen ist nach den Lizenztypen gruppiert, die für die Benutzer mit der jeweiligen Rolle erforderlich sind. Die Abbildung zeigt einen Ausschnitt mit den für die Planung relevanten Lizenztypen **Planning Standard** und **Planning Professional**. Insgesamt gibt es folgenden Lizenztypen:

- Analytics Hub
- Business Intelligence
- Planning Professional
- Planning Standard

Innerhalb der Abschnitte für die Lizenztypen sind die Rollen in Standardrollen und benutzerdefinierte Rollen untergliedert. Standardrollen sind dabei die Rollen, die bereits standardmäßig im System vorhanden sind, wenn der Tenant bereitgestellt wird. Standardrollen können entweder direkt verwendet werden oder auch als Vorlage für das Erstellen eigener benutzerdefinierter Rollen dienen.

Eine neue benutzerdefinierte Rolle können Sie entweder über die Schaltfläche ⊞ (**Rolle hinzufügen**) in der Werkzeugleiste oder über die Schaltfläche **Neue Rolle erstellen** anlegen. Nach einem Klick auf die entsprechende Schaltfläche wird der Dialog aus Abbildung 6.10 zum Erstellen einer neuen Rolle geöffnet.

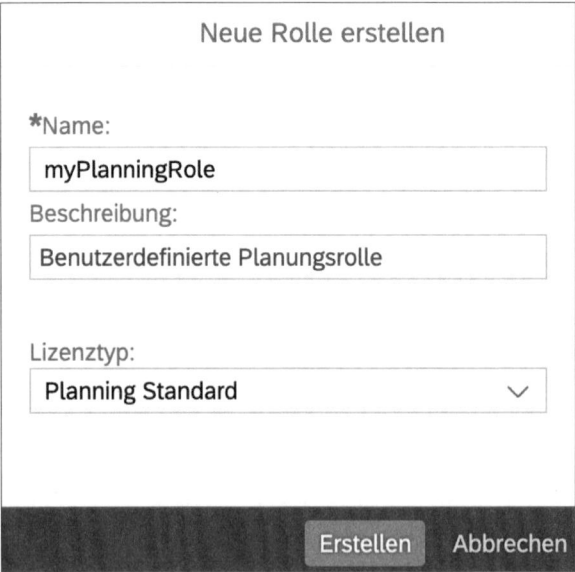

Abbildung 6.10 Neue Rolle erstellen

In dem Dialog können Sie den Namen und eine optionale Beschreibung für die Rolle hinterlegen sowie den Lizenztyp wählen, der für die Rolle zugrunde gelegt wird. Dabei handelt es sich um einen der vier eingangs dargestellten Lizenztypen. Nach Betätigen der Schaltfläche **Erstellen** können Sie eine Rollenvorlage auswählen (siehe Abbildung 6.11). Als Rollenvorlage stehen die Standardrollen des ausgewählten Lizenztyps zur Verfügung oder die Option, mit einer leeren Rollendefinition zu beginnen.

Abbildung 6.11 Rollenvorlage auswählen

Die neu erstellte Rolle ist dann zu Beginn eine Kopie der Rollenvorlage, die Sie an Ihre Anforderungen anpassen können. Das Konfigurationsfenster zur Rollendefinition ist in Abbildung 6.12 zu sehen. Zu dieser Konfiguration gelangen Sie durch Klicken auf die entsprechende Rolle in der Übersicht aus Abbildung 6.9.

In der Rollendefinition sehen Sie auf der Registerkarte **Aufgabe** die verschiedenen Systemartefakte oder Vorgänge, die über die Rolle berechtigt werden können (siehe Abbildung 6.12). Dabei stellt eine Zeile der Liste ein Objekt oder eine Funktion dar, die von SAP Analytics Cloud zur Verfügung gestellt wird.

Die Spalten der Tabelle repräsentieren die Interaktionen, die ein Benutzer potenziell mit dem jeweiligen Artefakt durchführen kann. Das Markieren einer Interaktion bedeutet, dass ein Benutzer, dem diese Rolle zugewiesen wird, die entsprechende Interaktion mit dem Artefakt durchführen kann. Die Auswahl einiger Interaktionen erfordern den Lizenztyp **Planning Professional**. Dies wird durch ein speziell hinterlegtes Wasserzeichen für die jeweilige Interaktion signalisiert, z. B. für das Erstellen von Planungsmodellen.

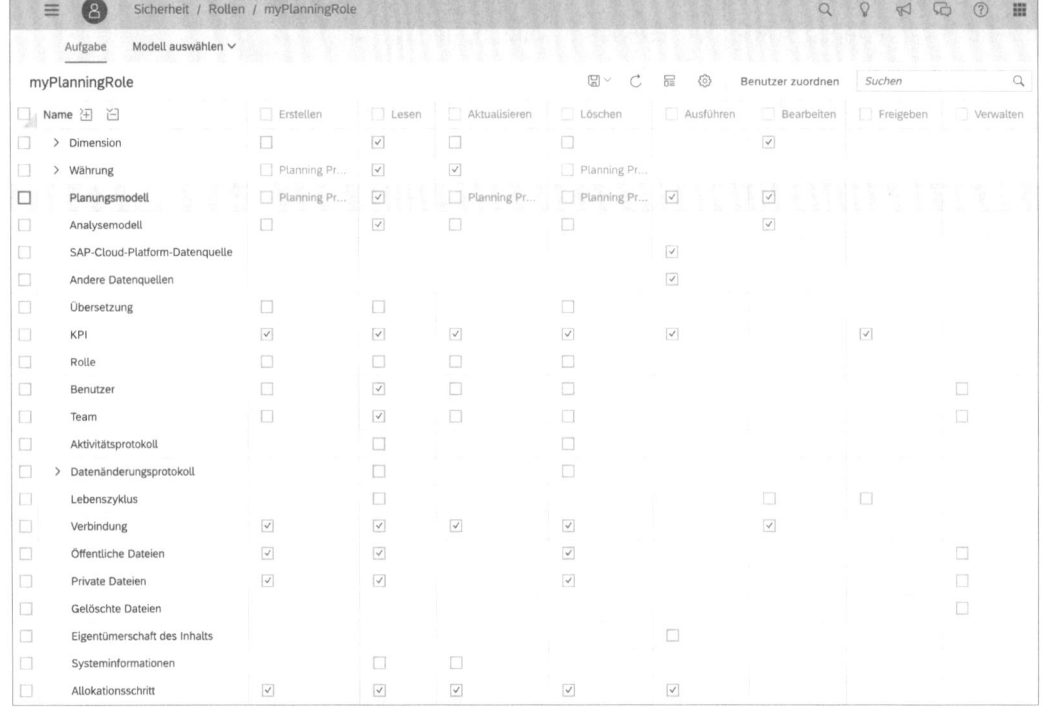

Abbildung 6.12 Rollendefinition

Berechtigungsrele-
vante Interaktionen

Die zur Verfügung stehenden Interaktionen, für die berechtigt werden kann, sind in den Spalten der Tabelle dargestellt. Für ein Artefakt können mehrere Interaktionen ausgewählt werden. Es stehen die folgenden Interaktionen zur Auswahl:

- Erstellen
- Lesen
- Aktualisieren
- Löschen
- Ausführen
- Bearbeiten
- Freigeben
- Verwalten

Für manche Systemartefakte kann lediglich generell festgelegt werden, wie ein Benutzer mit dem jeweiligen Artefakt umgehen kann. In der Rollendefinition kann z. B. definiert werden, dass der Benutzer einen Allokationsschritt verwalten kann oder nicht. Die Berechtigung kann allerdings nicht auf der Ebene der einzelnen Allokationsschritte ausgesteuert werden. Für andere Objekte ist dies möglich. So kann z. B. für jede einzelne öffentliche Dimension festgelegt werden, ob der Benutzer die Dimension verwalten kann, d. h. Stammdaten pflegen kann oder nicht. Für Datenaktionen kann ebenfalls auf der Ebene der einzelnen Datenaktionen definiert werden, ob ein Benutzer z. B. berechtigt ist, die Datenaktion auszuführen.

Neben der Definition der einzelnen Aktivitäten, die der Benutzer durchführen kann, können Sie über einen Klick auf ⚙ (**Rollenkonfiguration**) in der Werkzeugleiste auch allgemeine Einstellungen für die Rolle festlegen. Durch Klicken auf die Schaltfläche wird das Fenster zur Rollenkonfiguration aus Abbildung 6.13 geöffnet.

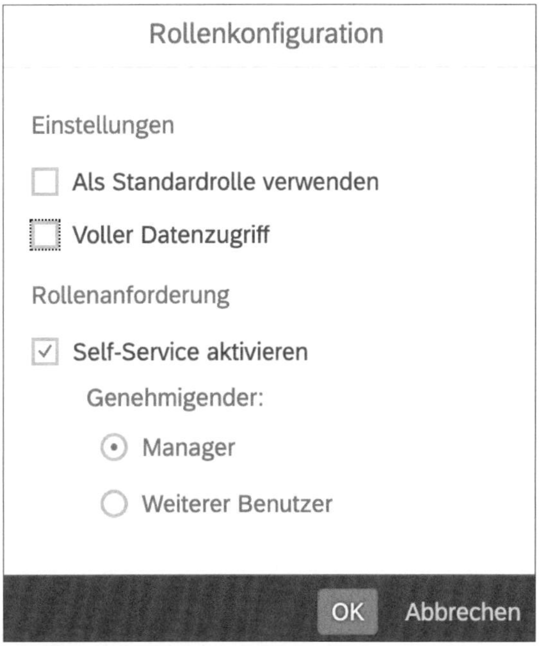

Abbildung 6.13 Rollenkonfiguration

In der Rollenkonfiguration können folgende Einstellungen vorgenommen werden:

Rollenkonfiguration

- **Als Standardrolle festlegen**
  Falls diese Option gewählt ist, wird die Rolle als Standardrolle jedem neuen Benutzer zugewiesen, falls keine Angabe zur Rolle des Benutzers gemacht wird.

- **Voller Datenzugriff**
  Wird diese Einstellung aktiviert, haben die Benutzer mit dieser Rolle Zugriff auf alle Daten, unabhängig von eventuell existierenden Datenzu-

griffsbeschränkungen, die anderweitig definiert wurden. Diese Option sollten Sie nur sehr selektiv anwenden.

[»]

Self-Service-Anforderung von Rollen

Sie können auch festlegen, ob die Rolle im Rahmen eines Self-Service-Prozesses von den Benutzern angefordert werden kann. Wird diese Option gewählt, kann der Benutzer über das Benutzerprofil die Rolle selbst anfordern. In diesem Fall wird der genehmigende Benutzer benachrichtigt und kann der Forderung stattgeben oder diese ablehnen. Der Benutzer, der als Genehmigender in diesen Prozess eingebunden wird, wird in der Rollenkonfiguration festgelegt. Dies kann entweder der Manager oder die Managerin des anfordernden Benutzers sein oder ein Benutzer aus einer definierten Liste. Der Manager oder die Managerin eines Benutzers kann in der Benutzerverwaltung als Attribut festgelegt werden.

Benutzer zu Rollen zuordnen Über die Schaltfläche **Benutzer zuordnen** können Sie die Rolle Benutzern zuordnen (siehe Abbildung 6.14).

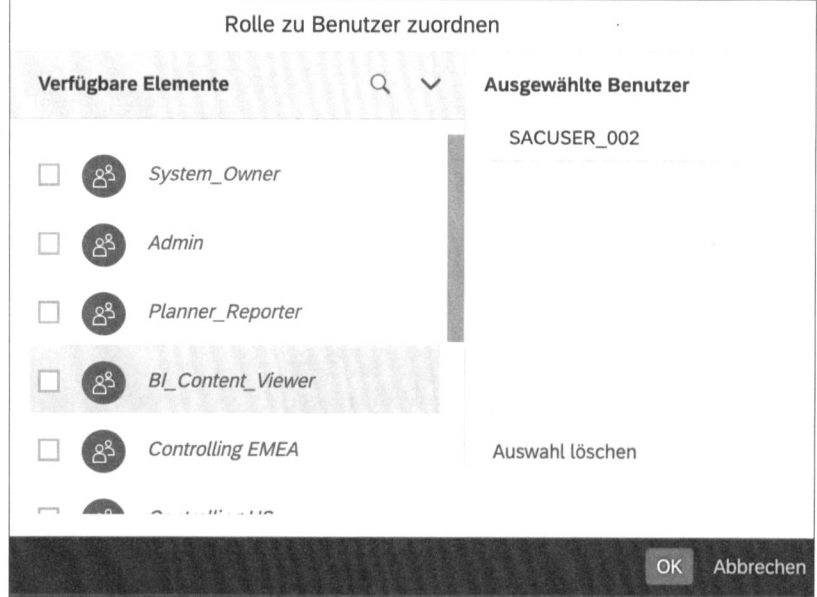

Abbildung 6.14 Rollenzuweisung

Dabei können entweder einzelne Benutzer oder auch Teams ausgewählt werden. Die Rollenzuweisung kann also entweder über die Benutzerverwaltung oder in der Definition der Rolle vorgenommen werden.

Neben der manuellen Zuweisung von Rollen zu Benutzern können Sie diesen Prozess auch automatisieren. Falls ein benutzerdefinierter Identity Provider verwendet wird, können Rollen auch über die SAML-Attribute des Benutzers zugewiesen werden. Die Regeln für diese Zuweisung können Sie in
der Rollenübersicht über einen Klick auf die Schaltfläche ▨ (**SAML-Rollen-
zuordnung öffnen**) in der Werkzeugleiste für eine Rolle aufrufen. Beachten
Sie, dass dieses Symbol nur verfügbar ist, wenn für den Tenant ein benutzerdefinierter Identity Provider konfiguriert wurde. In diesem Fall öffnet
sich der Dialog zur Zuordnung über SAML-Attribute aus Abbildung 6.15.

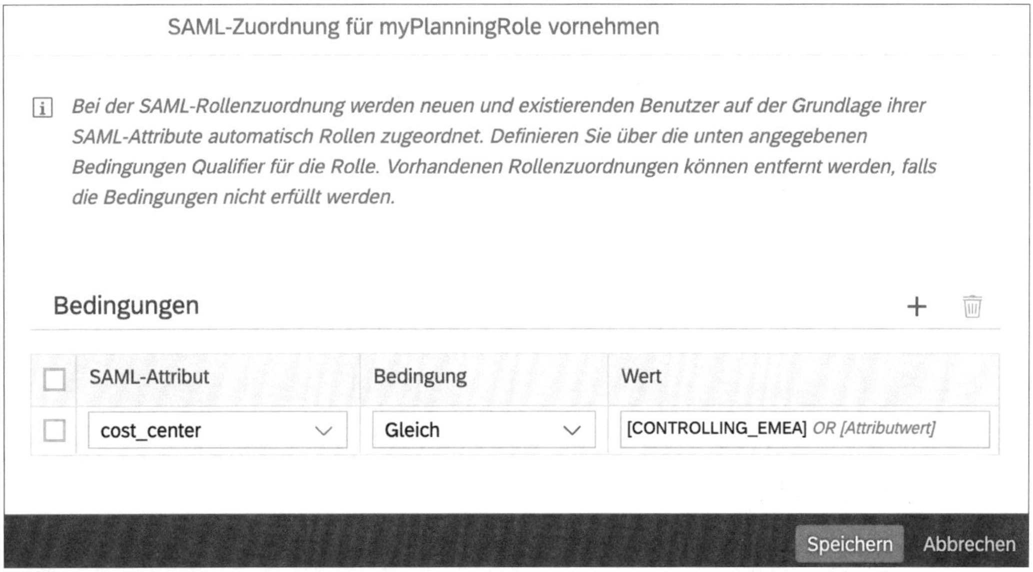

Rollenzuordnung
über SAML-
Attribute

6

Abbildung 6.15 Rolle über SAML-Attribute zuordnen

Im Beispiel aus Abbildung 6.15 wird die Rolle automatisch über das SAML-
Attribut cost_center einem Benutzer zugewiesen, wenn dieses Attribut des
Benutzers den Wert CONTROLLING_EMEA aufweist.

Es gibt also zwei Varianten, wie Sie einem Benutzer aufgrund seines Profils
automatisch über SAML-Attribute eine Rolle in SAP Analytics Cloud zuweisen können:

- Automatisches Zuweisen des Benutzers zu einem Team
- Automatisches Zuweisen einer Rolle

Beide Varianten setzen voraus, dass ein benutzerdefinierter Identity Provider konfiguriert wurde.

Datenzugriffsrechte definieren

Bisher wurde betrachtet, wie Sie das Rollenkonzept von SAP Analytics Cloud verwenden können, um festzulegen, welche Aktionen ein Benutzer im System durchführen darf. Daneben kann eine Rolle auch dazu verwendet werden, zu bestimmen, welche Daten eines Modells ein Benutzer lesen und schreiben darf. Kurzum: festzulegen, welche Datenzugriffsrechte ein Benutzer erhält.

Datenzugriffsberechtigung über Rollen   Da die Datenhaltung in SAP Analytics Cloud auf der Ebene der Datenmodelle organisiert ist, muss die Datenzugriffskontrolle über Rollen erst pro Modell aktiviert werden, bevor Sie über eine Rolle Zugriffsrechte definieren können.

Dies erfolgt in der Modellierungsumgebung für das betreffende Modell. Um die Einstellung für ein Modell zu aktivieren, navigieren Sie im Hauptmenü über den Pfad **≡ • Durchsuchen • Dateien** in die Dateiverwaltung und dann in den Ordner, in dem sich das gewünschte Modell befindet. Abbildung 6.16 zeigt dies für das Finanzplanungsmodell, das in den vergangenen Kapiteln bereits häufiger verwendet wurde.

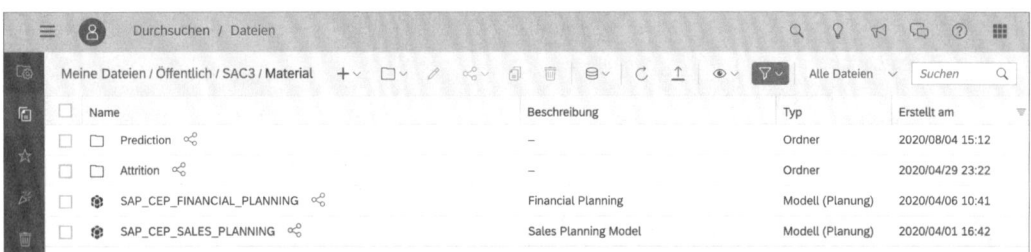

Abbildung 6.16 Ordner mit dem relevanten Modell

Für dieses Modell soll im Folgenden eine Datenzugriffsberechtigung für das Beispiel aus Kapitel 4, »Fortgeschrittene Planungsfunktionen«, zur Planung der Forderungen und Verbindlichkeiten des Unternehmens eingerichtet werden.

In diesem Beispiel erfassen die Planenden Forderungen und Verbindlichkeiten auf der Ebene der eigenen sowie der beteiligten Partnergesellschaft. Ein Bericht, der eine Aufstellung der geplanten Forderungen und Verbindlichkeiten zwischen den Gesellschaften zeigt, ist in Abbildung 6.17 dargestellt. Für jede Gesellschaft ist die Summe der Forderungen und Verbindlichkeiten pro Partnergesellschaft dargestellt.

Aus Sicht eines Berechtigungskonzepts ist es in einem solchen Szenario oftmals gewünscht, dass die Controlling-Mitarbeiter nur die Werte für die Gesellschaft lesen und ändern dürfen, für die sie selbst zuständig sind. Die Planwerte der anderen Gesellschaften sollen hingegen nicht sichtbar sein.

Financial Planning
Overview

Partner Entity
- ☑ Alle
- ☑ Unassigned
- ☑ BestBikes Inc.
- ☑ BestBikes GmbH
- ☑ China Bikes Ltd
- ☑ Nippon Bikes
- ☑ Alpine Bikes Switzerland
- ☑ Bicicletas Americanas

AR/AP Planning
in Tsd. USD   ⊕   3 Filter

		Version	Forecast
		Period	> 2020
		G/L Account	> Accounts receivable	> Accounts payable
Entity	Partner Entity			
BestBikes GmbH	Unassigned		35,098	10,919
	BestBikes Inc.		10,000	–
Alpine Bikes Switzerland	Unassigned		25,000	12,000
	BestBikes Inc.		4,000	–
	BestBikes GmbH		5,000	–
BestBikes Inc.	Unassigned		55,000	65,000
	BestBikes GmbH		12,000	–
	China Bikes Ltd		2,000	16,000
Bicicletas Americanas	Unassigned		25,000	32,000
China Bikes Ltd	Unassigned		27,000	25,000
Nippon Bikes	Unassigned		27,000	29,000

Abbildung 6.17 Forderungen und Verbindlichkeiten zwischen Gesellschaften

Eine solche strikte Umsetzung des Berechtigungskonzepts würde allerdings den Abstimmungsaufwand zwischen den Gesellschaften erhöhen, da die Controlling-Mitarbeiter nicht sehen können, welche Forderungen und Verbindlichkeiten die übrigen Gesellschaften in Bezug auf die eigene Gesellschaft geplant haben und ob die Werte konsistent zu den eigenen Planwerten sind. Das Berechtigungskonzept sollte daher insofern erweitert werden, dass das Controlling auch die Planwerte sehen kann, bei denen die eigene Gesellschaft als Partner aufgeführt ist.

Im Beispiel aus Abbildung 6.17 müsste der Planer, der für die Gesellschaft BestBikes GmbH zuständig ist, in der Lage sein, Planwerte für die Gesellschaft zu erfassen und zu ändern, und zwar für jede beliebige Gesellschaft als Partner. Zum anderen müsste er die Werte sehen, bei denen die BestBikes GmbH als Partnergesellschaft aufgeführt ist. Dies wären im Beispiel die Forderungen der Gesellschaften Alpine Bikes Switzerland in Höhe von 5 Mio. USD und BestBikes Inc. in Höhe von 12 Mio. USD.

Ein solches Berechtigungskonzept soll nun mithilfe der rollenbasierten Datenzugriffsberechtigung umgesetzt werden. Dazu müssen Sie zunächst die Modellierungsumgebung für das zugrunde liegende Modell SAP_CEP_FINANCIAL_PLANNING öffnen.

Durch einen Klick auf den Eintrag für das Modell im Verzeichnis gelangen Sie in die Modellierungsumgebung. Die Datenzugriffsberechtigung über Rollen wird in den Modelleinstellungen aktiviert, die Sie über die Schalfläche ▨ (**Modelleinstellungen**) der Werkzeugleiste aufrufen können. Abbildung 6.18 zeigt den Dialog zur Konfiguration der Modelleinstellungen. Auf der Registerkarte **Zugriff und Schutz** befindet sich im Bereich **Datenzugriff** die relevante Einstellung **Datenschutz für Modell**. Das Aktivieren dieser Einstellung bewirkt, dass die Bewegungsdaten des Modells nur für Eigentümer des Modells oder von Benutzern, die über eine entsprechende Rollendefinition verfügen, sichtbar sind.

Abbildung 6.18 Datenzugriffseinstellungen für das Modell

Sobald die Datenzugriffsberechtigungen über Rollen für das Modell aktiviert sind, können in der Rollendefinition aus Abbildung 6.12 Datenzugriffsregeln definiert werden. Dazu können neben der Registerkarte **Aufgabe**, auf der Einstellungen zu den Aktivitäten im System gemacht werden, weitere Registerkarten für die Modelle, für die die Rolle Datenzugriffsregeln definieren soll, hinzugefügt werden. Dazu klicken Sie auf **Modell auswählen** (siehe Abbildung 6.19). Wählen Sie anschließend das Modell aus der Verzeichnisstruktur aus.

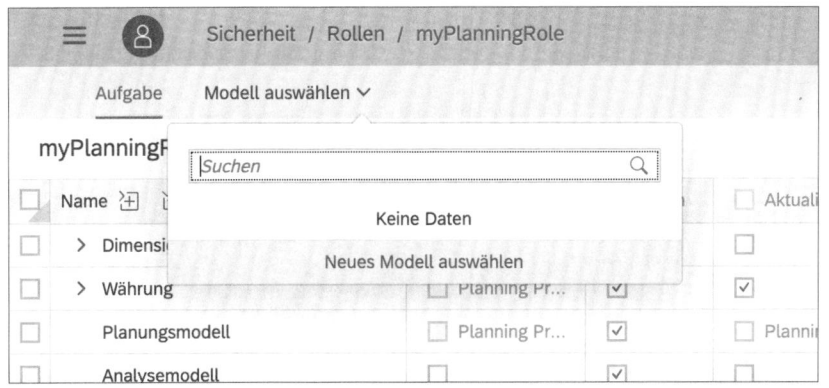

Abbildung 6.19 Datenmodell in die Rollendefinition aufnehmen

In unserem Beispiel handelt es sich um das Modell SAP_CEP_FINANCIAL_
PLANNING. Dadurch wird das Modell zur Rollendefinition hinzugefügt,
und Sie können Datenzugriffsregeln für das Modell erstellen (siehe Abbildung 6.20).

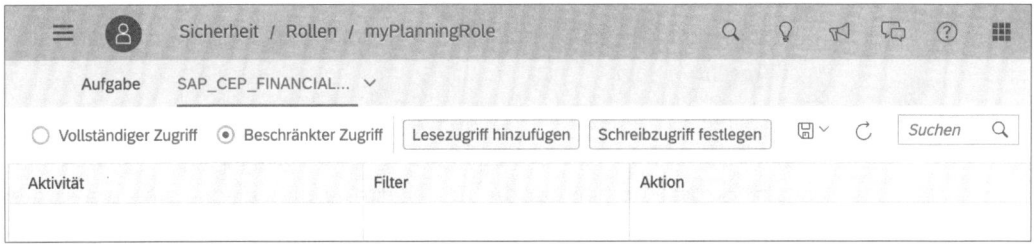

Abbildung 6.20 Definition von Datenzugriffsregeln

Über die Rolle kann der Datenzugriff auf zwei Arten festgelegt werden: **Datenzugriffsregeln**

- **Vollständiger Zugriff**
  Bei der Auswahl dieser Option verfügt ein Benutzer, dem die Rolle zugewiesen wird, über vollständigen Lese- und Schreibzugriff auf die Bewegungsdaten des Modells

- **Beschränkter Zugriff**
  In diesem Fall wird der Datenzugriff über Regeln eingeschränkt. Es können dabei unterschiedliche Regeln für den Lese- und Schreibzugriff definiert werden.

Eine neue Regel für den Lesezugriff können Sie über die Schaltfläche **Lesezugriff hinzufügen** erstellen und eine Regel für den Schreibzugriff entsprechend über **Schreibzugriff festlegen**. Für das Beispiel ist die Regeldefinition
für den Lesezugriff in Abbildung 6.21 dargestellt.

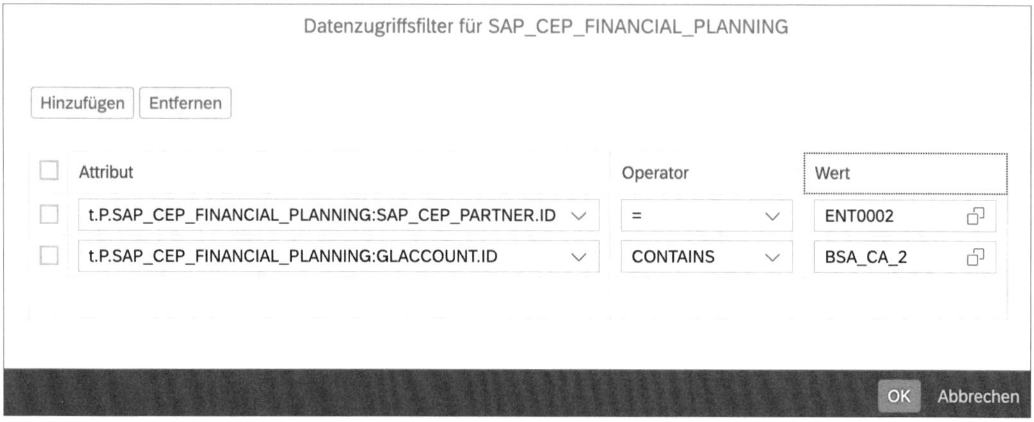

Abbildung 6.21 Lesezugriffsfilter

Die Datenzugriffsfilter definieren logische Ausdrücke auf den Attributen der Dimensionen des Modells. Dabei überprüft das System beim Datenzugriff, ob für den jeweils zu betrachtenden Datenpunkt der logische Ausdruck erfüllt ist oder nicht. Sind alle vorhandenen Bedingungen des Ausdrucks erfüllt, ist die Regel als Ganzes erfüllt und das System gewährt den gewünschten Zugriff.

Im Beispiel in Abbildung 6.21 wird ein Filterausdruck für den Lesezugriff definiert. Dieser Ausdruck besteht aus zwei Filterausdrücken. Der erste Filterausdruck bezieht sich auf die ID der Partnerdimension. Diese muss den Wert ENT0002 aufweisen, damit der Benutzer Lesezugriff auf den Datenpunkt erhält. Die ID ENT0002 entspricht dabei der ID der Gesellschaft Best-Bikes GmbH. Außerdem wird eine zweite Bedingung in der Dimension **Konto** definiert, die den Zugriff auf Forderungskonten beschränkt. Zur Formulierung der logischen Ausdrücke stehen folgende Operatoren zur Verfügung:

- Relationsoperatoren <, <=, =, >=, >
- BETWEEN: Prüft, ob der Attributwert in einem bestimmten Bereich liegt.
- CONTAINS: Prüft, ob der Attributwert die angegebene Zeichenkette enthält.
- IS_CURRENT_USER: Prüft, ob der Attributwert mit der Benutzer-ID des aktuell angemeldeten Benutzers übereinstimmt.

Werden wie in Abbildung 6.21 mehrere Ausdrücke definiert, müssen alle Ausdrücke erfüllt sein, damit die Regel als Ganze erfüllt ist.

Die Regel für den Schreibzugriff im Beispiel ist in Abbildung 6.22 dargestellt.

Datenzugriffsfilter für SAP_CEP_FINANCIAL_PLANNING

Hinzufügen   Entfernen

☐	Attribut	Operator	Wert
☐	SAP_CEP_ENTITY.responsible ⌄	IS CURRENT USER ⌄	

OK   Abbrechen

Abbildung 6.22 Filter für Schreibzugriffe

Der logische Ausdruck bezieht sich auf das Attribut **responsible** der Dimension ENTITY. Hierüber wird in den Stammdaten gepflegt, welcher Benutzer der verantwortliche Controller für die Gesellschaft ist. Zur Laufzeit prüft das System, ob die ID des aktuell angemeldeten Benutzers mit dem Wert des Attributs übereinstimmt. Dadurch wird erreicht, dass der verantwortliche Controller über Schreibzugriff auf die Daten der Gesellschaft verfügt.

Die Datenzugriffsregeln für das Beispiel sind in Abbildung 6.23 zusammengefasst. Für den Lesezugriff wurden zwei Regeln definiert. Eine Regel definiert den Zugriff auf das Konto **Forderungen**, die andere den Zugriff auf das Konto **Verbindlichkeiten**.

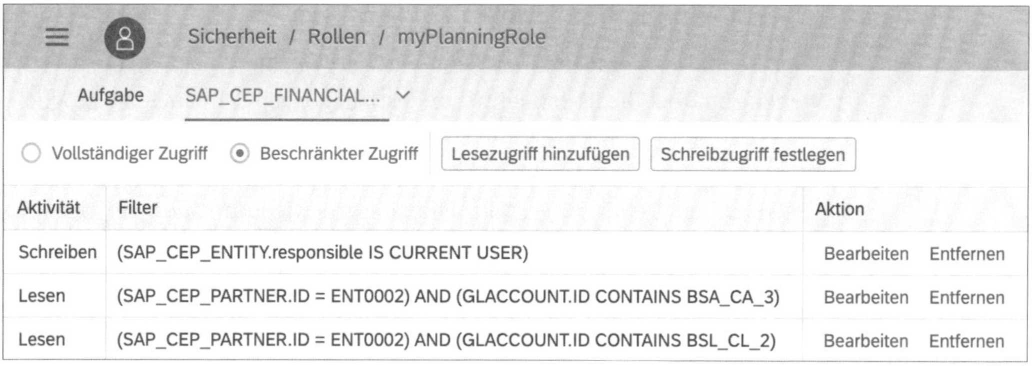

≡   👤   Sicherheit / Rollen / myPlanningRole

Aufgabe   SAP_CEP_FINANCIAL... ⌄

○ Vollständiger Zugriff   ◉ Beschränkter Zugriff   Lesezugriff hinzufügen   Schreibzugriff festlegen

Aktivität	Filter	Aktion	
Schreiben	(SAP_CEP_ENTITY.responsible IS CURRENT USER)	Bearbeiten	Entfernen
Lesen	(SAP_CEP_PARTNER.ID = ENT0002) AND (GLACCOUNT.ID CONTAINS BSA_CA_3)	Bearbeiten	Entfernen
Lesen	(SAP_CEP_PARTNER.ID = ENT0002) AND (GLACCOUNT.ID CONTAINS BSL_CL_2)	Bearbeiten	Entfernen

Abbildung 6.23 Datenzugriffsregeln

Sind mehrere Regeln pro Zugriffsart vorhanden, ist es ausreichend, wenn eine Regel erfüllt ist, um den gewünschten Zugriff zu erhalten. Das Resultat für einen Benutzer, dem diese Rolle zugewiesen wird, ist in Abbildung 6.24 zu sehen.

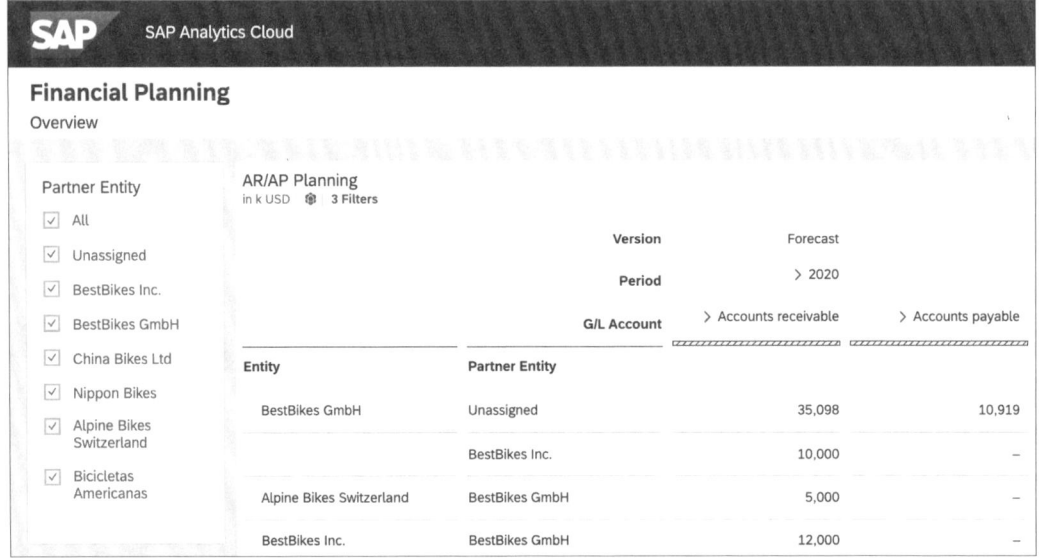

Abbildung 6.24 Bericht mit Datenzugriffsbeschränkungen

Der Benutzer hat hier vollen Zugriff auf die Gesellschaft BestBikes GmbH. Für die übrigen Gesellschaften sind die Werte dann sichtbar, wenn Best-Bikes GmbH als Partnergesellschaft angegeben ist. Die übrigen Plandaten der Gesellschaften sind nicht sichtbar.

6.1.3   Datenzugriffskontrolle in Dimensionen

Neben der im vorangehenden Abschnitt dargestellten Möglichkeit, den Datenzugriff über die Rollendefinition festzulegen, besteht auch die Möglichkeit, Datenzugriffsrechte direkte in den Dimensionen eines Modells zu definieren. In diesem Abschnitt wird diese zweite Möglichkeit anhand eines Beispiels im Detail vorgestellt. Hierzu wird wiederum das Vertriebsplanungsmodell aus den vorangegangenen Kapiteln verwendet.

Abbildung 6.25 zeigt eine Story mit einer Übersicht der aktuellen Vertriebskennzahlen. Dabei werden die Umsätze für Ist und Budget für den Gesamtkonzern und heruntergebrochen auf die einzelnen Produkte dargestellt.

Für dieses Beispiel soll nun gezeigt werden, wie Sie über die Datenzugriffskontrolle in den Dimensionen des Modells erreichen können, dass ein Benutzer nur die Daten sehen kann, die seine lokale Gesellschaft und die Produkte, für die der Benutzer verantwortlich ist, betreffen.

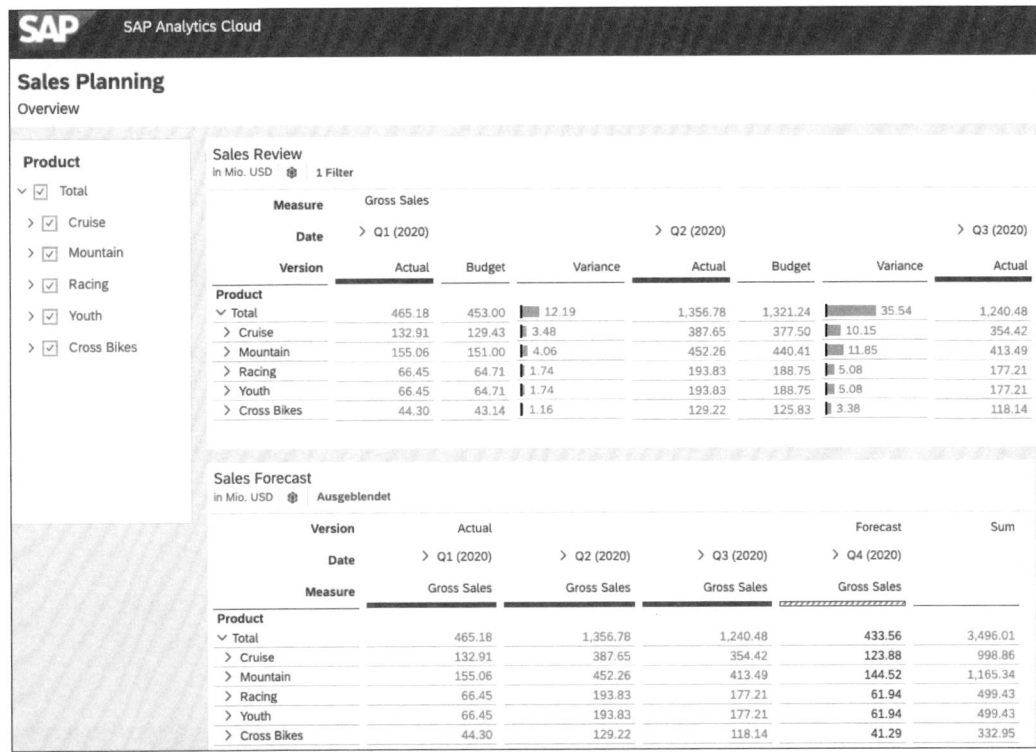

Abbildung 6.25 Übersichtsbericht »Vertrieb« mit Ist und Budget

Die Datenzugriffskontrolle in den Dimensionen eines Modells muss erst aktiviert werden, bevor Datenzugriffsrechte vergeben werden können. Dies
erfolgt in den allgemeinen Einstellungen der Modellierungsumgebung für
das jeweilige Modell. Die allgemeinen Einstellungen werden über einen
Klick auf die Schaltfläche 🔧 (**Modelleinstellungen**) in der Werkzeugleiste geöffnet. Die relevanten Einstellungen befinden sich auf der Registerkarte **Zugriff und Schutz** im Bereich **Datenzugriff**. An dieser Stelle wird auch die Datenzugriffsberechtigung über Rollen aktiviert, wie es im vorangehenden
Abschnitt gezeigt wurde. Abbildung 6.26 zeigt den relevanten Ausschnitt
der Modelleinstellungen.

Unter dem Punkt **Datenzugriffskontrolle in Dimensionen** wird die Liste der
Dimensionen des Modells angezeigt. Für die Dimensionen, die zur Berech-
tigungsprüfung herangezogen werden sollen, aktivieren Sie jeweils den
Schalter **Datenzugriffskontrolle**. Dies bewirkt, dass zwei zusätzliche Attribute mit der Bezeichnung **Lesen** und **Schreiben** zu den ausgewählten Dimensionen hinzugefügt werden. Diese beiden Attribute können verwendet
werden, um einzelnen Benutzern oder Teams Lese- und Schreibzugriff für
die Elemente der Dimension zu gewähren.

**Attribute für Lese-
und Schreibzugriff**

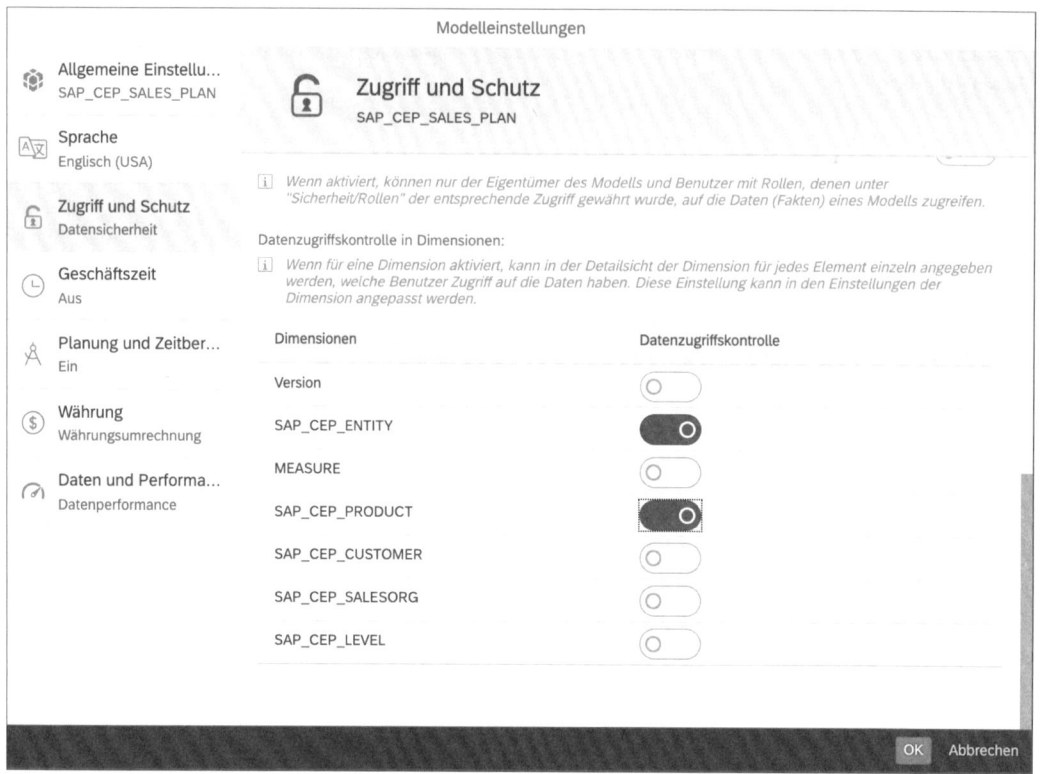

Abbildung 6.26 Datenzugriffskontrolle in Dimensionen aktivieren

In Abbildung 6.27 wird die Dimension ENTITY gezeigt. Für die beiden Elemente EMEA und die Gesellschaft BestBikes GmbH sind jeweils Benutzer bzw. Teams zu den Lese- und Schreibattributen zugeordnet. Der Benutzer mit der ID STDPLANNER wurde dem Attribut **Schreiben** des Elements **Best-Bikes GmbH** zugeordnet. Dies führt dazu, dass der Benutzer Werte für diese Gesellschaft sowohl schreiben als auch lesen kann, denn Schreibzugriff beinhaltet immer auch Lesezugriff.

Das Team CONTROLLING_EMEA wurde dem Attribut **Lesen** des Elements EMEA zugeordnet. Dies bewirkt, dass alle Benutzer, die dem Team zugeordnet sind, Lesezugriff auf den Hierarchieknoten EMEA sowie dessen Kindelemente haben. Lese- und Schreibrechte auf Knoten werden bei der Datenzugriffskontrolle in Dimensionen immer auf die Kindelemente des Knotens vererbt.

Die Zuordnung von Benutzern oder Teams zu den Attributen erfolgt über einen speziellen Auswahldialog, der über die Schaltfläche ⧉ geöffnet werden kann und beispielhaft in Abbildung 6.28 dargestellt ist.

Benutzer und Teams zuordnen

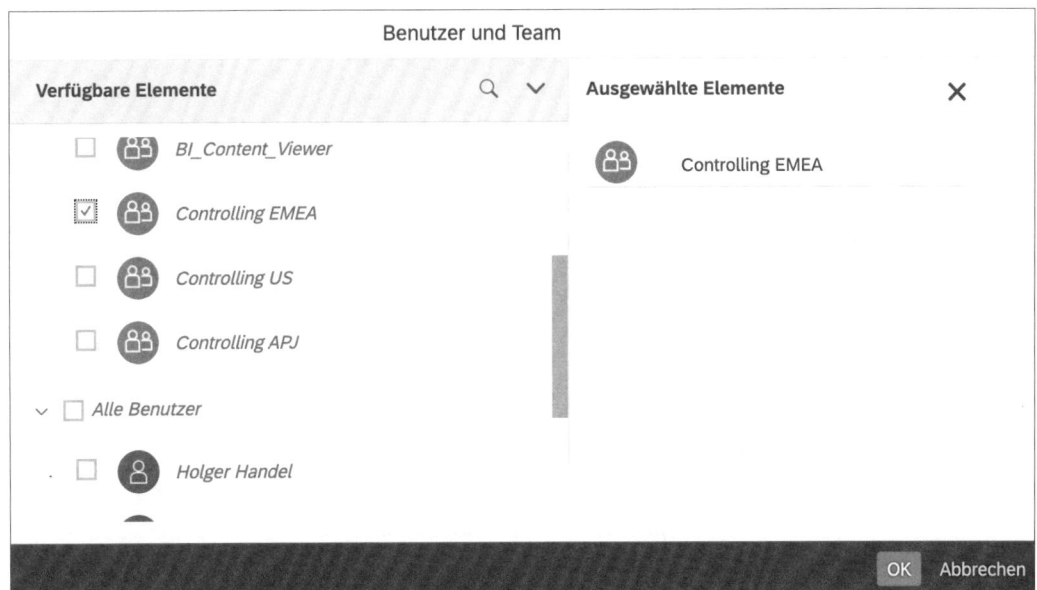

	Element-ID ⬍	Beschreibung	⧉ H1	⑤ Währung	Country	Lesen	Schreiben
1	#	Unassigned	<root>	USD			
2	AMERICAS	Americas	TOTAL	USD			
3	APJ	APJ	TOTAL	CNY			
4	EMEA	EMEA	TOTAL	EUR		TEAM:CONTROLLING_EMEA ⧉	
5	ENT0001	BestBikes Inc.	AMERICAS	USD	USA		
6	ENT0002	BestBikes GmbH	EMEA	EUR	Germany		STDPLANNER
7	ENT0003	China Bikes Ltd	APJ	CNY	China		
8	ENT0004	Nippon Bikes	APJ	JPY	Japan		
9	ENT0005	Alpine Bikes Switzerland	EMEA	CHF	Switzerland		
10	ENT0006	Bicicletas Americanas	AMERICAS	MXN	Mexico		
11	Not In Hierarchies	Not In Hierarchies	<root>	USD			
12	TOTAL	Total	<root>	USD			

Abbildung 6.27 Elementberechtigung über Attribute

Abbildung 6.28 Teams oder Benutzer auswählen

Für die Dimension **Produkt** wird eine ähnliche Einschränkung vorgenommen, sodass die Sichtbarkeit auf die Produktgruppe **Cruise Bikes** eingeschränkt wird (siehe Abbildung 6.29).

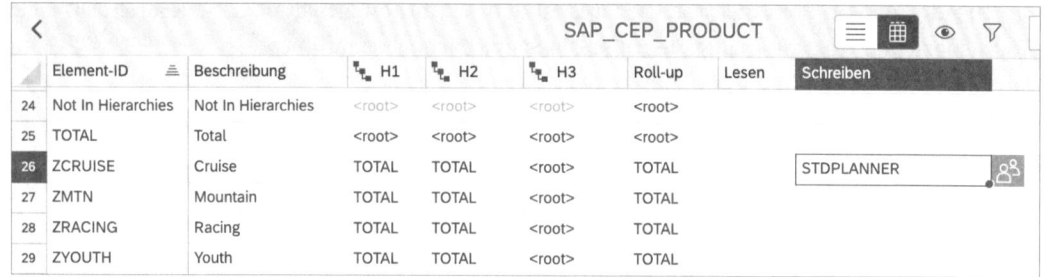

	Element-ID ≜	Beschreibung	H1	H2	H3	Roll-up	Lesen	Schreiben
24	Not In Hierarchies	Not In Hierarchies	\<root>	\<root>	\<root>	\<root>		
25	TOTAL	Total	\<root>	\<root>	\<root>	\<root>		
26	ZCRUISE	Cruise	TOTAL	TOTAL	\<root>	TOTAL		STDPLANNER
27	ZMTN	Mountain	TOTAL	TOTAL	\<root>	TOTAL		
28	ZRACING	Racing	TOTAL	TOTAL	\<root>	TOTAL		
29	ZYOUTH	Youth	TOTAL	TOTAL	\<root>	TOTAL		

Abbildung 6.29 Datenzugriffsbeschränkung für die Dimension »Produkt«

Den Effekt der Datenzugriffsbeschränkung können Sie in Abbildung 6.30 sehen. Hierbei handelt es sich um dieselbe Story wie in Abbildung 6.25 – mit dem Unterschied, dass in Abbildung 6.30 der Benutzer angemeldet ist, für den die oben definierten Datenzugriffskontrollen zur Anwendung kommen. Die Tabellen zeigen nur Werte für die Produktgruppe **Cruise** an.

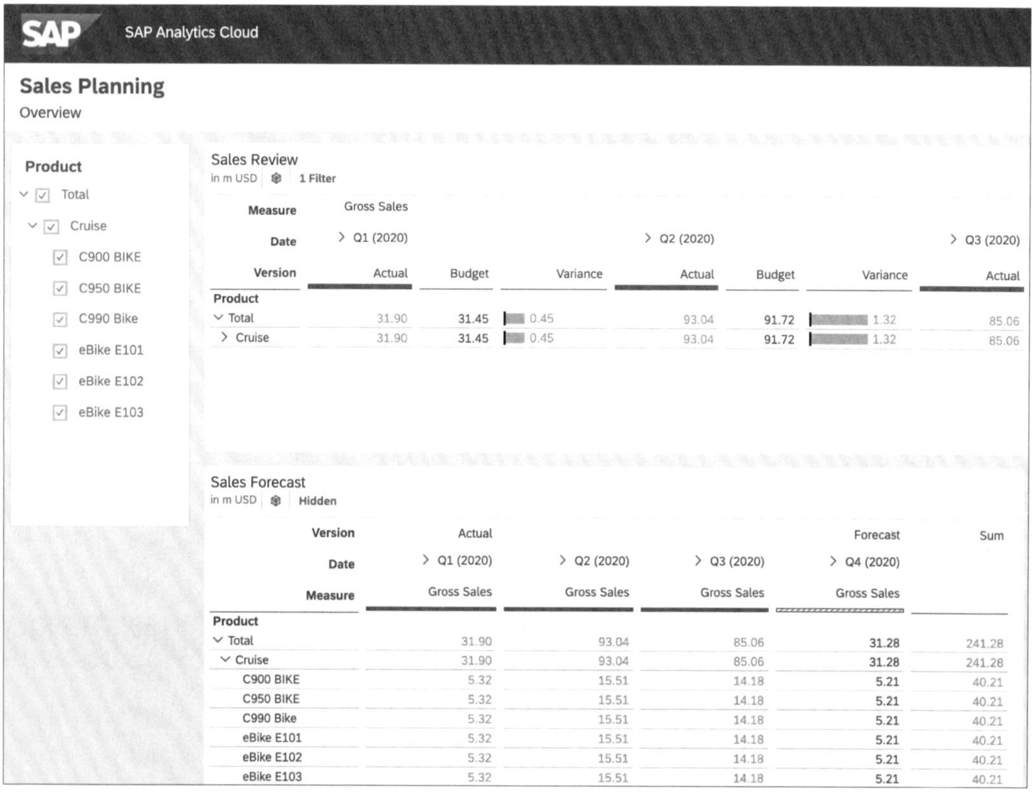

SAP SAP Analytics Cloud

Sales Planning
Overview

Product
- ☑ Total
  - ☑ Cruise
    - ☑ C900 BIKE
    - ☑ C950 BIKE
    - ☑ C990 Bike
    - ☑ eBike E101
    - ☑ eBike E102
    - ☑ eBike E103

Sales Review
in m USD   ⚙   1 Filter

Measure: Gross Sales

	Q1 (2020)			Q2 (2020)			Q3 (2020)
Version	Actual	Budget	Variance	Actual	Budget	Variance	Actual
Product							
∨ Total	31.90	31.45	0.45	93.04	91.72	1.32	85.06
> Cruise	31.90	31.45	0.45	93.04	91.72	1.32	85.06

Sales Forecast
in m USD   ⚙   Hidden

Version	Actual			Forecast	Sum
Date	> Q1 (2020)	> Q2 (2020)	> Q3 (2020)	> Q4 (2020)	
Measure	Gross Sales	Gross Sales	Gross Sales	Gross Sales	
Product					
∨ Total	31.90	93.04	85.06	31.28	241.28
∨ Cruise	31.90	93.04	85.06	31.28	241.28
C900 BIKE	5.32	15.51	14.18	5.21	40.21
C950 BIKE	5.32	15.51	14.18	5.21	40.21
C990 Bike	5.32	15.51	14.18	5.21	40.21
eBike E101	5.32	15.51	14.18	5.21	40.21
eBike E102	5.32	15.51	14.18	5.21	40.21
eBike E103	5.32	15.51	14.18	5.21	40.21

Abbildung 6.30 Übersichtsbericht »Vertrieb« mit Ist und Budget sowie aktivierter Datenzugriffskontrolle

Außerdem sind die Werte implizit für die Gesellschaft BestBikes GmbH gefiltert, da hier ebenfalls eine Datenzugriffskontrolle definiert wurde. Mit
den bisher vorgenommenen Einstellungen wendet das System Datenzugriffskontrollen auf die Bewegungsdaten des Modells an. Die Stammdaten,
d. h. die Elemente der Dimensionen selbst, sind bisher allerdings nicht Teil
einer Datenzugriffskontrolle, d. h. dass der Benutzer nach wie vor in der
Lage ist, das Vorhandensein der Dimensionselemente zu sehen, auch wenn
er nicht auf die eigentlichen Kennzahlwerte für diese Elemente zuzugreifen
kann.

Abbildung 6.31 verdeutlicht diesen Sachverhalt noch einmal für das hier dis-
kutierte Beispiel. Für den Benutzer ist die Datenzugriffsbeschränkung auf
die Produktgruppe **Cruise** aktiv. Dennoch ist es möglich, z. B. in einem Filterdialog die anderen Dimensionselemente zu sehen. Beachten Sie, dass in
diesem Fall, dass in diesem Fall trotzdem die Einschränkung auf den Bewegungsdaten wirksam ist. Wird ein anderes Produkt als ein Kindelement von
Cruise ausgewählt, wären keine Daten sichtbar.

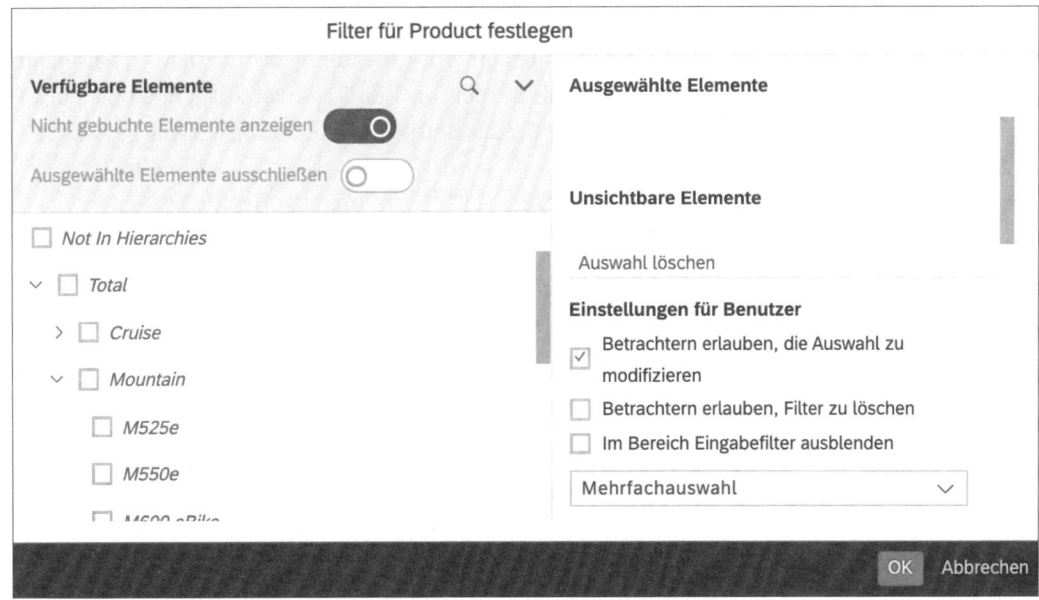

Abbildung 6.31 Sichtbarkeit der Dimensionselemente ohne Einschränkung

In manchen Fällen ist es dennoch wünschenswert, auch schon die Sichtbarkeit der Dimensionselemente als solche zu unterbinden. Dies kann in der
Modellierungsumgebung ebenfalls eingestellt werden. In den Dimensionseinstellungen kann zusätzlich die Option **Übergeordnete ausblenden** aktiviert werden (siehe Abbildung 6.32).

**Sichtbarkeit
von Stammdaten
einschränken**

Abbildung 6.32 Einstellung zur Einschränkung der Stammdatensichtbarkeit

Diese Option bewirkt, dass ein Benutzer immer nur auf die Elemente der Dimension Zugriff hat, die sich unterhalb des Knotens befinden, für den der Benutzer berechtigt ist. Alle Elemente, die übergeordnet bzw. in parallelen Zweigen angeordnet sind, werden für den Benutzer ausgeblendet. Der Effekt dieser Einstellung ist für das Beispiel in Abbildung 6.33 dargestellt.

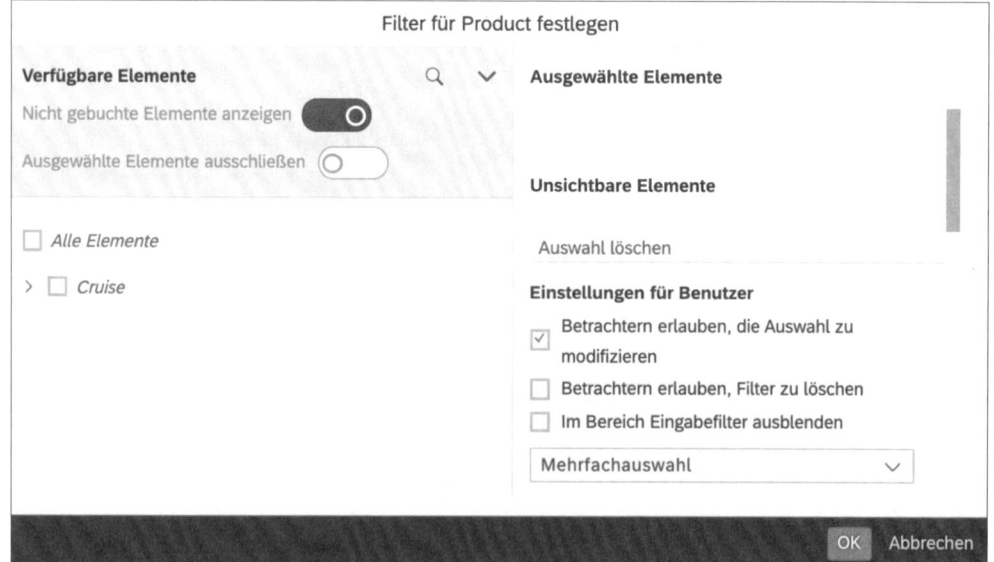

Abbildung 6.33 Eingeschränkte Sichtbarkeit der Dimensionselemente

Die Abbildung zeigt denselben Dialog wie Abbildung 6.31, jedoch mit der Einschränkung für die übergeordneten Dimensionselemente. Dies hat zur

Folge, dass die restlichen Elemente außerhalb des Hierarchiezweiges, für den der Benutzer berechtigt ist, nicht sichtbar sind. Dies gilt für alle Elemente von SAP Analytics Cloud wie Filtermasken, aber auch für die Modellierungsumgebung, falls der Benutzer für den Zugriff auf diese berechtigt ist.

6.1.4 Dateiverzeichnis

Als letzter Bestandteil des Sicherheitskonzepts von SAP Analytics Cloud wird in diesem Abschnitt das *Dateiverzeichnis* (*File Repository*) vorgestellt. Systemobjekte wie Storys, Analytical Applications und Modelle werden in SAP Analytics Cloud in einer Verzeichnisstruktur organisiert. Zu dieser Verzeichnisstruktur navigieren Sie im Hauptmenü über den Pfad ≡ • **Durchsuchen** • **Dateien**.

Abbildung 6.34 zeigt das Fenster zum Navigieren durch die Verzeichnisstruktur. Jeder Benutzer verfügt dabei über ein eigenes Verzeichnis, von dem ausgehend er seine Objekte organisieren kann. Daneben gibt es noch einige Systemverzeichnisse, auf die jeder Benutzer Zugriff hat, wie z. B. das Verzeichnis **Öffentlich**.

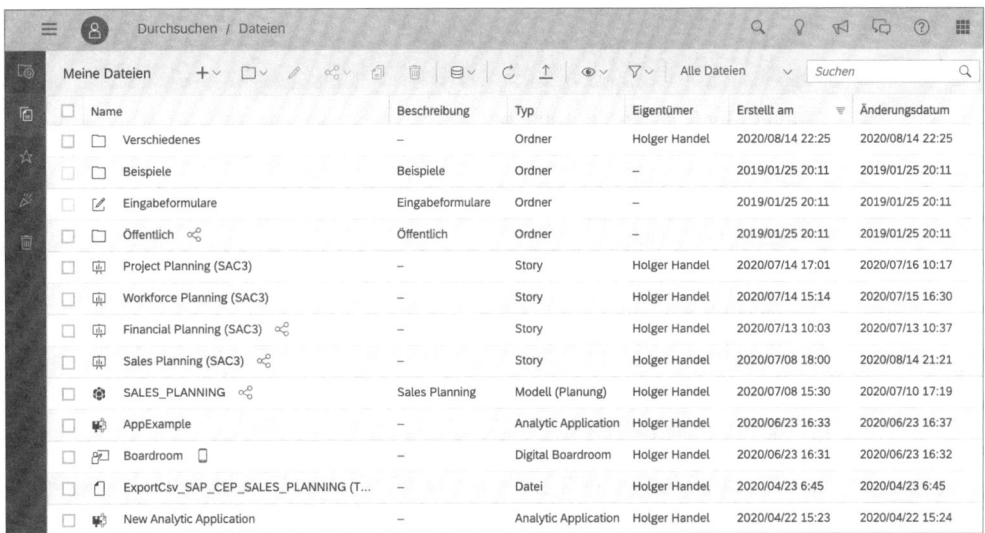

Abbildung 6.34 Verzeichnisstruktur von SAP Analytics Cloud

Die Zugriffsrechte für sämtliche Objekte in der Verzeichnisstruktur können gezielt konfiguriert werden. Dies erfolgt dabei auf der Ebene der einzelnen Objekte über die Einstellung **Freigeben**, die durch das Symbol ⌑ (**Freigeben**) entweder direkt am freizugebenden Objekt oder über die Werkzeugleiste geöffnet wird.

Abbildung 6.35 zeigt den Dialog zum Freigeben eines Ordners. Die Freigabe für Ordner unterscheidet sich von der Freigabe anderer Objekte nur dadurch, dass für Ordner die Option **Vorhandene Unterordner und Dateien freigeben** zur Verfügung steht, über die Sie definieren können, dass die für den Ordner getätigten Einstellungen auf die im Ordner enthaltenen Objekte ebenfalls angewandt wird.

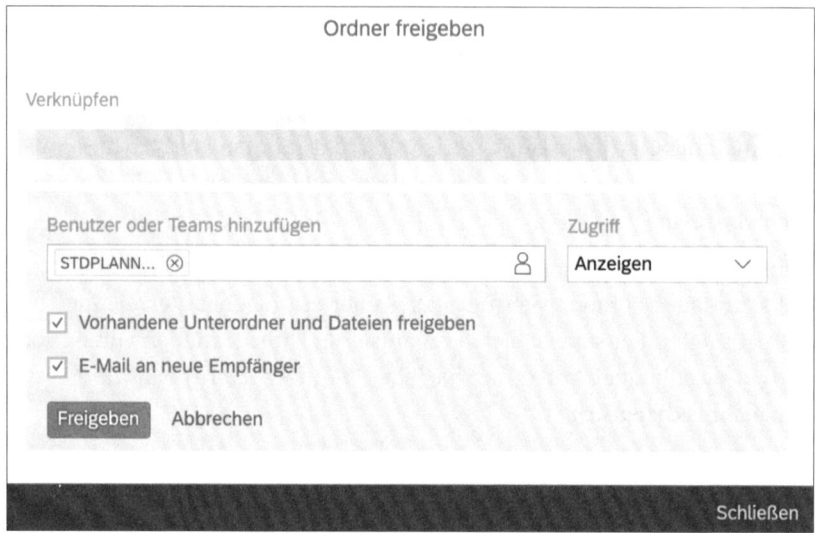

Abbildung 6.35 Ordner freigeben

Die Freigabeeinstellungen umfassen im Wesentlichen zwei Angaben:

- **Benutzer/Teams**
  Legt fest, für welche Benutzer oder auch Teams das Objekt freigegeben werden soll.

- **Zugriff**
  Legt fest, welche Zugriffsart für die angegebenen Benutzer oder Teams gewährt werden soll.

Der für den Benutzer gewährte Zugriff auf das Objekt kann aus folgenden Optionen gewählt werden:

Zugriffs-
einstellungen

- **Anzeigen**: umfasst das Lesen und Kopieren des Objekts

- **Bearbeiten**: umfasst das Aktualisieren des Objektes bzw. bei Ordnern das Erstellen von Ordnern und Dateien

- **Vollzugriff**: gewährt das Löschen bzw. das Freigeben des Objekts

- **Benutzerdefiniert**: beliebige Kombination der oben genannten Einzelzugriffsrechte

Die Auswahl der einzelnen Berechtigungen für den benutzerdefinierten Zugriff ist in Abbildung 6.37 dargestellt.

Sollen existierende Freigabeeinstellungen für Benutzer oder Teams geändert werden, erfolgt dies ebenfalls über die Freigabeeinstellungen des Objekts. In Abbildung 6.36 sind die Freigabeeinstellungen für einen Ordner gezeigt. Im unteren Abschnitt sind die Benutzer und Teams aufgeführt, für die das Objekt bereits freigegeben wurden. Dabei wird auch die aktuelle Freigabestellung für den jeweiligen Benutzer angezeigt. Diese kann bei Bedarf geändert werden.

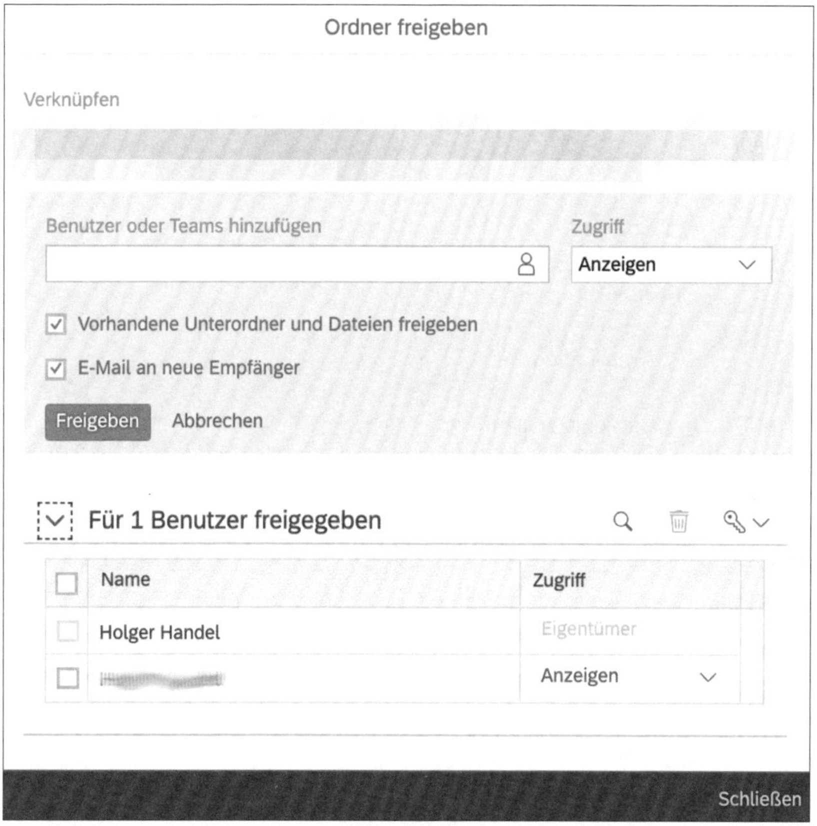

Abbildung 6.36 Freigabeeinstellungen ändern

Im Kontext einer Planungsanwendung kann die Verzeichnisstruktur von SAP Analytics Cloud dergestalt verwendet werden, dass alle Objekte wie Storys und Modelle, die zu einem Prozess gehören, in einem Ordner organisiert werden.

Die Verzeichnisstruktur in Planungsanwendungen

Des Weiteren ist es häufig sinnvoll, Storys und Modelle in verschiedene Unterordner zu gruppieren, da verschiedene am Prozess beteiligte Benutzergruppen jeweils Zugriff auf unterschiedliche Objekte benötigen. So ist es häufig nicht erforderlich, dass die eigentlichen Planungsanwender Zugriff auf die zugrunde liegenden Modelle erhalten, wohl aber auf die Storys, die die Eingabemasken bzw. Berichte für den Planungsprozess bereitstellen. Über verschiedene Unterordner kann somit der Zugriff der unterschiedlichen Benutzergruppen besser gesteuert werden (siehe Abbildung 6.37).

Über die Ordnerstruktur können auch zusätzliche Dokumente wie Richtlinien oder Erläuterungen zum Prozess mit den Anwendern geteilt werden.

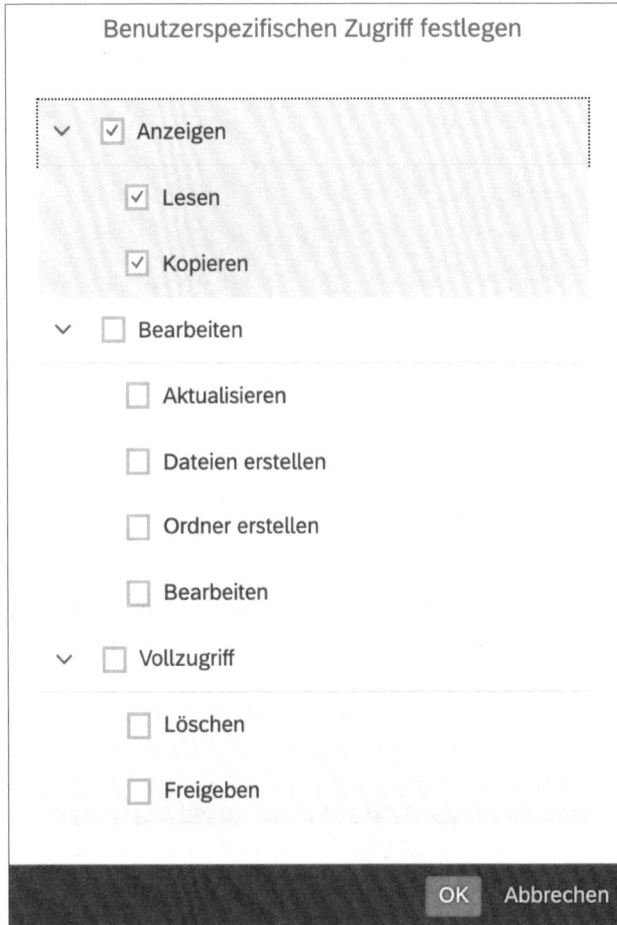

Abbildung 6.37 Benutzerspezifischer Zugriff

6.2 Datensperren

Das Berechtigungskonzept legt entweder rollenbasiert oder durch Zugriffskontrollen in den Dimensionen eines Modells die generellen Datenzugriffsrechte eines Benutzers fest. Im Rahmen der Prozesssteuerung eines Planungsprozesses stellt sich jedoch darüber hinaus die Anforderung je nach erreichtem Stand des Prozesses, Änderungen an den Plandaten gezielt zu erlauben oder zu untersagen. Dies dient dazu, einen bestimmten erreichten Stand einzufrieren und keine weiteren Änderungen mehr zuzulassen.

Theoretisch könnte dies technisch dadurch erreicht werden, dass den Benutzern zu bestimmten Zeitpunkten Schreibzugriffe auf das Planungsmodell gewährt oder entzogen werden. Da dies jedoch in der Regel in der Durchführung nicht praktikabel sein dürfte, träfe dieses Vorgehen auch nicht den betriebswirtschaftlichen Sachverhalt.

Abgrenzung zu Datenzugriffsberechtigungen

Die Datenzugriffsberechtigungen repräsentieren in der Regel die generellen Zuständigkeiten und Verantwortlichkeiten der Benutzer im Unternehmen, während das temporäre Öffnen und Schließen bestimmter Datenscheiben im Rahmen eines Planungsprozesses durch den speziellen Prozess definiert wird. Darüber hinaus ist die Verwaltung von Datenzugriffsrechten meist Gegenstand zentraler Data-Governance-Prozesse, wohingegen das Unterbinden weiterer Änderungen an den Plandaten Teil der lokalen Prozesssteuerung des jeweiligen Planungsprozesses ist. Außerdem würde ein solches Vorgehen auch einige technische Implikationen nach sich ziehen, da bestimmte Stammdatenelemente unter Umständen in verschiedenen Planungsmodellen verwendet werden. Die Anforderung, einem Benutzer die Schreibberechtigung für ein gewisses Dimensionselement zu entziehen, kollidiert in diesem Fall eventuell mit der Anforderung eines anderen Prozesses, diesem Benutzer Schreibzugriffsrechte auf dasselbe Dimensionselement zu gewähren.

SAP Analytics Cloud stellt deswegen mit dem Konzept der Datensperre einen Mechanismus zur Verfügung, der es auf Ebene der Dimensionselemente eines Modells gezielt ermöglicht, das Ändern von Daten zu gewähren oder zu untersagen.

Dieser Mechanismus wird im Folgenden im Detail dargestellt. Dazu soll wieder das Modell zur Vertriebsplanung als Beispiel zur Veranschaulichung des Sperrkonzepts herangezogen werden. In diesem Beispiel befindet sich das Unternehmen am Beginn des vierten Quartals, und es soll ein Forecast-Prozess für das verbleibende Geschäftsjahr durchgeführt werden, in dem die Umsatzzahlen für die verbleibenden Monate prognostiziert werden sollen. Dazu sind die jeweiligen Vertriebsverantwortlichen aufgefordert, den existierenden Forecast-Wert für Q4 auf der Ebene der einzelnen Produkte anzupassen. Abbildung 6.38 zeigt eine Story mit einer Tabelle, die die Grundlage für den Forecast-Prozess bildet. In der Tabelle ist die Prognose für das Gesamtjahr zu sehen, wobei für die ersten drei Quartale die Istwerte dargestellt werden und für das vierte Quartal die Forecast-Werte. Im Beispiel befindet sich der angemeldete Benutzer am Beginn des vierten Quartals und möchte nun die Prognose für das verbleibende Quartal anpassen. Generell hat der Benutzer die Berechtigung, Budget-, Plan- und Forecast-Werte für die dargestellten Produkte zu lesen und zu schreiben.

Abbildung 6.38 Bericht mit aktivierten Datensperren

Aus betriebswirtschaftlicher Sicht ist es allerdings nicht sinnvoll, die Budgetwerte für das Jahr oder Ist- und Forecast-Werte der bereits geschlossenen Perioden zu ändern. Aus diesem Grund kann der Verantwortliche für den Forecast-Prozess, zu dem der Benutzer hier beiträgt, Datensperren setzen, die neben den eigentlichen Berechtigungen festlegen, ob die Werte in einem Modell geändert werden können oder nicht. Die Datensperren erfolgen dabei auf der Ebene der Elemente einer Dimension.

Gesperrte Werte hervorheben

In den Tabellen aus Abbildung 6.38 wird der Zustand der Datensperre grafisch dadurch hervorgehoben, dass Werte, die eingabebereit sind, also vom Benutzer geändert werden können, in einem satten Schwarz dargestellt werden, während die Schriftfarbe für Werte, die mit einer Datensperre belegt sind, in hellerem Grau erscheinen. Darüber hinaus kann über das Tabellenmenü unter **Ein-/Ausblenden • Datensperren** ein zusätzlicher grafischer Indikator aktiviert werden, der den aktuellen Zustand der Datensperre für jede Zelle anzeigt. Falls der Wert einer Zelle gesperrt ist, wird das Symbol 🔒 (**Gesperrt**) dargestellt und bei einem gemischten Sperrzustand das Symbol 🔒 (**Gemischter Zustand**).

Ein gemischter Sperrzustand kann entstehen, wenn die Zelle den Wert für einen Hierarchieknoten anzeigt und sich unterhalb des Knotens sowohl gesperrte als auch nicht gesperrte Elemente befinden. Bei Zellen, deren Werte nicht mit einer Datensperre belegt sind, wird kein spezielles Symbol angezeigt.

Um das oben dargestellt Beispiel umsetzen zu können, muss der Prozessverantwortliche in die Lage versetzt werden, einzelne Dimensionselemente, wie z. B. spezielle Perioden oder Versionen, mit einer Datensperre zu belegen. Hierzu muss in dem betreffenden Datenmodell die Funktion der Datensperre aktiviert werden. Dies geschieht in der Modellierungsumgebung für das Modell in den allgemeinen Modelleinstellungen auf der Registerkarte **Zugriff und Schutz** (siehe Abbildung 6.39).

Datensperre aktivieren

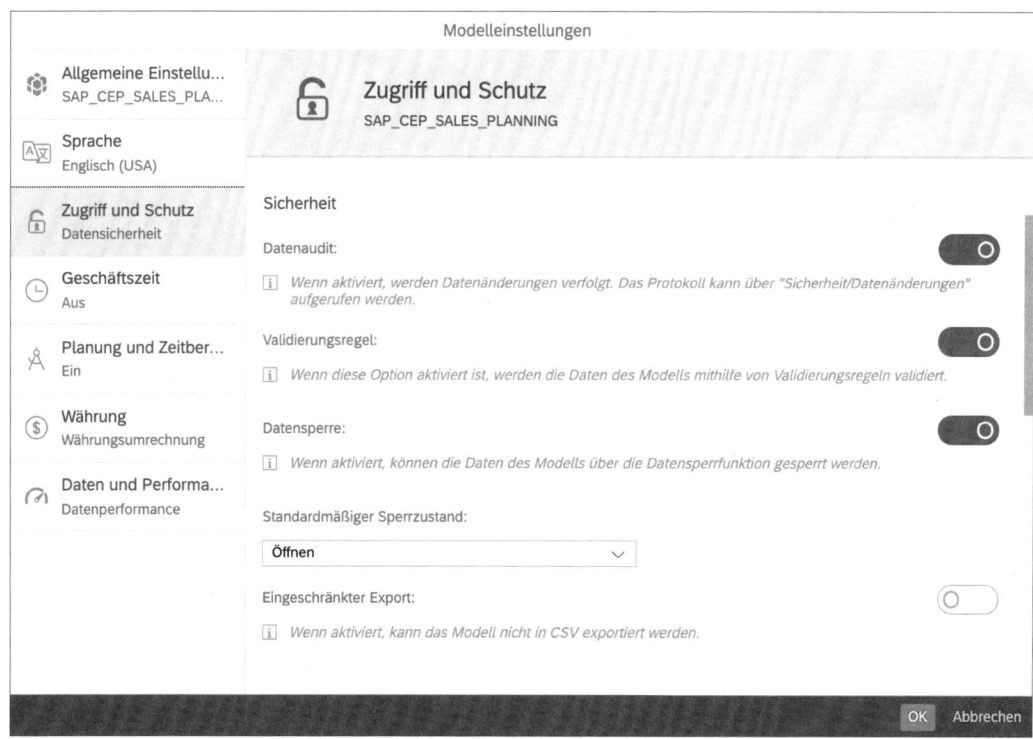

Abbildung 6.39 Datensperre im Modell aktivieren

Auf dieser Registerkarte muss im Bereich **Sicherheit** der Schalter **Datensperre** aktiviert werden. Des Weiteren kann hier auch ein standardmäßiger Sperrzustand festgelegt werden. In der Auswahlbox kann einer der folgenden Sperrzustände als Standardwert ausgewählt werden:

- Offen
- Gesperrt

Standardmäßiger Sperrzustand
Der standardmäßige Sperrzustand wird für neue Elemente einer Dimension, die zur Definition der Datensperre herangezogen wird, angewandt. Da die Dimension **Version** immer als Sperrkriterium verwendet wird, wird beim Erstellen einer neuen Version über die Versionsverwaltung, immer der hier festgelegt Standard-Sperrzustand für die neue Version verwendet.

Sobald die Datensperre für das Modell über die Modelleinstellungen aktiviert ist, können Sie die Datensperren ebenfalls in der Modellierungsumgebung verwalten. Hierzu öffnen Sie die Verwaltung der Datensperren über die Schaltfläche 🔒 (**Datensperren konfigurieren**) der Werkzeugleiste in der Modellierungsumgebung. Das Konfigurationsfenster für die Datensperren ist in Abbildung 6.40 dargestellt.

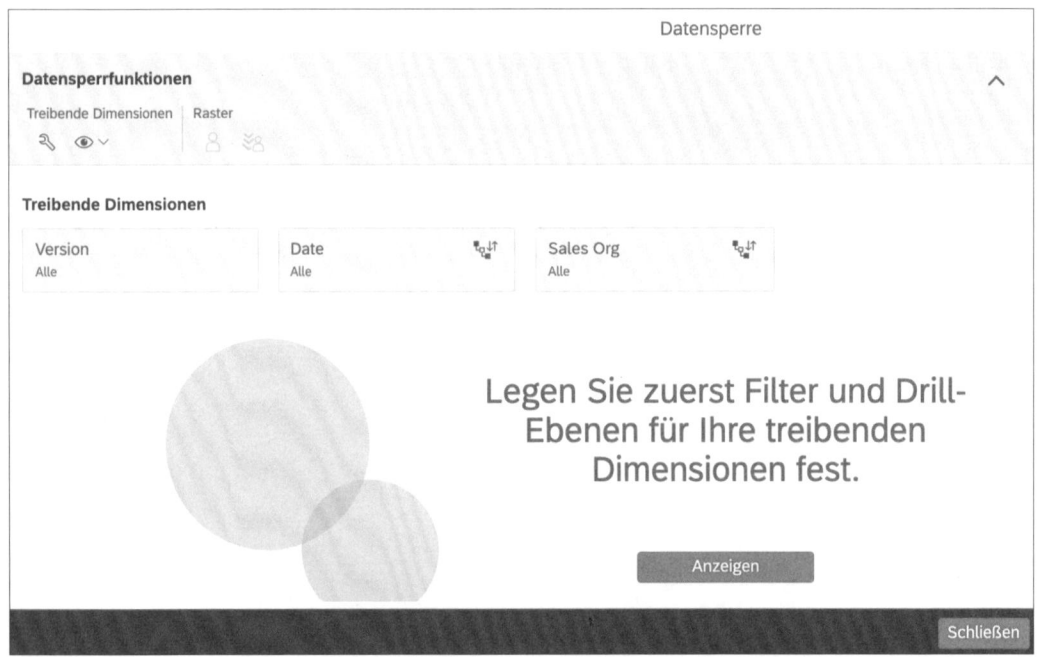

Abbildung 6.40 Granularität der Datensperren definieren

Definition der Datensperre
Wie bereits erläutert, werden Datensperren anhand der Elemente der Dimensionen eines Modells festgelegt. Zunächst müssen Sie daher festlegen,

über welche Dimensionen des Modells die Datensperre definiert werden soll. Die beiden Dimensionen **Version** und **Zeit** sind dabei immer Teil der Definition. Darüber hinaus können Sie noch zwei zusätzliche Dimensionen festlegen, die zur Definition herangezogen werden.

In Abbildung 6.40 wird z. B. neben **Version** und **Datum** noch die Dimension **Vertriebsorganisation** zur Definition der Datensperre verwendet. Dies bewirkt, dass der Prozessverantwortliche nicht nur die einzelnen Perioden für die unterschiedlichen Planversionen sperren oder öffnen kann, sondern dies auch noch individuell für jede Vertriebsorganisation. Dies ist deshalb sinnvoll, weil ein Vertriebsplanungsprozess oftmals über die Vertriebsorganisation gesteuert wird und die einzelnen Teilpläne in den jeweiligen Vertriebseinheiten erstellt werden.

Eine Datensperre auf der Ebene der Vertriebsorganisation ermöglicht es nun, die Daten für die Vertriebseinheiten über die Datensperre einzufrieren. Das heißt, sie werden gegenüber weiteren Veränderungen geschützt, die die Erfassung der Planwerte bereits abgeschlossen haben. Die Datensperre unterstützt so eine Prozesssteuerung über viele verschiedene Organisationseinheiten hinweg.

Die Dimensionen, die zur Definition der Datensperre verwendet werden, werden auch als *treibende Dimensionen* bezeichnet. Die treibenden Dimensionen legen Sie über die Schaltfläche ✎ (**Modelleinstellungen**) im Bereich **Datensperrfunktionen** der Sperrkonfiguration aus Abbildung 6.40 fest. Das Konfigurationsfenster für die treibenden Dimensionen der Datensperre ist in Abbildung 6.41 dargestellt.

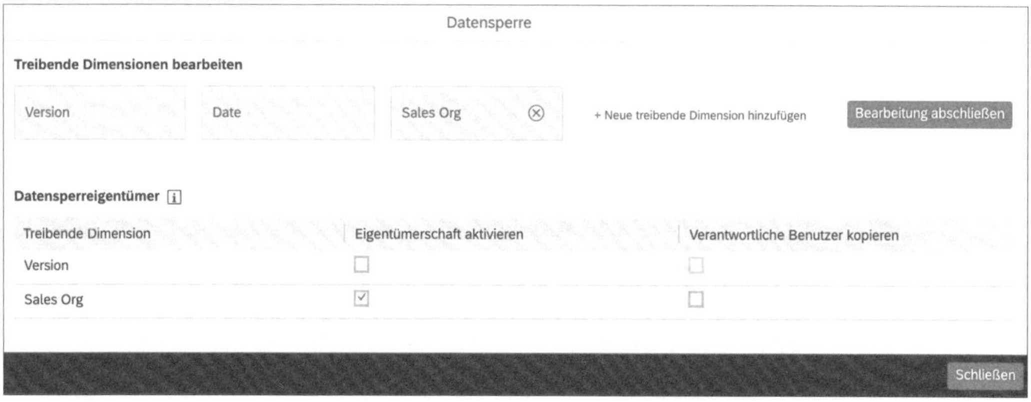

Treibende
Dimensionen

Abbildung 6.41 Treibende Dimensionen konfigurieren

Im oberen Bereich **Treibende Dimensionen bearbeiten** sehen Sie die ausgewählten treibenden Dimensionen für das hier dargestellte Beispiel. Wie bereits erwähnt, sind die Dimensionen **Version** und **Zeit** immer treibende Dimensionen der Datensperre. Über die Schaltfläche **Neue treibende Dimension hinzufügen** können Sie bis zu zwei weitere treibende Dimensionen hinzufügen.

Datensperr-eigentümerschaft Für die treibenden Dimensionen (außer der Zeitdimension) kann eine *Datensperreigentümerschaft* festgelegt werden. Dies erlaubt es für die einzelnen Elemente der Dimension, einen Sperreigentümer zu definieren. Der Datensperreigentümer nimmt eine besondere Rolle im Rahmen der Prozesssteuerung wahr. Er kann nämlich noch Daten ändern, wenn das betreffende Element eigentlich schon gesperrt ist und keine Änderungen durch die Planer mehr erfolgen können.

In unserem Beispiel wird diese Funktion dazu verwendet, dass für die Datensperreigentümerschaft für die beiden europäischen Vertriebsorganisationen Schweiz und Deutschland ein Benutzer eingetragen wird, der die Gesamtverantwortung für die Vertriebsregion EMEA hat, die Planung für die jeweiligen Einheiten wird aber durch die jeweils lokal verantwortlichen Benutzer durchgeführt. Ist die Planung nun für die europäischen Vertriebsorganisationen beendet, kann der Prozessverantwortliche die Datensperre auf den Zustand **eingeschränkt** setzen. In diesem Zustand ist dann nur noch eine Änderung für den Datensperreigentümer möglich, nicht mehr jedoch für die anderen Benutzer. Über das Konzept der Datensperreigentümerschaft können also hierarchisch organisierte Verantwortlichkeiten im Unternehmen bei der Prozesssteuerung berücksichtigt werden.

Attribut »Datensperreigentümer« Technisch wird bei der Aktivierung der Datensperreigentümerschaft ein Attribut mit der Bezeichnung **Datensperreigentümer** zur jeweiligen Dimension hinzugefügt. Als weitere Option können die Werte aus dem Attribut **Verantwortlicher** für den Datensperreigentümer übernommen werden. Mit einem Klick auf die Schaltfläche **Bearbeitung abschließen** beenden Sie die Definition der treibenden Dimensionen und gelangen zur Übersicht aus Abbildung 6.40 zurück.

Über die Schaltfläche **Anzeigen** gelangen Sie schließlich zur Übersicht der aktuellen Datensperren für das Modell. In dieser Übersicht kann der oder die Prozessverantwortliche zum einen die aktuell offenen und gesperrten Dimensionselemente sehen (siehe Abbildung 6.42), der Status kann aber auch geändert werden. Der aktuelle Status der Datensperre wird dabei in einer gewöhnlichen Kreuztabelle dargestellt.

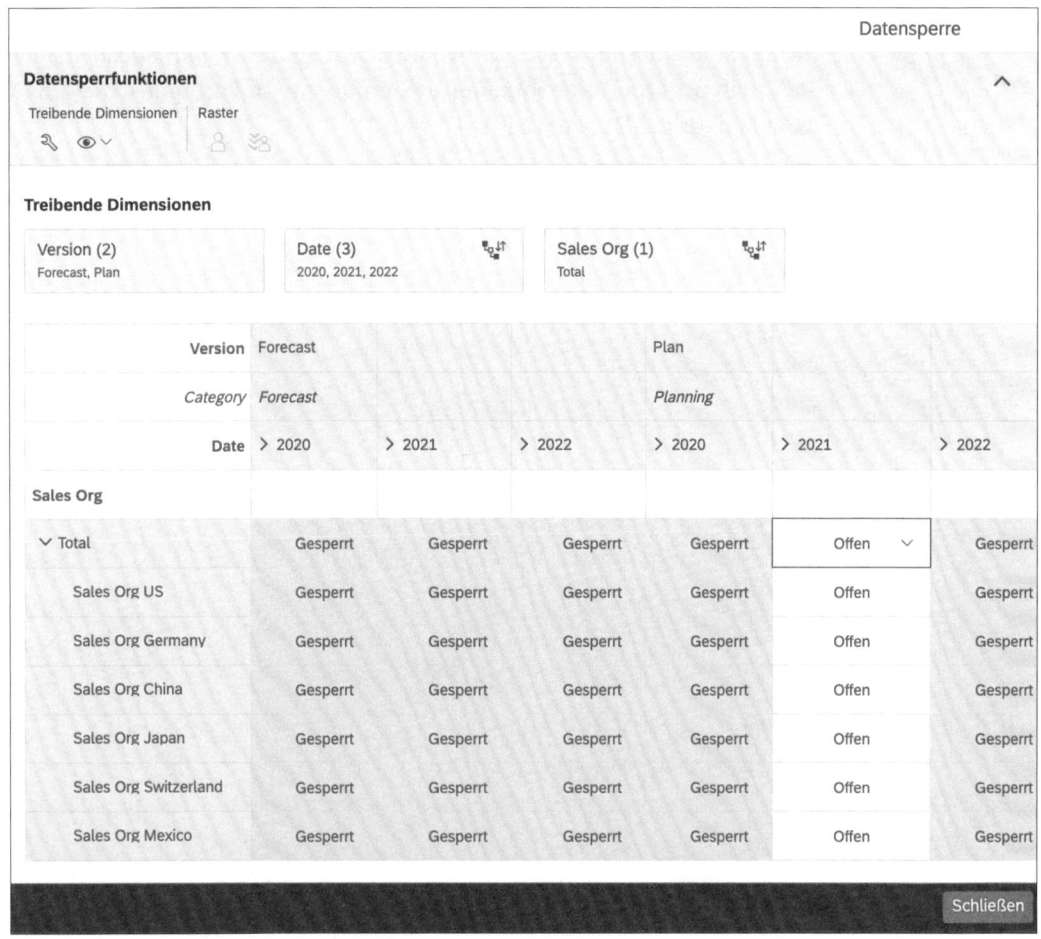

| | | Datensperre | | | | | |

Datensperrfunktionen ^

Treibende Dimensionen | Raster

| Version (2) | Date (3) | Sales Org (1) |
| Forecast, Plan | 2020, 2021, 2022 | Total |

Treibende Dimensionen

	Version	Forecast			Plan		
	Category	Forecast			Planning		
	Date	› 2020	› 2021	› 2022	› 2020	› 2021	› 2022
Sales Org							
∨ Total		Gesperrt	Gesperrt	Gesperrt	Gesperrt	Offen ∨	Gesperrt
Sales Org US		Gesperrt	Gesperrt	Gesperrt	Gesperrt	Offen	Gesperrt
Sales Org Germany		Gesperrt	Gesperrt	Gesperrt	Gesperrt	Offen	Gesperrt
Sales Org China		Gesperrt	Gesperrt	Gesperrt	Gesperrt	Offen	Gesperrt
Sales Org Japan		Gesperrt	Gesperrt	Gesperrt	Gesperrt	Offen	Gesperrt
Sales Org Switzerland		Gesperrt	Gesperrt	Gesperrt	Gesperrt	Offen	Gesperrt
Sales Org Mexico		Gesperrt	Gesperrt	Gesperrt	Gesperrt	Offen	Gesperrt

Schließen

Abbildung 6.42 Übersicht der aktuellen Datensperren

6.3 Planungskalender

Das Konzept der Datensperre, das im letzten Abschnitt eingehend behandelt wurde, erlaubt es dem Prozessverantwortlichen, die Planung gezielt für einzelne Organisationseinheiten zu öffnen bzw. wieder zu schließen. Es stellt somit einen technischen Mechanismus zur Prozesssteuerung zur Verfügung.

Planungsprozesse organisieren

Darüber hinaus ist es jedoch erforderlich, den Planungsprozess auch *organisatorisch* zu strukturieren und zu begleiten. Im Rahmen eines Planungsprozesses fallen viele unterschiedliche Aufgaben an, für die es jeweils unterschiedliche Zuständigkeiten und Verantwortlichkeiten im Unternehmen gibt. Sie müssen daher in der Lage sein, die erforderlichen Aufgaben an die richtigen Personen zu adressieren und jederzeit den Überblick über den aktuellen Status des Prozesses zu behalten. Mit dem *Planungskalender* stellt SAP Analytics Cloud eine integrierte Komponente zu Verfügung, die genau diese Funktionalität bereithält.

Den Planungskalender öffnen Sie im Hauptmenü über den Pfad ☰ • **Kalender**. Abbildung 6.43 zeigt den Planungskalender von SAP Analytics Cloud.

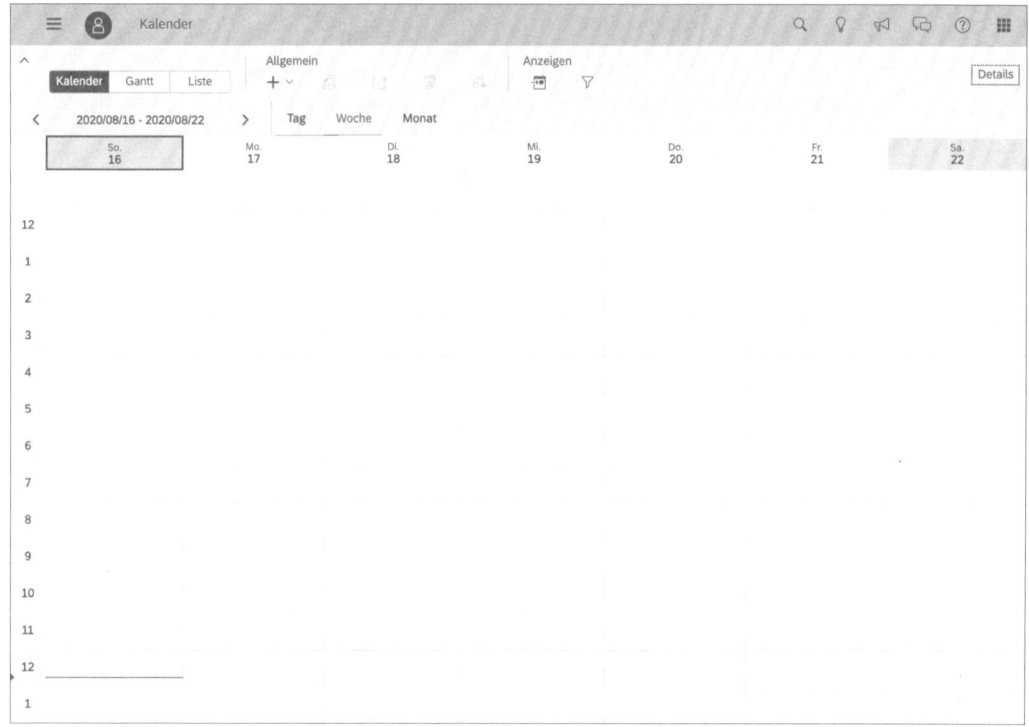

Abbildung 6.43 Planungskalender in der Wochenansicht

Sie können die Ansicht des Kalenders zwischen **Tag**, **Woche** und **Monat** wechseln, ähnlich wie Sie das im täglichen Umgang mit dem Kalender eines E-Mail-Programmes gewohnt sind. Abbildung 6.44 zeigt den Planungskalender in der Monatsansicht.

Sichten des Planungskalenders

Neben der unterschiedlichen zeitlichen Granularität kann auch noch zwischen der oben gezeigten Kalenderdarstellung und den beiden Sichten **Gantt** und **Liste** gewechselt werden. Die Darstellung als Gantt-Diagramms hilft bei komplexeren Prozessen mit vielen Unterprozessen, die zeitliche Abfolge und die momentan parallel abzuarbeitenden Teilprozesse und deren Aufgaben übersichtlicher darzustellen. Die Listensicht zeigt alle im Prozess zu erledigenden Aufgaben. Beispiele hierzu erhalten Sie im weiteren Abschnittsverlauf.

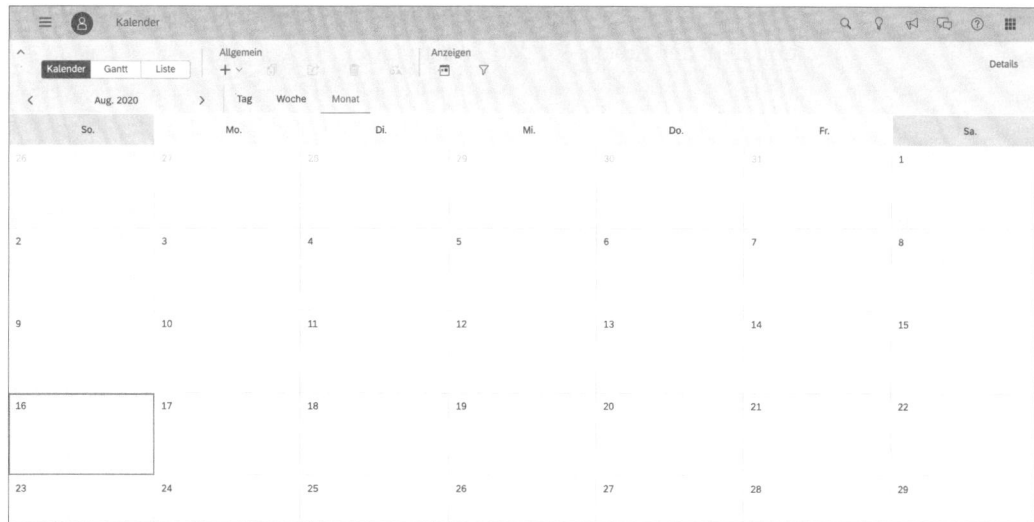

Abbildung 6.44 Planungskalender in der Monatsansicht

Der Planungskalender von SAP Analytics Cloud ermöglicht es Ihnen, einen Planungsprozess mit dessen erforderlichen Unterprozessen und einzelnen Schritten zu definieren und bei der Durchführung später dann auch zu überwachen.

Der Planungsprozess, der beispielhaft in diesem Abschnitt im Planungskalender abgebildet werden soll, besteht aus den folgenden Schritten:

1. Planungsvorbereitung
2. Durchführung der Planung in den einzelnen Regionen und Plandatenerfassung
3. Nachbearbeitung sowie Finalisieren der Ergebnisse

Anhand dieses vereinfachten Prozesses sollen die Konzepte und der Aufbau des Planungskalenders von SAP Analytics Cloud veranschaulicht werden.

Als Beispielszenario verwenden wir wieder den Prozess der Vertriebsplanung, den Sie bereits aus anderen Kapiteln kennen. Dieser Prozess soll hier stark vereinfacht aus den drei genannten drei Prozessschritten bestehen.

Der Planungsvorbereitungsschritt besteht hier der Einfachheit wegen aus einem einfachen Kopierschritt, durch den die Istwerte des Jahres 2020 in die Planversion für 2021 kopiert werden. Hierbei wird die Datenaktion aus Kapitel 4, »Fortgeschrittene Planungsfunktionen«, wiederverwendet. Die Durchführung der Planung besteht dann aus dem manuellen Erfassen der geplanten Umsatzerlöse über die in Abbildung 6.45 gezeigte Story. Dabei

**Planungs-
vorbereitung**

erfasst der für die jeweilige Gesellschaft verantwortliche Planer die Werte manuell in der Tabelle für das Planjahr 2021.

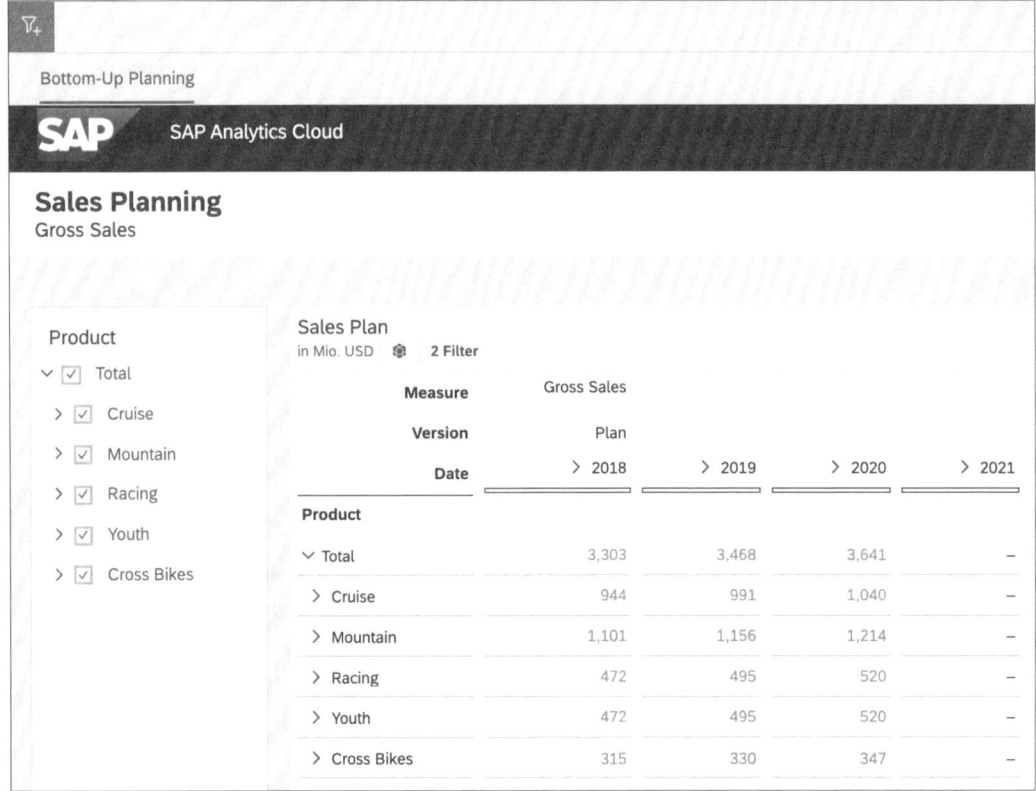

Abbildung 6.45 Story zur Erfassung der Planwerte

Die Werte für die Planperiode werden dabei noch durch die Datenaktion initialisiert. Hierbei werden die Werte noch um einen gewissen Prozentsatz erhöht, um im Beispiel eine strategische Planvorgabe anzudeuten. Der Prozess hier ist insofern etwas vereinfacht dargestellt, dass es in der Realität mehrere Iterationen mit entsprechenden Top-down- und Bottom-up-Schritten geben dürfte, ein sogenanntes *Gegenstromverfahren*.

Im Beispiel beschränken wir uns auf einen Schritt, da hier die Funktionen des Kalenders im Fokus stehen und der hier skizzierte Prozess ausreichend ist, um diese zu veranschaulichen. Wie bereits erwähnt, wird der Prozess in diesem Beispiel organisatorisch über die einzelnen Landesgesellschaften des Unternehmens gesteuert. Technisch ist dies durch die Dimension

ENTITY im Datenmodell abgebildet, die auch in diesem Beispiel als treibende Dimension verwendet wird.

Im Abschnitt 6.2 »Datensperren« wurde das Konzept der treibenden Dimension bereits erläutert. Der letzte Schritt im Beispielprozess stellt lediglich das Setzen einer Datensperre dar, um den Planungsprozess zu finalisieren und die Plandaten gegen weiteres Ändern zu sichern. In einem echten Szenario würden sich hier noch weitere Schritte zur Datenverarbeitung anschließen, wie das Überleiten der Daten in andere Planungsprozesse oder das Überführen in andere IT-Systeme.

Das hier skizzierte Beispiel soll vor allem verdeutlichen, dass ein Planungsprozess typischerweise in mehrere Phasen untergliedert ist, an denen unterschiedliche Anwender beteiligt sind. Im Beispiel wird die eigentliche Planerfassung durch mehrere Anwender in den unterschiedlichen Vertriebsregionen durchgeführt. Das Vorbereiten bzw. Nachbereiten erfolgt dagegen zentral in der Verantwortung eines einzelnen Benutzers. Darüber hinaus besteht der Vorbereitungsschritt aus einer automatisierten Datenverarbeitungsroutine, die in den Prozess eingebunden wird, wohingegen die Planerfassung manuell über spezielle Planungslayouts erfolgt.

Um den hier skizzierten Beispielprozess über den Planungskalender abzubilden, stehen prinzipiell zwei verschieden Objekte zur Verfügung, die im Kalender erzeugt werden können: Prozesse und Aufgaben.

Objekte im Planungskalender

Prozesse im Planungskalender sind dabei typischerweise die Klammer für weitere Unterprozesse oder einzelne Aufgaben und fassen diese zu einer inhaltlich zusammengehörigen Gruppe von erforderlichen Schritten zusammen, die durchzuführen sind, um den betriebswirtschaftlichen Prozess umzusetzen. *Aufgaben* sind einzelne, in sich abgeschlossene Schritte, die zur Umsetzung des Prozesses notwendig sind. Aufgaben werden dabei typischerweise an einen oder mehrere Benutzer delegiert.

Sowohl Prozesse als auch Aufgaben können Sie über die Schaltfläche [+ ˅] (**Neu hinzufügen**) der Werkzeugleiste im Bereich**Allgemein** zum Kalender hinzufügen. Sie können entweder einen neuen Prozess hinzufügen, auch als Teilprozess eines existierenden übergeordneten Prozesses, oder unterschiedliche Aufgabentypen. Als letzte Option können Sie einen Prozess und dessen Schritte auch mithilfe eines vom System geführten Benutzerdialogs erstellen. Dies entspricht der Option **Aufgaben/Prozesse durch treibende Dimension** in Abbildung 6.46.

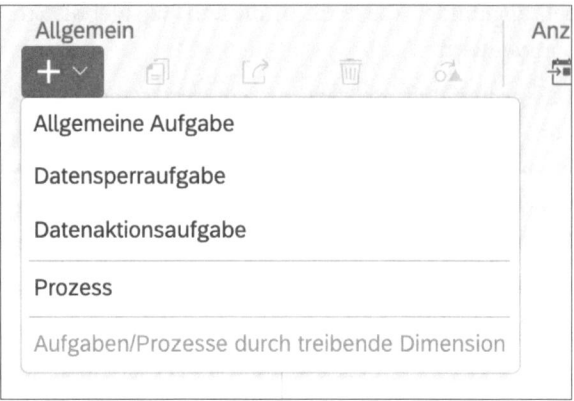

Abbildung 6.46 Objekte im Kalender hinzufügen

Aufgabentypen

Es stehen Ihnen drei verschiedene Aufgabentypen zur Verfügung, die Sie hinzufügen können:

- **Kombiaufgabe**
  Hierbei handelt es sich um eine Aufgabe, die Sie bestimmten Benutzern zuordnen können. Als Teil der Aufgabe können Sie eine Story oder andere Objekte zuordnen, die die Benutzer benötigen, um die Aufgabe zu erfüllen. Die Aufgabe verfügt über ein Fälligkeitsdatum und optional über einen Prüfer, der die korrekte Erfüllung der Aufgabe prüft und bestätigt. Die Kombiaufgabe kann in zwei verschiedenen Varianten angelegt werden. In der ersten Variante hat die Aufgabe nur einen Bearbeiter und keinen Prüfer. In diesem Fall wird die Aufgabe auch als **Allgmeine Aufgabe** bezeichnet. Als zweite Variante besteht auch die Möglichkeit, die Aufgabe als **Prüfungsaufgabe** zu erstellen. Dies geschieht, wenn Sie eine Kombiaufgabe in einen Prozess umwandeln, wodurch eine allgemeine Aufgabe und eine oder mehrere abhängige Prüfungsaufgaben erstellt werden.

- **Datensperraufgabe**
  Mit der Datensperraufgabe kann automatisch eine Datensperre für ein Modell im Prozess gesetzt werden. Dies stellt sicher, dass Planwerte nicht mehr geändert werden und der Plan somit eingefroren wird.

- **Datenaktionsaufgabe**
  Erlaubt das automatische Ausführen einer Datenaktion zu einem bestimmten Zeitpunkt.

Die Kombiaufgabe stellt dabei den am häufigsten verwendeten Typ **Aufgabe** dar. Eine Kombiaufgabe kommt immer zur Anwendung, wenn eine Planungsmaske in Form einer Story an die einzelnen Planer gesendet werden soll, damit diese die erforderlichen Planwerte erfassen und die Eingabe bestätigen. Erfolgt dieser Prozess mit Teilnehmern entlang einer Organisationsstruktur und ist diese Organisationsstruktur in Form einer Dimension auch im Datenmodell technisch abgebildet, kann das Erstellen des Prozesses im Kalender auch über einen vom System geführten Benutzerdialog erfolgen. In diesem Fall übernimmt das System das automatische Erstellen der einzelnen Kombiaufgaben entlang der Organisationsdimension. In Abschnitt 6.3.2, »Prozess und Aufgaben über einen geführten Dialog erstellen«, wird dies im Detail erläutert.

6.3.1 Einen übergeordneten Prozess anlegen

Um für das Beispiel der Vertriebsplanung einen neuen Prozess im Kalender anzulegen, wählen Sie über die Werkzeugleiste **+ • Prozess**. Im Dialog zum Erstellen eines neuen Prozesses können Sie eine Bezeichnung für den Prozess vergeben sowie Start- und Fälligkeitsdatum (siehe Abbildung 6.47).

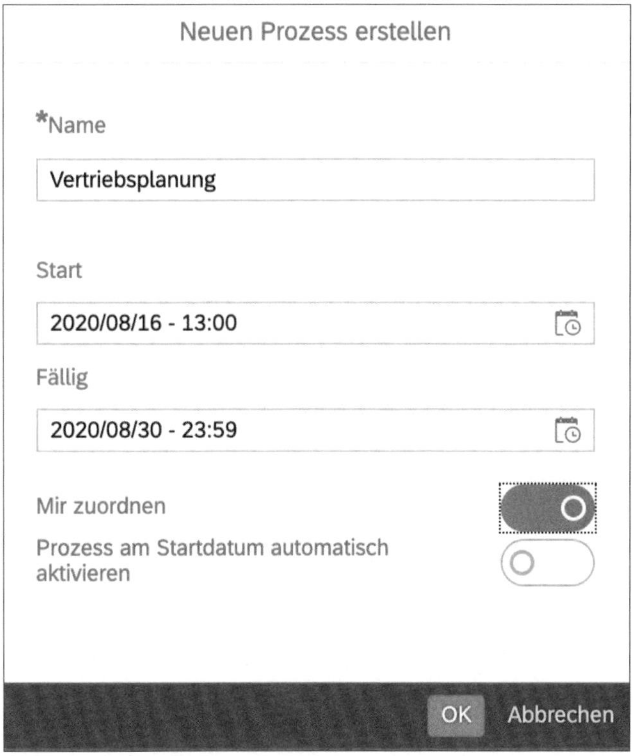

Abbildung 6.47 Neuen Prozess erstellen

Optional können Sie sich als Ersteller des Prozesses auch automatisch als Teilnehmender hinzufügen. Außerdem können Sie festlegen, dass der Pro-

Prozessparameter

zess zum Startdatum automatisch aktiviert wird. Dies bewirkt, dass der Prozess mit allen zugeordneten Unterprozessen und Aufgaben in die jeweiligen Planungskalender der Prozessteilnehmer kopiert und somit für die Teilnehmer sichtbar wird.

Nach dem Erstellen des Prozesses erscheint im Kalender ein entsprechender Eintrag. Abbildung 6.48 zeigt den Eintrag für den Prozess in der Monatssicht des Kalenders. Auf der rechten Seite können Sie die Detailinformationen zu diesem Prozess finden.

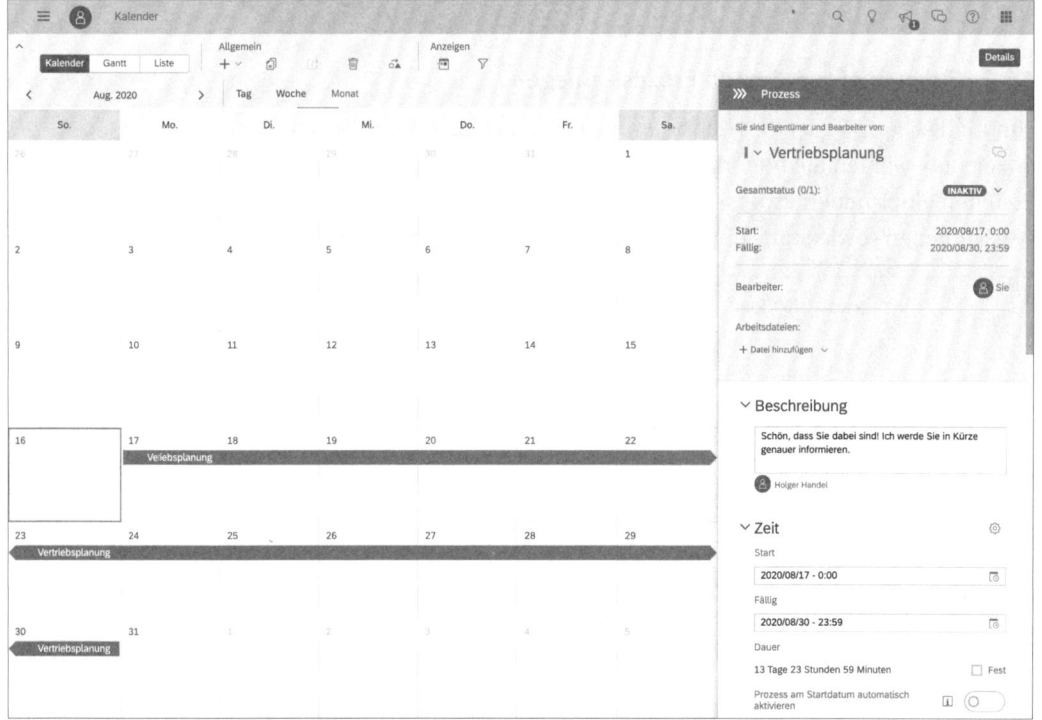

Abbildung 6.48 Darstellung des Prozesses im Kalender

Prozessdetails   Die Details zum Prozess sind in Abbildung 6.49 vergrößert dargestellt. Im Kopf der Detailinformationen sehen Sie noch einmal die Bezeichnung sowie **Starttermin** und **Fälligkeitstermin**. Außerdem können Sie unter dem Punkt **Arbeitsdateien** zentrale Dateien wie Storys zum Prozess hinzufügen, die von den Teilnehmern benötigt werden. In unserem Beispiel wird hier die Story hinzugefügt, die von den einzelnen Planern verwendet werden soll, um die erforderlichen Plandaten zu erfassen.

Durch Anklicken der Schaltfläche **Datei hinzufügen** können Sie eine Datei aus der Verzeichnisstruktur von SAP Analytics Cloud auswählen. Achten Sie darauf, dass die Teilnehmenden auch Zugriff auf diese Datei haben. Es empfiehlt sich daher, die Dateien wie Storys und weitere Dokumente in einem gemeinsamen Ordner für den Prozess zu organisieren und diesen Ordner für alle Prozessteilnehmer zugänglich zu machen (siehe Abschnitt 6.1.4, »Dateiverzeichnis«, zu den Details der Ordnerstruktur von SAP Analytics Cloud).

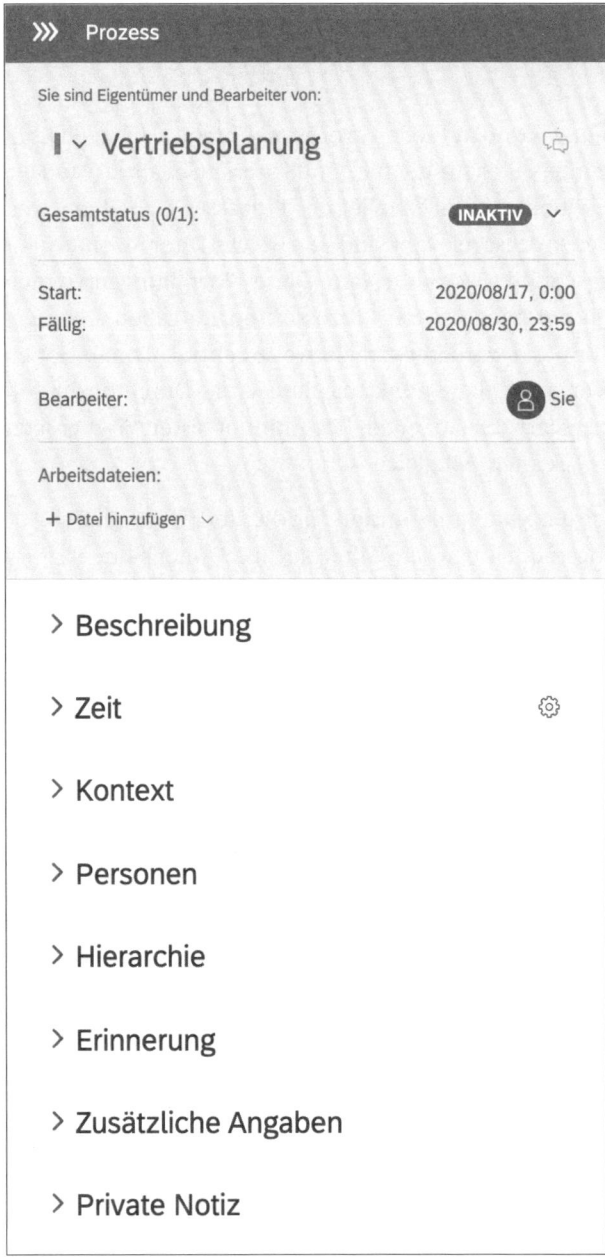

Abbildung 6.49 Detailinformationen zu einem Prozess

Des Weiteren stehen in den Detailinformationen weitere Bereiche zur Verfügung:

- **Beschreibung**
  Hier kann ein erläuternder Text für die Teilnehmer eingetragen werden.

- **Zeit**
  Hier werden Start- und Enddatum des Prozesses angegeben bzw. können diese bei Bedarf nochmal angepasst und geändert werden.

- **Kontext**
  Hier können Sie einen Kontext für den Prozess definieren. Über den Kontext können Sie einen Filter für die für den Prozess relevanten Modelle definieren. Dazu können Sie als Ersteller des Prozesses auswählen, welche Modelle für den Prozess relevant sind und welche Dimensionen über einen Filter eingeschränkt werden sollen. Diese Einstellungen werden dann auch an die untergeordneten Prozesse und Aufgaben weitergereicht. Über den Kontext werden normalerweise zentrale Dimensionen wie Datum oder Version eingeschränkt, da diese für die Durchführung eines Prozesses normalerweise auf einen bestimmten festen Wert gesetzt werden, der für alle Teilnehmer gleich ist.

Abbildung 6.50 zeigt die Kontextdefinition für die Vertriebsplanung. Für das Vertriebsplanungsmodell wird ein Filter auf die Dimensionen **Entity** und **Datum** gesetzt, da diese den Rahmen für den Planungszyklus vorgeben.

- **Personen**
  Hier können Benutzer zum Prozess zugeordnet werden. Im hier vorgestellten Beispiel erfolgt die Zuordnung automatisiert über die treibende Dimension, wie es weiter unten im Kapitel noch dargestellt wird.

- **Hierarchie**
  Zeigt den übergeordneten Prozess sowie die untergeordneten Prozesse bzw. Aufgaben, falls vorhanden.

- **Erinnerung**
  Legt fest, ob und wann vor Erreichen des Enddatums des Prozesses die Teilnehmenden eine Benachrichtigung erhalten.

- **Zusätzliche Angaben**
  Hier können zusätzliche Dateien verknüpft werden.

- **Private Notiz**
  Zusätzliche Angaben bzw. Hinweise, die nur für die Person sichtbar ist, die den Prozess erstellt hat.

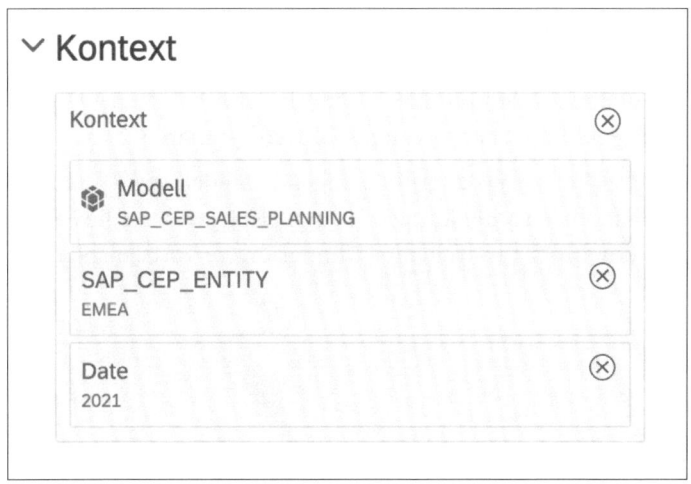

Abbildung 6.50 Kontextdefinition für die Vertriebsplanung

Ist der Prozess erstellt, können Sie konkrete Aufgaben erstellen und diese den relevanten Teilnehmern zuordnen. Für das Beispiel der Vertriebsplanung wären dies die Erfassung der Plandaten für die einzelnen Vertriebsgesellschaften des Unternehmens. Da dies schnell sehr aufwendig werden kann, sobald viele Personen am Prozess beteiligt sind, soll für das Beispiel eine andere Vorgehensweise gezeigt werden, bei dem die einzelnen Aufgaben automatisiert aus den Stammdaten des Planungsmodells abgeleitet werden. Dies erfolgt mithilfe eines vom System geführten Dialogs.

6.3.2   Prozess und Aufgaben über einen geführten Dialog erstellen

In vielen Fällen erfolgt der Planungsprozess entlang einer bestimmten Organisationsstruktur wie z. B. der einzelnen Gesellschaften eines Konzerns oder der Kostenstellen eines Unternehmensbereiches. In diesen Fällen ist die Organisationsstruktur auch technisch in Form einer Dimension Teil des Datenmodells. In diesen Fällen spricht man in SAP Analytics Cloud von der treibenden Dimension, über die der Planungsprozess gesteuert wird. In einem solchen Fall bietet der Planungskalender die Möglichkeit, die einzelnen Teilschritte bzw. die Aufgaben für die einzelnen Organisationseinheiten automatisch aus den Elementen der treibenden Dimension zu erstellen und einem Prozess zuzuordnen.

Aufgaben über Organisationseinheiten festlegen

Im Planungskalender wählen Sie dazu über die Werkzeugleiste **+ • Aufgaben/Prozess durch treibende Dimension**.

Damit Sie diesen Eintrag aus dem Menü auswählen können, müssen Sie zuvor einen Prozess als übergeordneten Prozess im Kalender selektiert haben.

Die zu erzeugenden Aufgaben werden diesem Prozess als untergeordnete Elemente hinzugefügt.

Nach der Auswahl dieses Menüpunktes öffnet sich ein Dialogfenster, über das Sie den Prozess in fünf verschiedenen Schritten definieren.

Schritt 1:
Treibende
Dimension
festlegen

Im ersten Schritt legen Sie das zugrunde liegende **Modell** sowie die **Treibende Dimension** fest (siehe Abbildung 6.51). Im Beispiel werden die Gesellschaften des Unternehmens als treibende Dimension der Vertriebsplanung verwendet.

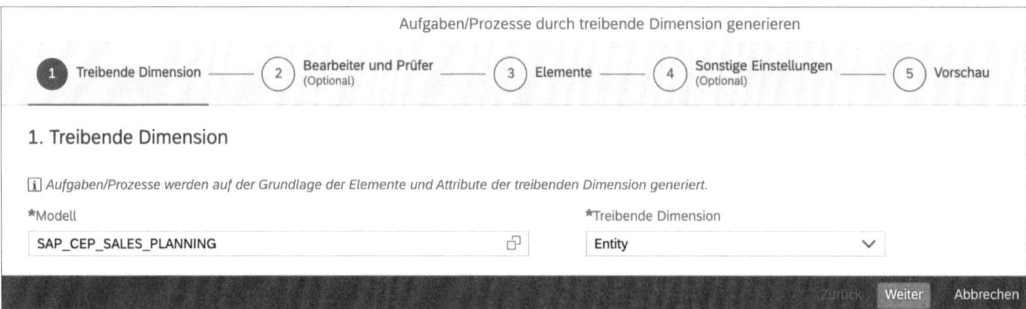

Abbildung 6.51 Schritt 1: Modell und treibende Dimension festlegen

Schritt 2:
Bearbeiter
und Prüfer
definieren

In Schritt 2 aus Abbildung 6.52 können Sie die Attribute der treibenden Dimension angeben, aus denen gegebenenfalls die Benutzer für den **Bearbeiter** der Aufgabe bzw. der **Prüfer** entnommen wird. Auf diese Weise werden die einzelnen Aufgaben des Prozesses und deren Bearbeiter stammdatengetrieben erstellt, was es auch in Fällen einer großen Anzahl an teilnehmenden Organisationseinheiten ermöglicht, den Prozess und dessen Aufgaben effizient zu erstellen.

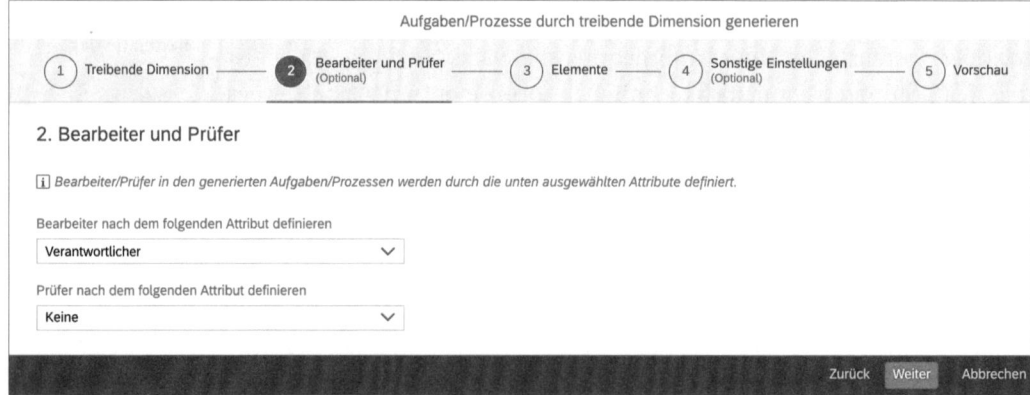

Abbildung 6.52 Schritt 2: Bearbeiter und Prüfer definieren

Im dritten Schritt können Sie die Elemente der treibenden Dimension auswählen, die tatsächlich in den Prozess einbezogen werden sollen (siehe Abbildung 6.53). Im Beispiel wird dies aus Gründen der Übersichtlichkeit auf die beiden Gesellschaften BestBikes GmbH und Alpine Bikes Switzerland sowie den Knoten EMEA begrenzt.

Schritt 3: Elemente auswählen

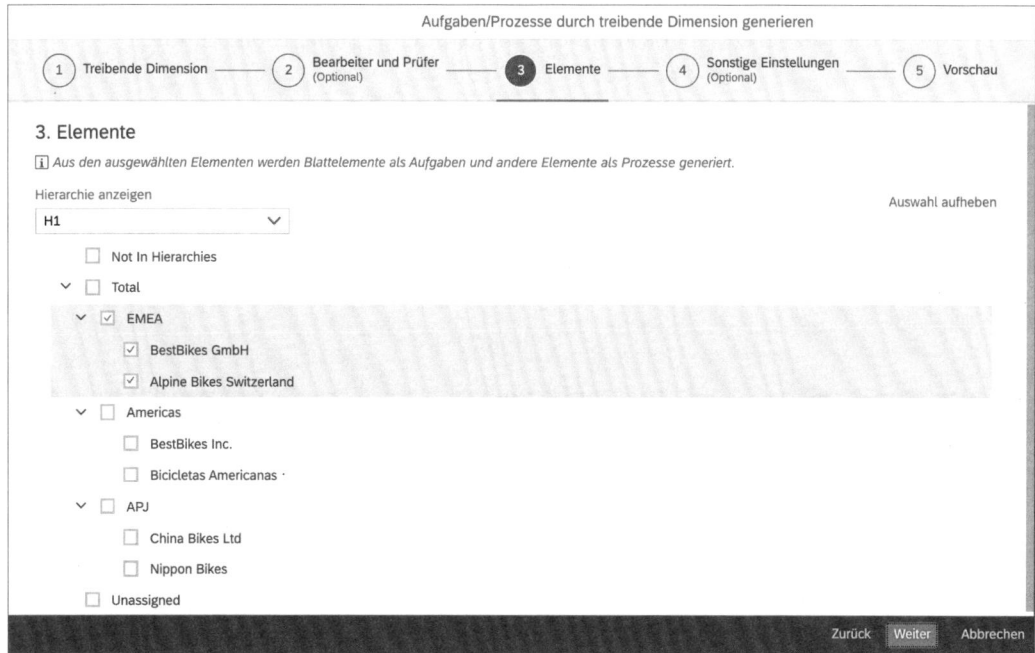

Abbildung 6.53 Schritt 3: Elemente auswählen

Im vierten Schritt können Sie eine Regel zur Benennung der einzelnen Aufgaben definieren (siehe Abbildung 6.54). Außerdem können Sie festlegen, ob die Aufgaben zur Startzeit automatisch aktiviert werden, d. h. an die Teilnehmer überstellt werden sollen.

Schritt 4: Sonstige Einstellungen vornehmen

Abbildung 6.54 Schritt 4: Sonstige Einstellungen festlegen

Schritt 5: Prozess-definition abschließen und Vorschau anzeigen

In Abbildung 6.55 ist Schritt 5 gezeigt, in dem eine Vorschau der Aufgaben gezeigt wird, die vom System erstellt werden. In diesem Fall wird ein Unterprozess für die Vertriebsregion EMEA, die in der treibenden Dimension über einen Knoten der Hierarchie abgebildet wird, angelegt. Außerdem werden zwei Aufgaben zur Plandatenerfassung der beiden Vertriebsgesellschaften angelegt. Die, Personen, die den Prozess bearbeitet haben, werden dabei automatisch aus einem Attribut der Dimension ermittelt.

Abbildung 6.55 Schritt 5: Prozessdefinition abschließen und Vorschau anzeigen

Nach der Bestätigung über die Schaltfläche **Generieren** erstellt das System die Unterprozesse und Aufgaben und ordnet sie dem übergeordneten Prozess **Vertriebsplanung** zu.

Das Resultat ist in Abbildung 6.56 dargestellt. Die Abbildung zeigt den Unterprozess mit den beiden Aufgaben als untergeordnete Elemente zu dem Prozess **Vertriebsplanung** in der Gantt-Darstellung. Sie können die Elemente jeweils auf- und zuklappen, um so eine bessere Übersicht über die Struktur des Prozesses zu erlangen.

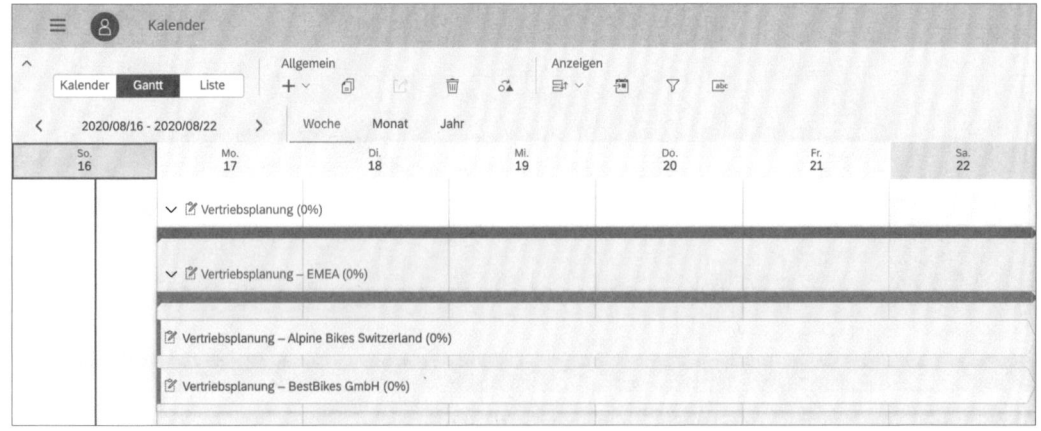

Abbildung 6.56 Erzeugte Unterprozesse/Aufgaben

Einstellungen für die einzelnen Aufgaben können über das Fenster **Details** angepasst werden. Abbildung 6.58 zeigt die Detaileinstellungen zu der generierten Aufgabe für die Gesellschaft BestBikes GmbH. Einstellungen wie Start- und Enddatum sowie die zugeordnete Arbeitsdatei und die Kontextdefinition wurden dabei aus dem übergeordneten Prozess übernommen und für die treibende Dimension erweitert (siehe Abbildung 6.57).

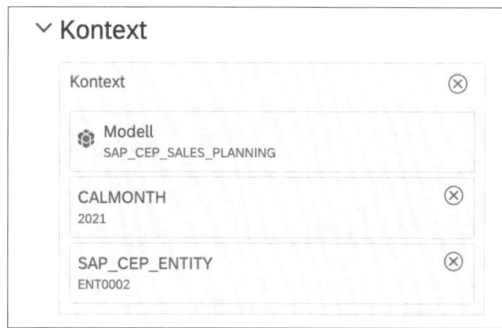

Abbildung 6.57 Erweiterte Kontextdefinition für die erstellte Aufgabe

Der Bearbeiter wurde, wie festgelegt, aus dem angegebenen Attribut für das Dimensionselement übernommen. Die Einstellungen können in den einzelnen Abschnitten des Detailinformationsfensters für die Aufgabe angepasst werden. Da die angelegte Aufgabe technisch unabhängig von den anderen Aufgaben ist, hat dies nur Einfluss auf die gerade bearbeitete Aufgabe.

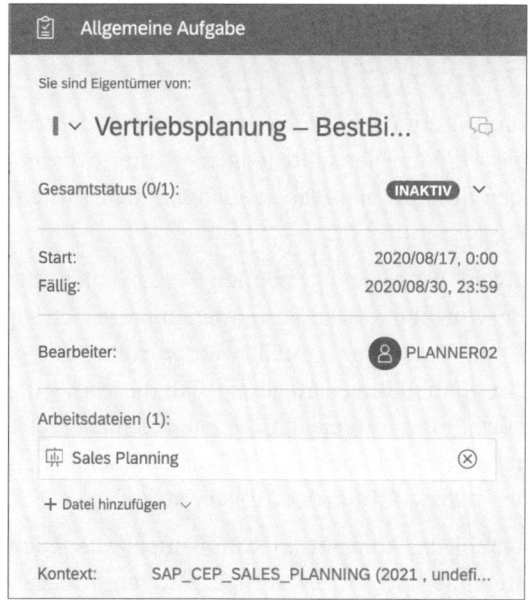

Abbildung 6.58 Detaileinstellungen für die Aufgabe

Prüfer manuell
festlegen

Im Beispiel soll für die Aufgabe der Gesellschaft BestBikes GmbH manuell ein Prüfer eingestellt werden. Dies geschieht im Bereich **Personen** der Detaileinstellungen (siehe Abbildung 6.59).

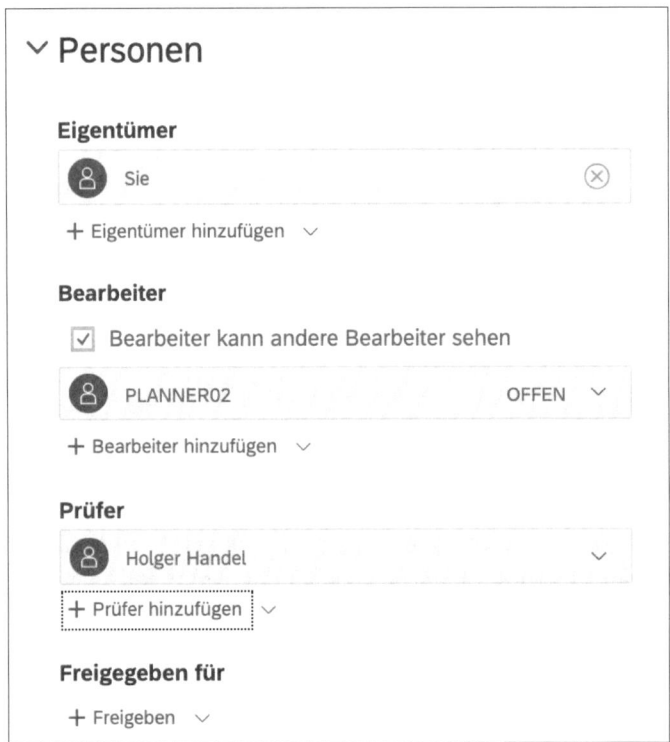

Abbildung 6.59 Prüfer für die Aufgabe festlegen

Der Prüfer für die Aufgabe kann alternativ auch aus einem Attribut der treibenden Dimension abgeleitet werden. Hier sollte jedoch erläutert werden, wie Sie einzelne Einstellungen der Kombiaufgaben auch manuell vornehmen können.

Wenn ein Prüfer für die Aufgabe festgelegt ist, können Sie einstellen, wie viel Zeit für das Bearbeiten der Aufgabe verwendet werden und wie viel Zeit für das Prüfen der Aufgabe zur Verfügung gestellt werden soll. Dies geschieht im Bereich **Zeit** und ist in Abbildung 6.60 gezeigt. Für diese Aufgabe sind sowohl **Bearbeiter** als auch **Prüfer** festgelegt. Über einen Schieberegler unter dem Punkt **Verteilung** können Sie die zur Verfügung stehende Zeit entsprechend auf das Bearbeiten bzw. Prüfen der Aufgabe aufteilen.

Mit dem Festlegen des Prüfers soll das Anlegen der Kombiaufgabe über den systemgeführten Dialog vorerst abgeschlossen werden. Mit dem Anlegen der Aufgaben zur manuellen Datenerfassung durch die lokalen Planer ist die Definition des eigentlichen Durchführungsschrittes des Beispielprozesses erst einmal abgeschlossen. In den folgenden Abschnitten wenden wir uns den Vorbereitungs- bzw. Nachbearbeitungsschritten des Beispielprozesses zu.

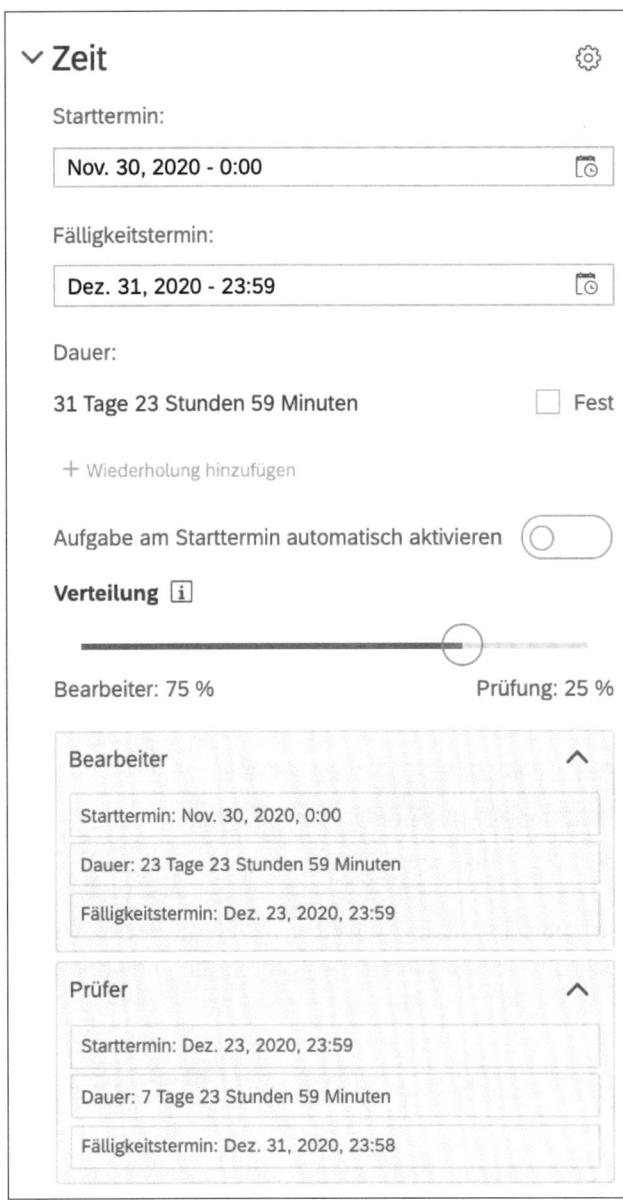

Abbildung 6.60 Aufteilung zwischen Bearbeiten und Prüfen der Aufgabe

6.3.3   Datenaktionsaufgabe anlegen

Im Beispielprozess soll die Planungsvorbereitung darin bestehen, die Planversion mit Werten zu initialisieren, sodass man nicht mit einem leeren Da-
tenerfassungsformular beginnen muss. Dazu soll auf die Datenaktion aus
Kapitel 4, »Fortgeschrittene Planungsfunktionen«, zurückgegriffen werden,
die die Istwerte einer Referenzperiode in die Planperioden einer Planversion kopiert. Die Datenaktion erlaubt es darüber hinaus, die Referenzwerte
pauschal um einen gewissen Prozentsatz zu erhöhen bzw. zu verringern.

Datenaktions-
aufgabe erstellen

In der Werkzeugleiste können sie über **+ • Datenaktionsaufgabe** eine Datenaktionsaufgabe erstellen und zum Kalender hinzufügen. Sie müssen neben
dem Namen der Datenaktion im Feld **Name** den gewünschten Ausführungszeitpunkt der Datenaktion über das Feld **Start** anlegen (siehe Abbildung 6.61).

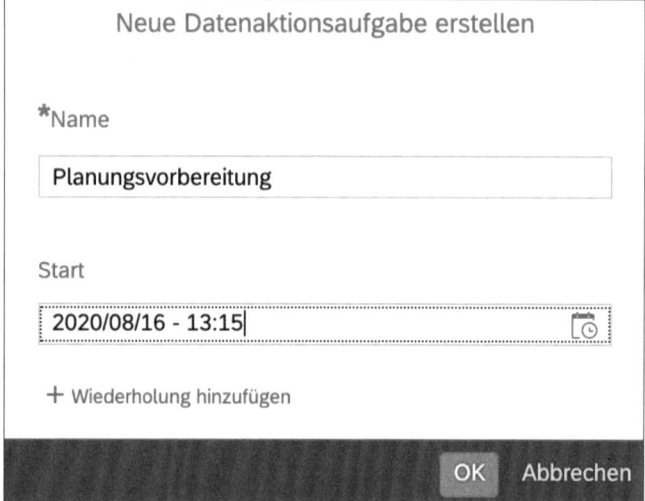

Abbildung 6.61 Datenaktionsaufgabe erstellen

Nach dem Bestätigen mit **Ok** wird die Aufgabe erstellt, und Sie können die
weiteren Einstellungen im Detailfenster der Aufgabe vornehmen (siehe Abbildung 6.62).

Abbildung 6.62 Datenaktionsaufgabe konfigurieren

Neben dem Ausführungszeitpunkt können Sie eine Beschreibung hinzufügen.

Die eigentlich auszuführende Datenaktion wird in dem gleichnamigen Abschnitt festgelegt und parametrisiert (siehe Abbildung 6.63).

**Parameter der
Datenaktion**

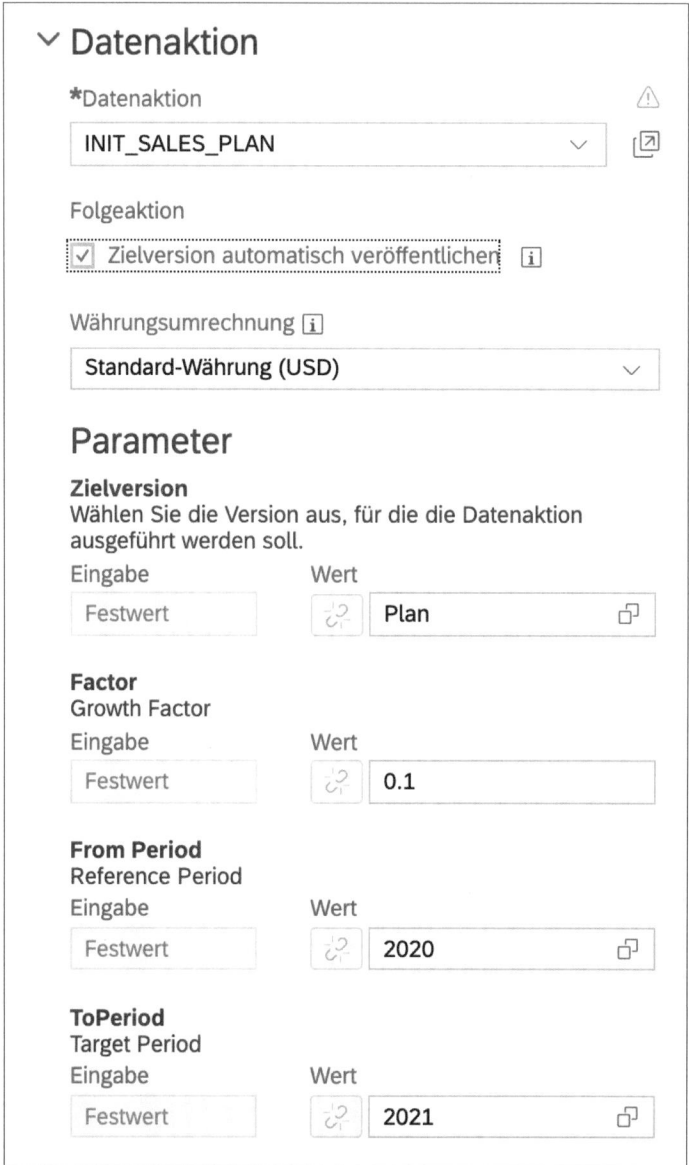

Abbildung 6.63 Datenaktion parametrisieren

Bei dieser Parametrisierung stehen Ihnen dieselben Einstellungen zur Verfügung wie bei der Parametrisierung eines Auslösers für die Datenaktion in der Story. Im Beispiel werden dabei Planversion, Referenz- und Zielperiode sowie der Umwertungsfaktor festgelegt. Ist die Datenaktionsaufgabe aktiviert, was Sie im Kopf der Detaileinstellungen einstellen können, wird die Datenaktion automatisch zum Ausführungszeitpunkt ausgeführt. Die Berechtigungen des Bearbeiters, also des Benutzers, der die Datenaktionsaufgabe erstellt hat, werden bei der Ausführung zugrunde gelegt.

Ist die Ausführung der Datenaktionsaufgabe erfolgt, erhalten Sie vom System eine entsprechende Benachrichtigung (siehe Abbildung 6.64).

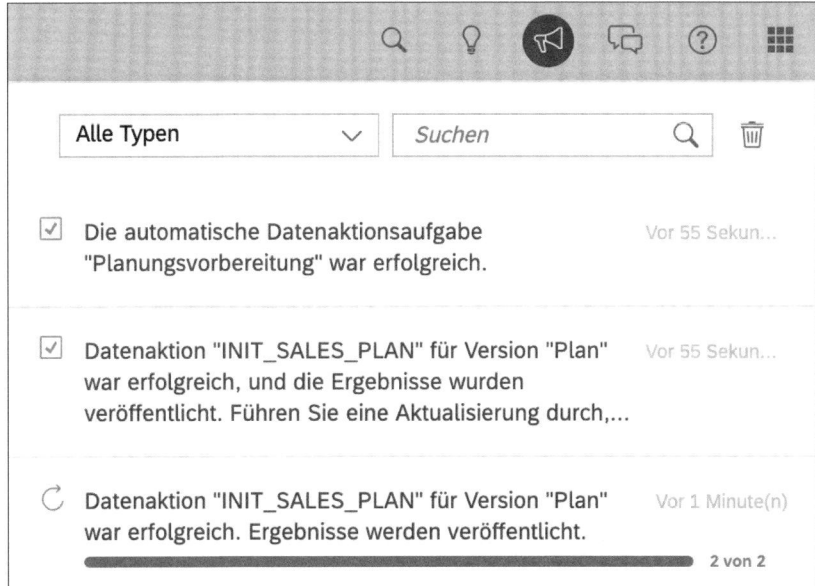

Abbildung 6.64 Systembenachrichtigungen

Der Status der Datenaktionsaufgabe im Kalender wird ebenfalls aktualisiert. Abbildung 6.65 zeigt den Status **Erfolgreich** der Datenaktionsaufgabe.

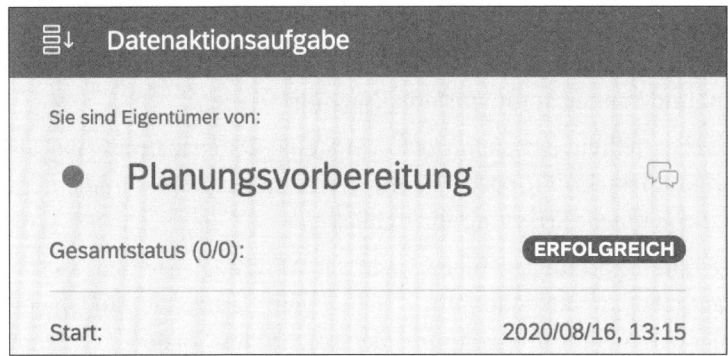

Abbildung 6.65 Erfolgreich verarbeitete Datenaktion

Nach dem Ausführen der Datenaktionsaufgabe ist die Planversion für den nächsten Zyklus der Vertriebsplanung entsprechend initialisiert. Abbildung 6.66 zeigt das Resultat der Datenaktionsaufgabe in einer Story zur

Plandatenerfassung. Für das Planjahr 2021 sind nun Werte vorhanden, die durch die Datenaktion erzeugt wurden.

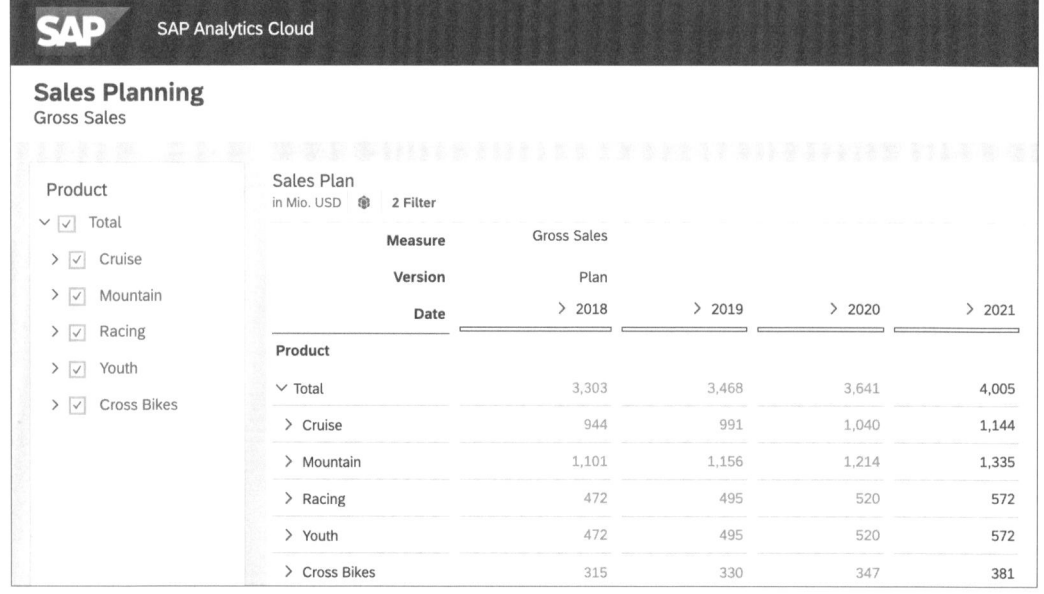

Abbildung 6.66 Resultat der Datenaktionsaufgabe

6.3.4   Datensperraufgabe anlegen

Die Datensperraufgabe ändert bei der Ausführung die Datensperre für ein zugrunde liegendes Modell. Damit können Sie sicherstellen, dass nach dem Ablauf des Planungsprozesses für das Planungsmodell automatisch eine Datensperre gesetzt wird und so ein weiteres Ändern der Daten verhindert wird. Datensperraufgaben werden ebenfalls über den Planungskalender eingeplant und können automatisiert ausgeführt werden.

Im hier vorgestellten Beispielprozess wird eine Datensperraufgabe als Nachbearbeitungsschritt für den eigentlichen Planungsprozess implementiert, um die manuelle Erfassung abzuschließen.

Eine neue Datensperraufgabe fügen Sie in der Werkzeugleiste über **+ • Datensperraufgabe** zum Kalender hinzu. Neben dem Namen der Aufgabe legen Sie hier den Ausführungszeitpunkt der Aufgabe fest, zu der das System die Datensperraufgabe automatisch ausführt (siehe Abbildung 6.67).

Abbildung 6.67 Erstellen einer neuen Datensperraufgabe

In den Detaileinstellungen können Sie weitere Einstellungen der Datensperraufgabe festlegen. So können Sie im Bereich **Hierarchie** den übergeordneten Prozess festlegen (siehe Abbildung 6.68). Dies bewirkt, dass bei der Aktivierung des übergeordneten Prozesses auch die Datensperraufgabe aktiviert und somit zum Ausführungszeitpunkt vom System ausgeführt wird.

> ## ⌄ Hierarchie
>
> **Übergeordneter Prozess** ⓘ
>
> ⟫ Vertriebsplanung

Abbildung 6.68 Datensperraufgabe einem übergeordneten Prozess zuordnen

Um die Datensperraufgabe ausführen zu können und somit die Datensperre für ein Modell zu ändern, müssen Sie den Kontext für die Datensperraufgabe festlegen. Der Kontext definiert die Datenselektion, für die die Sperre gesetzt werden soll. Im Beispiel in Abbildung 6.69 wird der Kontext

Kontext der Datensperre

für das Modell zur Vertriebsplanung festgelegt. Die Datensperre wird entsprechend auf der Ebene der Dimensionen **Version**, **Datum** (CALMONTH) und **Gesellschaft** (SAP_CEP_ENTITY) gesetzt. Die Dimensionen werden auf die relevanten Elemente hin gefiltert.

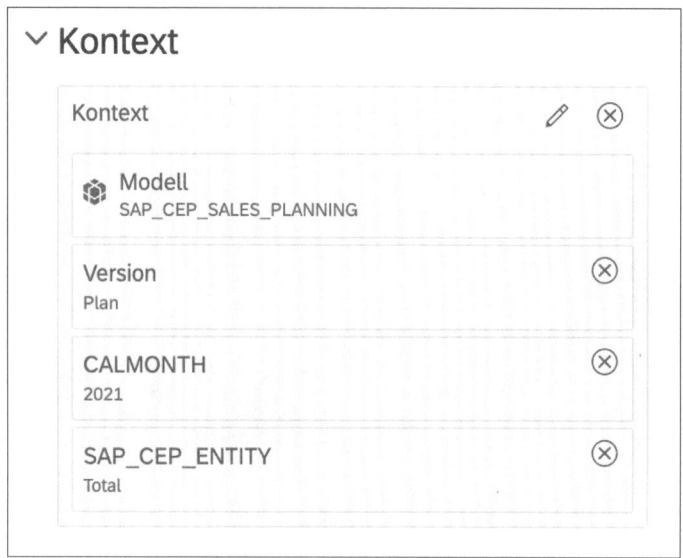

Abbildung 6.69 Kontextdefinition der Datensperraufgabe

Im Bereich **Datensperre** legen Sie fest, auf welchen Zielstatus die Datensperre beim Ausführen der Aufgabe gesetzt wird (siehe Abbildung 6.70). Als mögliche Werte kommen **Offen**, **Eingeschränkt** und **Geschlossen** in Frage.

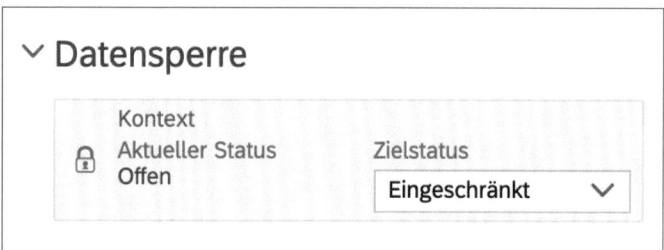

Abbildung 6.70 Zielstatus der Datensperre

Abbildung 6.71 zeigt die vollständige Konfiguration der Datensperraktion. Ist der Status der Aufgabe auf **AKTIV** gesetzt, wird die Datensperraufgabe zum eingestellten Startzeitpunkt ausgeführt und damit die Datensperre entsprechend der Konfiguration gesetzt.

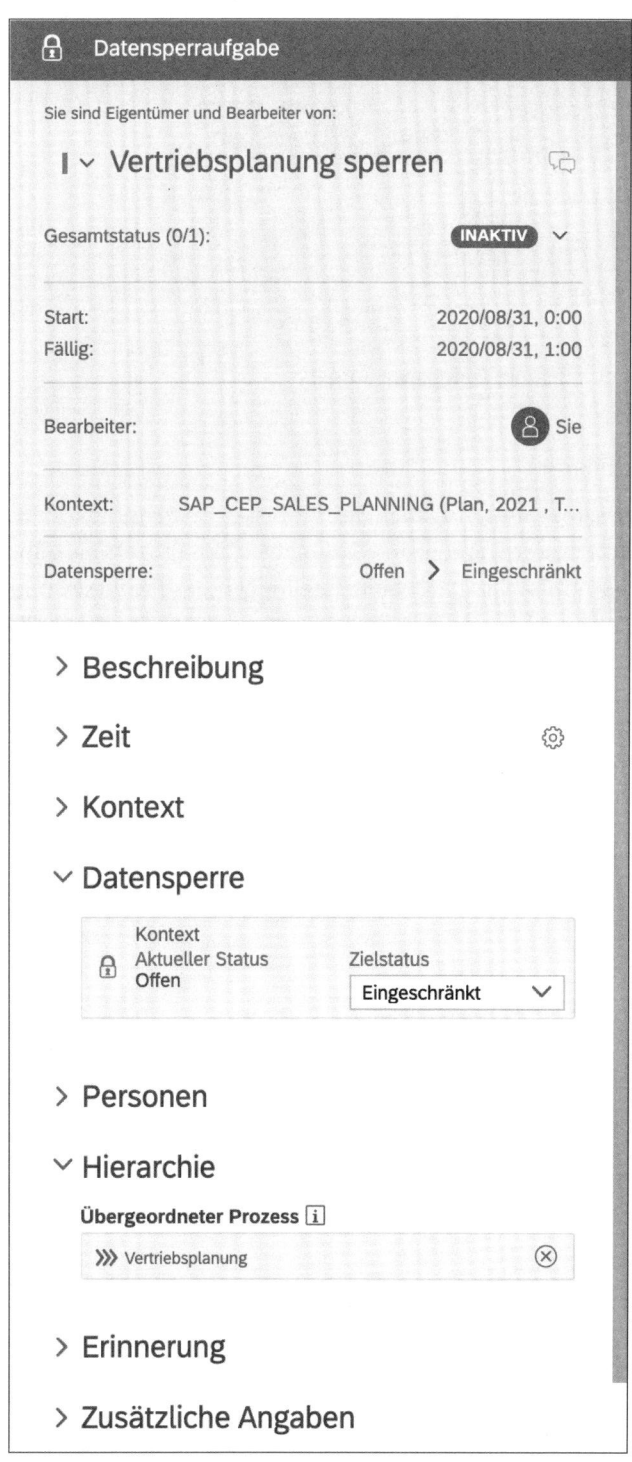

Abbildung 6.71 Vollständige Konfiguration der Datensperraktion

Abbildung 6.72 zeigt den Status der Datensperraufgabe nach erfolgreicher Ausführung.

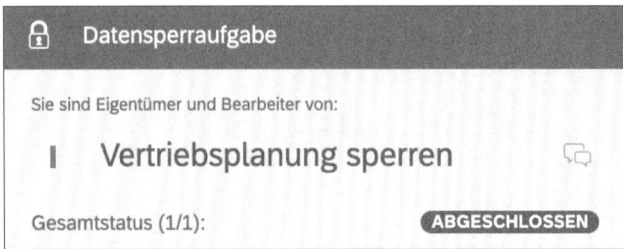

Abbildung 6.72 Abgeschlossene Datensperraufgabe

6.3.5   Prozess aktivieren

Sobald alle Unterprozesse und Aufgaben des Prozesses im Planungskalender erstellt und konfiguriert worden sind, können Sie den Prozess als Ganzes aktivieren. Dazu öffnen Sie die Detaildarstellungen des Prozesses und setzen den Gesamtstatus über ein Drop-down-Menü von **INAKTIV** auf **AKTIV** (siehe Abbildung 6.73).

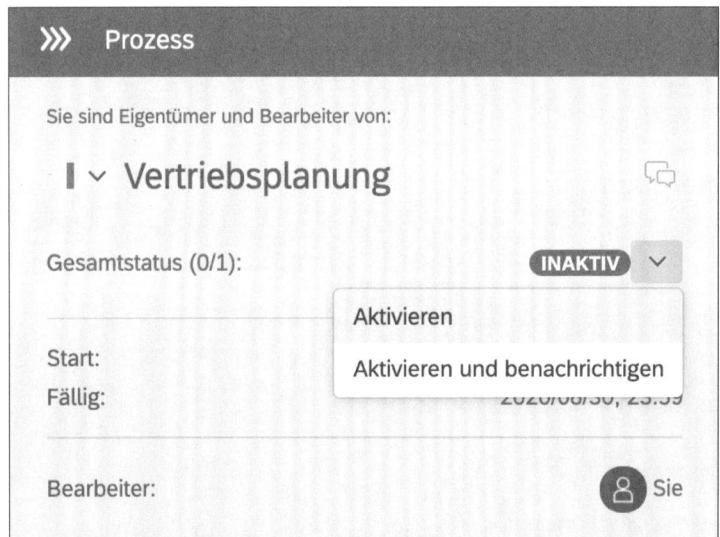

Abbildung 6.73 Prozess aktivieren

Durch den Aktivierungsschritt werden der Prozess und alle untergeordneten Ereignisse in die Kalender der beteiligten Benutzer kopiert und ebenfalls aktiviert (siehe Abbildung 6.74).

Aktivieren

Sie fügen den Prozess dem Kalender aller Beteiligten hinzu. Alle untergeordneten Ereignisse werden ebenfalls aktiviert. Möchten Sie fortfahren?

☐ Nicht wieder anzeigen

OK   Abbrechen

Abbildung 6.74 »Aktivieren« bestätigen

6.3.6 Zugewiesene Aufgaben bearbeiten

Wird der Prozess aktiviert, erhalten die zugewiesenen Benutzer eine E-Mail-Benachrichtigung darüber, dass ihnen eine Aufgabe zugewiesen wurde. Nach dem Anmelden am System sehen Sie die demnächst fälligen Aufgaben (siehe Abbildung 6.75). Ist diese Kachel nicht sichtbar, können Sie diese über **Startseite • Startseite bearbeiten** in der Titelleiste der Seite aktivieren.

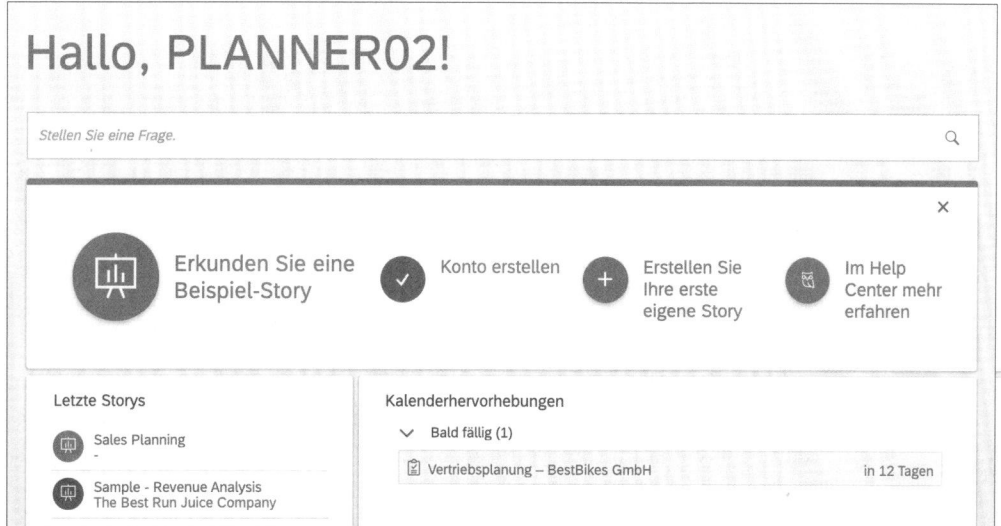

Abbildung 6.75 Startseite mit aktuellen aktiven Aufgaben

Durch Anklicken der Aufgabe im Fenster **Kalenderhervorhebungen** gelangen Sie in den Planungskalender. Abbildung 6.76 zeigt den Kalender für den angemeldeten Benutzer und dessen zugewiesene Aufgaben. In diesem Fall sieht der Benutzer die Aufgabe zur Vertriebsplanung für die Gesellschaft BestBikes GmbH. Im Detailfenster sind die Informationen zu der zu erledigenden Aufgabe wie die Abgabefrist sowie die verlinkten Dateien zu sehen.

Durch einen Klick auf die zugewiesene Arbeitsdatei SAP_CEP_SALES_PLAN-
NING gelangen Sie zur Story, die für die Plandatenerfassung verwendet wird
(siehe Abbildung 6.77).

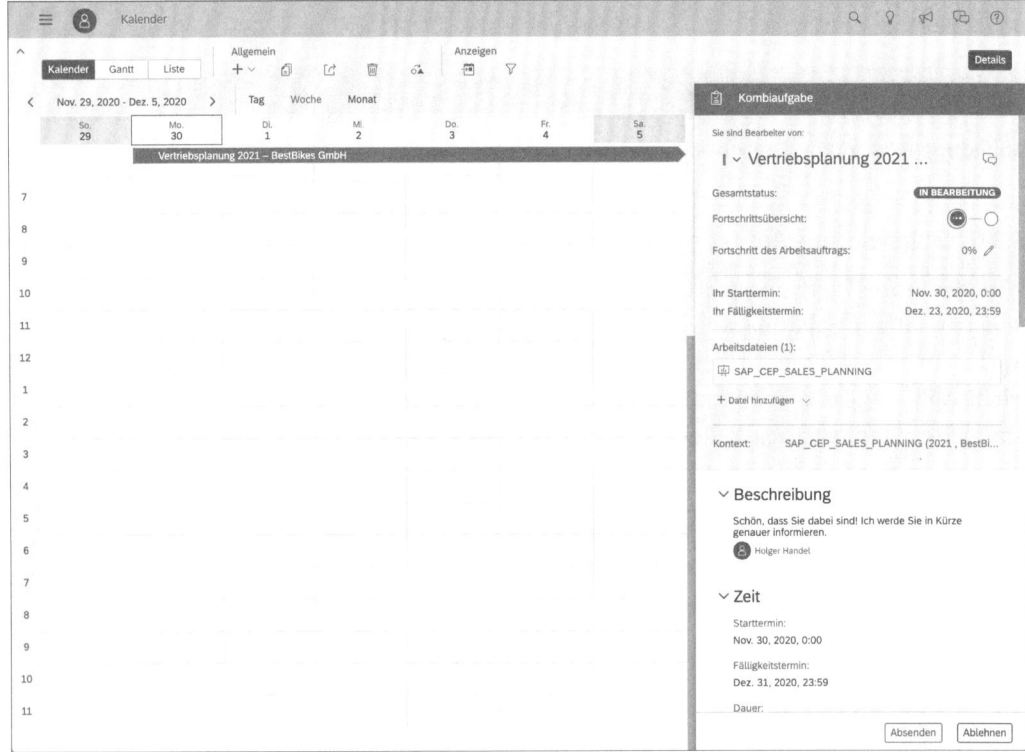

Abbildung 6.76 Planungskalender mit zugewiesener Aufgabe

In dieser Story können Sie, soweit vom Ersteller der Story vorgesehen, Filter
setzen und in der Tabelle entlang der Hierarchien für die einzelnen Dimensionen navigieren. Des Weiteren stehen natürlich alle Standard-Planungsfunktionen der Story, wie das Planungs-Panel und die Versionsverwaltung,
sowie die Funktionen aus dem Tabellenmenü zur Verfügung.

Sie können in der Tabelle die Werte ändern. Für den Fall, dass in der Story
Auslöser für Datenaktionen vorhanden sind, kann der Benutzer diese auch
ausführen.

Aufgabenstatus in der Story setzen Über dem Grafikbereich der Story ist eine kleine Konsole mit Informationen und Steuerelementen vorhanden. Diese Konsole ist noch einmal im De-
tail in Abbildung 6.78 dargestellt. Unter **Fälligkeitstermin** ist noch einmal
die Zeit bis zur Fälligkeit der Aufgabe dargestellt. Über die Schaltflächen **Absenden** und **Ablehnen** können Sie die Aufgabe ablehnen, falls Sie z. B. irr-
tümlicherweise dieser Aufgabe zugewiesen wurden.

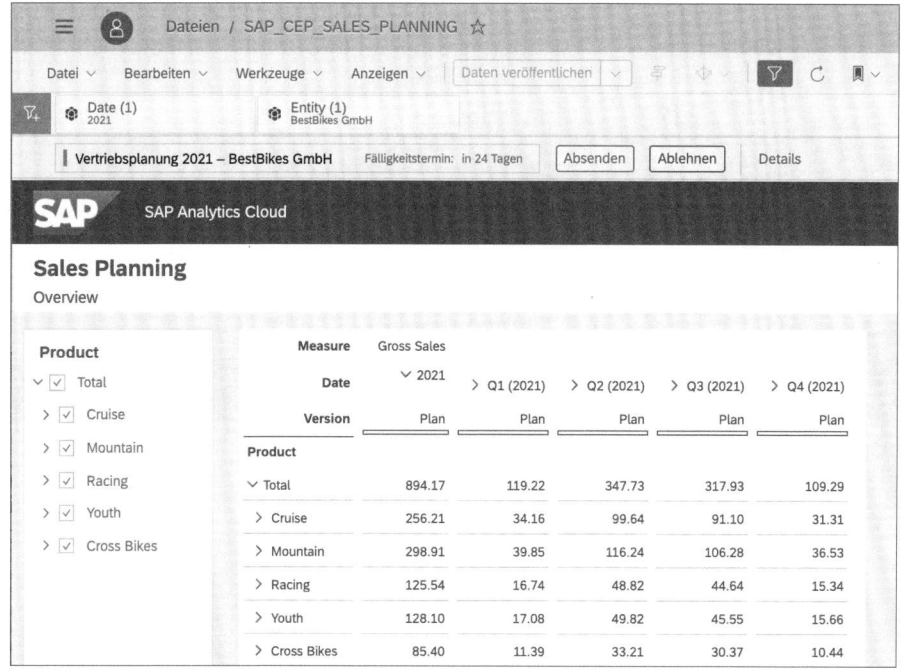

Abbildung 6.77 Zugewiesene Story für den Planungsprozess

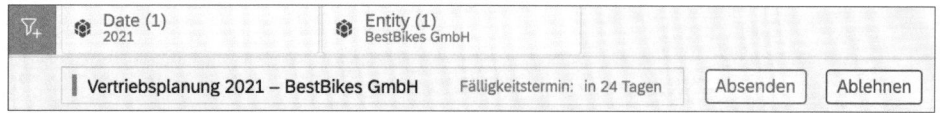

Abbildung 6.78 Statusinformationen der Planungsaufgabe

Andernfalls können Sie über einen Klick auf **Absenden** die Aufgabe nach er-
folgter Plandatenerfassung abschließen und an den Prüfer bzw. den Bearbeiter des übergeordneten Prozesses zurücksenden. Damit bestätigen Sie
also das erfolgreiche Bearbeiten der Aufgabe.

6.3.7   Aufgaben prüfen

Sobald der zugeordnete Benutzer eine Aufgabe über die Schaltfläche **Absenden** entweder in der Story oder über den Kalender beendet hat, kann der zugewiesene Prüfer mit dem Überprüfen der Eingaben beginnen. Der Prüfer
kann dazu ebenfalls in die Story navigieren, die der Aufgabe zugewiesen ist,
und die Eingaben des ursprünglichen Planers überprüfen (siehe Abbildung 6.79). Dementsprechend kann der Prüfer über die Schaltflächen **Annehmen** oder **Erneut senden** die Eingaben des Planers annehmen und damit
die Aufgabe quittieren oder aber die Aufgabe ablehnen und damit wieder

zurück an den zugeordneten Benutzer schicken. Im letzteren Fall würde dieser wieder eine Benachrichtigung erhalten und könnte die Eingaben überarbeiten.

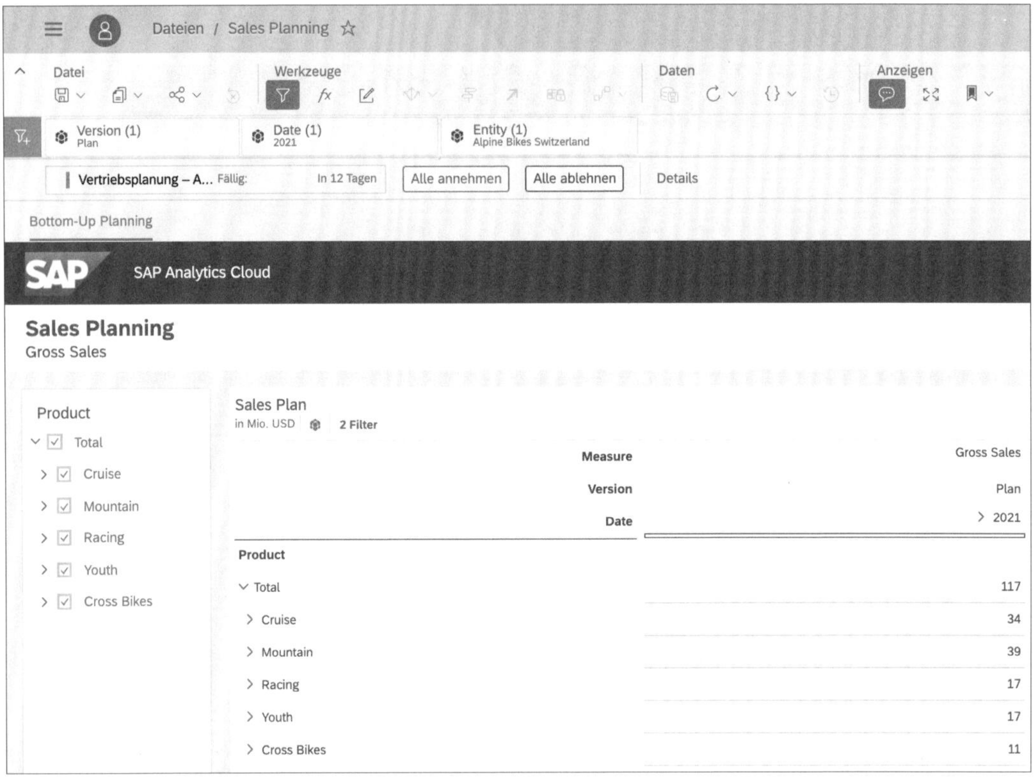

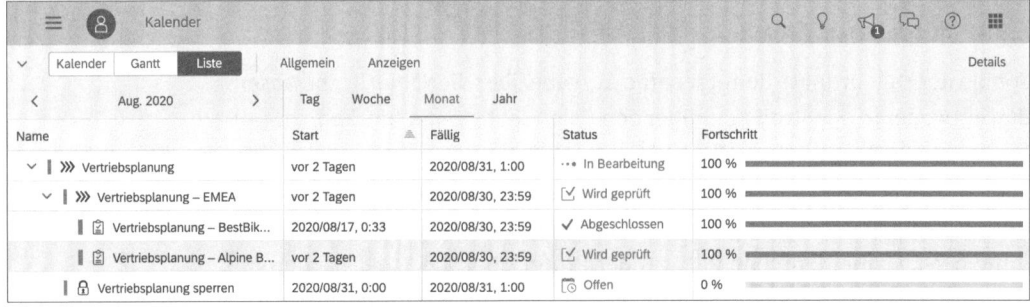

Die Abbildung oben ist in Abbildung 6.79 enthalten.

Abbildung 6.79 Story zum Prüfen der Aufgabe

Prozessfortschritt beobachten Während dieses Vorgangs kann der Prozessverantwortliche den aktuellen Status des Gesamtprozesses und der jeweiligen Aufgaben im Planungskalender verfolgen. Abbildung 6.80 zeigt den Prozess und die untergeordneten Aufgaben als Listendarstellung im Planungskalender.

Abbildung 6.80 Prozessübersicht in Listendarstellung

Zu jeder Aufgabe werden der aktuelle Status sowie die Fälligkeit und der Erfüllungsgrad angezeigt.

6.4 Kollaboration

Gerade beim Abarbeiten einer Aufgabe im Rahmen eines Planungsprozesses, wie im letzten Abschnitt dargestellt, gibt es für die am Prozess beteiligten Personen Abstimmungsbedarf. Diese Kommunikation ist ein wichtiger Teil des Prozesses; somit ist es sinnvoll die Kommunikation eng an den Kontext des Prozesses zu knüpfen und nicht auf externe Werkzeuge auszuweichen, damit der Bezug zum eigentlichen Planungsprozess nicht verloren geht.

Aus diesem Grund bietet SAP Analytics Cloud mit dem *Diskussionsfenster* eine Möglichkeit für die Planenden, sich miteinander auszutauschen und darüber hinaus diese Abstimmung an den Kontext eines bestimmten Planungsprozesses zu knüpfen. Das Diskussionsfenster steht dabei als generische Funktion zur Verfügung, über die mehrere Personen miteinander interagieren können.

Sie können das Diskussionsfenster zu jedem Zeitpunkt über einen Klick auf die Schaltfläche 🔲 (**Kollaboration**) in der Titelleiste der Anwendung öffnen (siehe Abbildung 6.81).

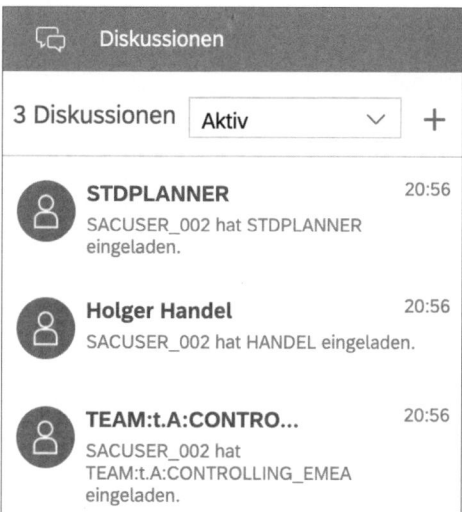

Abbildung 6.81 Aktive Diskussionen

Im Diskussionsfenster werden Ihre aktiven Diskussionen aufgelistet, also alle Diskussionen, an denen Sie beteiligt sind. Über das Drop-down-Menü können Sie zwischen den aktiven und archivierten Diskussionen wechseln. Eine neue Diskussion erstellen Sie über einen Klick auf die Schaltfläche ⊞ (**Neue Diskussion**). In der neuen Diskussion können Sie über **Teilnehmer einladen** andere Personen zur Diskussion einladen (siehe Abbildung 6.82).

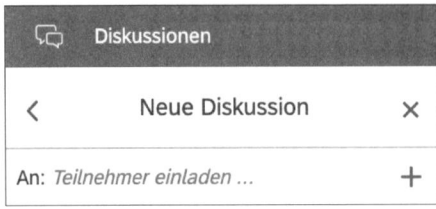

Abbildung 6.82 Neue Diskussion

Um eine existierende Diskussion zu öffnen, klicken Sie auf den entsprechenden Eintrag in der Liste. Danach erscheint die Diskussion mit den einzelnen Beiträgen der Beteiligten (siehe Abbildung 6.83).

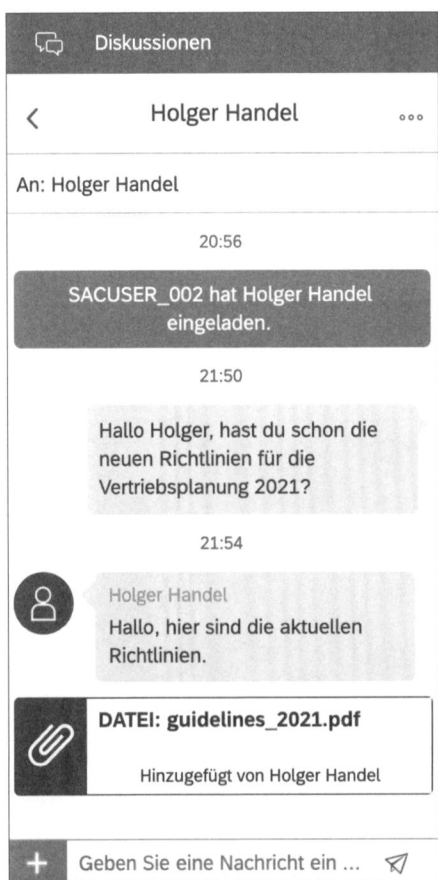

Abbildung 6.83 Diskussion zwischen Benutzern

Über einen Klick auf die Schaltfläche ➕ (**Neu**) können Sie Objekte, z. B. lokale Dateien, zur Diskussion hinzufügen. Im Beispiel wird ein PDF-Dokument zur Diskussion hinzugefügt. Wird die Diskussion aus einer Story heraus initiiert, können Sie auch die Story als Objekt zur Diskussion hinzufügen. Dies ermöglicht die gemeinschaftliche Arbeit an einem bestimmten Planungsszenario (siehe Abbildung 6.84).

Objekte zur Diskussion hinzufügen

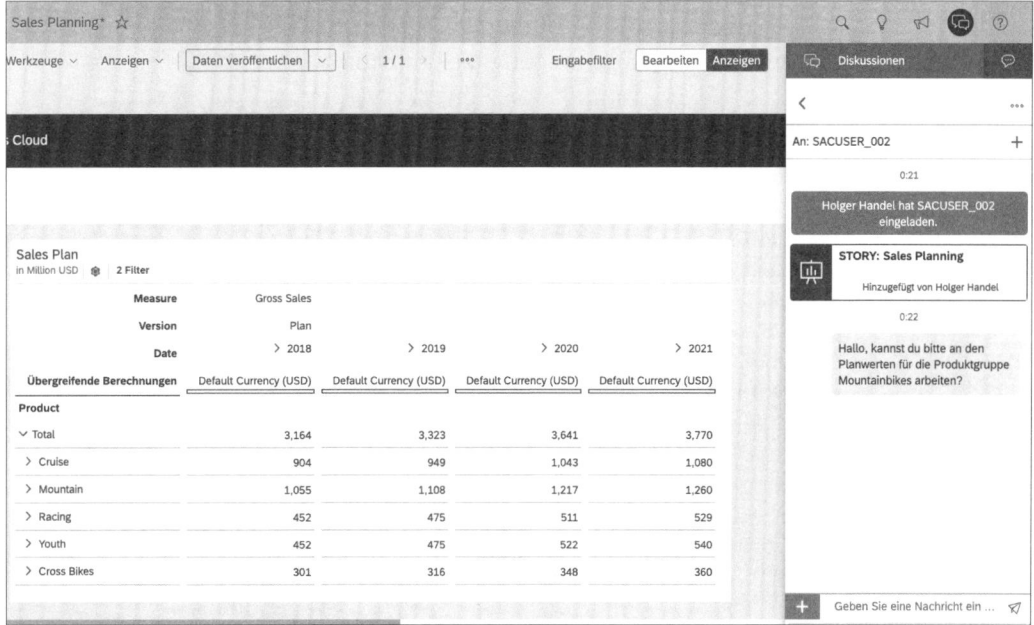

Abbildung 6.84 Diskussion für eine Story

6.5 Auditierfunktionen

Als technischer Verantwortlicher für das System oder auch als Prozessverantwortlicher kann es in manchen Situationen sinnvoll sein, die Aktionen der Benutzer im System zu protokollieren, um z. B. bei Problemen nachvollziehen zu können, was zum betreffenden Zeitpunkt im System vor sich gegangen ist. Zu diesem Zweck bietet SAP Analytics Cloud zwei verschiedene Systemprotokolle. Das erste Protokoll zeichnet die Aktionen der Benutzer im System auf, wie z. B. das Anmelden am System oder das Anstoßen eines Datenimports. Das zweite Protokoll erlaubt es, die Dateneingaben bzw. -änderungen während eines Planungsprozesses im zugrunde liegenden Modell nachzuvollziehen. Im Folgenden werden beide Protokolle im Detail dargestellt.

6.5.1   Aktivitätsprotokoll

Das Aktivitätsprotokoll protokolliert die Aktivitäten der Benutzer im System. Das Aktivitätsprotokoll ist immer aktiviert und protokolliert Aktivitäten wie das Anmelden eines Benutzers am System oder das Ausführen bestimmter Systemaktionen. Es werden dabei auch aufgrund fehlender Berechtigungen fehlgeschlagene Aktivitäten protokolliert.

Das Aktivitätsprotokoll öffnen Sie über den Pfad ☰ • **Sicherheit** • **Aktivitäten**. Abbildung 6.85 zeigt das Aktivitätsprotokoll.

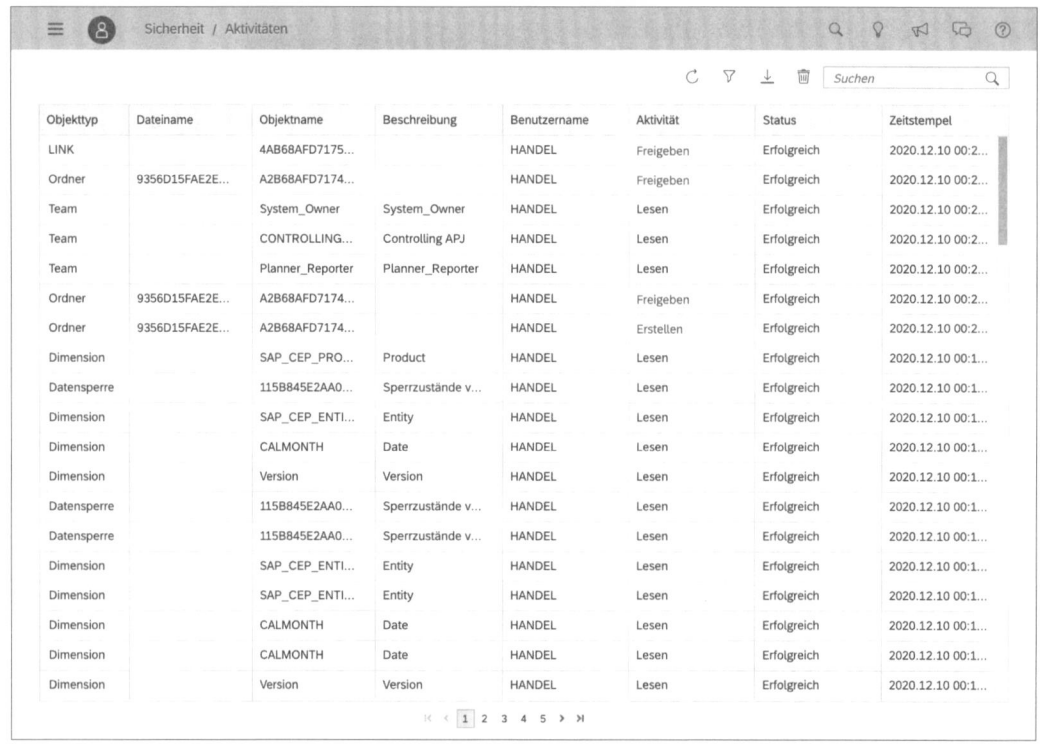

Abbildung 6.85 Aktivitätsprotokoll

Über die Werkzeugleiste können Sie das Protokoll filtern ▽ (**Filter**), als CSV-Datei herunterladen ⬇ (**Download-Optionen**) oder auch löschen 🗑 (**Löschen**). Abbildung 6.86 zeigt die Definition eines Filters für das Aktivitätsprotokoll. Im linken Bereich des Filterdialogs können Sie die Kategorien auswählen, nach denen Sie filtern möchten. So können Sie beispielsweise nach einer bestimmten Art von Aktivität oder nach Benutzern oder Zeitraum filtern. Auf der rechten Seite legen sie dann für die ausgewählten Kategorien die konkreten Filterwerte fest. In Abbildung 6.85 sind beispielsweise die verschiedenen Aktivitäten aufgeführt, die im Protokoll erfasst werden und nach denen Sie filtern können. Abbildung 6.87 zeigt das gefilterte Aktivitätsprotokoll.

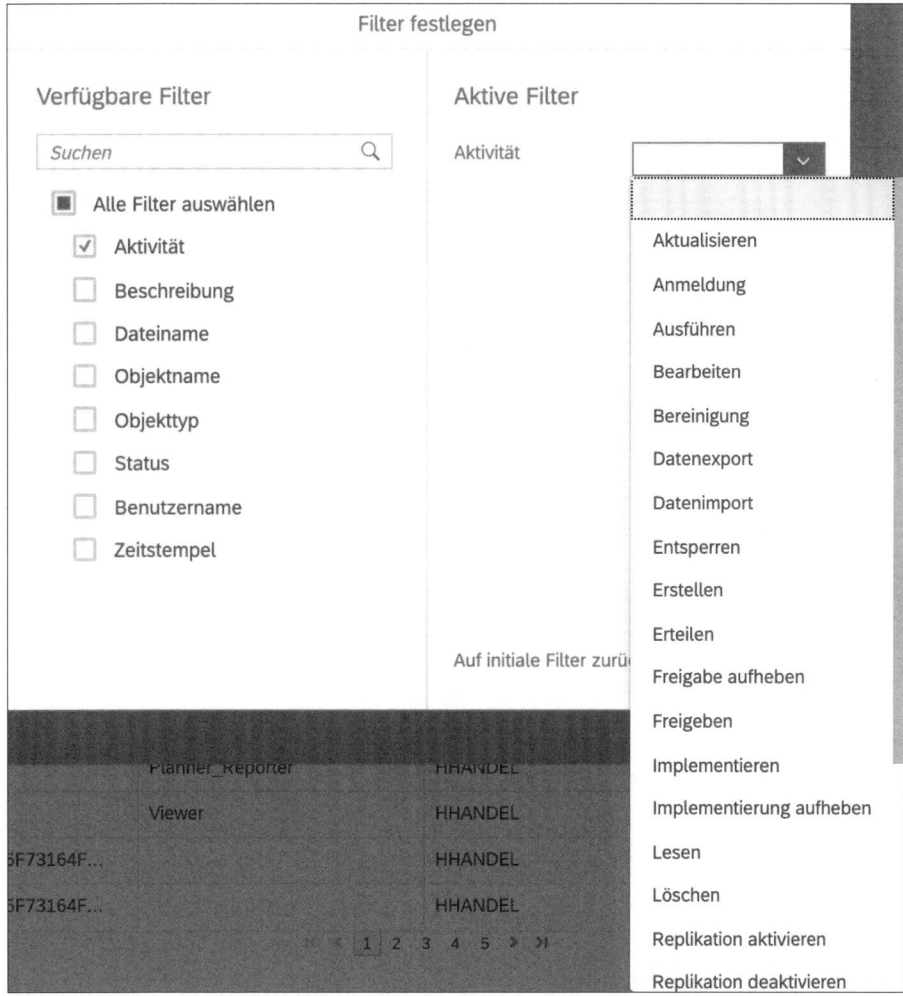

Abbildung 6.86 Filter für das Aktivitätsprotokoll

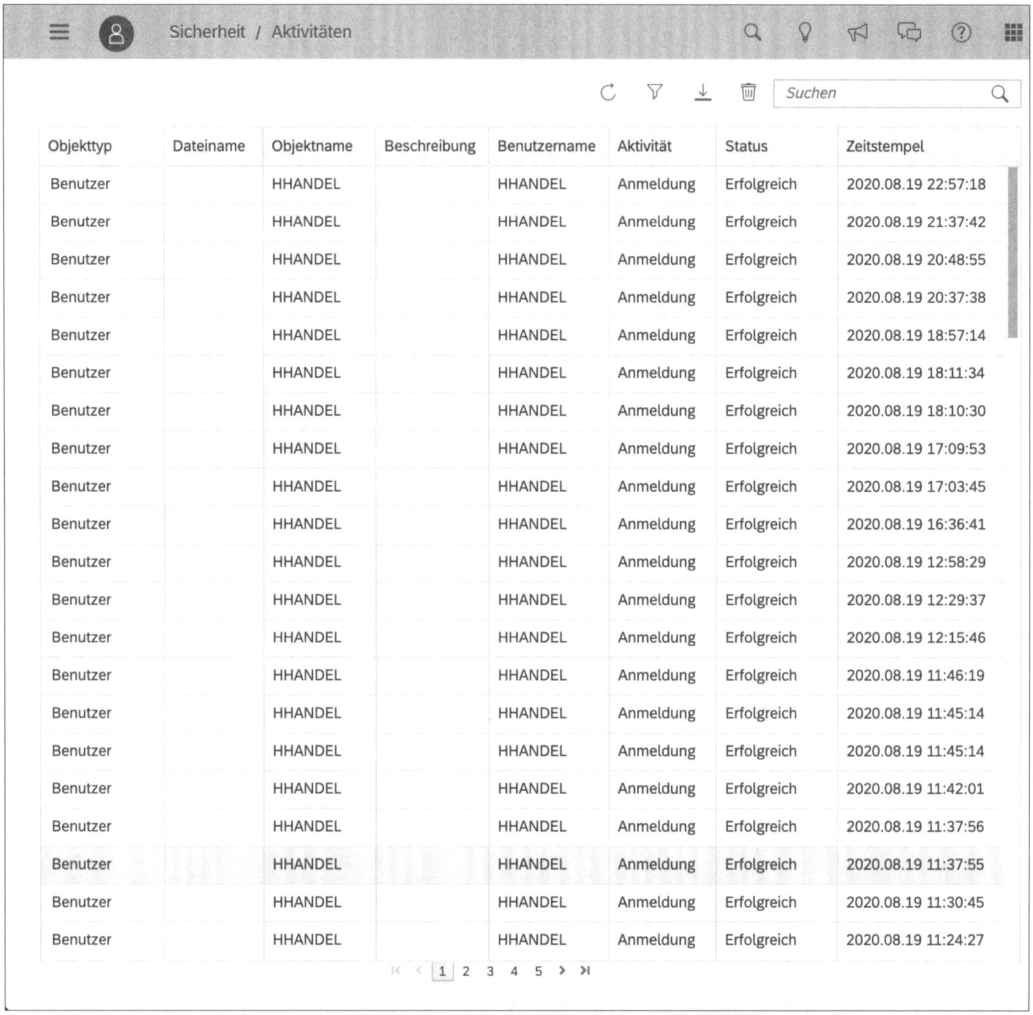

Objekttyp	Dateiname	Objektname	Beschreibung	Benutzername	Aktivität	Status	Zeitstempel
Benutzer		HHANDEL		HHANDEL	Anmeldung	Erfolgreich	2020.08.19 22:57:18
Benutzer		HHANDEL		HHANDEL	Anmeldung	Erfolgreich	2020.08.19 21:37:42
Benutzer		HHANDEL		HHANDEL	Anmeldung	Erfolgreich	2020.08.19 20:48:55
Benutzer		HHANDEL		HHANDEL	Anmeldung	Erfolgreich	2020.08.19 20:37:38
Benutzer		HHANDEL		HHANDEL	Anmeldung	Erfolgreich	2020.08.19 18:57:14
Benutzer		HHANDEL		HHANDEL	Anmeldung	Erfolgreich	2020.08.19 18:11:34
Benutzer		HHANDEL		HHANDEL	Anmeldung	Erfolgreich	2020.08.19 18:10:30
Benutzer		HHANDEL		HHANDEL	Anmeldung	Erfolgreich	2020.08.19 17:09:53
Benutzer		HHANDEL		HHANDEL	Anmeldung	Erfolgreich	2020.08.19 17:03:45
Benutzer		HHANDEL		HHANDEL	Anmeldung	Erfolgreich	2020.08.19 16:36:41
Benutzer		HHANDEL		HHANDEL	Anmeldung	Erfolgreich	2020.08.19 12:58:29
Benutzer		HHANDEL		HHANDEL	Anmeldung	Erfolgreich	2020.08.19 12:29:37
Benutzer		HHANDEL		HHANDEL	Anmeldung	Erfolgreich	2020.08.19 12:15:46
Benutzer		HHANDEL		HHANDEL	Anmeldung	Erfolgreich	2020.08.19 11:46:19
Benutzer		HHANDEL		HHANDEL	Anmeldung	Erfolgreich	2020.08.19 11:45:14
Benutzer		HHANDEL		HHANDEL	Anmeldung	Erfolgreich	2020.08.19 11:45:14
Benutzer		HHANDEL		HHANDEL	Anmeldung	Erfolgreich	2020.08.19 11:42:01
Benutzer		HHANDEL		HHANDEL	Anmeldung	Erfolgreich	2020.08.19 11:37:56
Benutzer		HHANDEL		HHANDEL	Anmeldung	Erfolgreich	2020.08.19 11:37:55
Benutzer		HHANDEL		HHANDEL	Anmeldung	Erfolgreich	2020.08.19 11:30:45
Benutzer		HHANDEL		HHANDEL	Anmeldung	Erfolgreich	2020.08.19 11:24:27

I< < 1 2 3 4 5 > >I

Abbildung 6.87 Gefiltertes Aktivitätsprotokoll

6.5.2   Datenänderungsprotokoll

Das Datenänderungsprotokoll erfasst alle Änderungen der Bewegungsdaten in den öffentlichen Versionen eines Modells. Da durch das Datenänderungsprotokoll eventuell sehr große Datenmengen erzeugt werden, ist es
standardmäßig nicht aktiviert. Sie müssen es für jedes Modell, für das Sie
Änderungen an den Daten nachverfolgen möchten, explizit in der Modellierungsumgebung für das Modell aktivieren. Dies erfolgt über die allgemeinen Modelleinstellungen, die Sie über die Schaltfläche 🖋 (**Modelleinstellungen**) der Werkzeugleiste öffnen.

Auf der Registerkarte **Zugriff und Schutz** können Sie im Bereich **Sicherheit** die Option **Datenaudit** aktivieren, um die Protokollierung der Datenänderungen für das Modell anzuschalten (siehe Abbildung 6.88).

Datenänderungsprotokoll aktivieren

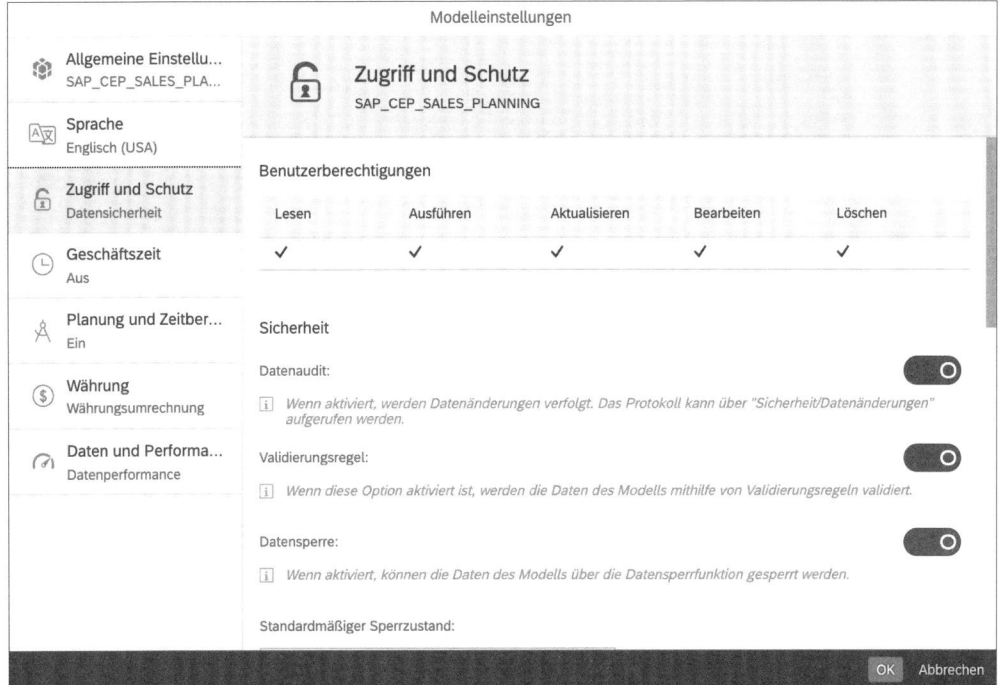

Abbildung 6.88 Datenaudit aktivieren

Sobald das Datenaudit aktiviert ist, protokolliert das System alle Datenänderungen innerhalb der öffentlichen Versionen des Datenmodells.

Das Datenänderungsprotokoll öffnen Sie im Hauptmenü über den Pfad ☰ • **Sicherheit** • **Datenänderungen**. Abbildung 6.89 zeigt das Fenster des Datenänderungsprotokolls. Über **Modell auswählen** können Sie das für die Datenänderungen relevante Modell auswählen.

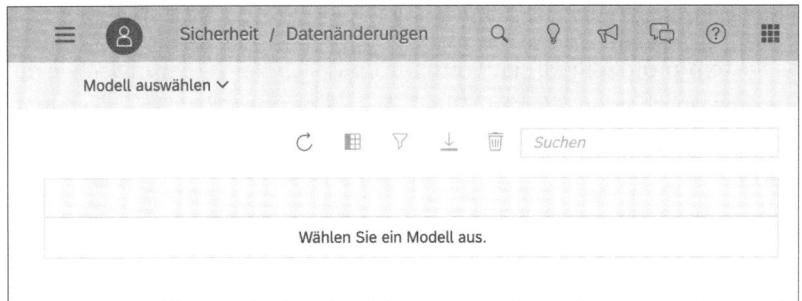

Abbildung 6.89 Datenänderungsprotokoll auswählen

Wenn Sie das gewünschte Modell ausgewählt haben, werden die Datenänderungen angezeigt (siehe Abbildung 6.90).

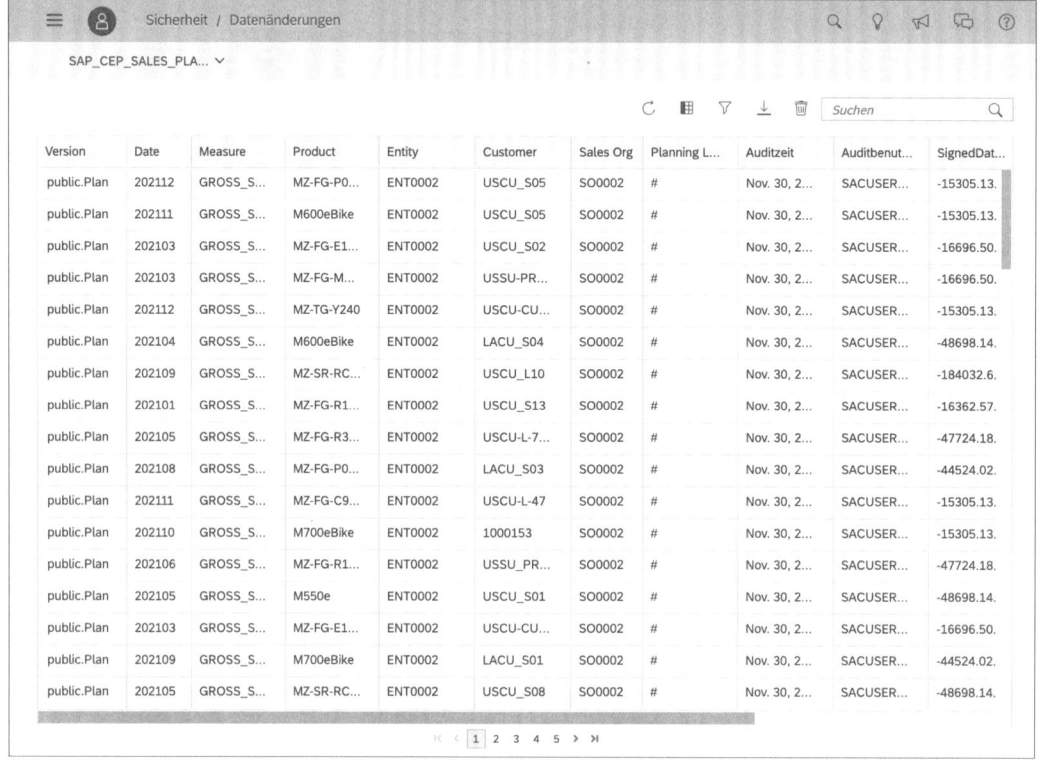

Abbildung 6.90 Datenänderungen

Die dargestellten Spalten entsprechen zum einen den Dimensionen des Modells. Daneben werden folgende technische Daten protokolliert und dargestellt:

- **Auditzeit**: Zeitpunkt, zu dem der Datenpunkt geändert wurde.
- **Auditbenutzer**: Benutzer, der die Änderung bewirkt hat.
- **Auditaktion**: Art der Datenänderung.

Das System protokolliert den Wert vor und nach der Änderung sowie die Differenz aus beiden Werten. Über einen Klick auf die Schaltfläche ⊥ (**Download-Optionen**) können Sie das Protokoll als CSV-Datei herunterladen.

6.6   Zusammenfassung

Dieses Kapitel hat die Funktionen von SAP Analytics behandelt, die notwendig sind, um einen Planungsprozess, an dem potenziell sehr viele Personen beteiligt sind, zu orchestrieren und zu steuern.

Eine zentrale Rolle spielt dabei die Möglichkeit, Berechtigungen der einzelnen Benutzergruppen festzulegen, um zu definieren, welche Aktivitäten ein Benutzer im System durchführen kann und welche Daten sichtbar sind. Das Berechtigungskonzept von SAP Analytics Cloud basiert auf drei verschiedenen Komponenten. Zum einen können Berechtigungen über Benutzerrollen definiert werden. Darüber hinaus können Datenzugriffsberechtigungen noch über Datenzugriffsattribute innerhalb der Dimensionen eines Modells festgelegt werden. Des Weiteren haben Sie über die Verzeichnisstruktur noch die Möglichkeit, Zugriffe auf einzelne Objekte über eine Ordnerstruktur festzulegen.

Neben dem Berechtigungskonzept stellt der Planungskalender die zentrale Umgebung zur Orchestrierung eines Prozesses dar. Im Planungskalender werden die einzelnen Aufgaben festgelegt und den zuständigen Benutzern zugewiesen. Der Planungskalender bietet ebenfalls die Möglichkeit, den Fortschritt des Prozesses sichtbar zu machen.

Zu guter Letzt wurden mit dem eingebauten Diskussionsfenster und den verschiedenen Systemprotokollen weitere Komponenten vorgestellt, die in jedem Planungsprozess zum Einsatz kommen.

Kapitel 7
Kundenindividuelle Planungsanwendungen

Die Story ist das zentrale Objekt, um die Benutzeroberfläche für den Planungsprozess bereitzustellen. Planwerte werden dabei meistens über das Story-Widget der Tabelle erfasst und geändert. Benötigen Sie nun aber für Ihre Planungsanwendungen eine individualisierte Oberfläche, stellt SAP Analytics Cloud auch hierzu Möglichkeiten bereit, die Sie in diesem Kapitel kennenlernen.

Die Story in SAP Analytics Cloud ist ein mächtiges Werkzeug zur schnellen und einfachen Erstellung von Benutzeroberflächen sowohl für Analyse- als auch Planungszwecke (siehe Kapitel 3, »Planungsintegration in die Story«).

In manchen Fällen kann es allerdings vorkommen, dass die Standardfunktionen der Story nicht ausreichend sind, um die für den Anwendungsfall bestmögliche Benutzeroberfläche zur Verfügung zu stellen. So kann es z. B. vorteilhafter sein, Daten nicht über eine Tabelle, sondern über eine Oberfläche zu erfassen, die eher einem klassischen Formular ähnelt.

Dies kann z. B. im Rahmen einer Personalplanung der Fall sein, wenn neue Positionen angelegt werden sollen. In diesem Fall müssen z. B. Attribute wie Gehaltsstufe oder Eintrittsdatum erfasst werden. Hier können spezielle Elemente wie Auswahlboxen oder eine Datumsauswahl nützlich sein.

Wünschen Sie sich eine individuell geführte Navigation, können Sie über einen maßgeschneiderten Dialog, der über die Nutzung von Links in der Story hinausgeht, durch die einzelnen Schritte des Prozesses geführt werden. Sollen bestimmte Navigationsschritte abhängig von den Benutzereingaben angeboten werden, kommt man mit der Story an eine natürliche Grenze.

Solche Anwendungsfälle können Sie in SAP Analytics Cloud mit dem *Analytics Designer* umsetzen, mit dem Sie individuelle Benutzeroberflächen in Form sogenannter *Analytic Applications* erstellen können. Eine Analytic Application ist eine Webanwendung, die über den Analytic Designer entwickelt und zur Laufzeit innerhalb von SAP Analytics Cloud ausgeführt wird. Abschnitt 7.1, »Analytics Designer«, behandelt die Grundlagen des Analytics

Designer und der Analytic Application. Anhand eines Beispiels wird eine Benutzeroberfläche für die Erfassung geplanter Projekte entwickelt. Das Beispiel greift dabei auf den Anwendungsfall zurück, der bereits in Kapitel 4, »Fortgeschrittene Planungsfunktionen«, vorgestellt wurde.

Der Analytics Designer stellt dabei eine Entwicklungsumgebung zur Verfügung, in der Sie mithilfe von JavaScript und der Steuerelement-Bibliothek individuelle Anwendungen erstellen können. Abschnitt 7.2, »Benutzerdefinierte Widgets«, beschreibt die Wirkungsweise benutzerdefinierter Widgets und die dazu verwendeten Technologien.

Neben dem Analytics Designer und den damit entwickelten Analytic Applications steht mit dem SAP Analytics Cloud Add-in für Microsoft Office 365 ein Add-in für Microsoft Excel 365 zur Verfügung. Dieses Add-in und die Möglichkeiten der Integration in Microsoft Excel 365, individuelle Arbeitsmappen für die Planung zu erstellen, werden in Abschnitt 7.3, »SAP Analytics Cloud, Add-in für Microsoft Office«, betrachtet.

7.1   Analytics Designer

Self-Service-Oberfächen mithilfe der Story erstellen

In Kapitel 3, »Planungsintegration in die Story«, wurde die Story als wesentliche Komponente von SAP Analytics Cloud vorgestellt, über die Sie Benutzeroberflächen für Planungsanwendungen erstellen können. Das Konzept von Self-Service Business Intelligence besteht darin, dass auch Personen ohne tiefgehende IT-Kenntnisse grafische Dashboards und Berichte selbst erstellen können. Dazu stellt die Story eine umfangreiche Bibliothek an Standardkomponenten zur Verfügung, die Sie per Drag & Drop auf einer Oberfläche anordnen und über einfache und selbsterklärende Konfigurationsdialoge anpassen können. In den meisten Fällen sind die Standardfunktionen der Story ausreichend, um die Anforderungen des Fachbereichs hinsichtlich einer Benutzeroberfläche für den Planungsprozess abzudecken.

Analytic Application zur Umsetzung individueller Anforderungen

Es gibt Fälle, in denen über diese Möglichkeiten hinausgehende, wirklich spezifische Anforderungen umgesetzt werden müssen. Für solche Fälle stellt SAP Analytics Cloud die Analytic Application zur Verfügung, um Benutzeroberflächen bzw. Applikationen zu erstellen. Der Analytics Designer ist eine integrierte Entwicklungsumgebung innerhalb von SAP Analytics Cloud, in der Sie Analytic Applications erstellen können.

Im Analytics Designer stehen zum einen die meisten Standardkomponenten aus der Story wie das Tabellenelement und die Diagrammelemente zur Verfügung, die innerhalb eines Grafikbereichs positioniert und konfiguriert werden können. Der Unterschied der Analytic Application im Vergleich zur Story besteht nun allerdings darin, dass die Eigenschaften der Elemente über eine JavaScript-API (Application Programming Interface) gesetzt werden können und dass Sie über definierte Ereignisbehandlungsroutinen (*Event Handler*) gezielt auf Benutzerinteraktionen mit eigener Programmlogik reagieren können. Darüber können Sie in der Analytic Application weitere Benutzerelemente nutzen, z. B. Schaltflächen und Drop-down-Felder, die die Möglichkeiten zur Benutzerinteraktion erweitern. Auf diese Weise können Sie individuelle Navigationspfade implementieren, die an den jeweiligen Prozess angepasst sind.

Programmierschnittstellen in der Analytic Application

Der wesentliche Unterschied zwischen Story und Analytic Application besteht darin, dass innerhalb der Analytic Application Programmierschnittstellen zur Verfügung stehen, über die die Komponenten der Applikation beeinflusst werden können. So gibt es z. B. Programmierschnittstellen, über die die Eigenschaften der Komponenten zur Laufzeit eingestellt werden können. Über andere können Sie gezielt auf bestimmte Benutzerinteraktionen wie den Klick auf eine Schaltfläche oder andere Ereignisse reagieren. Dadurch ist es möglich, sehr spezifische Oberflächen und Interaktionsmuster umzusetzen, die für den jeweiligen Anwendungsfall erforderlich sind.

Die Programmierschnittstellen werden innerhalb des Analytics Designer über eine Teilmenge von JavaScript zur Verfügung gestellt.

7.1.1   Eine Analytic Application erstellen und nutzen

In diesem Abschnitt werden die grundlegenden Konzepte des Analytics Designer vorgestellt.

Eine neue Analytic Application können Sie im Hauptmenü über den Pfad ☰ • **Erstellen** • **Analytic Application** erstellen. Alternativ können Sie im Dateiverzeichnis auf die Schaltfläche (**Erstellen**) in der Werkzeugleiste klicken und den Unterpunkt **Analytic Application** auswählen. In beiden Fällen erzeugen Sie eine neue Applikation, und die Umgebung des Analytics Designer wird geöffnet. Abbildung 7.1 zeigt eine neue Analytic Application im Analytics Designer.

Eine neue Analytic Application erstellen

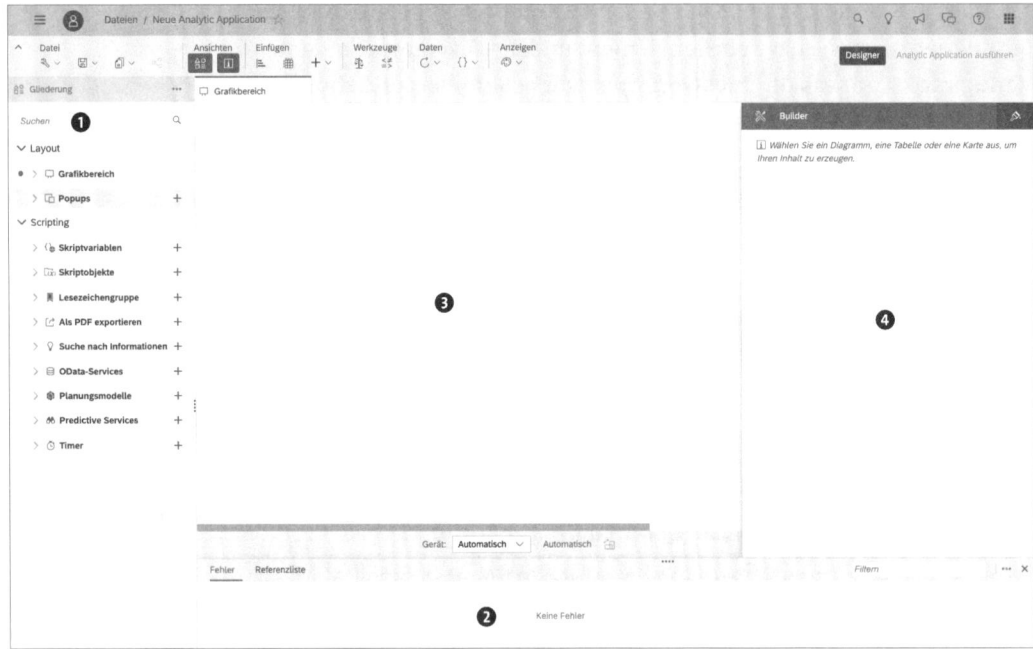

Abbildung 7.1 Neue Analytic Application

Aufbau des Analytics Designer

Der Analytics Designer untergliedert sich in die folgenden Bereiche:

❶ **Gliederung**: Der Gliederungsbereich enthält die Objekte, die Teil der Analytic Application sind.

❷ **Informationsbereich**
Der Informationsbereich enthält Informationen über aufgetretene Fehler bzw. die in der Applikation enthaltenen Referenzen.

❸ **Arbeitsbereich**
Der Arbeitsbereich ist in zwei weitere Bereiche unterteilt:

– Im Grafikbereich werden die Steuerelemente der Applikation positioniert.

– Im Editor geben Sie das Applikationsskript ein.

❹ **Designer**
Das Designer-Fenster kann bei Bedarf ein- und ausgeblendet werden. Das Designer-Fenster erlaubt es, die Eigenschaften der Steuerelemente der Applikation einzustellen.

Elemente zum Grafikbereich hinzufügen

Nach dem Erzeugen einer neuen Applikation ist der Grafikbereich zunächst leer. Im Grafikbereich können Sie die Elemente der Applikation wie Tabellen und Diagramme, die auch in der Story zur Verfügung stehen, hinzufügen und anordnen. Dazu zählen auch Steuerelemente wie Schaltflächen und Auswahllisten.

Diagramme und Tabellen können Sie über die Werkzeugleiste über die Schaltflächen ▣ (**Diagramm**) und ▦ (**Tabelle**) zum Grafikbereich hinzufügen. Abbildung 7.2 zeigt den Grafikbereich mit einem Tabellenelement. Das Widget kann innerhalb des Grafikbereichs frei positioniert werden. Über das Builder-Panel können Sie die Einstellungen der Tabelle anpassen.

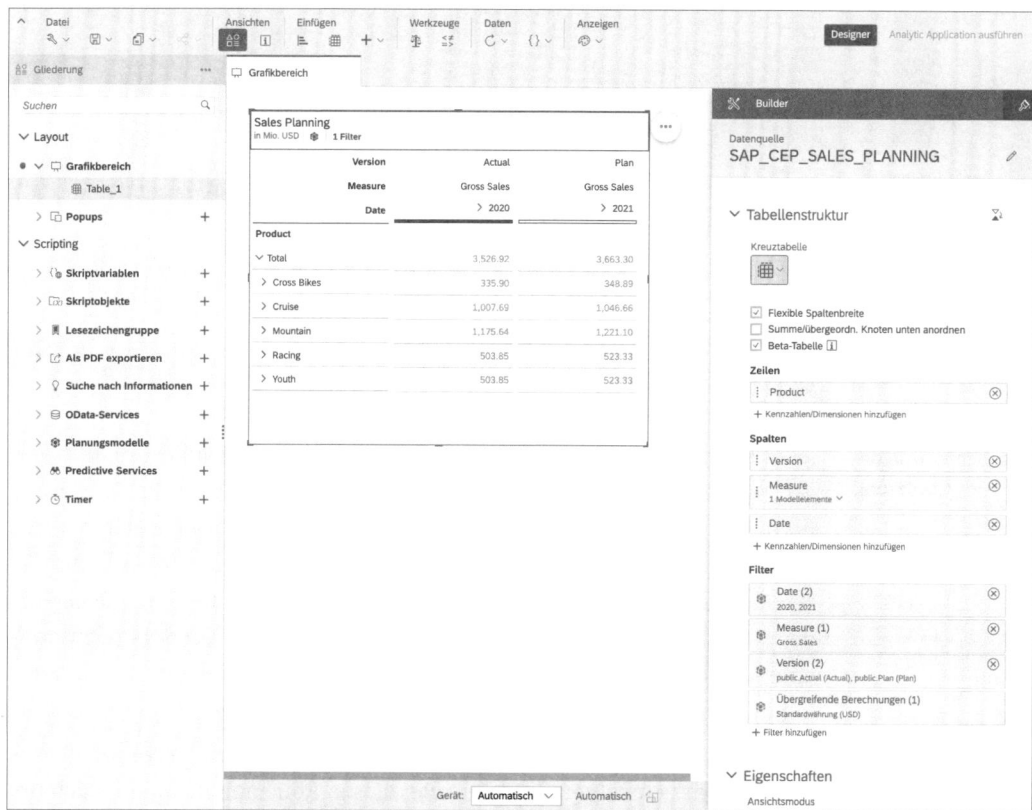

Abbildung 7.2 Neue Tabelle hinzufügen

Hierüber können Sie z. B. festlegen, welche Dimensionen in den Zeilen und Spalten der Tabelle dargestellt werden. Darüber hinaus können Sie Filtereinstellungen sowie Einstellungen zur Darstellung vornehmen. Sie können das Widget im Wesentlichen analog zum Vorgehen in der Story konfigurieren. Abbildung 7.3 zeigt ein Beispiel für eine Analytic Application, die mehrere Standard-UI-Komponenten enthält, um ein Vertriebs-Dashboard bereitzustellen.

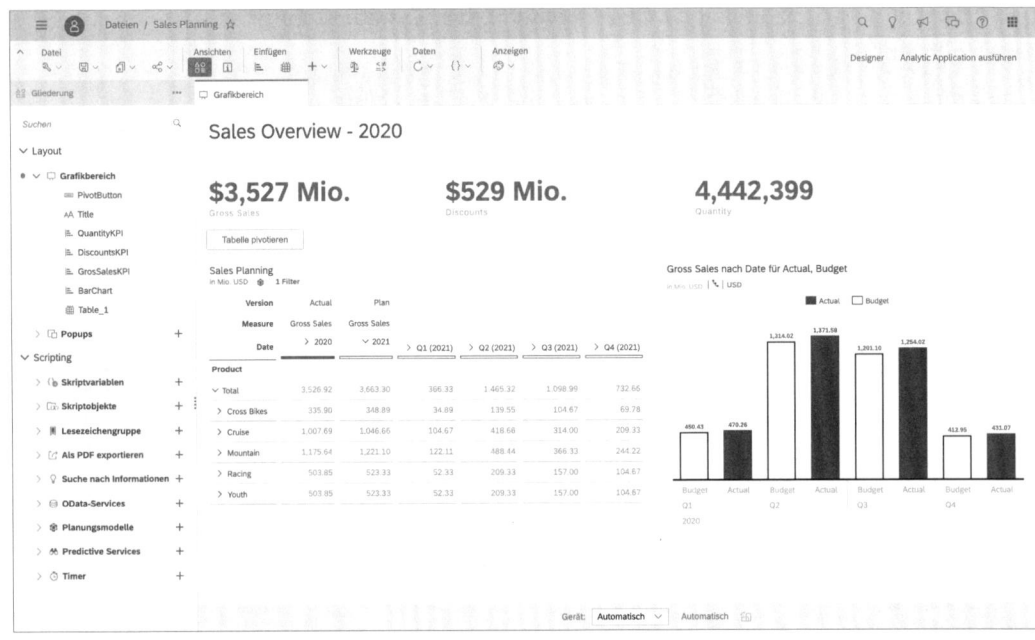

Abbildung 7.3 Applikation mit mehreren Widgets

Die Elemente in der Gliederung
Jedes Element, das Sie zum Grafikbereich der Analytic Application hinzufügen, wird in der Gliederung aufgeführt. Abbildung 7.4 zeigt die Gliederung für das Beispiel des Vertriebs-Dashboards. Das Dashboard enthält vier Diagramme, eine Tabelle und ein Textfeld für den Titel des Dashboards. Bei diesen Elementen handelt es sich um die Standardkomponenten, die auch in der Story zur Verfügung stehen. Daneben enthält der Grafikbereich noch eine Schaltfläche, über die der Benutzer die Achsen der Tabelle, d. h. die Spalten und Zeilen vertauschen kann.

Ereignisbehandlungsroutinen
Über die Gliederung haben Sie nun Zugriff auf die *Routinen zur Ereignisbehandlung* der einzelnen Elemente. Bei diesen Routinen handelt es sich um Methoden, die vom System ausgeführt werden, sobald ein bestimmtes Ereignis auftritt. Bei Ereignissen handelt es sich häufig um Benutzerinteraktionen, wie z. B. das Anklicken eines Elements. Es kann sich auch um Ereignisse handeln, die durch das System selbst ausgelöst werden, wie z. B. das Vorliegen der Ergebnismenge einer Datenabfrage.

Die Ereignisbehandlungsroutinen der einzelnen Elemente erreichen Sie, indem Sie den Mauszeiger über die einzelnen Elemente bewegen und die Schaltfläche *fx* (**Skripte bearbeiten**) anklicken.

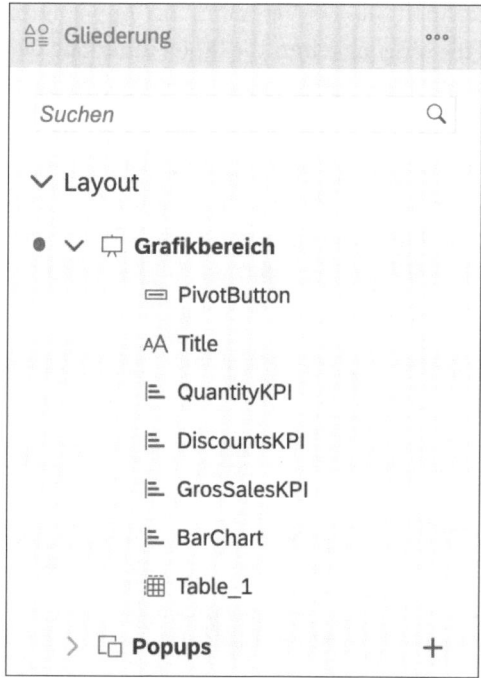

Abbildung 7.4 Elemente des Grafikbereichs

Abbildung 7.5 zeigt die Ereignisbehandlungsroutinen für das Schaltflächen-element. Es stehen zwei Routinen zur Verfügung:

Ereignisbehandlung für Schaltflächen

- **onClick**
  Wird aufgerufen, wenn auf die Schaltfläche geklickt wird.
- **onLongPress**
  Wird aufgerufen, wenn die Schaltfläche gedrückt und gehalten wird.
- Über die Ereignisbehandlungsroutinen können Sie über individuelle Skriptlogik auf das jeweilige Ereignis reagieren. Dabei steht Ihnen als Skriptsprache eine Teilmenge von JavaScript zur Verfügung. Über die Skriptsprache können Sie auch auf die Attribute und Methoden der Elemente im Grafikbereich zugreifen und diese verändern.

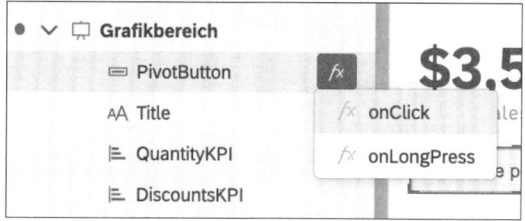

Abbildung 7.5 Routinen zur Ereignisbehandlung der Schaltfläche

- Über diesen Mechanismus können Sie das Verhalten der Applikation sehr genau steuern und über die Möglichkeiten, die Ihnen innerhalb der Story als Standardverhalten zur Verfügung gestellt werden, hinausgehen.

- Nach der Auswahl einer Ereignisbehandlungsroutine im Gliederungsfenster öffnen Sie den Skripteditor für die jeweilige Routine. Abbildung 7.6 zeigt die Ereignisbehandlungsroutine für die Schaltfläche zum Transponieren der Tabelle. Diese Routine wird immer dann ausgeführt, wenn eine Anwenderin oder ein Anwender auf die Schaltfläche klickt.

```
⟐ Grafikbereich              PivotButton - onClick  ✕


      PivotButton – onClick
      Wird aufgerufen, wenn der Benutzer auf die Schaltfläche klickt.


      function onClick() : void

 1
 2  var dimensionsOnColumns = Table_1.getDimensionsOnColumns();
 3  var dimensionsOnRows = Table_1.getDimensionsOnRows();
 4
 5  for(var i=0;i<dimensionsOnColumns.length;i++) {
 6      Table_1.addDimensionToRows(dimensionsOnColumns[i]);
 7  }
 8
 9  for(var j=0;j<dimensionsOnRows.length;j++) {
10      Table_1.addDimensionToColumns(dimensionsOnRows[j]);
11  }
12
```

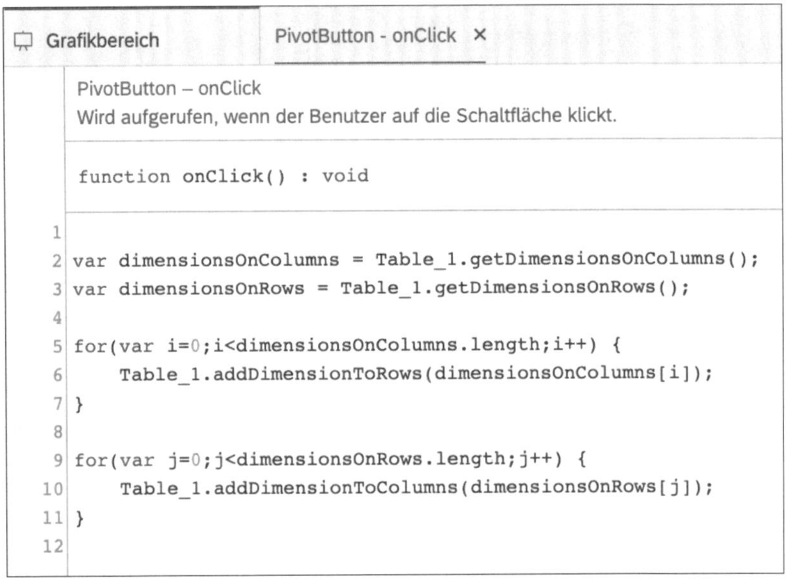

Abbildung 7.6 Ereignisbehandlung für einen Klick auf die Schaltfläche

Die Ereignisbehandlungsroutine führt das Skript aus Listing 7.1 aus.

```
var dimensionsOnColumns = Table_1.getDimensionsOnColumns();
var dimensionsOnRows = Table_1.getDimensionsOnRows();

for(var i=0;i<dimensionsOnColumns.length;i++) {
    Table_1.addDimensionToRows(dimensionsOnColumns[i]);
}
for(var j=0;j<dimensionsOnRows.length;j++) {
    Table_1.addDimensionToColumns(dimensionsOnRows[j]);
}
```

Listing 7.1 Ereignisbehandlung für den Klick auf die Schaltfläche

Zu Beginn des Skriptes werden über die Methoden `getDimensionOnRows()` bzw. `getDimensionOnColumns()` die Dimensionen ermittelt, die momentan in den Zeilen bzw. Spalten der Tabelle angezeigt werden, und in einer lokalen Skriptvariablen gespeichert.

Bei der Skripteingabe unterstützt Sie der Editor durch *Code-Vervollständigung*. Nachdem Sie den Namen des Elements sowie den Punkt als Trennsymbol zwischen Objekt- und Methodennamen eingegeben haben, können Sie über die Tastenkombination [Strg] + Leertaste eine Liste der Methoden des Objekts anzeigen. Abbildung 7.7 zeigt die Code-Vervollständigung für ein Tabellenobjekt.

Code-Vervollständigung

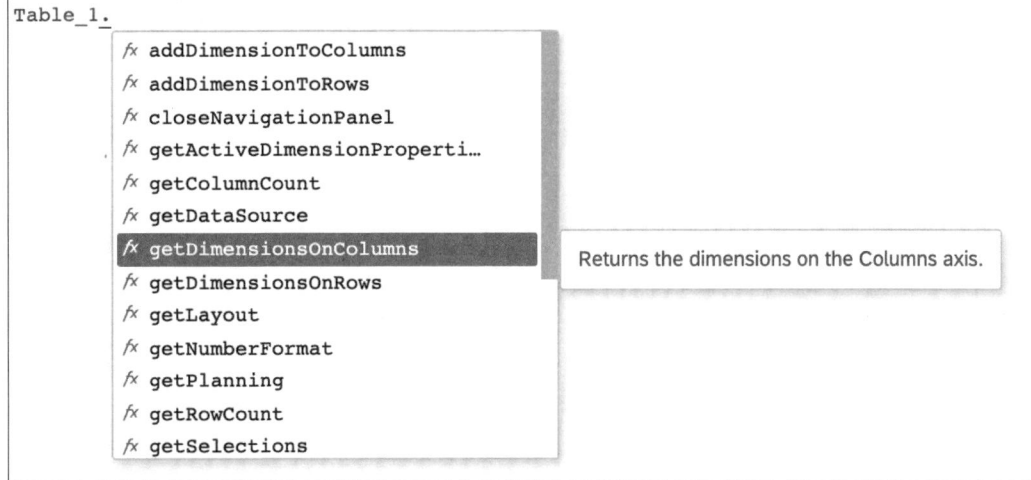

Abbildung 7.7 Code-Vervollständigung im Skripteditor

Nach der Auswahl einer bestimmten Methode erhalten Sie eine kurze Beschreibung über die Funktion.

Durch das Positionieren des Cursors in der Parameterliste der Methode erhalten Sie weitere Informationen über gegebenenfalls erforderliche Parameter sowie den Rückgabewert der Methode (siehe Abbildung 7.8).

```
1
2 var dimensionsOnColumns = Table_1.getDimensionsOnColumns();
3
4                              getDimensionsOnColumns() : string[]
5
```

Abbildung 7.8 Kontexthilfe zu Methodenparametern

Im Fall der Methode `getDimensionOnColumns()` wird ein Array mit String-Elementen, den Dimensionsnamen, zurückgeliefert.

Nachdem die Dimensionen in den Zeilen und Spalten der Tabelle in Listing 7.1 ermittelt worden sind, werden die Arrays mit den Dimensionsnamen über zwei Schleifen durchlaufen und die einzelnen Dimensionen jeweils zur anderen Achse der Tabelle über die Methode `addDimensionToColumns()` bzw. `addDimensionToRows()` hinzugefügt. Da eine Dimension immer nur auf jeweils einer Achse der Tabelle dargestellt werden kann, wird durch das oben dargestellte Skript das gewünschte Ergebnis erzielt.

Analytic Application ausführen

Die Analytic Application kann aus der Analytics-Designer-Umgebung direkt über die Schaltfläche **Analytic Application** ausgeführt werden. Die Applikation wird in ein neues Browser-Tab geladen. Abbildung 7.9 zeigt die ausgeführte Analytic Application aus dem Beispiel. Die Werkzeugleiste am oberen Rand wird eingeblendet, sobald der Benutzer die Maus über den Bereich bewegt. Neben dem Start der Analytic Application aus der Designer-Umgebung können Sie eine Applikation auch aus der Verzeichnisstruktur oder direkt über einen Link öffnen.

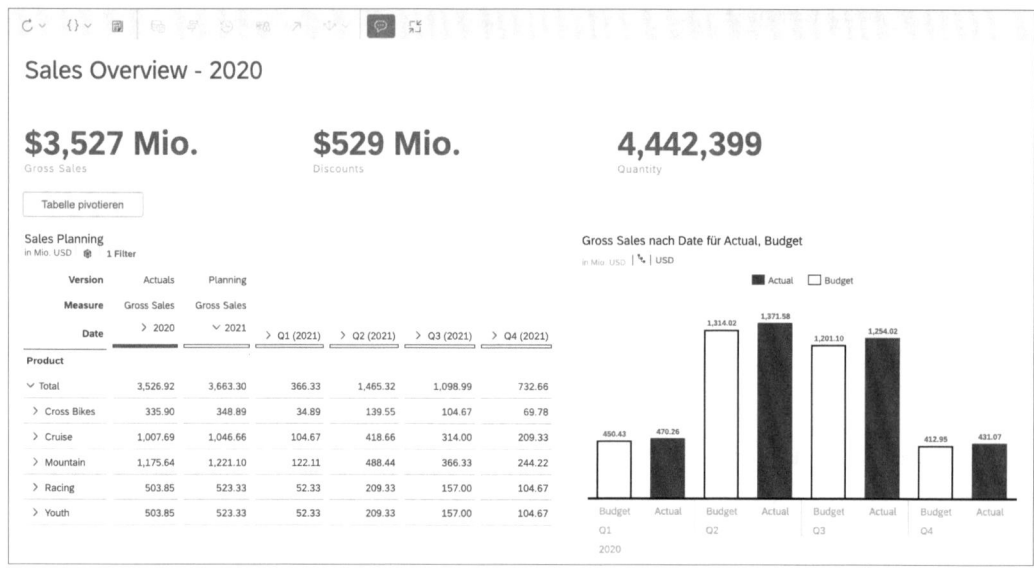

Abbildung 7.9 Ausgeführte Analytic Application

Sie können nun durch einen Klick auf die Schaltfläche **Tabelle pivotieren** die Tabelle transponieren. Das Ergebnis ist in Abbildung 7.10 dargestellt.

Skriptobjekte

In der Beispielapplikation ist lediglich ein Skript für die Ereignisbehandlungsroutine für den Fall vorhanden, dass der Anwender auf die Schaltfläche klickt. Neben den Ereignisbehandlungsroutinen der einzelnen Widgets können Sie im Analytics Designer auch Objekte erstellen, die nicht direkt als Widget im Grafikbereich dargestellt werden.

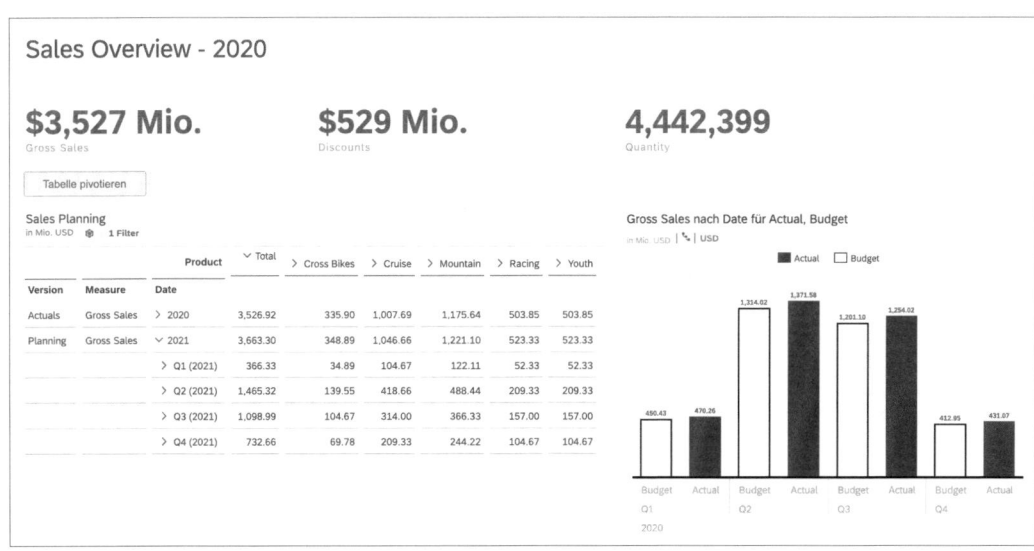

Abbildung 7.10 Analytic Application mit transponierter Tabelle

Diese Objekte erstellen Sie im Bereich **Scripting** der Gliederung (siehe Abbildung 7.11). Es stehen die folgenden Objekttypen zur Verfügung:

- **Skriptvariablen**
  Globale JavaScript-Variable eines bestimmten Typs.

- **Skriptobjekte**
  Globale Objekte mit JavaScript-Funktionen.

- **Lesezeichengruppe**
  Über die Lesezeichengruppe können Sie den aktuellen Status der Analytic Application für einen Benutzer abspeichern und ihn später wiederherstellen.

- **Als PDF exportieren**
  Über dieses Objekt können Sie es den Anwendern ermöglichen, die Analytic Application zur Laufzeit als PDF zu exportieren.

- **Suche nach Informationen**
  SAP Analytics Cloud verfügt mit der Suche nach Informationen (*Search to Insight*) über eine Funktion, mit der Anwender in natürlicher Sprache nach Informationen suchen können. Wollen Sie diese Funktionalität auch in einer Analytic Application bereitstellen, müssen Sie ein entsprechendes Objekt erstellen.

- **OData-Services**
  Ein OData-Service-Objekt erlaubt es Ihnen, aus der Analytic Application heraus eine Aktion in einem externen System anzustoßen. Das OData-

Service-Objekt setzt voraus, dass bereits eine Live-Verbindung für das betreffende System in SAP Analytics Cloud angelegt wurde.

- **Planungsmodelle**
  Objekt, über das Sie auf ein Planungsmodell aus der Analytic Application zugreifen können.

- **Predictive Services**
  Erzeugt ein Objekt, über das sie Prognosemodelle in eine Analytic Application integrieren können.

- **Timer**
  Objekt, über das Sie Timer-Ereignisse konfigurieren können. Nach dem Ablauf einer eingestellten Laufzeit wird ein entsprechendes Ereignis ausgelöst, auf das Sie mit einer Ereignisbehandlungsroutine reagieren können.

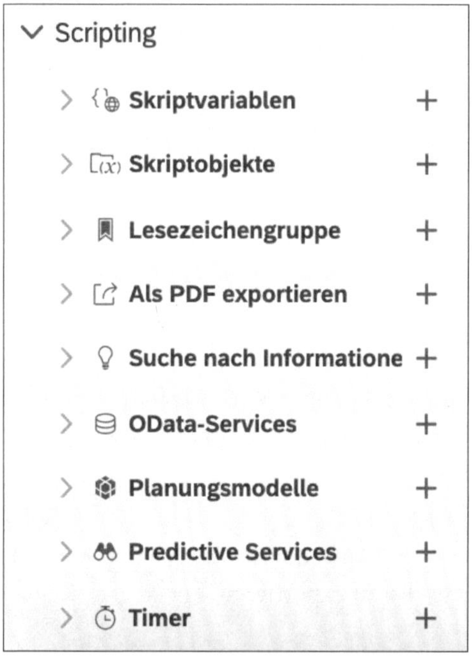

Abbildung 7.11 Objekte im Bereich »Scripting«

Ein neues Objekt erstellen Sie per Klick auf die Schaltfläche ⊞ (**Hinzufügen**). Abbildung 7.12 zeigt den Dialog zum Erzeugen einer neuen Skriptvariablen.

Neues Skriptobjekt anlegen

Neben dem Namen der Variablen und einer Beschreibung legen Sie insbesondere den Typ der Variablen fest. Neben den atomaren Typ wie **boolean**, **string** oder **number** können Sie auch Typen definieren, die in der Anwendungsprogrammierschnittstelle des Analytics Designer definiert werden.

Die erzeugte Variable steht dann als globale Variable innerhalb der Analytic Application zur Verfügung.

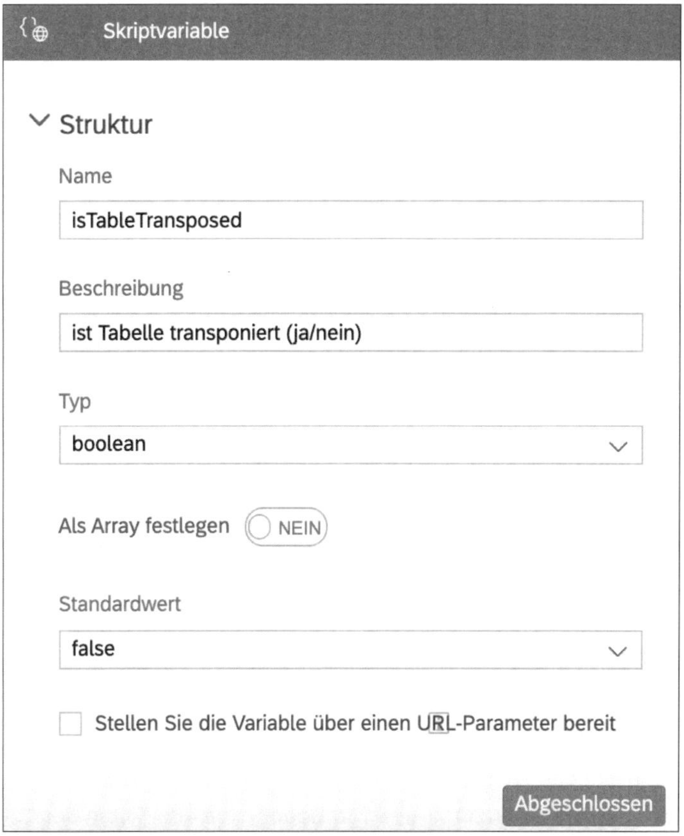

Abbildung 7.12 Neue Skriptvariable erzeugen

7.1.2   Widgets einer Analytic Application

In diesem Abschnitt werden die Elemente behandelt, die insbesondere für das Erstellen von Anwendungen im Planungsbereich relevant sind. Als wichtigste Komponente ist hier natürlich als Erstes die Tabelle zu nennen. Im Beispiel aus dem letzten Abschnitt wurden bereits einige Bestandteile der Programmierschnittstelle für die Tabelle kurz angerissen. In diesem Abschnitt sollen einige Aspekte insbesondere im Hinblick auf Anwendungsfälle im Bereich der Planung genauer dargestellt werden.

Programmierschnittstelle der Tabelle

Programmierschnittstelle des Tabellenelements

Über einen Klick auf die Schaltfläche ▦ (**Tabelle**) der Werkzeugleiste fügen Sie eine neue Tabelle zum Grafikbereich der Analytic Application hinzu. Die

Neue Tabelle zum Grafikbereich hinzufügen

Programmierschnittstelle des Tabellenelements lässt sich in die folgenden Bereiche einteilen:

- Abfrage bzw. Ändern der Tabellenstruktur, z. B. `addDimensionToColumns()` und `getDimensionsFromColumns()`
- Ermitteln von Layouteinstellungen, z. B. `getLayout()` und `getNumberFormat()`
- Methoden zur Benutzerinteraktion, z. B. `getSelections()`
- Zugriff auf Planungsfunktionen: `getPlanning()`
- Zugriff auf die Datenbasis der Tabelle: `getDataSource()`
- Ereignisbehandlungsroutinen:
  - `onSelect()`: Wird aufgerufen, wenn der Benutzer eine oder mehrere Zellen der Tabelle selektiert.
  - `onResultChanged()`: Wird aufgerufen, wenn die Daten, die in der Tabelle dargestellt werden, aufgrund einer Backend-Abfrage aktualisiert werden.

Tabellenaufriss ermitteln und festlegen

Wie bereits im Beispiel aus dem vorangehenden Abschnitt erläutert, können Sie den Aufriss, der in der Tabelle dargestellt wird – d. h. die Dimensionen in den Zeilen und Spalten der Tabelle – über die Methoden `addDimensionToRows()` bzw. `addDimensionToColumns()` ändern. Über diese Methoden können Sie eine Liste der Dimensionen erstellen, die zu diesem Zeitpunkt angezeigt werden.

Selektierte Zellen ermitteln

Um zu ermitteln, welche Zellen der Tabelle selektiert sind, können Sie die Methode `getSelections()` nutzen. Diese Methode liefert die Zellen der Tabelle zurück, die Sie selektiert haben. Da dies mehr als eine Zelle sein kann, liefert die Methode ein Array vom Typ **Selection** zurück. Eine Selektion besteht aus Schlüssel-Wert-Kombinationen. Der Schlüssel bezeichnet die ID der Dimension und der Wert das Dimensionselement.

Abbildung 7.13 zeigt eine Tabelle, in der die Zelle für die Bewegungsart **Hires** und den Monat Februar 2021 der Version **Plan** selektiert ist.

Headcount Planning
⚙ | 3 Filter   •••

Version	public.Plan *											
Time	Jan (2021)	Feb (2021)	Mar (2021)	Apr (2021)	May (2021)	Jun (2021)	Jul (2021)	Aug (2021)	Sep (2021)	Oct (2021)	Nov (2021)	Dec (2021)
Movement												
Opening	4,805	4,842	4,859	4,855	4,911	4,934	4,953	4,991	5,021	5,048	5,044	5,024
Hires	39	22	52	70	36	39	38	30	33	16	10	0
Attrits	2	5	56	14	4	0	0	0	6	20	30	46
Closing	4,842	4,859	4,855	4,911	4,934	4,953	4,991	5,021	5,048	5,044	5,024	4,978

Abbildung 7.13 Tabelle mit selektierter Zelle

Eine Abfrage der Selektion mittels `getSelections()` würde in diesem Fall das folgende Ergebnis liefern:

```
[{
    Version: "public.Plan",
    Time: "[Time].[YQM].&[202102]",
    MOVEMENT: "[MOVEMENT].[Movement_H1].&[HIRES]"
}]
```

Listing 7.2 Beispiel eines Rückgabewertes der Methode getSelections()

Da nur eine Zelle selektiert ist, enthält das Array entsprechend nur ein Element. Dieses Element enthält die drei Schlüssel **Version**, **Time** und **MOVEMENT** für die Dimensionen, nach denen die Tabelle aufgerissen ist, und die entsprechenden Elemente, auf die sich die Zelle bezieht.

Die Methode `getSelections()` wird häufig im Kontext der Ereignisbehandlungsroutine `onSelect()` verwendet. Diese Routine wird immer dann vom System aufgerufen, wenn sich die Selektion in der Tabelle geändert hat.

Zugriff auf die Datenquelle des Tabellenelements

DataSource-Objekt

Mithilfe eines Selection-Objekts können Sie auch auf den aktuellen Wert zugreifen, der sich in der durch die Selektion angegebenen Zelle befindet. Hierzu ist neben der Selektion das DataSourc-Objekt notwendig. Dieses Objekt ermöglicht den Zugriff auf die der Tabelle zugrunde liegende Datenbasis. Mithilfe der Methode `getDataSource()` erhalten Sie das entsprechende DataSource-Objekt der Tabelle.

Tabelle 7.1 zeigt eine Auswahl der Methoden des DataSource-Objekts. Die Tabelle vermittelt einen Eindruck über die verfügbaren Methoden. Eine umfassende Übersicht finden Sie in der offiziellen Dokumentation von SAP Analytics Cloud unter *https://help.sap.com/viewer/product/SAP_ANALYTICS_CLOUD/release/de-DE*.

Methoden des DataSource-Objekts

Methode	Beschreibung
`collapseNode(dimension: string, selection: Selection)`	Klappt den Hierarchieknoten zu, der über die Selektion bestimmt wird.
`expandNode(dimension: string, selection: Selection)`	Klappt den Hierarchieknoten auf, der über die Selektion bestimmt wird.
`getComments() : DataSourceComments`	Liefert die Kommentare zurück, die in der Datenquelle vorhanden sind.

Tabelle 7.1 Methoden des DataSource-Objekts

Methode	Beschreibung
getData(selection:Selection) : DataCell	Liefert die Datenzelle für die angegebene Selektion zurück. Hierüber erhalten Sie den dargestellten Wert.
getDimensionFilters(dimension : string) : FilterValue[]	Liefert die Filter der angegebenen Dimension.
getDimensionProperties(dimension: string) : DimensionPropertyInfo[]	Liefert die Eigenschaften der angegebenen Dimension.
getDimensions() : DimensionInfo[]	Liefert alle Dimensionen der Datenquelle.
getMembers(dimension : string, maximumNumber?: integer) : MemberInfo[]	Liefert die Elemente der angegebenen Dimension. Die maximale Anzahl der zurückgelieferten Elemente kann eingeschränkt werden.
getResultMember(dimension: string, selection: Selection): ResultMemberInfo	Liefert das angegebene Element des ResultSet zurück.
getResultSet(): ResultSet[]	Liefert das ResultSet der Datenquelle. Das zurückgelieferte ResultSet kann über optionale Parameter eingeschränkt werden.
refreshData()	Löst das Aktualisieren der Datenquelle und die Aktualisierung des mit der Datenquelle verbundenen Widgets aus.
removeDimensionFilter(dimension: filter)	Entfernt alle Filter für die angegebene Dimension.
setDimensionFilter(dimension: string, member: string[])	Setzt den Filter für die angegebene Dimension.
setHierarchy(dimension: string, hierarchy: string)	Setzt die Hierarchie für die angegebene Dimension.

Tabelle 7.1 Methoden des DataSource-Objekts (Forts.)

Mithilfe der Methode getData() können Sie z. B. den Wert einer Tabellenzelle ermitteln. Die Methode getDimensions() wird dazu verwendet, die Dimensionen der Datenquelle zu ermitteln. Über getMembers() können Sie die

Elemente der angegebenen Dimension ermitteln. Diese Methode wird häufig dazu verwendet, um nach dem Laden einer Analytic Application die Dimensionselemente zu laden, um diese dem Anwender in Auswahlelementen wie Drop-down-Feldern zur Verfügung zu stellen.

Das Beispiel im nächsten Abschnitt beschreibt diesen Anwendungsfall im Detail. Die Methode getResultMember() liefert die Elemente der angegebenen Dimension, die Teil der angegebenen Selektion sind. Diese Methode kann verwendet werden, um in der Ereignisbehandlungsroutine onSelect() zu ermitteln, welche Zelle selektiert wurde, d. h. welches Element der jeweiligen Dimension mit der selektierten Zelle verknüpft ist. Mithilfe der Methode setDimensionFilter() können die Filter der Tabelle gesetzt werden. Eine weitere zentrale Methode ist getResultSet(). Über diese Methode können Sie die Datensätze auslesen, die in der Tabelle dargestellt werden. Über die Parameter der Methoden können Sie dabei die Größe der Rückgabemenge einschränken.

Die Methoden des DataSource-Objekts erlauben einen Zugriff auf die Datenquelle, d. h. einen Zugriff sowohl auf die Metadaten des Modells als auch auf Stammdaten und mithilfe der Methode getResultSet() auf den aktuell dargestellten Ausschnitt der Bewegungsdaten. Über das Planning-Objekt haben Sie auf einige Funktionen Zugriff, die im Rahmen einer Planungsanwendung verwendet werden. Hierzu zählen insbesondere Methoden zur Verwaltung öffentlicher und privater Versionen sowie Möglichkeiten zum Schreiben von Planwerten.

Planning-Objekt

Zugriff auf Planugsfunktionen

Das Planning-Objekt einer Tabelle erhalten Sie über die Methode getPlanning() der Tabelle. Die Methoden des Objekts sind in Tabelle 7.2 aufgeführt.

Methoden des Planning-Objekts

Methode	Beschreibung
getDataLocking(): DataLocking	Liefert das DataLocking-Objekt der Tabelle zurück. Über dieses Objekt können Sie den aktuellen Sperrzustand einer Zellselektion ermitteln bzw. setzen.
getPrivateVersion(versionId: string): PlanningPrivateVersion	Liefert die private Version mit der angegebene Versions-ID zurück.
getPrivateVersions(): Planning-PrivateVersion[]	Liefert ein Array aller privaten Versionen zurück.

Tabelle 7.2 Methoden des Planning-Objekts der Tabelle

Methode	Beschreibung
getPublicVersion(versionId: string): PlanningPublicVersion	Liefert die öffentliche Version mit der angegebenen Versions-ID zurück.
getPublicVersions(): PlanningPublicVersion[]	Liefert ein Array aller öffentlichen Versionen zurück.
isEnabled(): boolean	Gibt an, ob die Planung für die Tabelle aktiviert ist oder nicht.
setEnabled(enabled: boolean): boolean	Aktiviert/deaktiviert die Planung für die Tabelle.
setUserInput(selectedData: Selection, value: string)	Schreibt einen Wert in die Zellen der Tabelle, die über die angegebene Selektion bestimmt werden.
submitData(): boolean	Sendet die Daten an den Server. Die Methode wird typischerweise unmittelbar nach setUserInput() aufgerufen.

Tabelle 7.2 Methoden des Planning-Objekts der Tabelle (Forts.)

Versionen verwalten Über die Methoden getPrivateVersions() und getPublicVersions() haben Sie Zugriff auf die vorhandenen privaten und öffentlichen Versionen. Sobald Sie eine konkrete Version im Zugriff haben, können Sie die Version über die Methoden revert() und submit() des Versionsobjekts veröffentlichen oder zurücksetzen.

Die Programmierschnittstelle ermöglicht es auch, neue Planwerte per Skript in die Tabelle zu schreiben. Die Methode setUserInput() schreibt einen Wert in eine oder mehrere Zellen der Tabelle. Die konkreten Zellen werden über ein Selection-Objekt bestimmt. Um den neuen Wert an das Backend zu schicken, müssen Sie die Methode submitData() aufrufen, nachdem der Wert über setUserInput() gesetzt worden ist. Über diese beiden Methoden ist es möglich, Planwerte, die der Benutzer über ein anderes Element wie Textfeld oder Schieberegler erfasst, in die Tabelle und damit ins Backend zurückzuschreiben. Dadurch können Sie individuelle Planungsmasken erstellen, über die Sie die Datenerfassung in manchen Fällen benutzerfreundlicher gestalten können als durch das manuelle Eingeben der Werte in eine Tabelle.

Beispiel für eine Planungsanwendung zur Personalbestandsplanung

Das Beispiel demonstriert den Umgang mit der Schnittstelle des Planning-Objekts im Detail. Die Analytic Application aus dem Beispiel stellt ein einfaches Formular zur Erfassung des geplanten Personalbestands für verschiedene Jobfamilien zur Verfügung. Die Benutzer können dabei einen Planwert, in diesem Fall den Zu- und Abgang von Personal über einen Schieberegler erfassen. Auch wenn das vorgestellte Beispiel etwas konstruiert erscheinen mag, verdeutlicht es doch die prinzipielle Funktionsweise der Programmierschnittstellen und zeigt deren Anwendung im Kontext einer Planungsanwendung. Die vorgestellten Konzepte können Sie sicherlich leicht auf andere Szenarien übertragen.

Abbildung 7.14 zeigt die fertige Analytic Application. Die Planenden können über ein Drop-down-Feld die zu planende Jobfamilie auswählen. Die Tabelle zeigt den bisherigen Plan für die ausgewählte Jobfamilie an. Dabei werden der Personalbestand zu Beginn und Ende jedes Monats für den Planungshorizont sowie die Veränderungen innerhalb eines Monats dargestellt.

Abbildung 7.14 Analytic Application zur Personalplanung

Die Anwendung ist so gestaltet, dass Sie nicht direkt die Zu- und Abgänge der einzelnen Monate in der Tabelle manuell erfassen, sondern über einen Schieberegler oberhalb der Tabelle einstellen. Der Schieberegler bezieht sich dabei auf die Zelle, die Sie zuvor selektiert haben. Es sollen nur die Werte für Zu- und Abgänge verändert werden können und nicht die Anfangs- und Endbestände der Monate.

Dateneingabe über Schieberegler

Stellen Sie den gewünschten Wert über den Schieberegler ein, und übernehmen Sie ihn über einen Klick auf die Schaltfläche **Übernehmen** in die Tabelle. Über die Schaltflächen **Publish** und **Revert** können Sie die Änderungen publizieren bzw. zurücksetzen.

Des Weiteren verfügt die Analytic Application über einen Auslöser für eine Datenaktion, die die Anfangs- und Endbestände der Monate aktualisiert, um so wieder Konsistenz herzustellen. Die einzelnen Elemente der Applikation werden je nach aktuellem Zustand der Applikation ein- und ausgeblendet. So wird der Schieberegler z. B. nur dann eingeblendet, wenn Sie eine Zelle für **Hires** oder **Attritions** selektiert haben, da nur für diese Zellen eine Änderung der Werte erlaubt werden soll.

Des Weiteren sollen die Schaltflächen zum Publizieren (**Publish**) bzw. Zurücksetzen (**Revert**) der Version sowie der Auslöser der Datenaktion nur dann eingeblendet werden, wenn diese Operationen sinnvoll erscheinen, d. h., wenn die Planversion geändert wurde.

Die Elemente der Beispielanwendung Abbildung 7.15 zeigt die Objekte des Grafikbereichs in der Gliederung. Neben der Tabelle als Hauptelement zur Darstellung des geplanten Personalbestands gibt es einige Textfelder sowie die Schaltflächen zum Auslösen bestimmter Aktionen wie dem Publizieren oder Zurücksetzen der Planversion.

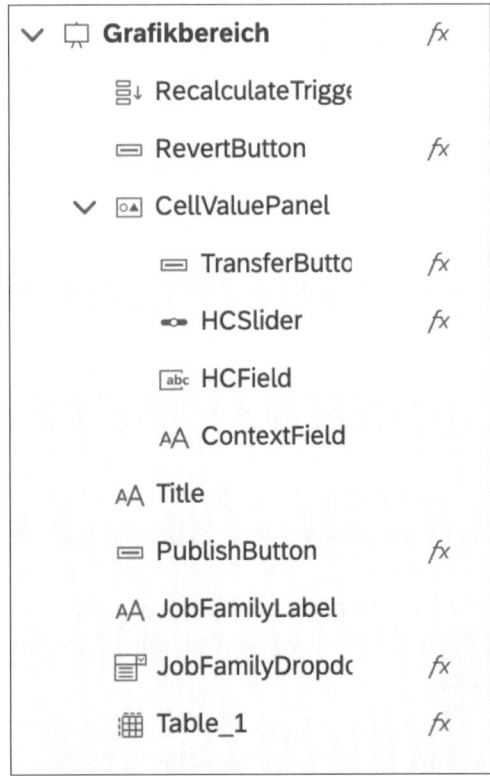

Abbildung 7.15 Objekte des Grafikbereichs

Der Auslöser für die Datenaktion ist ebenfalls als eigenes Objekt in der Gliederung vorhanden. Die Elemente rund um den Schieberegler zum Ändern
eines Planwertes und der Schaltfläche zum Übernehmen des geänderten
Wertes in die Tabelle werden in einem eigenen Bereich (*Panel*) gruppiert.
Auf diese Weise können Sie die gesamte Gruppe der Elemente einfach ein-
und wieder ausblenden.

Neben den Elementen zum Aufbau der Benutzeroberfläche verfügt die Analytic Application auch über einige Skriptobjekte, die in Abbildung 7.16 dargestellt sind. Es ist eine Skriptvariable zum Speichern der aktuellen Tabel-
lenselektion definiert sowie eine Funktion, die die Schaltflächen zum
Publizieren und Zurücksetzen der Planversion ein- und ausblendet, je nachdem, ob die Version geändert wurde oder nicht.

Unmittelbar nach dem Laden der Applikation wird die Ereignisbehandlungsroutine onInitialization() des Grafikbereichs ausgeführt. In dieser
Routine werden die Elemente der Dimension **JobFamily** geladen und dem
Drop-down-Feld zugewiesen. Der Benutzer kann über das Drop-down-Feld
auswählen, auf welche Jobfamilie die Tabelle gefiltert wird.

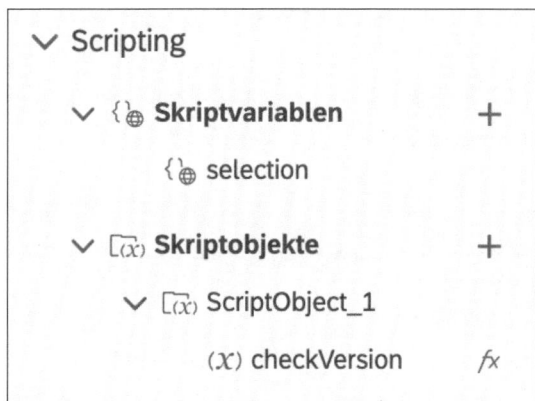

Abbildung 7.16 Skriptobjekte der Analytic Application

Listing 7.3 zeigt das Skript für die Ereignisbehandlungsroutine onInitiali-
zation().

Initialisieren der Anwendung über onInitialization()

```
HCField.setEditable(false);
var jobFamilies = Table_1.getDataSource().getMembers(\
    "JOBFAMILY");

for(var i=0;i<jobFamilies.length;i++) {
    if (jobFamilies[i].id !== "#" && jobFamilies[i].id !== \
            "JF_TOTAL") {
```

```
        JobFamilyDropdown.addItem(jobFamilies[i].id,
            jobFamilies[i].description);
    }
}
ScriptObject_1.checkVersionStatus();
```

Listing 7.3 Ereignisbehandlungsroutine onInitialization

Das Textfeld zur Anzeige der Zu- und Abgänge neben dem Schieberegler wird als nicht editierbar konfiguriert, da eine Änderung des Personalbestands nur über den Schieberegler erfolgen soll. Über die Methode getMembers() des DataSource-Objekts der Tabelle werden die Elemente der Dimension **JobFamily** geladen. In der folgenden for-Schleife werden die Elemente zum Drop-down-Feld hinzugefügt, außer den beiden Elementen **nicht zugeordnet** und **Total**. Abbildung 7.17 zeigt die Elemente der Dimension **Job-Family**, die in der Routine onInitialization() geladen und dem Dropdown-Feld zugeordnet werden.

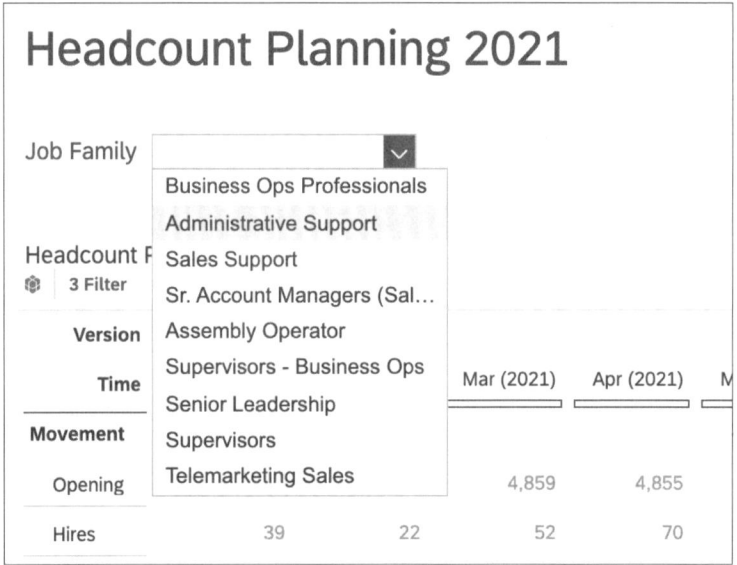

Abbildung 7.17 Elemente des Drop-down-Feldes

Zuletzt wird die Methode checkVersion() des globalen Objekts ScriptObject_1 aufgerufen (siehe Listing 7.4).

```
var publicVersion = Table_1.getPlanning().getPublicVersion(
    "Plan");
if (publicVersion.isDirty()) {
    PublishButton.setVisible(true);
```

```
        RevertButton.setVisible(true);
        RecalculateTrigger.setVisible(true);
    } else {
        PublishButton.setVisible(false);
        RevertButton.setVisible(false);
        RecalculateTrigger.setVisible(false);
    }
}
```

Listing 7.4 Quelltext der Methode checkVersion()

Die Methode fragt als Erstes die öffentliche Version **Plan** über die Methode getPublicVersion() an. Dies ist die Version, die in der Tabelle über den Filter eingestellt wurde. Über die Methode isDirty() wird ermittelt, ob sich die Version im Editiermodus befindet, also geändert aber noch nicht publiziert wurde. Ist dies Fall, werden die Schaltflächen zum Publizieren und Zurücksetzen der Version sowie der Auslöser für die Datenaktion eingeblendet. Die Planenden sollen die Möglichkeit erhalten, über den Auslöser eine Neuberechnung des Personalbestands anzustoßen bzw. die geänderte Version zu publizieren oder gegebenenfalls wieder zu verwerfen. Ist die Version hingegen nicht geändert, besteht keine Notwendigkeit, dass der Anwender die Funktionen anstößt, sodass die Elemente entsprechend ausgeblendet werden. Das Ein- und Ausblenden erfolgt über die Methoden setVisible() der einzelnen Komponenten.

Status einer Version ermitteln

Wird eine bestimmte Jobfamilie über das Drop-down-Feld **JobFamilyDropdown** ausgewählt, wird die zugehörige Ereignisbehandlungsroutine onSelect() ausgeführt, die in Listing 7.5 dargestellt ist.

```
var selectedJobFamily = JobFamilyDropdown.getSelectedKey();
Table_1.getDataSource().setDimensionFilter("JOBFAMILY",
    selectedJobFamily);
```

Listing 7.5 Ereignisbehandlungsroutine onSelect()

Zunächst wird das durch den Benutzer ausgewählte Element über die Methode getSelectedKey() ermittelt. Anschließend wird dieses Element verwendet, um die Tabelle zu filtern. Über die Methode setDimensionFilter() des DataSource-Objekts der Tabelle wird der Filter für die Dimension **JobFamily** gesetzt. Abbildung 7.18 zeigt die gefilterte Tabelle nach der Auswahl der Jobfamilie über das Drop-down-Feld.

Filter definieren

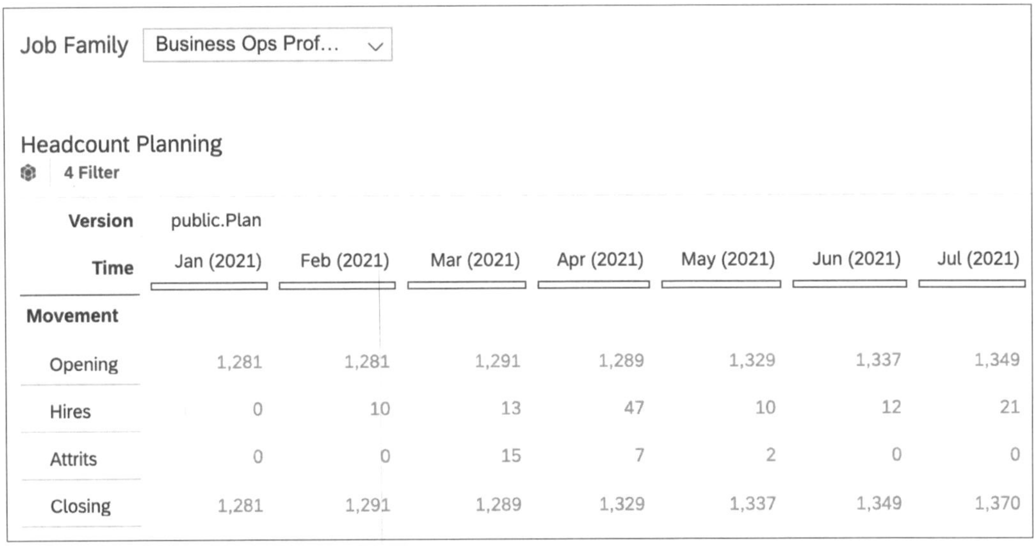

| Job Family | Business Ops Prof... ⌄ |

Headcount Planning
⚙ 4 Filter

Version	public.Plan						
Time	Jan (2021)	Feb (2021)	Mar (2021)	Apr (2021)	May (2021)	Jun (2021)	Jul (2021)
Movement							
Opening	1,281	1,281	1,291	1,289	1,329	1,337	1,349
Hires	0	10	13	47	10	12	21
Attrits	0	0	15	7	2	0	0
Closing	1,281	1,291	1,289	1,329	1,337	1,349	1,370

Abbildung 7.18 Über das Drop-down-Feld gefilterte Tabelle

Auf Tabellenselek-tionen des Benutzers reagieren

Wird nun eine Zelle innerhalb der Tabelle selektiert, genauer gesagt eine Zelle, die entweder einen Personalzugang durch Neueinstellung (*Hires*) oder einen Personalabgang (*Attritions*) darstellt, sollen der Schieberegler sowie die dazugehörigen Elemente oberhalb der Tabelle eingeblendet werden, damit Sie den entsprechenden Wert der Zelle ändern können.

Das Ein- und Ausblenden der Komponenten erfolgt innerhalb der Ereignis-behandlungsroutine onSelect() der Tabelle. Diese Routine wird immer dann aufgerufen, wenn die Planerin oder der Planer eine oder mehrere Zellen der Tabelle selektiert. Listing 7.6 zeigt die Ereignisbehandlungsroutine onSelect() der Tabelle.

```
selection = Table_1.getSelections();
var isSelectionValid = false;

if (selection.length===1) {
    console.log(selection[0]);
    var movement = Table_1.getDataSource().\
        getResultMember("MOVEMENT", selection[0]);
    var time = Table_1.getDataSource().\
        getResultMember("Time",selection[0]);
    var cellValue = Table_1.getDataSource().\
        getData(selection[0]);

    if (movement !== undefined && time !== undefined ) {
```

```
      if ( movement.id.localeCompare("[MOVEMENT].\
          [Movement_H1].&[HIRES]" ) === 0 ||
          movement.id.localeCompare("[MOVEMENT].\
          [Movement_H1].&[TERMINATIONS]")===0)
      {
          ContextField.applyText(
              movement.description + ", " +
              time.description)

          HCSlider.setValue( Number.parseInt(
              cellValue.rawValue ));
          HCField.setValue(cellValue.rawValue);
          isSelectionValid = true;
      }
   }
}
CellValuePanel.setVisible(isSelectionValid);
```

Listing 7.6 Ereignisroutine onSelect() der Tabelle

Als Erstes wird die aktuelle Zellauswahl über die Methode getSelections()
der Tabelle ermittelt und in der globalen Skriptvariablen **selection** gespeichert. Eine Änderung der Planwerte über den Schieberegler ist nur dann
sinnvoll, wenn eine einzelne Zelle selektiert ist; dies wird über eine if-Anweisung geprüft. Der Block der if-Anweisung wird nur dann ausgeführt,
wenn das Array der selektierten Elemente genau ein Objekt enthält. Ist dies
der Fall, werden als Nächstes die Elemente der Dimensionen **Time** und
Movement der ausgewählten Zelle über die Methode getResultMember() ermittelt. Die Koordinaten der ausgewählten Zelle sind somit bekannt.

Über die Methode getData() wird der eigentliche Zellwert ausgelesen. Die
beiden nächsten geschachtelten if-Anweisungen stellen sicher, dass die
Anwenderin bzw. der Anwender eine Zelle ausgewählt hat, die sich entweder auf Personaleinstellungen oder -abgänge beziehen. Dazu wird das zuvor
ermittelte Element der Dimension **Movement** auf die beiden Werte **Hires**
bzw. **Attritions** geprüft, da ein direktes Ändern des Anfangs- bzw. Endbe-
stands nicht erlaubt werden soll. Die Komponenten oberhalb der Tabelle,
insbesondere der Schieberegler werden mit den ermittelten Werten initialisiert. Zuletzt wird die gesamte Elementgruppe oberhalb der Tabelle entweder ein- oder ausgeblendet, je nachdem, ob eine für die Planwerteingabe
sinnvolle Zelle selektiert wurde oder nicht.

Änderungen des Schiebereglers behandeln

Die Planerin oder der Planer kann daraufhin den Planwert über den Schieberegler einstellen. Eine Veränderung des Schiebereglers löst dabei eine Ereignis aus, auf das Sie in der Routine onChange() des Schiebereglers reagieren können.

```
var value = HCSlider.getValue();
HCField.setValue(value.toString());
```

Listing 7.7 Ereignisroutine onChange()

Abbildung 7.19 zeigt die Analytic Application, nachdem die Zelle für **Hires, April 2021** ausgewählt worden ist. Die Gruppe der Steuerelemente zum Ändern des Zellwertes wird oberhalb der Tabelle eingeblendet.

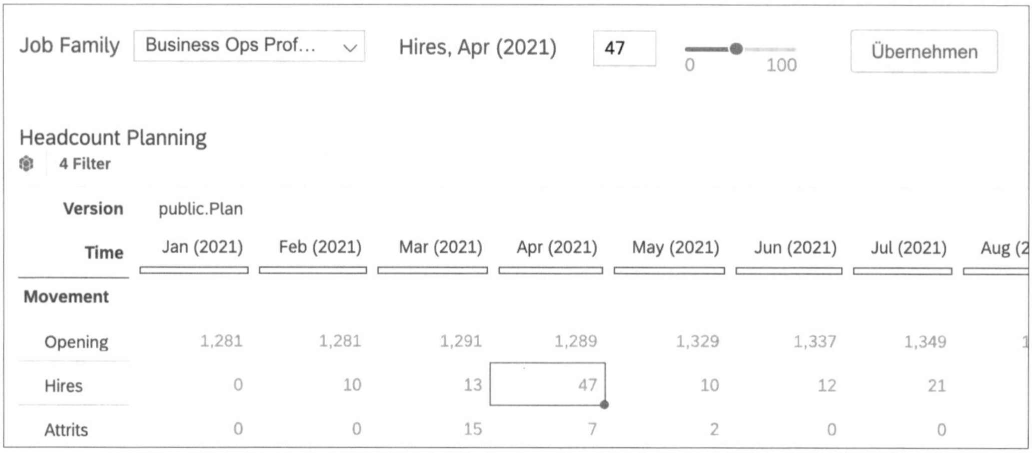

Abbildung 7.19 Selektion einer Zelle

Die Benutzerauswahl wird noch einmal in einem Textfeld dargestellt, und der aktuelle Zellwert wird als Initialwert für den Schieberegler gesetzt. Dieser Wert lässt sich über den Schieberegler ändern. Der aktualisierte Wert wird dann in dem Textfeld neben dem Schieberegler angezeigt. Mit einem Klick auf die Schaltfläche **Übernehmen** wird der neue Planwert in die Tabelle übernommen. Die Ereignisbehandlungsroutine onClick() der Schaltfläche ist in Listing 7.8 dargestellt.

```
var newValue = HCSlider.getValue();
if (selection !== undefined) {
    if (selection.length === 1) {
        if (Table_1.getPlanning().setUserInput(selection[0],
            newValue.toString())) {
            Table_1.getPlanning().submitData();
```

```
        ScriptObject_1.checkVersionStatus();
    }
  }
}
```

Listing 7.8 onClick()-Routine zur Übernahme des Planwertes

Zunächst wird der aktuelle Wert des Schiebreglers über die Methode get-Value() ermittelt. Danach wird dieser Wert über die Methoden setUser-Input() und submitData() in die Tabelle übernommen. Dabei wird auf die globale Skriptvariable selection zurückgegriffen, die die aktuelle Zellselektion des Benutzers enthält. Zuletzt wird wieder die Methode checkVersion-Status() des globalen Skriptobjekts aufgerufen, um die Schaltflächen zum Publizieren bzw. Veröffentlichen der Planversion bzw. den Auslöser der Datenaktion einzublenden.

Zellwerte ändern

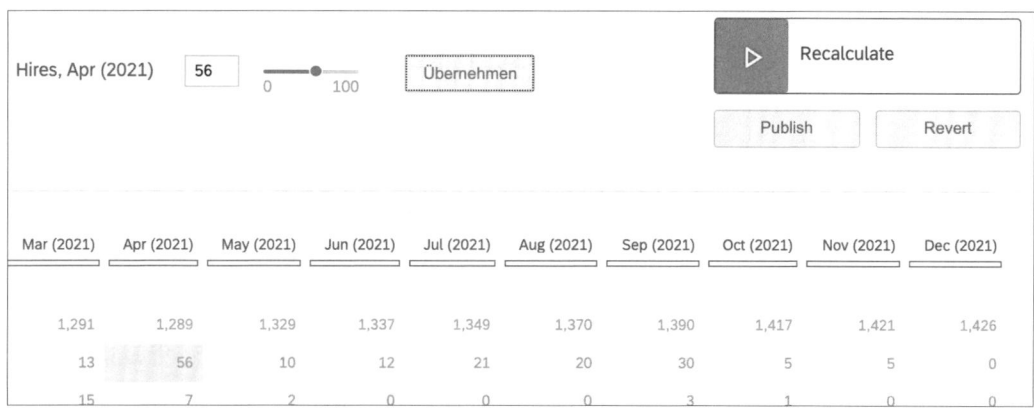

Abbildung 7.20 Neuen Planwert übernehmen

Die Anwenderin oder der Anwender kann nun die Neuberechnung des Personalbestands über den Auslöser der Datenaktion anstoßen und über die Schaltflächen **Publish** und **Revert** die Planversion veröffentlichen bzw. zurücksetzen. Die Ereignisbehandlungsroutine für die Schaltfläche zum Veröffentlichen der Planversion ist in Listing 7.9 dargestellt.

```
var publicVersion = Table_1.getPlanning().\
    getPublicVersion("Plan");
publicVersion.publish();

ScriptObject_1.checkVersionStatus();
```

Listing 7.9 onClick()-Routine zum Publizieren der Planversion

Versionen veröffentlichen bzw. zurücksetzen

Die Planversion kann über die Methode publish() veröffentlicht bzw. über revert() zurückgesetzt werden. Das Beispiel zum Zurücksetzen der Planversion ist in Listing 7.10 dargestellt.

```
var publicVersion = Table_1.getPlanning().\
    getPublicVersion("Plan");
publicVersion.revert();

ScriptObject_1.checkVersionStatus();
```

Listing 7.10 onClick()-Routine zum Zurücksetzen der Planversion

Damit ist die Funktionsweise der Beispielanwendung im Wesentlichen dargestellt. Das Beispiel sollte einige zentrale Programmierschnittstellen vorstellen, die für viele Applikationen im Planungsbereich relevant sind. Insbesondere die Schnittstelle der Tabelle ist für die meisten Planungsanwendungen von zentraler Bedeutung. Des Weiteren sollte veranschaulicht werden, wie das Zusammenspiel aus der Komposition der Elemente im Grafikbereich mit den Möglichkeiten des Scriptings in der Umgebung des Analytics Designer funktioniert.

Im nächsten Abschnitt soll noch ein weiteres wichtiges Thema behandelt werden, nämlich die Programmierschnittstelle für Planungsmodelle.

7.1.3   Programmierschnittstelle für Planungsmodelle

Dimensionselemente erzeugen und ändern

Über die Programmierschnittstelle für Planungsmodelle, **PlanningModel**, können Sie direkt auf Planungsmodelle zugreifen, um Elemente einer Dimension auszulesen, neu zu erstellen, zu ändern oder auch zu löschen. Über diese Schnittstelle können Sie neue Stammdaten aus einer Analytic Application heraus erstellen oder Attributwerte ändern.

Typische Anwendungsfälle finden sich z. B. im Rahmen einer Personalplanung, in der neue Planstellen oder Mitarbeitende geplant werden sollen, für die noch keine Stammdaten vorhanden sind. Es ist vielmehr der eigentliche Gegenstand des Planungsprozesses, diese Stammdaten zu erstellen. Um aus einer Analytic Application über die Schnittstelle **PlanningModel** auf ein Planungsmodell zugreifen zu können, müssen Sie ein Objekt vom Typ **PlanningModel** in der Gliederung erstellen (siehe Abbildung 7.21). Hierzu müssen Sie im Bereich **Planungsmodelle** auf die Schaltfläche ⊞ (**Planungsmodell hinzufügen**) klicken. Dadurch erzeugen Sie ein neues Planungsmodell, das Sie weiter konfigurieren können.

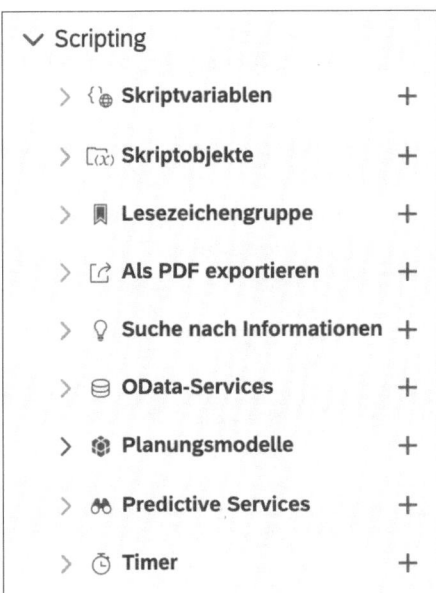

Abbildung 7.21 Planungsmodelle in der Gliederung

Abbildung 7.22 zeigt, wie Sie ein neues Objekt vom Typ **PlanningModel** konfigurieren. Sie können zum einen den Namen festlegen, über den Sie später aus JavaScript heraus auf das Planungsmodell zugreifen können. Zum anderen können Sie das konkrete Planungsmodell auswählen, auf das zugegriffen werden soll.

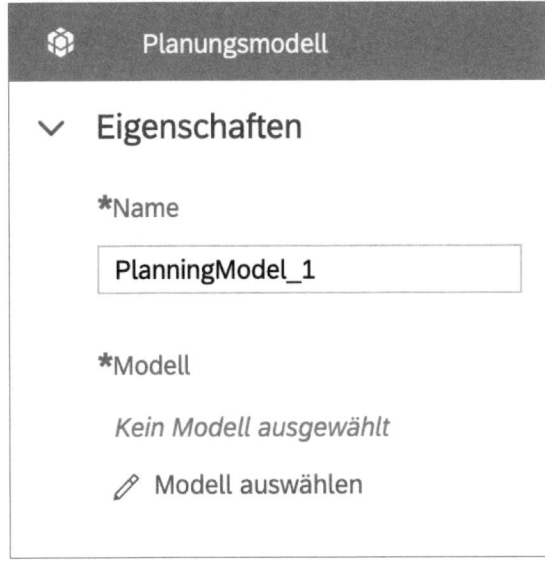

Abbildung 7.22 Neues »PlanningModel«-Objekt erstellen

Methoden des »PlanningModel«-Objekts

Die Programmierschnittstelle verfügt über die Methoden, die in Tabelle 7.3 dargestellt sind.

Methode	Beschreibung
`createMembers(dimensionId: string, members: PlanningModelMember | PlanningModelMember[]): boolean`	Erzeugt neue Elemente der angegebenen Dimension.
`deleteMembers(dimensionId: string, members: string | string[]): boolean`	Löscht Elemente einer Dimension.
`getMember(dimensionId: string, memberId: string): PlanningModel-Member`	Liefert ein Element der angegebenen Dimension zurück.
`getMembers(dimensionId: string): PlanningModelMember[]`	Liefert die Elemente einer Dimension zurück.
`updateMembers(dimensionId: string, members: PlanningModelMember | PlanningModelMember[]): boolean`	Aktualisiert ein Element der Dimension.

Tabelle 7.3 Methoden des Objekts »PlanningModel«

Über die Methode `createMembers()` können Sie ein neues Element der angegebenen Dimension erzeugen. Als Parameter der Methode müssen Sie die Dimension des Modells angeben, für die ein neues Element erzeugt werden soll.

Als zweiten Parameter erfordert die Methode die Definition des Elements, d. h. die Element-ID, sowie zusätzliche Informationen wie die Beschreibung und weitere eventuell vorhandene Attribute. Über die Methoden `getMember()` bzw. `getMembers()` können Sie ein einzelnes bzw. alle Elemente einer Dimension auslesen. Als Rückgabewert erhalten Sie die Elemente, inklusive der dazugehörigen Attribute. Die Methode `updateMembers()` erlaubt es, existierende Dimensionselemente zu ändern, d. h. die Attribute des Elements zu aktualisieren. Dimensionselemente können über `deleteMembers()` auch gelöscht werden. Eine notwendige Voraussetzung ist dabei, dass keine Bewegungsdaten vorhanden sind, die dieses Element enthalten.

Im folgenden Abschnitt wird anhand eines Beispiels gezeigt, wie die Programmierschnittstelle verwendet werden kann, um neue Stammdaten direkt aus der Planungsanwendung heraus anzulegen.

Beispielapplikation für das Anlegen neuer Stammdaten

Das in diesem Abschnitt dargestellte Beispiel greift den Anwendungsfall auf, der bereits in Kapitel 4, »Fortgeschrittene Planungsfunktionen«, darge- stellt wurde. In dem Szenario sollen Projektkosten erfasst und anschließend verursachungsgerecht auf die Monate der Projektlaufzeit verteilt werden. Die Implementierung dieser Verteilungslogik, inklusive Berücksichtigung eines Werktagekalenders, wurde im Detail in Kapitel 4, »Fortgeschrittene Planungsfunktionen«, diskutiert.

Oberfläche zum Erfassen neuer Projekte

In diesem Abschnitt geht es nun darum, eine passende Benutzeroberfläche bereitzustellen, über die der Anwender neue Projekte anlegen und die rele- vanten Parameter wie Start- und Enddatum sowie Kunde (**Customer**) und Durchführungsort (**Location**) des Projekts erfassen kann.

Abbildung 7.23 zeigt die Analytic Application zur Projektplanung. Die Ober- fläche entspricht im Wesentlichen der in Kapitel 4, »Fortgeschrittene Pla- nungsfunktionen«, gezeigten Story. Hier steht jedoch neben den beiden Ta- bellen und dem Auslöser der Datenaktion noch eine Schaltfläche zur Verfügung, über die ein neues Projekt erstellen werden kann.

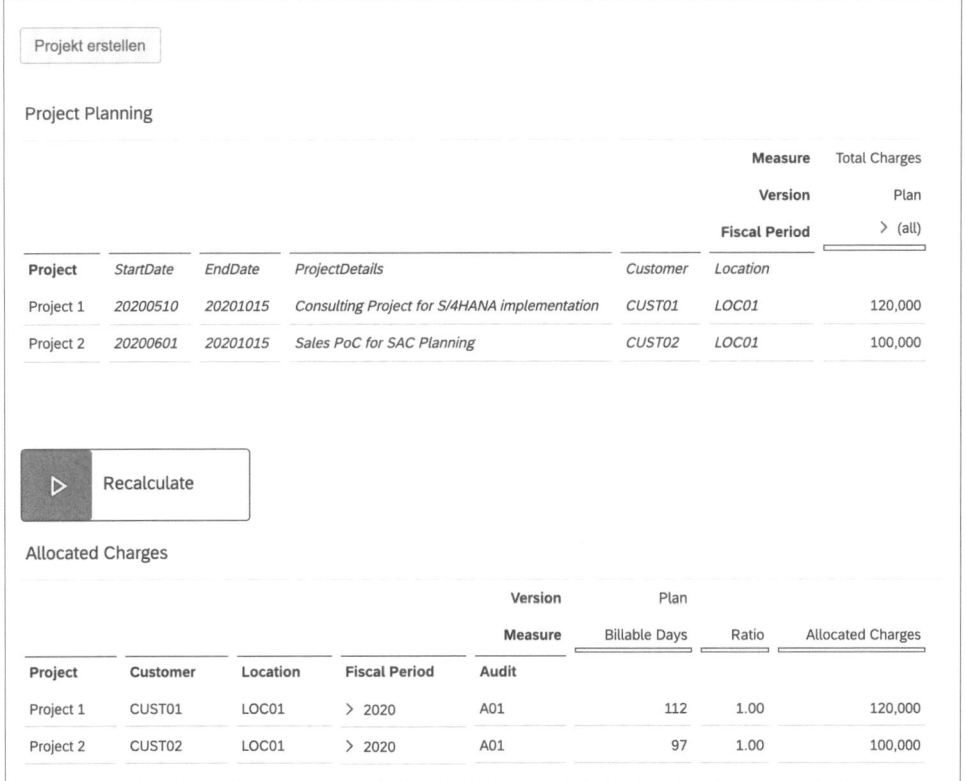

Abbildung 7.23 Applikation zur Projektkostenplanung

Ein Klick auf diese Schaltfläche öffnet ein Pop-up-Fenster, das in Abbildung 7.24 gezeigt ist. In diesem Dialog können die Planenden neben Projekt-ID und Name insbesondere das Start- und Enddatum des Projekts auswählen.

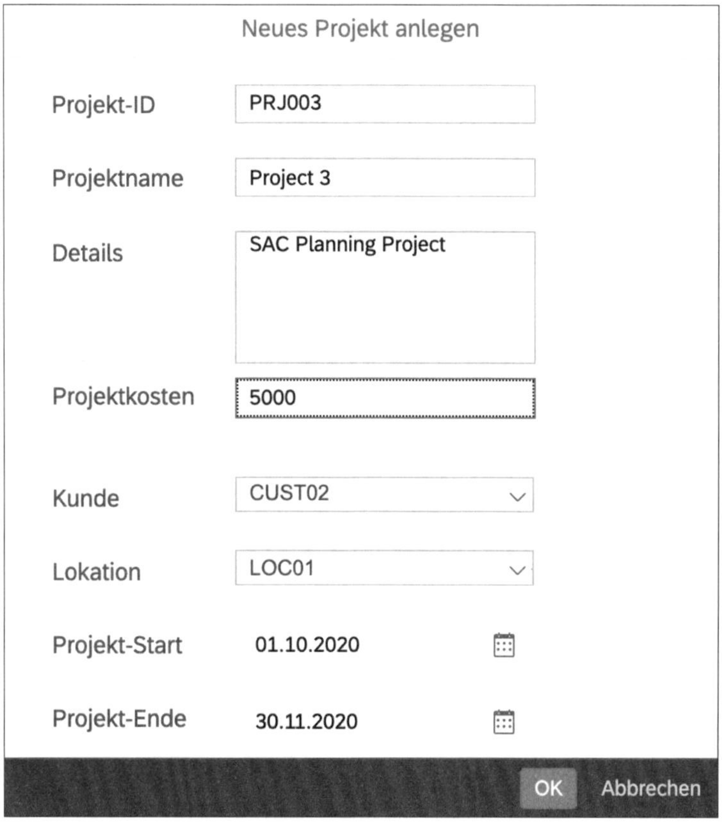

Neues Projekt anlegen

Projekt-ID	PRJ003
Projektname	Project 3
Details	SAC Planning Project
Projektkosten	5000
Kunde	CUST02
Lokation	LOC01
Projekt-Start	01.10.2020
Projekt-Ende	30.11.2020

OK   Abbrechen

Abbildung 7.24 Neues Projekt erstellen

Benutzerdefiniertes Widget zur Datumsauswahl

Zur Auswahl des Datums kommt ein sogenanntes *benutzerdefiniertes Widget* zum Einsatz, das in Abbildung 7.25 dargestellt ist. Hierbei handelt es sich um eine Komponente, die Sie selbst erstellen können, um so genau auf die Anforderungen der Fachabteilung eingehen zu können. Das Erstellen dieses benutzerdefinierten Widgets wird in Abschnitt 7.2, »Benutzerdefinierte Widgets«, im Detail erläutert.

Abbildung 7.26 zeigt die Komponenten, aus denen die Analytic Application aufgebaut ist. Im Grafikbereich ist neben den Standardkomponenten der beiden Tabellen und dem Auslöser für die Datenaktion noch die Schaltfläche **NewProjectButton** zum Anlegen eines neuen Projekts enthalten.

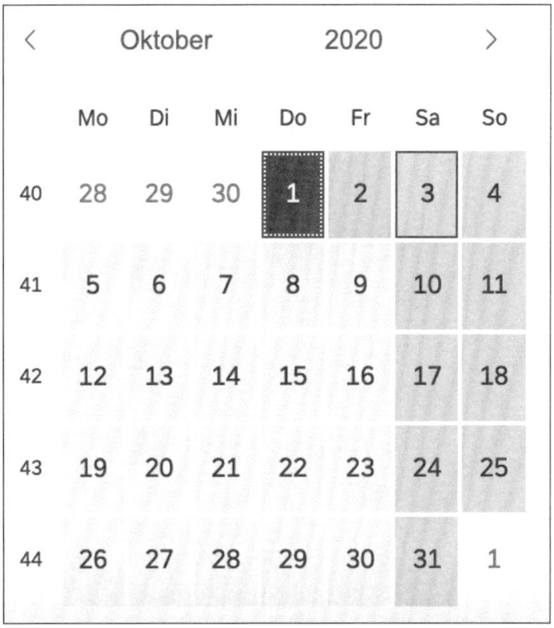

Abbildung 7.25 Benutzerdefiniertes Widget zur Datumsauswahl

Durch einen Klick auf diese Schaltfläche wird das Pop-up-Fenster **CreatePro-jectPopup** angezeigt. Als weiteres Element verfügt die Anwendung über ein Objekt vom Typ **PlanningObject** zum Anlegen der neuen Projektstamm-daten. Außerdem wird ein Skriptobjekt definiert, das über zwei Methoden verfügt, um Datumswerte in einen String mit gewünschtem Format zu kon-vertieren.

Unmittelbar nach dem Laden der Applikation wird die Methode `onInitia-lization()` ausgeführt, in der die Elemente einiger Dimensionen geladen werden, um damit Drop-down-Felder zu initialisieren, über die der Benut-zer Customer und Location des Projekts auswählen kann.

Initialisieren der Anwendung über onInitialization()

```
var customers = ProjectTable.getDataSource().\
    getMembers("CUSTOMER");

for(var i=0;i<customers.length;i++) {
    if(customers[i].id !== "#") {
        CustomerDropdown.addItem(customers[i].id,
            customers[i].description);
    }
}
var locations = ProjectTable.getDataSource().\
    getMembers("LOCATION");
```

```
for(var j=0;j<locations.length;j++) {
    if(locations[j].id !== "#") {
        LocationDropdown.addItem(locations[j].id,
            locations[j].description);
    }
}
```

Listing 7.11 Initialisierung über onInitialization()

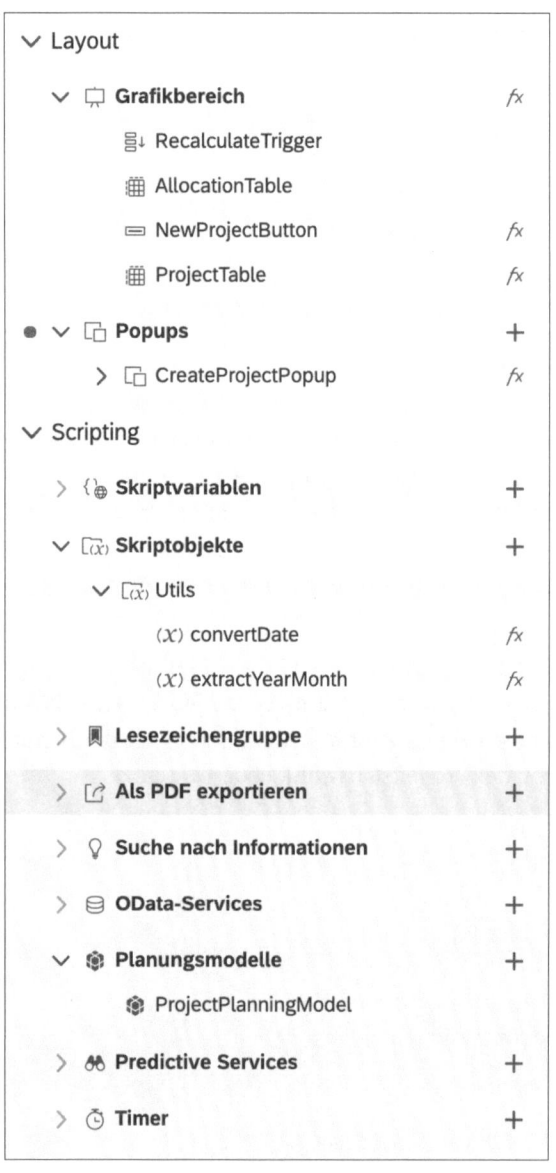

Abbildung 7.26 Komponenten der Analytic Application

Der Kernbestandteil dieser Applikation besteht darin, aus den Benutzerangaben, die über die Eingabemaske aus Abbildung 7.24 erfasst werden, ein neues Element der Dimension **Projekt** zu erstellen. Das Skript, das dies umsetzt, ist in Listing 7.12 gezeigt und wird ausgeführt, wenn der Planer im Popup-Fenster die Schaltfläche **Ok** betätigt.

```
var startPeriod = Utils.extractYearMonth(\
    StartDatePicker.getDateVal());
var newProject = cast(Type.PlanningModelMember, {
    id: ProjectIdField.getValue(),
    description: ProjectNameField.getValue(),
    properties: {
        StartDate : Utils.convertDate(\
            StartDatePicker.getDateVal()),
        EndDate : Utils.convertDate(\
            EndDatePicker.getDateVal()),
        ProjectDetails : ProjectDetailsArea.getValue(),
        Customer: CustomerDropdown.getSelectedKey(),
        Location: LocationDropdown.getSelectedKey(),
        StartMonth: startPeriod
    }
});

ProjectPlanningModel.createMembers("PROJECT", newProject);
ProjectTable.getDataSource().setDimensionFilter( "FISCPER",
    {value:"[FISCPER].[YQM].&[" + startPeriod + "]"});

ProjectTable.getPlanning().setUserInput({
    "@MeasureDimension":
     [MEASURE].[parentId].&[TOTAL_CHARGES]",
    Version: "public.Plan",
    PROJECT: "PRJ003",
    FISCPER: "[FISCPER].[YQM].&[" + startPeriod + "]"
}, ProjectChargesField.getValue());

ProjectTable.getPlanning().submitData();
ProjectTable.getDataSource().removeDimensionFilter("FISCPER");
ProjectTable.getDataSource().refreshData();
CreateProjectPopup.close();
```

Listing 7.12 Neues Projekt anlegen

Als Erstes wird ein Objekt vom Typ **PlanningModelMember** definiert. Dieses Objekt spezifiziert das neue Element für die Dimension **Projekt** und enthält alle Attribute für das neue Element. Die Attributwerte werden dabei aus den einzelnen UI-Komponenten des Pop-up-Fensters entnommen. Im Beispiel werden die Werte direkt ohne weitere Prüfung übernommen.

In einer echten Anwendung würde noch eine Prüfung erfolgen, ob die eingegebenen Werte bestimmte Kriterien erfüllen, z. B. ob es sich bei den Projektkosten wirklich um einen numerischen Wert handelt. Aus Gründen der besseren Verständlichkeit wurde in diesem Beispiel bewusst darauf verzichtet.

Über die Methode `createMembers()` wird dann das neue Element erzeugt. Abbildung 7.27 zeigt die entsprechende Ansicht in der Modellierungsumgebung mit dem neuen Dimensionselement.

	Element-ID ≜	Beschreibung	StartDate	EndDate	ProjectDetails	Customer	StartMonth	Location
1	#	Unassigned						
2	PRJ001	Project 1	20200510	20201015	Consulting Project for S/...	CUST01	202005	LOC01
3	PRJ002	Project 2	20200601	20201015	Sales PoC for SAC Plan...	CUST02	202006	LOC01
4	PRJ003	Project 3	20201001	20201130	SAC Planning Project	CUST02	202010	LOC01

Abbildung 7.27 Neu erzeugtes Element der Dimension »Project«

Die Projektkosten werden anschließend über die Methoden `setUserInput()` und `submitData()` in die Planungstabelle übernommen. Zuletzt wird das Pop-up-Fenster geschlossen.

Die Anwenderin oder der Anwender kann nun die Datenaktion anstoßen und die Projektkosten über die Laufzeit verteilen. Abbildung 7.28 zeigt die Planungsanwendung nach der Verteilung der Projektkosten. In der oberen Tabelle ist das neu angelegte Projekt mit den zugehörigen Stammdaten zu sehen, die über das Pop-up-Fenster erfasst wurden. Nach dem Ausführen der Datenaktion sind in der unteren Tabelle die über die Laufzeit des Projekts verteilten Kosten dargestellt.

Das Beispiel sollte hauptsächlich dazu dienen die Verwendung der Programmierschnittstelle zum Erzeugen neuer Dimensionselemente zu veranschaulichen. Das Beispiel lässt sich auf sehr viele Anwendungsfälle übertragen, bei denen das Erstellen neuer Stammdaten wichtiger Bestandteil des Planungsprozesses ist.

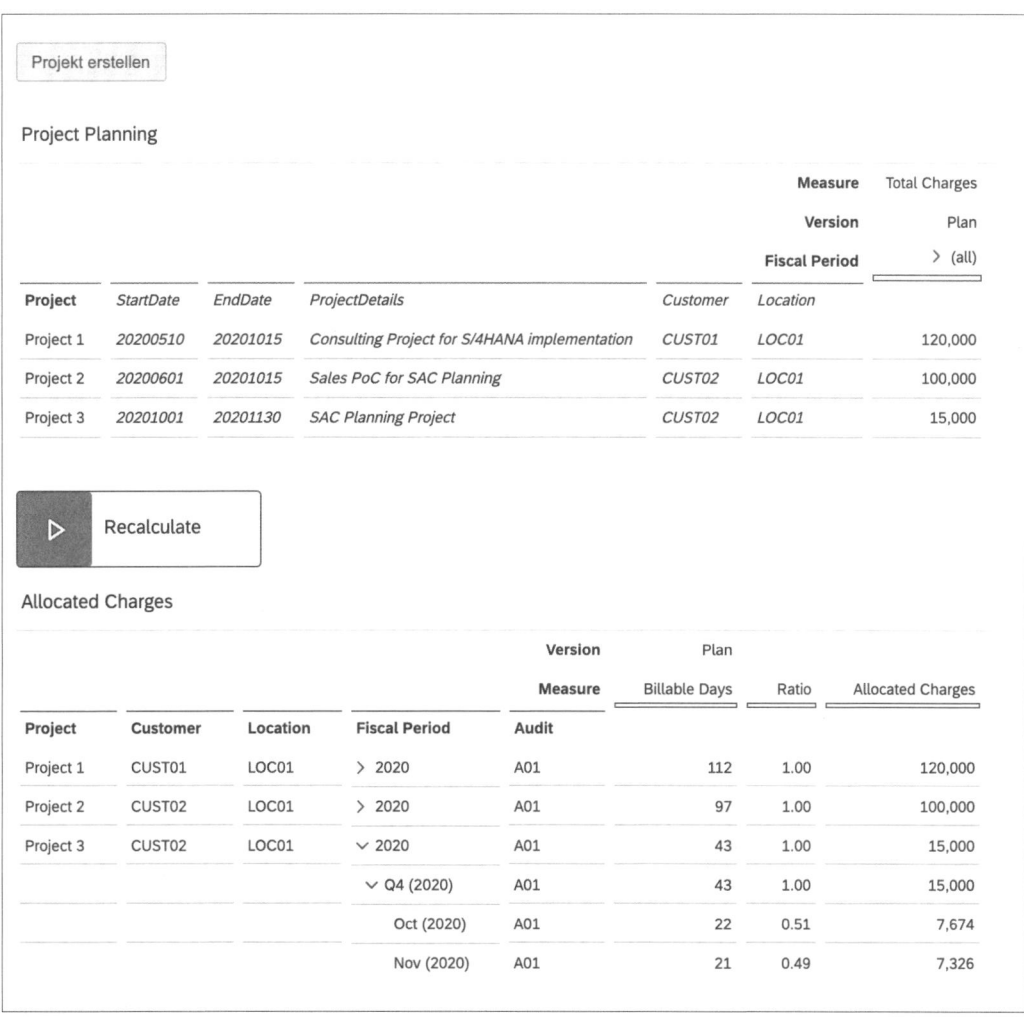

Abbildung 7.28 Verteilte Projektkosten des neu erstellten Projekts

Daneben wurden weitere Aspekte der Analytic Application demonstriert, wie der Einsatz von Pop-up-Fenstern.

7.2   Benutzerdefinierte Widgets

Im Beispiel aus dem letzten Abschnitt zur Projektplanung wurde für die Datumsauswahl ein spezielles Widget verwendet, das nicht Bestandteil der Standardkomponenten von SAP Analytics Cloud ist. Bei diesem Widget handelt es sich um ein Beispiel für ein sogenanntes *benutzerdefiniertes Widget* (*Custom Widget*). Benutzerdefinierte Widgets können von Kunden oder auch Partnern für SAP Analytics Cloud selbst entwickelt und über eine definierte Schnittstelle in eine Analytic Application integriert werden. Auf diese Weise können Sie Komponenten erstellen und in SAP Analytics Cloud verwenden, die genau auf die Anforderungen eines bestimmten Anwendungsfalles abgestimmt sind.

Webkomponenten

Technisch verwenden benutzerdefinierte Widgets sogenannte *Webkomponenten (Web Components)*, eine Technologie, die bei der Entwicklung von Webanwendungen verwendet wird, um benutzerdefinierte HTML-Komponenten zu erstellen, deren Funktionalität gekapselt ist und die auf diese Weise in anderen Projekten wiederverwendet werden können.

7.2.1   Benutzerdefinierte Widgets erstellen und nutzen

Bestandteile eines benutzerdefinierten Widgets

Um ein benutzerdefiniertes Widget zu erstellen und in eine Analytic Application in SAP Analytics Cloud einbinden zu können, müssen Sie die folgenden technischen Artefakte bereitstellen, die zusammen das benutzerdefinierte Widget bilden:

- Metadaten
- Webkomponente für das eigentliche Widget
- optionale Webkomponente für das Builder-Panel
- optionale Webkomponente für das Styling-Panel

Bei den Metadaten handelt es sich um eine JSON-Datei, die in den SAP Analytics Cloud Tenant importiert werden muss. Die Metadaten stellen die notwendigen Informationen bereit, damit das Widget in eine Analytic Application integriert werden kann. Zu diesen Informationen zählen die Eigenschaften, Methoden und Ereignisse, die das Widget bereitstellt, sowie die Information, wo die Implementierung der Webkomponenten zur Verfügung gestellt wird. Insbesondere der letzte Punkt soll hier noch einmal genauer erläutert werden.

Bereitstellen der Webkomponenten

Die Implementierung der Webkomponenten, also hauptsächlich die Java-Script-Dateien und Stylesheets, werden zur Laufzeit nicht durch den SAP-Analytics-Cloud-Server bereitgestellt, sondern müssen von einem externen Server zur Verfügung gestellt werden. Die URL, unter der die Webkomponenten geladen werden können, muss in den Metadaten enthalten sein. Abbildung 7.29 zeigt diesen Zusammenhang noch einmal schematisch. Die JSON-Datei mit den Metadaten muss in SAP Analytics Cloud importiert werden. Dadurch stehen der Entwicklungsumgebung des Analytics Designer die notwendigen Informationen zur Verfügung, um dem Entwickler der Analytic Application das Einbinden des benutzerdefinierten Widgets in die eigene Applikation zu ermöglichen.

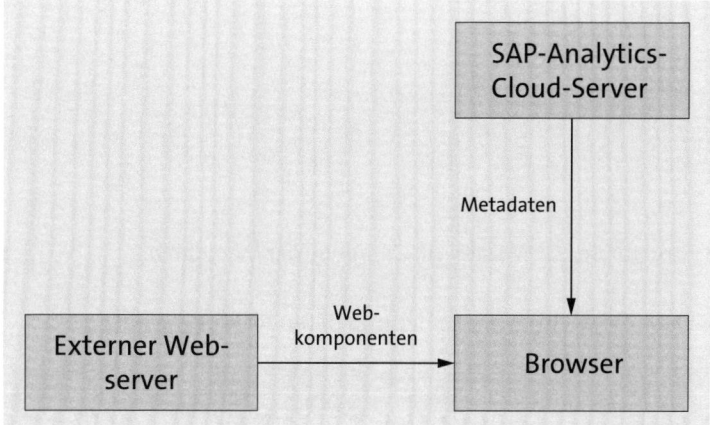

Abbildung 7.29 Laufzeitverhalten eines benutzerdefinierten Widgets

Zur Laufzeit wird die Analytic Application im Webbrowser des Benutzers ausgeführt. Dazu wird die Applikation vom SAP-Analytics-Cloud-Server geladen und in der JavaScript-Umgebung des Browsers zur Ausführung gebracht. Der Programmcode, der für die benutzerdefinierten Widgets benötigt wird, wird auf einem externen Server bereitgestellt und zum Ausführungszeitpunkt der Applikation von diesem geladen. Falls Sie selbst benutzerdefinierte Widgets entwickeln und einsetzen möchten, müssen Sie daran denken, die Webkomponenten auf einem geeigneten Webserver zur Verfügung zu stellen.

7.2.2   Aufbau der Metadaten

Wie bereits oben ausgeführt, beschreiben die Metadaten in Form eines JSON-Strings den Aufbau des benutzerdefinierten Widgets. Hierzu zählen einige allgemeine Informationen wie Name, Beschreibung und Version, aber auch technische Informationen wie die Eigenschaften, Methoden und Ereignisse, über die das Widget verfügt. Die Struktur der Metadaten ist in Listing 7.13 dargestellt.

JSON-Format für Metadaten

```
{
    "name": "Widget Name",
    "description": "Ein benutzerdefiniertes Widget",
    "eula": "",
    "vendor": "",
```

```
    "license": "",
    "id": "com.vendor.widget.0",
    "newInstancePrefix": "Widget",
    "version": "0.0.1",
    "icon": "",
    "webcomponents": [],
    "properties": {},
    "methods": {},
    "events": {}
}
```

Listing 7.13 Struktur der JSON-Datei zur Definition der Metadaten

Tabelle 7.4 listet die wichtigsten Felder und deren Bedeutung auf.

Feld	Bedeutung
id	Technischer Bezeichner des Widgets.
newInstancePrefix	Legt fest, wie die Designer-Umgebung standard-mäßig den Bezeichner einer neuen Komponente vergibt.
icon	URL zu einem Icon, das für das Widget in SAP Analytics Cloud verwendet wird.
webcomponents	Enthält Informationen zu den JavaScript-Dateien der Webkomponenten, die für das Widget verwendet werden.
properties	Definiert die Eigenschaften des Widgets.
methods	Definiert die Methoden inklusive Parameter und Rückgabewert, die das Widget exponiert. Methoden dienen dazu, den Zustand des Widgets zu ändern oder gewisse Funktionalitäten auszuführen.
events	Definiert die Ereignisse, auf die Sie in der Analytical Application über Ereignisbehandlungsroutinen reagieren können.

Tabelle 7.4 Wichtige Metadatenfelder

7.2.3   Aufbau der Webkomponente

Die eigentliche Funktionalität des benutzerdefinierten Widgets wird über Webkomponenten implementiert. Hierbei handelt es sich im Wesentlichen um eine JavaScript-Datei, die einer gewissen Struktur folgt. Die Webkomponente definiert ein benutzerdefiniertes HTML-Element und eine Klasse, die die eigentliche Funktionalität der Komponenten implementiert. Diese Klasse leitet von `HTMLElement` ab und kann einige vordefinierte Methoden implementieren, die im Lebenszyklus des benutzerdefinierten Widgets zu bestimmten Zeitpunkten aufgerufen werden. Tabelle 7.5 listet diese Methoden auf.

Methode	Beschreibung
`constructor()`	Konstruktor der Web-komponente. Wird aufgerufen, wenn das Widget initial instan-tiiert wird.
`connectedCallback()`	Wird aufgerufen, wenn die Komponente zum DOM der HTML-Seite hinzugefügt wird.
`disconnectedCallback()`	Wird aufgerufen, wenn das Widget aus dem DOM entfernt wird.
`onCustomWidget-BeforeUpdate()`	Wird aufgerufen, bevor der Wert einer Eigenschaft des Widgets geändert wird.
`onCustomWidget-AfterUpdate()`	Wird aufgerufen, nachdem der Wert einer Eigenschaft des Widgets geändert worden ist.
`onCustomWidgetDestroy()`	Destruktor des Widgets.
`onCustomWidgetResize()`	Wird aufgerufen, wenn sich die Größe des Widgets ändert und das Widget aktiv ist.

Tabelle 7.5 Standardmethoden eines benutzerdefinierten Widgets

Weiterführende Informationen zu benutzerdefinierten Widgets
Eine detaillierte Beschreibung aller Aspekte der Entwicklung benutzerdefinierter Widgets würde den Rahmen dieses Buches bei Weitem sprengen. Falls Sie an diesem Thema interessiert sind, finden Sie detailliertere Informationen in der unter folgendem Link zu findenden Blog-Serie zu diesem Thema: *https://blogs.sap.com/2020/01/27/your-first-sap-analytics-cloud-custom-widget-introduction/*

Abschnitt 7.2.4, »Ein benutzerdefiniertes Widget importieren«, beschreibt, wie Sie ein benutzerdefiniertes Widget in SAP Analytics Cloud einbinden. Abschnitt 7.2.5, »Beispiel: Datumsauswahl über ein benutzerdefiniertes Widget«, zeigt ein kleines Beispiel, das eine Datumsauswahl unter der Verwendung der entsprechenden SAPUI5-Komponente als benutzerdefiniertes Widget implementiert.

7.2.4   Ein benutzerdefiniertes Widget importieren

Falls Sie ein benutzerdefiniertes Widget in SAP Analytics Cloud verwenden möchten, sei es, weil Sie dieses Widget selbst entwickelt haben oder weil Sie Zugang zu einem bereits vorhandenen Widget haben, müssen Sie zuerst die Metadaten in Form einer JSON-Datei in SAP Analytics Cloud importieren.

Dazu navigieren Sie im Hauptmenü über den Pfad ☰ • **Durchsuchen** • **Benutzerdefinierte Widgets**. In dieser Sicht werden alle im System verfügbaren benutzerdefinierten Widgets aufgelistet. Um ein neues benutzerdefiniertes Widget zu importieren, klicken Sie auf die Schaltfläche ⊞ (**Erstellen**) in der Werkzeugleiste. Anschließend wählen Sie in dem Dialogfenster die JSON-Datei mit den Metadaten des Widgets aus (siehe Abbildung 7.30). Diese Datei muss Ihnen vorliegen. Da in diesem Beispiel auf die Integritätsprüfung verzichtet wird (siehe Erläuterung zur Eigenschaft **integrity** im folgenden Beispiel), erscheint eine Warnung, die Komponente nicht produktiv einzusetzen.

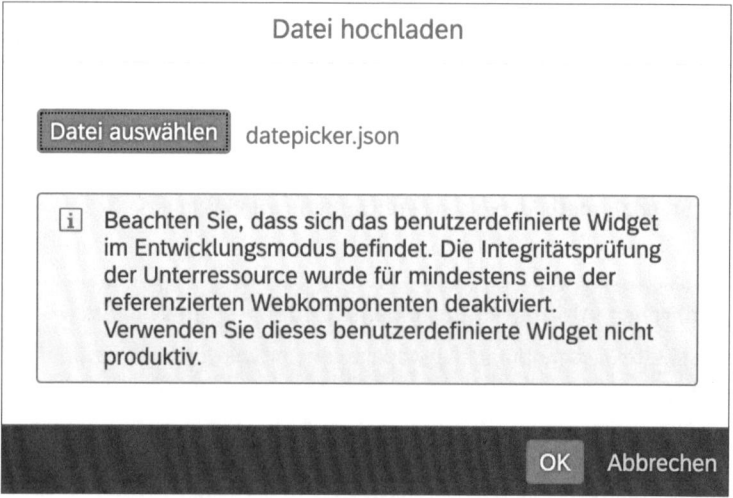

Abbildung 7.30 Metadaten importieren

Benutzerdefiniertes Widget verwenden

Nach dem erfolgreichen Import wird das benutzerdefinierte Widget in der Liste angezeigt und kann innerhalb einer Analytic Application verwendet werden (siehe Abbildung 7.31). Dabei müssen Sie sicherstellen, dass der Webserver, auf dem die Webkomponenten zur Verfügung gestellt werden, zum Ausführungszeitpunkt aus der Analytic Application heraus erreichbar ist.

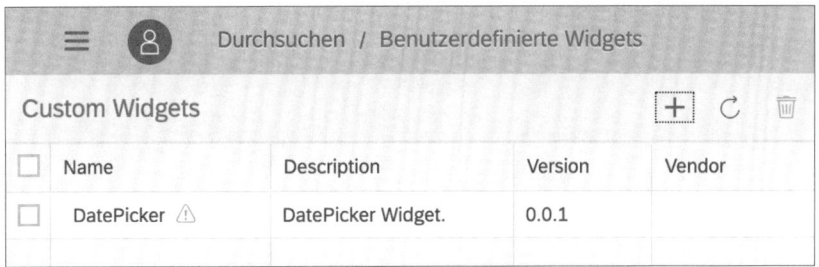

Abbildung 7.31 Liste der benutzerdefinierten Widgets im Tenant

Das neu hinzugefügte Widget kann im Analytics Designer über das Untermenü **Benutzerdefinierte Widgets** zu einer Analytic Application hinzugefügt werden (siehe Abbildung 7.32).

▣ Bild		
♂△ Form		
☐ Weitere Widgets	>	
☐ Benutzerdefinierte Widgets	>	DatePicker v0.0.1 ⚠

Abbildung 7.32 Benutzerdefiniertes Widget verwenden

7.2.5   Beispiel: Datumsauswahl über ein benutzerdefiniertes Widget

Im Folgenden soll als Beispiel die Implementierung der Komponente zur Datumsauswahl als benutzerdefiniertes Widget gezeigt werden, die im vorangehenden Abschnitt für das Projektplanungsbeispiel verwendet wurde.

SAPUI5-Komponenten in ein benutzerdefiniertes Widget einbinden

Die Implementierung dieses Widgets ist relativ unkompliziert, da hier auf eine bereits existierende Komponente aus der SAPUI5-Bibliothek zurückgegriffen wird. Diese Komponente stellt die Funktionalität der Datumsauswahl über einen grafischen Kalender bereit, sodass Sie diese nicht selbst implementieren müssen. Der Einfachheit wegen soll hier auch nur auf die Implementierung der Hauptkomponente eingegangen werden. Die Webkomponenten für das Builder- bzw. Styling-Panel sollen hier nicht behandelt werden.

Das benutzerdefinierte Widget kann im Wesentlichen durch zwei Dateien bereitgestellt werden. Zum einen wird eine JSON-Datei mit den erforderlichen Metadaten benötigt und zum anderen eine JavaScript-Datei, die die eigentliche Webkomponente zur Verfügung stellt.

Listing 7.14 zeigt die JSON-Datei für die Metadaten des benutzerdefinierten Widgets.

```json
{
    "name": "DatePicker",
    "description": "DatePicker Widget.",
    "newInstancePrefix": "DatePicker",
    "eula": "",
    "vendor": "",
    "license": "",
    "id": "datepicker",
    "version": "0.0.1",
    "icon": "",
    "webcomponents": [{
        "kind": "main",
        "tag": "date-picker",
        "url": "http://localhost:8888/datepicker.js",
            "integrity": "",
            "ignoreIntegrity": true
    }],
    "properties": {
        "date": {
            "type": "Date",
            "description": "default date"
        },
        "width": {"type": "integer","default": 200},
        "height": {"type": "integer","default": 48}
    },
    "methods": {
        "getDate": {
            "returnType": "Date",
            "description": "get date",
            "parameters": [],
            "body": "return this.date;"
        },
        "setDate": {
            "description": "set date",
            "parameters": [
                {
                    "name": "newDate",
                    "type": "Date",
                    "description": "new date"
                }
```

```
        ],
        "body": "this.date = newDate;"
      }
    },
    "events": {
      "onChange": {
        "description": "Called when the user\
          changes the selected date."
      }
    }
  }
}
```

Listing 7.14 Metadaten der Datumsauswahl

Neben den bereits oben beschriebenen Feldern zur Identifikation des Widgets wie ID und Description werden hier insbesondere die Felder **webcomponents**, **properties**, **methods** und **events** beschrieben. Das Widget umfasst nur eine Webkomponente, nämlich die Hauptkomponente, die die eigentliche Datumsauswahl ermöglicht. Dies wird über das Feld **kind** mit dem Wert **main** festgelegt. Daneben verweist das Feld **url** auf den Ort, von dem die Implementierung der Webkomponente geladen werden kann. Hier wird ein lokaler Webserver verwendet. In einem produktiven Szenario müsste man natürlich einen Server definieren, der zur Laufzeit von der Analytic Application erreichbar ist.

Die Metadaten des benutzerdefinierten Widgets

Daneben müsste man ebenso einen Wert für das Feld **integrity** angeben. Über diesen Hashwert kann das System die Integrität der Webkomponente zur Laufzeit prüfen. Im Rahmen von Test- und Entwicklungszwecken können Sie die Einstellung über das Feld **ignoreIntegrity** jedoch ignorieren.

Integritätsprüfung ausschalten

Das Feld **properties** listet die Eigenschaften des benutzerdefinierten Widgets auf. Das Widget verfügt über die Eigenschaften **width** und **heigth** zum Definieren der Größe des Widgets sowie über die eigentliche Eigenschaft **date**, die das vom Benutzer ausgewählte Datum speichert.

Eigenschaften des Widgets definieren

Über das Feld **methods** werden zwei Methoden definiert, die das Datum der Komponente setzen bzw. auslesen. Die Metadaten der Methoden enthalten neben dem Namen und der Beschreibung Informationen zu den Parametern und dem Rückgabetyp der Methode. Darüber hinaus wird der Methodenrumpf angegeben.

Methoden des Widgets definieren

Zuletzt wird über das Feld **events** eine Ereignisbehandlungsroutine definiert, die immer dann aufgerufen wird, wenn der Benutzer das ausgewählte Datum ändert. Die Ereignisbehandlungsroutine steht Ihnen im Analytics Designer zur Verfügung, um bei Bedarf mit eigenem Programmcode auf das

Ereignisse des Widgets definieren

Auftreten des Ereignisses reagieren zu können. Die definierten Eigenschaften und Methoden können in der Analytic Application verwendet werden, um Informationen aus dem Widget auszulesen oder Eigenschaften zu ändern bzw. Funktionen, die die Komponente eventuell bereitstellt, anzustoßen, was bei der Komponente zur Datumsauswahl nicht der Fall ist.

Die JSON-Datei kann nun wie in Abschnitt 7.2.4, »Ein benutzerdefiniertes Widget importieren«, dargestellt, in SAP Analytics Cloud importiert werden. Das benutzerdefinierte Widget kann innerhalb einer Analytic Application verwendet werden.

Die Implementierung der eigentlichen Webkomponente, die über einen externen Webserver bereitgestellt wird, ist in Listing 7.15 dargestellt.

```
(function () {
    let version = "0.0.1";
    let tmpl = document.createElement('template');

    class DatePicker extends HTMLElement {
        constructor() {
            super();
            this.init();
        }

        init() {
            if (this.children.length === 2) return;
            this.appendChild(tmpl.content.cloneNode(true));

            this.datePicker = new sap.m.DatePicker ({
                change: function () {
                    this.fireChanged();
                    this.dispatchEvent(new Event(
                        "onChange"));
                }.bind(this)
            });
            this.datePicker.placeAt(this);
        }

        fireChanged() {
            var properties = {
                date: this.datePicker.getDateValue() };
            this.dispatchEvent(new
        CustomEvent("propertiesChanged", {
                detail: {
```

```
                properties: properties
            }
        }));
    }

    set date(value) {
        if (value == undefined || !this.datePicker)
    return;
        if (typeof (value) === "string") value = new
    Date(value);
        this.datePicker.setDateValue(value);
    }
}

customElements.define('date-picker', DatePicker);
})();
```

Listing 7.15 Webkomponente der Datumsauswahl

Neben der Setter-Methode zum Setzen des Datums und der Methode fire-Changed(), die dazu dient ein Ereignis auszulösen, wenn sich der Wert des Datums geändert hat, ist insbesondere der Konstruktor der Webkomponente interessant. Der Konstruktor ruft die Methode init() auf, die ein neues Objekt vom Typ sap.m.DatePicker erzeugt. Hierbei handelt es sich um eine schon fertige Komponente zur Datumsauswahl, die über die SAPUI5-Bibliothek zur Verfügung gestellt wird.

Implementierung der Webkomponente

Diese Komponente bringt die benötigte Funktionalität zur Datumsauswahl bereits mit. Sie muss deshalb nur noch über die Webkomponente bereitgestellt werden, um als benutzerdefiniertes Widget in SAP Analytics Cloud verwendet werden zu können.

7.3   SAP Analytics Cloud, Add-in für Microsoft Office

In diesem Buch haben wir bisher zwei verschiedene Möglichkeiten gezeigt, Benutzeroberflächen für Planungsanwendungen mit SAP Analytics Cloud zu erstellen: Zum einen können Sie mithilfe der Story Planungsmasken definieren und dabei Standardkomponenten wie die Tabelle oder Diagramme verwenden (siehe Kapitel 3, »Planungsintegration in die Story«). Der große Vorteil bei der Verwendung der Story besteht darin, dass Sie relativ schnell und ohne spezielle Kenntnisse im Umgang mit Skriptsprachen benutzerfreundliche Oberflächen erstellen können. Die andere Möglichkeit wurde in diesem Kapitel vorgestellt.

Zum anderen können Sie komplexe Anforderungen an eine Benutzeroberfläche für Planungsanwendungen mithilfe der Analytic Application umsetzen, wie Sie es in diesem Kapitel gelernt haben. Neben den Komponenten der Story stehen Ihnen auch Elemente wie Schaltflächen, Drop-down-Felder und weitere Elemente zur Benutzerinteraktion zur Verfügung.

Microsoft Excel 365 als Oberfläche für SAP Analytics Cloud In diesem Abschnitt soll nun noch eine weitere Möglichkeit neben Story und Analytic Application vorgestellt werden, um auf die Datenmodelle in SAP Analytics Cloud zugreifen und den Planenden eine Benutzeroberfläche für die Plandatenerfassung zur Verfügung stellen zu können.

Hierbei handelt es sich um ein Add-in für Microsoft Excel 365, genauer um *SAP Analytics Cloud Add-in für Microsoft Office 365*. Über dieses Add-in können Benutzer aus Microsoft Excel 365 auf Daten in SAP Analytics Cloud zugreifen. Das Add-in steht dabei prinzipiell sowohl für die Online-Variante von Microsoft Excel 365 als auch für die Desktop-Anwendung zur Verfügung. Des Weiteren können Sie das Add-in auf verschiedenen Plattformen wie Microsoft Windows aber auch Apple Mac OS X verwenden.

7.3.1   SAP Analytics Cloud Add-in für Microsoft Office 365 installieren

Bevor Sie das Add-in in Microsoft Excel 365 nutzen können, müssen Sie dieses erst aktivieren. Dies erfolgt in Microsoft Excel 365 über die Schaltfläche **Office Add-ins** im Ribbon **Insert** (siehe Abbildung 7.33).

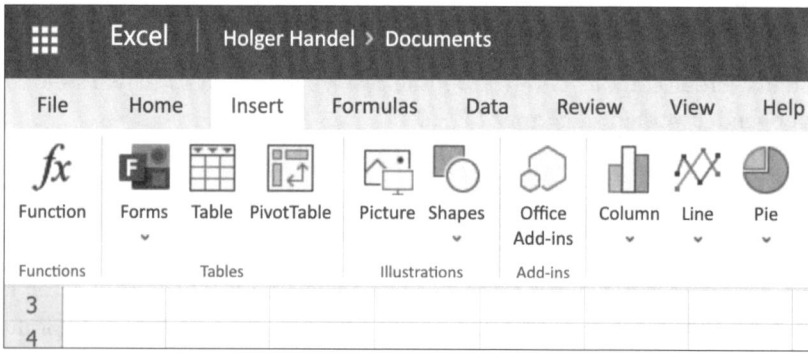

Abbildung 7.33 Microsoft Office Add-ins installieren

Das Add-in kann prinzipiell auf zwei verschiedene Arten installiert werden:

- Installation über den Microsoft Store durch den einzelnen Benutzer
- Zentrale Bereitstellung für eine Organisation durch den Administrator

> **Online Deployment**
>
> Beachten Sie, dass es sich bei der Installation des Add-ins nicht um eine klassische Installation einer Softwarekomponente auf einem lokalen Rechner handelt. Das Add-in wird vielmehr online verfügbar gemacht. Bei der Verfügbarkeit einer neuen Version muss somit kein klassisches Update mehr durchgeführt werden. Sobald der Benutzer Microsoft Excel 365 öffnet und auf das Add-in zugreift, wird immer die aktuelle Version geladen. Die klassischen Probleme, die bei einem zentralen Deployment einer lokalen Softwarekomponente in einer großen Organisation entstehen können, werden durch diesen Ansatz vermieden, was den Einsatz und den Betrieb des Add-ins erheblich erleichtert.

7.3.2   Das SAP Analytics Cloud Ribbon

Sobald SAP Analytics Cloud Add-in für Microsoft Office 365 installiert bzw. aktiviert ist, steht Ihnen ein neues Ribbon mit der Bezeichnung SAP Analytics Cloud zur Verfügung (siehe Abbildung 7.34).

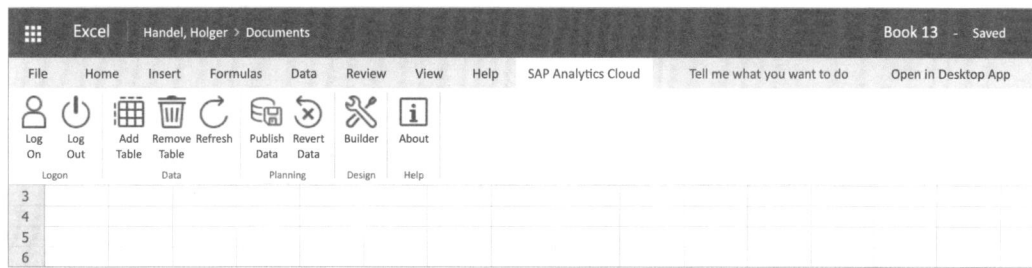

Abbildung 7.34 SAP Analytics Cloud Ribbon

Das Ribbon stellt die folgenden Funktionen bereit:

- **Log On**: an einem SAP Analytics Cloud Tenant anmelden
- **Log Out**: von einem SAP Analytics Cloud Tenant abmelden
- **Add Table**: eine Tabelle in das Excel-Arbeitsblatt einfügen
- **Remove Table**: Tabelle aus dem Arbeitsblatt entfernen
- **Refresh**: angezeigte Daten aus dem Backend aktualisieren
- **Publish Data**: geänderte Plandaten publizieren
- **Revert Data**: Planversion zurücksetzen
- **Builder**: Builder-Panel zur Konfiguration der Tabelle öffnen
- **About**: Informationen über SAP Analytics Cloud Add-in für Microsoft Office 365, wie z. B. die aktuelle Version

Die Funktionen des Ribbon

7.3.3   An einem SAP Analytics Cloud Tenant anmelden

Um Daten aus einem SAP-Analytics-Cloud-Datenmodell in Microsoft Excel 365 darzustellen oder – im Falle von Planungsmodellen – diese auch zu ändern, müssen Sie sich zunächst an einem SAP Analytics Cloud Tenant anmelden. Dies erfolgt über die Schaltfläche **Log On** im SAP Analytics Cloud Ribbon. Nach dem Betätigen der Schaltfläche öffnet sich das in Abbildung 7.35 dargestellte Fenster, in dem Sie die URL Ihres SAP Analytics Cloud Tenant eingeben können.

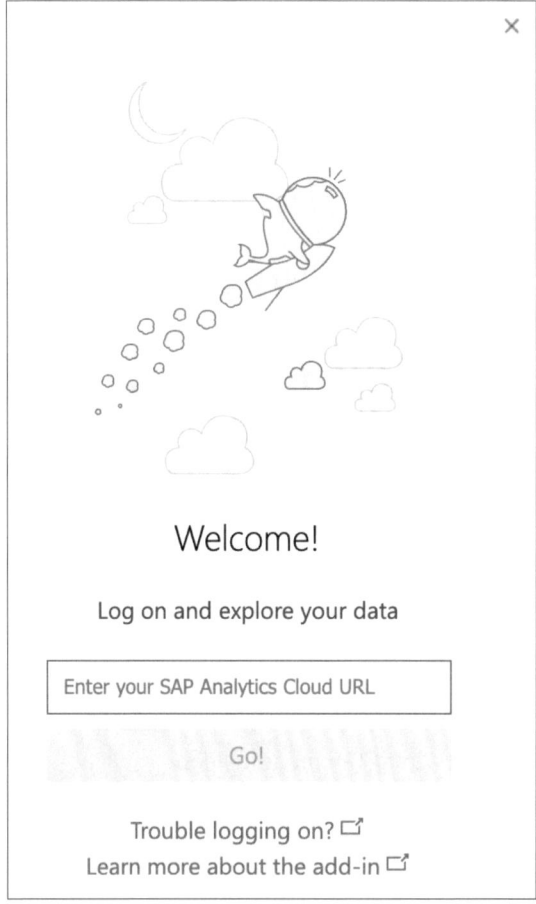

Abbildung 7.35 Mit SAP Analytics Cloud verbinden

Nach dem Bestätigen erscheint im nächsten Schritt ein Authentifizierungsfenster, in dem Sie Ihre Benutzerkennung in das Feld **E-Mail** sowie ein Passwort in das Feld **Password** eingeben müssen (siehe Abbildung 7.36).

Nach erfolgreicher Authentifizierung können Sie nun auf die Datenmodelle zugreifen, die in Ihrem Tenant verfügbar und für die Sie berechtigt sind. Zum Zeitpunkt der Drucklegung können Sie über das SAP Analytics Cloud Add-in für Microsoft Office 365 auf Datenmodelle zugreifen, deren Daten in SAP Analytics Cloud importiert sind. Ein Zugriff auf sogenannte Live-Modelle ist zu diesem Zeitpunkt nicht möglich.

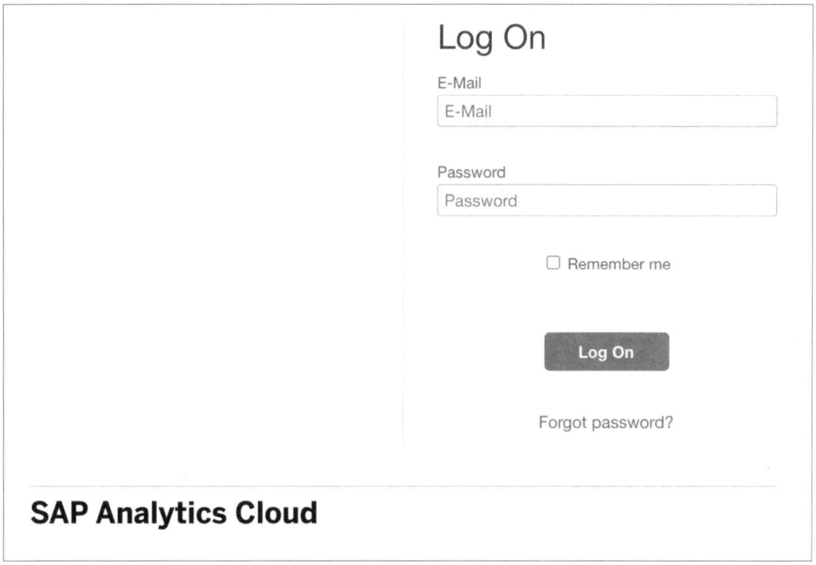

Log On

E-Mail

E-Mail

Password

Password

☐ Remember me

Log On

Forgot password?

SAP Analytics Cloud

Abbildung 7.36 Benutzerauthentifizierung

Über die Schaltfläche **Log Out** des Ribbons können Sie sich wieder vom System abmelden.

7.3.4   Eine Tabelle hinzufügen

Nachdem Sie sich an einem SAP-Analytics-Cloud-System angemeldet haben, können Sie eine Tabelle in das aktuelle Arbeitsblatt einfügen. Dabei handelt es sich um eine Pivot-Tabelle, die das Navigieren durch große Datenmengen entlang der Dimensionen des zugrunde liegenden Datenmodells ermöglicht. Die Tabelle verfügt diesbezüglich über ähnliche Funktionen wie die Tabelle in der Story von SAP Analytics Cloud.

Sie können eine neue Tabelle über die Schaltfläche **Add Table** des Ribbons hinzufügen. Nach dem Betätigen der Schaltfläche erscheint der Auswahldialog aus Abbildung 7.37, über den Sie ein vorhandenes Modell auswählen können.

Eine neue Tabelle hinzufügen

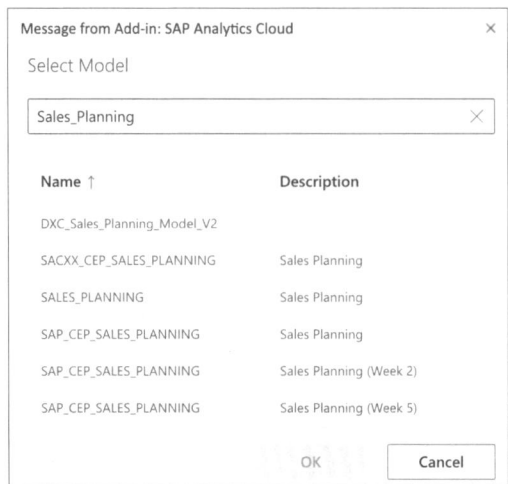

Abbildung 7.37 Datenmodell auswählen

Modell auswählen   Nach dem Bestätigen Ihrer Auswahl wird eine neue Tabelle in das Arbeitsblatt eingefügt. Die Tabelle ist mit dem ausgewählten Datenmodell verknüpft (siehe Abbildung 7.38).

Über das Builder-Panel können Sie die Tabelle konfigurieren und so festlegen, welcher Ausschnitt der Daten dargestellt wird.

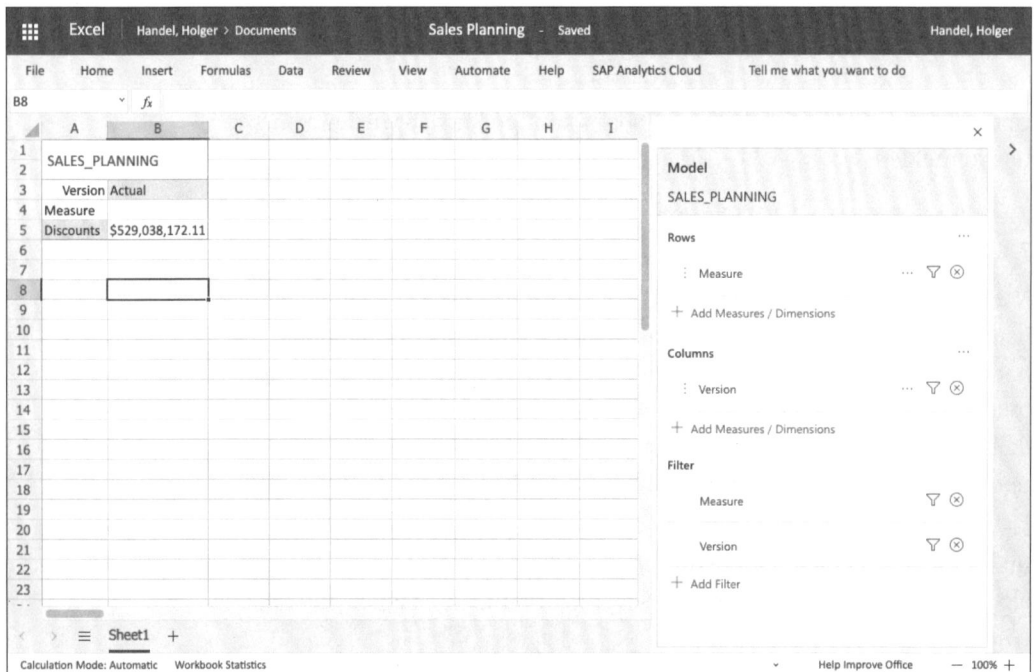

Abbildung 7.38 In das Arbeitsblatt neu eingefügte Tabelle

7.3.5   Tabelle über das Builder-Panel konfigurieren

Das Builder-Panel können Sie über die Schaltfläche ⚒ (**Builder**) im Ribbon SAP Analytics Cloud öffnen. Abbildung 7.39 zeigt das Builder-Panel für das Vertriebsplanungsmodell.

Das Builder-Panel untergliedert sich in drei Bereiche:

Die Bereiche des Builder-Panels

- **Rows**: Dimensionen, die in den Zeilen der Tabelle dargestellt werden
- **Columns**: Dimensionen, die in den Spalten der Tabelle dargestellt werden
- **Filter**: Filtereinstellungen für die einzelnen Dimensionen

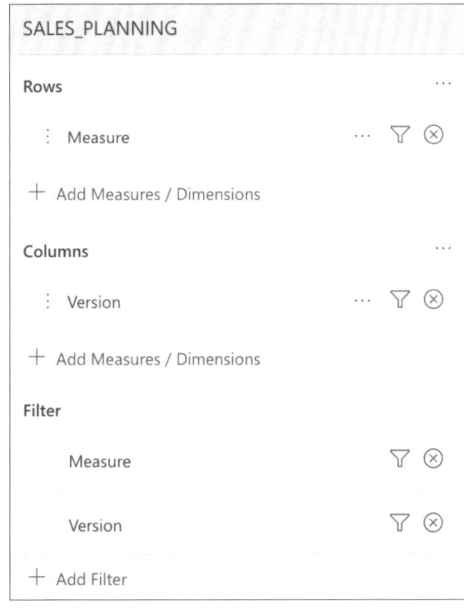

Abbildung 7.39 SAP Analytics Cloud Add-in – Builder-Panel

Standardmäßig ist die Tabelle so konfiguriert, dass die Dimension vom Typ **Konto** in den Zeilen und die Dimension **Version** in den Spalten dargestellt wird. Über die Schaltfläche **Add Measures / Dimensions** können Sie weitere Dimensionen zu den Zeilen oder Spalten hinzufügen. Nach einem Klick auf diese Schaltfläche sehen Sie den Auswahldialog aus Abbildung 7.40.

Sie können die Anordnung der Dimensionen, d. h. die Reihenfolge innerhalb der Zeilen und Spalten, auch beliebig verändern, indem Sie den Eintrag einer Dimension mit der Maus an die gewünschte Stelle verschieben.

Dimensionen anordnen

Für die einzelnen Dimensionen können Sie im Builder-Panel noch weitere Einstellungen vornehmen und so z. B. festlegen, welche Attribute angezeigt werden oder welche Hierarchie für die Darstellung verwendet wird, sofern für die jeweilige Dimension eine Hierarchie definiert wurde.

Attribute und Hierarchien auswählen

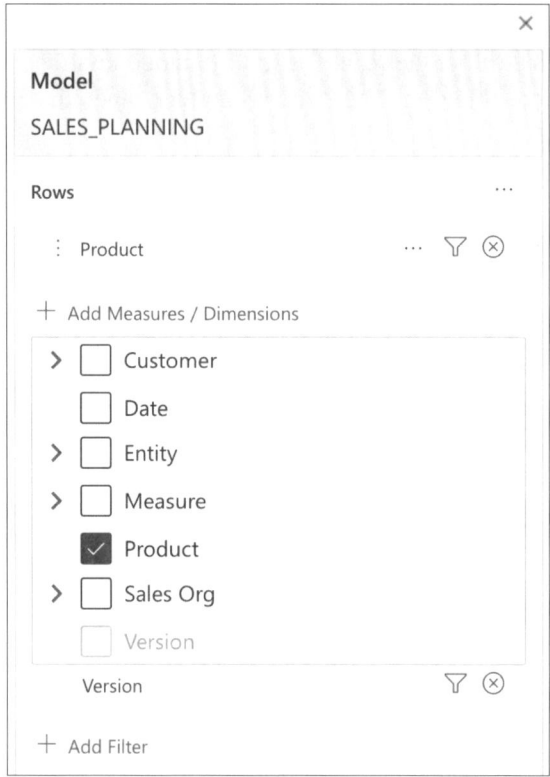

Abbildung 7.40 Dimension »Product« zu den Zeilen hinzufügen

Abbildung 7.41 zeigt am Beispiel der Zeitdimension, wie Sie die Anzeigehierarchie oder die dargestellten Attribute über das Menü einer Dimension im Builder-Panel festlegen können.

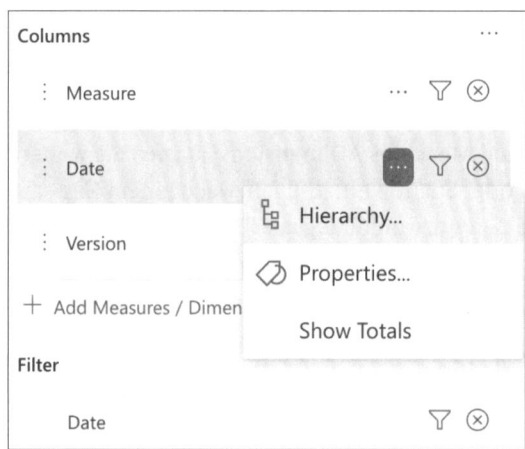

Abbildung 7.41 Attribute und Hierarchien festlegen

Da für die Zeitdimension standardmäßig mehrere Hierarchien definiert worden sind, können Sie in dem Dialogfenster, das in Abbildung 7.42 dargestellt ist, die gewünschte Hierarchie auswählen. In dem dargestellten Fall soll die Hierarchie **Jahr**, **Quartal** und **Monat** zur Anwendung kommen.

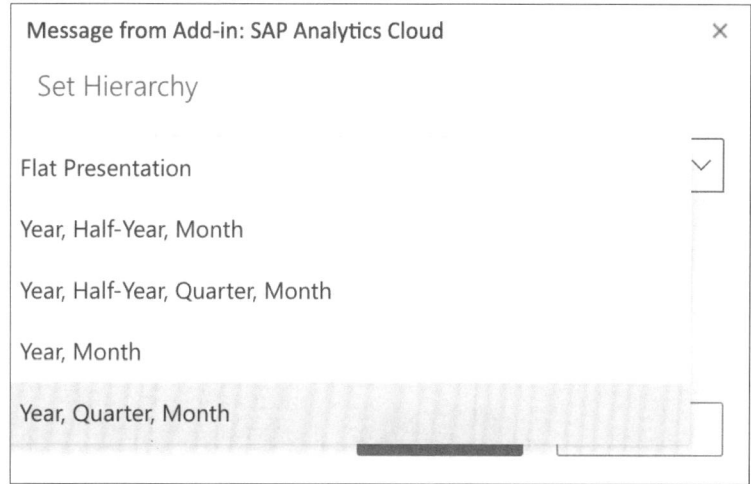

Abbildung 7.42 Anzeigehierarchie auswählen

Neben dem Aufriss der Tabelle, d. h. der Auswahl der Dimensionen, die in den Zeilen und Spalten dargestellt werden, können Sie noch über die Filtereinstellungen den Ausschnitt der Daten einschränken.

Über einen Klick auf die Schaltfläche **Add Filter** bzw. über Schaltfläche ▽ **Filter definieren** (**Filter**) im Eintrag einer Dimension können Sie den Filterdialog öffnen, der Ihnen die Auswahl der gewünschten Dimensionselemente ermöglicht. Abbildung 7.43 zeigt den Auswahldialog zur Definition eines Filters für die Zeitdimension. Analog zur Story können Sie auch hier einzelne Elemente oder Knoten einer Hierarchie auswählen.

In den Zeilen der Tabelle werden die Elemente der Dimension **Produkt** dargestellt. Die Dimensionen **Measure**, **Date** und **Version** werden in den Spalten angeordnet. Abbildung 7.44 zeigt die entsprechend konfigurierte Tabelle in Microsoft Excel 365.

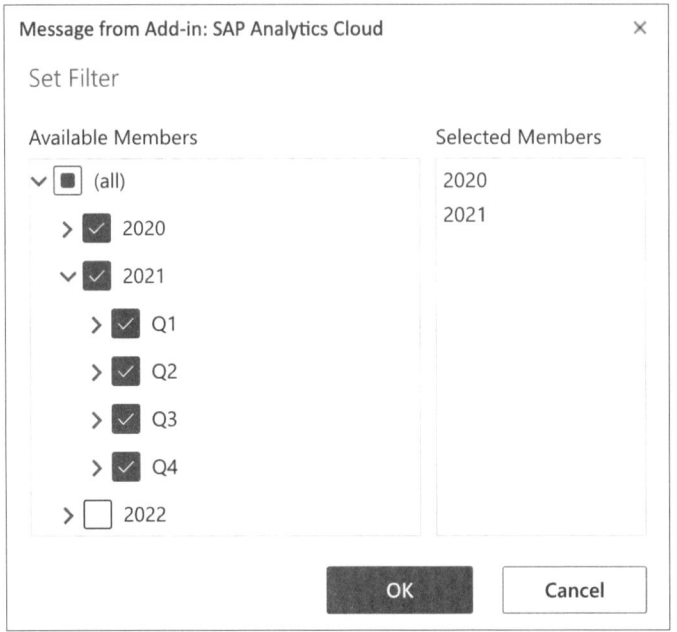

Abbildung 7.43 Filter für die Zeitdimension

	A	B	C	D	E	F	G	H
1	SALES_PLANNING							
2								
3	Measure	Gross Sales						
		▶ 2020	▼ 2021					
				▶ Q1 (2021)	▶ Q2 (2021)	▶ Q3 (2021)	▶ Q4 (2021)	
4	Date							
5	Version	Actual	Plan*	Plan*	Plan*	Plan*	Plan*	
6	Type	public	public	public	public	public	public	
7	Product							
8	▼ Total	$3,526,921,147.41	$3,750,373,783.00	$492,806,065.98	$1,491,679,308.70	$1,314,149,515.29	$451,738,893.02	
9	▶ Cross Bikes	$335,897,252.54	$352,004,334.39	$46,933,911.11	$136,890,574.66	$125,157,096.79	$43,022,751.82	
10	▼ Cruise	$1,007,691,756.63	$1,110,341,278.53	$140,801,733.17	$465,000,000.02	$375,471,290.13	$129,068,255.20	
11	C900 BIKE	$167,948,626.45	$182,556,880.13	$23,466,955.63	$75,000,000.10	$62,578,548.45	$21,511,375.94	
12	C950 BIKE	$167,948,626.35	$197,556,880.04	$23,466,955.58	$90,000,000.12	$62,578,548.42	$21,511,375.93	
13	C990 Bike	$167,948,626.19	$182,556,879.84	$23,466,955.54	$75,000,000.03	$62,578,548.37	$21,511,375.90	
14	eBike E101	$167,948,626.10	$182,556,879.75	$23,466,955.54	$74,999,999.98	$62,578,548.37	$21,511,375.86	
15	eBike E102	$167,948,625.86	$182,556,879.49	$23,466,955.43	$74,999,999.96	$62,578,548.28	$21,511,375.82	
16	eBike E103	$167,948,625.67	$182,556,879.28	$23,466,955.46	$74,999,999.82	$62,578,548.24	$21,511,375.76	
17	▶ Mountain	$1,175,640,381.15	$1,232,015,167.48	$164,268,688.39	$479,117,010.33	$438,049,838.12	$150,579,630.64	
18	▶ Racing	$503,845,877.64	$528,006,500.35	$70,400,866.43	$205,335,861.59	$187,735,644.89	$64,534,127.43	
19	▶ Youth	$503,845,879.45	$528,006,502.26	$70,400,866.88	$205,335,862.10	$187,735,645.35	$64,534,127.93	
20								

Abbildung 7.44 Vollständig konfigurierte Tabelle in Microsoft Excel 365

Ähnlich zur Tabelle in der Story von SAP Analytics Cloud können Sie entlang der definierten Hierarchien navigieren und Hierarchieknoten auf- und zuklappen. Neben der reinen Analyse der Daten können Sie die Tabelle auch dazu verwenden, Plandaten zu erfassen.

7.3.6   Planung mit SAP Analytics Cloud Add-in für Microsoft Office 365

Sofern die Tabelle mit einem Planungsmodell aus SAP Analytics Cloud verknüpft ist, können Sie über das Add-in auch Planwerte erfassen und ändern. In diesem Fall können Sie einfach den Cursor auf die gewünschte Zelle setzen, deren Wert Sie ändern möchten, und den neuen Wert in die Zelle eingeben. Abbildung 7.45 zeigt, wie z. B. der Wert in der Zelle D10, der geplante Bruttoumsatz für die Produktgruppe **Cruise Bikes** im ersten Quartal des Jahres 2021, manuell eingegeben wurde.

Planen mit dem Add-in

	A	B	C	D	E	F	G
1	SALES_PLANNING						
2							
3		Measure	Gross Sales					
			▸ 2020	▾ 2021				
					▸ Q1 (2021)	▸ Q2 (2021)	▸ Q3 (2021)	▸ Q4 (2021)
4		Date						
5		Version	Actual	Plan*	Plan*	Plan*	Plan*	Plan*
6		Type	public	public	public	public	public	public
7	Product							
8	▾ Total		$3,526,921,147.41	$3,760,373,782.99	$502,806,065.98	$1,491,679,308.70	$1,314,149,515.29	$451,738,893.02
9	▸ Cross Bikes		$335,897,252.54	$352,004,334.39	$46,933,911.11	$136,890,574.66	$125,157,096.79	$43,022,751.82
10	▾ Cruise		$1,007,691,756.63	$1,120,341,278.53	$150,801,733.17	$465,000,000.02	$375,471,290.13	$129,068,255.20
11	C900 BIKE		$167,948,626.45	$184,223,546.80	$25,133,622.30	$75,000,000.10	$62,578,548.45	$21,511,375.94
12	C950 BIKE		$167,948,626.35	$199,223,546.71	$25,133,622.25	$90,000,000.12	$62,578,548.42	$21,511,375.93
13	C990 Bike		$167,948,626.19	$184,223,546.51	$25,133,622.20	$75,000,000.03	$62,578,548.37	$21,511,375.90
14	eBike E101		$167,948,626.10	$184,223,546.42	$25,133,622.21	$74,999,999.98	$62,578,548.37	$21,511,375.86
15	eBike E102		$167,948,625.86	$184,223,546.15	$25,133,622.09	$74,999,999.96	$62,578,548.28	$21,511,375.82
16	eBike E103		$167,948,625.67	$184,223,545.95	$25,133,622.12	$74,999,999.82	$62,578,548.24	$21,511,375.76
17	▸ Mountain		$1,175,640,381.15	$1,232,015,167.48	$164,268,688.39	$479,117,010.33	$438,049,838.12	$150,579,630.64
18	▸ Racing		$503,845,877.64	$528,006,500.35	$70,400,866.43	$205,335,861.59	$187,735,644.89	$64,534,127.43
19	▸ Youth		$503,845,879.45	$528,006,502.26	$70,400,866.88	$205,335,862.10	$187,735,645.35	$64,534,127.93

Abbildung 7.45 Planwerte eingeben

Analog zum Verhalten der Tabelle in der Story wird die Benutzereingabe an das Backend geschickt und verarbeitet. Wenn wie hier die Eingabe auf einem Hierarchieknoten erfolgt, wird der Wert gemäß der Standard-Disaggregation auf die einzelnen Blätter des Hierarchiezweiges heruntergebrochen. Wie bei der Story in der Tabelle werden die durch die Eingabe beeinflussten und geänderten Werte farblich hinterlegt. Außerdem wird durch das Symbol * angezeigt, dass sich die Version im Editiermodus befin-

Eingabe von Werten

det und die Änderungen noch nicht wieder in eine öffentliche Version publiziert worden sind.

Wechsel zwischen Story und Add-in

Nach einem Wechsel in die Story mit einer entsprechend konfigurierten Tabelle sieht man dort die Änderungen ebenfalls (siehe Abbildung 7.46).

Die Voraussetzung ist eine Anmeldung mit demselben Benutzer, da die Version zu diesem Zeitpunkt noch nicht veröffentlicht ist. Über die Versionsverwaltung können die einzelnen Änderungen, die über das SAP Analytics Cloud Add-in für Microsoft Office 365 erfolgt sind, nachverfolgt und bei Bedarf auch wieder rückgängig gemacht werden.

Integration mit Microsoft-Excel-Formeln

Durch die direkte Integration in Microsoft Excel 365 eröffnen sich insbesondere für die Planung weitergehende Möglichkeiten: So können Sie auf die Zellen, die die Tabelle bilden, ganz gewöhnlich über Zellreferenzen zugreifen. Dies ist z. B. nützlich, um eigene Nebenrechnungen im Arbeitsblatt mit den Möglichkeiten durchzuführen, die Microsoft Excel 365 bereitstellt.

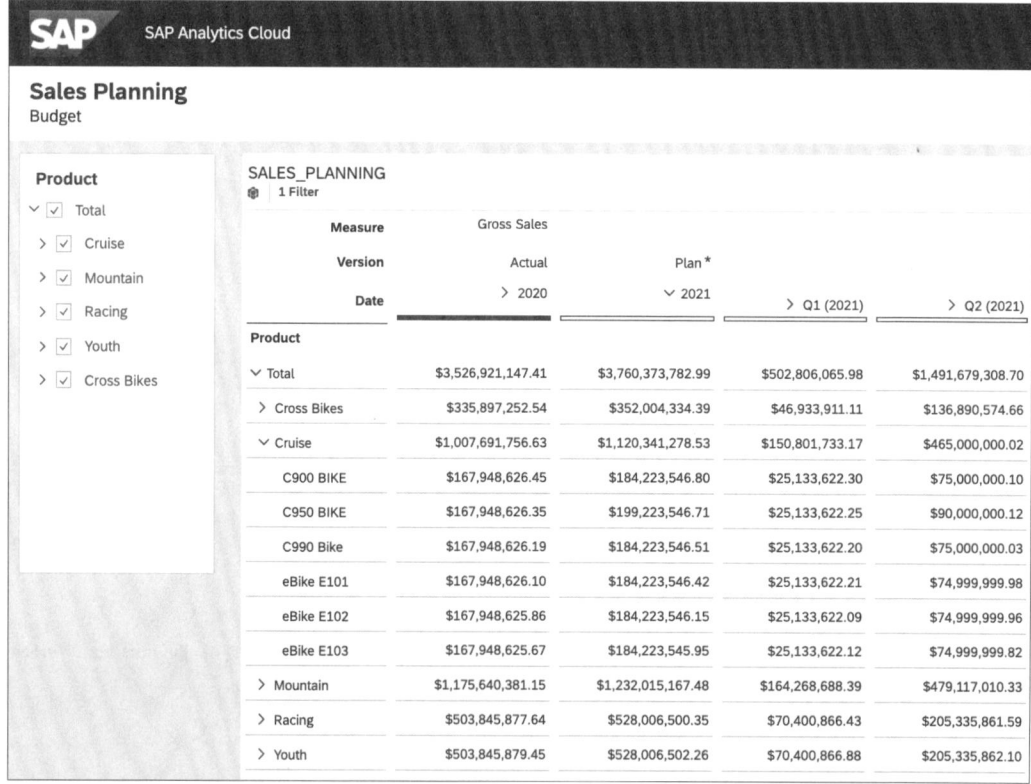

Abbildung 7.46 Tabelle in der Story für dasselbe Planungsmodell

Die Daten, die in diese Berechnungen einfließen, kommen dabei immer aktuell aus dem verknüpften Datenmodell von SAP Analytics Cloud. In Abbildung 7.47 wird dies an einem einfachen Beispiel veranschaulicht. In einer Excel-Formel wird auf die Zelle B10 zugegriffen und der Wert mit dem Faktor (1.0+F10) multipliziert. Die Zelle B10 enthält dabei den Wert des Umsatzes für die Produktgruppe **Cruise Bikes** für das gesamte Jahr 2020. In der Zelle F10 befindet sich ein Prozentwert, der als Wachstumsfaktor herangezogen wird, um einen simulierten Umsatzwert für das Jahr 2021 zu berechnen. Der so ermittelte Wert könnte nach einigen Simulationsschritten nun wieder in die entsprechende Zelle zurückkopiert werden, um ihn so im Planungsmodell von SAP Analytics Cloud zu speichern.

Zu guter Letzt lassen sich geänderte Versionen über das Ribbon des Add-ins entweder veröffentlichen und somit die Änderungen für andere Anwender sichtbar machen oder verwerfen.

Publizieren/ Verwerfen von Versionen

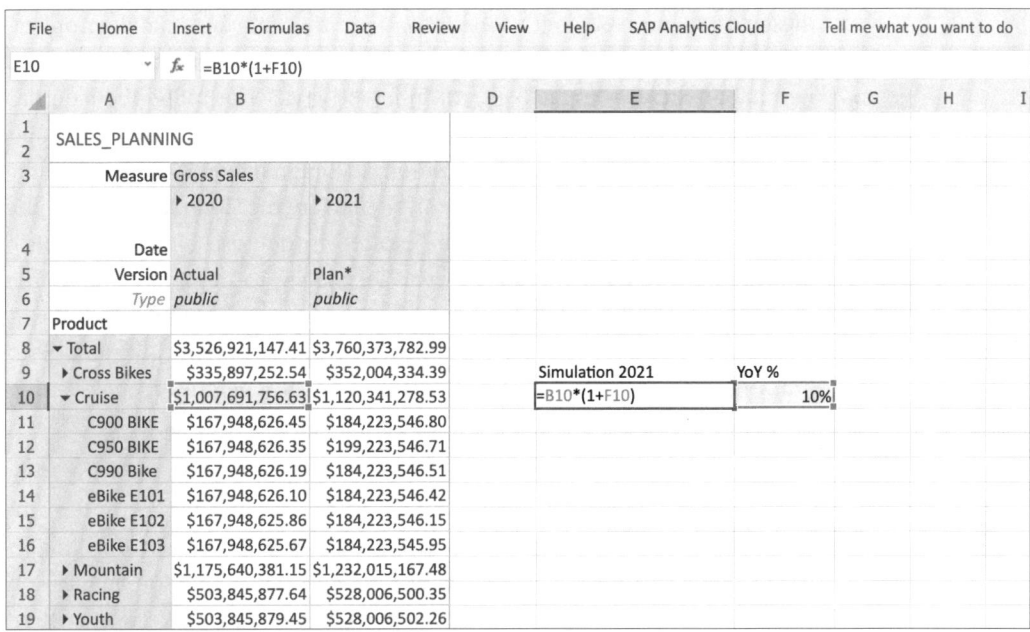

Abbildung 7.47 Nebenrechnungen in Microsoft Excel 365

Dieser Abschnitt hat einen kurzen Überblick über das SAP Analytics Cloud Add-in für Microsoft Office 365 gegeben. Über dieses Add-in können Sie aus Microsoft Excel 365 heraus auf Planungsmodelle von SAP Analytics Cloud zugreifen, um Daten zu analysieren oder auch Planwerte zu ändern. Dies eröffnet interessante Möglichkeiten für die Verwendung von SAP Analytics Cloud als Planungsplattform auch in Unternehmensbereichen, in denen typischerweise Microsoft Excel als dominierendes Frontend zur Analyse und Planung verwendet wird.

7.4   Zusammenfassung

In diesem Kapitel wurden die verschiedenen Möglichkeiten vorgestellt, wie Sie Planungsanwendungen mit SAP Analytics Cloud erstellen können. Der Fokus lag dabei auf den Möglichkeiten zur Umsetzung von Benutzeroberflächen einer solchen Anwendung. Es wurden insbesondere die Konzepte und Möglichkeiten der Analytic Application im Detail behandelt. Die Analytic Application erlaubt das Erstellen komplexer Anwendungen unter der Verwendung der Standardelemente, die auch in der Story zur Verfügung stehen, wie Tabellen und Diagramme. Darüber hinaus bietet die Analytic Application die Möglichkeit, weitere Elemente zur Benutzerinteraktion, wie beispielsweise Schaltflächen und Auswahlelemente, in einer Anwendung zu verwenden. Die Ereignisse, die durch die Interaktion des Benutzers mit diesen Elementen erzeugt werden, können innerhalb der Analytic Application über Ereignisbehandlungsroutinen behandelt werden. In diesen Routinen haben Sie die Möglichkeit, mithilfe von JavaScript individuell auf das jeweils aufgetretene Ereignis, wie beispielsweise das Betätigen einer Schaltfläche, durch den Benutzer zu reagieren. Daneben haben Sie außerdem die Möglichkeit, über Programmierschnittstellen auf die Elemente der Analytic Application zuzugreifen. In diesem Kapitel wurden nur einige dieser Programmierschnittstellen behandelt, wie beispielsweise der Zugriff auf für die Planung relevante Funktionen über das DataSource-Objekt der Tabelle. Es wurde außerdem gezeigt, wie Elemente einer Dimension mithilfe einer Programmierschnittstelle aus der Analytic Application heraus erzeugt werden können.

Für den Fall, dass die Widgets, die in der Analytic Application zur Verfügung stehen, nicht ausreichen, um eine spezielle Anforderung der Anwender umzusetzen, steht über den Mechanismus der benutzerdefinierten Widgets eine Möglichkeit zur Verfügung, eigene Widgets in die Analytic Application einzubinden. Die benutzerdefinierten Widgets verwenden Webkomponenten als zugrunde liegende Technologie, um gekapselte und somit wiederverwendbare Komponenten bereitzustellen. Das Thema der benutzerdefinierten Widgets wurde dabei nur grundlegend behandelt, um Ihnen ein grobes Verständnis des Mechanismus sowie der verwendeten Technologien zu vermitteln. Der Bezug zur Planung wurde durch ein Beispiel veranschaulicht, bei dem ein benutzerdefiniertes Widget zur Datumsauswahl erstellt wurde.

Insgesamt wurde veranschaulicht, wie die Möglichkeiten des Analytics Designer und der benutzerdefinierten Widgets verwendet werden können, um individuelle Planungsoberflächen zu erstellen, die explizit auf den konkreten Anwendungsfall zugeschnitten sind und damit beispielsweise speziellen Anforderungen an eine bestimmte Art der Benutzernavigation Rechnung tragen.

Im letzten Teil des Kapitels wurde dann noch das SAP Analytics Cloud Add-in für Microsoft Office 365 vorgestellt. Hierbei handelt es sich um ein Add-in, über das Sie aus Microsoft Excel 365 heraus auf Planungsmodelle in SAP Analytics Cloud zugreifen können, um beispielsweise Daten zu analysieren, aber auch, um Planwerte zu erfassen. Ein großer Vorteil dieses Add-ins besteht darin, dass das lokale Installieren einer Softwarekomponente auf den Rechnern der Anwender entfällt, da das Add-in online über das Internet zur Verfügung gestellt wird und dadurch immer in der aktuellen Version für die Anwender vorliegt.

Zusammenfassend lässt sich sagen, dass SAP Analytics Cloud mit der Story, der Analytic Application und dem Add-in für Microsoft Office 365 verschiedene Möglichkeiten zur Verfügung stellt, mit denen Sie für den jeweiligen Anwendungsfall die passende Benutzeroberfläche für Ihre Planungsanwendung erstellen können.

Kapitel 8
Vordefinierter Planungs-Content

In den vorangehenden Kapiteln standen die Funktionen von SAP Analytics Cloud für die Implementierung von Planungsanwendungen im Fokus. Damit Sie bei der Umsetzung einer Planungsanwendung nicht vollkommen auf sich allein gestellt sind, bietet SAP Analytics Cloud mit dem Business Content bereits vorgefertigte Planungsanwendungen, auf denen Sie Ihre eigene Planungsanwendung aufbauen können.

SAP Analytics Cloud stellt eine Plattform zur Verfügung, auf der Sie Ihre Planungsprozesse im Unternehmen implementieren können. Dabei folgen Sie keinem spezifisch vordefinierten Prozess, sondern können Funktionen und Methoden nutzen, um Ihre eigene Planungsanwendung zu erstellen.

Damit Sie bei der Umsetzung einer Planungsanwendung in SAP Analytics Cloud nicht mit einem leeren System starten müssen, stellt SAP Analytics Cloud vordefinierte Planungsanwendungen für die häufigsten Planungsprozesse bereit. Diese Standardanwendungen werden über das sogenannte *Content-Netzwerk* von SAP Analytics Cloud zur Verfügung gestellt. Das Content-Netzwerk stellt eine Bibliothek von vordefiniertem Content für SAP Analytics Cloud bereit und ist automatisch mit jedem SAP Analytics Cloud Tenant verbunden. Es steht Ihnen somit unmittelbar nach der Bereitstellung Ihres Tenant zur Verfügung.

Dieses Kapitel stellt das Content-Netzwerk von SAP Analytics Cloud vor. Abschnitt 8.1, »Die Business-Content-Bibliothek«, beschreibt, wie Sie auf das Content-Netzwerk aus SAP Analytics Cloud zugreifen und einzelne Content-Pakete aktivieren können. In Abschnitt 8.2, »Integrierte Finanzplanung für SAP S/4HANA«, wird dann ein für die Planung sehr zentrales Content-Paket, das über das Content-Netzwerk bereitgestellt wird, im Detail vorgestellt. Hierbei handelt es sich um das Paket zur integrierten Finanzplanung, das konzipiert wurde, um im Zusammenspiel mit SAP S/4HANA die zentralen Prozesse der Finanzplanung umzusetzen.

8.1   Die Business-Content-Bibliothek

Umfang eines Content-Pakets

Das Content-Netzwerk von SAP Analytics Cloud stellt eine Bibliothek von Content-Paketen zur Verfügung, die typische Anwendungsfälle aus den Bereichen Planung und Analyse umfassen.

Die einzelnen Pakete enthalten dabei die relevanten technischen Objekte wie Modelle, Storys, Analytic Applications und eventuell auch Datenaktionen für Planungspakete. Die Pakete orientieren sich dabei in der Regel an typischen Anwendungsfällen im Bereich der Analyse und Planung bestimmter Branchen und Funktionsbereiche.

Die einzelnen Content-Pakete sind auf die relevanten Quellsysteme abgestimmt. Dies bedeutet, dass die im Content-Paket bereitgestellten Datenmodelle auf die Datenstrukturen des Quellsystems zugeschnitten sind, um eine Integration mit dem Quellsystem zu erleichtern. Darüber hinaus stellen einige Pakete sogar Transformationen bereit, mit denen die Daten aus dem Vorsystem direkt in die Modelle des Content-Pakets übernommen werden können.

Technische Artefakte des Content-Pakets

Abbildung 8.1 zeigt schematisch, welche technischen Artefakte in einem Content-Paket des Content-Netzwerks enthalten sein können. Die möglichen Artefakte decken dabei die folgenden Ebenen von SAP Analytics Cloud ab:

- Verbindungsschicht
- Daten und Semantik
- Benutzeroberfläche

Objekte der Verbindungsschicht

Bei den Objekten der Verbindungsschicht handelt es sich in der Regel um vordefinierte Verbindungen zu dem für den Content relevanten Quellsystem, um Importprozesse und Transformationen, die im Rahmen eines Datenimports aus dem Quellsystem die Daten auf die Struktur des Modells in SAP Analytics Cloud transformieren.

Enthält das Content-Paket eine Verbindung, muss diese natürlich nach der Aktivierung des Content-Pakets an Ihre eigene Systemlandschaft angepasst werden. Das heißt, dass die Verbindungsparameter, wie z. B. die konkrete URL des zu verwendenden Quellsystems, entsprechend Ihrer Systemlandschaft eingestellt werden müssen. Ein vordefinierter Importprozess, der Teil des Pakets ist, ist bereits so konfiguriert, dass die Daten aus der relevanten Schnittstelle des Quellsystems gelesen werden.

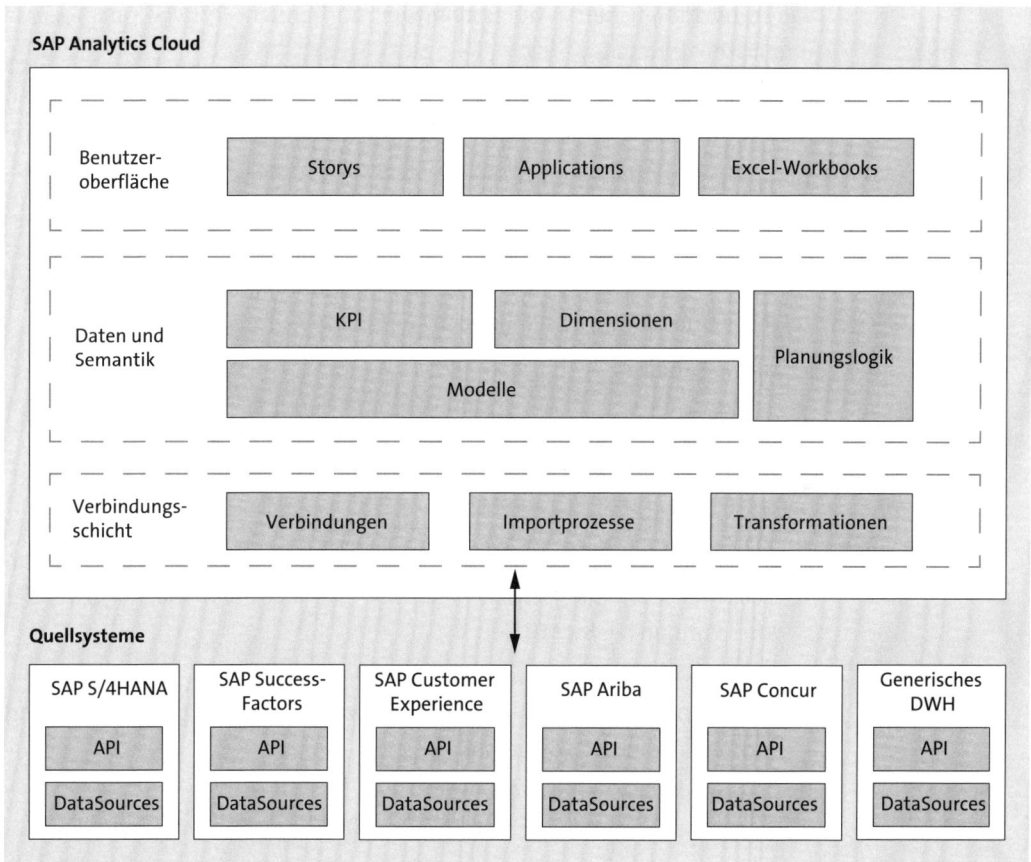

Abbildung 8.1 Business Content für SAP Analytics Cloud

Im Beispiel des Content-Pakets für die integrierte Finanzplanung, das in Abschnitt 8.2, »Integrierte Finanzplanung für SAP S/4HANA«, beschrieben wird, sind bereits Importprozesse für die Stammdaten wie Kostenstellen und Profit-Center definiert. Diese Importprozesse sind so konfiguriert, dass Sie die Stammdaten inklusive relevanter Attribute und Hierarchieinformationen aus den entsprechenden Schnittstellen eines SAP-S/4HANA-Systems extrahieren. Beim Einsatz dieses Pakets müssen Sie im Idealfall also lediglich die Verbindungsparameter an Ihre Systemumgebung anpassen und können dann direkt die relevanten Daten aus SAP S/4HANA übernehmen. Dies stellt eine wesentliche Erleichterung bei der Implementierung einer Finanzplanung mit SAP Analytics Cloud dar.

Bei den Objekten der semantischen Schicht handelt es sich um vordefinierte Datenmodelle inklusive der notwendigen Dimensionen sowie für den Anwendungsfall typische KPI-Definitionen. Im Falle einer Planungsan-

Objekte der
semantischen
Schicht

wendung zählen hierzu auch eventuell vorhandene Allokationsprozesse und Datenaktionen.

Objekte für Benutzeroberflächen

Die letzte Kategorie von Objekten, die in einem Content-Paket enthalten sein können, sind die Objekte zum Bereitstellen einer Benutzeroberfläche wie Story und Analytic Application. Über diese Objekte werden Dashboards und Oberflächen zur Plandatenerfassung bereitgestellt.

Zugriff auf das Content-Netzwerk

Das Content-Netzwerk erreichen Sie im Hauptmenü von SAP Analytics Cloud über den Pfad ☰ • **Durchsuchen** • **Content-Netzwerk**. Abbildung 8.2 zeigt die unterschiedlichen Bereiche des Content-Netzwerks:

- **Meine Inhalte**
  Content, der von einem anderen Tenant bereitgestellt wird, und in den eigenen Tenant importiert werden kann.

- **Beispiele**
  Sammlung von Beispielen, die hauptsächlich dazu dienen, bestimmte Funktionalitäten von SAP Analytics Cloud zu veranschaulichen. Das Beispielmodell für die Vertriebsplanung, das in diesem Buch verwendet wird, können Sie hier finden.

- **Business Content**
  Der eigentliche Business Content, der von SAP bereitgestellt wird, und der Gegenstand dieses Kapitels ist.

- **Drittanbieter-Business-Content**
  Content-Pakete, die von Drittanbietern bereitgestellt werden.

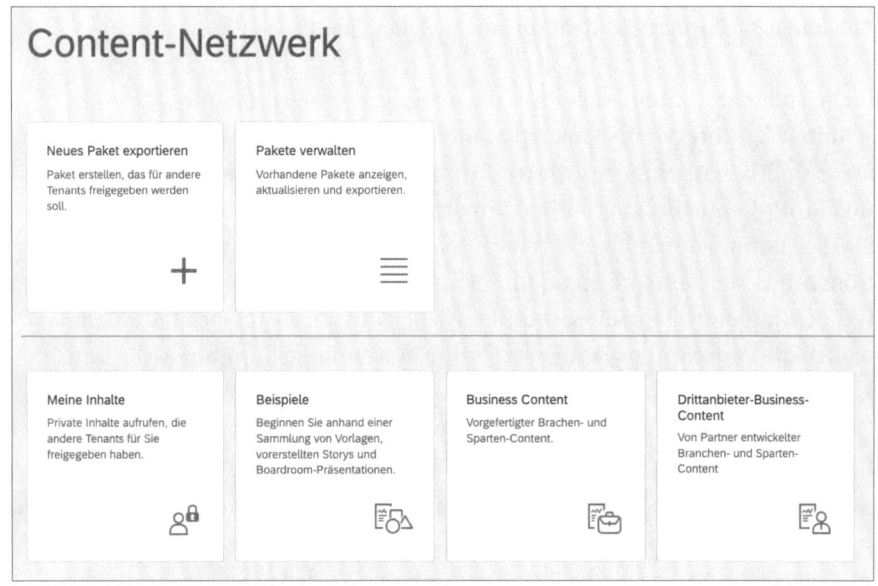

Abbildung 8.2 Zugriff auf das Content-Netzwerk

Sie können das Content-Netzwerk auch dazu verwenden, Ihren eigenen Content zwischen verschiedenen Tenants auszutauschen. Damit können Sie Content, den Sie in einem Entwicklungssystem erstellen, in ein produktiv genutztes System transportieren. Zu diesem Zweck können Sie ein Paket erstellen und dieses in das Content-Netzwerk exportieren. Das Paket ist dann für die von Ihnen festgelegten Tenants verfügbar und kann im Zielsystem aus dem Content-Netzwerk importiert werden.

Transport von Content

Abbildung 8.3 zeigt den Wizard zum Definieren eines neuen Pakets zum Export in das Content-Netzwerk. Neben den eigentlichen Objekten, die Sie exportieren möchten (wie Modelle und Storys) können Sie festlegen, für welche Systeme das Paket sichtbar und somit für einen Import zur Verfügung stehen soll.

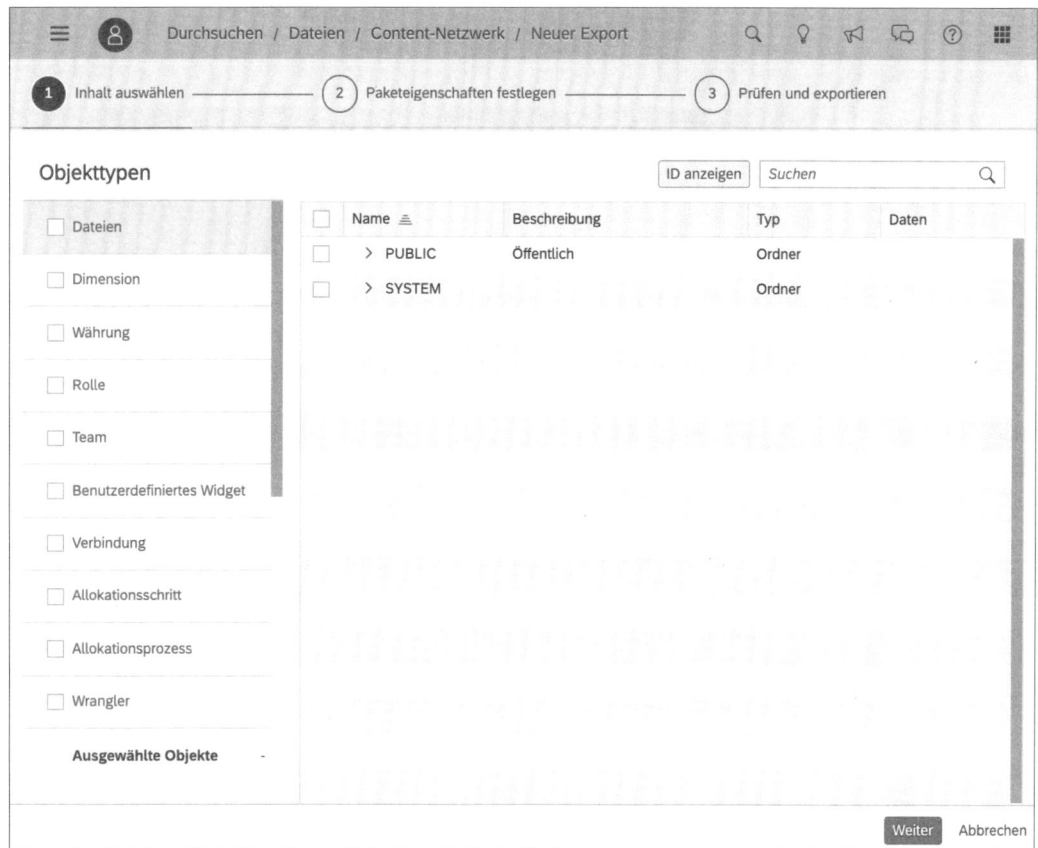

Abbildung 8.3 Content-Paket exportieren

Die Systeme werden, wie in Abbildung 8.4 gezeigt, über die URL des jeweiligen Tenant identifiziert.

Abbildung 8.4 Definition des Zielsystems

Business Content
aktivieren Neben dem Exportieren und Importieren von eigenen Content-Paketen haben Sie über das Content-Netzwerk Zugriff auf den von SAP bereitgestellten Business Content. Abbildung 8.5 zeigt eine Liste der Content-Pakete, die über das Netzwerk bereitgestellt werden. Neue Pakete werden von SAP veröffentlicht und sind automatisch über das Content-Netzwerk verfügbar. Die einzelnen Pakete enthalten typischerweise einen speziellen Anwendungsfall für eine bestimmte Branche bzw. einen Anwendungsfall für einen Funktionsbereich.

Nach der Auswahl eines Pakets aus der Liste erhalten Sie die Details zu dem Paket. Abbildung 8.6 zeigt als Beispiel die Details zum Content-Paket **Financial Planning & Analysis for S/4HANA Cloud**. Dieses Paket stellt Dashboards für den Bereich Finanzplanung und -Reporting bereit. Durch die Auswahl der Schaltfläche **Import** können Sie das Paket, also die technischen Objekte wie Modelle und Storys in Ihren Tenant importieren.

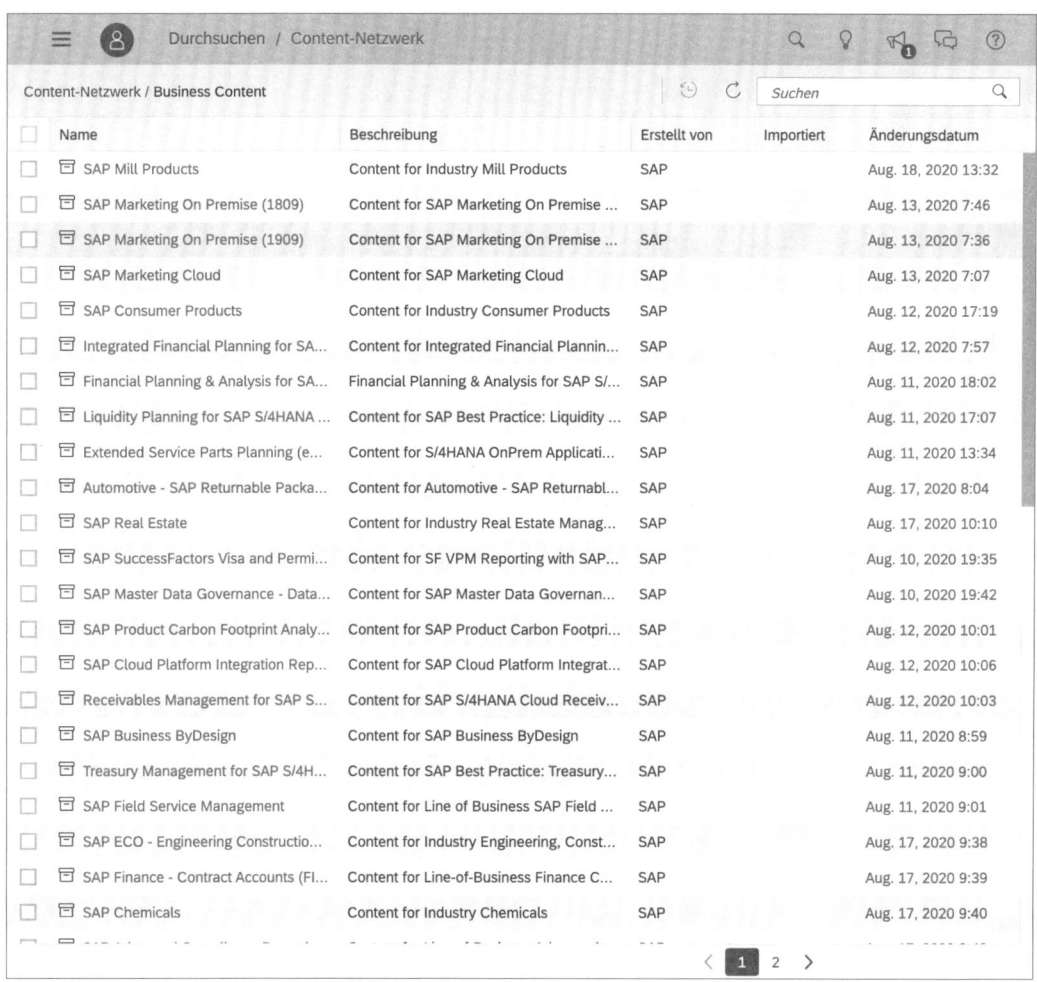

Abbildung 8.5 Liste der Content-Pakete

Nachdem das Content-Paket erfolgreich importiert worden ist, stehen die Objekte in Ihrem Tenant im Ordner **Meine Dateien/Öffentlich/SAP_Content** zur Verfügung (siehe Abbildung 8.7).

Prinzipiell könnten Sie nach dem erfolgreichen Import eines Content-Pakets direkt damit beginnen, die Anwendung zu nutzen. In der Regel wird der Business Content jedoch dazu verwendet, die Umsetzung eines Anwendungsfalles mit den Mitteln von SAP Analytics Cloud zu veranschaulichen. Der Business Content wird also noch an die eigenen Anforderungen angepasst oder als Vorlage für eine eigene Implementierung verwendet.

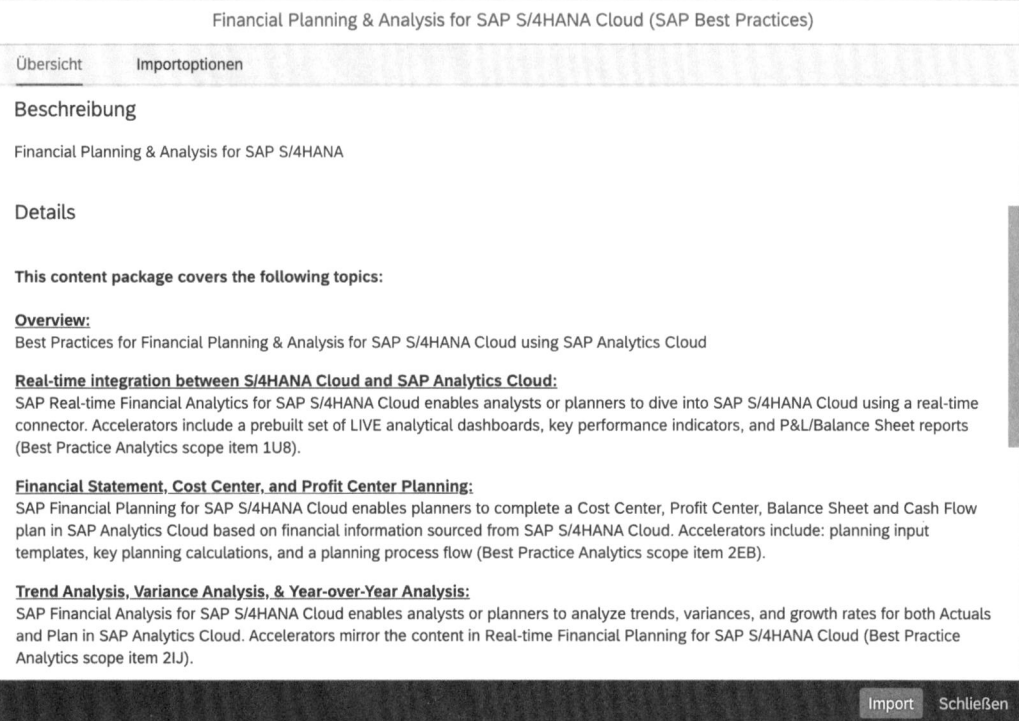

Abbildung 8.6 Informationen zum Content-Paket »Financial Planning & Analysis«

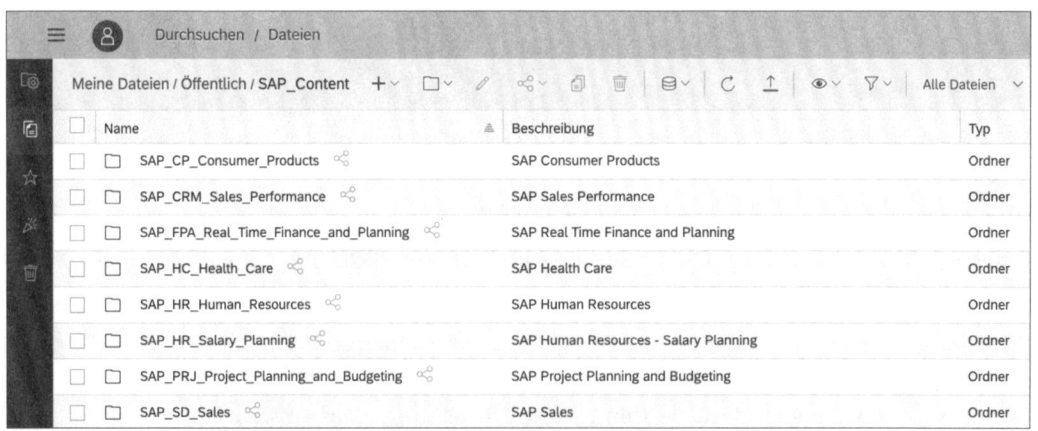

Abbildung 8.7 Importierter Business Content

8.2   Integrierte Finanzplanung für SAP S/4HANA

Zu den wichtigsten Einsatzbereichen der Planung im Unternehmen zählt die *Finanzplanung*. Die Finanzplanung dient dazu, finanzielle Ziele für die einzelnen Unternehmensbereiche zu setzen und diesen Unternehmensbereichen dann auch die erforderlichen Ressourcen zur Verfügung zu stellen, um diese Ziele zu erreichen. Das hieraus abgeleitete Budget dient dann als Steuerungsgröße, um das Erreichen der gesetzten Ziele zu verfolgen.

Die Prozesse der Finanzplanung können dabei sehr vielfältig sein. Auf der obersten Ebene laufen in den zentralen Rechenwerken Bilanz, Gewinn- und Verlustrechnung (GuV) sowie Kapitalflussrechnung (Cash Flow Statement) die Informationen zusammen. Fast jedes Unternehmen wird auf dieser Ebene einen Plan erstellen. Um die benötigten Informationen zu erlangen, wird der Planungsprozess oftmals entlang der Wertschöpfungskette organisiert und in den operativen Organisationseinheiten, z. B. Kostenstellen, durchgeführt.

Abbildung 8.8 zeigt verschiedene Prozesse aus dem Bereich der Finanzplanung in Unternehmen und deren Beziehungen zueinander. Wie aus der Abbildung auch deutlich wird, bestehen gewisse Abhängigkeiten zwischen einzelnen Prozessen. Um z. B. die Produktkosten in einem produzierenden Unternehmen planen zu können, benötigen Sie zum einen die Materialkosten aus der Einkaufsplanung und zum anderen die geplanten Mengen aus der Absatzplanung.

Des Weiteren sind die Kostensätze der fertigenden Kostenstellen erforderlich, um die erbrachten innerbetrieblichen Leistungen bewerten und auf die Produkte verrechnen zu können. Die Teilprozesse eines solchen integrierten Finanzplanungsansatzes müssen in einem Planungswerkzeug wie SAP Analytics Cloud so umgesetzt werden, dass die Daten von einem Teilprozess in andere Prozesse übernommen werden können. Dies setzt voraus, dass die Planungsmodelle aufeinander abgestimmt sind, und z. B. dieselben Stammdaten verwenden.

Überdies sind die Prozesse der Finanzplanung auf die Verfügbarkeit der relevanten Informationen aus den operativen Buchhaltungssystemen angewiesen. Dazu zählen Stammdaten wie Kontenpläne oder organisatorische Merkmale (z. B. Kostenstellen- und Profit-Center-Strukturen).

Prozesse der Finanzplanung

8

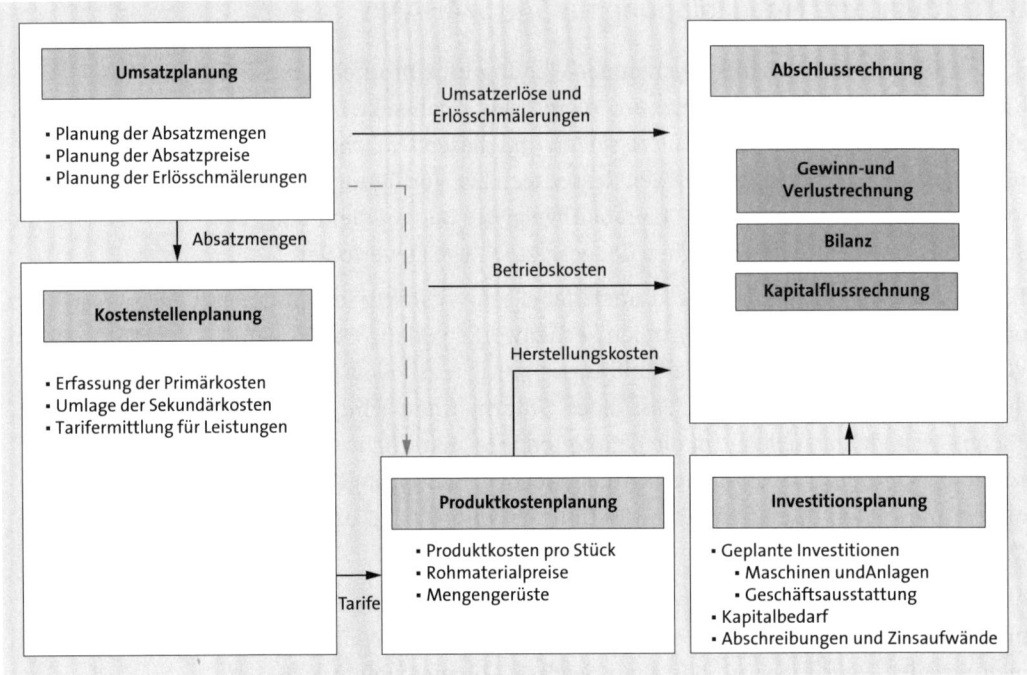

Abbildung 8.8 Integrierte Finanzplanung

Zur Erstellung eines Plans sind darüber hinaus auch die vergangenen Fi-
nanzkennzahlen als Aufsatzpunkt für einen neuen Plan relevant. Gleichzeitig werden die Daten, die während eines Planungsprozesses erzeugt werden, wiederum in anderen operativen IT-Systemen der Finanzbuchhaltung
benötigt. Ein geplantes Budget für den Einkaufsbereich eines Unternehmens ist im Rahmen der Beschaffungsprozesse für einen Einkäufer von In-
teresse, um zu entscheiden, ob eine geplante Anschaffung noch im Rahmen
des Budgets liegt oder nicht. Aus diesem Grund ist eine enge Integration der
vorgelagerten Finanzbuchhaltungssysteme für eine Finanzplanungsan-
wendung entscheidend.

Integration mit Quellsystemen Die zu berücksichtigenden Integrationsaspekte beziehen sich dabei nicht
nur auf die rein technische Verbindung zwischen Planungs- und operati-
vem Buchhaltungssystem, sondern auch auf semantische Aspekte. Das Datenmodell, das in der Finanzplanung verwendet wird, sollte inhaltlich an
den Datenstrukturen der operativen IT-Systeme ausgerichtet sein, damit
ein möglichst reibungsloser Austausch zwischen den Systemen erfolgen
kann.

Content für die integrierte Finanzplanung An dieser Stelle kommt nun das Paket der integrierten Finanzplanung ins
Spiel, das über den Business Content für SAP Analytics Cloud zur Verfügung

gestellt wird. Dieses Content-Paket stellt Ihnen die notwendigen Objekte wie Datenmodelle und Storys zur Plandatenerfassung und -auswertung zur Verfügung, die Sie benötigen, um einen solchen integrierten Prozess der Finanzplanung, wie oben beschrieben, in SAP Analytics Cloud umzusetzen.

Inhaltlich deckt das Paket die Planungsprozesse ab, die in Abbildung 8.8 dargestellt sind, und die in den folgenden Abschnitten noch genauer dargestellt werden. Das Paket stellt Datenmodelle, Storys und Logikbausteine für Berechnungen und Transformationen bereit, um die Prozesse aus Abbildung 8.8 abzubilden. Darüber hinaus ist sichergestellt, dass die Ergebnisse eines Teilprozesses in die anderen Prozesse übergeleitet werden. Dazu werden entsprechende Mechanismen zur Datenübernahme in Form von Datenaktionen zur Verfügung gestellt.

Des Weiteren stellt das Paket eine mögliche Integration mit der Finanzbuchhaltung in SAP S/4HANA zur Verfügung. Zum einen sind die Datenmodelle mit Dimensionen und Kennzahlen so aufgebaut, dass diese zu den Datenstrukturen aus SAP S/4HANA inhaltlich passen, ohne dass Sie große Datentransformationen selbst definieren müssen. Außerdem werden in dem Paket bereits Importprozesse definiert, die die relevanten Stammdaten für die Dimensionen der Planungsmodelle sowie Bewegungsdaten aus den entsprechenden Schnittstellen von SAP S/4HANA extrahieren. Die technische Integration zwischen der integrierten Finanzplanung in SAP Analytics Cloud sowie SAP S/4HANA ist in Abbildung 8.9 dargestellt.

Integration mit SAP S/4HANA

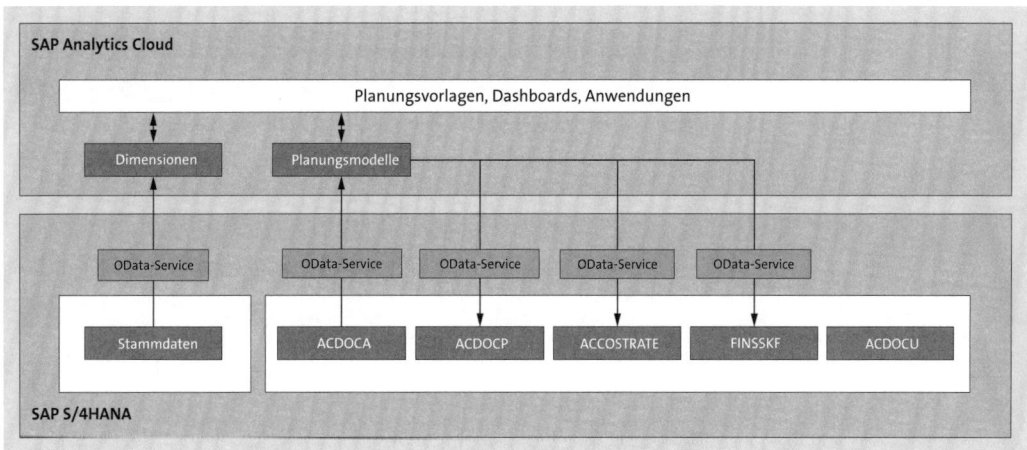

Abbildung 8.9 Integration von SAP Analytics Cloud mit SAP S/4HANA

Aus technischer Sicht werden die Stamm- und Bewegungsdaten in SAP S/4HANA über sogenannte *OData-Services* exponiert. Die OData-Services stellen die Daten aus den relevanten Basistabellen, wie z. B. der Tabelle

Datenübernahme über OData-Services

ACDOCA, die die Belegdaten des *Universal Journal* enthält, bereit. Über diese Schnittstellen können die Stamm- und Bewegungsdaten aus SAP S/4HANA in SAP Analytics Cloud importiert werden. Die integrierte Finanzplanung läuft dann vollständig in SAP Analytics Cloud ab. Es stehen Ihnen dabei alle Funktionen zur Verfügung, die im Rahmen dieses Buches vorgestellt wurden.

Plandatenexport in SAP S/4HANA

Am Ende des Planungsprozesses können die Plandaten wieder zurück in SAP S/4HANA exportiert werden. Hierzu stehen standardmäßig drei Tabellen zur Verfügung, um unterschiedliche Plandaten aufzunehmen:

- ACDOCP: Plandatentabelle
- ACCOSTRATE: Tabelle für Kostensätze der verschiedenen Leistungsarten der Kostenstellen
- FINSSKF: Tabelle für statistische Kennzahlen

Diese Tabellen können ebenfalls über OData-Schnittstellen angesprochen werden. In diesem Fall können nicht nur Daten gelesen, sondern auch geschrieben werden, sodass die Daten in den zugrunde liegenden Tabellen gespeichert werden. Das Content-Paket enthält vordefinierte Importprozesse, die bereits für die entsprechenden OData-Services konfiguriert sind. Auf diese Weise können Sie nach dem Importieren des Business Content die Modelle direkt mit Stamm- und Bewegungsdaten aus Ihrem SAP-S/4HANA-System versorgen. Abbildung 8.10 zeigt das Paket **Integrated Financial Planning for SAP S/4HANA** im Business-Content-Netzwerk von SAP Analytics Cloud.

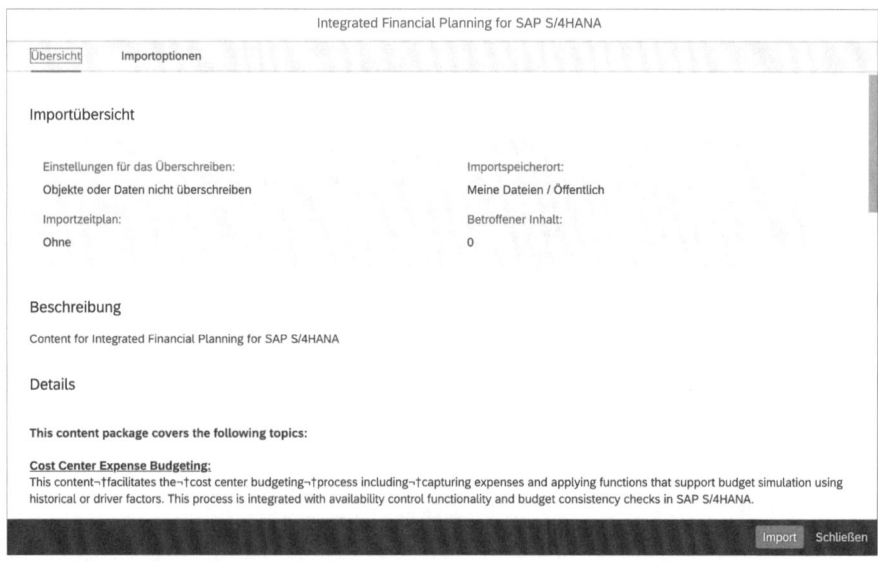

Abbildung 8.10 Import des Business Content für die integrierte Finanzplanung für S/4HANA

Nach dem Import des Pakets finden Sie die Storys des Pakets über den Pfad **Meine Dateien • Öffentlich • SAP_Content • SAP_FI_BPL_Budgeting_and_Planning**.

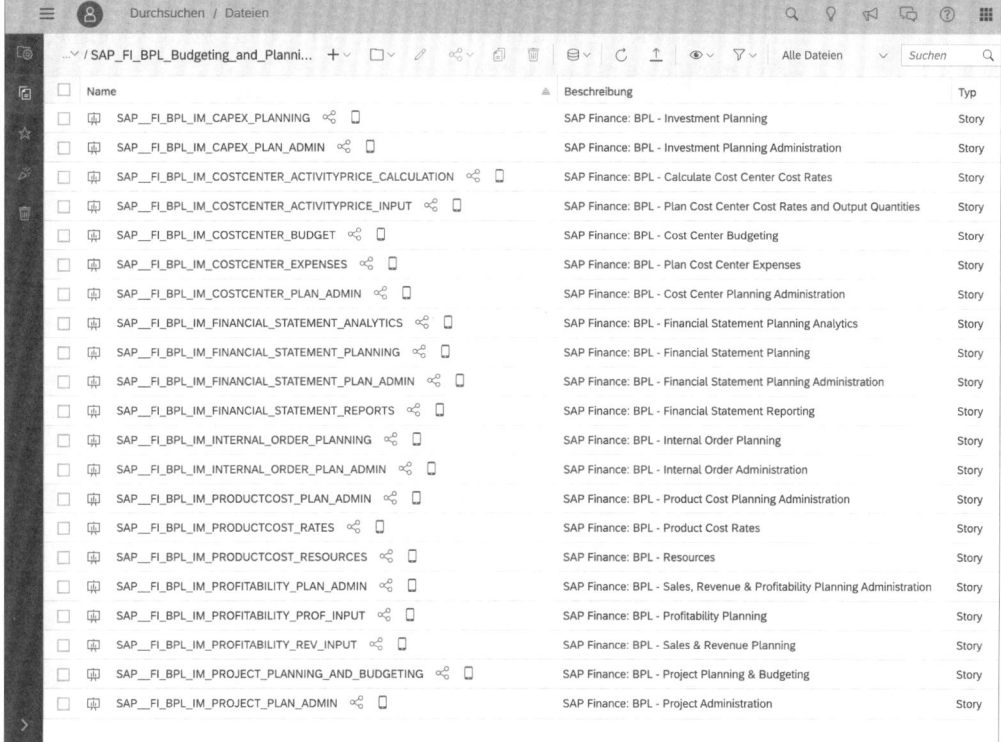

Abbildung 8.11 Storys des Business Content »Integrated Financial Planning for SAP S/4HANA«

Das Content-Paket der integrierten Finanzplanung für SAP S/4HANA stellt folgende Planungsprozesse im Detail zur Verfügung (siehe Abbildung 8.11):

Teilprozesse der integrierten Finanzplanung

- **Kostenstellenbudgetierung**
  Stellt einen Budgetierungsprozess für die Ausgaben auf der Kostenstellenebene zur Verfügung. Dieser Prozess ist mit den entsprechenden Kontrollmechanismen zur Budget-Verfügbarkeit in SAP S/4HANA integriert.

- **Kostenstellen- und Leistungsartenplanung**
  Implementiert einen vollumfänglichen Kostenstellenplanungsprozess, einschließlich Umlagen zwischen Kostenstellen, Planung der Leistungsmengen und der anschließenden Tarifermittlung.

- **Erlösplanung**
  Implementiert einen Umsatzplanungsprozess einschließlich Absatzmengen- und Preisplanung sowie Planung der Erlösschmälerungen. Da-

rüber hinaus werden Simulationen, basierend auf historischen Istwerten zur Verfügung gestellt.

- **Profitabilitätsplanung**
  Kombiniert die Erlösplanung mit den Ergebnissen aus der Kostenstellenplanung sowie der Produktkostenplanung, um den Deckungsbeitrag auf der Produktebene abzuleiten.

- **Produktkostensimulation**
  Ermöglicht die Simulation der Produktkosten. Die Simulation setzt dabei auf Istwerten und Ergebnissen der Produktkostenkalkulation aus SAP S/4HANA auf. Berücksichtigte Simulationsparameter sind dabei Mengengerüste, Rohmaterialpreise, Losgrößen sowie Zuschlagssätze.

- **Projektplanung und -budgetierung**
  Ermöglicht das Erfassen von Budget- und Planwerten auf der Ebene der WBS-Elemente (Work Breakdown Structure). Der Prozess ist mit den Kontrollmechanismen zur Budgetverfügbarkeit in SAP S/4HANA integriert.

- **Innenauftragsplanung**
  Ermöglicht die Erfassung geplanter Kosten auf der Ebene der Innenaufträge. Eine Überleitung auf die entsprechenden Konten der GuV wird ebenfalls zur Verfügung gestellt.

- **Abschlussplanung**
  Ermöglicht die Planung der Einzelpositionen von Bilanz und GuV auf der Ebene von Profit-Center und Funktionsbereich. Eine Kapitalflussrechnung auf der Grundlage der geplanten GuV sowie der Bilanz wird ebenfalls zur Verfügung gestellt.

- **Investitionsplanung**
  Ermöglicht die Planung von Investitionen in das Anlagevermögen, d. h. die Beschaffung und Instandhaltung von Gebäuden, Fahrzeugen, Maschinen und Grundstücken. Darüber stellt das Paket Methoden zur Berechnung der Abschreibungen und der Überleitung in Bilanz und GuV zur Verfügung.

Im Folgenden sollen die drei Teilprozesse Kostenstellenplanung, Produktkostenplanung und Umsatzplanung aus dem Content-Paket genauer dargestellt werden.

8.2.1   Kostenstellen- und Leistungsartenplanung

Eine *Kostenstelle* ist eine organisatorische Einheit des Unternehmens, in der Kosten entstehen und bestimmte Leistungen erbracht werden, die zur Wertschöpfung des Unternehmens beitragen.

Beispiele für Kostenstellen sind Materialkostenstellen, Fertigungskostenstellen, Verwaltungskostenstellen sowie Vertriebskostenstellen. Kostenstellen dienen dazu, die im Unternehmen angefallenen Kosten transparent zu machen und so die Wirtschaftlichkeit in den einzelnen Unternehmensbereichen zu überwachen.

Über die innerbetriebliche Leistungsverrechnung zwischen den Kostenstellen werden die Beziehungen bei der Leistungserstellung innerhalb eines Unternehmens dargestellt. Im Rahmen der Kostenstellenrechnung werden die Gemeinkosten, d. h. die Kosten, die nicht direkt den Kostenträgern, d. h. den Produkten zugeordnet werden können, in den einzelnen Kostenstellen als Primärkosten erfasst und auf die Kostenträger bzw. auf im Wertschöpfungsprozess nachgelagerte Kostenstellen weiterverrechnet.

Im Allgemeinen werden im Rahmen der Kostenstellenrechnung zwei verschiedene Arten von Kostenstellen unterschieden:

Arten von Kostenstellen

- **Hilfskostenstellen**
  Hilfskostenstellen geben ihre Leistungen an andere Kostenstellen ab.

- **Hauptkostenstellen**
  Die Leistungen der Hauptkostenstellen werden auf die Kostenträger verrechnet.

Die Kostenstellenrechnung ist wesentlicher Bestandteil der Kosten- und Erlösrechnung eines Unternehmens.

Analog zur Kostenrechnung als Teil der Kosten- und Erlösrechnung im Ist, hat die Kostenstellenplanung im Rahmen der Unternehmensplanung eine grundlegende Bedeutung. Der verantwortliche Kostenstellenplaner erfasst dabei die geplanten Kosten, Aktivitäten, Preise oder statistischen Kennzahlen für eine Kostenstelle. Dabei können viele Kostenarten einer Kostenstelle entweder direkt geplant oder aus nicht monetären Planwerten berechnet werden. Letzteres ist zum Beispiel für die Personalkosten einer Kostenstelle der Fall. Hier werden typischerweise die Anzahl der Mitarbeiter geplant und die eigentlichen Kosten aus der Mitarbeiterzahl und den Gehältern sowie den Nebenkosten errechnet.

Auf ähnliche Art und Weise werden die Kostenarten geplant, die sich aus der Umlage auf die empfangenden Kostenstellen ergeben. In diesem Fall werden z. B. die Leistungsmengen der empfangenden Kostenstellen geplant, die im Laufe des Planungszeitraumes verbraucht werden. Diese Größe dient dann als Verteilungsschlüssel zur Umlage der Sekundärkosten.

Umlage der Sekundärkosten

Das Ziel der Kostenstellenplanung besteht letztlich darin, alle Kosten einer Kostenstelle zu erfassen, d. h. sowohl die Primär- als auch die Sekundärkosten, um daraus einen Verrechnungssatz für die Leistungen, die die Kostenstelle erbringt, zu ermitteln. Mit diesem Verrechnungspreis können dann die Kosten der Kostenstelle entweder auf andere Kostenstellen bzw. auf die Kostenträger umgelegt werden.

Kostenstellen-
planung

Als Teil des Business Content zur integrierten Finanzplanung wird der Teilprozess der Kostenstellen- und Leistungsartenplanung bereitgestellt. Der Prozess, der über den Business Content unterstützt wird, ist in Abbildung 8.12 dargestellt.

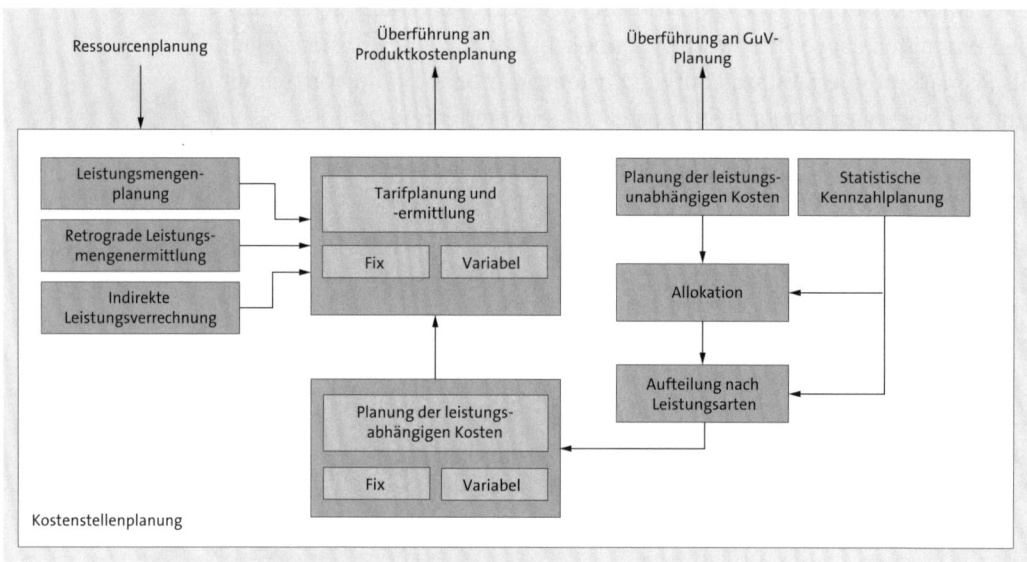

Abbildung 8.12 Kostenstellenplanung

Die Kostenstellenverantwortlichen können über verschiedene Storys, die im Content-Paket bereitgestellt werden, die einzelnen Primärkosten der Kostenstelle planen. Über verschiedene Allokationsprozesse können die Kosten auf andere Kostenstellen verteilt werden. Darüber hinaus existieren weitere Storys, über die die Planung der verschiedenen Leistungsarten erfolgen kann. Aus den leistungsabhängigen Kosten und den Leistungsmengen werden die einzelnen Leistungstarife berechnet. Diese können als Parameter in die Produktkostenplanung übernommen werden.

Den bereitgestellten Prozess behandeln die folgenden Abschnitte. Die dargestellte Reihenfolge bzw. Prozesstiefe muss nicht zwingend in allen Fällen eingehalten werden, ist aber empfehlenswert. Sie können die Nutzung des bereitgestellten Business Content flexibel an Ihre fachlichen Anforderungen anpassen.

Leistungsunabhängige Primärkosten planen

Über die Story COSTCENTER_EXPENSES können Sie die leistungsunabhängigen Primärkosten der Kostenstellen erfassen (siehe Abbildung 8.13). Zu diesen zählen z. B. Materialkosten sowie Kosten für Roh-, Hilfs- und Betriebsstoffe. *Primärkosten* sind eindeutig zuordenbare Kosten, die ursprünglich in der Finanzbuchhaltung gebucht werden und dann in die Kostenrechnung übernommen werden.

Primärkosten

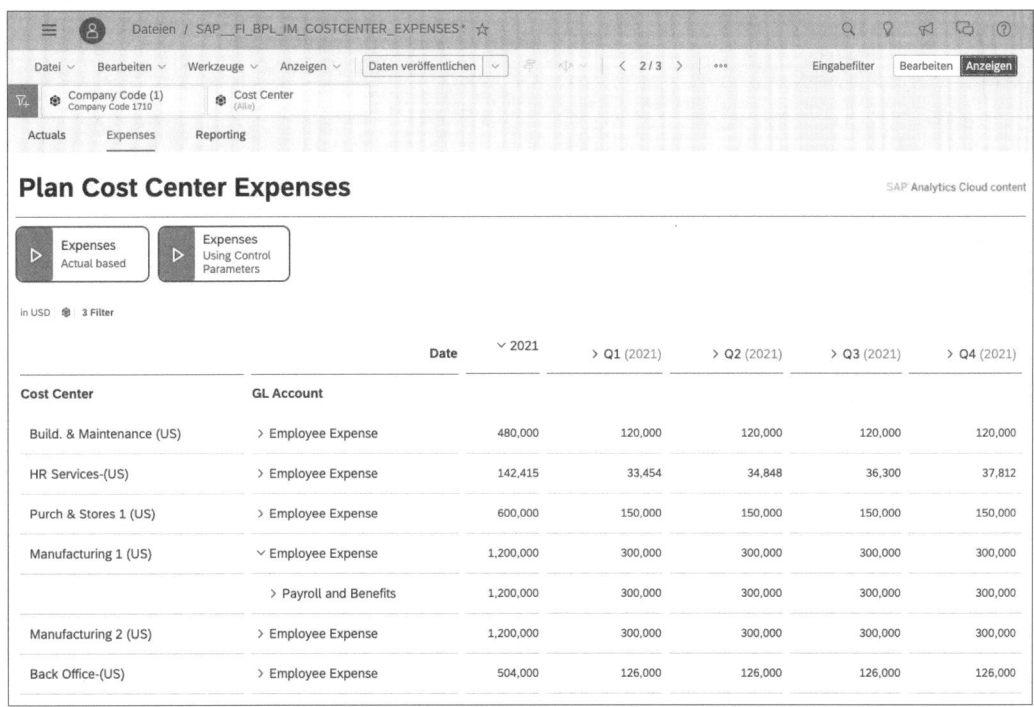

Abbildung 8.13 Planung der Primärkosten der Kostenstellen

Umlage der Sekundärkosten

Nach der Planung der Primärkosten können Sie in der Story COSTCENTER_ EXPENSES die Kosten der Sekundärkostenstellen auf die Primärkostenstellen verrechnen. Hierzu ist im Content-Paket ein Allokationsprozess bzw. -schritt definiert, der über eine Datenaktion in der Story angestoßen werden kann. Die statistischen Kennzahlen, die für die Verrechnung verwendet werden, können in der Story COSTCENTER_PLAN_ADMIN gepflegt werden.

Umlage der Sekundärkosten

Abbildung 8.14 zeigt das Ergebnis der Kostenverrechnung zwischen den Kostenstellen. In diesem Beispiel wurden für die Hilfskostenstelle **Build. & Maintenance** insgesamt 480.000 USD Primärkosten für die Kostenarten Löhne und Gehälter (*Payroll*) und Reisekosten (*Travel Expenses*) geplant.

Nach dem Ausführen der Allokation über die Datenaktion sind diese Kosten jeweils zur Hälfte auf die zwei empfangenden Kostenstellen **Manufacturing 1** und **Manufacturing 2** verrechnet worden. Die Sekundärkostenstelle wurde dabei vollständig entlastet.

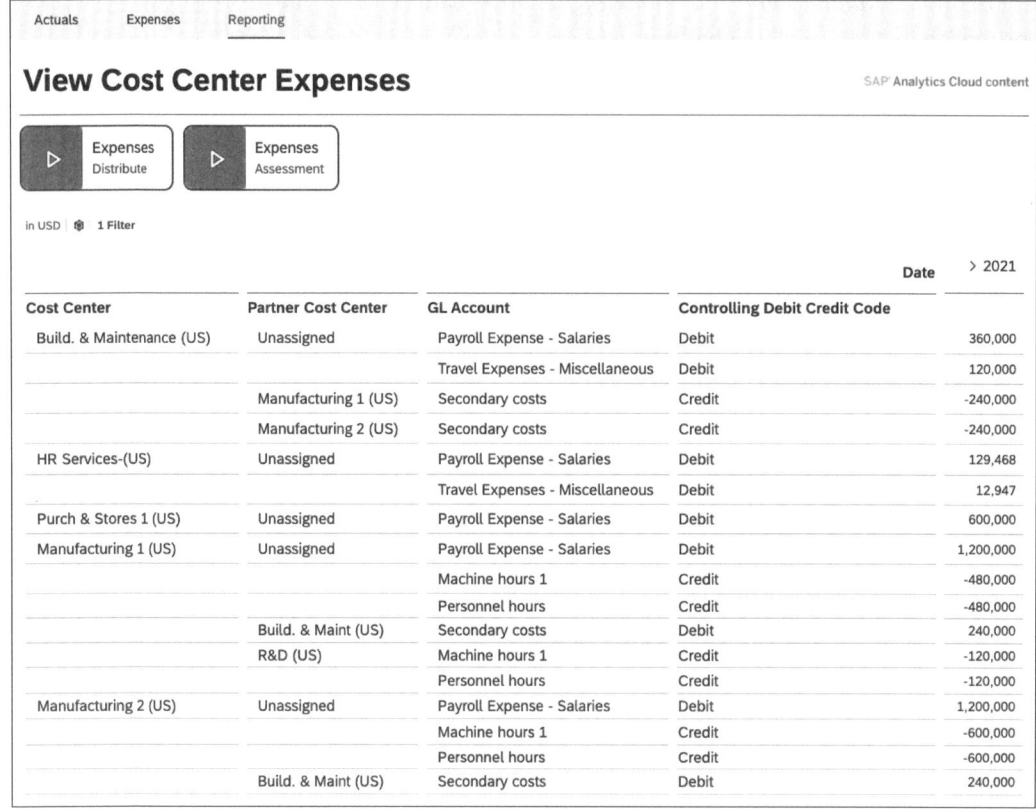

Abbildung 8.14 Verrechnung der Sekundärkosten

Leistungsabhängige Kosten planen

Leistungsab-
hängige Kosten

Für die Planung der leistungsabhängigen Kosten einer Kostenstelle enthält das Content-Paket die Story ACTIVITYPRICE_CALCULATION. Voraussetzung für diesen Prozess ist die Planung der leistungsunabhängigen Kosten über die Story COSTCENTER_EXPENSES. Alternativ können diese auch aus den Istwerten des Vorjahres kopiert werden. Abbildung 8.15 zeigt die Einstiegsseite der Story mit der Übersicht der bereits geplanten leistungsunabhängigen Kosten.

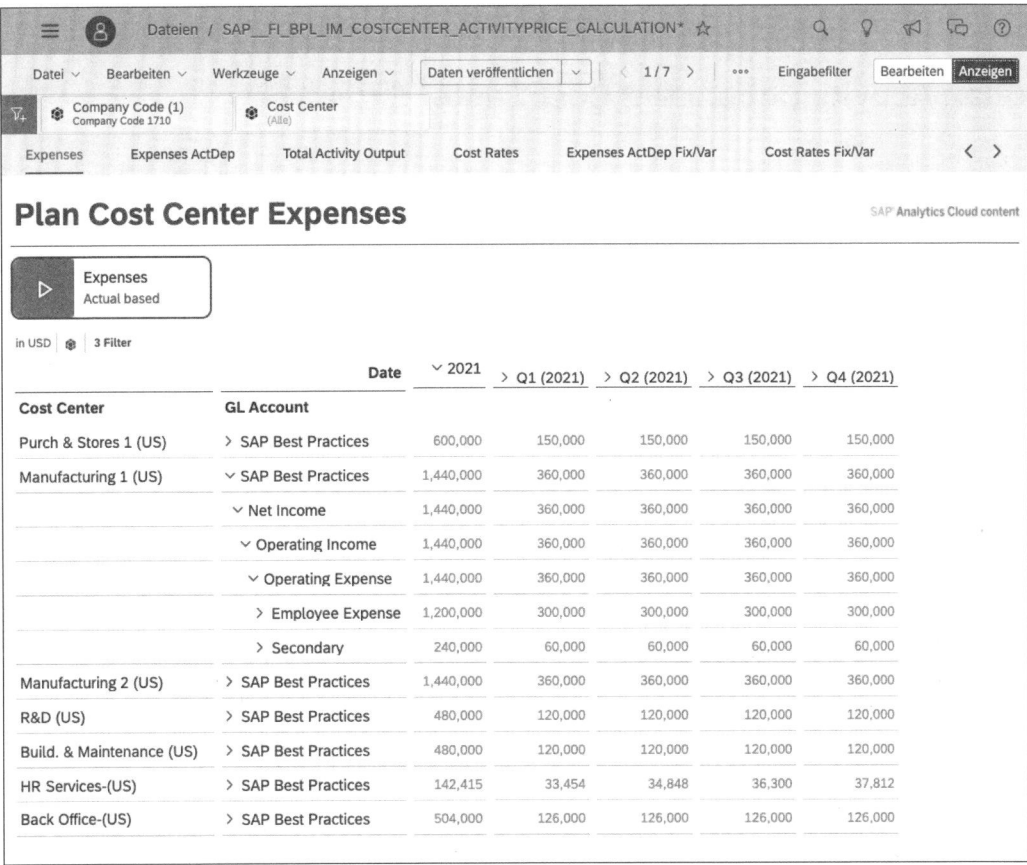

Abbildung 8.15 Leistungsunabhängige Kosten der Kostenstelle

Im nächsten Schritt werden die leistungsabhängigen Kosten geplant. Dies erfolgt über die Seite **Expense ActDep** der Story (siehe Abbildung 8.16). Die leistungsabhängigen Kosten können über eine Datenaktion aus den zuvor geplanten leistungsunabhängigen Kosten berechnet werden. Die Datenaktion verwendet dazu einen Verteilschlüssel, den Sie über die Story COST-CENTER_PLAN_ADMIN pflegen können. Eine manuelle Änderung bzw. Erfassung über die Planungstabelle ist ebenso möglich.

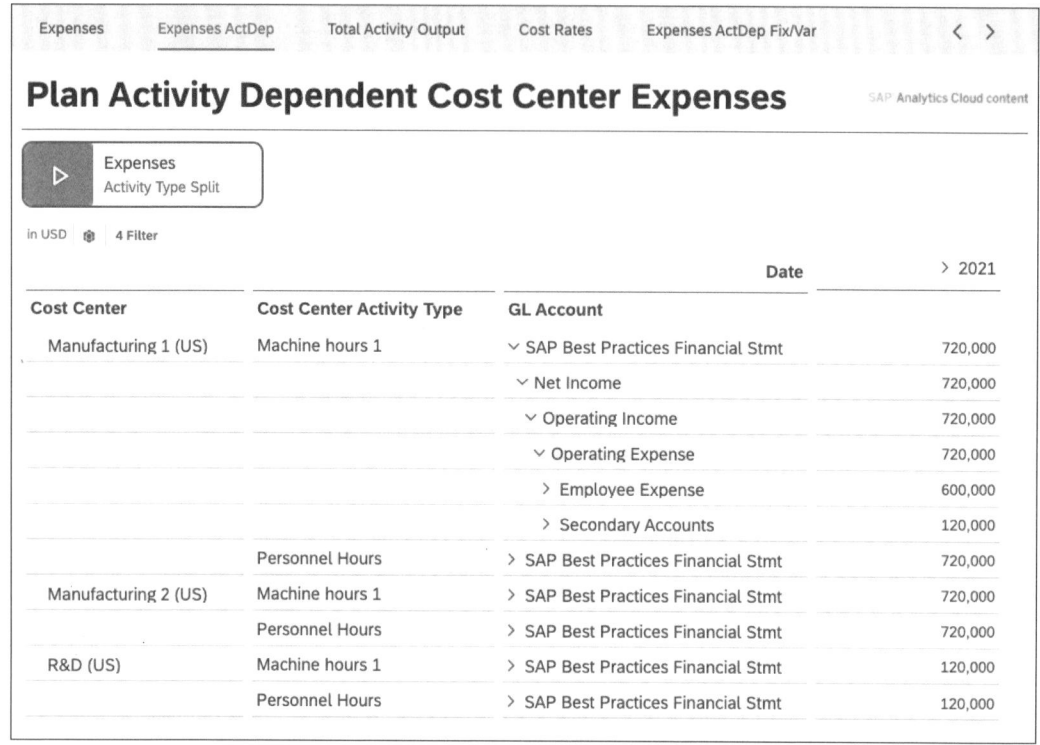

Abbildung 8.16 Planung der leistungsabhängigen Kosten

Leistungsmengen planen

Leistungsmengen

Um die Tarife für die von der Kostenstelle erbrachten Leistungsarten ermitteln zu können, müssen Sie neben den Kosten, die den einzelnen Leistungsarten zugerechnet werden, auch die Mengen der von der Kostenstelle erbrachten Leistungsarten, also die sogenannten *Leistungsmengen*, ermitteln.

Die Leistungsmengen der Kostenstellen können Sie über zwei verschiedene Storys erfassen:

- ACTIVITYPRICE_INPUT
- ACTIVITYPRICE_CALCULATION

Die Story ACTIVITYPRICE_INPUT ermöglicht das Erfassen der Leistungsmengen entweder auf aggregierter Ebene oder detailliert auf der Ebene der Partnerkostenstellen (siehe Abbildung 8.17). Die Partnerkostenstelle ist die Kostenstelle, die die erbrachte Leistungsart in Anspruch nimmt. Die Mengen können dabei entweder manuell erfasst oder auch automatisch berechnet werden. Bei der automatischen Berechnung werden die Mengen aus der Summe der Leistungsmengen berechnet, die in den empfangenden Kostenstellen benötigt werden. Die Berechnung wird über die Datenaktion CALCU-LATE_ACTIVITY_QUANTITY umgesetzt.

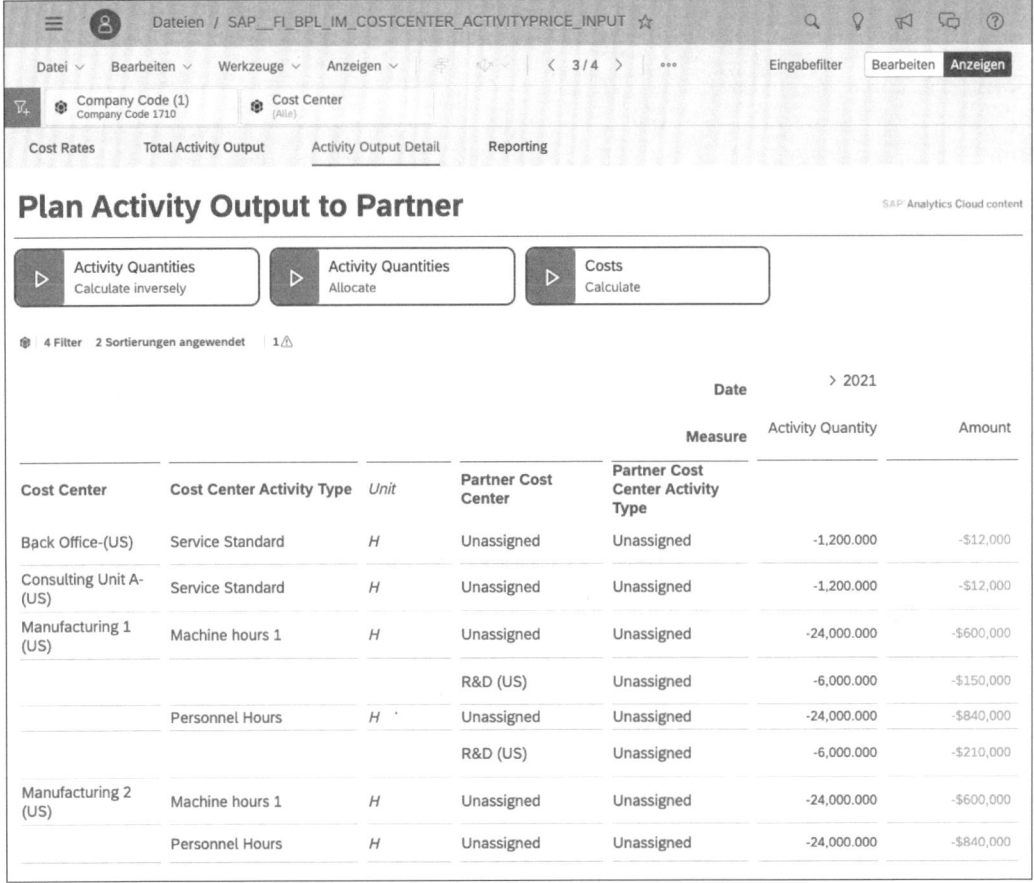

Abbildung 8.17 Erfassung der Leistungsmengen auf der Ebene der Partner-kostenstellen

Die Erfassung der Leistungsmengen auf aggregierter Ebene kann auch direkt in der Story ACTIVITYPRICE_CALCULATION auf der Seite **Total Activity Output** erfolgen (siehe Abbildung 8.18). Die geplanten Leistungsmengen können hier über eine Datenaktion entweder aus den Istwerten übernommen oder aus der Ressourcenplanung abgeleitet werden. Letzteres übernimmt die geplanten Mengen aus der Produktkostenplanung, um die benötigten Leistungsmengen, die von der Kostenstelle gefordert werden, zu ermitteln. Die Leistungsmengen können darüber hinaus über die Tabelle auch manuell erfasst und angepasst werden.

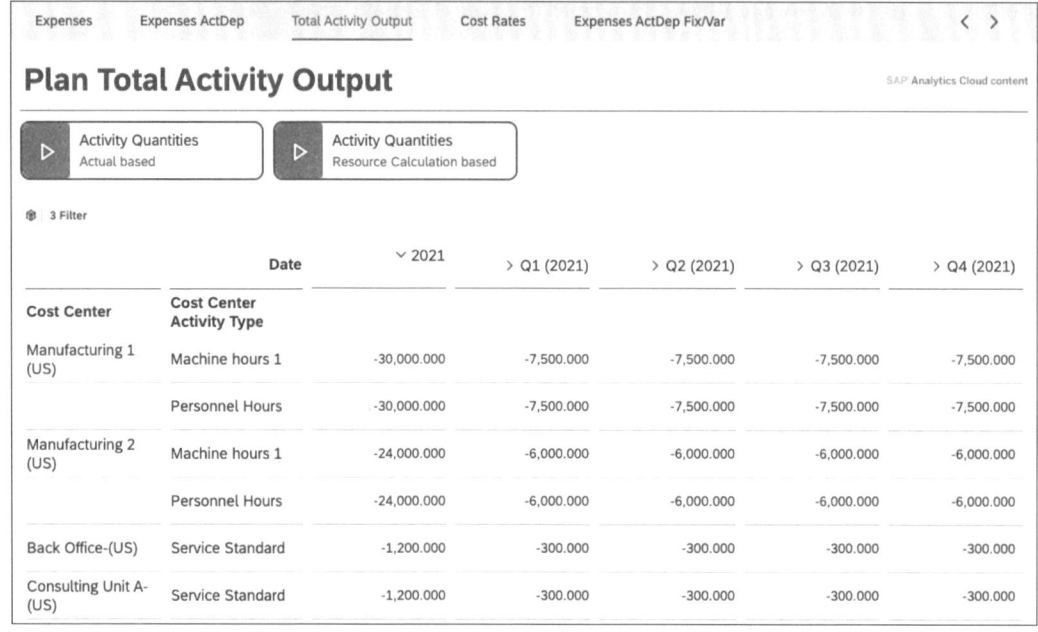

Abbildung 8.18 Planung der Leistungsmengen

Sind neben den Kosten auch die Leistungsmengen vollständig erfasst, können die Tarife der Leistungsarten, d. h. die Verrechnungspreise, berechnet werden. Mathematisch ist dies eine einfache Division der leistungsabhängigen Kosten durch die geplanten Leistungsmengen.

Tarifermittlung

Tarifermittlung   Die Ermittlung der Kostensätze für die Leistungsarten erfolgt in der Story ACTIVITYPRICE_CALCULATION auf der Seite **Cost Rates** (siehe Abbildung 8.19).

Die Tarifermittlung wird über eine Datenaktion realisiert. Diese berechnet die Tarife der einzelnen Leistungsarten aus den leistungsabhängigen Kosten sowie den geplanten Leistungsmengen pro Leistungsart.

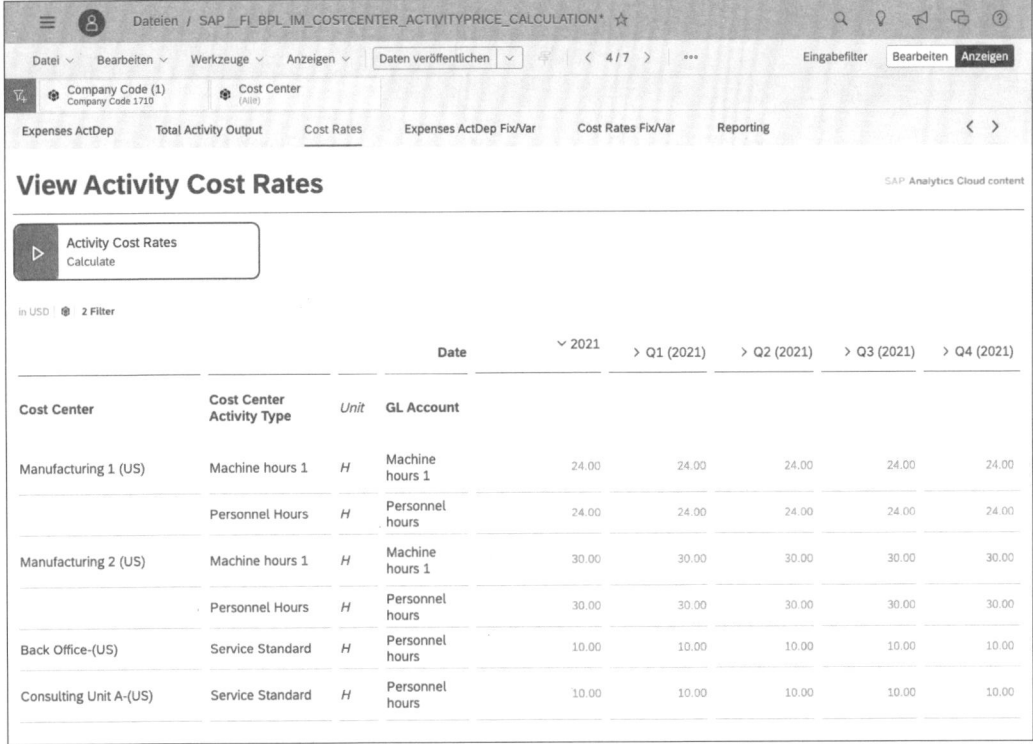

Abbildung 8.19 Tarifermittlung

Aufteilung in fixe und variable Kosten

Als optionalen Schritt unterstützt der Business Content auch die Aufteilung
der leistungsabhängigen Kosten und damit der Tarife in *fixe und variable
Kosten*. Die Aufteilung wird über einen Verteilschlüssel festgelegt, der in der
Story COSTCENTER_ADMIN definiert werden kann. Abbildung 8.20 zeigt
die Seite **Cost Rates Fix/Var** mit den Tarifen, aufgeteilt nach fixen und variablen Anteilen.

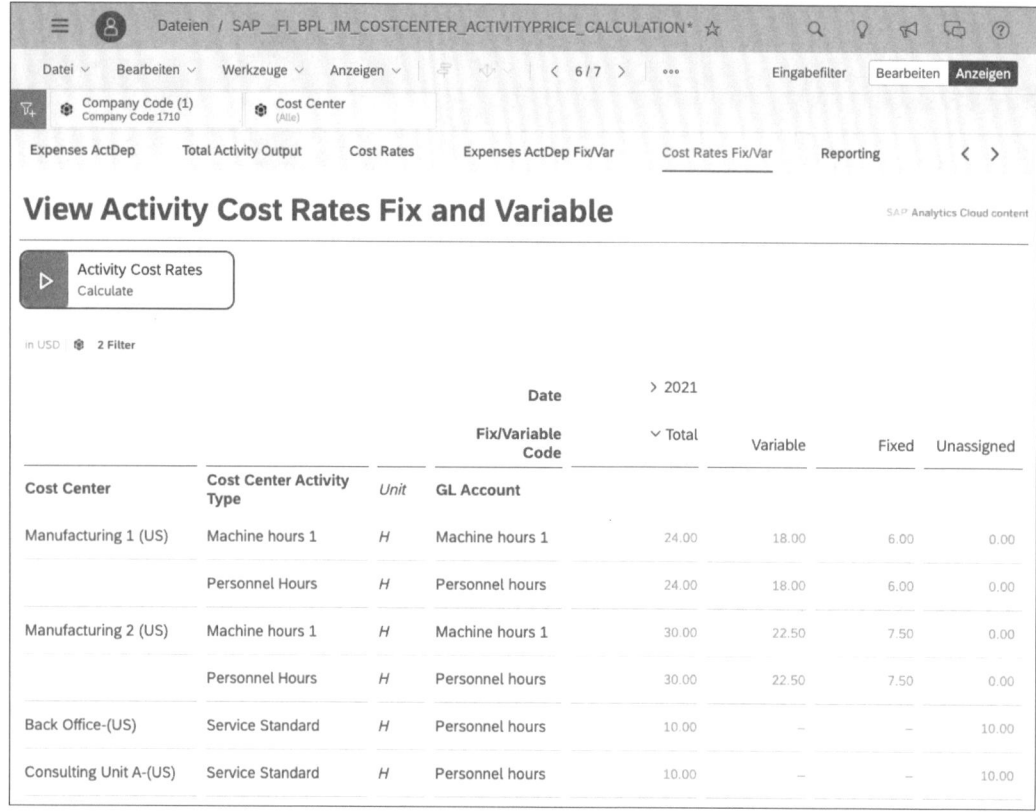

Abbildung 8.20 Aufteilung in fixe und variable Kostensätze

Integrationspunkte mit anderen Planungsprozessen

Integration zu
anderen
Teilprozessen

Die Kostenstellenplanung stellt einen zentralen Prozess der Unternehmensplanung dar und verfügt daher über Integrationspunkte mit anderen zentralen Teilprozessen der Finanzplanung. Diese sind auch weiter vorne in Abbildung 8.12 dargestellt.

Zum einen besteht eine Integration der Kostenstellenplanung mit der GuV-Planung. Die Kosten, die nicht auf die Kostenträger verrechnet werden können, werden in die Betriebsausgaben der GuV übernommen.

Zum anderen ist die Kostenstellenplanung in den Prozess der Produktkostenplanung integriert (siehe Abschnitt 8.2.2, »Produktkostenplanung«). Sie können die Mengen pro Leistungsart aus der Produktkostenplanung übernehmen, um die Tarife der Leistungsarten für die Kostenstellen zu ermitteln. Außerdem liefert die Kostenstellenplanung die Tarife für die einzelnen Leistungsarten, um im Rahmen der Produktkostenplanung die Fertigungskosten zu ermitteln.

8.2.2   Produktkostenplanung

Die *Produktkostenplanung* ist ein Teilprozess der Finanzplanung. Sie dient dazu, Informationen über die Herstell- und Selbstkosten der in einem Unternehmen gefertigten Materialien und Dienstleistungen zu gewinnen. Die geplanten Produktkosten dienen zum einen als Untergrenze der Preisfindung und liefern zum anderen Rückschlüsse über die zu erwartende Profitabilität. Die Ergebnisse der Produktkostenplanung gehen als Herstellungskosten in die GuV ein.

Der Business Content der integrierten Finanzplanung für SAP S/4HANA stellt den Produktkostenplanungsprozess zur Verfügung (siehe Abbildung 8.21).

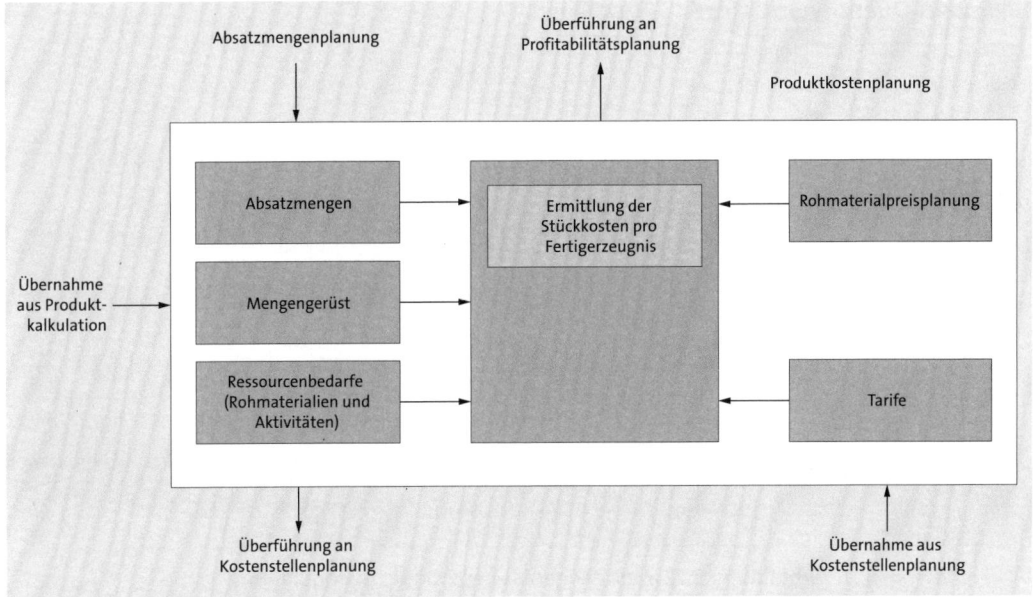

Abbildung 8.21 Produktkostenplanung

Die Produktkostenplanung in SAP Analytics Cloud setzt meist auf einer existierenden Produktkostenkalkulation als Referenz auf, die aus SAP S/4HANA übernommen wird. Die Werte dieser Kalkulation können dann im Rahmen der Produktkostenplanung angepasst und ergänzt werden.

Grundlagen der Produktkostenplanung

Kernbestandteil der Produktkostenplanung ist das *Mengengerüst*, das für jedes zu planende Fertigerzeugnis aufschlüsselt, welche Mengen an Rohmaterialien und Fertigungsleistungen für die Herstellung des Produkts erforderlich sind. Des Weiteren wird die Höhe der Gemeinkosten ermittelt, die dem Produkt zugeschlagen werden. Als weitere Plangrößen gehen die geplanten Absatzmengen der Fertigerzeugnisse sowie Rohmaterialpreise und

Mengengerüst

Tarife der Fertigungsleistungen aus der Kostenstellenplanung ein. Als Ergebnis der Produktkostenplanung werden die Stückkosten pro Fertigerzeugnis ermittelt, die als Eingangsgröße in weitere sich anschließende Planungsprozesse eingehen.

Abbildung 8.22 zeigt eine Story aus dem Business Content, die die einzelnen Schritte des Produktkostenplanungsprozesses abbildet und dem Planer das Erfassen der relevanten Informationen ermöglicht.

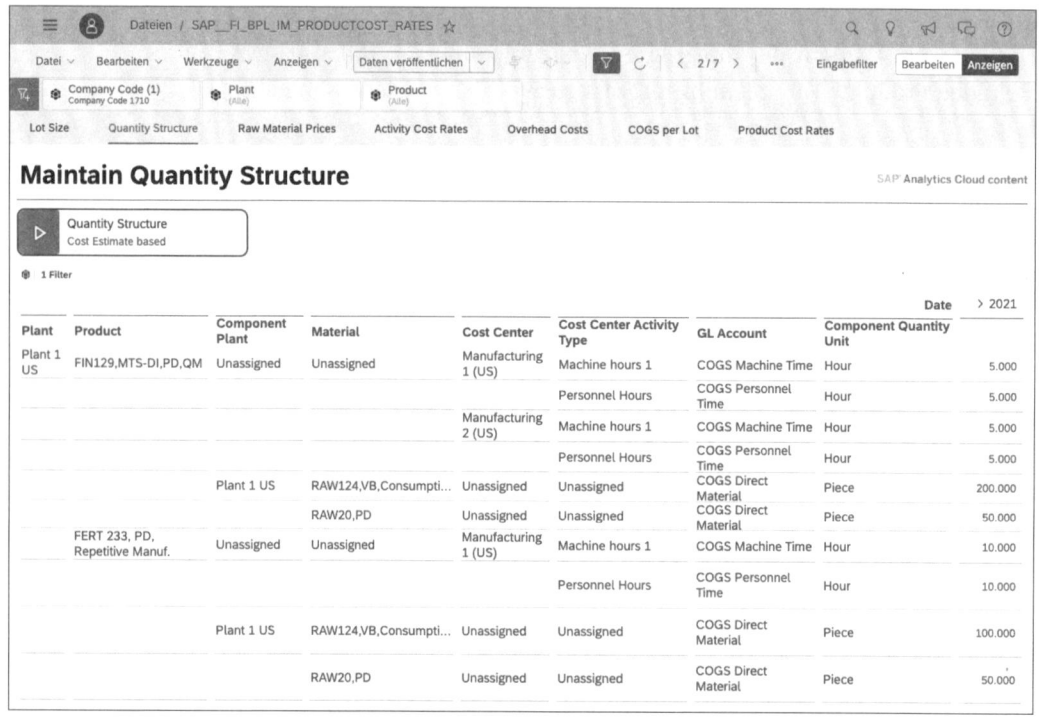

Abbildung 8.22 Mengengerüst der Produktkostenplanung

Story für die Produktkostenplanung

Die Story umfasst die folgenden Seiten:

- **Lot Size**
  Eingabe der Losgrößen für die Fertigerzeugnisse. Die weiteren Angaben, wie insbesondere das Mengengerüst, beziehen sich immer auf eine Losgröße.

- **Quantity Structure**
  Mengengerüst des Fertigerzeugnisses. Das Mengengerüst gibt an, welche Mengen der Rohmaterialien für die Fertigung der Losgröße und welche Leistungsmengen der einzelnen Kostenstellen erforderlich sind.

- **Raw Material Prices**
  Planung der Rohmaterialpreise.

- **Activity Cost Rates**
  Tarife der Leistungsarten der Kostenstellen.

- **Overhead Costs**
  Gemeinkosten, die dem Produkt zugeschlagen werden sollen.

- **COGS per Lot**
  Berechnung der Herstellkosten pro Losgröße.

- **Product Cost Rates**
  Berechnung der Herstellkosten pro Stück.

Die ersten fünf Seiten enthalten die Vorschlagswerte, die von der Administration vorbereitet worden sind und die über die Datenaktionen am oberen Rand der Story-Seite wiederhergestellt werden können. Die Planenden können die Vorschlagswerte manuell anpassen. Die Vorschlagswerte selbst stammen in den meisten Fällen aus einer vorhandenen Kalkulation aus dem System SAP S/4HANA. Der Importjob zum Laden einer solchen Kalkulation ist ebenfalls bereits im Content-Paket konfiguriert.

Eine weitere zentrale Größe sind die Leistungstarife der Kostenstellen, die am Produktionsprozess beteiligt sind. Abbildung 8.23 zeigt die Seite zum Erfassen der Leistungstarife. Über die beiden Datenaktionen können Sie die Leistungstarife entweder aus den Referenzwerten der Kalkulation oder aus einem vorgelagerten Kostenstellenplanungsprozess übernehmen. Hierbei handelt es sich um den Prozess, der ebenfalls Teil des Content-Pakets ist und in Abschnitt 8.2.1, »Kostenstellen- und Leistungsartenplanung«, ausführlich beschrieben wurde. In beiden Fällen können Sie die geplanten Werte noch im Rahmen der Produktkostenplanung manuell anpassen.

Nachdem alle Planwerte erfasst worden sind – im Wesentlichen sind dies das Mengengerüst sowie die Rohmaterialpreise, Leistungstarife und Gemeinkosten – können Sie die Herstellkosten pro Los bzw. pro Stück berechnen. Dies erfolgt auf den entsprechenden Seiten der Story über die zur Verfügung gestellten Datenaktionen.

Abbildung 8.24 zeigt die Herstellkosten pro Los. Der Bericht zeigt die aufgeschlüsselten Herstellkosten für ein Fertigerzeugnis. Durch den vollen Detailaufriss werden die einzelnen Beiträge der Rohmaterialien und der unterschiedlichen Fertigungsleistungen zu den gesamten Herstellkosten sichtbar. Die Herstellkosten können dabei auch auf ein einzelnes Stück bezogen werden.

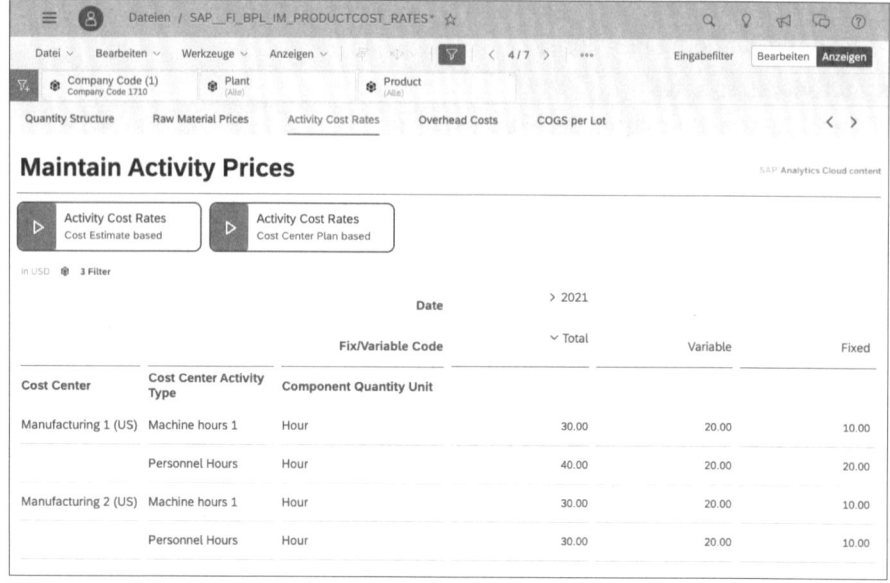

Abbildung 8.23 Leistungstarife der Kostenstellen

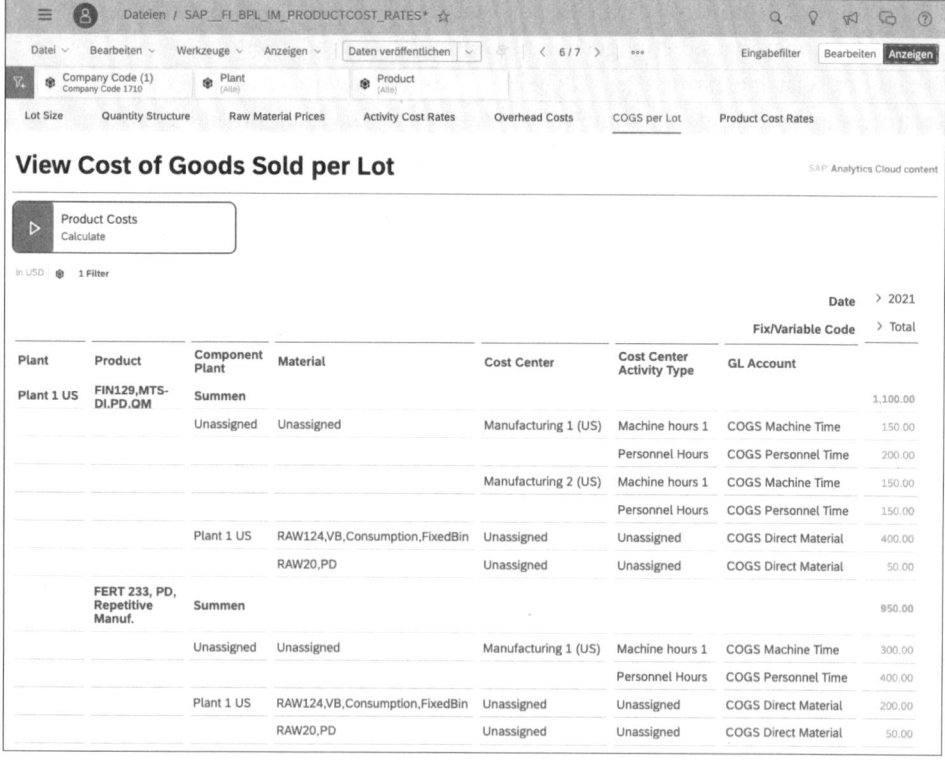

Abbildung 8.24 Herstellkosten pro Los

Wie bereits weiter vorne in Abbildung 8.21 dargestellt, ist die Produktkostenplanung an vielen Stellen mit anderen Teilprozessen der Finanzplanung verbunden. Zur Ermittlung der Produktkosten sind die Mengen der herzustellenden Fertigerzeugnisse notwendig. Diese können aus der Absatzplanung übernommen werden, die ebenfalls als Teilprozess im Business Content der integrierten Finanzplanung zur Verfügung gestellt wird. Das Mengengerüst wird normalerweise aus SAP S/4HANA übernommen und im Rahmen der Produktkostenplanung angepasst. Eine weitere Eingabe stammt aus der Kostenstellenplanung.

Integrationspunkte zu anderen Teilprozessen

Die Tarife der Leistungen der Fertigungskostenstellen werden benötigt, um die Fertigungskosten der Kostenträger zu ermitteln. Die Kostenstellenplanung ist dabei gleichzeitig auch Empfänger von Informationen aus der Produktkostenplanung. Die erforderlichen Leistungsmengen der Kostenstellen ergeben sich aus den Absatzmengen und den Informationen des Mengengerüsts. Erst das Zusammenführen dieser beiden Informationen ermöglicht die Ermittlung der tatsächlich benötigten Mengen der verschiedenen Leistungsarten. Ein weiterer Abnehmer der Informationen, die im Rahmen der Produktkostenplanung ermittelt werden, ist die Profitabilitätsplanung, in der die Produktkosten mit den Umsatzerlösen und Erlösschmälerungen zusammengeführt werden. Dieser Planungsprozess wird ebenfalls im Business Content zur Verfügung gestellt und ist Gegenstand des nächsten Abschnitts.

8.2.3   Umsatz- und Profitabilitätsplanung

Der Prozess der *Umsatzplanung* ist Teil der Finanzplanung und hat zum Ziel, die Umsatzerlöse für die Planungsperioden zu ermitteln und diese in die GuV-Planung zu überführen. Die Umsatzplanung setzt typischerweise auf den geplanten Absatzmengen auf.

Ermittlung von Umsatzerlösen

Aus diesen Mengen und den geplanten Preisen für die einzelnen Produkte bzw. Produktgruppen können die Bruttoumsatzerlöse ermittelt werden. Daneben werden auch Erlösschmälerungen und Rabatte geplant, um aus den Bruttoumsatzerlösen schließlich die Nettoumsatzerlöse ermitteln zu können. Zusammen mit den Herstellkosten der Produktkostenplanung können im Rahmen einer Profitabilitätsplanung die geplanten Deckungsbeiträge der einzelnen Produkte ermittelt werden.

Abbildung 8.25 zeigt schematisch die Prozesse der Umsatz- und Profitabilitätsplanung, wie sie im Content-Paket der integrierten Finanzplanung zur Verfügung gestellt werden.

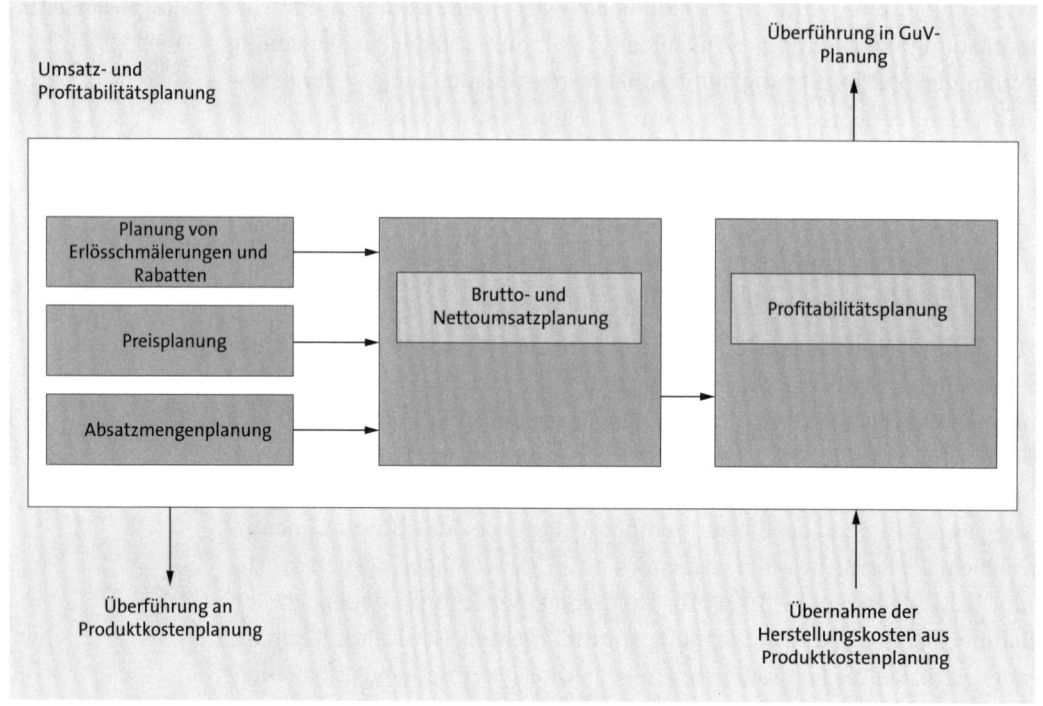

Abbildung 8.25 Umsatz- und Profitabilitätsplanung

Integrationspunkte mit anderen Teilprozessen

Die Umsatz- und Profitabilitätsplanung hat Integrationspunkte zu anderen Teilprozessen der integrierten Finanzplanung. Die geplanten Absatzmengen können in die Produktkostenplanung übernommen werden, um die Herstellkosten zu ermitteln. Diese werden dann wiederum in die Profitabilitätsplanung übertragen, um die Deckungsbeiträge zu ermitteln. Schließlich werden die Resultate der Umsatzplanung in die Plan-GuV übernommen.

Das Content-Paket der integrierten Finanzplanung stellt Storys zur Erfassung der Planwerte und Datenaktionen für die erforderlichen Berechnungen sowie die Übernahmen der Daten aus den relevanten Planungsmodellen bereit.

Abbildung 8.26 zeigt die Story PROFITABILITY_PROF_INPUT, die die verschiedenen Schritte des Prozesses enthält. In der Abbildung ist der Schritt der Absatzmengenplanung dargestellt. Absatzmengen können auf der Ebene von Produkt, Kunde und Werk erfasst werden. Über eine Datenaktion können die Planwerte aus vergangenen Istwerten initialisiert werden.

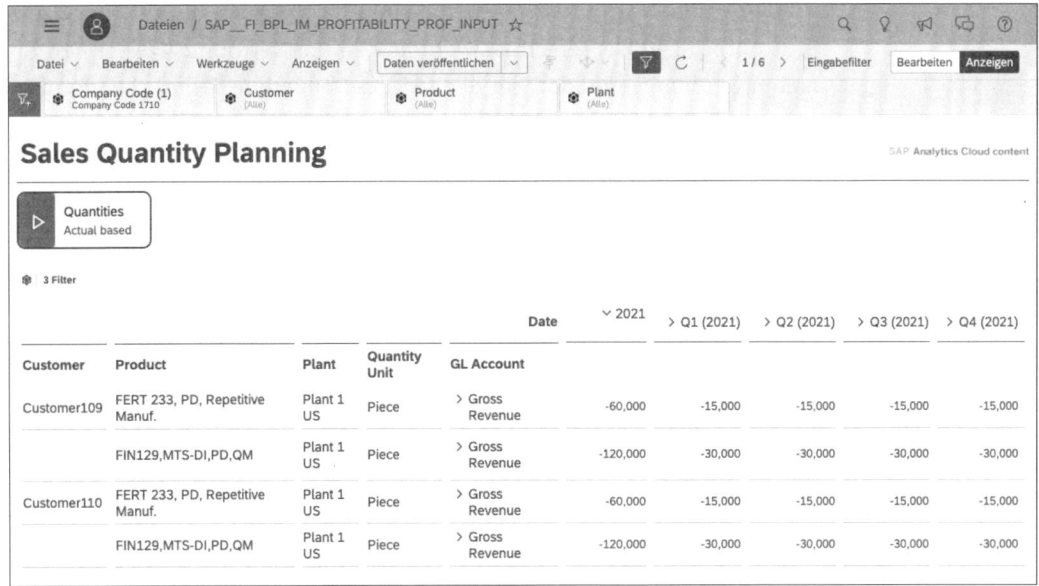

Abbildung 8.26 Planung der Absatzmengen

Im zweiten Schritt können die Verkaufspreise auf der Ebene der einzelnen Produkte geplant werden. Abbildung 8.27 zeigt die Seite zur Erfassung der Stückpreise für die einzelnen Produkte.

Price Adjustments

in USD | ⚙ 4 Filter | 1 ⚠

Product	GL Account	Quantity Unit	2021	Q1 (2021)	Q2 (2021)	Q3 (2021)	Q4 (2021)
FERT 233, PD, Repetitive Manuf.	Revenue Domestic - Product	Piece	15.00	15.00	15.00	15.00	15.00
	Revenue Foreign - Product	Piece	15.00	15.00	15.00	15.00	15.00
FIN129,MTS-DI,PD,QM	Revenue Domestic - Product	Piece	20.00	20.00	20.00	20.00	20.00
	Revenue Foreign - Product	Piece	20.00	20.00	20.00	20.00	20.00

Abbildung 8.27 Preisplanung

Aus den geplanten Absatzmengen und den Stückpreisen können bereits die Bruttoumsatzerlöse berechnet werden. Um die Nettoumsatzerlöse zu erhalten, können Sie auf der Story-Seite **Sales Deductions %** die Erlösschmälerungen als prozentuale Abschläge auf die Bruttoumsatzerlöse planen. Abbildung 8.28 zeigt die entsprechende Seite der Story.

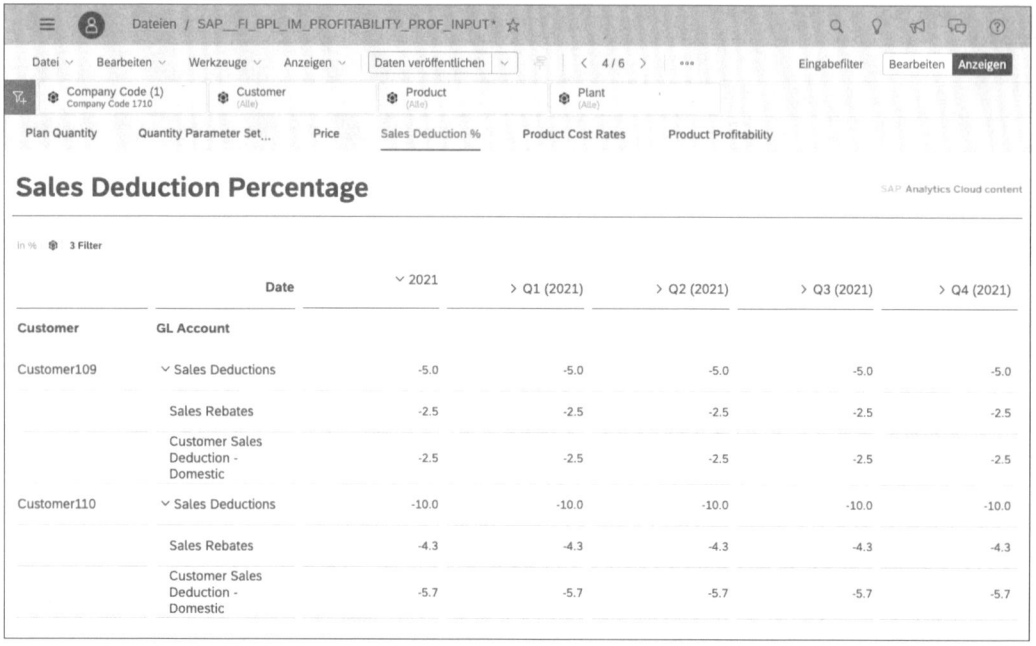

Abbildung 8.28 Planung der prozentualen Erlösschmälerungen

Auf der Seite **Product Profitability** können mit den geplanten Umsatzerlösen unter Zuhilfenahme der Herstellkosten aus der Produktkostenplanung die Deckungsbeiträge ermittelt werden.

Abbildung 8.29 zeigt die entsprechende Seite. Die Profitabilitätsberechnung wird über eine Datenaktion angestoßen.

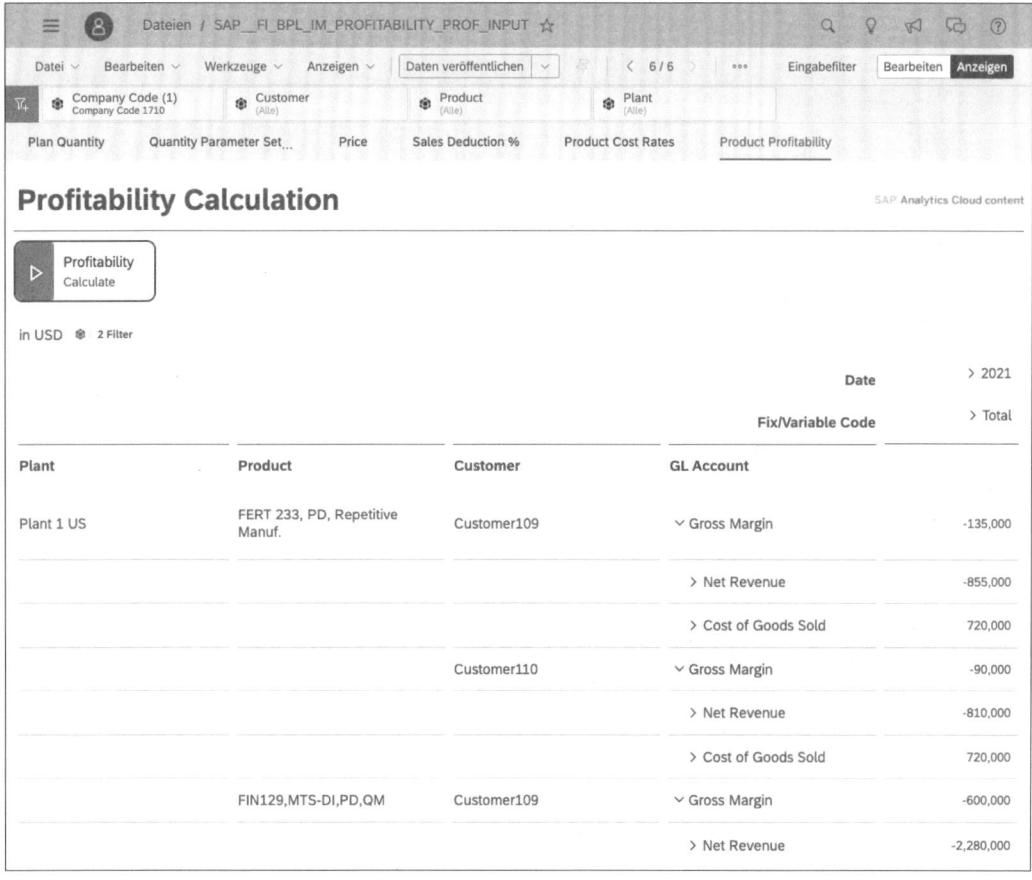

Abbildung 8.29 Profitabilitätsermittlung

8.2.4   Anbindung an SAP S/4HANA

Die Teilprozesse der integrierten Finanzplanung sind so im Content-Paket abgebildet, dass die Ergebnisse eines Teilprozesses in einen folgenden Teilprozess übernommen werden können. Abbildung 8.30 zeigt einen Überblick über das Content-Paket der integrierten Finanzplanung mit den Teilprozessen, die in diesem Kapitel beschrieben worden sind. Technisch enthält das Content-Paket Modelle, Dimensionen, Storys und Datenaktionen, die die erforderlichen Berechnungen und Transformationen umsetzen.

Neben der Integration zwischen den Teilprozessen der Finanzplanung liefert das Content-Paket vorkonfigurierte Ladeprozesse, die die erforderlichen Stamm- und Bewegungsdaten aus SAP S/4HANA in die Planungsmodelle des Business Content übernehmen.

Datenintegration mit SAP S/4HANA

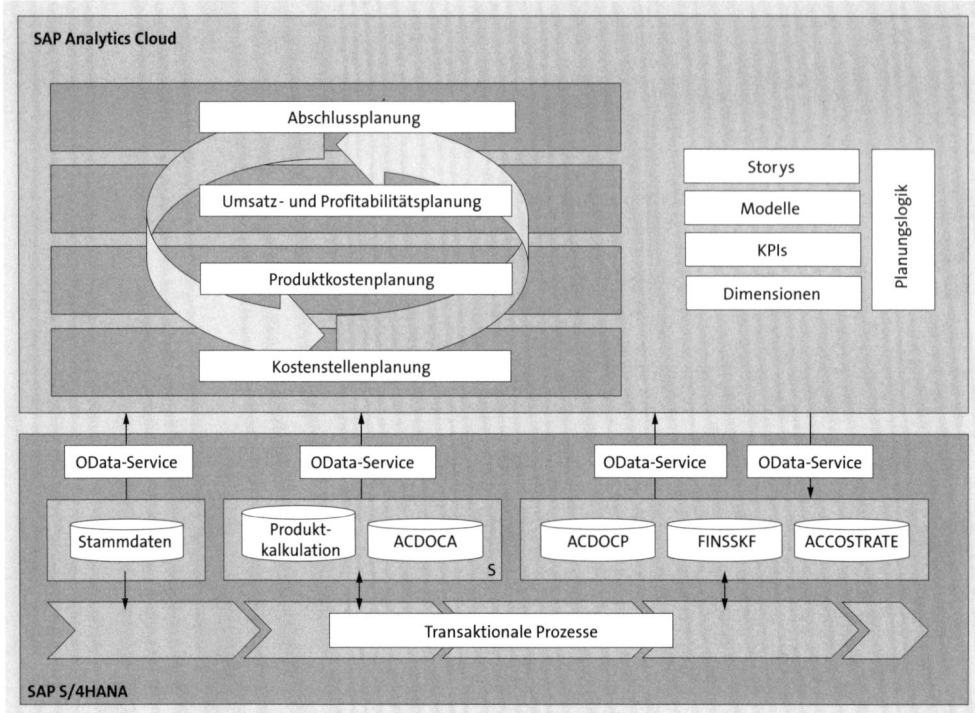

Abbildung 8.30 Integration mit SAP S/4HANA

Abbildung 8.31 zeigt als Beispiel eine vorkonfigurierte Abfrage zum Laden der Daten aus der relevanten Schnittstelle des Systems SAP S/4HANA in das Planungsmodell der Kostenstellenplanung. Die Abfrage definiert die erforderlichen Felder des OData-Service **A_JournalEntryItemBasic**, der die Bewegungsdaten für die Kostenstellen liefert.

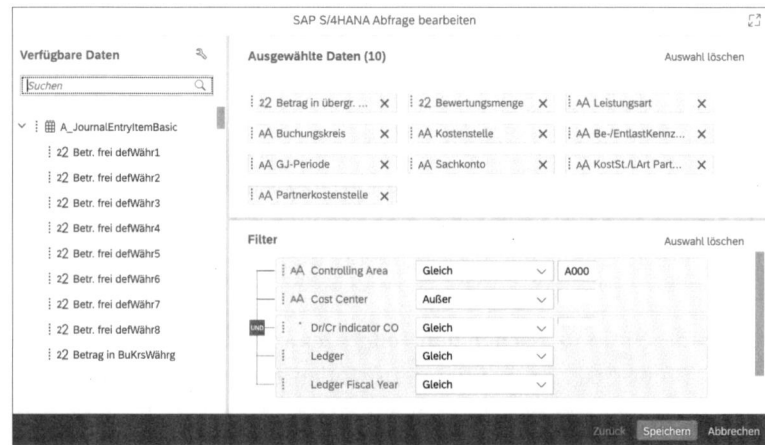

Abbildung 8.31 Vorkonfigurierte Abfrage für SAP S/4HANA

Neben der Abfrage enthält der Business Content auch die entsprechenden Zuordnungen der Felder zu den Dimensionen des Modells. Abbildung 8.32 zeigt die Zuordnungen für das dargestellte Beispiel der Kostenstellenplanung.

Zuordnungsübersicht für [Actual Data] A_JournalEntryItemBasicQuery

Zuordnungsübersicht

Aktionsprotokoll

Zuordnungsziel	Attribut	Zugeordnete Spalte
MEASURE	MEASURE	-
SAP_FI_BPL_GLACCOUNT	Dimensions-ID	G/L Account
SAP_ALL_COMPANY_CODE	Dimensions-ID	Company Code
SAP_ALL_COSTCENTER	Dimensions-ID	Cost Center
SAP_FI_BPL_PRTNRCOSTC...	Dimensions-ID	Partner Cost Center
SAP_FI_BPL_CCACTIVITYT...	Dimensions-ID	Activity Type
SAP_FI_BPL_PRTNRCCACT...	Dimensions-ID	Part CC ActivityType
SAP_FI_BPL_CODEBITCRE...	Dimensions-ID	Dr/Cr indicator CO
Date	Date	Fiscal Year Period (PPP/YYYY)
SAP_FI_BPL_FIXVARIABLE	SAP_FI_BPL_FIXVARIABLE	Standardelement: #
SAP_ALL_PROFITCENTER	SAP_ALL_PROFITCENTER	Standardelement: #
SAP_ALL_FUNCTIONALAREA	SAP_ALL_FUNCTIONALAREA	Standardelement: #
AMOUNT	AMOUNT	Amount in Glob. Crcy
QUANTITY	QUANTITY	Valuation quantity

Es wurden keine Transformationen durchgeführt.

OK

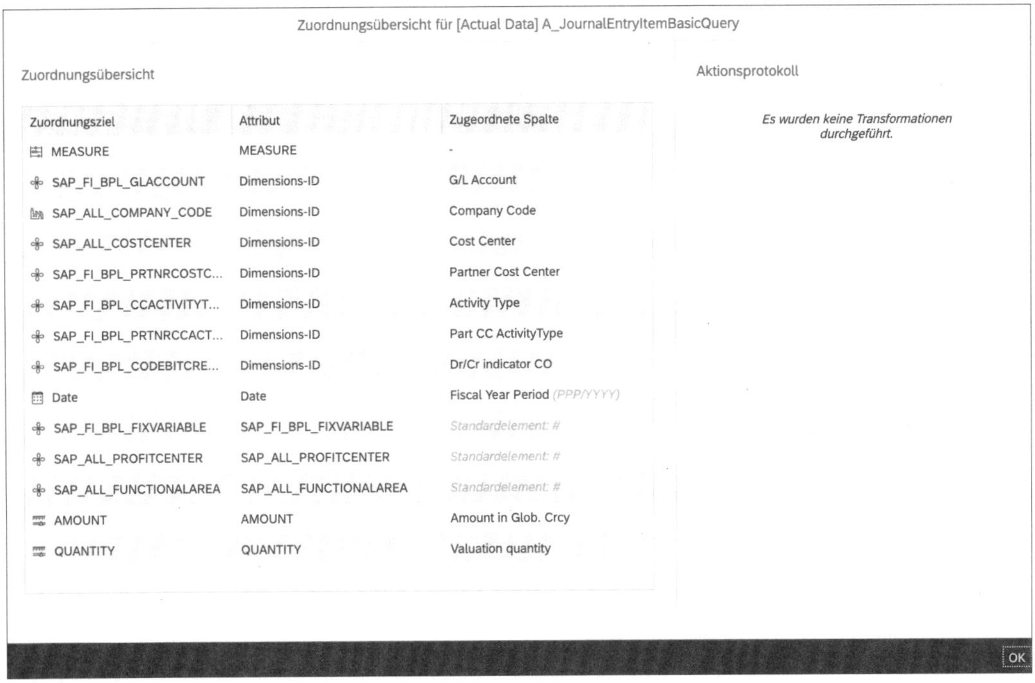

Abbildung 8.32 Zuordnung zu den Dimensionen des Modells

8.3   Zusammenfassung

In diesem Kapitel stand der Business Content von SAP Analytics Cloud im Mittelpunkt. Über das Content-Netzwerk werden Pakete zur Verfügung gestellt, die die relevanten technischen Artefakte wie Modelle, Storys und Datenaktionen enthalten, um spezielle Planungs- und Analyseprozesse in SAP Analytics Cloud umzusetzen. Der Business Content erleichtert die Implementierung eines Planungsprozesses, da bereits ein vordefiniertes Grundgerüst zur Verfügung gestellt wird, das an die eigenen Anforderungen angepasst werden kann.

Einen besonderen Stellenwert für die Planung hat das Paket der integrierten Finanzplanung für SAP S/4HANA. Dieses Paket stellt die wichtigen Planungsprozesse im Finanzbereich zur Verfügung, z. B. Kostenstellenplanung, Produktkostenplanung und Umsatzplanung. Die einzelnen Teilprozesse in diesem Paket sind miteinander integriert. So können die geplanten

Tarife der Leistungsarten einer Kostenstelle in die Produktkostenplanung zur Ermittlung der Produktkosten übernommen werden.

Darüber hinaus stellt das Content-Paket vorkonfigurierte Ladeprozesse bereit, mit denen die relevanten Istdaten aus SAP S/4HANA in die Planungsmodelle importiert werden können. Dies reduziert den Aufwand zur Umsetzung einer Planungsanwendung mit SAP Analytics Cloud erheblich.

Anhang A
Glossar

Aggregation Bezeichnet eine Operation der mengenorientierten Datenverarbeitung, bei der die Informationen einzelner Datensätze zusammengefasst werden. Ein Beispiel für eine Aggregationsoperation ist die Bildung eines Durchschnittswertes über eine Datenmenge.

Aggregationstyp SAP Analytics Cloud stellt verschiedene Operationen zur Aggregation von Daten zur Verfügung.

Allokation Die Allokation ist ein Vorgang, bei dem Ressourcen anhand einer Regel auf Empfänger verteilt werden. Ein Beispiel für einen Allokationsvorgang ist die Umlage von Gemeinkosten auf Kostenträger anhand eines speziellen Verteilschlüssels.

Analytic Application Webanwendung, die innerhalb des Analytics Designer von SAP Analytics Cloud erstellt wird. Innerhalb einer Analytic Application kann über Programmierschnittstellen auf die UI-Komponenten von SAP Analytics Cloud zugegriffen werden, um so eine Anwendung zur Analyse oder Planung zu entwickeln, die genau auf die individuellen Anforderungen der Benutzer zugeschnitten ist.

Analytics Bezeichnet den Vorgang der Analyse bzw. Auswertung betriebswirtschaftlich anfallender Daten, um zum einen die Ergebnisse vergangener Aktivitäten zu beurteilen und zum anderen Rückschlüsse auf zukünftige Entwicklungen zu ziehen.

Analytics Designer Spezielle Entwicklungsumgebung innerhalb von SAP Analytics Cloud, in der Analytic Applications erstellt werden können.

Attribut Über Attribute werden einzelne Eigenschaften der Elemente einer Dimension im mehrdimensionalen Datenwürfel abgebildet. Attribute der Dimension **Kunde** können beispielsweise **Name**, **Adresse** und **Kundensegment** sein.

Aufgaben Eine Aufgabe ist ein Objekt des Planungskalenders. Eine Aufgabe repräsentiert einen bestimmten Schritt im Rahmen eines Planungsprozesses, der von bestimmten Anwendern durchgeführt werden muss.

Ausnahmeaggregation Die Ausnahmeaggregation ist eine spezielle Art der Aggregation, die zur Ermittlung des Ergebnisses auf bestimmte Referenzdimensionen angewiesen ist. Beispiele für die Ausnahmeaggregation in SAP Analytics Cloud sind die Durchschnittsermittlung oder die Berechnung von Bestandskennzahlen.

Authentifizierung Bei der Authentifizierung weist ein Anwender nach, dass er berechtigt ist, Zugang zu einem IT-System zu erlangen. Dies geschieht typischerweise anhand des Nachweises exklusiver Informationen wie beispielsweise eines Passwortes.

Autorisierung Die Autorisierung ist ein Vorgang, bei dem einem Benutzer von SAP Analytics Cloud bestimmte Rechte eingeräumt werden. Die Rechte können sich auf das Ausführen bestimmter Funktionen oder den Zugriff auf bestimmte Daten beziehen.

Bewegungsdaten Bewegungsdaten sind betriebswirtschaftliche Informationen, die im Rahmen der operativen Durchführung betriebswirtschaftlicher Prozesse oder Transaktionen anfallen. Beispiele für Bewegungsdaten sind Kundenbestellungen oder Rechnungsinformationen. Im Gegensatz zu Stammdaten ändern sich Bewegungsdaten häufig.

Business Content   Vordefinierte Datenmodelle, Storys, Applikationen oder andere Objekte von SAP Analytics Cloud, die zusammen einen speziellen Analyse- oder Planungsprozess abbilden. Business Content kann als Vorlage verwendet und an die eigenen Anforderungen angepasst werden.

Business Intelligence   Bezeichnet Methoden und Prozesse zur Analyse eines Unternehmens. Bestandteile von Business Intelligence umfassen Softwarewerkzeuge und Prozesse zum Sammeln, Aufbereiten und Analysieren betriebswirtschaftlicher Daten.

Dateiverzeichnis   Das Dateiverzeichnis (*File Repository*) ermöglicht es, Objekte in SAP Analytics Cloud in einer Verzeichnisstruktur zu organisieren.

Datenakquistion   → *Datenimport*.

Datenaktion   Objekt in SAP Analytics Cloud, das verschiedene Datenverarbeitungsschritte umsetzt. Über Datenaktionen können komplexe Berechnungen oder Datentransformationen implementiert werden. Die Operationen einer Datenaktion verändern die Daten eines Modells dauerhaft, d. h., dass die Ergebnisse im Datenmodell gespeichert werden.

Datenimport   Beim Datenimport werden Daten aus einem Quellsystem über einen ETL-Prozess in ein Datenmodell von SAP Analytics Cloud geladen. Im Unterschied zu einer Live Connection werden die Daten in SAP Analytics Cloud geladen und dauerhaft gespeichert.

Datenmodell   Das Datenmodell ist das zentrale Objekt in SAP Analytics Cloud zur strukturierten Ablage von Daten. Datenmodelle folgen dem Konzept des multidimensionalen Datenwürfels.

Datenset   Datensets stellen ein Konzept zur strukturierten Ablage von Daten in SAP Analytics Cloud zur Verfügung. Die Daten werden dabei in tabellarischer Form organisiert.

Datensperre   Über das Konzept der Datensperre können bestimmte Datenscheiben eines Datenmodells in SAP Analytics Cloud temporär im Rahmen eines Planungsprozesses für Dateneingaben geöffnet oder gesperrt werden. Dies ermöglicht das Einfrieren eines bestimmten Standes und das Verhindern weiterer Datenänderungen.

Datenwürfel   Ein Datenwürfel (*Data Cube* oder einfach *Cube*) bezeichnet eine logische Strukturierung von Informationen in Form eines mehrdimensionalen Würfels. Die Achsen des Würfels dienen dazu, die Datenpunkte des Würfels zu beschreiben und repräsentieren die unterschiedlichen Aspekte (*Dimensionen*) wie beispielsweise **Kunde** oder **Produkt**.

Dimension   Dimensionen bilden die Struktur eines multidimensionalen Datenwürfels. Dimensionen repräsentieren bestimmte betriebswirtschaftliche Objekte wie Produkte, Kunden oder Mitarbeiter. Eine Dimension umfasst genau abgegrenzte Werte, die auch als Elemente bezeichnet werden. Die Elemente einer Dimension können dabei wiederum hierarchisch strukturiert sein.

Dimensionstypen   SAP Analytics Cloud verfügt über verschiedene vordefinierte Typen von Dimensionen. Diese bereits vordefinierten Dimensionstypen sind **Version**, **Konto**, **Datum**, **Organisation** und **generisch**. Dimensionen eines bestimmten Dimensionstyps haben bestimmte vordefinierte Attribute.

Disaggregation   Die Disaggregation bezeichnet das Gegenstück zur Aggregation. Bei der Disaggregation wird ein Gesamtwert auf einzelne Elemente einer oder mehrerer Dimensionen in Einzelwerte aufgeschlüsselt.

Extract Transform Load (ETL)   Ein ETL-Prozess ist ein Vorgang, bei dem Daten aus verschiedenen Quellen extrahiert (*to extract*), in die Zielstruktur transformiert (*to transform*) und schließlich in das Zielmodell geladen (*to load*) werden.

Gegenstromverfahren   Verfahren der Unternehmensplanung. Beim Gegenstromverfahren werden zunächst übergeordnete Ziele festgelegt und diese auf die einzelnen Unternehmensbereiche heruntergebrochen (*Top-down Planung*). In einem anschließenden Schritt werden diese heruntergebrochenen Vorgaben von den einzelnen Einheiten auf Umsetzbarkeit geprüft und gegebenenfalls angepasst. Die angepassten Planungen werden wieder zu einem Gesamtplan aufaggregiert (*Bottom-up-Planung*) und mit den ursprünglichen Vorgaben verglichen. Dieses Verfahren kann auch aus mehrfachen Iterationen bestehen.

Geschäftsjahr   Das Geschäftsjahr ist der Zeitraum, für den ein Unternehmen das Ergebnis der Geschäftstätigkeit in Form eines Jahresabschlusses berichtet und gegebenenfalls veröffentlicht. Das Geschäftsjahr muss dabei nicht zwingend mit dem Kalenderjahr übereinstimmen, sondern kann von diesem abweichen.

Gewinn- und Verlustrechnung (GuV)   Die GuV ist Teil des betrieblichen Rechnungswesens und stellt Aufwendungen und Erträge einer Periode zur Erfolgsermittlung gegenüber. Die GuV ist ein Hauptbestandteil des Unternehmens-Jahresabschlusses.

Hierarchie   Über eine Hierarchie können die Elemente einer Dimension strukturiert werden. Dies ist immer dann relevant, wenn die Fakten also die Bewegungsdaten eines Datenwürfels auf unterschiedlichen Verdichtungsebenen analysiert werden sollen.

Kennzahl   Eine Kennzahl ist eine genau definierte quantitative Größe, die zur Messung bzw. Beurteilung bestimmter Vorgänge herangezogen wird. Beispiele für betriebswirtschaftliche Kennzahlen sind Umsatzerlöse, Betriebsaufwände oder Gewinn.

Klassifikation   Die Klassifikation bezeichnet statistische Verfahren zur Einteilung von Objekten in Klassen. Klassifikationsverfahren werden im Rahmen der Mustererkennung verwendet.

Konto   Als Konto wird in SAP Analytics Cloud ein Element der speziellen Dimension vom Typ **Konto** bezeichnet. Im Rahmen eines kontenbasierten Datenmodells werden betriebswirtschaftliche Kennzahlen als Konten, also Elemente der speziellen Kontendimension abgebildet.

Kontotyp   Vordefiniertes Attribut der Dimension vom Typ **Konto**. Es stehen die Kontotypen INC, EXP, AST, LEQ und NFIN zur Verfügung. Mit dem Kontotyp ist eine Vorzeichenkonvention verknüpft.

Kurstyp   Vordefiniertes Attribut der Dimension vom Typ **Konto**. Der Kurstyp legt fest, welche Umrechnungsrate für die Währungsumrechnung verwendet wird. Es stehen die Kurstypen **Durchschnittskurs** und **Stichtagskurs** zur Verfügung. Durchschnittskurse werden typischerweise für Konten der GuV und Stichtagskurse für Konten der Bilanz verwendet.

Live-Verbindung   Bezeichnet ein Verfahren zum Anbinden vorhandener Quellsysteme an SAP Analytics Cloud, bei dem keine Daten aus dem Quellsystem extrahiert und in SAP Analytics Cloud geladen werden. Bei einer Live-Verbindung wird die Anfrage des Anwenders an das Quellsystem zur Verarbeitung delegiert und das Ergebnis in der Browseranwendung dargestellt.

Mean Absolute Pecentage Error (MAPE)   Statistische Maßzahl für die Prognosegüte eines mathematischen Vorhersagemodells. Tendenziell ist ein niedrigerer MAPE-Wert ein Indikator für ein besseres Prognosemodell.

Online Analytical Processing (OLAP)   Methode der Informationsverarbeitung. OLAP-Systeme erlauben es Benutzern, große Datenbestände auszuwerten und zu analysieren. OLAP-Systeme organisieren die Informationen in Form eines Datenwürfels. Die möglichen Abfragen an den Datenbestand werden durch die Strukturierung des Datenwürfels bereits vorgegeben.

Online Transaction Processing (OLTP)   Bezeichnet eine Methode der Datenverarbeitung, bei der die Informationen einer Transaktion in Echtzeit, also ohne Zeitverzug im Datenverarbeitungssystem prozessiert werden. Die Strukturierung der Daten ist im Vergleich zu OLAP-Systemen auf das effiziente Verarbeiten einzelner Transaktionen ausgelegt.

Open Data Protocol (OData)   HTTP-basiertes Protokoll zum Austausch von Daten zwischen IT-Systemen

Planungs-Panel   Das Planungs-Panel ist eine UI-Komponente, die das Ausführen komplexer Verteilungen in der Tabelle ermöglicht.

Planungskalender   Der Planungskalender ist die Umgebung in SAP Analytics Cloud zur Orchestrierung von Planungsprozessen. Über den Planungskalender können Aufgaben im Rahmen eines Planungsprozesses zugeordnet und überwacht werden.

Predictive Analytics   Methoden zur Analyse, die aus historischen Daten automatisch Vorhersagen über die Zukunft ableiten. Dazu werden historische Daten verwendet, um ein mathematisches Prognosemodell zu erstellen, mit dem dann eine Vorhersage berechnet wird.

Prozesse   Prozesse sind ein Objekt des Planungskalenders zur Gruppierung zusammengehöriger Aufgaben. Ein Prozessobjekt wird typischerweise dazu verwendet einen betriebswirtschaftlichen Planungsprozess im Planungskalender abzubilden und die zugehörigen Aufgaben aufzunehmen.

Regression   Die Regression oder auch Regressionsanalyse ist ein statistisches Verfahren mit dem Ziel, eine Beziehung zwischen einer abhängigen und einer oder mehreren unabhängigen Variablen abzubilden. Mithilfe eines verfügbaren Regressionsmodells kann der Wert der abhängigen Variablen vorhergesagt werden, wenn die unabhängigen Variablen gegeben sind.

SAP Analytics Cloud, Add-in für Microsoft Office 365   Spezielles Add-in für Microsoft Excel 365, das den Zugriff auf Datenmodelle in SAP Analytics Cloud ermöglicht. Neben der Analyse von Daten kann das Add-in auch zum Erfassen und Ändern von Plandaten verwendet werden.

SAP BPC   SAP Business Planning and Consolidation ist ein weit verbreitetes Produkt zur Planung und Konsolidierung von SAP. SAP BPC basiert technologisch auf der Data-Warehouse-Lösung SAP BW/4HANA bzw. deren Vorgänger SAP BW.

SAP Cloud Platform   Platform-as-a-Service-(PaaS-)Angebot von SAP zur Entwicklung und Bereitstellung von Cloud-Anwendungen.

SAP S/4HANA   SAP S/4HANA bezeichnet die neueste Produktgeneration der ERP-Software von SAP. Das System ermöglicht die Umsetzung aller typischen Geschäftsprozesse eines Unternehmens.

Self-Service   Mit dem Begriff Self-Service werden Technologien bezeichnet, die den Benutzer, meist einen Fachanwender, in die Lage versetzen, eine angebotene Software selbstständig ohne Hilfe einer spezialisierten IT-Abteilung zu verwenden und gegebenenfalls an die eigenen Anforderungen anzupassen.

Single Sign-On (SSO)   Bezeichnet einen Vorgang, bei dem sich ein Benutzer nur einmal an einem IT-System authentifiziert und danach automatisch für weitere Systeme innerhalb des Unternehmens authentifiziert ist. Dieser Mechanismus erspart dem Benutzer wiederholtes Anmelden an verschiedenen Systemen derselben Organisation.

Software as a Service (SaaS)   Bezeichnet ein cloudbasiertes Betriebsmodell für Software, bei der die Software bzw. das IT-System vom Anbieter in der Cloud betrieben und dem Kunden als Dienstleistung zur Verfügung gestellt wird.

Stammdaten   Als Stammdaten werden grundlegende Informationen über betriebswirtschaftliche Objekte wie Produkte, Kunden, Lieferanten oder Mitarbeiter bezeichnet. Stammdaten werden im Gegensatz zu Bewegungsdaten dadurch charakterisiert, dass sie sich weniger häufig ändern.

Sternschema   Das Sternschema ist eine spezielle Form eines Datenmodells innerhalb einer relationalen Datenbank, dessen Hauptfokus auf der Optimierung von Lesezugriffen liegt. Technisch wird ein Sternschema über eine Faktentabelle, die Bewegungsdaten enthält, abgebildet. Die Faktentabelle wird über Joins mit den Dimensionstabellen verknüpft, die die Stammdaten der relevanten betriebswirtschaftlichen Objekte enthalten. Mithilfe eines Sternschemas werden mehrdimensionale Datenwürfel in relationalen Datenbanken abgebildet.

Story   Die Story ist das zentrale Objekt in SAP Analytics Cloud zur Umsetzung von grafischen Dashboards zur Datenanalyse und zur Erfassung von Plandaten im Rahmen eines Planungsprozesses. Die Story stellt umfassende Funktionen aus den Bereichen Planung und Analyse zur Verfügung, die direkt und ohne zusätzlichen Implementierungsaufwand verwendet werden können.

Team   Über Teams können Benutzer in SAP Analytics Cloud zu Benutzergruppen zusammengefasst werden. Viele Funktionen der Prozessorchestrierung und des Berechtigungssystems können auf der Ebene von Teams aufgebaut werden.

Tenant   Ein Tenant bezeichnet eine Kundeninstanz eines IT-Systems oder einer Software, die zusammen mit anderen Kundeninstanzen auf demselben Server betrieben wird. Das Konzept eines Tenants ist vor allem beim Betrieb cloudbasierter Softwaresysteme von Bedeutung, da hier mehrere Kundeninstanzen dieselbe Hardware nutzen und so Effizienzsteigerungen generiert werden.

Treibende Dimension   Als treibende Dimension wird die Dimension des Planungsmodells bezeichnet, über die die Steuerung des Planungsprozesses erfolgt. Typischerweise wird ein Planungsprozess über eine Organisationsstruktur gesteuert. Die treibende Dimension kann in Be-

reichen der Prozessorchestrierung von SAP Analytics Cloud verwendet werden.

Treiberbasierte Planung   Bei der treiberbasierten Planung werden die betriebswirtschaftlichen Kenngrößen auf die wesentlichen Einflussfaktoren (*Treiber*) zurückgeführt und diese anstatt der Kenngrößen selbst geplant. Dies hat den Vorteil, dass die relevanten Werttreiber identifiziert und transparent gemacht werden und der Planungsprozess so idealerweise auf die Erfassung einiger weniger Treiber reduziert werden kann.

Übergreifende Berechnung   Mit übergreifenden Berechnungen können berechnete und eingeschränkte Kennzahlen direkt in der Tabelle von SAP Analytics Cloud definiert werden. Übergreifende Berechnungen erlauben auch die Umrechnung von Kennzahlwerten in verschiedene Währungen.

Werttreiberbaum   Werttreiberbäume stellen ein Instrument zur Verfügung, um die für den Wertschöpfungsprozess des Unternehmens relevanten Kennzahlen und deren Einflussfaktoren in Beziehung zu setzen und transparent zu machen. Das Konzept der Werttreiberbäume ist eng mit dem Konzept der wertorientierten Unternehmensführung verknüpft, bei dem die Steigerung des langfristigen Unternehmenswertes im Vordergrund steht.

Zeitreihenanalyse   Bezeichnet Methoden zur Analyse existierender Zeitreihen, mit der Absicht, die zukünftige Entwicklung der Zeitreihe prognostizieren zu können. Dabei werden mathematische Modelle mithilfe historischer Zeitreihendaten abgeleitet. Mithilfe dieser Modelle werden dann Vorhersagen über die zukünftige Entwicklung der Zeitreihe getroffen.

Anhang B
Der Autor

Dr. Holger Handel ist Produktmanager für die Planungslösungen SAP Analytics Cloud und SAP BPC. Als Teil seiner Tätigkeit im Produktmanagement begleitet er viele Kundenprojekte bei der Einführung von SAP Analytics Cloud in den unterschiedlichsten Funktionsbereichen. Darüber hinaus verfügt er über ein breites Wissen im Produktportfolio der SAP-Planungslösungen. Holger Handel arbeitet seit dem Jahr 2009 bei SAP. Dort hatte er verschiedenen Rollen in den Bereichen Datenbanken und Datenmanagement inne, bevor er 2014 ins Produktmanagement wechselte. Er begleitet SAP Analytics Cloud als Produktmanager seit dem Beginn der Entwicklung bei SAP. Er hat technische Informatik an der Universität Mannheim studiert sowie an der Universität Heidelberg in Informatik promoviert.

Index

- Neue Möglichkeiten für eine integrierte Konsolidierung

- Customizing und Anwendung in einem durchgängigen Praxisbeispiel

- Anbindung an Konzernberichterstattung und Finanzbuchhaltung

Patrik Monz, Cynthia Glodeanu-Kerkhoff, Jan Gräter, Fabian Zollikofer

Konzernabschluss mit SAP S/4HANA for Group Reporting

Prozesse, Funktionen, Customizing

Dieses Buch bietet Ihnen einen umfassenden Einblick in die Funktionen, Einstellungen und Einsatzmöglichkeiten der neuen Konsolidierungslösung von SAP. Ein durchgehendes Praxisbeispiel zeigt Ihnen Schritt für Schritt, wie Sie Stammdaten pflegen, Einzelabschlüsse übernehmen und die Konsolidierung durchführen. Inkl. Vergleich der On-Premise- und der Cloud-Edition.

581 Seiten, gebunden, 119,90 Euro
ISBN 978-3-8362-6887-5
erschienen Januar 2021
www.sap-press.de/4850

- Planung mit SAP Business Planning and Consolidation verständlich erklärt

- Von der Modellierung bis zur Datenbewirtschaftung

- Mit vielen Beispielen und Abbildungen

Denis Reis

Unternehmensplanung mit SAP BPC

So erleichtern Sie die Entscheidungsfindung und gewinnen einen umfassenden Überblick über Ihr Geschäft! Mit diesem Buch lernen Sie, SAP BPC für die Unternehmensplanung einzurichten, zu nutzen und zu erweitern. Denis Reis beantwortet die zentralen Fragen von Projektteams, Beratern, IT und Anwendern – immer mit dem Blick auf die Anforderungen der Praxis. Anhand zahlreicher Abbildungen werden die Grundprinzipien der BPC-Embedded-Anwendungen dargestellt. Aktuell zu SAP Business Planning and Consolidation 11.0, aber auch für Nutzer älterer Versionen geeignet.

533 Seiten, gebunden, 79,90 Euro
ISBN 978-3-8362-6480-8
erschienen Dezember 2018
www.sap-press.de/4704